Foodservice
Marketing

개정판 외식마케팅
사례를 중심으로

백남길 저

백산출판사

PREFACE
머리말

   글로벌 시장에서 대한민국의 위상은 세계인을 선도하는 리더 수준으로 격상되었다. 이는 국민들의 의식과 자부심, 기업역할, 소득수준, 삶의 질 차원에서 중요한 위치를 차지하고 있다. 개별 고객의 수입 증가와 여가시간의 증가는 전국을 반나절(quarter of a day) 생활권으로 묶어 업무 외 지역 특산물과 문화유적지, 지역음식 탐방 등을 즐기는 고객들의 증가로 이어져 발전을 촉진하고 있다.

   한편 대외적인 경영환경의 변화는 대기업을 비롯한 외식 프랜차이즈업, 개별 독립 점포 등의 발전과 이익을 창출하기 위하여 노력하지만 이를 유지하는 수준과 실패하는 기업들이 늘어나는 추세이다. 이와 같이 기업은 자사가 보유한 자원을 바탕으로 경쟁우위를 확보하기 위하여 노력하고 있다. 특히 경쟁자보다 높은 편익적 혜택을 제공하기 위하여 다양한 촉진 전략을 추진하고 있지만 이를 체험하는 고객입장에서는 더 나은 가치를 제공해주기를 기대하고 있어 경쟁력 향상을 위한 전략을 필요로 한다. 이러한 시점에 베이비붐 세대(1955~1964년 전후세대)들은 아직 일을 그만두기에는 많은 가정사가 있는데도 불구하고, 한참 일할 나이에 정년을 맞이하여 제2의 직업을 가지지 않으면 안 되는 구직 방편으로 외식 창업을 선호하고 있다. 이러한 상황에서 기업 입장에서는 지속적으로 성장하기 위해 소비자의 변화 욕구를 파악하여 이를 충족시킬 수 있는 전략방안이 제시되어야 한다. 이는 단순한 생존차원이 아니라 계속적으로 성장하면서 유지할 수 있는 방법과 이익창출을 위한 구조적인 문제의 마케팅 촉진 전략을 필요로 한다. 그러므로 레스토랑 경영은 시대적인 사명으로 새로운 변화와 패러다임을 요구하고 있다.

   마케팅은 현대사회를 살아가는 사람들에게 너무나도 흔한 용어로 자리매김하고 있다. 특히 매스미디어를 통하여 무분별하게 쏟아내는 유명인들의 대화 속에서 일반적으로 사용하는 마케팅은 잘못 이해되고 있다. 즉 가격, 상품, 광고, 홍보, 유통, 과정, 사람, 물리적 증거 등 세분된 촉진 전략 방법을 마케팅으로 통합하여 아무 곳에나 붙여 혼란스러움을 가중시키고 있다. 따라서 이를 바로 알리는 개념적인 정리를 하고자 하였다.

본서는 외식마케팅을 배우는 학생들에게 보다 체계적이며 현실적인 내용을 바탕으로 이해시키고자 노력하였다. 국가와 기업, 사회에서 사용하는 사례를 중심으로 시사적으로 제시하는 뉴스, 기사를 중심으로 서술하였다. 또한 학문을 연구하는 학자로서 양심과 가치를 바탕으로 외식기업 발전에 도움이 되고자 한다.

본 교재는 총 13장으로 구성하였다.

제1장은 외식경영에서 마케팅의 정의와 왜 마케팅이 필요한가?에 대한 문제를 제기하였다. 제2장은 외식기업의 전반적인 이해와 현황을 제시하였으며, 제3장은 외식기업 발전과정과 마케팅 환경을 파악함으로써 레스토랑을 운영하는 예비 창업자들에게 필요한 정보와 학문적 이해를 돕고자 하였다. 제4장은 외식소비자의 구매행동과 의사결정 과정을 소개하였다. 제5장은 경영전략을 수립하기 위한 세분화(segmentation), 타깃(target), 포지셔닝(positioning)을, 제6장에서 9장까지는 마케팅 믹스(mix) 전략의 상품, 가격, 유통, 촉진 전략을 제시하였다. 이러한 내용을 바탕으로 제10장은 외식기업의 브랜드화에 따른 자산의 중요성을 서술하였으며, 제11장은 레스토랑의 상품을 프랜차이즈화하는 데 필요한 전략과 장·단점을 파악하였다. 제12장은 글로벌 경쟁시대에 U-business와 M-business를 활용한 SNS를 소개하고, 마지막으로 경영학의 화룡점정(畵龍點睛)인 고객만족을 위한 고객관계 관리와 불평행동을 서술하였다.

본 교재는 외식학문을 탐구하는 학생들의 학습을 돕고자 집필하였으며, 좀 더 쉽게 이해할 수 있도록 사례를 중심으로 서술하였다. 호텔 및 프랜차이즈, 독립 점포에 종사하는 직원이나 레스토랑 창업을 준비하는 예비자 및 관심 있는 일반 독자들이 쉽게 이해하여 실행하는 데 도움이 되었으면 합니다. 아울러 외식기업에 종사하는 많은 분들의 관심과 기업 발전을 위하여 아이디어를 제공하는 학문영역의 확장 및 경영자의 성공에 도움이 될 수 있기를 진심으로 바랍니다.

본 연구자는 학문의 깊이를 넓히고자 열정을 가지고 노력하였지만 언제나 부족한 자신을 발견합니다. 수정·보완해야 할 부분은 항상 있으며, 논평과 비평을 주시면 겸허하게 받아들여 배움의 기회를 넓혀 좋은 교재가 되도록 최선을 다하겠습니다. 따라서 아낌없는 질책과 조언을 부탁드립니다.

마지막으로, 본 교재가 출판될 수 있도록 관심과 용기, 격려해 주신 선후배님과 백산출판사 진욱상 사장님과 수고해 주신 직원분들에게 진심으로 감사의 인사를 드리며, 허은주 선생님, 수은, 효은, 호빈에게도 사랑한다는 말을 전합니다.

2013년 삼봉산 자락에서
백남길 드림

CONTENTS
차 례

CHAPTER_6 마케팅 믹스와 상품전략

CHAPTER_7 가격전략

CHAPTER_8 판매촉진 전략

CHAPTER_12 인터넷 마케팅

CHAPTER_13 고객만족과 고객관계 관리(CRM)

CHAPTER 1

외식경영의 마케팅 이해

인생은 짧고, 예술은 길며, 기회는 쏜살같이 흘러 경험은 믿을 수가 없으며, 판단은 어렵다.
— Hippocrates, 그리스 의사

_ 경영과 외식경영을 이해한다.
_ 마케팅과 외식마케팅이란 무엇인가를 이해한다.
_ 현대사회에서 마케팅 전략이 왜 중요한가?
_ 글로벌 경쟁상황에서 사회구조적인 변화와 흐름을 파악한다.
_ 기업의 대외적인 환경을 조사하여 분석한다.

외식경영의 마케팅 이해

> 인생은 오직 뒤돌아보아야만 이해할 수 있다. 그럼에도 불구하고 앞을 향해서만 살아야 한다.
> — *Soelen Kierkegard*, 덴마크 철학자

제1절 | 외식경영과 마케팅 이해

1. 외식경영의 이해

외식기업은 경제성장과 더불어 진화하였으며, 고객욕구 수용과 시대적 흐름을 반영하면서 더 나은 경쟁력을 확보하기 위하여 노력하였다. 그에 따라 시장은 소비자의 이용목적과 특성에 맞게 그들에게 제공할 수 있는 편익적 혜택과 가치를 중요하게 생각하게 되었다. 또한 이를 극대화할 수 있는 방법으로 마케팅 촉진활동을 요구하며, 무한경쟁 시대는 생존전략 차원에서 이해되어야 한다. 고객은 신속하게 제공하는 편의성이나 선택할 수 있는 다양한 메뉴, 친교할 수 있는 분위기, 쾌적하고 청결한 인테리어 시설, 식품의 위생과 안전, 개인적 기호와 취향, 선호도 등 자신만의 가치를 창출할 수 있는 레스토랑을 중요시하게 되었다.

개별고객의 경제적 여유는 자신의 능력개발과 가족에 투자하는 시간과 비용을 늘리게 되었다. 개인의 건강이나 취미, 관심사항 등은 관여정도에 따라 다르게 나타나며, 여가생활의 여유로움은 레저산업의 발전을 이끌었다. 한편 잘 놀아야 일을 잘할 수 있다는 휴식문화는 사회적 이슈로 자리 잡은 지 오래 되었으며, 더불어 환대산업의 발전을 가속화시키는 계기가 되었다. 특히 다양한 체험과 개인적 호기심, 지적욕구를 충족시키는데 비용을 아끼지 않았으며, 이러한 소비성향은 국가 간의 이념이나 분쟁, 종교, 지역 간의 경계 벽을 무너뜨려 글로벌 세상을 선도하게 되었다. 이와 같이 세계 시장은 하나의 단일시장으로 형성된 지 오래되었으며 자연스럽게 외식기업

의 성장과 연관 산업의 발전을 이끌었다.

외식기업은 인간이 살아가면서 계속적으로 섭취해야 하며 죽을 때까지 영양성분이 공급되어야 한다는 기본적인 생리적 욕구차원에서 연구되어야 한다. 특히 잘 살아야 한다는 인간의 소박한 꿈과 선진국으로 갈수록 국민들의 복지와 혜택을 중요시하는 매개산업으로 더불어 성장할 수밖에 없는 원동력이 되었다. 이러한 관점에서 음식은 생리적인 욕구 해결과 휴식, 화목, 체험, 분위기 등 다차원적으로 이해되어야 한다.

1) 마케팅의 개념적 변화

(1) 고객 지향적

현대의 기업들은 계속적으로 성장해야 되는 생존의 본능으로 고객의 필요를 파악하고자 노력한다. 그들의 욕구를 해결하는 과정에서 고객지향성을 우선순위로 두며, 특히 사전기대 이상의 고객만족(customer satisfaction)을 증가시키기 위하여 기업의 최대 목표로 삼고 있다. 고객은 자신이 원하는 제품과 서비스를 얻는 과정에서 체험 후 만족정도에 따라 구전하거나 재방문하게 된다.

최근 소비자의 요구는 점점 까다로워지고 있다. 정보기술의 발달은 더 넓은 세상의 고급정보를 쉽고 빠르게 얻을 수 있는 문명의 혜택으로 그들의 선택폭은 넓어지고 있다. 하지만 갈수록 까다로워지는 고객 취향에 맞추어야 되는 전략 부재는 기업 스스로 혁신적인 지향성을 창출하지 않으면 생존하지 못하는 이유가 된다.

예를 들어, 레스토랑의 특정 메뉴상품이 널리 알려져 있다면 단골고객이 많을 것이다. 이러한 가운데 많은 사람들은 알려진 메뉴상품을 타인에게 전달하려 노력할 것이며, 그 와중에서도 관련정보를 얻은 다수의 수익자들은 프랜차이즈화하거나 특정 지역 가맹점 개설을 권장할 것이다. 또한 유사메뉴를 판매하는 점포들도 늘어날 것이며 그러한 여러 가지 계기로 점포의 전체적인 이미지는 유명세를 타게 되어 긍정적으로 사람들의 입에 오르내리게 된다. 레스토랑의 경영자 입장에서는 고객들을 유지하거나 관리하는데 유리한 입장을 가질 수 있으며, 새로운 고객을 확보하는데도 도움이 될 것이다. 따라서 충성도 높은 고정 고객들을 확보할 수 있으며, 이들을 통하여 자연스럽게 신규 고객들에게도 영향을 미칠 수 있다. 이에 기업의 고객 지향적 행동은 계속적으로 성장할 수 있는 동인이 된다.

(2) 이익 지향적

외식기업은 고객의 배고픔을 해결하는 생리적 욕구 차원에서 그들의 필요에 따른 편익적 혜택을 제공하면서 적정이윤을 창출하게 된다. 레스토랑 특성상 음식을 생산하는 기업은 맛있는 메뉴와 인테리어 시설이 잘되어 있는 분위기 있는 점포에서 직원들의 세련된 접객력을 바탕으로 고품질을 제공하려 노력한다. 이러한 물리적 환경 내 상징물이나 접근성, 편리성, 주변 업종과의 조화, 고객층 등에 따른 입지는 고객을 끌어들이는 훌륭한 전략이 된다. 고객은 항상 자신이 투입한 비용대비 혜택차원을 따지는 버릇이 있다. 그들은 습관적으로 경쟁기업과 비교하는 것을 즐기며, 만족 유무에 따라 타인에게 구전하게 된다.

예를 들어 건대상권은 짧은 시간 대한민국의 상징적 시장으로 성장하였다. 주변의 건대와 세종대, 한양대의 젊은 대학생들을 비롯하여 롯데백화점, 스타시티 건물, 어린이 대공원, 아차산, 2호선 7호선, 강변역 등의 쉬운 환승으로 상권은 자연스럽게 다양한 고객을 수용할 수 있게 성장하였다. 이곳은 여러 업종을 통하여 이익을 실현하는 다양한 메뉴상품이 주변에 형성되면서 상권의 우수성으로 외부 고객까지 끌어들이는 상권으로 진화하였다.

최근 기업들은 내부 직원들의 복지와 근무환경을 개선시키는 변화의 바람까지 수용하면서 이익 지향적인 마인드를 고취시키고 있다. 그들을 만족시킬 수 있는 보상과 승진, 승급, 인센티브, 창업기회 제공, 아이템 개발 등 내부마케팅을 강화하고 있다. 이러한 만족도는 장기적인 이익확보 수단으로 판매량을 늘리거나 가격을 낮추어 더 많은 사람들의 방문을 유도하는 만큼이나 그 역할에 있어 영향을 미친다. 따라서 기업은 자연스럽게 이익지향적인 태도를 가지게 되며, 직원과 기업의 사회적 책임에 대한 기여를 통하여 전체적인 이미지를 향상시킬 수 있다. 따라서 기업의 성장은 프랜차이즈화·체인화 등 규모의 경제성을 실현할 수 있어 이익을 향상시키는 지향성에서 가능하게 된다.

(3) 통합과 조정

외식기업은 인적자원의 의존도가 높아 일반적인 기업과 다르게 직원 운영의 어려움을 겪고 있다. 특히 고객과의 빈번한 접촉으로 커뮤니케이션 과정에서 자연스럽게 인간관계가 형성되지만 전달과정의 접객행동은 서비스품질로 평가받게 된다. 서비스는 개별 직원의 능력에 따라 차이가 날 수 있다. 따라서 유능한 인재를 선발하여 채용하는 것도 중요한 경쟁요소가 될 수 있다.

특히 개별 점포마다 가지는 다른 구조와 형태 속에서 고객을 만족시키기 위하여 노력하지만 운영 매뉴얼이나 시스템은 각 영업장마다 다른 특징을 나타낸다. 이러한 평가요소는 고객이 레스토랑을 내방하는 순간부터 직원의 주문 순간과 접객자세, 음식의 기물과 소재, 데코레이션, 서빙과정 등에서 음식의 외적인 요소까지 전체적인 품질로 평가된다. 이러한 과정을 통하여 형성된 품질은 레스토랑의 물리적 환경 내 유형적인 시설이나 접객과정, 부가서비스 등 다르게 느낄 수 있어 통합과 조정을 필요로 한다.

레스토랑의 직무는 사람에 의하여 수행되기 때문에 인적자원의 원활한 수급과 서비스 마인드, 세련된 접객력, 친절함, 용모, 단어선택, 복장 등 체계적인 운영시스템을 필요로 한다. 그러므로 대고객 서비스차원에서 레스토랑의 기능적 조정(coordination)과 통합(integration)은 고객과 고객 간, 고객과 직원, 고객과 고객 간 커뮤니케이션(two-way communication)을 통한 목적을 달성할 수 있다.

2) 마케팅의 핵심개념

마케팅이 무엇인가를 좀 더 명확하게 이해하기 위해서 〈그림 1-1〉과 같이 요약된 내용을 바탕으로 핵심개념들을 알아보기로 한다.

출처 : Kotler, Bowen & Makens(1996). Marketing for Hospitality & Tourism, Prentice-Hall, p. 23

〈그림 1-1〉 마케팅의 핵심개념

(1) 필요와 욕구

마케팅의 핵심적인 개념은 개인과 조직의 필요(wants)와 욕구(needs)를 사전에 파악하여 이를 충족시켜 주는 것이다. 필요란 인간이 가지는 생리적인 욕구를 해결하는 차원에서 부족함을 느끼는 상태를 의미한다. 사람들이 배고프면 음식을 섭취하고

추위를 느끼면 의복을 입고, 어두워지면 수면을 취하는 것처럼 기본적인 행동으로 하루의 피로를 풀고 재충전을 위하여 휴식을 취하는 행동 등을 포함한다.

욕구는 필요를 충족시켜 줄 수 있는 구체적인 수단과 방법으로 그 해결책을 제시할 수 있는 전략이다. 즉 유기적인 행동반응을 일으키게 하는 내부원인으로 생활 속에서 물은 식물이나 동물에 절대적으로 필요하지만 이것이 없을 때는 이를 얻으려고 하는 긴장상태가 발생하게 된다. 이러한 긴장상태의 원인을 욕구라 하며 욕구를 충족시키기 위한 동기가 발생하게 된다. 인간의 욕구는 동물과 다르게 순수한 형태의 행동으로 나타나기는 어렵다. 하지만 선천적으로 고정되어 있는 것은 아니지만 그 기준이나 정도는 주관적 또는 상대적으로 사회, 경제, 문화적인 현상에서 영향을 미친다. 따라서 생활 속에 일어나는 고통이나 회피, 배설, 휴식 등과 성욕, 임신후의 모성애, 집단생활을 영위하고자 하는 협력, 집합, 자아실현, 경쟁, 공격 등 어떤 행동을 일으키는 원동력으로 동인(drive)이 된다. 예를 들어, 허기진 배고픔을 해결할 수 있는 방법으로 빵, 김밥, 라면, 햄버거, 과자, 떡 등이 떠오를 것이다. 하지만 인간은 먹기 위하여 구체적인 방법을 찾게 되며, 어떠한 빵을 어디에서 사먹을 것인가에 대한 수단과 방법차원에서 배고픔은 욕구를 해결하는 수단이 될 수 있다.

일반적으로 마케팅은 필요와 욕구에 대한 개념을 구체적으로 구분하지 않고 사용해 왔다. 경영학에서 사용되는 거래 과정의 교환에서 발생한 용역과 재화, 서비스 등의 시장원리로 그들에게 제공되는 광고정도로 이해하였던 것이 사실이다. 이러한 개념은 각 산업마다 가지는 고유특성을 제대로 반영하지 못한 오류의 결과라 하겠다. 따라서 사회 구조적인 복합 현상을 이해하는데서 마케팅은 시작된다 하겠다.

인간은 누구나 생리적인 욕구(Abraham, H. Maslow. 1908~1979)를 해결하려 노력한다. 이를 바탕으로 안전의 욕구와 사회적 욕구, 존경의 욕구, 자아실현의 욕구를 실현하게 된다. 이러한 욕구충족은 상호 간의 교환을 통하여 거래가 형성되며 여기에서 창출하는 결과를 바탕으로 평가하게 된다. 따라서 여러 가지 사회 현상에서 필연적으로 생성되는 다양한 상황을 이해할 필요성이 있다.

최근 앨빈 토플러(미국, 1928) 등 미래학자들이 예견한 기업의 생산자(producer)와 소비자(consumer)를 합성한 프로슈머(prosumer)가 활발하게 전행되고 있다. 소비는 물론 제품개발을 위한 아이디어와 생산, 유통, 판매과정에까지 직접 참여하는 생산적 소비자를 의미한다. 기업이 신제품을 개발할 때 일방적으로 기획하여 생산하는 시대에서 소비욕구를 파악하여 고객만족을 강화하는 단계로 진화하고 있다. 이러한 프로슈머는 소비자가 직접 상품개발과 아이디어를 제안하면 기업이 이를 수용하여 신제품을 개발하는 것으로 고객만족을 최대화시키는 전략이다. 과거에는 제품평가를 통하여 생산과정에 의견을 반영하거나 목표고객을 대상으로 간접적으로 참여하여 영향력을 행사하는 정도였다. 하지만 디지털시대의 프로슈머는 직접적으로, 때론 과격한 방법으로 자신의 의견을 반영하도록 압력을 가한다. 인터넷을 통한 댓글이나 평가후기 등 활발하게 의견을 개진하거나 불매운동 등 사이버 시위도 서슴지 않는다. 따라서 고객의 필요와 욕구를 충족시키지 않은 기업은 살아남기 힘들다는 것이다. 이를 위하여 기업들은 새로운 전략방안으로 제품의 생산과 서비스를 개발하는 과정에 고객이 참여할 수 있는 프로슈머 마케팅(prosumer marketing)을 적극 활용하고 있다.

외식기업들은 소비자와 가교역할을 하는 제3의 소비자인 프로슈머(Prosumer)를 활용하는 마케팅활동에 주목하고 있다. 기업의 경영과정에 대한 개선사항을 제안하는 수준을 넘어 변화의 방향과 아이템제공 등 싱크탱크 역할을 하는 이들에게 귀 기울이고 있다. 이들의 역할에서 개인적 능력에 대한 수용범위를 넓히고 있으며 고객의 소리에 귀를 기울이는 등의 지향성으로 마케팅활동은 강화되고 있다.

프로슈머를 활용하는 대표적인 업체는 놀부NBG를 예로들 수 있다. 2008년부터 '놀부 서포터즈' 회원을 모집하여 전국 놀부 브랜드 중 지정매장을 방문하여 서비스 및 품질 등을 점검하고 다양한 아이디어를 제안하는 프로그램이다. 대학생 및 주부로 구성된 놀부 서포터즈는 '내가 마케팅 담당자라면, 혹은 CEO라면 이렇게 개선하겠다'는 제안사항을 작성하여 관련 부서 담당자에게 제언하는 방식이다. 서포터즈의 의견은 담당부서에서 CEO까지 전달되어 장·단기적인 계획에 반영하는데 단기에 적용할 수 있는 부분은 당장 활용하고 있다. 다양한 아이디어를 수용하고 문제 원인을 소비자로부터 직접 청취하는 것은 물론 대안까지 제시받는 점이 프로슈머의 장점이라 하겠다. CJ푸드빌도 'Tasty Club 체험단'을 모집하여 메뉴 개발에 앞장서고 있다. 미스터피자의 경우는 트위터 등 SNS를 활용하여 '미스터피자 Mayor'를 운영하고 있다. 관련 트윗 생성과 온라인 활동에 주목하며 신제품 개발이나 매장체험 및 마케팅 아이디어 공모활동까지 다양한 방법으로 운영되고 있다. 최근 각 기업들은 여성 고객들을 주축으로 서포터즈 모집에 경쟁적으로 뛰어들고 있다(식품외식경제, 2011. 1.28). 채선당은 '샤브미인 1기' 창단을 위한 프로슈머 모집에 나섰다. 여성 고객을 중심으로 발족된 프로슈머 팀은 샤브 미인으로 활동할 경우 온·오프라인 홍보활동에 따른 교통비, 식사권 등을 지원하며 서울, 경기권 30~40대 여성들을 대상으로 카페(cafe.naver.com/shabu)에서 직접 신청 받고 있다.

외식전문기업 아모제도 '아모젠 애니(Anny)'로 명명된 서포터즈를 모집하고 있다. 홈페이지를 통하여 서울 및 수도권 내 거주자로 외식에 관심이 많거나 스스로 트렌드에 민감한 또는 호기심이 많은 20~30대 여성이면 누구나 지원 가능하다. 활동기간은 6개월로 이 기간 동안 아모제의 마케팅 업무와 체험기회를 얻으며 시장조사, 메뉴 시식, 모니터링, 프로모션 아이디어, 온라인 홍보, 리포트 제출 등에 참여하게 된다. 최종적으로 선정된 서포터즈 전원에게는 매월 아모제 여러 브랜드를 이용할 수 있는 5만 원 상당의 식사권과 서포터즈 명함 및 단체 티셔츠를 제공하며, 우수 서포터즈를 선발하여 별도의 포상을 하고 있다.

(2) 메뉴상품과 서비스품질

외식기업에서 제공하는 메뉴상품과 서비스 품질은 고객과의 교환에서 창출되는 상품으로 그 속에서 이루어지는 재화와 용역, 인적자원, 물리적 자원, 서비스 등은 마케팅 전략의 주체가 된다. 개인의 욕구를 충족시켜 줄 수 있을 뿐 아니라 거래를 통하여 아이디어를 얻거나 정보제공, 매출향상 등 상품개발에 기여하게 된다. 이러한 주체는 기업목표와 개인 목표를 달성하는 욕구 차원에서 자연스럽게 소비자의 요구를 수용할 수 있으며, 생산과 소비에 기여하게 된다.

외식상품은 유형적인 재화와 용역만을 의미하는 것이 아니라 무형의 서비스와 입지, 조직의 구성원, 직원의 개별능력 등 시장에서 제공할 수 있는 모든 편익적 혜택 모두를 포함한다. 최근 이러한 편의점을 중심으로 진화를 거듭하고 있다. 편의점은 동네 구멍가게를 대신하여 담배, 음료수가 주력 상품이었지만, 이제는 배고픔을 해결할 수 있는 간단한 음식을 판매함으로써 고객들에게 사랑받고 있다. 특히 삼각 김밥으로 대표되는 품목의 다양화는 편의성이나 신속성으로 경쟁력을 확대시키고 있다.

훼미리마트는 설 연휴를 맞아 '설음식 도시락'을 한정 출시하였다. 차례를 못 지내고 여행을 떠나는 고객들과 고향에 내려가지 못하는 싱글 족들이 간편하게 명절 분위기를 즐길 수 있도록 설 기획 상품을 선보인 것이다. 먹거리 고급화를 위해 빅 마마로 유명한 요리전문가 이혜정 씨와 협약을 맺어 레시피를 적용한 삼각 김밥, 색깔 김밥, 도시락 등을 개발하여 판매하고 있다. 연예인이자 식품업체 경영자인 홍진경 씨와 손잡고 소규격 수제반찬 '홍진경 더찬'을 출시하기도 하였다. 설을 맞아 문옥례 명인의 '순창고추장', '김규흔 한과', 우희열의 '한산 소곡주' 등 농림수산식품부가 지정한 명인들의 상품을 선보이고 있다.

GS25는 편의점 최초로 과메기를 판매중이다. 포항 사람들만 알던 과메기가 전국적인 겨울 별미로 알려지면서 인기가 해마다 높아지고 있다. 과메기 판매를 시작하면서 1~2인이 먹기에 적당한 소용량(100g)으로 포장하고 커팅된 과메기와 함께 초고추장, 김, 물티슈, 젓가락까지 제공하여 즉시 식사가 가능하게 하였다. 과메기와 함께 반 건조된 오징어도 판매한다. 남녀노소 누구나 좋아하는 음식으로 과메기 못지않은 인기를 누리고 있다. 편의점에서 지역 특산물을 소용량, 소포장 상품으로 개발하면서 고객들이 보다 편리하게 구매할 수 있을 것이라는 판단에서이다. 전국적인 다양한 특산물의 개발과 신제품을 선보일 것이라는 소식이다(머니투데이, 2011.1.31).

(3) 교환

인간은 일상적인 생활 속에서 교환을 통하여 자기가 생산할 수 없는 상품을 획득할 수 있다. 그것은 원시적인 경제생활을 영위할 때부터 시작되었으며, 사회적으로 분업이 활발해지면서 현재처럼 생산력이 높아졌다. 상품과 상품의 직접교환에서 상품과 화폐, 화폐와 상품이라는 간접교환으로 바뀌면서 재화가 교환의 매개역할을 하고 있다. 또한 사회적으로 분업화되면서 생산하는 재물이 시장에 기여하며 급속하게 발달하였다. 이러한 분업과 교환은 서로 의존적으로 성행하여 성장하면서 확대되었다. 화폐의 교환에서 이윤을 얻는 것은 생산된 재물이 상품으로서 가치가 있어 가능하게 되었다. 따라서 자본주의 사회에서는 최고의 상품경제와 교환경제가 생기게 되었다.

사람들이 살아가는 세상은 상호 간의 거래 교환(exchange)을 통하여 그들이 원하는 욕구를 충족시키는 순환과정에서 이루어지게 된다. 상품을 생산하는 기업과 소비자는 제품 교환을 통하여 재화나 용역을 창출하며 서로 간의 원하는 목적을 달성할 수 있다. 거래의 교환은 마케팅의 핵심개념으로 쌍방 간 대상이 있어야 가능하다. 상대방이 원하는 가치는 상호 간의 교환에서 제품과 재화에 국한된 것이 아니라 당사자 간 의미 있는 아이디어와 정보적 가치를 제공하는 교환을 통하여 성립될 수 있다.

예를 들어 최근 우후죽순처럼 생겨나는 SNS는 개인적 소개나 즉석 만남에 초점을 두어 이용되고 있다. 이러한 가운데 대학생들이 카페와 도서관을 전전하며 만든 재능교환 서비스 앱이 사람들의 관심을 끌고 있다. 피플게이트는 개인의 재능과 관심사를 통하여 더 많은 사람들을 손쉽게 효과적으로 연결시켜주는 서비스 프로그램을 개발하여 창업 경진대회에서 최우수상을 받았다. 대학생 팀으로는 드물게 경기도 우수창업 사례에 선정되기도 하였다. 이들은 재능교환과 관심사를 키워드에 연결시켜 대화를 나눌 수 있도록 한 것이다. 얼핏 화면을 보면 일반 메신저와 다른 점이 없기도 하지만 이 앱에는 전화번호에 있는 친구들의 리스트만 있는 것이 아니라 나와 서로 도움을 주고받을 수 있는 즉, 같은 목적을 가진 지인 외 친구들에게 소개되는 특징이 있다(전자신문, 2013.5.13).

최근 재능마켓이나 렌덤 채팅 공간 내, 불건전한 분위기가 형성되는 경우가 많았는데, 피플 게이트는 익명으로 운영이 되고 있음에도 자체적으로 건전한 소통 공간이 만들어지고 있다는 입소문으로 인기이다. 현재 마술재능, 나눔, 영상편집, 손 편지, 캘리그라피(calligraphy) 등 다양한 재능과 관심사를 사람들이 공유하며 따뜻한 네트워크를 만들어갈 수 있는 능력 있는 자원을 모집하고 있다. 모바일에서 이러한 건전한 소통공간이 있을 수 있을까 싶을 정도로 좋은 분위기가 연출되고 있지만 염려되는 것도 있다. 이익을 추구하는 사람들에게 각종 홍보가 쉽게 노출된다는 단점이 있다. 본사에서는 서비스 내 영업행위가 금지되어 있지만 24시간 모니터링을 하는 것은 쉽지 않은 일이다. 따라서 그와 관련된 안전장치의 추가적 제시와 '착한 어플'의 스마트폰을 활용하여 재능교환이 이루어지는데 관심을 가져보기를 권장한다.

(4) 시장

시장은 입지의 위치와 거래의 교환이 이루어지는 장소적 역할뿐 아니라 전통적으로 제품을 사고파는 정보, 만남, 화합의 순기능을 한다. 재래시장의 기능에서 사람들이 자연스럽게 모이는 사이버 공간에서 거래가 이루어지는 모든 곳을 의미한다. 현재의 시장은 인터넷 쇼핑몰과 TV 홈쇼핑, 방송, 스마트폰(smartphone), 소셜 커머스(social commerce) 등 가상의 사이버공간에서부터 벼룩시장, 관공서를 통한 중고장터, 부녀회를 통한 지역 알뜰시장 등 다양한 상품거래가 직접 이루어져 그 범위가 확장되고 있다. 특히 시장은 제품이나 서비스 교환은 물론 직·간접적으로 잠재고객의 수요를 자극하여 거래를 촉진시키는 장소적 역할을 한다. 상호 간의 재화를 바탕으로 물물교환이 이루어지는 상품은 미적 아름다움뿐 아니라 고객의 기호와 취미, 혜택차원에서 가치를 제공하고 있다. 이러한 편익은 기업경영 전략에서 영향을 미치며, 소비자의 발걸음을 멈추게 하여 점내로 끌어들이는 공간연결을 제공할 수 있다.

멋진 디자인으로 승부하여 알짜 회사로 거듭난 사례를 홍성태 한양대 교수는 조선일보(2011.1.5)에 다음과 같이 기고하였다. 3만 달러 넘는 '노키아 버르투(vertu)'는 고가에도 잘 팔리며 기술발전으로 품질이 평준화되었기 때문에 디자인으로 승부가 갈라진다 하였다. 독일의 스포츠용품 업체인 푸마(Puma)는 아디다스(Adidas)를 운영하는 '아디 다슬러'와 동생 '루돌프'가 48년에 설립하였다. 1980년대까지 축구화 브랜드로 인식되어 시장을 선점하였지만, 특색 없는 이 브랜드는 점차 사람들의 기억 속에서 사라지면서 1993년에는 파산 직전까지 몰렸다. 즉 잡다한 디자인은 디자인 만능주의의 위험에 빠뜨리게 된다는 점이다. 이 무렵 새로이 영입된 요헨 자이츠 사장은 생산기지를 아시아로 옮겨 뼈를 깎는 원가 절감으로 이익을 내기 위하여 고군분투 하였다. 1999년 매출액은 3억7,000만 유로로 바닥이었다. 자이츠는 과감하게 전략을 수정하여 세상에서 가장 멋진 디자인 브랜드가 되도록 변화를 시도하였다. 네딜

란드의 유명 디자이너인 알렉산더 반 슬로브의 영입을 필두로 패션 스포츠 브랜드로 반전하게 되었다. 그 결과 7년이 지난 2011년 29억5,000만 유로의 매출에 3억6,000만 유로의 순이익을 달성하는 알짜 회사로 거듭났다. 푸마를 회생시킨 비결은 운동화의 기능에 미적 아름다움을 넣어 디자인에 눈을 돌렸기 때문이다. 신발을 매력적으로 디자인했을 뿐 아니라 의류사업에도 진출하여 승승장구하고 있다.

2004년 초 한국의 모토로라는 '식스시그마(six sigma)'라는 기치 아래 품질경영을 내세우며 경영의 어려움을 해결하려 노력하였다. 내수시장을 장악하고 있던 삼성과 팬택, LG 등 토종 강자들의 등살에 밀려 짐을 싸야 할 형편이었다. 그런 모토로라를 살린 것이 면도날처럼 얇다는 의미의 레이저(Razr)폰이다. 레이저 폰이 특별한 성능을 갖춘 것은 아니다. 다만 디지털 감성에 맞춘 뛰어난 디자인이 판세를 뒤집은 것이다. 레이저 폰은 2007년까지 전 세계적으로 1억대의 판매를 돌파하여 단일모델로 가장 많은 판매를 기록하였다. 디자인은 기업의 성패(成敗)를 좌우하며 기업을 살리기도 죽이기도 한다.

자동차 기업마다 자사의 브랜드가 안전하며 신뢰도가 뛰어나다고 자랑한다. 비슷비슷한 가격대의 자동차라면 성능 차이가 눈에 띄게 두드러지지 않는다. 즉 값싼 시계도 시간은 잘 맞는다. 하지만 글로벌 경쟁시대에 기술에 대한 발전 속도가 빨라 경쟁업체 간의 품질 수준은 평준화되었다. 이러한 차별화가 어려워지면서 고객의 시선을 사로잡은 것이 디자인이다. 전 세계 기업의 화두가 되었으며 품질 신뢰만큼 추가기능 역할을 하였다. 생산형 시대에서 창조적 시대가 도래하면서 창의적인 아이디어는 소비시장에 즉각적으로 반영되어 차이를 만들게 되었다. 소니의 오가 노리오(Ohga Norio) 명예회장은 "우리는 경쟁 제품들이 기술이나 성능 면에서 기본적으로 동일하다고 가정한다. 시장에서 제품을 구별하는 유일한 것은 디자인이며, 그 중요성은 아무리 강조하여도 지나치지 않는다"고 하였다.

둘째, 디자인은 욕구가 아니라 필요이다. 20세기 마케팅의 키워드가 니즈(needs)라면, 21세기는 원츠(wants)란 것이다. 이러한 변화에 대한 전환을 이해하는 것이 중요하다. 소비자의 니즈를 충족시키려면 기능적 효용에 초점을 두어야 한다. 원츠는 비 기능적 욕구에 뿌리를 두고 있다. 그렇다면 원츠란 무엇인가. 예를 들어, 사람들이 넥타이를 매는 이유에서 그 답을 찾을 수 있다. 넥타이 기능은 뭘까? 넥타이 자체는 기능이 없다. 다만 자신을 표현하고 개성을 드러내 사회적으로 자신의 지위를 나타내는 원츠가 있을 뿐이다. 그러나 원츠의 관점에서 생각하면 수요와 가격의 제한이 없어진다는 점이다. 고전적인 경제학 원리에 따르면 넥타이는 이미 열댓 개 있는 사람이 새로운 넥타이를 선물 받는 경우, '한계 효용 체감의 법칙(Law of diminishing marginal utility)'에 따라 새 넥타이의 효용이 크지 않아야 한다. 하지만 누군가 멋진 넥타이를 선물하면 기존 넥타이와 상관없이 두 개, 세 개 가지고 싶어하는 것이 인지상정이다. 이처럼 원츠의 관점에서 보면 수요에 제한이 없어지기 때문에 시장은 끝없이 진화하며 블루오션(blue ocean)을 창출하게 된다. 따라서 원츠를 자극하는 중요한 역할은 디자인이다. 가격의 상한선이 어디인지 모를 제품들이 나오고 있다. 홍콩이나 싱가포르 등 동남아 시장에서 노키아(Nokia)의 고급 휴대폰 브랜드인 버르투(Vertu)가 한 대당 3만2,000달러를 호가함에도 인기상품으로 부상하였다. 카메라가 달린 것도 아니고, MP3가 내장되어 있지도 않다. 다만 디자인이 남에게 과시하고 싶을 만큼 뛰어나다는 사실이다.

셋째, 제품뿐 아니라 사회와 경제도 바꿀 수 있다. 이러한 파워는 제품에 국한된 것이 아니라 가전제품, 패션, 가구, 자동차 등의 산업 디자인과 광고, CI(corporate identity), 영상, 포장 등의 시각 디자인, 인테리어, 건축, 조경 등의 환경 디자인 등 일상적인 생활 전반에 걸쳐 영향을 미친다.

크리스티안 미쿤다(Christian Mikunda)가 말하는 제3의 공간을 창출하는 것은 디자인이다. 집이 제1의 공간이며 일터는 제2의 공간으로 다른 분위기의 편안함을 가질 수 있는 놀이문화 공간을 의미한다. 예를 들어 스타벅스(Starbucks)는 커피 품질만 갖고 성공한 것이 아니라 고객이 오랫동안 자리를 차지하고 있어도 싫은 내색을 하지 않은 문화를 판매하였다. 오히려 편안한 의자와 무료 인터넷, 아름다운 음악을 제공하여 편안하고 안락한 휴식을 취하도록 도와주고 있다. 자연스럽게 사람들과 만나 기분 좋게 대화할 수 있는 문화공간을 마련해 주었다. 새로운 라이프스타일과 디자인을 통하여 사람들이 스타벅스라는 제3의 공간으로 몰려들게 한 것이다.

일본 도쿄 오모테산도의 비탈진 언덕에는 1927년에 지은 '도준카이 아오야마(同潤會靑山)'라는 아파트가 있다. 그런데 오모테산도가 상업지역이 되면서 세계적으로 유명한 건축가 안도 다다오(安藤忠雄)에게 의뢰하여 이 아파트를 주상복합 상가로 재건축하게 된다. 이 지역은 언덕길이 한 면이 250m나 되는 비대칭의 좁은 삼각형 모양이다. 건물의 높이를 가로수 이하로 해야 하며, 공간을 창출하기 위하여 여러 가지 힘든 제약 조건을 지니고 있었다. 하지만 천재적인 건축가 안도 다다오는 가로수 높이인 지상 3층만큼 지하 3층을 만들어 언덕의 완만한 경사대로 나선형의 계단이자 동선을 만듦으로써 느티나무 가로수 길의 차분한 분위기를 해치지 않으면서 미래지향적인 주상복합 상가지역을 탄생시켰다. 10살의 사고를 가진 어른들을 타깃으로 2006년에 개장한 오모테산도 힐즈에는 38동의 아파트와 90여 개의 다양한 상점이 들어섰다. 나이가 들어도 멋쟁이로 살고 싶어 하는 사람들로 늘 북적이고 있다. 이처럼 디자인은 소비자 만족을 넘어 행복 수준과 생활변화, 사회에 활력을 불어넣는 구심점이 된다.

넷째, 섣부른 디자인 경영은 실패를 자초한다. 디자인은 만병통치약은 아니다. 오히려 잘못 관리된 디자인은 화를 자초할 수 있다. 1999년 3억 원의 자본금으로 설립된 제조업체 레인콤은 경쟁의 구도를 차별화함으로써 새로운 시장을 선도하게 되었다. 아이리버(iriver)라는 독자 브랜드로 미국 최대의 가전업체 베스트바이(Best Buy)에 입점하였다. 한때 미국시장의 점유율 1위에 오르는 기염을 토하면서 2000년 매출액이 80억 원에 불과하던 기업이 2004년에는 4,540억 원 매출에 651억 원의 이익을 내는 기업으로 성장하였다. 성능과 프리즘 모델의 뛰어난 디자인으로 세계시장에 우뚝 선 것이다.

디자인 경영에도 아이러니하게도 함정이 있다. 여러 종류의 디자인을 다산(多産)하는 데 몰두하면 정체성(identity)이 없어진다. 잡다한 제품을 생산하게 되는 것이다. 시장의 반응은 즉각적이며 냉혹하다. 2005년 4분기에 389억 원의 손실을 시작으로 연속 4분기 동안 1,121억 원의 손실을 기록한 것이다. 날개 없는 추락을 계속하던 레인콤은 디자인의 콘셉트를 재정립하고 정체성을 확립함으로써 최근 간신히 흑자로 돌아섰다. 눈을 끄는 디자인은 소비자가 일단은 반응하기 때문에 자칫 디자인을 위한 디자인에 빠지기 쉽다. 그러다보면 본질을 망각한 채 겉모양의 외장 디자인만 신경을 쓰게 된다. 디자인은 소비자를 관찰하여 나온 아이디어나 눈에 보이지 않는 감성, 오감을 감지할 수 있는 색채, 형태, 소리와 맛 등으로 형상화하는 작업이다. MP3 제품을 뒤늦게 만들기 시작하여 아이팟으로 시장을 석권한 애플의 스티브 잡스는 "내가 젊은이들과 어울려 그들의 생각과 생활을 직접 체험해 보고서야 그들이 원하는 디자인을 만들 수 있었다."고 하였다. 결국 디자인이란 신제품의 이노베이션과 창의적 아이디어를 소비자에게 보여주는 것으로 겉모양만을 이야기하는 것은 아니라는 사실이다.

다섯째, 21세기의 먹거리 문화는 디자인에서 출발한다. 정조가 2년 9개월에 걸쳐 축성한 수원 화성은 아름다운 성곽 중에서도 으뜸으로 꼽힌다. 다산 정약용의 실학정신에 근거하여 실용적이면서 아름답게 축조된 화성은 유네스코 세계 문화유산으로 지정된 건축물이다. 성곽의 실용성뿐 아니라 외모에까지 심혈을 기울이는 왕을 의아하게 생각한 신하들에게 정조는 이렇게 말하였다. "어리석은 자들이로다. 아름다움이 바로 힘이니라!"라고. 현재의 화두는 상상력과 창의력, 컨버전스(convergence)와 이노베이션(innovation)이 반영된 디자인이 핵심이다. 소비자는 변화와 혁신을 느끼며 확인하는 통로이다. 우리에게 유일한 만국 공통어가 있다면 오직 디자인이다. 따라서 핵심 역량으로 삼지 않고는 결코 앞서나갈 수 없다. 21세기 우리의 먹거리는 바로 디자인에 그 희망이 있다 하겠다.

(5) 고객가치와 만족

일상적인 생활 속에서 자신의 필요와 욕구, 감정, 의지를 충족시켜주는 모든 것은 가치 있는 것이다. 상품과 같이 욕구충족 가치 외 쾌적함, 건강과 같이 인간의 정신적 활동이 주는 만족감도 가치라 할 수 있다. 여기에는 논리적 가치와 도덕적, 미적, 종교적 가치로 분류할 수 있다. 하지만 인간생활을 떠나 존재하는 것이 아니라 가치를 감독하는 인간이 있어야 존재할 수 있다. 따라서 가치가 생기기 위해서는 대상에 관계하는 일정한 태도, 평가가 예상되며 그러한 평가 작용의 주체인 성격에 따라 개인적, 사회적, 자연적, 이상적으로 구별된다. 따라서 고객 자신이 특정대상에 대하여 중요하게 생각하는 정성을 나타내며, 서열 및 순위라 할 수 있다. 그렇다면 고객가치는 무엇일까?

고객가치(customer value)는 기업의 제품이나 서비스를 고객자신이 얻는 과정에서 중요하게 생각하는 정도를 의미한다. 기업 입장에서는 수익성 있는 고객과 연계하여 그 가치를 제공하려 한다. 그들의 생애가치를 통하여 업 셀링(up selling)을 유도할 수 있다. 어떤 고객을 대상으로 더 큰 가치를 제공할 수 있으며 잠재가치가 누가 더 높은지 분석하여 촉진 전략을 전개하여야 한다. 또한 포트폴리오(portfolio) 전략에 따라 적절한 투자와 서비스를 제공하려면 그들의 기호와 선호도, 특징에 대한 지식이 필요하다. 그러므로 기대하거나 획득하면서 지출하는 비용과 시간 간의 차이에서 발생하는 가치 있는 행동은 상품이나 서비스의 품질을 통하여 관심과 만족감을 표시할 수 있다. 이와 같이 기업은 자사제품에 대하여 지각된 가치를 증대시키기 위하여 마케팅 전략을 추진하고 있는데 고객 개인에게 얼마나 더 큰 가치를 제공할 것인가를 고려하여야 한다.

고객만족(customer satisfaction)은 제품을 구매하여 사용한 후 느끼는 감정으로 심리적으로 만끽할 수 있는 충만감을 의미한다. 이러한 만족은 기대에 대한 실제 평가에서 차이가 나며 성과가 좋으면 만족도가 높아진다. 이러한 만족도는 기업이 제공하는 제품을 재구매하거나 재방문함으로써 충성도를 높일 수 있다.

최근 소비자는 자신이 원하는 필요 제품을 직접 만들어 사용하는 창조적 소비 흐름을 보이고 있다. 즉 크레슈머(cresumer)의 개념으로 소비자가 제품을 구입하고 그 제품을 소비하는 동안 서비스품질에 대한 혜택을 제공하여 만족시키는 전략에서 시작되었다. 예를 들어, 주부 허은주(35) 씨는 최근 2만 원을 주어 엄마 표 영어책을 만들었다. 딸이 놀이를 통하여 영어를 배울 수 있도록 영어 동화책을 만든 것이다. 아이 사진을 캐릭터에 입혀 만든 맞춤 동화라 딸아이의 반응도 좋은 편이다. 얼굴이 들어간 책은 교육뿐 아니라 소장가치가 있어 엄마들 사이에 인기가 높다. 숫자놀이, 알파벳 놀이 등 놀이북도 따로 만들어 사용하고 있다(한국경제. 2011.6.29).

크레슈머(cresumer)는 창조(creation)와 소비자(consumer)의 합성어로 나만의 제품을 만들어 사용하는 적극적인 소비자들을 의미한다. 기존제품을 사용하여 평가하는 데 그치는 것이 아니라 직접 자신의 입맛에 맞는 제품을 만들어 소비하는 고객들이 늘어나면서 이들을 타깃으로 하는 블루오션(blue ocean)시장이 떠오르고 있다. 이러한 시장은 다음과 같은 새로운 시장을 열고 있다.

첫째, 크레슈머 시장은 디지털의 르네상스를 열었다. 대표적으로 프린팅 분야에 꽃을 피우고 있다. IT 정보기술의 발달은 인쇄 방식이 디지털로 바뀌면서 몇 만부가 아닌 한두 권의 책을 값싸게 만들어낼 수 있게 하였다. 여기에 직접 나만의 책을 만들고 싶어 하는 소비자들의 욕구가 맞아 떨어지면서 프린팅 시장이 급속도로 성장하고 있다. 스냅스(snaps), 스탑북(stopbook)과 같은 온라인 사진인화 업체들도 속속 생겨나 포토에세이 북과 같은 서비스를 선보이고 있다. 프린터 업체도 크레슈머 덕을 보고 있다. 디지털 프린팅 장비를 판매하는 한국HP의 그래픽 솔루션 사업부는 6월말 기준 매출이 전년 동기 19% 증가하였다. 소비자들의 아이디어에서 출발한 개인별 맞춤 출판시장이 커지면서 그들과 라이선스를 맺어 주문형 출판 사업을 운영하고 있다.

둘째, 넷 북(netbook)의 소비가 활성화되면서 오버 클럭킹(over clocking)시장이 성장하고 있다. 싸고 가벼운 넷 북을 구입하는 사용자들이 늘어나면서 업체들도 덩달아 늘어나는 추세이다. 크기는 작지만 저 사양 제품을 사용한 넷 북의 성능을 한 단계 높여주면서 메인보드를 비롯하여 비디오 카드, 프로세스 등의 속도를 높이는 일종의 디지털 튜닝으로 이용자들의 입맛에 맞는 제품을 변신시켜 준다. 이노베이션 티뷰 등 10여 개 안팎의 관련 업체들이 사업을 벌이며, 이용자들이 늘어나자 인텔은 아예 오버 클럭킹 전용 프로세서인 코어 i5655k · i7875k를 내놓았다.

셋째, 카메라, 스마트폰 액세서리 시장도 덩달아 성장하고 있다. 올림푸스 한국은 자사 하이브리드 카메라 사용자들이 '펜'을 직접 만들어 자신만의 카메라 집을 사용하는 것을 보고 아이디어를 냈다. 그들의 입맛에 맞는 가방과 끈을 만들어 팔기로 한 것이다. 파트너는 가방 사업을 벌이는 루이까또즈(louis quatorze)로 30만 원대에 선보인 액세서리가 불티나게 팔려나가자 한정판으로 진행하였던 액세서리 사업을 확장하였다. 최근에는 19만 원대로 기획한 카메라 가방 등 액세서리 신제품이 출시되자마자 매진되어 예약주문을 받는 상황이다.

가격비교 사이트인 다나와(danawa)는 "애플의 아이폰이 인기를 끌면서 자신만의 스타일로 휴대폰을 꾸미려는 사람들이 늘어나고 있다"고 소개하였다. 휴대폰용 스킨, 커버 등 관련 시장 규모는 계속적으로 성장하여 2조 원대로 육박할 것으로 예상하며 그들에 맞는 촉진 전략을 추진하고 있다.

2. 마케팅의 이해

1) 마케팅의 정의와 개념

(1) 마케팅의 정의

NAMT(National Association of Marketing Teachers, 1936)는 마케팅에 대한 정의를 생산에서 소비에 이르는 전 과정에서 생성되는 재화와 용역, 서비스가 창출되는 기업 활동이라 하였다. 미국마케팅협회(AMA : America Marketing Association, 1948년)는 생산자로부터 소비자 또는 사용자에게 재화 및 서비스가 유통되도록 하는 기업 활동이라 하였다. 이후 시대의 발전 상황과 학자들의 연구에 따라 그 개념이 조금씩 다르게 해석되었다. 하지만 마케팅의 아버지라 불리는 코틀러(Philip Kotler, 1931)는 "개인과 조직의 필요를 파악하기 위하여 시장을 조사하며 이를 상품화하여 가격을 설정하고 유통과 촉진을 바탕으로 욕구를 충족시키는 일련의 과정이라 하였다. 이후 환대산업(hospitality industry)은 물리적 증거(physical evidence), 프로세스(process), 사람(people) 등을 추가하여 그 중요성을 제시하고 있다. 과거는 판매의 한 개념으로 인식하였지만 현재는 독립된 마케팅 영역으로 일반화 되어 전 산업으로 확장되어 운영된다.

선행 연구자들이 말하는 마케팅의 정의를 종합하면 다음과 같다. "개인과 집단이 상품과 가치를 창조하기 위하여 타인과의 교환을 통하여 용역을 발생시키며 그 와중에 그들이 원하는 필요(wants)와 욕구(needs)를 파악하여 이를 충족시켜주는 일체의 활동과정"으로 정의할 수 있다.

한국마케팅학회에서 제시하는 정의와 특징은 다음과 같다.

한국마케팅협회(KMAL : Korean Marketing Association)는 개인과 조직이 자신의 목적을 달성하기 위하여 교환을 창출하며, 이를 유지할 수 있도록 시장을 관리하는 과정이라 하였다. (Marketing is the process of defining and managing markets to create and retain exchanges by which organizations or individuals active their goals.)

KMA는 다음과 같은 특징을 제시하고 있다.

첫째, 마케팅 주체는 개인 또는 조직이 될 수 있으며, 이익추구와 상관없이 모든 조직을 포함한다.

둘째, 개인과 조직은 교환의 거래를 통하여 자신의 목적을 달성할 수 있다.

셋째, 유형적인 제품과 무형적인 서비스, 아이디어, 사람, 조직, 장소, 국가, 운동경기 등 개인과 조직이 제공할 수 있는 촉진요소를 의미한다.

넷째, 고객은 교환을 통하여 신규고객이나 고정 고객과의 관계를 통하여 계속적으로 유지하고자 한다.

다섯째, 마케터가 수행하는 활동은 성공적인 목적을 달성하기 위하여 시장을 적절하게 이끌어가는 기본적인 과업이다.

여섯째, 시장을 관리한다는 것은 마케터가 자신이 원하는 방향으로 행동할 수 있도록 하는 것이다. 여기에서 제공되는 상품개발과 가격결정, 유통, 촉진, 커뮤니케이션, 여론형성, 트렌드 등은 기업이나 자치단체, 정부의 노력으로 빛날 수 있다. 따라서 환경이 변하면 새로운 마케팅 믹스 요인이 창출하게 되는 것이다.

미국 마케팅학회에서 제시하는 마케팅 정의와 특징은 다음과 같다.

미국 마케팅협회(AMA : American Marketing Association)는 "개인과 조직의 목적을 달성하기 위하여 상호교환을 창조하며 재화나 아이디어, 상품, 서비스의 용역을 제안하여 가격을 결정하고, 촉진과 유통을 계획하여 실행하는 일련의 과정"으로 정의하였다. (Marketing is the planning and executing the conception, pricing, promotion, and distribution of idea, goods, and services to create exchange that satisfy individual and organizational objectives.)

2004년도에 개정한 마케팅 정의는 다음과 같다.

마케팅이란 가치를 창출하고 고객들에게 소통시켜 전달하는 동시에 개인과 조직의 이해관계자들에게 이익이 되는 방식으로 관계를 강화하는 기능과 관리 과정을 의미한다. (Marketing is an organizational function and a set of processes for creating, communication and delivering value to customers and for managing customer relationships in ways that benefit the organization and it's stake holders.)

첫째, 개인과 조직이 추구하는 목적을 달성하고 상호교환을 창조하는 일련의 과정을 의미한다.

둘째, 교환의 대상은 재화와 아이디어, 서비스, 용역 등을 포함하고 있다.

셋째, 교환을 원활히 하기 위하여 제품을 개발하고 가격을 결정하며 유통과 촉진을 통하여 계획을 실행하는 과정을 의미한다.

(2) 마케팅의 개념

마케팅에 대한 개념은 넓은 의미의 광의의 마케팅과 세분되고 구체적인 협의의 개념으로 분류할 수 있다.

• 광의의 마케팅

코틀러(Kotler)는 개인 또는 조직의 교환을 통하여 소비자의 필요와 욕구를 충족시키도록 유도하는데 관련된 일련의 활동으로 제품이나 서비스가 생산자로부터 소비자에게 이르는 유통과정 상의 사회현상이라 하였다.

• 협의의 마케팅

개별기업의 마케팅 활동으로 소비자들은 기업을 통하여 자신이 원하는 목적을 달성하고 그들을 통하여 만족하려 한다. 이러한 가운데 시장은 경쟁회사보다 더 많은 편익적 혜택을 제공하려 노력하며 기업은 이를 충족시키는 과정에서 추진되는 일련의 마케팅 활동으로 정의된다.

코틀러 (kotler) 마케팅 정의	• 개인과 집단이 상품과 가치를 창조하기 위하여 타인과의 교환을 통하여 그들이 원하는 필요(want)와 욕구(need)를 파악하여 이를 충족시켜주는 일체의 활동과정을 의미한다.
미국 마케팅협회 (AMA)	• 개인과 조직의 목적을 달성하며 상호교환을 창조하기 위하여 재화나 아이디어, 상품, 서비스의 용역을 창안하여 가격을 결정하고 촉진과 유통을 계획하고 실행하는 일령련의 과정을 의미한다.
한국 마케팅협회 (KMA)	• 마케팅은 개인이나 조직은 자신의 목적을 달성하기 위하여 시장의 교환을 창출하고 이를 유지할 수 있도록 관리하는 일체의 과정으로 정의된다.

〈그림 1-2〉 마케팅 개념

3. 외식마케팅의 이해

마케팅은 글로벌 경제상황에서 국가의 경제상황과 시대적 변화와 흐름을 함께 하면서 학자에 따라 조금씩 다르게 정의되고 있다. 마케팅의 아버지라 불리는 코틀러(Kotler)와 AMA, KMA와 일반적으로 널리 사용되는 정의를 참조하였다. 본서는 코틀러와 선행연구자들의 정의를 바탕으로 다음과 같이 정의하였다.

외식기업의 마케팅(foodservice marketing)은 고객이 원하는 욕구를 탐색하여 이를 확인하며, 적합한 메뉴를 조리, 푸드코디(food coordination)하여 가격을 결정하고 유통에 따른 물류흐름과 입지를 결정한다. 또한 시장조사를 통하여 고객이 지불할 수 있는 가격을 책정하며, 메뉴상품의 개발로 다양한 촉진 전략을 추진하는 커뮤니케이션 활동이다. 이와 같이 고객은 다양한 방법으로 서비스상품 생산에 참여하게 되며 이를 전달하는 과정에서 마케팅활동을 실현할 수 있다. 따라서 판매자 입장에서 수행하는 서비스정도가 아니라 고객 입장에서 욕구를 충족시키는 상호작용으로 여기에서 발생하는 일련의 생산활동이라 하겠다.

제2절 | 외식마케팅의 중요성

1. 외식마케팅의 중요성

대한민국에서 마케팅이 차지하는 역할은 1980년도 이전까지만 하여도 판매 방법이나 광고 정도로 인식되었다. 당시에는 국민소득이 낮아 상품공급이 부족하였던 시대로 공급과 수요의 불균형으로 어떻게 하면 많이 만들어 낼 수 있을까? 하는 생산 지향성이 경영전략의 초점이 되었다. 부족한 시대에 고객들은 상품과 서비스를 자신이 원하는 만큼 충분히 구입하는 것만으로 만족하였던 시기였다. 공업화 육성으로 어느 정도 부족한 상품이 해결되면서 기업의 창고에는 재고품이 쌓이기 시작하였다. 따라서 생산 지향적인 시대는 가고 판매 지향적인 시대가 자연스럽게 시장을 지배하기 시작하였다. 하지만 쌓여 있는 재고품을 팔기 위한 판매방법의 개선이 필요하게 되었다. 기업은 생산중심에서 판매부서가 조직의 전체를 대표하게 되었다. 이러한 체계는 판매자가 시장의 독점적 주도권을 갖는 판매중심 시장으로 전환되는 시발점이 되었다.

특히, 산업혁명에 따른 과학의 발달은 기계화와 자동화, 표준화에 따른 대량생산을 가능하게 하였다. 고객이 소비시킬 수 있는 시간적 한계로 생산제품은 재고로 쌓이게 되었으며, 과잉 공급에 따른 소비자의 선택폭은 넓어지게 되었다. 시장의 유통흐름은 바야흐로 생산중심에서 소비자가 주도하는 구매시장(buyer's market)으로 전환되었다. '고객은 왕이다'라는 트렌드가 형성되면서 사회, 경제적인 현상은 소비문화를 주도하는 대변화를 예고하게 되었다. 이러한 때 외식기업에서는 고객에게 최상의 품질을 제공하더라도 좋은 평가를 받기 어렵게 되었다. 최고의 대우로 서빙하여도 재방문 횟수는 늘어나지 않았으며, 훌륭한 음식의 맛과 직원들의 접객력이 우수하더라도 고객을 만족시키는 데 어려움을 가지게 되었다. 특히 외식기업의 마케팅활동은 타 산업보다 더 중요하게 인식되고 있으며, 이러한 배경은 학문적 연구의 필요성과 이를 실천하여 활용할 수 있는 방안을 모색하게 하였다.

독립적인 소규모 점포의 자영업자들은 개인적 지식과 정보의 한계로 필요한 자료를 충분히 활용하지 못하고 있다. 특히 기업 경영자들은 자사가 가진 우수한 자원을 효율적으로 활용할 수 있는 전략방안을 모색하지만 전반적으로 마케팅 지식과 경험 부족으로 창의적인 아이템을 제공하지 못하고 있다. 이와 같이 외식기업에서 마케팅 활동이 필요한 이유는 다양한 고객의 성향과 기호, 선호도에 따라 목표 고객을 이해하며, 그들을 점포 내로 끌어들이는 설득자로서 역할과 브랜드 이미지를 향상시켜 수익을 창출하는 것이 궁극적인 목표이기 때문이다.

신입사원 교육을 받고 있는 김현빈(27)씨는 교육장소인 서비스아카데미가 아니라 에버랜드 내의 레스토랑인 베네치아 주방에서 하루를 보냈다. 칼로 소고기와 돼지고기를 다지고 볶음밥을 만들었다. 동료 신입사원 40명도 두 팀으로 나뉘어 메뉴 선정에서부터 식재료 구매관리, 조리, 식당내부 인테리어 장식, 고객 접대까지 하루 동안 레스토랑을 직접 운영하였다. 보건증을 발급 받았으며 칼을 다루고 야채를 써는 방법도 배웠다. 회사는 두 팀의 판매금액과 고객만족도, 순이익률 등을 합산하여 이들을 평가하였다(조선일보, 2010.3.5).

에버랜드 인사지원 실장은 기업문화와 회사의 사업부문을 자연스럽게 익히는 프로그램으로 레스토랑을 직접 운영하면서 창의적인 아이템제공과 체험의 기회를 갖도록 하고 있다. 최근 기업의 신입사원 교육이 강의실을 벗어나고 있다. 창의적인 업무 능력이 강조되면서 강의실이나 사무실의 이론적인 교육보다 현장의 실무적인 체험을 통하여 고객을 이해시키고자 하는데서 시작되었다.

SK에너지 신입사원 50명은 2박 3일을 서해 무인도인 사승봉도에서 생활하였다. 6개 팀으로 나뉘어 팀별로 숙영지를 구축하고 조개를 채취하여 먹을 것을 확보하였다. 조난, 구조훈련을 하며 마지막 날엔 직접 제작한 뗏목으로 도하훈련을 받았다. 인사

담당자는 "조직의 구성원이 협동하여 어려움을 극복하는 팀워크와 도전정신을 기르는 프로그램"이라 하였다. 조선, 해운이 주력인 STX는 올해 신입사원 '크루즈 연수'를 진행하여 유람선을 타고 10일 동안 중국 다롄, 칭다오, 상하이 등의 선상(船上)연수를 가졌다.

포스코는 신입사원 교육에서 마지막 과제를 특별하게 구성하였다. 팀을 나누어 직접 기획한 뮤지컬이나 마임, 연극을 공연하는 것으로 정하였다. 창조적인 체험활동으로 무엇인가 이루는 느낌과 이를 성취하는 과정에서 상호 간의 스킨십과 공동체 의식을 갖게 한다는 전략이다.

2. 마케팅과 판매의 차이

일반적으로 마케팅을 공부하는 학생들에게 '마케팅이란 무엇인가?'라고 질문하면 대부분의 대학생들은 광고나 홍보의 촉진활동이라 하였다. 앞서 제시한 바와 같이 소비자의 필요와 욕구를 파악한 후 그들이 원하는 제품을 생산하여 필요한 시기에 적정한 장소에서 적절한 가격으로 공급하는 것이다. 또한 판매 후 상품이나 서비스 품질을 지속적으로 관리하고 유지하는 것으로 그들의 만족을 통하여 기업의 브랜드 이미지를 향상시켜 매출을 극대화하는 전략이다. 이와 같이 상품에 대한 정확한 정보를 소비자에게 알리기 위하여 촉진활동을 전개하며 가장 합리적인 방법으로 입지나 유통경로를 찾아 전달하는 과정이다. 즉 상품 생산에서 소비에 이르는 각각의 단계에서 최종 소비자에게 전달되는 유통과정을 정확하게 파악하는 데서 시작된다 하겠다.

판매는 상품을 구입하기 위하여 고객이 지불하는 화폐단위로 구매상품을 고객에게 인도하기로 약속하는 것을 의미한다. 판매는 마케팅의 한 부분으로 상품, 서비스, 아이디어, 용역을 소비자에게 이전시켜 그 대가로 재화를 얻는 것이다. 반면 마케팅은 소비자에게 서비스 품질을 전달하기 전에 그들의 요구를 파악하며, 상품, 가격, 유통, 촉진의 과정에서 대고객 서비스자세를 발휘하여 전사적인 기업 활동과 고객만족으로 목표를 달성하는 것이다.

현대의 외식기업은 목표고객을 정확하게 이해하고 시장을 파악하는 데서 출발한다. 이러한 일은 판매방식뿐 아니라 시장의 경쟁우위를 확보하는 전략부재로 판매 이상의 노력과 기술, 경쟁력을 필요로 하기 때문이다. 이와 같이 생산과 판매 중심의 기업 활동에서 발상의 전환이 필요하다. 개인 소비자가 필요로 하는 부가적 기능과 서비스를 개발하여야 하며, 그들에게 제공하는 장소적 공간과 고객 제일주의식 경영에서 가격과 품질로서 그 목표를 달성할 수 있다. 따라서 소비위주의 필요와 욕구는 철저한 시장조사에서 가능하다. 이러한 고객만족은 기업의 차별적 요소에서 전략수립이 가능하며, 고객이 원하는 필요를 파악하여 이를 충분히 충족시켰을 때 기업은 계속적으로 성장할 수 있다.

3. 외식시장

시장은 기업에서 가장 중요하게 생각하는 전통적인 상품의 매매공간에서 정보수집과 트렌드, 경쟁상황, 용역, 재화 등이 거래되는 교환의 장소적 의미를 가지고 있다. 음식의 메뉴상품을 판매하는 레스토랑은 개인점포의 상황보다 상권을 형성하고 있는 주위의 환경적 요소에 높은 영향을 받는다. 특히 인적의존도가 높은 외식시장은 직원들의 접객태도가 레스토랑을 평가하는 요소가 되므로, 그들을 통하여 서비스 상품과 점포의 물리적 시설을 개선시켜 방문고객의 특성과 트렌드에 맞는 역할을 향상시킬 수 있어야 한다.

현대의 고객들은 IT기술의 발달로 인터넷의 상거래 활용이 일상화되어 있다. 전통적인 구매시장의 확대로 손안의 정보 활용은 그 범위와 규모가 갈수록 성장하고 있다. 이러한 시장은 남대문의 재래시장에서 금융시장, 인터넷시장, 알뜰시장, 벼룩시장 등 개인과 개인, 개인과 기업, 기업과 기업 간의 거래로 상호작용하면서 기능적 역할을 확장시키고 있다. 소비자들이 이용하는 시장은 다양하게 형성되어 활용되며 고객이 수용할 수 있는 규모와 크기는 갈수록 넓어지고 있다. 따라서 외식시장은 새로운 아이템의 개발로 블루오션을 지향하는 소비시장의 개척을 필요로 한다.

1) 외식기업의 판매자

외식기업에서 말하는 상품이란 단순히 음식의 메뉴만을 의미하는 것이 아니라 점포의 분위기와 직원들의 접객능력, 부가적 서비스 제공 등 고객에게 제공하는 혜택차원에서 모두를 포함하고 있다. 이러한 판매자 역할은 내방하는 고객만족은 물론 미래의 수요를 자극하여 점내로 끌어들일 수 있는 능력으로 평가된다. 이와 같이 외식기업의 판매자 능력은 수요를 예측하거나 더 많은 매출액을 창출할 수 있는 동인이 된다. 따라서 판매되는 상품은 서비스 상태와 운영 매뉴얼, 경영관리 차원에서 고품질 서비스로 그 역할을 다 할 수 있다. 여기서 말하는 상품은 음식의 맛과 메뉴종류, 가격, 음료, 알코올성 음료, 서비스 품질, 할인상품, 홈페이지의 접근성, 컴플레인(complain)의 즉각적인 반응과 시정 등 이를 전달하는 직원능력과 조직구성원의 접객력까지 포함하고 있다.

다음은 2013년 최고의 이슈가 되었던 서비스 기업 직원의 컴플레인 사례이다(한국경제, 2013.5.11). '비행기라면 사건'이 화제이다. 항공기 비즈니스석에 탄 대기업 임원이 승무원에게 무리한 요구를 하여 행패를 부리다 결국 목적지에 내리지 못하고 되돌아온 사건이다. 이번 사건은 소셜 네트워크 서비스(SNS)를 통하여 일파만파 알려지자 동종업계 승무원들은 '신고라도 했으니 부럽다, 통쾌하다'는 반응이다. 국민들 사이에서도 강경하게 대응한 승무원의 입장을 이해하는 분위기이다. 덩달아 감정노동자의 근무조건이 이슈가 되고 있다.

항공기 승무원의 미소 뒤에 숨어 있는 고통의 업무는 평소에 겪었던 일들을 대변해 주고 있다. "그동안 겪은 일들이 오버랩 되면서 통쾌한 기분이 들었다"는 사람과 "일이 커질 것을 염려하여 그냥 넘어가곤 하는데 이번엔 적극적으로 대응한 기장이 멋있었다"는 반응이다. 하늘 위의 꽃으로 불리는 승무원들은 겉보기와 달리 기내에서 승객들에게 시달리는 일이 많다. 특히 무리한 요구를 하는 '블랙 컨슈머'를 1년에 수백 번도 더 겪는다며 그들의 유형을 4가지로 정리하였다. 승무원에게 반말, 폭언, 성희롱 하는 행위, 개인 신상 정보를 집요하게 물어보거나 부당한 보상을 요구하는 행위 등이다. 이번 라면 사건과 비슷한 예로 지난 1월 뉴욕발 인천행 비행기 안에서 여승무원 3명을 껴안고 이를 말리던 남 승무원에게 주먹을 휘두른 미국인 승객이 착륙 즉시 인천공항 경찰대로 넘겨졌다. 그뿐만 아니라 승무원의 엉덩이나 허리 부위를 노골적으로 만지는 일도 부지기수다. 가슴 위로 걸린 승무원의 명찰을 손가락으로 꾹꾹 누르며 면박을 주는 일도 허다하다. 승객을 돌보는 여승무원에게 "무서우니까 좀 안아줘! (승무원이 거절하자) 승무원이라면 내 개인적인 얘기도 들어주어야 하는 것 아냐? OO항공을 탔을 때도 이것 때문에 불편했어. 태도도 싸가지 없고 말이야"라며 비정상적인 행동을 하거나 항공 안전을 위협한 사례도 있다. 사진을 찍자고 하면서 "왜 OO항공 승무원들은 같이 사진 찍는 걸 꺼리지? (휴대전화에서 타 항공사 승무원과의 사진을 보여주며) 나 병신 취급하는 거야? 병신 취급하는 게 아니면 네 전화번호 가르쳐줘. 오늘 저녁에 만날래?"라며 되레 큰 소리까지 친다.

주요 항공사들은 '블랙 컨슈머'의 행태를 의도적인 업무 방해나 부당한 보상 요구, 항공기 안전의 위협 등 유형별로 관리하고 있다. 기내 난동 승객에게 맞서는 대응 조치는 대한항공의 경우 1단계 설득요청, 2단계 구두경고, 3단계 강력 대응하도록 되어 있다. 때에 따라 승객이나 승무원의 신체에 상해를 입히는 폭행이 일어날 때 1, 2단계를 생략하고 곧바로 강력 대응할 수 있다. 또한 항공 안전과 보안에 관한 법률이 있어 항공기 안에서 난동을 부리면 징역이나 벌금형에 처할 수 있다. 그럼에도 절차에 따라 처리되는 사건은 거의 없다. 기내 치안의 책임인 동시에 서비스업 회사의 직원들이기도 한 승무원들은 모든 수모를 감수하고 속으로 삭이는 게 대부분이다. 이러한 황당한 상황을 모두 웃으면서 넘긴다. 승무원은 얼마나 능숙하게 상황을 모면하느냐가 일을 얼마나 잘하느냐로 평가받는 기이한(?) 직업군이다. 이번 대기업 임원도 승무원 폭행까지 이르지 않고 식사만으로 트집을 잡았다면 별일 없이 넘어갈 수도 있었을 것이다.

한 승무원은 아무리 정중하게 사과해도 무시 받는 일이 다반사라며 되레 '무릎 꿇고 사죄해'라는 식으로 나오거나 내가 누군지 아느냐, 가만두지 않겠다고 협박하는 이도 많다. 우리끼리는 제복만 입으면 죄인이라고 말한다며 고충을 털어놓았다. 이와 같이 '손님은 왕'이라는 사고가 문제이다. 친절한 서비스를 받다 보면 상전이라도 된 양 막 대하거나 요구가 받아들여지지 않을 때 폭언이나 폭행을 일삼기도 한다. 네덜란드항공의 KLM 승무원인 이선화 씨는 "티켓을 구매하면서 기내에 있는 사람까지 구매한 줄 착각하는 이들이 많다"며 무엇보다 승객들의 의식 전환이 절실하다며 쓴 소리로 일침 하였다.

한국 승무원 특유의 과잉 친절함도 논란이다. 서비스 직업인은 무조건 환하게 웃어야 하며 꼭 치마를 입어야 한다는 의식을 가지고 있다. 고객에게 항공사 이미지를 위해 무릎까지 꿇어야 할 때도 있다. 너무 친절하려고 하는 승무원에게 승객 중 상식이 부족한 사람들은 비상식적인 요구를 하게 된다. 해외에서는 우선적으로 인성을 본다. 팀워크와 의사소통 능력이 무엇보다 중요하다. 멀티 태스킹도 좋은 스킬이다. 승무원이 서비스를 하는 사람은 맞지만 서비스가 무릎까지 꿇는 것은 아니라는 것이다. 마음속에서 우러나는 미소와 친절, 무엇이든 다 주는 서비스가 아니라 그냥 편안하게 해주는 서비스를 할 때 많은 손님들이 만족해 한다는 사실이다. 승무원들의 노동환경 개선도 시급해 보인다. 이들의 호소를 가로막는 것은 승객의 불만을 접수받는 '컴플레인 레터(complain letter)제도'이다. 항공사들은 컴플레인이 1년에 두 번 이상 접수되면 해당 승무원을 업무에서 제외하여 재교육을 시킨다. 인사고과에도 반영하므로 민감하게 반응할 수밖에 없다.

국내 한 승무원은 "승객들에게 욕설이나 협박하는 말을 자주 듣지만 이에 대해 문제를 제기하기가 쉽지 않다. 고객 불만이 접수되면 업무에서 제외되거나 재교육까지 받아야 하기 때문에 부당한 요구를 뿌리치기 힘들다"고 말한다. 승무원 개인으로서는 회사에 속해 있는 직원이기 때문에 일이 커지면 개인에게 불이익을 당할 수 있다는 생각으로 쉬쉬하는 문화가 형성되어 그냥 넘어가는 일이 많다. 항공사는 이런 일로 기업 이미지에 타격을 받을 수 있기 때문에 그냥 참자는 주의이다.

민동원 단국대 교수는 '힘은 강력하다? 힘, 자신감, 그리고 목표 추구(Is power powerful? power, confidence, and goal pursuit)'란 논문에서 "기업은 종종 '고객은 왕이다' 또는 '고객은 항상 옳다' 같은 문구를 사용하여 고객이 힘이 있다고 느끼게 한다. 이런 전략은 기업 경영에 부정적 영향을 미칠 수 있으며 항상 고객만족으로 이어지는 것은 아니다"라고 지적하였다. 승객이 승무원에게 지나친 요구를 하고 함부로 대하는 것은 국내 항공사 승무원들의 상냥한 말투와 행동을 우선시하는 것도 한 요인이라 한다. 이번 사건으로 국토교통부는 법안심사 소위를 열어 운항 중인 항공기 안에서 승무원 업무를 방해하는 승객에 최고 500만 원의 벌금을 부과할 수 있도록 '항공안전보안법 개정안'을 통과시켰다. 기존 법안에 '승무원의 업무방해' 행위도 기내 금지 행위에 추가한다는 내용이 골자이다.

사건이 사회적 이슈가 된 배경에는 사건의 전모를 소상하게 쓴 승무원의 일지가 인터넷에 퍼진 것이 핵심이다. SNS에는 대기업 임원의 실명을 거론하며 그의 행동을 비난하는 글이 잇따르고 있다. 세상에 알려지고 공론화되면서 결국 그는 법적인 구속 대신 무거운 사회적 책임을 지게 되었다. 대기업 임원이 다니는 회사의 모기업인 포스코는 이 일로 홍역을 치렀다. '비행기에서 진상 부려서 먹는 라면', '포스코 상무님이 끓여 주는 라면이 먹고 싶어요' 등 사건을 비꼬는 댓글이 올라오면서 온라인을 들끓게 하였다. 계열사의 임원 잘못으로 그동안 쌓아 온 포스코의 기업 이미지마저 실추되는 순간이다. 이에 정준양 포스코 회장이 전면에 나서 사건에 대하여 부끄러움과 반성의 뜻을 밝혔다. 그는 신입 임원 특강에서 "기내 폭행 사건은 포스코가 그간 쌓아 온 국민 기업으로서의 좋은 이미지가 한꺼번에 무너지는 듯한 충격적인 일"이라고 말했다. 이번 기회에 일하는 방식과 남을 배려하는 태도를 되돌아봐야 한다며 나 자신이 먼저 깊이 반성하며 임직원 모두 부끄러움을 느끼고 반성해야 한다고 하였다. 승진인사에 인성(人性) 요인을 반영하겠다는 뜻도 밝혔다. 임원 승진에 남을 배려하고 솔선수범하는 것을 포함하여 소통과 신뢰를 최우선으로 삼겠다는 것이다.

실제 타격을 받은 것은 포스코보다 대한항공일 수 있다. 철강이 주력 사업인 포스코가 이번 사건을 계기로 여론에 남긴 것은 기업 윤리에 반한 한 임원의 행태이다. 그러나 대한항공은 주력 사업인 서비스에 대하여 재평가 하는 계기가 되었다. 서비스업의 비애라 할 수 있는 대한항공으로선 좋지 못한 일로 언론에 거론되는 것이 불편할 수밖에 없다. 승무원들도 고객들을 대하기가 더 조심스러울 수밖에 없을 것이다. 또한 고객 정보 누출이 된 상황에 고객들 누구라도 피해자가 될 수 있다고 여길 수 있어 회사의 신뢰가 떨어질 수 있다. 비즈니스 클래스 이상에서 벌어지는 일이 외부로 알려졌다는 것에 대해 향후 VIP 고객 유치에 차질을 겪을 수 있을 것이다.

대기업에 근무하는 한 직장인은 고객 정보 유출 건에 대해 "소비자 입장에서는 대한항공 직원의 실수가 대한항공의 실수"라며 "삼성전자 애프터서비스 기사가 잘못을 하면 삼성의 실수로 여긴다. 그래서 대고객 관리가 어려운 것 아닌가. 콜센터 여직원의 목소리조차 관리 받는 것이 요즘 환경"이라고 말하였다. 승무원에 대한 대항항공의 차후 관리도 주목된다. 이번 사건을 계기로 통쾌함을 느끼면서도 더 철저해질 서비스 관리에 승무원들은 그저 반길만한 상황이 아닐 수 있다. 항공사에서 '승객 길들이기'에 들어간 것은 아닌지 유추해 볼 수도 있다. 증인이나 증언, 증거가 없다는 점이 끊임없는 의혹으로 제기되는 이유이다. 증거는 "책으로 얼굴을 가격한 상황에 대한 동영상", 증인은 "항공사 직원 외 탑승객"이 될 수 있다.

반면 한 대기업 임원은 "설사 개인 정보 유출과 기내 상황을 외부로 퍼뜨린 기내 승무원의 서비스 윤리가 문제가 될지 모르지만 공익적 차원에서는 이번 사건으로 인해 기업의 피해가 훨씬 크다"는 의견을 보였다. 개인 정보가 유출되어 명예훼손을 문제 삼을 법도 하지만 포스코 측은 잘못을 뉘우치고 반성하는 자세를 유지하는 것은 판매자 입장을 잘 대변한 사례라 하겠다.

2) 외식기업의 수요자

기업에서 말하는 수요자란 상품 및 서비스를 필요로 하여 구매하는 사람으로 일반적인 소비자를 의미한다. 그 대상은 다양하며 사회, 경제, 문화적인 환경에서 민감하게 반응하는 소비자의 유형으로 분류된다. 일반적으로 고객을 비롯하여 기업과 소속 단체, 관공서, 학생단체, 가족, 동호회, 친구, 연인 등의 세부적인 요소로 제시할 수 있다. 수요자의 기능은 신규고객 창출과 기존고객 유지에 따른 최적의 관리기능에 따른 수용력(capacity)까지 포함된다. 외식기업 특성상 내점고객의 방문은 불규칙하며 정확한 수요를 예측하기 힘들다. 이러한 고객은 혼자오거나 한꺼번에 몰리면서 과도한 수요를 발생하기도하며, 고객을 잃을 수도 있다. 따라서 레스토랑이 보유하고 있는 자원을 적절하게 활용하여 불필요한 지출을 줄일 수 있어야 한다.

음식은 누구에게나 하루 세끼의 식사를 통하여 공복을 채우지만 음식점을 방문하는 목적은 개인별 특성에 따라 달라진다. 이들은 음식을 먹어본 후 평가하며, 점포의 이미지와 직원들의 접객 능력까지 포함하여 평가하게 된다. 이와 같이 잠재된 수요자들의 행동에 영향을 미칠 수 있기 때문에 메뉴의 질이나 가격, 서비스품질의 우수성에 따른 정보를 정확하게 수요자들에게 전달하여 인지할 수 있도록 하여야 한다. 이러한 결과는 구매고객의 신뢰와 재방문에 영향을 미치는 요소라 하겠다.

〈표 1-1〉 마케팅과 판매 개념의 비교

특 성	판매개념	마케팅 개념
출발	상품	소비자의 필요와 욕구
생산	만들어서 판매한다.	만들기 전에 고객이 필요로 하는 욕구를 조사하여 목표 고객을 선정하며, 팔릴 수 있는 상품을 기획하여 생산한다.
방법	직접적인 판매와 촉진방법	순환적이며 통합적인 마케팅활동을 필요로 하며 상품화, 가격화, 유통화, 촉진화한다.
자세	고압적이며 일방적이다.	저압적이며 고객의 이해를 돕는다.
트렌드	판매기업의 요구사항을 강조	경쟁시장의 필요와 요구사항을 수용하려 노력한다.
지향성	대내적이며 기업 지향적이다.	대외적으로 시장 지향적이다.
성과	단기계획과 단기성과	장기계획과 장기성과로 고객만족을 지향한다.

3) 외식시장

시장(market)은 제품이나 서비스, 용역의 거래가 성립되어 교환이 이루어지는 위치와 장소를 의미한다. 여기에서 발생되는 시장의 기능은 과거처럼 상품거래나 시설, 유행, 친분과시 등 물리적 역할만을 강조하는 것이 아니라 구매자들이 모이는 공익적 장소와 정보, 트렌드, 아이템, 기획력 등을 제안하거나 창출하는 무한정보 산실로 활용된다. 따라서 특정 시장의 고객욕구를 해결할 수 있는 가치를 생성하며 즐거움과 만족감, 행복함, 추억의 교류장소로 활용된다.

개인 고객의 욕구는 화폐를 통하여 거래의 교환이 성립되며 사람 간의 교환은 서비스 품질로 평가된다. 그렇다면 외식기업에서 말하는 시장의 역할은 무엇일까, 실제 음식을 먹고 평가하는 고객으로부터 편의시설이나 상징성, 직원태도, 환대성 등 체험결과를 바탕으로 재방문을 희망하는 수요를 확인할 수 있다. 이와 같이 외식기업의 시장은 고객의 개인적 특성이나 라이프스타일, 심리감, 접객태도, 소득, 지리적 위치, 입지, 혜택, 이용 목적 등으로 세분되어 서비스품질로 평가된다. 고객은 그 대가를 지불하는 일반적인 구매행동에서 장소적인 공간을 포함하고 있다.

다음은 지역시장의 성공으로 유명세를 타고 있는 닭 강정 프랜차이즈 이야기이다(매일경제, 2013.4.22). 닭 강정 프랜차이즈는 불황기에 저렴한 가격과 소자본 창업을 가능하게 하면서 급성장 하였다. 최근 과다경쟁으로 매출과 수익성에 빨간불이 들어왔지만 원조 점포의 유명세는 아직도 건재하다. 지난해부터 닭 강정 프랜차이즈가 우후죽순처럼 늘어나고 있다. 경기불황에 따른 자영업자의 침체는 좀처럼 눈에 띄는 아이템이 보이지 않던 창업가들에게 최고의 히트상품으로 평가받고 있다. 닭 강정은 닭고기 순살을 튀겨 양념에 넣고 조려낸 음식으로 맛은 양념치킨과 비슷하다. 인천

신포시장의 '신포 닭 강정'과 속초 중앙시장의 '만석 닭 강정'이 유명하다.

외식업계는 2010년부터 전문 프랜차이즈 브랜드가 나오기 시작하였다. 양념 소스를 다양화하여 양을 줄였으며, 주머니가 가벼운 학생층을 타깃으로 공략하였다. 1,000~3,000원으로 소포장 판매를 앞세우고 있다. 용기도 기존 종이컵에 벗어나 밖에서 들고 먹을 수 있도록 세련된 테이크아웃 커피 컵 형태로 바뀌었다. 덕분에 고객의 절반 이상이 학생층인 것으로 조사되면서, 소포장뿐 아니라 전체적으로 가격이 저렴하게 형성되었다. 닭 강정은 1만5000원 이상인 양념치킨과 양은 비슷하지만 가격은 절반 수준으로 6,000원~1만 원 초반이다. 이 같은 전략은 전국적인 시장으로 활성화되어 짧은 시간 점령하게 하였다. 불황기에 저렴한 가격과 소자본 창업을 무기로 쑥쑥 성장하고 있다. 2010년 3개에 불과하였던 닭 강정 브랜드는 2011년 6개, 2012년 23개의 업체가 등록되었다. 공정거래위원회 가맹사업거래 사이트의 정보 공개서에 등록된 브랜드(2013년 4월 기준)는 총 32개로 가맹점만 1,200곳을 넘어서고 있다. 3년 사이 10배 이상의 규모로 늘어났으며, 가맹점 100개 이상을 운영하는 브랜드만 6곳이 된다. 푸디노 에프 앤디가 운영하는 강정이 기가 막혀(241), 정미 푸드의 '달콤한 닭 강정(164개), 대대 에프씨가 운영하는 줄줄이 꿀닭(150개) 등이 대표적이다. 가마로정과 꿀삐 닭 강정도 가맹점 100개를 돌파하였다. 전체 닭요리 프랜차이즈 가운데 닭 강정(10.3%, 32개)은 치킨(71.2%, 222개) 다음으로 성공한 업종이 되었다.

닭 강정 프랜차이즈의 인기 비결은 저렴한 창업비용이다. $33m^2$(10평) 이하에 주로 학교 앞 골목 상권에 들어서기 때문에 창업비용이 5,000만 원 이하에서 가능하다. 투자 대비 수익률도 괜찮은 편으로 안정적인 물류 공급이 가능하여 매출 대비 영업이익률이 30% 전후인 것으로 조사되었다.

한편 창업 전문가들은 '박리다매' 구조인 데다가 업체가 난립하여 시장이 한 번에 망가질 수 있다고 조언한다. 과거 오마이 치킨처럼 6,000원 저가 치킨전문점들이 1~2년 반짝 유행하다 순식간에 사라졌던 상황이 재연될 수 있다는 것이다. 이미 시장에선 "6,000원짜리 닭 강정을 팔아도 손에 쥐는 건 500원에 불과하다"는 말이 돌고 있다. 엎친 데 덮친 격으로 재료의 원산지와 위생 문제가 불거져 일부 점포는 매출이 30% 이상 급감하였다. 예를 들어 서울 중계동에서 닭 강정 전문점을 운영하는 김모 씨는 7개월 전에 창업하였을 때 이 부근에 닭 강정 브랜드만 다섯 곳이 있었는데 최근 한 곳이 문을 닫았다. 주변에 학원과 주택가가 밀집해 수요가 많은 편이지만 과열경쟁으로 매출은 초창기보다 절반으로 줄어들었다는 것이다. 창업 전문가들은 "경쟁력이 없는 중소 브랜드는 정리되고 자체 생산 공장이나 물류를 확보한 대형 브랜드를 중심으로 판도가 재편될 것"으로 내다보고 있다.

4. 외식경영과 마케팅

세계의 많은 기업들은 소비자의 필요와 욕구에 따라 생산제품의 성능과 디자인, 서비스방법을 개선하려 노력한다. 그들만의 고유한 아이덴티티(identity)로 편익적 혜택을 제공하며, 새로운 아이템과 개술개발로 국가경제에 기여할 뿐 아니라 국민들의 일자리 창출에도 일익을 담당한다. 가정의 경제적 여유는 행복과 여가생활의 윤택함, 소득 수준의 향상에서 가능하게 되었다. 이러한 생활 속에서 관광, 레저, 복지 산업은 더불어 발전하고 있다. 그 결과 지역의 자연환경이나 유명레포츠 시설을 보유하거나 유치한 지역은 경제 자립도에서 여유를 가지게 되었으며, 그에 따라 지역민의 만족도 향상과 발전을 이끌고 있다.

이와 같이 글로벌 경제에서 대한민국의 외식기업은 변화와 발전을 선도하거나 새로운 문화를 주도할 인재양성이 시급하다. 정부와 자치단체, 기업, 협회, 소비자에 이르기까지 음식문화의 발전을 이끌어갈 소비촉진과 기업이익, 고객만족을 향상시킬 수 있는 전략을 필요로 한다. 따라서 외식기업의 경영과 발전을 이끌어갈 마케팅 차원에서 그 역할을 다음과 같이 제시할 수 있다.

첫째, 관광산업의 발달은 외식업의 발전을 선도하고 있다. 소비자는 배고픔을 해결하는 음식 기능만을 요구하는 것이 아니라 맛과 세련된 직원들의 접객태도, 분위기 있는 고품질 서비스를 원한다. 또한 접객과정의 고객과 상호작용하면서, 인간관계를 형성하여 자연스럽게 이용목적과 동기, 친교 할 수 있는 즐거움에서 재미와 체험적 가치를 제공해 주기를 원한다.

둘째, 기업의 서비스는 지속적으로 개선되어야 한다. 고객은 셀 수 없을 만큼 다양한 요소를 통하여 레스토랑을 평가한다. 이렇듯 마케팅은 무한 경쟁시대에서 판매촉진의 수단으로 잘못 오해할 수도 있다. 제품이 귀했던 시절 판매가 그 목적이었다면 현재의 시장은 상품이 넘쳐나 진정으로 원하는 것이 무엇인지 파악하기조차 힘든 상태이다. 따라서 서비스품질에 대한 변화와 개선, 수용능력의 필요성이 제시된다.

셋째, 외식기업의 경영은 마케팅 전략의 실천으로 시장수요에 대한 소비욕구를 파악하는 것으로 고객을 만족시킬 수 있는 방안을 실현하는 것이다. 레스토랑은 배고픔을 해결할 기업 본연의 임무만 충실한 것이 아니라 개인 간의 인간관계에서 심리적인 안녕과 자존감을 회복하는 활동을 가능하게 한다.

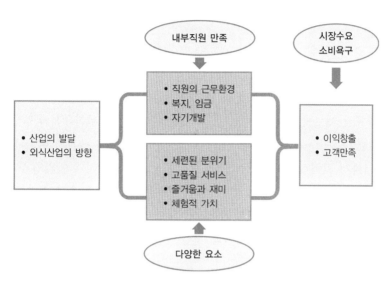

〈그림 1-3〉 외식경영에서 마케팅의 필요성

넷째, 기업은 직원들의 근무환경 개선이나 정당한 평가를 통하여 그들에게 보상하여야 할 책임이 있다. 특히 자기개발로 인한 제안이나 개선방안은 조직 구성원의 동기부여로 성장을 가능하게 하여 개인적 목표를 달성할 수 있다. 이들을 통하여 궁극적인 이익을 실현할 수 있다. 따라서 시장과 고객, 기업변화에 따른 불확실성에서 유연하게 대처할 수 있는 능력으로 마케팅 전략의 필요성이 제시된다.

다섯째, 외식기업은 고객만족을 통한 창의적인 아이템과 직원서비스, 물리적 환경 등에서 평가 된다. 시장의 급속한 발달은 국적 불명의 업종과 업태가 공존하는 복합적인 현상으로 새로운 전략을 필요로 한다. 현대의 소비자들은 똑같은 것을 싫어하며, 메뉴의 수명주기는 갈수록 짧아져 새로운 변화를 요구한다. 이들의 생활양식과 소비패턴은 가치 중심으로 재편되고 있으며, 기업의 차별적 특징은 사라지고 공감대를 형성하기 어려운 문제점으로 마케팅 전략의 필요성이 제시된다.

여섯째, 급속한 사회, 경제적인 발달은 신상품의 개발과 접객서비스 등 소비욕구를 필요로 하며, 새로운 차원의 품질향상을 요구한다. 정부차원의 '한식 세계화'와 '한국 방문의 해' 'G20', '평창 동계올림픽 유치' 등은 호텔 및 외식발전을 촉진시키고 있다. 최근 커피시장도 덩달아 급성장하였다. 기존의 스타벅스, 탐앤탐, 엔제리너스, 까페 베네 등에서 맥도날드, KFC, 던킨도너츠, 뚜레주르, 파리바게뜨 등도 생존을 위하여 사업의 다각화를 모색하면서 전통적인 업종구분이 사라지고 있다.

일곱째, 고객과의 커뮤니케이션을 통하여 자연스럽게 형성된 인간관계는 단골고객이나 동호회, 단체고객을 유치하는데 영향을 미친다. 고객들은 자신들의 모임 성격에 맞는 분위기 있는 레스토랑을 찾고자 노력한다. 동행인의 감성과 정서에 영향을 미치며 상호 간의 관계를 구축하는데 필요한 배려와 관심, 언어, 행동의 품격 있는 레스토랑을 선호한다.

여덟째, 현대의 소비자들은 자신의 인격에 맞는 개성과 재미(fun), 추억할 수 있는 분위기 속에서 새로운 문화를 형성하고자 노력한다. 특히 문화유적지 탐방과 지역 특산물 체험 등 가족 간의 화목과 친교, 주말 놀이문화 등은 생활의 한 부문을 차지하였다. 더불어 지역자치 단체는 경쟁적으로 특산품을 생산하거나 지역축제를 개최하여 도시민의 방문을 유도하고 있다. 이러한 행사는 수익을 창출할 수 있으며, 주민 만족도로 지역경제에 이바지하게 된다.

마지막으로 글로벌 경제에서 국가의 불황은 환대산업의 발전을 저해하는 원인이 된다. 각 국가의 씀씀이가 줄어들면서 개별 고객의 주머니 사정을 고려한 구매행동에 영향을 미친다. 반면 자연재해로 인한 일본 쓰나미의 원전사고는 접근성과 관광 인프라가 잘 구축된 대한민국 관광산업의 호재로 작용하여 대채제가 되었다. 특히 중국의 연휴와 맞물리면서 숙박할 수 있는 호텔의 부족으로 경기일원 모텔들이 리뉴얼되어 관광객을 유치하는 기현상까지 초래하였다. 이와 같이 기업이익을 극대화시키거나 고객가치를 증대시키는 마케팅 차원의 접근은 모든 산업에서 개선되어야 할 전략차원으로 제시된다. 따라서 새로운 아이템과 운영프로그램의 발굴, 매뉴얼, 접객 방법, 유통시스템, 만족도 향상 등은 지속적으로 개선되어야 할 이유가 된다.

제3절 | 외식경영에서 마케팅은 왜 필요한가?

1. 글로벌 경쟁시대

불과 20년 전까지만 하여도 국가 간 무역장벽으로 인하여 수출장려 정책을 추진하는 데 어려움을 가졌다. 자국산 상품보호를 위하여 수입을 제한하는 등 보호 장벽을 구축하였다. 각 국가별로 시행된 다양한 관세제도와 법률장치는 자국민의 기업과 전체 산업을 인위적으로 보호하는 울타리 역할을 하였다. 하지만 세계무역기구의 설립에 따른 가입으로 시장은 개방에 직면하게 되었으며, 기업의 잉여생산물에 대한 수출만이 국가 경쟁력이 되는 현실이 되었다. 한국·페루(2010.8.30), 한·유럽(2010.9.16), 한·미간의 FTA체결(2010.12.5)은 국경 없는 글로벌 경쟁체제로 생존을 걱정하지 않을 수 없게 하였다.

한편, 창의적인 아이템이나 실용적인 기술개발은 짧은 시간 많은 사람들에게 관심과 시선을 끌었으며, 세계의 구석구석까지 상품을 알릴 수 있는 기회로 판로의 범위를 확장시켰다. 특히 인터넷과 정보통신의 발달은 무한경쟁 시대에서 누구나 창의적인 아이템이나 기술, 상징성, 희소성 등 모든 사람들에게 기회로 작용하고 있다.

〈표 1-2〉 2011년 국내 10대 트렌드

10대 트렌드	핵심내용 및 이슈
① 명암이 교차하는 한반도 안보정세	대화가 재개되나 북한의 도발 가능성 상존
② 글로벌 FTA 네트워크 구축	미국, EU 등 거대 경제권과의 FTA 발효
③ 한국경제의 성장 모멘텀 약화	수출 및 투자부진으로 성장세 둔화
④ 가계부채 부실화 위험	가계부채 증가와 원리금 상환 부담 가중
⑤ 원화강세 지속	원/달러 환율 1,000원대 진입
⑥ 금융 건전성 규제의 본격 시행	은행세와 일부 바젤Ⅲ 규제 도입
⑦ 방송 · 미디어 시장의 재편	콘텐츠 경쟁 가속화와 미디어업계 합종 연횡
⑧ 바이오 · 제약산업 도약의 원년	바이오 복제약 시대 본격화
⑨ 스마트 기기와 SNS의 확산	신비즈니스 모델 등장과 생활패턴의 변화
⑩ 사회갈등과 공정사회 어젠다 부각	勞勞등 새로운 갈등 형태 표출

출처 : 삼성경제연구소

이상 한파와 고온 같은 자연재해는 각 국가의 식량 생산을 어렵게 하여 곡물부족 현상을 초래하였다. 전통적인 식량 생산국가의 수출중단으로 이어져 먹거리의 위협으로 다가왔다. 특히 기온상승과 저온현상은 쌀과 보리, 밀, 축산물, 야채, 과일, 계란 등 농축산물의 생산에 직접적으로 피해를 주었다. 이는 저개발국가의 굶주림으로 윤리적 문제와 세계경제에 악 영향을 미치는 원인이 되었다. 이와 같은 대외적 환경은 대한민국의 경제를 어렵게 하였으며, 물가상승과 경기불황에 따른 국민들의 부담을 가중시키게 되었다.

우리나라는 2010년부터 이어진 구제역은 2012년 4월까지 전라도 지역을 제외한 전 지역으로 확산되어 축산농가의 도산은 물론 국민들의 먹거리와 식탁안전을 위협하였다. 대외적인 국제정세는 유가상승을 비롯하여 미국 발 경제위기, 유럽의 재정위기, 신용평가 하락, 국제정세의 불안, 양적완화에 따른 인플레이션 등 시장은 갈수록 어려워지고 있다. 이 와중에도 다국적 기업과 대기업의 시장진출로 무한경쟁시대에 돌입하게 하였으며, 각자의 생존에 분투하여야만 생존할 수 있게 하였다. 이와 같은 시대적 상황은 예전의 전략방법으로 살아남기 어렵게 하였으며, 최상의 메뉴상품을 개발하거나 더 나은 차별화 전략과 서비스방법으로 고객만족을 넘어 고객감동을 제공해야만 생존할 수 있게 하였다. 즉 이야기의 소재와 테마가 있는 스토리텔링으로 재미와 기능을 추구하는 체험적인 식생활 문화가 자연스럽게 형성되었다.

〈표 1-3〉 2012년 해외 10大 트렌드와 실제 상황

구분	SERI가 예측한 트렌트	2012년 실제 상황	평가
경 제	① 선진국의 긴축 본격화	• 남유럽 재정위기국 중심으로 긴축 시작 • 미국 등도 긴축 논의가 본격 진행	○
	② 신흥국의 성장 감속	• 수출 부진, 금융불안으로 성장률 하락 • 특히 BRICs는 구조적 문제로 회복 지연	○
	③ 유럽의 재정위기 지속	• 파국은 회피했으나 위기 해소는 미흡 • 국채 매입 등 시장안정 대책과 은행동맹 등의 논의는 구체적 실행방안 도출이 필요한 상태	○
정 치	④ 주요국의 정권 시프트	• 프랑스, 일본 등 정권교체 • 중국 5세대 지도부 출범	○
	⑤ 통상분쟁의 다면화	• G2 간 환율마찰 등 통상분쟁이 지속 • 중국과 신흥국 간 무역분쟁도 확산	○
	⑥ 소셜파워의 영향력 확대	• SNS 이용자 및 영향력 증가	○
산업경영	⑦ 불황 극복형 기업 경영	• 글로벌기업의 구조조정 확산	○
	⑧ 글로벌 인재 경쟁 심화	• 신흥국기업의 인재 경쟁 심화	○
	⑨ IT 강자의 영역 확장	• 미디어, 유통 등 일부 분야에서 영역 확대	△
	⑩ 新자원전쟁 확산	• 셰일가스와 곡물 등 주목받지 않았던 자원에 대한 개발 및 M&A 확대	○

주 : ○는 전망과 실제 상황 일치, △는 트렌드는 일치했지만 정도의 차이, ×는 불일치
출처 : 삼성경제연구소

외식기업은 인적 자원의 중요성이 제시되는 노동집약적 사업으로 국가발전과 고용창출로 국민들의 일자리 창출과 복지에 이바지하게 된다. 특히 각 국가의 전략사업으로 21세기 고 부가가치사업으로 인식되고 있으며, 정부차원의 한식 세계화는 외국 정상들에게 우리음식의 우수성과 다양함, 전통, 문화를 선보여 널리 알리는 계기가 되었다. 이러한 흐름에 부응하여 각 학교들은 관련학과를 개설한다든지 연구주제를 선정하여 미래 산업을 육성할 인재양성과 발전을 선도하고 있다.

하지만 외국인들이 보는 한국 음식의 현주소는 냉정하다. 기호에 따른 선호도는 물론 경험 유무를 조사하였을 때 베트남, 인도, 태국, 중국, 일본 등의 음식에 비하여 현저하게 인지도가 떨어지는 것으로 나타났다. 먹어본 경험에서는 실제 음식을 접할 기회가 부족한 것으로 조사되었는데 이는 정부차원의 광고와 홍보에 따른 전략들이

전시행정으로 비추어질 수 있다는 점이다.

일본의 스시문화를 보급하는데 그 역할을 다한 해외주재 기업 상사원들이 큰 몫을 한 것처럼 우리도 협회나 학계차원의 태스크포스팀을 구축하여 기업의 주재민들이 적극적으로 참여할 수 있는 아이템을 벤치마킹할 필요성이 있다.

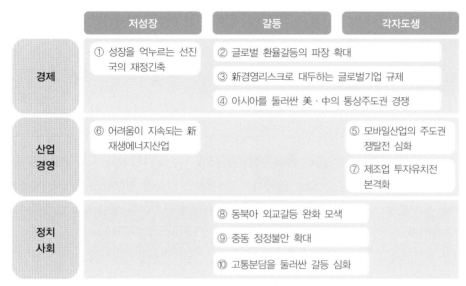

	저성장	갈등	각자도생
경제	① 성장을 억누르는 선진국의 재정긴축	② 글로벌 환율갈등의 파장 확대 ③ 新경영리스크로 대두하는 글로벌기업 규제 ④ 아시아를 둘러싼 美·中의 통상주도권 경쟁	
산업경영	⑥ 어려움이 지속되는 新재생에너지산업		⑤ 모바일산업의 주도권 쟁탈전 심화 ⑦ 제조업 투자유치전 본격화
정치사회		⑧ 동북아 외교갈등 완화 모색 ⑨ 중동 정정불안 확대 ⑩ 고통분담을 둘러싼 갈등 심화	

출처 : 삼성경제연구소

한편 열악한 환경 속에서도 각 기업들은 독자적인 유통경로와 프랜차이즈 사업으로 미국, 남아메리카, 동남아, 중앙아시아, 중동의 이슬람, 유럽 등 인종과 종교, 지역을 넘어 글로벌 경영에 부응하는 세계화를 시도하고 있다. 국가를 대표하는 음식 브랜드는 하루아침에 형성되는 것이 아니기 때문에 다양한 형태의 메뉴와 가격, 고유특성으로 진출할 수 있어야 한다. 국내·외 구별 없이 경쟁해야 되는 무한도전 시대에서 예전의 방식으로 안주하던 기업은 도태할 수밖에 없다. 그러므로 글로벌 경쟁 시대의 변화에 민첩하게 대처해야 할 필요성을 가지며, 가격이나 메뉴 중심의 경쟁력에서 다양한 현상을 수용해야 할 당위성으로 제시된다. 고객은 가격, 품질, 분위기, 직원과의 관계 등 계속적으로 미래를 선도할 전략방법을 기대하고 있다.

결론적으로 기업의 경쟁력은 국제적인 수준의 접객서비스와 순화된 맛, 분위기의 시설 등 기본적인 상품평가 요소 외 식재료의 지역적 특성과 국가의 역사, 문화, 식기의 종류, 데코레이션 등 예술적 가치를 가미하고 있다. 따라서 이를 지속적으로 알려야하며, 새로운 전략적 가치를 높여야 할 필요성이 있다.

다음은 '한식 세계화'에 대한 사례이다.

'한식 세계화'는 우리 음식을 세계인이 즐기는 문화로 만드는 것이다.

'한식 세계화'란?

한식의 우수성을 바탕으로 한식을 발전시키고 한식 문화의 국내 · 외 확산을 통해 농림수산식품산업, 외식산업, 문화관광산업 등 관련 산업을 발전시켜 대한민국 이미지를 향상시키고자 하는 일이다.

왜, '한식 세계화'인가?

세계 식품시장은 자동차, 정보통신(IT) 산업보다 규모가 크고, 성장 가능성이 아주 높은 산업이다(세계시장규모('08) : 식품 4.4조 달러, 자동차 1.7조, IT 0.8조 달러). 한식은 건강과 웰빙을 지향하는 음식사업으로 세계 식품소비의 트렌드에 부합하는 만큼 세계인이 함께 즐길 수 있는 잠재력이 충분하다. 따라서 영양학적 특성과 유구한 역사와 전통을 지닌 우리 음식문화를 접목하여 세계적인 문화 상품으로 발전시키려는 것이다.

'한식 세계화' 방법

한식 문화를 확산시키기 위해 국내 · 외에서 개최되는 박람회, 회의, 축제 등에서 한식 우수성을 홍보하고 있다. 국내 한식기업의 해외 진출을 돕기 위해 해외 시장조사와 컨설팅을 해주고 있다. 아울러 우수한 한식 조리인을 양성하기 위한 전문 기능인력 프로그램을 운영하고 있다.

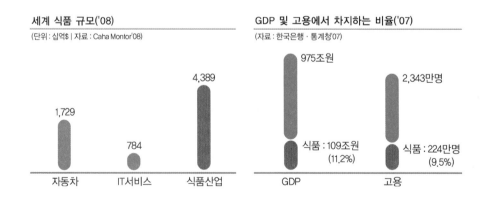

세계 식품 규모('08)
(단위 : 십억$ | 자료 : Caha Montor'08)

자동차 1,729 IT서비스 784 식품산업 4,389

GDP 및 고용에서 차지하는 비율('07)
(자료 : 한국은행 · 통계청'07)

GDP 975조원 식품 : 109조원 (11.2%)
고용 2,343만명 식품 : 224만명 (9.5%)

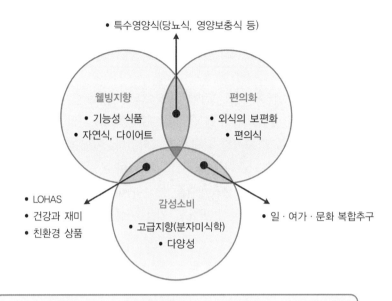

• 특수영양식(당뇨식, 영양보충식 등)

웰빙지향
• 기능성 식품
• 자연식, 다이어트

편의화
• 외식의 보편화
• 편의식

• LOHAS
• 건강과 재미
• 친환경 상품

감성소비
• 고급지향(분자미식학)
• 다양성

• 일 · 여가 · 문화 복합추구

> **건강 · 웰빙지향 |** 발효식품, 기능성식품, 유기식품, 자연친화적 식자재 사용
> **편의화 |** 외식의 보편화, 소포장, DIY(Do-it-yourself) 제품
> **감성소비 |** 다양한 식문화, 고급화 지향, 건강과 재미 추구

〈세계 식품소비의 트렌드〉

'한식 세계화' 주요전략

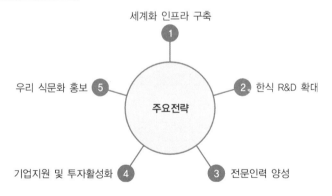

세계화 인프라 구축
1

우리 식문화 홍보 **5**

주요전략

2 한식 R&D 확대

기업지원 및 투자활성화 **4**

3 전문인력 양성

민·관 합동으로 한식 세계화 추진단을 만들었다('09년 5월).

우리음식을 세계인에게 알리고 국가이미지를 높이는 일을 국가 프로젝트로 인식하며, 민간전문가와 정부로 구성된 한식 세계화 추진단을 만들었다.

• 공동 위원장 : 연세대 양일선 부총장, 농림수산식품부 장관, 문화체육관광부 장관

• 위원 : 기획 재정부, 외교통상부, 지식경제부 등 관계부처 차관, 학계, 식품업계, 문화계, 일반 경제계 인사, 농·어업인 등 총 33명

한식 세계화 사업을 전담할 민간 집행기구인 한식재단을 출범시켰다(10년 3월).

한식 세계화추진단을 중심으로 우리 음식에 대한 홍보와 다양한 사업을 추진한 결과 민간의 창의와 역량을 접목시킬 체계가 필요하였다. 이에 따라 2009년 12월부터 민관합동으로 한식 재단설립 준비 위원회를 구성하여 운영하였으며, 2010년 3월에 한식재단이 출범되었다. 앞으로 한식재단은 한식의 대내외 홍보, 해외 한식당 인증, 해외 시장조사 등의 한식 세계화에 필요한 일들을 해 나가게 된다.

해외에서 영업 중인 우리 한식당도 힘을 모아야 한다.

한식 세계화추진단, 한식재단에 이어 금년부터 해외 주요 도시별로 '해외 한식당 협의체'를 결성해 나가고 있다. 협의체는 국내에 있는 한식재단과 호흡을 맞추어 한식홍보, 국산 식재료 공동구매 등의 일을 해 나간다.

국내 · 외에 한식 붐을 일으킨다.

국내 · 외 언론매체 및 온라인을 활용한 한식홍보를 통하여 국민의 높은 관심과 언론의 우호적 평가를 이끌어낸다.

한식 세계화 다큐멘터리 제작('09.10.4, SBS), 국내 영자신문지('09. 2월~12월 간 총 12회, Korea Times), 아시아나 항공사 기내지('09. 4월~12월 총 6회, 영문)를 통해 한식의 우수성을 홍보하였다. 미국 CBS, C-NBC, PBS 등 해외 언론에 한식광고를 통해 세계인의 관심을 제고시켰다.

• 국내 여론조사결과 한식 세계화 필요성 93%, 실현가능성 70% 공감(코리아 리서치 '09.9)
• 한식 세계화 전략 발표('09.5.4) 이후 언론 우호기사 349건, 비판기사 6건

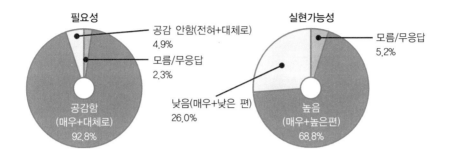

국내·외 국제행사를 활용한 한식홍보로 한식의 격을 높였다.

한-아세안 정상회담 시 한식오찬 제공('09.6.2, 제주), OECD 각료이사회 참석을 계기로 추진한 Korea night 행사('09.6.25, 파리), UN 총회참석을 계기로 한국전 참전용사 초청 한식행사('09.9.21, 뉴욕)를 펼쳐 적극적으로 한식을 홍보하였다.

해외 언론의 호의적 반응과 함께 국산 농·식품 수출도 증가하였다.

4년 만에 김치 수출은 무역 흑자로 전환되었으며, 막걸리 수출이 전년 동기 대비 43% 증가하였다. 비빔밥, 떡볶이 등 한식 프랜차이즈 기업의 해외 진출이 적극적으로 추진되었다.

• 막걸리 수출 : ('07) 291만 불, ('08) 442 → ('09) 628(전년 동기대비 42% 증가). 국내 막걸리 시장은 전년대비 38.4% 증가(위스키는 35.1%, 소주는 4.3% 감소)

• CJ는 비빔밥 프랜차이즈를 일본에 이어 LA, 싱가포르, 상해 등으로 진출 중
• 김치수출 증가 : ('06) 70백만 불 → ('08) 85 → ('09) 89 등 한식조리 전문 인력을 양성하였다.
• 실적 및 계획 : ('09) 2개 기관, 49명 → ('10) 4개 기관, 100명

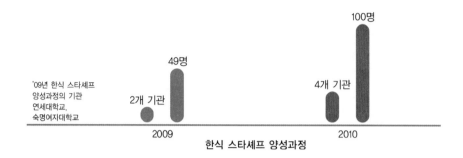

한식 스타셰프 양성과정

지역의 우수인재를 발굴 및 향토음식의 상품화를 위해 '향토음식 전문가 과정'을 운영하고 있다.

- 실적 및 계획 : ('09) 5개 기관, 109명 → ('10) 9개 기관, 200명

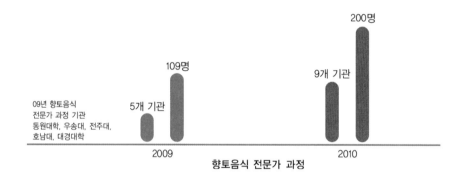

향토음식 전문가 과정

해외 한식당 경영주, 조리사, 홀 매니저 등을 대상으로 맞춤형 '해외 한식당 종사자 교육'을 실시하고 있다.

- 실적 및 계획 : ('09) 4개 도시, 672명 → ('10) 9개 도시, 1,000명

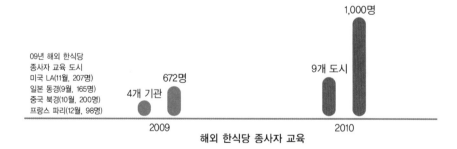

해외 한식당 종사자 교육

한식조리 교육에 특화된 전문계 고교(2개)와 대학(2개)을 '한식조리 특성화 학교'로 지정하여 집중 지원하고 있다.

- CIA(美), 르 꼬르동 블루(佛)와 같은 해외 유명 요리학교에 한식강좌 개설을 추진하고 있다.
- 일본의 핫토리 영양학교에서 6월부터 한식강좌 운영 예정이며, 다음과 같이 한식 세계화를 꾸준히 추진해 나가겠다.
  * 한식 세계화는 산업화를 기반으로 문화적으로 전파되는 것이므로 장기적인 안목을 갖고 꾸준히 추진해 나가야 한다.
  * 한식 세계화 추진단, 한식재단, 해외 한식당 협의체와 유기적으로 협력하여 한식 세계화를 효율적으로 추진해 나가겠다.
  * 이벤트성 홍보가 많았다는 일부의견이 있었지만 초기 붐 조성을 위해서는 이러한 이벤트를 강화할 필요성이 있다.
  * 2010년부터 체계적인 홍보로 한식기업의 해외진출을 지원하고 학교 교육과 연계하여 우수한 한식조리사가 꾸준히 배출될 수 있도록 하겠다.

비전과 목표, 추진전략

■ 비전(vision) : 세계인이 즐기는 우리 한식

■ 목표(goal)

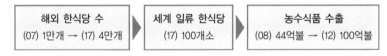

| 해외 한식당 수
(07) 1만개 → (17) 4만개 | 세계 일류 한식당
(17) 100개소 | 농수식품 수출
(08) 44억불 → (12) 100억불 |

■ 전략(strategy)
- 세계화 인프라 구축
- 한식 R&D 확대
- 전문 인력 양성
- 기업지원 및 투자활성화
- 우리 식문화 홍보

■ 기본전략 ("연개소문" 전략 추진)
- 연(連) 농·어업과 문화예술·과학·문학이 연계하며, 다른 나라 음식·문화와도 연계한다.
- 개(開) 열린 마음으로 세계인과 우리의 음식과 문화를 나누는 자세로 추진한다.

• 소(小) 작지만 강한 파급력으로 국산 농수산식품 수출시장을 확대한다.
• 문(紋) 창의와 상상력을 바탕으로 한식의 새로운 문화를 창조한다.

■ 추진방향

• Eatertainment(Eat+Entertainment) : 음식에 예술·재미를 융합, 한식당을 하나의 한국 문화원으로 발전시킨다.
• 단계적 추진 : 단품한식을 명품화 → 고급 한정식으로 확산한다.
• 차별화 전략 : 대중식당(단품메뉴 중심의 프랜차이즈화 유도) 고급 한정식(현지화된 한식코스 개발, 한상 문화를 고급화하여 확산)으로 차별화한다.
• 다양화 전략 : 지역별 경쟁력 있는 한식메뉴 발굴·확산, 매운 맛·짠맛 등을 등급화, 다양한 수요층 공략

추진 배경과 경과

왜 한식 세계화인가요?

1. 식품산업은 미래의 신 성장 동력입니다.

• 세계 식품시장은 자동차, IT 서비스 산업보다 규모가 크고 문화, 의학, 유통산업 등으로 파급하는 효과와 잠재력이 높다.
• 세계 식품시장의 규모는 43,890억 불로 자동차의 2.5배, IT 서비스의 5.6배('08, Data Monitor)이다.
• 국내 식품산업은 국가경제에 차지하는 중요성이 크고, 한식 세계화를 통해 해외 시장 진출 확대 가능성이 높다.

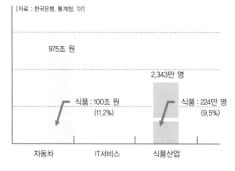

〈GDP 및 고용에서 차지하는 비율('07)〉

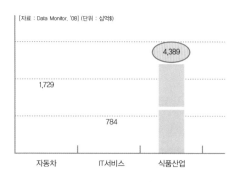

〈세계 식품 규모('08)〉

- '07년 국내 식품시장 규모는 109조 원으로 전체 GDP의 11.2% 차지, 고용은 224만 명으로 전체 취업자의 9.5% 이다.
- 한식 세계화로 농·식품 수출 증가 : ('07) 38억 불 → ('08) 44억 불(17.2% 증가)로 증가하였다.

2. 한식은 세계 식품소비 트렌드와 부합하여 세계인의 음식으로 인정받을 가능성과 잠재력이 충분합니다.

- 소비 트렌드 : 건강·웰빙 지향, 편의성, 감성소비 등이 주요 추세이며, 간편한 외식뿐만 아니라 최고급 음식 취향 등 기호가 다양하다.
- 스페인의 엘블리(El Bulli)식당(세계 최고식당) : 1년 중 6개월만 운영 6개월은 분자 미식학을 활용한 메뉴를 개발하였다.
- 한식 특성 : 식재료와 조리법 등 자연친화적으로 세계인의 웰빙 욕구충족에 부합하고 있다.
- 약식동원(藥食同源)의 사상이 배어 있는 건강·웰빙 지향형 음식이다.
- 육류보다 채소류, 해산물을 주로 사용하는 저열량식이며, 튀기기보다 찌거나 삶는 등의 건강지향형 조리법이 발달하였다.
- 김치, 장류 등의 발효식품이 중심이 된 자연식품이다.

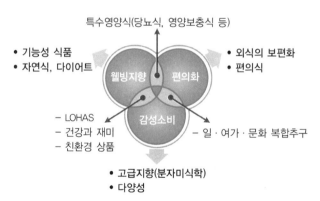

3. 지금이 한식 세계화의 최적기입니다.

- WHO : 한식을 영양적으로 균형을 갖춘 모범 음식으로 선정('04)
- 美 Health지 : 김치를 세계 5대 건강식으로 선정('06)
- NY Times : LA의 김치 타코 요리 인기보도('09.2월)

[출처 : '09, 국가브랜드위원회]

30.4% 27.9 16.1 8.0 3.6

김치, 불고기   한복   한글   태권도   태극기

〈한국의 대표이미지 : 한국음식〉

해외 자국음식에 대한 세계화

1. 태국

* 2001년부터 태국음식 세계화 프로젝트(Kitchen of the world) 추진
* '08년 세계에 진출한 태국음식점은 13천 개('01 : 5,500 → '08 : 13,000개)

■ 프로젝트의 주요 내용
* 해외진출 레스토랑에 대한 저리자금 융자지원
* 해외 태국식당 인증제도(Thai Select) 운영
* 주관 기관 : 태국 상무부 수출 진흥국
* 지원 내용 : 국내·외 미디어 광고, 재정 및 교육 지원

■ 태국 조리사 양성교육 실시
* '02년부터 국가가 인증하는 조리사 자격증인 '국가기술표준 태국요리부문' 실시
* 정보 포털 사이트를 통해 태국음식 및 식당 관련 종합정보 제공
* www.thaikitchen.org

2. 일본

1960년대부터 정부 주도로 자국음식 세계화 추진

■ 목표
* 2010년까지 일식 애호가 12억 명 증대(일식인구 배증 5개년 계획)

• 전문가들로 구성된 '식 문화 연구 추진회'를 발족하여 활동
• 정부와 민간의 역할분담을 통해 체계적인 정책 추진

■ 정부
• 농림 수산성 산하에 외식 산업실 '외식산업 종합조사 연구센터'를 설립하여 세계화 전략을 수립

■ 민간
• 정부지원 하에 일본 레스토랑 해외보급 추진기구(JRO : organization to promote Japanese Restaurant abroad)가 조리교육, 해외정보 수집, 홍보 등 추진

〈표 1-4〉 추진전략 로드맵

전략	단기('09~'10)	중기('11~'12)	장기('13~'17)
국내 산업화 대책			
① 한식산업 기반구축	• 법적 기반 구축 • 외식 산업진흥법 및 식생활 교육 지원법 제정 • 자금제도 개편 • 식품 종합 자금제 실시 • 식품 산업투자펀드 조성 • 한식 종합정보 포털 오픈	• 규제 철폐 • 중소기업창업지원법 개정 • 자금 지원규모 확대 • 포탈의 외국어서비스 확대	• 자금 지원규모 확대 • 포탈의 외국어서비스 확대
② 한식요리 명장	• 조리교육 추진 • 해외 유명 요리학교 한식강좌개설 MOU 체결	• 재외공관 등 조리인력의 해외취업 확대 • 해외 요리학교 한식강좌개설 • 국제 한식요리 자격증 도입	• 국제 한식요리아카데미 설립
③ 스타한식당	• 자금지원 및 투자유치 • 스타 셰프 발굴 · 홍보	• 한식당 거리조성사업 • 종업원교육 지원	• 고급 한식당을 관광문화 상품화
④ 한식마니아 만들기	• 한식홍보 특별 이벤트 • 한식 체험기회 확대	• 2010 한국방문의 해 활용 • 명소마케팅 추진	• 국내 개최 MICE 활용
한식의 해외진출 확대			
⑤ 한식 세계화 R&D	• R&D 중장기 계획 수립 • 식품분야 R&D 예산 확대	• 연구소 설립 • 단품 한식메뉴 개발	• 고급 한정식 메뉴개발
⑥ 식재료공급 활성화	• 식재료 공동물류센터 설치 • 식재료 표준규격기준 마련	• 국산 식재료 직거래 및 공동 구매망 구축	• 국내 식재료 유통기업의 현지수입 사업 진출확대
⑦ 한식이미지 UP	• 한식브랜드(BI) 정립 • 스토리 발굴 · 홍보	• 한식이미지 홍보 • 한식당 위생 · 서비스 교육	• 한식이미지 홍보 • HACCP 등 위생기준 확대 적용

⑧ 알기쉬운 한식	• 조리법 표준화 • 메뉴 외국어 표기안 제작	• 향토음식 조리법 표준화 • 외국어 표기안 배포 등 활용 확대	• 메뉴조리법 표준화 및 외국어 표기안 확대
⑨ 한식문화 알리기	• 한식당 등 식품분야 한인 네트워크 구축 • 한식 관련 허위정보 정정 (위키피디아 등)	• 해외공중파 한식 홍보 확대 • 재외공관, 국제영화제 활용 고급 식문화 확산	• 한식 서포터즈 확대 • 음식관련 영화제작 확대
⑩ 한식 브랜드 100	• 고급식당(2개), 대중(19개) 신설 • 리노베이션 컨설팅 추진	• 고급(10), 대중(34) 신설 • 맞춤형 컨설팅 확대	• 고급(8), 대중(27) 신설 • 프랜차이즈 창업보육센터 확대 적용

BI 소개

한식브랜드는 자연과 인간을 배려하는 조화와 균형의 브랜드 에센스로부터 한식브랜드를 통한 비즈니스 모델 구축과 커뮤니케이션 방식까지 각 단계별 역할에 적합한 가이드라인을 구축하고 일관된 브랜드 에센스에 따른 전체적인 이미지조화를 통한 브랜드 밸류업을 추구합니다.

(한식 세계화 BI 로고·심벌을 다운로드받으시려면 위의 AI Download나 JPG Download 버튼을 눌러주세요.)

1. 형태적 의미

음식사업은 사람을 풍요롭게 하면서 자연이 사람에게 주는 선물로서 인간을 모두 이롭게 하는 조화와 균형을 줄 수 있다. 따라서 한국의 정신을 상징하는 건, 곤, 감, 리는 하늘, 땅, 물, 불을 나타내며, 이러한 의미를 한식이 가지고 있는 특성과 연결하여 자연으로부터 비롯된 음식이라는 의미를 시각화하여 표현한다.

브랜드 에센스는 자연과 인간을 모두 이롭게 하는 조화와 균형의 가치를 담고 있다. 즉 한국의 건축, 음식, 의복 나아가 한국인의 삶의 방식은 자연과 인간을 존중하고 배려하는 것에서부터 출발하며 인위적으로 다듬어져 조화롭게 하거나 균형을 이루는 방식이 아닌 자연 그대로를 이용하면서도 인간에게 좀더 균형 있고 조화로운 삶의 방식을 영위하도록 하는 미의식을 전달하고자 한다.

2. 색상적 의미

한식이 자연으로부터 온 재료를 사용하는 건강한 웰빙 음식이라는 이미지와 우리나라 고유의 천연염색 이미지를 살려 한식 브랜드만의 원색적이지 않으면서 자연적이고 따뜻한 컬러 시스템을 구축하였다. 이를 통해 한국적인 이미지와 함께 한국 음식의 다채로움과 음식의 식감이 전달되도록 노력하였다.

Hansik Green natual green	Hansik Yellow joy yellow	Hansik Red unique red	Hansik Purple premium purple	Hansik Brown traditional brown

사업내용

한식 세계화 본격 추진을 위한 인프라 구축
'한식 세계화 추진단'을 통해 범국가적 협력체계 구축

- 영부인을 명예회장으로 하고, 관계부처 장과 각계 전문가가 참여
- 한식 전문 인력 양성을 통한 한식 세계화의 초석 마련

- 국내 7개소 157명, 해외 4개국 670명(미, 중, 일, 프랑스, 4.3 / 5점 만족도)

- 이태리 요리학교(ICIF)와 MOU체결로 요리개발 및 식문화 공동 홍보 추진

- 해외 유명 요리학원 내 한식강좌 개설 추진(일본 핫도리 25개 확정)
- 한식 세계화 사이트를 통한 정보제공 추진

- 식문화 콘텐츠, 비즈니스 정보제공, 인터넷 프로모션 및 네트워크 구축
- "한식의 Internal Branding"을 통한 국민적 역량 결집 및 대외 홍보 참여

- 한식 세계화 선결과제인 "국내 한식 붐 형성" 및 공감대 형성
- MBC '무한도전', SBS '도전 스타셰프', SBS '한식 오딧세이' 등 매체 활용

- 인기프로그램, 연예인의 자발적인 한식 홍보 등, 트렌드 정착 인기프로그램, 연예인의 자발적인 한식 홍보 등 트렌드 정착

해외 한식당 경쟁력 강화 지원
한식 메뉴 표기법에 대한 가이드라인 제시(124개 메뉴)
ex) 칼국수 설명 : Knife cut noodles → Noodle soup

- 해외 한식당 고급화 및 인식제고를 위한 시스템 도입
- 해외 우수 한식당 인증제 모델" 개발을 통해 우수 한식당 기준 마련
- "인테리어 디자인 매뉴얼" 보급으로 해외 한식당 분위기 업그레이드

- 한식당 해외진출 및 해외 한식당 경쟁력 향상을 위한 정보 제공

- 우선 Target 시장 4개국(미국, 중국, 일본, 베트남)의 조사

■ 한식 우수성에 대한 과학적 구명(究明) 추진
- 호주 시드니 대학과 공동으로 외국인 대상 다이어트 효과 연구

■ 부정적 이미지를 초래하는 잘못된 정보에 대한 적극 대응
- 위키 피디아에 올려진 한식관련 정보오류 수정(반크와 협력)
- 돼지고기를 변소에서 인간 배설물(human excrement)로 키운 '똥돼지' 소개
- 돼지 꼬리를 약용으로 사용(blood taken grom the pig's tail)한다는 소개
- 비빔밥을 먹다 남은 밥(leftover rice)과 채소, 고기로 만드는 요리로 소개

■ 효율적인 매체 활용, 융합화로 업그레이드 된 한식 홍보

■ 다양한 한식 문화 홍보 콘텐츠 발굴 및 보급
- 비빔밥 소재 연극 "BIBAP KOREA"를 개발, 외국인 관람객의 호평
- 한식메뉴 100개에 대한 표준 조리법 보급(5개 국어)
- 한식 스토리텔링(120개)을 개발하여 한식 홍보 소재로 활용
- 역사, 유래, 먹는 방법, 영양학적 정보 등을 재미있게 소개

■ 비빔밥
- 아름다운 모양과 고유한 맛, 고른 영양소와 낮은 칼로리로… 다양한 개성의 재료를 하나로 모아 융합의 정신으로 비유되기도 한다.
- 마이클 잭슨과 패리스 힐튼이 즐기고 기네스 펠트로가 날씬한 몸매의 비결로 소개되고 있다.

2. 기업의 구조적 변화

2002년 한·일 월드컵을 성공적으로 개최하고 4강이라는 전후 무후한 기록을 세우면서 아시아의 조그마한 반도 국가인 대한민국 위상은 전 세계적으로 관심을 받게 되었다. 더불어 외식업은 양적성장에서 질적 성장으로 한 단계 업그레이드되는 계기가 되었다. 전 세계인들의 시선과 이목이 집중되면서 국민들은 대단한 자부심을 가졌으며, 그에 맞는 규모의 대형화와 기술발달의 과학화, 운영 매뉴얼화, 경영기법의 현대화 등 선진기술의 도입으로 글로벌 경쟁 환경에 맞는 한국식 음식문화를 접목하게 되었다.

이와 같이 일반적인 경영과 달리 소비자의 다양한 기호와 특성, 정서를 고려한 전문화된 메뉴는 개인점포의 특성에 따라 특화되었다. 소비자들은 이러한 숨어 있는 메뉴 및 점포의 개성에 관심을 기울이면서 전국의 다양한 특산물을 소재로 한 음식점들은 급속하게 기업화하여 성장할 수 있는 구조적 변화를 가지게 되었다.

사람들의 입을 유혹하는 독특한 맛은 개인별로 차이가 있다. 레스토랑의 개성과 분위기, 직원들의 접객서비스 등은 고객과의 커뮤니케이션에서 자연스럽게 형성되지만 맛을 특화 하는데 오랜 기술과 장인정신이 필요하다. 따라서 고객과의 상호교환을 통하여 평가되는 만족을 정확하게 측정하거나 차별화하기는 어렵다. 하지만 고객들은 맛과 함께 개성 있는 분위기와 접객서비스를 원한다. 이러한 시대적 요구는 사회, 경제, 문화, 정치, 법률적으로 시장의 기회이자 위협요인으로 불확실성에 따라 다음과 같이 구조적 변화를 요구하게 되었다.

첫째, 급변하는 시대적 상황은 메뉴상품과 서비스방법의 변화를 원한다. 기술개발과 프랜차이즈 산업의 확장은 모든 산업을 체인화, M&A에 따른 인수합병, 기업 간의 제휴 등 다변화로 새로운 활력을 불어넣어 주기를 원하고 있다. 즉 시대적 현상을 어떻게 받아들일 것인가? 하는 문제가 핵심과제로 떠올렸다.

둘째, 21세기의 외식경영은 배고픔의 공복차원이 아니라 정부차원의 지원과 글로벌 전략으로 세계화를 지향하고 있다. 특히 한류열풍에 편승한 음식문화 보급과 '관광비전21' 등 미래 산업을 선도할 고부가 사업으로 인식되고 있다.

셋째, 글로벌시대에 맞는 서비스의 다각화와 기술변화는 업체 간의 수평적 평균을 이루었다. 지역과 지리, 위치, 종교, 국가, 이념을 넘어 전사적 사업형태로 확장되고 있다. 고객들은 레스토랑의 신 메뉴 개발이나 창의적인 아이템 혁신적인 경영기법 등 새로운 변화와 기업구조를 원하게 되었다.

넷째, 소비자의 지식수준과 정보를 획득하는 방법과 정보량 등 개인별로 차이가 있으며, 소득수준이나 경제적 여유에 따른 삶의 질이 윤택해지면서 서비스방법의 개선을 요구하고 있다. 기업은 직원들에게 권한 위임(empowerment)이나 아웃소싱(outsourcing), 리뉴얼(renewal), 복지혜택의 증가 등으로 변화를 주려고 노력하지만 고객들은 더 많은 만족을 요구한다.

다섯째, 다국적 기업과 국내 대기업의 외식업 진출은 시장을 급속하게 성장시켜 세계화에 동참하게 하였다. 대규모의 멀티브랜드(multibrand)들은 시장에서 독점적 지위를 가지려 하지만 개성과 특성을 보유한 자생 브랜드들은 틈새시장에서 차별화된 경영기법으로 안정된 수익을 창출하기도 한다. 이러한 글로벌 환경에서 기업 간의 제휴와 지역 간의 연대, 작지만 개성 강한 브랜드는 계속적으로 성장할 수 있을 것으로 판단된다.

〈표 1-5〉 2010년 국내 10대 트렌드와 실제 상황

트렌드 예측	2010년 실제 상황	평가
① 국격제고 노력의 집중전개	• 서울 G20 정상회의의 성공적 개최 • 2012년 서울 '핵안보 정상회의' 개최지 결정(4월)	○
② 새로운 전환을 모색하는 남북 관계	• 북한의 천안함 폭침(3월), 연평도 포격(11월) • 북한의 우라늄 농축시설 공개로 북핵문제 고조	×
③ 지방선거의 지역밀착형 정책 선거화	• 매니페스토 시행으로 정책경쟁이 활성화 • 선거 이후 정책 중심이 친서민으로 이동	○
④ 고용창출이 미흡한 경기회복	• 한국경제는 6% 내외의 고성장세를 기록 • 예상보다 많은 30만 개 정도의 일자리가 창출 그러나 청년층 등 구직애로 계층의 고용불안은 지속	△
⑤ 효과적 출구전략의 모색과 신중한 추진	• 한국은행의 기준금리 2회(7월, 11월) 인상 • 정부지출 감소로 재정수지 적자폭 축소	○
⑥ 지원축소에 따른 중소기업의 전환기	• 보증만기 연장 등 중소기업 지원조치의 종료 • 일부 부실 중소기업에 대해 구조조정을 추진	○
⑦ 통신·미디어시장이지형 변화	• 스마트폰 사용자와 소셜미디어 사용자의 급증 • 종합편성채널 사업자(4개사)와 보도전문채널(1개사) 사업자의 선정(12월)	○
⑧ 新3高, 新샌드위치 위기에 직면한 기업경영	• 원화가치와 유가가 상승하였으나 금리는 하락 • 선진기업의 압박과 신흥국 기업의 추격이 심화	△
⑨ 베이비 붐 세대은퇴의 본격화	• 베이비 붐 세대의 은퇴 시작 • 임금피크제, 근로시간 유연화제도가 확산	○
⑩ 여가문화의 친환경고급화	• '자출족(자전거 출근족)', 생태관광 증가 • 해외여행 출국자가 2009년 대비 30%대 증가	○

출처 : 삼성경제연구소

제주지역의 오름은 기생화산으로 제주지역만이 가진 특별한 지형이다. 이러한 초가집과 오름, 포도송이를 모티브로한 호텔기업의 사례는 다음과 같다.

"하늘에서 내려다보니 한송이 포도와 같다" 하여 붙여진 포도호텔!

자연을 거스르지 않고 있는 그대로의 자연과 환경을 살려 일체감을 주는 새로운 개념과 휴식, 웰빙을 지향하면서 제주도의 명소로 소개되고 있다. 이 호텔은 프랑스 예술 문화 훈장을 수상한 이타미 준의 일본 "국립기메 동양미술관(Itami jun) 전(展)" '전통과 현대'의 전시회 메인작품으로 소개될 될 정도로 유명하다. 호텔 내부에서 곳곳에 베르나르 뷔페와 이활종 화백의 진품들을 전시하여 감상할 수 있게 하였다. 또한 공간 내부에는 조명과 소품을 작가의 작품에 맞게 배치함으로써 섬세한 손길과 배려는 여운을 주게 하였다.

사진출처 핀크스 포도호텔 제공

이와 같이 글로벌 환경에서 기업의 구조적 변화는 업종과 업태, 서비스방법 등 복합적인 문제점을 얼마나 신속하게 해결하는가에서 그 답을 찾을 수 있다.

최근 G20 정상회의(2010, 11/10~11일)로 특급호텔에서 찬밥신세를 받던 한식당들이 국민들의 애정과 관심을 받고 있다. 2000년 초반까지만 하여도 주요 호텔들은 한식당을 운영하였다. 하지만 조리과정이 까다로우며, 재료비, 인건비가 많이 들어가 채산성이 낮다는 이유로 외면을 당했다. 따라서 우리음식에 대한 '하대?' 등으로 양식 메뉴에 자리를 비켜주게 되었다.

1999년 밀레니엄 힐튼의 한 식당 '수라'를 시작으로 05년 신라호텔 '서라벌', 웨스틴 조선호텔의 '셔블' 등이 줄줄이 간판을 내렸다. 최근 '한식 세계화'에 따른 국가차원의 전략과 연예인들의 한류열풍, 유럽시장의 K-pop 열풍 등으로 우리음식의 소중함과 가치를 인정받게 되었다. 호텔업계는 한식당을 새롭게 단장하여 오픈하거나 외국인들에게 내놓을 만한 메뉴를 경쟁적으로 개발하고 있다.

롯데호텔 지하 1층의 한식당 '무궁화'를 건물 최고층인 38층으로 옮겨 문을 열었다. 한식 강화에 나선 것은 신동빈 부회장이 평소 한식을 즐겨먹는다는 이유도 있지만 '한국 방문의 해' 위원장으로 선출되면서 관심이 더욱 커졌기 때문이다. 최고급 한식당으로 꾸미기 위하여 실내 인테리어와 메뉴 개발에만 50억 원 이상을 투자하였다.

사진출처 서울 롯데한식당 무궁화

임피리얼 팰리스 호텔은 20층에 한국전통의 부엌 분위기를 그대로 살린 '한옥 라운지'에서 VIP 고객을 위한 정통 궁중 한정식을 선보였다. 각국 정상들과 수천 명에 달하는 기자, 수행원 등 고객들이 한식을 경험하는 만큼 호텔 홍보는 물론 한국의 맛과 정서, 문화를 알리는 좋은 기회로 활용하고 있다.

임피리얼 팰리스 호텔
한국의 멋과 맛을 느낄 수 있는 "클럽 임피리얼 라운지"

임피리얼 팰리스 호텔의 20층에 위치한 "클럽 임피리얼 라운지"는 한국 전통 가옥 형태의 인테리어와 아궁이, 가마솥, 절구, 각종 옹기와 항아리 등 부엌 모습을 그대로 재현하여 외국인뿐 아니라 내국인 고객에게 최고의 인기를 누리고 있다.

클럽 임피리얼 라운지

사진출처 임피리얼 호텔

　모든 스위트 객실 이용객과 18~23층 객실 이용 고객이라면 누구나 클럽 임피리얼 라운지에서 조식과 함께 종일 제공되는 차와 한국 전통 떡, 쿠키, 과일 등을 무료로 즐길 수 있다. 9개의 테이블에 36개의 좌석이 있는 홀과 예약제로만 이용 가능한 2개 미팅 룸에 좌식과 함께 입식을 설치하였다. 외국인들의 라이프스타일을 배려한 입식 미팅 룸으로 구성한 비즈니스 미팅과 함께 '전통궁중 한정식'을 맛볼 수 있다. 신선로, 모듬 산적, 삼색전, 대하찜, 자연송이 왕갈비구이 등 정갈한 16~20가지의 한식메뉴가 준비되어 사랑, 장수, 기쁨 상차림의 3가지로 제공된다.

　'한국방문의 해'를 맞이하여 전문 조리장이 기존의 전통 궁중 한정식에서 외국인이 좋아하는 한식메뉴를 추가 하였다. 전통의 멋이 살아 숨 쉬는 클럽 임피리얼 라운지에서 한국 전통의 맛을 그대로 느낄 수 있도록 한 것이다. 그 외에도 홀 천장 부분에 어린 시절 직접 풀을 발라 만들었던 연이 걸려있다. 옛 추억을 회상하게 하며 곳곳에 크고 작은 항아리와 절구, 몇 대를 거쳐 이용되어 온 고가구와 맷돌, 작은 소품 하나 하나에까지 한국적 아름다움을 향유할 수 있도록 소개하고 있다.

따라서 변화의 시대에 적응하는 기업과 이를 수용하면서 계속적으로 성장하기 위한 사회문화적 요소는 다음과 같다.

첫째, 외식기업은 양적 성장에서 질적 성장으로 변화하고 있다.

둘째, 경영능력의 한계에 직면한 경영자들은 문제를 해결할 수 있는 방법을 찾고자 다양한 루트를 통하여 학습하거나 개선하고자 노력한다.

셋째, 산업의 구조적인 변화를 적극적으로 수용하는 기업은 조정과 통합에 따른 규모의 경제성을 실현할 수 있다.

넷째, 사회문화적 환경은 전문 인력확보를 위한 교육투자와 근무환경 개선과 같은 기업의 지원을 원하고 있다.

다섯째, 무한 경쟁시대는 통합적 마케팅 실현과 경쟁력을 확보하기를 원한다.

여섯째, 기술개발을 통한 경영환경의 변화에서 서비스방법의 다양화를 원한다.

〈표 1-6〉 2011년 주목받는 7가지 창업 트렌드

업 종	업 체	창업비용(15평 기준 · 점포구입비 제외)	특 징
다이어트푸드 전문점	코바코, 락쉬미	7,000만~8,000만 원	20~30대 여성이 주요 고객
카페 같은 분식점	오리기리와이규동, 요런떡볶이	7,000만~1억 원	아기자기한 인테리어, 퓨전화된 음식
막걸리 프랜차이즈	종로전선생, 봉이동동	5,000만 원	웰빙음식, 저렴한 가격
일본풍 서민 음식점	벤또랑, 누들앤돈부리	5,000만~6,000만 원	소비문화와 웰빙, 트렌드 반영
DIY(체험형 업종)	단하나케이크, 반쪽이공방	5,000만 원	DIY열풍 반영
실내환경 정화사업	바이오미스트, 반딧불이	3,000만~4,000만 원	출장형 사업 형태로 초기비용 저렴
기업형 커피전문점	카페베네, 엔제리너스	2억~5억 원	커피 열풍 반영하나 투자비용 부담

출처 : 한국창업전략연구소

　2011년은 한미 FTA 비준안 통과, 반값 등록금 논란, 사상 초유 정전사태, 안철수 신드롬, 박원순 서울시장 당선, 2018년 평창 동계올림픽 유치와 김정일 사망까지 어느 해보다 다사다난하였던 해였다. 많은 사람들은 2012년에 유행할 트렌드에 관심을 가지며, 서점가에서는 "트렌드" 관련 서적들이 인기이다. 서울대 생활과학연구소의 트렌드 분석센터는 지난 2007년부터 그 해의 간지(干支)에 맞춘 동물을 활용하여 키워드의 첫 글자에 맞추어 트렌드를 발표하였다. 2012년도 '트렌드 코리아'는 6번째 출간이다(전북일보, 2012.1.2).

　2012년 용띠 해에 맞춰 '트렌드 코리아 2012'는 10대 소비트렌드 키워드의 첫 자를 따와 '드래곤볼(DRAGON BALL)'로 명명하였다. '드래곤볼'은 일본 만화를 원작으로 한 중국 '서유기'를 현대적으로 재해석한 내용으로 손오공이 드래곤볼이라 불리는 7개의 구슬을 모으면 용신이 나타나 어떤 소원이라도 들어준다는 것이 주요 내용이다. "DRAGON BALL"을 키워드로 한 내용은 다음과 같다. Deliver true heart : 진심이 담긴 마음과 진정성이 통하는 '진정성을 전하라'는 것이다. Rawganic fever : 천연성분의 원료가 주목받는 시대로 이제는 '로가닉 시대'이다. Attention! Please : 물의를 일으켜서라도 주목받는 사람, 주목받는 경제가 뜬다는 것이다. Give'em personalities : 인격을 만들어 주세요! 무생물인 제품의 인격화를 필요로 한다. Over the generation : 세대를 아우르는 상품에 주목하라. '세대 공감 대한민국!', Neo-minorism : 신생과 비주류가 뜨는 '마이너 사람들의 전성시대! 세상 밖으로 나가라,' Blank of mylife : 모든 것이 일시 정지되는 상태를 꿈꾸는 '스위치를 꺼라', All by myself society : 내가 만족하는 것이 최고이다. '자생 · 자발 · 자족시대!', Let's plan B : 저렴하고 품질 좋은 차선 선택

'차선이 최선이 되다', Lessen your risk : 위기를 관리하라.

반면 삼성경제연구소는 '한국 관광산업의 업그레이드 전략' 보고서에서 미래의 관광 7가지 트렌드를 다음과 같이 제시하였다. 첫째는 세트장, 촬영지 등을 둘러보거나 콘서트를 관람하는 등의 '대중문화 관광'의 시대이다. 둘째, 시니어 세대를 대상으로 한 '학습방학(learning vacation)'이나 스카이다이빙, 번지점프 등 모험 레포츠를 즐기는 트라이투어슈머(try toursumer) 등 '체험학습 관광'이 증가한다. 셋째, 마음과 영혼을 치유하는 '마음 치유 관광', 넷째, 웹, SNS, 스마트폰을 활용한 '스마트 관광', 다섯째, 우주여행이나 심해탐험 등 '꿈을 실현해주는 관광', 여섯째, 소비적 여행을 지양하고 지역과 공동체에 도움을 주는 '공정여행', 일곱째, 중국인 관광객 증가에 대비한 '대(對) 중국인 관광' 등을 주요 트렌드로 발표하였다. 이와 같이 트렌드를 이해하거나 안다고 해서 반드시 성공을 보장하는 것은 아니지만 해석능력이나 관점은 활용능력에 따라 성공과 실패의 차이가 있기 때문에 트렌드를 간과해서는 안 된다. 정치인을 비롯한 사회 지도층 인사들의 위선적인 모습 등 무원칙적이고 불공정한 일들로 세상은 가득 차 있다. 이와 같이 대한민국에서는 진정성은 절대적으로 필요하다. 글로벌 경제위기에 대한 확실한 타개책과 더불어 국가발전과 비전을 제시할 수 있는 정직과 신뢰를 필요로 한다. 따라서 진정성을 가진 새로운 인재들이 사회의 리더로 그 역할을 할 있게 하여야 한다.

3. 고객의 변화

우리나라 외식업은 '70년대 후반부터 음식업, 요식업, 식당업으로 변화하면서 발전하였다. 배고픔을 해결하는 생리적인 욕구차원에서 음식의 양과 음료, 알코올성 음료인 소주와 막걸리가 전부였다. 하지만 '86 아시안게임과 '88 서울올림픽, 2002년 월드컵, G20 정상회의, 2011년 평창 동계올림픽 등을 성공적으로 개최하면서 세계의 중심에 우뚝 서게 되었다. 이에 많은 개발도상국들은 한국의 발전 상황을 모멘텀(momentum)으로 선정하여 따라 하기를 원하고 있다.

냉전시대의 산물인 LA올림픽과 모스크바올림픽은 이념적 분쟁으로 반쪽짜리 올림픽으로 전락한 반면, 88 서울올림픽은 평화의 상징으로 역대 최고의 올림픽으로 인증받고 있다. 한편 2011년 반기문 UN사무총장은 회원국 만장일치로 연임에 성공하였으며, 김용 세계은행총재의 당선 등 대한민국의 위상은 국민들의 자부심으로 변화를 받아들이는 원동력이 되고 있다. 이와 같이 국가의 경제발전과 대외적인 성장은 문화시민으로서 자부심과 긍지를 가지게 하였으며, 사회, 경제, 문화적인 현상과 기술

발달, 체육의 성장은 국가 경쟁력이 되어 고객 변화를 수용하여야 되는 이유가 되었다.

마케팅 연구의 바이블로 인식되는 전통적인 경영기법인 STP(segmentation, targeting, positioning)전략은 고전적이라 할 만큼 세상은 빠르게 변화하고 있다. 기업과 기업, 기업과 고객 간의 경쟁에서 마케팅 전략상 부족한 느낌을 받을 수 있으며, 시대적 소명은 새로운 변화로 고객욕구를 충족시켜주기를 원한다. 특히 가족 간의 화목이나 화합, 참여 프로그램, 동료 간의 친목, 연인 간의 사랑 등 다양성을 수용할 저변의 공감대로 확대되고 있다. 이러한 흐름을 반영하는 기업에 주목하게 되었으며, 고객들은 자신의 의견을 적극적으로 반영하는 기업을 선호하게 되었다.

한편 경험에서 얻은 지식과 개인적 감정을 그대로 표출하면서 자신이 원하는 목적을 달성하려는 경향이 높아졌다. 이와 같이 시장은 자연스럽게 개방되었으며, 고객의 욕구를 수용해야 하는 압력을 받게 되었다. 이러한 와중에 자본력과 기술력을 겸비한 다국적 해외브랜드가 국내에 진출하면서 시장은 그야말로 춘추전국시대가 되어 새로운 트렌드에 주목하게 되었다.

첫째, 소비자들의 금전적 여유와 여가생활은 개인적 욕구 차원에서 다양해졌으며 빠르게 확산되었다. 이러한 변화는 업종과 업태 간의 경계를 무너뜨렸으며 자연스럽게 성장을 이끌었다.

둘째, 단순화, 표준화, 전문화, 규모화의 소비 흐름은 프랜차이즈 산업의 발전을 이끌었다. 소비자는 개성과 다양성, 희소성으로 세분되었으며, 틈새시장을 공략하는 신기술 개발과 기능성, 상징성으로 보여줄 수 있는 시스템을 도입하게 되었다.

셋째, 국제통화기금(IMF : International Monetary Fund)이라는 국가적 재난과 글로벌 경제위기로 많은 사람들은 길거리로 내몰렸다. 고객들은 실용적인 구매행동을 하기 시작하였으며, 낱개 및 소량의 묶음 구매로 경제적인 소비생활을 하였다. 자신의 이용목적에 따라 신속하게 제공하는 편의성이나 접근성, 분위기 등에 따라 특화된 틈새시장을 찾게 되면서, 새로운 트렌드가 자리하였다. 이러한 과정에서 외식기업은 소비자의 변화를 수용하면서 생존과 함께 발전하였다.

서울시는 초ㆍ중ㆍ고 학생들의 건강한 먹거리 환경을 조성하였다. 청소년 건강을 지키기 위한 '건강매점 시범사업' 및 초등학교 주변 불량식품 단속을 위한 '학부모 식품 안전지킴이' 사업을 전개하고 있다. 이는 학생들에게 건강한 먹거리를 제공하겠다는 취지로 총 12개의 중ㆍ고교를 대상으로 '건강매점' 사업을 실시하고 있다. 기존 학교 매점과 다르게 과일 등 건강에 좋은 식품을 판매하면서 학생들에게 건강한 식생활 정보를 알기 쉽게 제공하고 있다.

매점 내 인테리어 시설과 청결, 위생, 편안함, 게시판, 전자패널 등 다양한 정보를 제공하기도 한다. 또한 빵과 과자 등 영양이 낮으면서 열량이 높은 고열량 저영양 제품은 판매할 수 없게 하였다. 균형 잡힌 영양을 섭취하기 위하여 낱개 또는 소량으로 포도, 바나나, 방울, 토마토 등을 판매하고 있다. 이와 같이 씻지 않고 바로 먹을 수 있도록 세척된 상태로 과일을 낱개 포장하였으며, 농수산물 공사와 친환경 급식사업단이 계약을 맺어 가격을 낮췄다.

'건강매점 시범사업'의 일환으로 아침 결식을 예방하는 '굿모닝 아침밥 클럽'이라는 특화된 프로그램도 함께 운영하고 있다. 저렴한 가격에 맛있고 신선한 과일을 먹을 수 있어 학생들에게 반응이 좋으며, 매점이 카페처럼 예쁘게 변신하여 매우 만족스러운 결과를 나타내고 있다. 청소년기 아침식사는 황금과 같다. 간단하게라도 영양섭취 할 수 있는 환경을 조성하는 것이 중요하다. 따라서 더 많은 중·고교가 건강매점 학교로 선정되어 학생들에게 혜택을 제공하여야 하겠다.

넷째, 외식경영은 실용학문으로서 시장변화와 고객 욕구차원에서 이를 접목하여 마케팅 활동을 전개하고 있다. 대외적인 경제발전은 여러 상황을 고려하는 다양성으로 한식업이 확장하는 계기가 되었다. 예를 들어 문화공연 사업과 연계하여 뮤지컬, 콘서트, 연극 등을 보면서 식사를 함께할 수 있는 프로그램이 활성화되었다. 고객을 끌어들이는 전략으로 소셜 커머스(Social commerce) 등이 활용되는데 이러한 홍보는 모바일을 통하여 신속하게 전파된다.

다섯째, 먹거리는 고객들의 일상적인 생활로 즐기는 문화가 자리 잡고 있다. 더불어 외식기업은 발전하게 되었으며, 예술적인 심미성과 독창성으로 수요를 자극하고 있다. 특히 체험적인 경험으로 성장하고 있으며, 호텔의 레스토랑에 버금가는 시설과 독특한 맛, 특색 있는 향토 음식, 세계적인 쉐프 등 고객의 변화를 수용하고 있다. 따라서 고객 한 사람 한 사람의 취향과 목적, 모임형태, 전시, 파티, 패션쇼, 프러포즈 등 이용목적에 맞는 사업으로 진화하고 있다.

결론적으로, 고객이 가지는 100인 100색의 색깔과 그들의 욕구를 수용하는 것은 참으로 어렵다. 그렇지만 레스토랑에서는 메뉴상품이나 고객관리, 서비스방법 개선 등 차별성이 제시되어야만 생존할 수 있다. 이와 같이 욕구충족이 까다로운 반면 따라 하기 쉬워 경쟁자의 진입을 쉽게 하여 경영의 어려움을 가중시킨다. 단기적인 고객확보 차원보다 장기적인 수익구조 개선을 위한 상호관계를 강화할 필요성이 있다. 따라서 기업의 목표달성과 이윤추구는 당면한 과제이지만 동질성과 정체성, 참여, 소속, 유대관계, 커뮤니케이션 등 경쟁우위를 확보할 수 있는 변화의 수용과 자발적 행동에서 가능하다 하겠다.

4. 경쟁자의 변화

우리나라의 외식산업 발전은 국제통화기금(IMF)으로부터 구제 금융을 받게 된 외환위기 이전과 이후 상황으로 구별할 수 있다. 이전의 소비자들은 수출장려정책에 따른 무역활성화로 호경기 상황에서 경제적 안정과 성장으로 직장생활은 급여와 보너스, 퇴직금이라는 금전적 보상에서 여유로웠다. 이들은 자가 소유의 주택과 자동차, 주말을 이용한 가족여행 등 정년보장으로 오늘날처럼 비정규직과 같은 사회적 현상에 자유로워 안정된 생활을 할 수 있었다. 하지만 IMF이후 전 산업은 철밥통 같은 직장도 예외 없이 구조 조정이라는 산업의 구조적 변화에 벗어날 수 없었다. 하루 아침에 길거리로 내몰리는 가장들이 늘어나면서 "영원한 직장도 영원한 직업도 없다"는 신조어가 생겼다. 비정규직의 설움은 정규직이라는 시대적 직종으로 탄생되었으며, 현대에까지 계속되어 국가적 과제가 되었다.

국민들의 주머니 사정은 갈수록 빈약해졌지만 국제정세나 경기상황은 불황이라는 긴 터널에서 벗어나지 못하고 있다. 많은 사람들을 생존이라는 극한의 상황으로 내몰아 적응하지 않으면 안 되게 하였다. 하지만 경기가 불황일수록 생존을 위한 먹는 문제는 다양한 형태로 진화하면서 발전하였다. 저가전략의 메뉴상품들은 유행처럼 시장을 선점하기 시작하였다. 국가경제가 어려워질수록 새로운 퓨전음식들이 시장을 잠식하기 시작하였으며, 이러한 위기는 기업의 경쟁력과 사고, 전환, 견해의 수용이라는 현실에서 사회적으로 규정하는 인식체계의 패러다임 변화를 요구하게 되었다. 이는 근본적인 이론의 틀이나 체계의 전환으로 생존본능을 향상시키는 내성을 키우게 하였다.

외환위기 이후 자의반 타의반으로 준비되지 않은 창업시장으로 뛰어들었던 가장들은 평소에 먹어본 경험이나 퇴직 자금, 자신만의 강한 자신감 등을 창의성이라는 미명하에 새로운 음식문화에 도전하기 시작하였다. 하지만 소규모의 프랜차이즈 기업들이 우후죽순처럼 생기면서 1년을 버티지 못하고 폐업하는 점포들이 늘어나면서 스스로 중산층에서 하위층으로 떨어지는 계층의 사다리가 붕괴되기 시작하였다. 음식장사 굶지 않는다는 속설로 너도나도 시장에 뛰어들면서 외식시장의 출혈경쟁은 한탕주의로 로또 같은 심리가 만연하였다. 즉 "프랜차이즈 아이템 하나만 잘 터지면 대박난다"는 환상으로 직장인들은 너도나도 창업시장으로 몰리게 되었다. 이러한 시점에 정부는 고용창출을 위한 정책일환으로 창업을 장려하는 지원책을 확대하였다. 정부 지원금이나 융자금으로 외식시장을 진출하는 인구가 늘어나면서 한정된 시장에 뺏고 뺏기는 악순환이 반복되면서 일대 전환기를 맞았다. 모든 산업은 경쟁사회로 재편되었으며, 변화에 적응하지 못하는 기업은 자연 도태하게 되었다.

한편, 규모를 소형화하거나 저가격화, 스피드화, 편의성으로 재편되었으며, 고객의 주머니 사정을 고려하여 작지만 알찬 점포들은 상대적으로 폐업에서 자유로웠다. 이러한 경쟁시장은 소비자의 천국시대를 만들었다. 하지만 극한의 어려움 속에서도 생존을 위한 몸부림은 발전의 원동력이 되었으며, 시장은 경쟁자의 전략과 새로운 아이템으로 고객을 끌어들이게 하였다. 따라서 경쟁시장의 변화에 따른 중요성을 제시하면 다음과 같다.

첫째, 2002년 월드컵을 유치하면서 대기업을 비롯한 다국적 기업들이 외식시장에 본격적으로 진출하였다. 이들은 선진 경영 시스템으로 과학화와 매뉴얼화의 체계적인 기술과 첨단시스템, 유통의 현대화로 대기업 간 경쟁이 본격화되면서 발전을 촉진시켰다. 특히 단체급식 시장과 식자재 유통회사들은 자본력을 바탕으로 위해중점관리요소(HACCP)제도의 도입으로 친환경, 무공해, 웰빙, 힐링(healing)으로 종합 식품산업으로 성장하게 되었다.

둘째, 외식기업은 타산업과 달리 차별화가 어려우며 개인의 독특한 입맛과 서비스를 고려해야 하기 때문에 특화된 전문음식점 경영이 어렵다. 소비자들은 국제적인 행사를 성공적으로 개최하였다는 자부심과 세계인의 관심으로 대한민국인임을 자랑스럽게 생각하는 정서가 만연하였다. 특별한 그 '무엇'에 대한 욕구가 강하게 나타나기 시작하였다.

셋째, 소비자들은 먹는 즐거움과 즐기는 문화가 생겨 소비양극화가 뚜렷하게 나타났다. 독특한 개성과 분위기를 고려한 소비특성은 저가격, 신속성, 편의성으로 재편되었다. 외국계 패밀리레스토랑과 국내 대기업 간 경쟁으로 업계 1위를 위한 차별화전략은 국내시장의 성장을 본격적으로 이끌었다. 더불어 각 영업장들은 고객유치를 위한 다양한 아이디어와 판촉행사들을 활발하게 진행하였다.

넷째, 국내 자생 프랜차이즈 기업들은 해외시장을 겨냥하여 본격적으로 중국과 미국, 일본, 동남아, 남미 등으로 진출하기 시작하였다. 각 국가에 맞는 음식과 매뉴얼로 시장을 선점하려 노력하였지만 정보의 한계와 자금난으로 실패하는 기업들도 늘어갔다. 한편 일본 기업들은 발 빠르게 한국음식을 자국음식으로 포장하여 세계시장을 선점하기 시작하였다. 한식을 일식으로 둔갑시킨다든지, 김치, 비빔밥 심지어 고추장, 된장까지 일본음식으로 바꾸어 놓았다. 이러한 무한경쟁시대에 살아남기 위한 전략방법은 기업에 국한된 것이 아니라 국가 전략사업으로 육성되어야 한다는 점이다. 당연하게 느껴졌지만 신속하게 대응하지 못하면 한 나라의 전통과 역사, 문화가 사라질 수 있다는 위기감이 고조되었다.

다섯째, 미국 발 서브프라임 모기지론(Subprime Mortgage Loan)은 경제를 급속히 침체시켜 세계의 유수기업에서부터 작은 레스토랑에까지 경영의 어려움을 가중시켰다. 과거 IMF사태와 전혀 다른 양상으로 나타났으며, 절약이나 국민들의 애국심으로 해결할 수 있는 문제가 아니라 구조적인 글로벌 불황으로 쉽게 벗어나기가 어려웠다. 각 국가들은 경제위기를 벗어나기 위하여 구조조정을 시작하였으며, 우리나라도 예외가 되지는 못하였다. 이에 따라 경쟁을 가속화시키면서 치열하게 전개되었다.

최근 커피전문점이 급증하면서 원두커피 시장이 급성장하였다. 소비자들이 외면할 것으로 여겨졌던 커피믹스 시장이 덩달아 성장하였다. 업계에 따르면 2006년 6,047억 원, 2008년 7,004억 원, 2010년 9,758억 원으로 매년 15~20%씩 성장하여 1조 원이 넘는 시장이 되었다(조선일보, 2010.10.29).

1976년 처음 선보인 커피믹스가 소비자들에게 사랑받는 주 요인은 가정이나 사무실에서 뜨거운 물을 부어 간단히 즐길 수 있는 편리함이다. 한 컵에 보통 2~4천 원 하는 원두커피와 비교할 때 봉지당 100원 안팎에 불과하여 소비자들이 부담 없이 즐길 수 있다는 점이 인기비결이다. 동서식품이 약 80%와 네슬레가 16%로 양분하여 시장을 점유해 왔다. 그런데 롯데 칠성음료가 새로 진출한 데 이어 남양유업이 커피믹스 사업을 추진하고 있다.

국내시장은 1년에 135억 잔 정도 팔리는 엄청난 규모로 성장하였다 식생활 문화가 갈수록 서구화되면서 커피믹스와 원두커피 시장이 서로 동반 성장하여 커질 것으로 예상된다. 한 봉지 100원의 제품이 1년에 팔리는 양은 1조 원에 달한다. 대형마트에서 가장 많이 팔린 상품도 라면과 쌀이 아닌 커피였다. 지금까지 시장을 선점해 온 맥심 모카골드의 동서식품

롯데 일회용 커피

사진출처 롯데음료

은 2010년도 매출이 1조 원을 돌파할 수 있었던 것도 7천억 원 넘게 매출을 올린 커피믹스 덕분이다. 테이스터 초이스를 앞세워 네슬레가 도전하였지만 4분의 1도 못 미치는 마이너 경쟁자로 인식된다. 동서식품 독주는 맥심커피에 굳어버린 국내 소비자의 입맛을 사로잡은 결과이다. 커피 향을 날려 보내지 않고 가루커피를 만들 수 있는 동결건조 기술이 단연 으뜸으로 꼽힌다.

견고한 시장에 새로운 도전자가 나타났다. 남양유업의 프렌치카페 카페믹스와 롯데칠성의 칸타타 모카클래식, 칸타타 아라비카를 선보이며 본격적인 마케팅활동을

시작하였다. 유(乳)업계의 강자인 남양유업은 2년간 연구원들을 독일·스페인·일본으로 비밀연수를 보내는 등 동서식품의 아성을 무너뜨리기 위해 네거티브(negative) 전략을 불사하고 있다. 커피 크림에 첨가물인 '카제인나트륨'을 넣지 않고 우유만 사용한다는 점을 강조하고, 동서식품이 미국계인 크래프트 푸드(Kraft Food)사와 50대 50 합작법인이라는 점까지 부각시키고 있다. 2005년 레쓰비 리치골드라는 브랜드로 커피믹스 시장에 도전했지만, 별다른 재미를 보지 못했던 롯데칠성은 강력한 영업망을 앞세워 다시 문을 두드리고 있다.

롯데 카페

여섯째, 외식시장은 포화상태로 새로운 업체 하나가 생기면 기존업체 경영이 악화되는 풍선효과(balloon effect)를 가져왔다. 풍선의 한쪽을 누르면 다른 한쪽이 부풀어 오르는 원리로 기업 간의 경쟁을 심화시켜 이익 없는 시장을 의미한다. 경기침체로 소비자의 주머니는 빈약해졌으며 경기불황은 전 산업을 위기로 내몰았다. 이러한 상황은 경쟁사회에서 살아남기 위한 생존전략을 필요로 하게 하였으며, 고객 변화를 수용하는 계기가 되었다.

CHAPTER 2

외식산업의 이해

어떻게 물방울이 스스로 자신이 강물이 된다는 것을 알 수 있겠는가?
그저 강물은 흘러갈 뿐이다.

–Antoine Marie Roger de Saint Exupery, 프랑스 소설가

학습목표

_ 내식과 외식, 중식을 이해한다.
_ 외식을 구성하는 3가지 기준을 이해한다.
_ 우리나라 외식기업의 현황과 범위, 형태, 역사를 이해한다.
_ 외식산업의 발전현황을 파악함으로써 미래의 성장성을 학습한다.
_ 사업별 업종과 업태, 현황 등 '정보 공개서'를 바탕으로 조사하고 분석한다.

외식산업의 이해

> 인생에서 가장 큰 즐거움은 '당신은 할 수 없어!'라고 하였을 때 보란 듯이 그 일을 해내는 것이다.
> — *Walter Bagehot, 영국 수필가*

제1절 │ 외식산업의 의의

1. 외식의 개념과 범위

1) 외식의 개념

사람이 살아가는데 필요한 의식주는 너무나도 기본적인 요소이다. 그 중에서도 먹는 문제인 식(食)은 인간이 생존하는 원동력이자 필수조건이다. 개인생활을 하는데 필요한 에너지를 만들기 위하여 음식을 섭취하며 생산적인 활동을 추구하면서 사회적 구성원으로서 그 역할을 다한다. 특히 가정을 이루어 안전한 생활을 하면서 개인적인 행복과 소속집단의 목표, 달성에 기여하게 되며, 사명감과 성취감으로 자부심을 가진다. 이러한 과정에 외식기업은 일정한 역할을 하게 되며 상호 간의 인간관계를 영위해가는 프로세스를 통하여 성장하게 된다.

외식은 현대사회에서 보편적인 여가생활의 하나로 자리 잡고 있다. 소비자들의 소득증가는 소유에 따른 소비의 즐거움과 가치를 느끼게 하였다. 특히 주 5일 근무에 따른 시간적 여유는 가정 밖으로 나가지 않으면 안 되는 사회구조를 만들었다. 여성의 사회적 참여가 높을수록 가정 밖에서 식사하는 인구는 늘어났으며, 핵가족화에 따른 나홀로족, Dink족 등 새로운 소비트렌드로 개인의 취향과 특성을 반영하는 창조적 소비욕구의 필요성을 가지게 하였다.

다국적기업의 국내 진출은 서구식 음식문화 유입을 촉진시켰다. 각 국가별로 가지는 특성을 반영하여 에스닉푸드(ethnic)와 옐로푸드(yellow), 그린푸드(green), 보라(purple)푸드 등의 식재료를 바탕으로 건강과 아름다움의 예술적 음식으로 수요를 자극시켰다. 특히 식재료의 희소성은 사람들의 호기심을 유도하게 하면서 레스토랑의 발전에 큰 역할을 하였다. 대기업의 레스토랑 진출은 물류시설의 선진화에 따른 C/K(central kitchen)시스템으로 위생과 청결, 안전을 바탕으로 급식시장의 성장을 이끌었다. 학교급식, 병원급식, 기업급식, 시설급식 등 단체급식 산업은 규모를 대형화하거나 자본력으로 거대한 종합식품이 탄생하게 하였다.

외식의 사전적 의미는 '가정 밖에서 행하는 식사의 총칭'으로 '집이 아닌 밖에서 식사하는 것'을 의미한다. 학자들은 '가정 외의 장소에서 시간의 구애됨 없이 비용을 지불하는 모든 식사활동'으로 정의하고 있다. 외식에 대한 본래 의미는 '가정 외의 식생활'에서 나온 말로 '가정 내의 식생활'이란 내식과 구별되는 의미로 사용된다. 이러한 외식산업의 발전은 글로벌 경쟁시대에서 변화를 이끌었으며 국적 불명의 메뉴와 에스닉푸드 등에 따른 업종과 업태의 불분명한 출현으로 새로운 탄생과 소멸이 반복되는 과정을 되풀이하게 하였다. 이에 외식 발전요인에 대한 영향과 개선방안을 찾고자 한다.

외식은 조리주체와 조리장소, 식사장소에 의하여 가정 밖에서 이루어지는 식사행위로 일정 비용을 지불하는 식생활 활동이다. 이러한 개념은 새로운 업체들의 등장과 내식의 외식화와 외식의 내식화에 따른 형태로 계속적으로 발전하게 될 것이다.

〈그림 2-1〉 내식, 중식, 외식

첫째, 내식적 내식은 가정에서 조리하여 가정에서 식사하는 행위를 의미한다.

둘째, 외식적 내식은 가정 밖에서 판매되는 반 조리 상태의 식품 또는 완전 조리식품을 구매하여 가정에서 식사하는 형태를 의미한다. 내식적 외식은 가정에서 조리한 음식을 가정 밖에서 식사하는 행위를 의미하며, 내식과 외식이 불명확하거나 내식과 외식의 중간 영역인 중식개념이 존재하게 하는 이유이다. 이러한 식생활의 변화는 내식과 외식의 발전을 이끌었으며, 테이크아웃(take-out)이나 배달(delivery), 레토로트(retort) 등 대표적인 중식개념으로 정의된다. 따라서 내식과 외식, 중식을 포함하여 폭넓게 이해하는 것이 바람직하다 하겠다.

셋째, 외식적 외식은 일반적으로 레스토랑에서 음식을 주문하여 식사하는 의미로, 음식점에서 비용을 지불하고 식사하는 모든 형태를 의미한다. 넓은 의미의 외식범위는 내식적 외식과 외식적 내식을 포함하며, 외식기업의 조리와 소비에 따른 범위가 영리목적으로 추구한다는 점에서 외식적 외식의 영역은 계속적으로 커질 것으로 예상된다.

2) 외식의 범위

외식은 가정 밖에서 식사하는 식생활의 형태로 일반적인 개념의 음식점을 의미한다. 새로운 업태출현으로 식생활 패턴은 점차 중식으로 발전하고 있다. 내식적 외식과 외식적 내식의 구분에 따라 외식의 경계가 무너지고 있으며, 가정 외에서 조리된 것을 가정 내·외구별 없이 섭취한다면 어떻게 구별할 것인가? 편의점이나 슈퍼마켓, 마트 등에서 판매하는 김밥, 햄버거, 도시락, 샌드위치 등과 사무실 밀집지역의 편의점에서 판매하는 밥과 국은 어떻게 정의할 수 있을까?, 먹는 장소가 다르다면 어떻게 정의할 것인가? 이러한 조리장소와 조리주체, 식사장소 등 그 범주를 어떻게 받아들일 것인가 하는 문제에서 외식 범위는 결정된다 하겠다.

2. 내식·중식·외식의 구분

내식과 중식, 외식의 개념은 식생활과 관련되어 여러 가지 상황으로 고려되어 식사의 성립 요건이 된다. 조리자, 식사제공자, 식사장소 등 직접적으로 관련된 당사자들은 외식 주체가 갖는 의미와 성격을 잘 알아야 한다. 섭취 장소와 음식이 조리되는 장소, 음식의 주체는 내식과 외식을 구별하는 기준이 된다. 내식과 중식, 외식에 대한 학자들의 공통된 정의는 조리주체, 조리장소, 섭취장소가 어디인가에 따라 그 개념을 구별하고 있다.

최근 신선식품에 대한 물가가 가파르게 오르면서 간편 가정식 인기가 치솟고 있다. 이마트는 2010년 같은 기간보다 55% 늘었다는 분석이다. 롯데마트도 전년대비 20% 증가하였으며, 이는 신선식품의 물가상승에 따른 매출증가도 있지만 1~2인 가구 소비자들의 간편 가정식 구입량이 늘어났기 때문으로 보고된다(조선일보, 2011.10. 22).

최근 배추·돼지고기의 소매가격은 수십 %씩 올랐다. 육개장·스파게티 등 간편 가정식 가격은 큰 변동이 없다. 유통업계는 간편 가정식 시장을 적극 키운다는 방침이다. 이마트는 간편 가정식 관련 제품을 강화하기 위하여 2010년부터 출시된 쌀국수를 직접 끓여 향을 더 강하게 하며 양지와 사태를 넣어 육수 맛을 더 구수하게 하고 있다. "숙주도 따로 패키지를 만들라!"는 정용진 부회장의 지시에 따라 맛을 강화하고 있다. 완전히 달라진 새로운 결과의 쌀국수가 출시되었으며, 대형마트 매출의 5% 선인 간편 가정식 매출을 20%까지 높인다는 계획이다. 롯데마트는 7개 매장에 운영 중인 간편 가정식 전용매장을 올 연말까지 27개로 늘려 지난해 대비 40% 이상 늘린다는 계획을 세웠다.

한편 상품도 다양해졌다. 잎을 엽전 모양의 틀로 찍어낸 녹차, 순금을 전기 분해한 물을 먹고 자란 금 땅콩, 금 곶감, 커피의 향을 그대로 보존하려고 샴페인 병에 담은 원두커피 등을 선보이고 있다.

1) 내식 · 중식 · 외식의 조건

내식과 중식, 외식의 개념은 식사의 성립조건인 특정 장소에서 조리자가 존재하며 메뉴의 대상인 식재료가 있어야 한다. 식사를 섭취하는 장소에서 내식과 중식, 외식이 성립된다. 이러한 식재료는 조리주체와 장비, 시설, 설비 및 주방기기와 기물을 겸비한 장소에서 조리자와 섭취장소가 필요하게 된다.

(1) 조리주체

조리주체는 식재료를 조리하는 사람으로 세대 내의 사람인가, 세대 밖의 사람인가에 따라 달라진다. 음식이 가정주부에 의하여 가정 내 조리되어 가족구성원의 식사나 학교행사, 종교시설, 자선단체 등 무상으로 제공되는 음식물인가, 군인 식사나 기업직원 식사 등 단체급식으로 제공하는 요리인가 등 조리 주체가 비상업적 목적으로 사용하였는가에 따라 달라진다.

한편 레스토랑에서 유상으로 제공하는 음식으로 조리 주체가 상업적 목적으로 조리하여 판매되는 메뉴인가 등을 결정하며 조리주체가 가정주부인가, 전문 레스토랑의 조리사인가, 군대식당 조리사병인가 등의 조리주체를 의미한다.

(2) 조리장소

조리장소는 가정 내 또는 가정 밖에서도 가능하지만 조리할 때 필요한 설비와 장비, 주방기기가 갖추어져 있는가에 따라 달라진다. 조리와 식사가 동일 공간 내에 이루어지더라도 떨어져 조리가 이루어질 수 있다. 조리주체는 달라질 수 있으며, 가정이나 레스토랑이 가까이 있을 경우 배달을 부탁하거나 출장연회(catering) 행사를 의뢰할 수도 있다. 따라서 조리장소는 그 대상의 이용목적에 따라 다르게 결정될 수 있다.

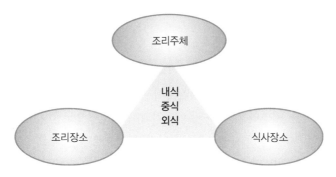

〈그림 2-2〉 내식, 중식, 외식의 조건

(3) 식사장소

식사장소는 가정 또는 가정 외 모두에서 가능하다. 어디에서 식사를 하는가에 따라 달라지며, 가정 외의 장소인 야외의 자유로운 공간에서도 식사가 가능하다. 특히 피크닉을 활용한 테이크아웃 메뉴의 판매는 계속적으로 증가되고 있다. 이러한 식사장소는 필요한 기물의 종류와 시설, 서비스가 갖추어져 있어야 가능한 기존의 외식개념을 달리하게 하였다. 즉 식사와 조리가 동일공간에서 이루어지지 않아도 영업이 가능하다는 것을 보여주고 있다.

제2절 | 우리나라 외식업의 현황

1. 외식업의 범위와 형태

1) 외식기업의 범위

외식업의 범위는 가정 밖에서 이루어지는 식사 행위에서 부가되는 모든 서비스 모두를 포함하고 있다. 전통적으로 식사 위주의 식생활과 연관된 기업을 의미하며 제과점, 편의점, 전통찻집, 커피숍, 휴게소, 배달업, 출장연회, 레트로트식품, 유흥주점,

나이트클럽 등 주점업에 이르기까지 외식 범위를 확대 해석하고 있다.

최근 편의점이나 슈퍼마켓, 마트, 테이크아웃 전문점, 도시락판매점, 샌드위치, 야채샐러드, 김밥집 등 다양한 음식판매 유형은 소비자들에게 큰 호응을 얻고 있다. 이러한 다양성은 시간을 다투거나 저렴한 비용으로 한끼의 식사를 해결하려는 소비자들이 늘어나면서 새로운 형태의 점포가 생성되면서 외식의 범주를 넓히는 계기가 되었다.

(1) 상업적 · 비상업적

외식업의 범주는 각 국가별로 조금씩 차이가 있다. 우리나라는 크게 영리를 추구하는 상업적 목적과 비영리를 추구하는 공익적 목적사업으로 이루어져 있다. 학교, 회사, 병원, 군인, 각종시설 사업 등 비상업적 산업으로 분류되고 있다.

상업적 외식업은 일반적인 외식업과 제한적인 외식업으로 분류되며 일반적인 외식업은 특급 호텔을 비롯한 각 등급별 레스토랑, 바, 기업과 개인 레스토랑, 편의점, 음료 전문점, 주류 및 와인전문점, 칵테일 바, 맥주 바, 막걸리, 사케 전문점 등 다양한 형태의 전문점이 새로운 소비층을 형성하여 틈새시장을 공략하고 있다.

비상업적 외식업은 전적으로 무상으로 제공하는 공익적 사업형태를 의미한다. 최근 병원이나 대학교, 회사, 시 · 구 · 군청 등 관공서 등은 무료로 식사를 제공하는 것이 아니라 일정금액을 회사에서 지원함으로써 소속 직원들의 경제적 부담감을 줄여 저렴하게 식사하는 방법이다. 반면, 각종 사회시설과 교정시설 등은 국가에서 전적으로 무료로 제공한다는 점에서 차이가 있다. 초 · 중 · 고교, 병원, 기업 등은 단체급식 전문 업체에 위탁하거나 직영으로 운영하면서 저렴한 비용으로 제공하고 있다. 따라서 이들은 제한적이지만 영리를 추구하지 않는 급식산업으로 분류되고 있다.

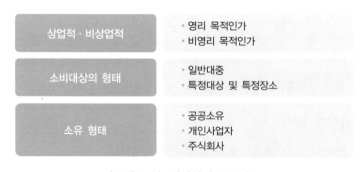

〈그림 2-3〉 외식업의 분류기준

(2) 소비시장 형태

제한적 외식업은 항공기, 항만의 선박, 기차 등 승객이나 회원들을 대상으로 하는 운송업과 클럽 외식업으로 분류된다. 고객이 원하는 장소에서 조리할 수 있는 시설과 장비, 기기를 갖추어 음식을 제공하는 연회 사업과 찾아가는 출장연회 사업으로 나눌 수 있다. 이들은 고객의 품격과 편리성에 맞는 목적별 시장으로 재편되고 있다. 특히 호텔 연회행사와 부대사업은 다양하게 구성되어 매출이 증가하고 있는 추세이다. 기업은 촉진 전략에 따라 고객의 편의성이나 품격에 따라 쾌적함, 화려함, 이벤트 등으로 사랑을 받고 있다.

(3) 소유 형태

초·중·고 학교급식은 학생보다 학부모의 관심이 높아 사회, 문화, 정치적인 이슈가 되고 있다. 특히 정치의 계절이 오면 학교급식은 예비 정치인들의 공약 남발로 많은 사람들의 관심과 이슈가 된다. 이러한 관심도에 따라 식재료의 원산지를 중요하게 생각하며 축산물, 쌀, 김치, 과일, 야채 등 생산자의 표시를 의무화하거나 신뢰를 높이기 위하여 의도적으로 생산자의 이력을 표기하고 있다. 또한 건강에 관심이 높아짐에 따라 위생과 청결, 안전을 중시하여 한우 일등급 이상의 식재료 사용을 의무화하고 있다. 교육목적과 사회적 명분, 투명한 경영 등 고품질을 지향하면서 전문 영양사와 조리사를 고용하여 질 높은 음식을 제공하고 있다. 이러한 단체 급식사업은 영리추구보다 학생들 및 직장인, 병원 환자 등 건강한 생활을 위하여 체계적이면서 합리적으로 운영하고자 노력한다. 하지만 운영하는 주체와 소유 형태에 따라 음식의 질은 차이가 있으며, 그 시행자가 개인 사업자인가, 단체 급식사업자인가, 위탁 사업자인가 등에서 달라질 수 있다.

동네 구멍가게로 인식되던 치킨 전문점을 연 4,500억 원의 대기업으로 일군 경영인이 있다. 한국음식의 세계화를 선언한 개척자! 세계 정상의 맥도날드에 도전장을 낸 기업인으로 수식어가 따라 다닌다. 올리브유 치킨을 선보여 업체의 판도를 바꾼 윤홍근 (주)제너시스 회장은 창사 10주년을 맞아 다음과 같이 이야기 하였다. 제너시스의 대표 브랜드인 BBQ가 1호점을 오픈한 지 4년 만에 국내 1,000호점을 돌파하여 10년 만에 1,000호점을 낸 맥도날드보다 두 배 이상 빠른 성장의 기업이다. 현재 1,800여 개의 가맹점을 보유하며 업계 1위를 달리고 있다. 국내시장이 포화상태에 이르자 해외시장으로 눈을 돌렸다. 2003년 중국 상하이에 진출하여 10여 개의 직영점과 스페인 마드리드에 1, 2호점을 열었다.

창립 10주년을 맞아 "2020년까지 전 세계 5만 개의 가맹점을 개설하여 세계 1위의 외식 프랜차이즈 기업을 만들겠다"고 선포하였다. 윤회장은 닭고기 박사이며 구구데이로 부르는 9월 9일은 닭을 불러 모을 때 부르는 '구구' 한다는 점을 착안하여 농협이 닭고기 소비 촉진일로 지정한 날이다.

경영학적 측면에서 기업의 존속과 흥망성쇠를 말할 때 3년, 10년, 30년, 100년 단위로 이야기한다. 10년은 짧다면 짧고 길다면 긴 시간이다. 창업 후 10년을 존속하는 기업은 1%밖에 되지 않는다. 10년이 지났기 때문에 30년을 계획하고 30년이 지났기에 100년, 천년의 기업을 표방하는 젊은 기업에서 장년, 노년 기업으로 넘어가게 된다. 이러한 장수경영의 덕목은 의사소통이다. 의사소통은 기업경영의 생명으로 윤회장이 말하는 프랜차이즈 경영은 곧 커뮤니케이션 사업으로 믿는 사람이다. 본사와 가맹점 간 원활한 의사소통이 사업 성패를 좌우하며 가맹점주가 들려준 생생한 현장 이야기는 기업전략을 결정하는 중요한 실마리가 된다. '올리브 럭셔리 치킨'은 고객이 무심코 던진 한마디에서 출발하였다.

주부들은 비만을 유발하는 튀김기름 때문에 아이들이 치킨을 시켜달라고 조르면 세 번에 한 번만 시켜준다는 사실을 알게 되었다. 고객은 몸에 좋은 음식을 원하기 때문에 지금껏 식용유로 튀기던 치킨을 올리브유, 그것도 최상급 '엑스트라 버진 올리브유'를 사용하는 것으로 화제를 모았다. 삼순이 김선아 씨가 '올리브 유~' 하고 노래하는 CF로 유명세를 탄 이 제품은 일반 식용유보다 7배나 비싸다. 한국 사람이 가장 좋아하는 간식은 닭고기이다. 지방, 칼로리, 콜레스테롤이 낮아 단백질 높은 대표적인 '3저(低) 1고(高)' 식품이다. 그러나 튀김용 기름에서 발생하는 트랜스 지방산이 비만, 동맥경화, 심장병, 암을 유발한다고 해서 프라이드치킨을 기피하는 사람이 늘어나고 있다.

시장 점유율 1위인 BBQ는 고객 불안을 해소해야 한다는 사명감을 갖고 '웰빙의 총아'라 부르는 올리브유 기름을 사용한 튀김을 판매하기 시작하였다. 일반 기름과 달리 성인병과 혈관질환을 방지하며 항암효과가 있어 치킨을 먹는 것이 곧 보약을 먹는 것과 같다. 건강을 위해 닭을 먹지 않는 것이 아니라, 건강해지기 위하여 닭을 먹는 사람이 많아진다는 비상업적 경영개념으로 메뉴개발과 사업을 성공시킨 사례라 하겠다.

2. 외식기업의 역사

외식기업은 한나라의 흥망성쇠와 함께 성장하면서 발전하였다. 이러한 발전은 사회경제, 문화, 정치, 기술, 환경적인 변화에 영향을 받으면서 진화하거나 적응하면서 성장하였다. 특히 경제상황은 개인의 소득수준과 여가생활에 영향을 미친다. 이러한 환경적 변화는 식생활에 대한 라이프사이클과 개인고객의 스타일, 가치관에 따라 달라지는데 최근에는 레저 활동 인구가 늘어나면서 외식수요 또한 그에 맞추어 증가하면서 발전하고 있다.

외식기업의 소비는 양 위주에서 질적인 변화로 뚜렷하게 달라진 소비현상을 나타내고 있다. 업종과 업태가 불분명한 새로운 퓨전요리의 등장은 과거와 전혀 다른 양상의 시장수요자를 만들고 있다. 특히 계층 간 선호도는 더욱 뚜렷해 졌으며, 다양한 콘셉트의 기업들은 이들의 욕구충족 차원에서 등장하기 시작하였다. 또한 본격적으로 업종과 업태 구별 없이 세대별 요구를 수용하는 무한 경쟁시대를 도래하게 하였다. 이러한 계기는 선진화된 물류시스템과 기술도입으로 글로벌 브랜드들이 국내에 진출하는 기회가 늘어나면서 치열해졌다. 한편 국내 기업과 제휴하여 메뉴의 종류와 품질, 직원교육과 서비스, 운영방법, 경영시스템 등 차별화된 기법과 노하우로 규모의 대형화, 체인화, 과학화를 선도하고 있다.

1) 외식산업의 성장

1945년 해방 전후의 외식업은 가난과 굶주림으로 배고픔을 해결하는 먹는 문제가 최우선 과제였다. 당시는 현대와 같은 외식문화와 여가생활의 개념은 존재할 수 없었으며, 해가 뜨면 일 나가고 해지면 돌아오는 생활의 연속으로 가난을 벗어나기 위한 생존형 음식문화였다. 1963년 소비지출 중 식료품이 차지하는 비중이 80%로 문화생활비가 10%가 되지 않는 열악한 환경이었다. 1950년 6 · 25 한국전쟁이 일어난 후 국민들의 식생활은 더욱 궁핍해졌다. 미국 원조와 물자에 의존하는 생활은 식량난을 해결하는 것이 최우선 과제였다. 식생활을 개선하는 차원에서 분식이 장려되었으며 어려운 경제사정으로 인한 외식은 꿈도 꾸지 못할 실정이었다. 하지만 생존본능으로 소규모의 노상 점포와 천막으로 가린 개인 점포들은 생업을 목적으로 하나씩 출현하기 시작하였다.

이후 대기업들이 시장에 진출하면서 식품, 물류, 유통, 단체급식, 호텔 및 리조트 등으로 그 시장은 세분되어 성장하였다. 기존 외식업계의 한계로만 느껴졌던 종합식품사업이 자본력과 영업력, 운영경험, 판매촉진 방법 등을 바탕으로 성장하기 시작하였다. 종합식품 회사들이 성장하면서 사업 다각화는 본격적으로 이루어지기 시작하였다. 특히 관광 사업은 부가가치가 높은 사업으로 인정되면서 대기업의 자회사로 편입되거나 신규 사업으로 론칭되어 최대의 유망사업으로 평가받고 있다. 이러한 시장 확대는 생활수준의 향상과 소비 검소화, 가족중심 소비, 레저문화 확대 등 고객욕구를 충족시키는 사업으로 정책적 변화를 요구하게 되었다.

출처 : 박기용(2006). 외식업의 역사와 발전과정을 참조하여 현대에 맞게 저자가 정리

〈그림 2-4〉 우리나라 외식 서비스산업의 변천사

2000년대 이후 대한민국의 외식업은 업종과 업태가 구체화되면서 세분화되었다. 기존에 존재하던 시장과 다른 양상의 변화된 환경을 맞이하면서 고객의 필요에 따라 발전하였다. 맛과 서비스, 운영방법에 따른 메뉴의 종류 등 다양해졌으며, 입지의 편리성이나 분위기, 서비스혜택 등 감성과 정서를 고려하는 기능성 음식과 브랜드 음식으로 구체화되었다. 이러한 시장의 환경변화에서 소규모의 개인 경영자들은 새로운 틈새시장의 발전을 위하여 노력하고 있다.

2011년 3월 9일 외식산업진흥법이 제정되어 산업의 발전을 위한 기본계획과 함께 연구개발 사업이 추진되고 있다. 농림수산 식품부는 2016년까지 외식산업 매출규모를 125조 원, 고용 인원 170만 명, 해외진출 외식업체를 2천 500개로 확대할 계획을 발표하였다. 이러한 제정은 외식 프랜차이즈 사업의 성장에 많은 영향을 미칠 것으로 판단된다. 국가와 지방자치단체는 외식산업의 진흥을 위하여 필요시책을 수립하며 그 시행에 필요한 재정 조치를 농림수산부 장관은 다음과 같이 추진할 수 있다. 첫째, 농림수산식품부 장관은 외식산업의 발전과 진흥을 위하여 경쟁력을 강화하며, 관련 기본계획을 수립하여 시행할 수 있다. 둘째, 외식산업 진흥에 필요한 기반을 조성하며 창업 지원과 전문 인력양성, 연구개발, 국제교류, 해외진출 지원, 표준화, 통계작성 등 관련사항을 추진할 수 있도록 한다. 셋째, 외식사업자는 발전과 진흥을 위하여 농림수산 식품부장관의 인가를 받아 사업자단체를 설립할 수 있도록 한다. 넷째, 농림수산식품부 장관은 외식사업자의 시설과 장비, 서비스 및 품질을 개선하기 위한 촉진 전략을 추진하며, 우수사업자를 지정할 수 있도록 한다.

앞으로의 외식산업은 더욱 발전할 것으로 기대되며 건강과 친환경을 중시하는 흐름으로 식재료의 원산지 표시와 지리적 표시제도, 식재료의 이력추적 시스템, 친환경인증, HACCP제도, 전통식품의 품질인증, 가공식품의 표준화제도 등 새로운 구매패턴을 선보이고 있다.

이와 같이 환경변화에 따른 먹거리의 위기는 갈수록 가까워지고 있는데 먹는 문제는 인간이 태어나 죽을 때까지 영원히 풀어야할 과제로 떠오른다. 신토불이(身土不二), 지산지소(地産地消)를 바탕으로 슬로푸드(slow food), 로컬푸드(local food), 푸드 마일리지(food mileage) 등 안전하면서도 안심하게 먹을 수 있는 식재료를 선호하며 더욱 진화된 자연 친화적 식단을 원하고 있다. 이러한 때 지역의 향토음식과 건강, 웰빙, 친환경의 식재료는 꾸준하게 인기를 끌어 고객의 관심을 증대시키고 있다.

1950~60년대	한국전쟁이 일어난 후 가난과 굶주림으로 배고픔 해결이 최우선
1970년대	우리나라 외식산업의 태동기, 신포 우리만두, 림스 치킨, 난다랑, 롯데리아
1980년대	86 아시안게임, 88 서울올림픽 등 성공적인 개최는 대외적으로 대한민국의 국격을 높임, 이러한 결과는 경기호황으로 여가시간과 소득증가, 여성의 사회적 참여 증가, 레저산업의 발달로 이어짐
1990년대	IMF로 인한 소득의 양극화, 해외 다국적 패밀리레스토랑 유입과 대기업의 외식시장 진출, 사업다각화, 정부차원의 창업지원 등 새로운 업종과 업태 등장
2000년대	소비욕구 다변화, 메뉴 다양성, 입지의 편리성, 서비스 품질의 향상, 감성과 기능성, 브랜드 이미지 구체화, 차별화된 틈새시장, 에스닉 푸드, 향토음식, 웰빙, 친환경 등 건강하고 안전한 식생활 선호
2010년대	기업의 사회적 책임과 역할확대, 건강중시, 웰빙, 친환경, 천연 식재료, 힐링, 테라피(therapy) 등 편익추구, 가치지향, 스마트폰, 페이스북, 카카오톡 등 개인 간의 커뮤니케이션 증가

〈그림 2-5〉 우리나라 외식산업의 발달과정

〈표 2-1〉 지역브랜드 중 지리적 특산품 등록상품, 청도반시

구 분	이미지 (기본형)	상징물 설명(요 약)	개발 및 특허일자	비 고
BI		청도반시 BI는 맑고 깨끗한 청도 자연이 키운 '감'이라는 이미지를 함축, 우리농산물의 우수성은 물론 청도지역의 천년 자연환경의 순수함과 친환경을 고스란히 담고자 하였음.	출원 06.2.9 등록 07.6.27	청도군 농산물 공동 브랜드
농산물 브랜드		청도의 믿을 수 있는 우수 농산물을 통하여 언제나 건강한 삶을 누릴 수 있다는 의미를 상징함.	출원 06.2.9 등록 06.12.1	

출처 : 청도군청

출처 : 한국전통음식 홈페이지 인용

예년 같으면 차례상이나 소수의 애주가만 즐기는 전통주가 최근 젊은이들이 찾으면서 일반인들의 선물로 인기가 높다. 현대에는 발효주가 건강에 좋다는 인식으로 막걸리의 인기는 새로운 음료 문화의 변화를 대변하고 있다. 신세계 백화점은 설 선물세트를 판매하기 시작한 2011년 1월 29일부터 2월 4일까지 전통주 선물세트 매출이 지난 설보다 220.1% 신장한 것으로 보고하였다. 지난해 전체 주류 중 1%대에 불과하였던 전통주 매출이 올해는 4%로 높아졌다. 막걸리가 인기를 끌면서 전통주도 사람들의 선물 목록에 들어가기 시작하였다(조선일보, 2010.2.8). 막걸리의 인기가 전통주로 이어진 것으로 판단되며, 막걸리를 비롯한 전통주의 부상(浮上)은 고급스러운 포장과 유기농 쌀 재료, 살균 처리하지 않은 생술의 도입 등 새로운 시도가 많아졌기 때문이다.

국순당은 고려시대 고급 탁주인 이화주를 그대로 복원하여 이화주 선물세트를 시판중이다. 고급 백자로 만든 전용 막걸리 주전자와 술잔을 세트로 구성하였다. 롯데주류는 청주의 대명사로 불리는 백화수복을 출시하면서 1L짜리를 선보였다. 기존

700mL는 조금 작고, 1.8L는 너무 크다는 소비자의 의견을 수용하여 적당한 용량을 선정하여 시판하고 있다. 한때 유행처럼 번졌던 사케 열풍이 막걸리를 비롯하여 전통시장의 술로 옮겨가는 현상이다.

전통을 찾는 유기농 식재료와 천연재료를 이용한 야채, 샐러드, 생과일, 녹차 등 이색적인 메뉴가 개발되면서 소비자의 관심도 이동하고 있다. 이러한 발달은 IT기술과 융합하여 진화하고 있으며, 스마트폰, 페이스북, 트위트(twitter), 소셜 커머스 (social commerce), 카카오 톡 등으로 확산되어 빠르게 전파되고 있다.

제3절 | 외식산업의 발전

1. 외식산업의 발전

국가의 경제성장으로 인한 개별 고객의 소득증가는 소비문화의 대중화로 외식과 레저의 비중이 크게 높아지게 하였다. 이러한 시장의 발전은 여러 측면에서 살펴볼 수 있지만 수요와 공급요인과 소비자와 외식기업 측면에서 국가의 경기상황과 개인 소득, 여가시간 등에서 그 배경을 찾아볼 수 있다.

1) 수요자 요인

외식기업의 성장과 발전에 대한 수요는 사회, 문화, 경제적인 환경에서 국가의 경기상황과 개인소득을 기준으로 그 수요를 파악할 수 있다. 이러한 외식수요는 다음과 같은 특징을 가진다.

첫째, 경제성장으로 인한 시장의 수요가 커지면서 덩달아 외식시장의 규모가 성장하게 되었다. 이는 개인과 기업, 가계, 사회, 국가차원의 조직에 이르기까지 다양한 모임들이 늘어나면서 외식수요를 증가시키는 이유가 되고 있다.

둘째, 여성의 사회적 진출은 맞벌이 부부의 증가로 이어졌으며, 핵가족화, 결혼기피, 나홀로 족 등 가정 밖에서 식사하는 수요가 늘어 레스토랑은 그들의 수요를 수용할 수 있는 환경을 만들고 있다.

셋째, OECD 회원국과 글로벌 경제 리더로서 삶의 질과 복지향상에 따른 생활수준은 한층 업그레이드(upgrade)되어 자부심을 가지게 되었다. 이러한 대외적인 환경은 레저문화와 환대산업의 발전을 선도하게 되었다.

넷째, 경제적인 여유는 전국 방방곡곡의 도로와 교통망을 반나절 생활권으로 만들었다. 개인의 이동속도가 빨라지면서 가족 단위의 모임이나 사회적 구성원들의 다양한 모임이 늘어 그들의 활동을 자유롭게 함으로써 자연스럽게 그 수요를 폭발적으로 증가시켰다.

다섯째, 과거에는 가정과 직장의 특별한 행사에나 이용하던 외식수요가 사회, 경제, 문화적인 발전과 더불어 일상적인 생활로 자리한지 오래되었다.

경제적 요인	• 경제성장에 따른 국민소득과 가처분 소득의 증가 • 경제적 여유와 여가시간의 증가, 다양한 레저문화 보편화
사회·문화적 요인	• 레저문화의 일상화 • 식생활의 가치관 변화 • 도시화에 따른 소비패턴의 변화 • 세대별로 새로운 소비자의 출현 • 삶의 질과 문화를 반영한 고객욕구 증가 • 레저문화의 발달로 인한 수요증가, 외식활동 증가 • 핵가족화, 나홀로 족, 결혼기피 • 주 5일 근무제, 휴일대체제 등 여론 형성 • 여성의 사회진출 증가, 고령 인구의 취업증가 • 맞벌이 부부와 만혼인구 증가
기술적 요인	• 인터넷의 급속한 확산에 따른 정보이용의 다양화 • 주방기기 및 장비의 과학화, 자동화, 현대화 • 정보 전산화에 따른 운영 매뉴얼 관리
환경적 요인	• 글로벌 시장 환경 • 가치관의 변화에 따른 순위와 중요성의 서열화 • 개인의 이익과 가치관 중시, 무엇을 어떻게 제공하는가?

〈그림 2-6〉 외식산업의 성장 요인

2) 공급자 요인

외식산업이 발전할 수 있는 원동력은 수요자, 즉 소비자의 수요가 계속적으로 늘어가기 때문이다. 수요와 공급은 시장의 원리에 따라 움직인다. 하지만 조직을 구성하고 있는 사회 저변의 변화는 그들의 목적에 따라 달라질 수 있다. 특히 개인적 특성을 고려하는 메뉴상품의 개발이나 유통에 따른 공급자의 능력은 경쟁력 차원에서 중시된다. 이러한 공급자 요인은 다음과 같은 특징이 있다.

첫째, 식생활 패턴의 변화는 다양한 외식욕구에 부응하는 사회현상으로 새로운 업태의 등장에 따른 공급시장을 확장하고 있다.

둘째, 글로벌 경영환경에서 외식기업의 공급자는 새로운 경영기술과 IT를 접목하는 기술을 필요로 한다. 페이스북, 트위트, 소셜 커머스, 카카오톡, 밴드 등 정보산업의 발달로 그들끼리의 정보를 쉽게 전달하는 도구로 활용된다.

셋째, 외식업이 발전하면서 식품, 유통, 급식, 주방, 장비, 설비, 광고, 디자인, 등 연관된 산업의 공급자가 함께 성장하고 있다. 이러한 사회 구조적인 관련성으로 발전을 촉진시키고 있다.

넷째, 경영자의 혁신적인 마인드는 새로운 수요와 그에 맞는 공급시장의 혁신을 가져왔다. 공급자의 역할은 다양한 기능의 수용으로 시스템의 개발과 발전차원에서 새로운 수요를 창출하게 하였다. 따라서 여기에 부응하는 우수한 인재발굴과 전문가 양성 등 인적자원관리에 따른 고용창출을 가능하게 한다.

CHAPTER 3

외식마케팅의 변화와
환경 분석

청년은 실수하고, 장년은 투쟁하며, 노년은 후회한다.
Youth is a blunder, Manhood a struggle, Old age a regret.
— B. Disraeli, 영국의 정치가 · 작가

학습목표

_ 마케팅의 도입배경과 흐름을 파악한다.
_ 연도별 개념변화와 소비지향성을 파악한다.
_ 기업변화에 따른 미시적 환경을 분석한다.
_ 기업변화에 따른 거시적 환경을 분석한다.
_ 기업의 경영환경을 조사하고 분석, 토의한다.

3 외식마케팅의 변화와 환경 분석

많이 살았다고 하여 늙은 것은 아니다.
사람은 오로지 자기의 이상을 버림으로써 늙기 시작한다.
– *Douglas MacArthur, 한국전 유엔사령관*

제1절 │ 마케팅의 개념적 변화

급속한 산업사회의 발달은 소비자의 기호와 선호도, 취향을 다양하게 하였다. 제품의 종류와 가격, 트렌드 등 개인에 따라 원하는 욕구가 독특해지면서 생산과 소비의 불균형이 일어났다. 잘 팔리고 있는 특정 상품은 없어서 못 팔지만 소비자의 외면을 받는 상품은 곧바로 창고의 재고로 쌓여 생존의 준엄함을 적용받게 된다. 또한 소비부문의 둔화는 사회적 현상으로 나타났으며, 소비자들은 똑같은 상품의 구매를 꺼리고 있다. 사회적 분위기는 나만의 독특한 개성을 원하고 있다. 이는 상품의 수명주기를 단축시켜 대량생산의 불필요에 따라 소비편중 현상을 나타나게 하였다.

조직은 상품이 전달되는 고객과의 커뮤니케이션 상황에서 직원들의 역할이 중요하다. 하지만 기업의 기술력이나 개별 직원의 능력은 차이가 있으며, 자신의 경제력이나 여유를 바탕으로 사회 구성원으로 녹아내리지 못하기도 한다. 이들은 조직의 목표달성에 있어 반목과 질시로 발전을 저해하는 위협요소가 된다. 따라서 화합이 중요해졌다. 수요가 공급보다 많은 생산 중심의 경영환경에서 볼 수 없었던 새로운 소비자의 천국 시대가 도래되어 경영자의 사고와 혁신의 전환을 필요로 한다.

최근 기업의 사회적 책임에 대한 중요성이 대두되고 있다. 이들은 공익적 목적을 위한 프로그램을 전개하고 있으며, 주변의 어려운 사람들을 위하여 베푸는 삶을 제공하고 있다. 이러한 변화는 비영리 단체들에서 시작되었다. 현대는 고객을 위한 지향적인 개념을 도입하지 않으면 안 되는 시대에 와 있다. 특히 외식기업은 고객이 원하는 맞춤형 서비스를 제공하기 위하여 표적고객을 세분화한 후 차별적인 전략 방법으로 기업에 맞는 서비스를 제공하고자 노력한다. 시장의 궁극적인 목적은 국가와 사회의 변화흐름을 수용하는 것이다. 기업은 고객 변화를 수용하며 그들의 욕구를 충족시키면서 조화롭게 발전하는 것이다. 이와 같이 각 구성원들은 복지와 혜택에 따른 이윤을 창출해야 하지만 기업 입장에서는 판매목적의 효율적인 업무가 수행되어야 하기 때문에 그 과정에서 성장을 위한 마케팅 활동을 필요로 한다.

1. 생산 지향적 마케팅(production oriented marketing)

생산 지향적 마케팅은 1910년 이전의 판매 전략으로 수요자보다 공급자의 관점에서 기업을 운영하는 생산보다 수요가 많았던 시절의 기업 활동이다. 기업은 대중의 욕구를 충족시키기 위하여 부족한 물품을 공급하는 것이 최대의 목표가 되었다. 상품은 만들기만 하면 팔려 나갔던 시대로 이때는 제품의 품질이 문제가 아니라 생산량이 문제였다. 파는 것은 문제가 되지 않았으며, 경영자는 경영전략의 최우선 과제로 대량생산에 집중하였다.

생산성을 향상시키기 위한 기업의 경영전략은 과학적 관리방법을 제시한 테일러(Taylor, 1856~1915)에 의해 처음 소개되었다. 과학의 발달은 생산성을 향상시키는 계기가 되었으며, 초과 수요를 메우기 위하여 생산성을 확대하여 생산력을 어떻게 활용할 것인가를 고민하게 하였다. 기술과 설비수준이 열악하여 생산성을 향상시키는데 어려움을 가졌으며, 어떻게 하면 지출비용을 낮추어 생산량을 높일 수 있을까하는 것이 기업의 최대 목표였다. 컨베이어 벨트를 통한 T형 모델이 대중화되면서 '모든 사람들은 T형 모델만을 원한다'는 헨리 포드(Ford, 1863~1947)의 철학이 그 대표적인 예라 하겠다.

우리나라는 1950년 전·후 해방과 함께 한국전쟁으로 인하여 모든 물자가 부족하였던 시절을 의미한다. 이때의 기업목표는 저렴한 가격에 소비자들이 원하는 만큼 구매할 수 있게 상품의 생산량을 늘리는 것이 최대 목표였다. 경영자는 생산과 유통의 효율성을 높이는데 그 목표를 두었으며 원가절감에 따른 대량생산을 위한 연구개발이 활발하게 진행되었다.

2. 제품 지향적 마케팅(product oriented marketing)

제품 지향적 마케팅은 우수품질을 선호하는 소비자의 기대에 부응하기 위하여 그들에게 가치 있는 최고의 품질을 제공하는 촉진 전략이다. 모든 기업은 좋은 제품을 생산하기 위하여 질을 중시하였다. 높은 생산성으로 초과수요를 어느 정도 해소하였지만 우수품질을 갈망하는 소비자는 상품의 속성에 따른 기능과 성능을 기대하는 욕구가 증가하였다. 이러한 고객의 요구에 부응하는 혁신적인 상품들이 등장하기 시작하였다. 그 상품을 좋아할 것이란 가정 하에 명품을 찾는 고객들이 늘어나 수입품이 등장하기 시작하였다. 이러한 해외 상품은 희소성으로 금전적 여유를 가진 사람들의 멋과 부의 상징이 되었다. 정부는 국민정서와 사치에 따른 위화감을 조성한다는 명분으로 규제가 시작되었지만 사람들이 갖고 싶어 하는 욕망은 음성적으로 활성화되어 구입하려는 사람과 구입하지 못하게 하려는 사람간의 웃지 못할 숨바꼭질이 시작되었다.

생산성 향상은 제품공급이 풍부한 시장에서 품질 우수성을 필요로 하는 경쟁력을 원하게 되었다. 기업은 상품의 질을 중시하는 연구로 품질만 좋으면 파는 것은 문제가 되지 않았다. 이때의 마케팅 역할은 품질관리에 역점을 두어 제품의 기능과 성능, 우수품질을 생산하는 관리기능에 주력하게 되었다. 상품의 성능에 대한 기능적, 물리적 품질개선만 집착하다보니 소비자의 다양한 정서와 감성, 사회적, 심리적 욕구를 충족시키지 못하는 어려움이 있었다. 따라서 자연스럽게 제품 지향적인 경영전략으로 경쟁력이 저하되기 시작하였으며, 수요보다 공급이 많아지면서 기업 간에는 이를 해결할 수단과 판매 지향적인 전략의 개념적 역할이 태동하기 시작하였다.

3. 판매 지향적 마케팅(selling oriented marketing)

생산제품을 더 많이 팔려고 하는 기업의 논리는 경쟁상황을 심화시켜 치열한 경영환경의 어려움으로 이윤창출의 한계를 가지게 하였다. 기업은 이를 해결하고자 촉진활동을 강화하였으며, 자연스럽게 판매 지향적인 전략이 도입되었다. 마케팅의 학문적 이론이 도입되기 시작하면서 생산과 소비를 연결하는 유통과정의 물류 흐름에 문제점이 나타나기 시작하였다. 개별기업의 판매부진은 자연스럽게 촉진 전략에 따른 광고, 홍보, 인적판매 등에 관심을 갖게 되었다. 경기불황에 따른 공급과잉은 자금회수의 어려움으로 재고품들이 창고에 쌓이면서 그 해결방법을 찾기 위한 전략차원에서 판매 지향적 마케팅이 시작되었다.

세계경제 공황은 1929년 10월에 미국의 주가가 폭락하면서 전 세계에 영향을 미친 대표적인 사건이었다. 미국은 자국 농산물과 전쟁에 필요한 무기, 군수품 등 공업 생산물들을 1차 세계대전을 치르는 유럽의 국가에 판매하면서 경제가 비약적으로 발전하게 되었다. 전쟁 상황은 미국의 경제발전과 생산력 증대를 가져오는 계기가 되었다. 세계대전이 끝난 후 세계에서 가장 부유하고 강력한 나라가 되었지만 미국경제는 거품에 불과하였다. 갑작스런 종전은 판매시장의 차단을 의미하였다. 잉여 생산물을 전후 유럽 국가들에게 원조형식으로 소모하면서 경제체제를 유지할 수 있었다. 세계적인 경제공황은 소비시장을 침체시켰지만 사회, 경제, 과학, 기술의 발전을 한 단계 높여 전후 복구에 따른 수요를 발생시켜 소비를 촉진시켰다. 제2차 세계대전이 끝난 직후 전쟁관련 기술이 상용화되면서 생산성은 비약적으로 발전하여 공급이 수요를 크게 앞지르게 되었다. 이때의 전략은 생산 문제보다 상품을 얼마만큼 소비자들에게 지속적으로 구매할 수 있도록 할 것인가가 문제였다. 공급과잉으로 누적된 재고는 기업의 경영 효율성을 떨어뜨려 이를 향상시킬 전략이 필요하게 하였다.

상품에 대한 촉진 전략이 공감대를 형성하면서 거대한 자본력을 바탕으로 하는 유통시장이 변화를 가져왔다. 누적된 재고처분을 위하여 정책적으로 광고, 홍보, 인적 판매 등을 강화하여 재고소진과 자금회수에 주력하였다. 시장은 팔 수 있는 공간이 많았지만 어떠한 촉진 전략을 추진할 것인가에 대한 연구가 본격적으로 시작되었다. 자연적으로 판매부서의 조직 확대와 권한강화가 이루어졌으며 진정한 소비욕구를 충족시키기보다 재고처분을 위한 고압적인 판매가 일반적이었다. 소비자의 비판적인 목소리가 많아지면서 판매 직무를 일원화시키기 위한 광고와 시장조사, 판매촉진 활동을 총괄하는 독립부서가 탄생하였다. 따라서 판매를 지원하는 광고가 활성화되었으며, 새로운 촉진 전략을 기대하게 되었다.

예를 들어, 레스토랑의 경영자는 매출액이 줄어드는 이유를 처음부터 파악하려 하지 않는다. 수익이 줄어들면서 줄어든 금액을 눈으로 확인하고서야 광고나 홍보의 촉진수단을 강화하고자 노력한다. 할인, 쿠폰, 적립 등으로 고객의 마음을 돌리려 하지만 고객으로부터 외면 받은 점포는 경쟁력이 떨어져 어려움을 가질 수밖에 없다. 이러한 시장의 성격은 판매에서 소비 지향적인 시장으로 변화를 나타내는 계기가 되었다. 그들은 소비자의 마음을 연구하기 시작하였다. 구매할 수 있는 선택권이 다양해졌기 때문에 재고상품을 소진하는 방법으로 밀어내기식 전략이 성행하였다. 이는 단기적인 수단은 되지만 장기적인 관점에서 효과를 기대하기 어려웠다. 따라서 새로운 마케팅 전략을 필요하게 되었다.

4. 마케팅 지향적 콘셉트(marketing oriented concept)

판매 지향적인 전략은 기업이 제품을 판매하는데 지불해야 하는 비용이 증가하면서 경쟁시장의 우위를 차지하는데 어려움을 가지면서 어떻게 하면 더 많이 팔릴 수 있을까하는 것에서 시작 되었다. 또한 다양한 경쟁자의 출현으로 판매부진의 어려움에 시달리면서 시장은 자연스럽게 소비자들의 필요에 따른 고객만족을 우선시하는 기업만이 생존하게 되었다. 이러한 마케팅 지향적인 사고는 학문적으로 정립되면서 기업에 적극적으로 활용되기 시작하였다. 기업은 생산 제품을 판매하는 관점이 아니라 사전에 고객으로부터 잠재되어 있는 소비욕구를 파악하는 데서 시작되어, 자연스럽게 시장의 흐름을 주목하게 하였다.

마케팅 지향적인 콘셉트는 판매시장에서 기업이 목표로 하는 수익을 달성하기 위한 밀어내기 식 전략이 아니라 소비자가 사전에 필요로 하는 표적 집단에 맞는 상품 생산으로 그들이 구입하게 하는 전략이다. 생산에서 판매에 이르는 전 과정을 사전에 파악하여 시장에 출시하는 마케팅 전략을 의미한다. 글로벌 환경에서 사회 구조적인 공급과잉은 경쟁을 심화시켰다. 기업은 생존을 위한 차별화와 소비욕구가 최우선 과제가 되었다. 그들이 기대하는 만족을 경쟁자보다 먼저 충족시켜 줌으로써 효율성을 극대화 할 수 있다. 이러한 인식은 더 낳은 제품을 구매하려는 소비자의 요구로 기술과 전문성을 발전시켰다. 이에 세련된 고품질을 생산하기 시작하였다.

환대산업(hospitality)은 본격적으로 마케팅 개념을 도입하기 시작하였다. 빕스, 아웃백, 토니로마스, 베니건스, 마르쉐 등의 패밀리레스토랑에서 카페베네, 이디아, 엔젤리너스, 탐앤탐, 스타벅스 등 그 범위는 전 산업으로 확대되고 있다. 이러한 중심에는 소비자를 만족시키려는 전략이 있었다. 고객만족을 통한 기업의 궁극적인 목표는 이익추구이다. 만들어진 제품을 팔려고 노력하는 것이 아니라 사전에 고객 욕구를 수용하여 그들에게 맞는 상품을 기획하고 가격을 설정하며 디자인과 유통, 촉진으로 생산성을 확대하는 것이다. 따라서 마케팅 지향적인 콘셉트는 다음과 같은 중요성을 가진다.

첫째, 마케팅 지향성은 소비자의 욕구를 파악하는데서 시작된다. 기업이 존재하는 것은 생산된 제품의 판매가 목적이 아니라 소비욕구를 충족시켜줄 수 있는 재화, 용역, 정보, 아이디어 차원의 서비스품질을 개선하여 만족시키는 것이다. 소비자 위주의 만족적 사고가 곧 기업성장의 비결이 될 수 있기 때문에 고객 지향적 사고를 실천하는 것이 그 본질이다 하겠다. 이와 같이 표적고객의 선택은 제품이 전하는 메시지별 차별화가 가능하기 때문에 그들의 선택에 따른 유연한 사고와 수용을 가능하게 한다.

둘째, 기업은 객관적으로 고객이 평가하는 우수품질을 생산하기를 원한다. 소비자의 필요와 욕구에 적합한 아이템 창출을 목표로 트렌드에 맞는 흐름을 파악하는데서 시작된다. 잘 팔릴 수 있는 제품을 생산하는 것은 마케팅 촉진 전략으로 그 문제를 해결할 수 있기 때문이다.

셋째, 밀어내기식 판매방식이 아니라 고객만족을 실현하면서, IT기술과 접목하여 이익을 창출하는데서 그 목적을 달성할 수 있다. 상품의 질과 가격, 유통, 촉진의 전 과정은 한 부서의 힘만으로 가능한 것이 아니다. 그동안 잘 알려지지 않았던 RFID (Radio Frequency Identification)가 최근 인기이다. 현대사회에서 가장 중요한 기술개발은 IT와 접목하여 산업에 활용하는 것이다. IT 전문 조사기관인 Gartner, Inc사는 다음과 같이 분석하였다. 특별히 Wal-Mart나 Target사 등 미국의 대형 할인체인점에서 공급업체들에게 RFID 사용을 의무화하였다. 미 국방부에서도 납품업체들에게 RFID 사용을 의무화하고 있다. 이는 공급이 수요를 충당하지 못할 정도로 성장하고 있다는 것을 의미한다. Gartner사는 RFID가 모든 비즈니스에서 매우 좋은 기회를 제공하고 있으므로 적정수준의 가격이면 자사의 비즈니스에 접목하여 이익을 창출할 것인가를 생각해 보라고 조언하였다. 전 세계의 공급체인에서 실시간으로 업데이트된 데이터를 사용할 수 있기 때문에 재고관리에서 차별적인 발전을 가져올 수 있어 기업이익에 직접 영향을 줄 수 있다. 이는 기업의 전사적 협조를 통하여 목표달성을 가능하게 한다.

넷째, 생산 상품은 물류시스템의 유통과 소비촉진의 판매, 판매 후의 사후관리까지 소비자에게 전달할 수 있는 통합적 관리시스템을 필요로 한다. 즉 새로운 마케팅 전략의 기회를 개발하여 동일한 경로단계에서 개별적 자원과 프로그램을 결합하여 수평적 통합(horizontal integration)시스템을 가능하게 한다. 이러한 시스템은 각 기업이 단독으로 마케팅 활동을 수행하여 효과를 만들어내는데 필요한 자본, 노하우, 전략 등 자원을 보유하고 있지 않을 때 수평적 통합으로 시너지 효과를 낼 수 있다. 이는 함께 생존하기 위한 공생적 마케팅(symbiotic marketing)이라 할 수 있다.

5. 사회 지향적 마케팅(societal oriented concept)

기업은 마케팅 전략의 정책을 수립할 때 지나친 이익보다는 대중적 이익이나 상생적, 사회적 책임을 필요로 한다. 특히 사회적 복지를 함께한다는 균형된 시각을 자사가 유지하도록 하여야 한다. 개인 소비자의 욕구 충족에 초점을 맞추는 것은 잘못된 것이며 환경오염 문제나 자원부족, 기아, 교육혜택, 아동착취 등 장기적인 관점에서 인류에 봉사하고 공헌하는 윤리문제에 관심을 가져야 한다. 기업의 사회 지향적 마케팅은 단순히 기업의 비용지출이나 사회적 기관으로서 봉사활동 정도의 수동적 개념으로 이해해서는 안 된다. 해외 유수기업들은 지향적 마케팅을 적극적으로 수용하고 있다. 자사의 기업브랜드나 상품이미지를 더 긍정적으로 성장시킬 수 있어 신규 사업 진출이나 신제품 출시 때 브랜드 향상으로 궁극적인 기업이익과 성장에 공헌할 수 있다. 상품의 홍보보다는 소비자의 주위환경에서 일어날 수 있는 결식아동, 결손 가정 등 소외계층의 문제를 함께 함으로써 따뜻하고 인간적인 면이 강조되고 있다.

대부분의 광고는 자사의 상품을 소비자들에게 널리 알리는 데 목적이 있다. 그러나 제품을 직접 알리기보다 따뜻하고 정감어린 인간적인 면을 강조함으로써 흐뭇한 이야기의 소재에 공감대를 형성할 수 있다. 경제적 관점에서 보면 사회 지향적 마케팅은 어려운 이웃을 돕는다든가, 백혈병 어린이를 돕는 자선공연 등 인간적인 면을 부각시킬 수 있다. 기업에 대한 대중적 인지도를 높여 결과적으로 제품을 홍보하는 효과를 나타내는 간접광고라 하겠다. 하지만 사회적으로 도출된 문제를 해결하는데서 사람들은 공감하게 된다. 이는 소비자의 단기적인 필요를 충족시켜 주는 활동이 아니라 장기적인 직원 복지와 기업의 사회적 책임과 역할에서 지향성으로 제시된다.

기존 마케팅은 고객만족과 기업이익에 따른 이익지향적이라면, 사회 지향적 개념은 기업의 생산활동과정에서 고객만족은 물론 사회적인 약자와 소수계층의 배려, 불특정 다수의 국가, 민족, 종교를 뛰어넘어 그들이 자립할 수 있는 인프라(infrastructure) 구축과 기술 역량을 키워주는 것이다. 기업이 공생 공존한다는 인식에 기초하고 있다. 세계적인 금융 불안에서 자원, 인구증가, 환경오염 등 사회, 경제, 환경적 측면을 고려하는 개념이라 하겠다. 따라서 글로벌 경영에서 생태적(Ecology)환경은 생산제품의 소비만큼 중요하며 후손에게 물려줄 환경보존의 책임이 있다.

자동차는 경제발전으로 인하여 여러 사람에게 효용적 가치를 제공하고 있다. 공기오염으로 국민건강을 해친다면 자동차산업은 발전할 수 없을 것이다. 하지만 사회적 마케팅활동 차원에서 문제에 대한 책임감을 가지며 이익만큼 사회에 공헌함으로써 계속적으로 성장할 수 있다. 우리나라는 물론 전 세계적으로 환경오염 문제를 해결하고자 노력하며, 친환경적인 상품개발을 위하여 연구되고 있다. 외식기업에서도 무농약, 친환경, 원산지표시, 식품 마일리지, 신토불이, 지산지소 등 자국 생산물에 대한 중요성으로 웰빙 식단의 음식점들은 성장하고 있다. 이러한 기업 역할은 고객에서 사회, 국가적 이익으로 이어지고 있다. 기본적으로 고객만족에 대한 마케팅차원은 사회적인 역할 차원에서 복지와 환경, 생태 등의 영향 하에 놓이게 된다. 친환경적인 상품을 생산하고 미래 지향적인 사고와 복지로 살맛나는 세상을 만드는 데 그 의의가 있다고 하겠다.

그린(green)개념은 친환경적 요소와 기업의 윤리적 측면이 부각되는 선진사회 구현과 미래의 행동 방향으로 제시된다. 기업은 지향적인 마케팅차원에서 소비자의 욕구충족은 물론 사회 전체적인 이익과 복지의 목적을 달성하기 위하여 글로벌 경제상황에 맞는 책임을 요구한다. 사회공헌 활동에 적극적으로 참여하여야 하며, 국제표준기구(ISO)가 제시한 기업의 사회적 책임(CRS : corporate social responsibility) 지수와 'ISO 26000' 등 기업의 사회공헌 활동과 체계적 운영에 동참하여야 한다.

〈표 3-1〉 국내 대기업의 주요 해외 사회공헌 활동

기업명	주요 활동
삼성그룹 SAMSUNG	• 미국 포시즌 자선모금 행사(삼성전자) • 러시아 볼쇼이발레단 지원(삼성전자) • 베트남 꿈나무교실 후원사업(그룹 사회봉사단) • 중국 무료 개안수술 지원(삼성SDI) • 중국 애니콜 학교건립 지원(삼성전자) • 중국 농촌지원을 위한 1사1촌 운동(삼성전자) • 일본 지뢰제거 후원(일본 삼성)
SK그룹 SK	• 중국 SK 좡위안팡(壯元榜 · 장학퀴즈) • 베트남 언청이 어린이 무료시술 • 아시아권 학자 한국 초청연수 지원 • 아시아 주요대학 ARC(아시아리서치센터)설립 · 운영 지원
LG전자 LG	• 중국 'I Love China'(사스 퇴치, 문화페스티벌) • 베트남 무료 개안수술 • 중동 · 아프리카 언청이 어린이 환자 무료시술 • 멕시코 '소년의 집' 후원
포스코 POSCO	• 인도 · 캄보디아 · 필리핀 언청이 어린이 무료시술 • 아시아권 학생을 위한 포스코 아시아 팔로우십(청암재단)
현대자동차 HYUNDAI	• 인도 현대모터재단 • 지역사회 봉사활동 • 문화행사 지원 • 장학사업 등

출처 : 각 기업

　사회공헌 활동도 맞춤형 시대이다. 기부금을 내면 어느 활동에서 사용되는지 정확한 내용을 모르는 상당수 프로그램과는 달리 기부자가 기부처를 직접 지정하여 그 돈이 꼭 필요한 사람이 활용할 수 있도록 하는 방식이다. 비영리법인으로 CJ 나눔 재단에서 운영하는 사회공헌 프로그램 도너스 캠프(Donors Camp)가 대표적이다. 가난으로 인한 교육 불평등 해소를 목표로 소외받는 아동과 청소년의 교육 환경개선 사업을 온라인 기부 사이트나 지역아동센터, 공부방 등 교사가 홈페이지에 필요한 지원 요청서를 올리면 기부자가 직접 제안서를 선택하여 기부하는 방식이다. 돈을 내면 나눔재단이 기부금과 동일한 금액을 더하여 지원하고 있다(조선일보, 2010.7.23).

CJ그룹 이재현 회장은 도너스 캠프 홈페이지에서 직접 클릭하여 기부할 곳을 찾는다. 지난해 연봉 10%를 기부하겠다는 약속을 지키기 위해서이다. 저소득 가정의 학생 교복과 책 지원 사업에 돈을 기부하고 있다. 이 회장은 도너스 캠프 1호 기부자이다. 직접 기부처를 정하기 때문에 투명 나눔을 실천하는 장으로 활용된다. 앞으로 이러한 형태의 사회공헌 활동이 확산될 것으로 예상된다. 필요한 곳의 요청에 따라 도움을 주는 활동으로 시혜성 이벤트가 아니라는 것이다. CJ 인재원에서 열린 도너스 캠프 5주년 기념행사에서 직접 앞치마를 두르고 회사 임직원 등 300여 명과 함께 저소득층 어린이, 청소년에게 나눠줄 쿠키를 만들었다. "물고기 잡는 법을 가르쳐 평생 자기 주도적인 삶을 살 수 있도록 저소득층 어린이 교육 프로그램을 지원할 것"이라 하였다.

2008년부터 인도 동부의 오리사 주에 연산 1,200만 톤 규모의 일관제철소를 건설할 포스코는 대대적인 현지 사회공헌 프로그램을 운영 중이다. 서울대 치과의사 7명 등이 포함된 의료봉사단 13명을 현지로 보내 '구순구개열' 환자 일명 '언청이' 40여 명에게 무료시술을 해주었다. 이 지역의 사회적 문제인 아동노동 근절을 위한 기금모금 행사를 진행하고 있다. 포스코 관계자는 현지 야당과 언론에서 포스코에 특혜를 줬다는 비판론이 적지 않지만 사회공헌 활동이 현지 정서를 누그러뜨리며 자사상품의 이미지 개선에 기여한다고 하였다.

국내 대기업들이 세계시장으로 진출하면서 현지화를 위한 사회공헌 활동이 활발해지고 있다. 삼성은 해외 사회공헌 예산을 지난해보다 30억 원가량 늘린 280억 원을 책정하였다. 국내(4,700억 원) 수준엔 미치지 못하지만, 대상국이 제3세계 국가라는 점을 감안하면 결코 적지 않은 액수이다. LG전자도 이달 싱가포르에서 열린 '팬 아시아 패밀리 페스티벌'에서 50만 달러의 사회봉사 기금을 조성하여 세계 공동모금회(UWI)에 전달하였다. 현대 자동차는 인도 진출 7년만인 지난해 '현대모터재단'을 설립하였다. 한해 인도 시장에 판매되는 30만대 차량에 대하여 2.2달러씩을 출연하여 총 66만 달러로 지역사회 활동과 장학사업 등에 지원한다는 계획이다. 올해부터 중국 동북(東北)지역 진출을 서두르는 SK그룹은 요즘 이 지역의 한 방송사와 한국판 장학 퀴즈인 '쫭위안팡(狀元榜)'을 운영하고 있다. 5년 전부터 베이징과 상하이에서 인기를 모은 이 프로그램을 동북지역에 도입하여 브랜드 이미지를 높이겠다는 전략이다.

2008년에 도입된 'ISO 26000'도 국내 대기업에 큰 부담이 되고 있다. 자칫 해외 사회공헌 활동을 게을리 하여 인증(認證)을 받지 못하면, 글로벌 시장에서 발을 붙이지 못하기 때문이다. 글로벌 시장을 무대로 하는 대기업이 인증도 받지 못한다면 해외 비즈니스는 어려워질 것으로 예상된다.

外식마케팅

〈표 3-2〉 국내 30대 기업 대표 사회공헌 프로그램

기업명	대표 사회공헌사업 이름	대표 사회공헌사업 내용
삼성전자		임직원들이 지역아동센터(공부방) 어린이들을 대상으로 교육 봉사활동 실시
우리은행	우리은행 Society Program	전국 30개 영업 본부에서 지역사회 복지시설과 파트너십을 맺고 자원봉사
신한은행	자원봉사대 축제	매년 4~5월 임직원이 참여하는 봉사활동 대축제
SK에너지		페루에 학교 설립과 학교 녹지 조성
한국 스탠다드 차타드 제일은행	한사랑 캠페인	임직원의 자발적인 모금과 은행의 매칭 기부를 통하여 어려운 이웃을 돕는 캠페인
한국전력공사	빛 한줄기 희망기금	전기요금 미납으로 전기 공급이 제한된 저소득 계층에 전기요금 지원
현대자동차	Happy Move	임직원 자원봉사 및 글로벌 청년봉사단 활동
LG전자	LG Hope School	UN WEP와 협력하여 케냐와 에티오피아 등에 13개 학교 운영
국민은행	라온아띠	대학생으로 구성된 국제자원 봉사단을 아시아 저개발 지역에 6개월 동안 파견
포스코		20개 국가 4만 5천 명의 직원이 현지 맞춤형 사회공헌 활동 전개
GS칼텍스	녹색 나눔	환경성 질환아동 돕기와 녹색환경 글쓰기/미술대회
삼성생명보험		국제결혼 이주여성 모국 방문지원 사업
하나은행	하나 키즈 오브아시아	다문화가정 자녀들에게 이중 언어와 문화 교육
SK네트웍스		교육 장학사업, 저소득층 자립사업
현대중공업		지역 주민을 위한 예술관 건립과 메세나 활동
중소기업은행	잡 월드	조선일보와 공동으로 청년취업 프로젝트 전개
LG디스플레이	다 함께 밝게 보는 세상 만들기	저 시력에 대한 예방활동과 올바른 지식 전파
한국 씨티은행	씽크 머니	직원이 금융교육 강사로 참여하는 청소년 금융교육
한국가스공사	온(溫)누리 사업	저소득 가구와 취약지역 복지시설의 열효율 개선
기아자동차		현대자동차와 공동으로 사회공헌 활동 전개
에쓰오일	소방관 지킴이	순직자 유족 위로금 지원과 자녀학자금 지원, 부상, 소방관 격려금 지원
한국외환은행	사랑의 열 천사 운동	1004원을 기본금으로 하는 불우이웃 정기 후원제도
KT	IT 서포터즈	IT활용에 어려움을 겪는 정보화 소외계층에 IT교육 실시
LG화학	희망 가득한 도서관 만들기	낙후 지역에 어린이 도서관 신축 및 개보수 지원
삼성중공업	무응답	무응답
교보생명보험	가족사랑 서포트 프로그램	가족사랑 캠프, 가족사랑 농촌 체험
대우조선해양		임직원 자녀 기아체험, 해안환경 정화활동 등 임직원과 자녀가 직접 참여하는 봉사활동
SK텔레콤	모바일 공익사업	모바일을 통한 사회 안정망 서비스 제공

102

기업명	대표 사회공헌사업 이름	대표 사회공헌사업 내용
대한생명보험	사랑모아봉사단	전국 140개 임직원 및 FP 봉사팀이 지역사회 단체와 1:1 자매결연을 맺어 봉사활동 실시
삼성화재해상보험		우수 시각장애 학생 장학금 지원 사업 등 장애인 지원 사업

주: CS컨설팅&미디어팀 선정. 사회공헌사업의 특별한 이름이 없는 경우 사업 내용만 기재

사회공헌 컨설팅 업체인 라임글로브의 최혁준 대표는 "국내 대기업의 해외 사회공헌은 아직 초보수준"이라고 지적한다. "다국적 제약사 머크의 '아프리카 에이즈 퇴치 프로그램'처럼 사회공헌 자체도 브랜드화 전략이 필요하다"고 말했다.

6. 정보 지향적 마케팅(information oriented marketing)

정보 지향적이란 회계학에서 널리 사용된 용어로 기업의 재무제표 이용자에게 경제적인 의사결정을 하도록 자료를 제공하는 것을 의미한다. 여기에는 보고와 정보측정, 전달 등 회계이용자의 의사결정에 유용한 정보 제공을 강조하고 있다. 정보 지향적인 마케팅은 여러 학자들에 의해 그 중요성이 제시되었으나 개념적인 정의는 논의 중이다. 전략적 현상으로 데이터베이스를 중시하고 있지만 이를 체계화하여 통일된 용어나 개념으로 정립하지는 못하였다. 하지만 정보통신기술의 활용능력 기준(ICT skill standard)으로 평가의 중요성이 제시된다. 건전한 정보제공과 윤리의식을 강조하는 구체성으로 자신이 당면한 문제점을 해결하기 위하여 필요정보가 무엇인가를 인식하여야 한다. 그렇게 함으로써 효과적인 정보획득과 수용, 가공으로 유용하게 활용할 수 있다.

21세기는 정보효용에 대한 가치 차원에서 초를 다투는 신속한 의사결정을 요구한다. 경영자 및 관리자가 갖추어야 할 덕목으로 인식되며, 고객의 소비욕구가 다양해지면서 컴퓨터와 통신을 활용한 정보 수집은 경쟁력이 된다. 개인별 성향과 개성화로 기업은 그에 맞는 전략을 제공하려 노력한다. 이는 경쟁기업과 차별화할 수 있는 요소로 고객이 쉽게 획득할 수 있는 신속한 정보 제공한 글로벌 경영환경에서 기업 의무라 하겠다. 사회, 경제, 문화, 기술적인 환경들은 무한정보의 바다에서 지향적인 사고의 전환을 필요로 한다.

기업은 시장을 통하여 정보수집과 순환, 재생산의 영속성을 유지한다. 이러한 총체적인 사회현상의 중심에는 정보 지향적인 마케팅이 존재하는 이유가 된다. 정보화시대는 전자상거래를 활성화하여 무점포화를 보편화하고 있다. 기존의 자판기 기능

을 확대하여 이동식 상점으로 진화하는 오프라인도 있지만 사용자 간의 직접 접속을
의미하는 P to P의 활성화는 개인 간 거래 활성화로 신뢰관계가 중시된다. 일대일,
네트워크 마케팅 등이 확산되면서 기업 활동의 중심으로 우뚝 섰다. 따라서 기업의
전략적 사고와 변화에 따른 시대적 요구로 받아들여지며 방향성을 나타내는 특성을
단계적으로 수용하여 새로운 가치를 실현할 수 있는 정보지향성을 요구한다.

다음은 정보 지향적 마케팅의 전략차원에서 "가치 지향적 마케팅으로 여심을 사로
잡자"는 기사를 소개한다(Just Ask a Woman(Mary Lou Quinlan, 2003).

여자들은 감정적으로 자신의 입장에서 여러 이해관계자들에게 다양한 각도로 존
중받기를 원한다. 당신이 운영하는 회사가 여성을 존중한다는 것을 행동으로 보여준
다면 여성들이 갖는 의심을 피할 수 있다. 여성들은 근무환경이나 회사의 업종에 따
라 '존중'을 다르게 정의하고 있다. 즉 자신이 경험한 선입견을 바탕으로 브랜드와
서비스에 대한 위치와 가치의 접근을 달리하고 있다. 가치를 중시하는 여성들의 마
음을 소개하면 다음과 같다.

첫째, 여성들은 어떤 방식으로든지 존중받기를 원한다. 그들은 관심과 주목을 받
고 싶을 때 바로 받기를 원한다. 자신이 믿을 수 있는 사람에게서 그 답을 듣고 싶어
하며, 자기보다 경험이 풍부하거나 우수한 능력자에게 매력을 느낀다.

둘째, 여성은 통제권을 원한다. 그들은 있는 그대로의 자신을 받아들이기를 원하
지만 항상 여성으로서 대접이나 보답 받기를 원한다. 레스토랑을 이용할 때도 단골
이 아니지만 직원들이 단골처럼 대접해주기를 원한다. 이들은 자신이 직접 선택할
수 있게 기다려주거나 존중해 주기를 원한다.

셋째, 여성들은 다양한 요소에서 통찰할 수 있는 능력이 뛰어나다 생각한다. 이들
은 자신이 이미 충분히 아름다우며, 자신의 능력을 인정해 주기를 원한다. 기업은 이
들의 마음 즉, 여심(女心)을 잡기 위하여 노력하여야 한다.

건설업계가 불황을 타개할 방법으로 여심잡기에 노력하고 있다. 분양시장에서 '주
부', '아내' 등 여성이 차지하는 비중은 절대적이다. 여성은 부동산 시장의 핵심 수요
층으로 자리 잡고 있어 '여심잡기 마케팅' 전략도 갈수록 진화하고 있다. 주차에 힘들
어하는 여성을 위한 대리주차, 여성만이 이용할 수 있는 커뮤니티시설도 등장하였다.
여성 전용 아파트와 오피스텔을 비롯하여 경품에서도 여성의 욕구를 자극하기 위한
아이디어 경쟁이 치열하다. 계룡건설은 대전에서 분양을 시작한 '노은 계룡 리슈빌Ⅲ'
아파트는 '여성이 행복한 아파트'를 콘셉트로 여성고객 잡기에 나서고 있다. 여성의
주차 스트레스를 해결하는 주차장으로 특화하였다. 이 아파트는 여성 전용주차장과

경차 전용, 확장형 주차장을 전체 공간의 70%로 배치하였다. 지하주차장에 비상벨 시스템과 차량번호 인식시스템을 적용하여 여성의 안전에도 신경을 썼다. 한화건설 은 '보정 한화 꿈에 그린' 아파트에 올해 저작권 등록을 완료하여 '여성전용 주차안내 사인'을 처음으로 적용하였다. 후면 주차시, 여성이 양쪽 사이드 미러의 공간 부족으 로 주차하는 것에 어려움을 느낀다는 조사결과에 따라 반대편 주차장 바닥에 핸들의 위치를 표시하여 손쉬운 주차를 가능하게 하였다. 주차안내 사인(sign)은 '여성우대 주차 존'을 설치하며 스피커를 통하여 이용방법이 안내된다.

여성 전용 커뮤니티를 선보인 곳도 있다. 흥한 주택종합건설이 경남 진주에 분양 중인 '더 퀸즈 웰가'는 별도의 건물에 '여성전용센터'를 만들어 운영하고 있다. 여성 전용 휘트니스 센터, 여성 전용 클리닉센터, 쿠킹룸, 브런치 카페 등이 들어서고 있 다. '세종 모아미래도'는 '워크인 클로젯 드레스 룸'을 전 타입에 제공하여 여성만의 공간인 주방을 특별하게 만들어주는 '맘스 오피스'를 조성하였다. 파주 운정에 분양 중인 '롯데캐슬'도 아이를 보며 육아정보를 교류하고 소규모 강좌도 들을 수 있는 '맘 스 카페'를 운영하였다. 경품시장도 여심공략에 나섰다. KB부동산신탁은 서울 서초 동에 분양중인 '강남역 아베스타' 오피스텔의 1등 경품으로, 불가리아 다이아몬드 목 걸이와 명품 백을 내걸었다. SK건설은 시흥 배곧 신도시의 'SK뷰' 분양을 앞두고 배 추를 경품으로 제공하였다. 여름철 태풍으로 채소 값이 급등했다는데 착안한 것이다. 여성전용 오피스텔, 아파트도 등장하였다. 풍성종합건설은 화성시에 '동탄 폴라리스' 는 여성 전용실을 7~9층에 배치하여 관심을 끌고 있다. 서울시는 2015년까지 여대생 과 여성 근로자를 위한 '싱글여성 전용 소형 임대주택' 2,000호를 공급하는 등 '여성 1인 가구 종합 지원 대책'을 발표하였다(경제투데이, 2012.10.21).

반면, 남성들도 변화하고 있다. 서울 중구 필동1가 샘표 본사인 식문화 체험 공간 지미원에서 앞치마를 두른 남성들이 요리강사의 도움을 받아 캘리포니아 롤을 만들 고 있다. 18명 수강생은 전원 남성이다. 주방시설과 요리실습 기자재를 갖추고 2003 년부터 요리강습을 진행하고 있다. 남성 참가자들이 많아지자 매달 마지막 주 화요 일을 남성 전용 강좌로 편성하였다. 요리교실, 백화점 문화센터 등 그동안 주로 여성 들이 찾았던 공간에 남성들이 몰리고 있다는 소식이다(조선일보, 2010.4.29). 신세계 문화센터는 '얼굴형에 맞는 헤어스타일 연출법' 강좌에 남성 수강생이 전체 인원의 40%에 달하였다는 소식이다. 본점에서 진행하는 요가 교실도 수강생의 40%가 남성 이며, 현대 문화센터는 수도권 5개 점포에서 30여 개의 스마트폰(PC 기능을 갖춘 휴 대전화) 활용법 강좌를 진행하였다. 이들 강좌를 수강했거나 신청한 고객 1,121명 가 운데 41%가 남성이다. IT 기기에 익숙하지 않은 30~40대 여성고객을 겨냥하여 강좌를 기획하였지만 40~50대 중장년 남성이 몰리고 있다.

백화점 문화센터 수강생은 다수가 여성이었다. 전체 강좌에 남성 비율은 낮았지만 계속적으로 상승하고 있다. 남성 고객들이 찾는 강좌의 종류도 패션, 미용, 육아 등으로 확대되며, 사회적으로 남성이 요리를 하거나 외모를 가꾸는 것이 자연스러운 현상으로 받아들여진다. 따라서 관심도는 계속적으로 높아질 것으로 예상된다.

제2절 | 외식마케팅의 환경 분석

인간은 사회적 동물이다. 누구나 자연환경에 지배를 받으면서 살아간다. 기업 또한 환경적 변화에 영향을 받으며 성장과 도태를 함께 한다. 인적·물적 자원을 충분히 확보한 기업이라도 변화하는 환경을 제대로 수용하지 못하면 계속적으로 성장하기 어렵다. 이와 같이 기업은 마케터가 활용할 수 있는 자원을 확보하거나 그 자원을 이용하여 목표를 달성할 수 있는 경영환경에 주목하여야 한다. 이러한 환경은 분석할 수 있는 내부자원을 수용하는 것에서 시작되며, 외부의 기회와 위협요인에서 기업의 패러다임은 변화하고 있다. 과거에는 다수에게 일방적 메시지를 전달하는 대중마케팅(mass marketing)이 주류였다면 현대는 정보를 공유하거나 개방, 열린 경영, 스피드경영, 자율경영, 벽 없는 무경계경영 등 고객이 주도하면서 자발적으로 참여하는 소셜마케팅(social marketing)이나 앱(application)이 시장을 선도하고 있다. 이러한 변화에 가장 큰 영향을 미친 것은 당연히 스마트폰이나 컴퓨터를 활용한 정보통신의 발달과 개인화된 소셜네트워크 서비스(SNS)이다. 고객은 새로운 환경에 적응하면서 변화를 수용하고자 노력한다. 그들에게 각광받는 관심은 공짜(free)나 주위에 아는 사람(like)의 추천이다. 이들은 오프라인 매장의 직원추천이나 광고보다 더 빠르게 영향을 미친다.

최근 상품과 서비스를 구매할 때 더 이상 정상가격으로 구매하는 것이 아니라는 인식을 가져오게 한다. 기업은 제품과 서비스를 공짜 또는 할인된 가격으로 제시하며 이들은 입소문으로 빠르게 전파하고 있는 반면, 기업은 신규고객을 확보하려는 수단으로 활용하고 있다. 이러한 변화를 의식하지 못하면 자사의 능력과 상관없이 목표를 달성하기 어렵다. 기업의 전반적인 경영활동은 마케팅 환경(marketing environment)의 변화를 수용하는 데서 시작된다.

외식기업 경영자들은 빠른 변화의 환경에 신속하게 대응하려 노력한다. 변화를 단순히 사회현상의 한 부문이나 기업 활동으로 볼 것이 아니라 꾸준하게 추진해야 할 종합적인 전략으로 인식되어야 한다. 고객은 변화에 민감하게 반응하기 때문에 충족시킬 수 있는 전략이 필요하다. 원하는 목표를 효과적으로 달성하기 위한 노력은 계속되어야 한다. 저변에 인식된 경쟁기업의 동향과 상권 추이를 분석하여 계속적으로 수익을 창출할 수 있는 환경을 분석하여야 한다. 따라서 레스토랑의 환경은 다음과 같은 특징을 가지고 있다.

첫째, 마케팅 환경은 항상 동태(動態)적으로 공급자에서 고객중심으로의 전환하였다. 기업관리 차원에서 시장은 불확실하거나 급변하기 때문에 변화의 흐름을 항상 파악하여야 한다. 마케터는 이를 분석하여 파악하지 않으면 성공전략을 달성하기 어렵다. 과거의 마케팅 전략은 4P를 핵심으로 사용하였다면 그 중심에는 공급자가 있었다. 소비자는 기업에게 자사의 상품을 돈 내고 소비하는 집단으로 인식하였다. 마케팅 자체가 기업의 판매 증대를 위한 도구라는 의미이다.

통합적 마케팅커뮤니케이션(IMC : integrated marketing communication)이 도입되면서 마케팅 전략의 중심에는 고객이 위치하였다. 기업의 브랜드와 고객과의 관계를 강화하는 도구로 이해하며 본질적으로 의사소통을 통하여 더 큰 가치를 생산해 나가는 것을 목적으로 한다. 이 과정에서 일정 이상의 진화를 거듭하며 대표적으로 4P를 극복하는 전략을 찾게 된다. 여기에는 금융, 브랜드이미지, 정부와 자치단체, 유통업자, 노조의 압력, 정보수용력, 사회적 책임 등 추가적 요소를 포함하는 메가 마케팅(mega marketing)을 필요로 한다.

둘째, 상품 중심에서 브랜드 중심으로 진화하였지만 여전히 상품중심으로 마케팅 전략은 필요로 한다. 사회는 복잡하면서 다양하다. 상품의 생명주기가 짧아져 그 효과는 급감한다. 이러한 문제는 브랜드를 중심으로 확고하게 유지되는 정체성으로 시장의 기회와 위협에서 전략방안을 필요로 한다. 따라서 마케팅활동의 효과를 축적하여 그 가치를 높이는 역할을 할 수 있다.

셋째, 판매 중심에서 관계 중심의 변화이다. 과거는 판매가 목적이었다. 즉 마케팅 자체가 판매는 아니지만 판매를 통한 서포터 같은 의미가 강하였다. 관계를 중시하였으며, 90년 이후 컴퓨터와 정보통신의 발달로 고객의 데이터베이스를 가능하게 하였다. 이미 존재하였던 서비스센터나 판매점, 그리고 콜센터와 같이 다양한 접점(contact point)의 상황은 고객정보를 조금씩 쌓아가는 계기가 되었다. 일부는 이러한 자료를 기반으로 더 강한 상호관계를 형성하였다. 예를 들어, 현재 시장에서 유행하는 메뉴를 경영자가 선택한다면 근시안적인 결정이라 할 수 있다. 인기 있는 특정 메뉴는 오래 전에 선점한 점포들이 자리 잡고 있기 때문이다. 이들은 잘해야 2등밖에

할 수 없다. 창업자들은 현재의 경기상황과 소비흐름, 개인적 성향, 라이프스타일, 인플레이션, 소득수준, 기후변화, 계절 등의 환경을 분석하여야 한다. 이러한 외부요인은 경영자의 의지와 상관없이 영향을 미치기 때문에 새로운 메뉴나 점포를 선택할 때 고려하여야 한다.

넷째, 일방적인 의사전달에서 양방향 의사소통으로의 전환이다. 과거의 마케팅은 광고에 의존하여 그 역할과 기능을 최대한 활용하는 것이었다. 비용대비 효과에 대한 분석방법을 병행하였다. 최근에는 광고보다 인터넷이나 콜 센터 등 쌍방향 의사소통에 집중하는 이유가 여기에 있다. 말 그대로 소통함으로써 관계를 강화할 수 있기 때문이다. 따라서 브랜드의 정체성을 함께 공유하며 고객과 원활하게 소통하기 위한 방법으로 일방적인 의사전달보다 효과적이기 때문이다.

다섯째, 마케팅 전략의 대상과 의사소통 대상 간의 차이다. 인구통계학적 특성에 따른 세분화는 매스마케팅을 사용함으로써 실제 소통 대상 간의 차이가 있었다. 상품 중심의 광고에서는 비효율성의 차이로 심각성을 가졌지만 문제를 줄이기 위한 방법으로 정확한 타깃 고객의 분석에 따른 효율성을 극대화시키는 노력에서 시작된다.

여섯째, 4P에서 다양한 믹스 전략으로 전환이다. 4C의 고객(customer), 노력(cost), 편의성(convenience), 의사소통(communications)을 기본으로 시장특성과 홍보(public relations), 경쟁(competition) 등을 추가하여 믹스 전략을 구현하고 있다.

일곱째, 매체별 광고에서 접점의 의사소통을 원하고 있다. 광고는 의존도가 높지만 다른 고객과의 차별된 관리가 어려워 접점의 정보가 전무하거나 부족할 수 있다. 광고 및 웹사이트는 물론 판매직원까지 통합된 관리가 필요하다. 접점이란 고객이 특정 브랜드를 만나 경험하는 지점을 의미한다. 따라서 의사소통에 따른 정체성은 접점의 경험에서 관계가 중시되는 이유라 하겠다.

여덟째, 데이터베이스를 기반으로 한다. 레스토랑의 경영자들은 단골 손님들의 성향과 기호, 방문날짜, 식성, 동행인, 주문방법 등을 기억하며 그에 따라 서비스 내용이나 추천 메뉴를 달리 한다. 인터넷의 웹사이트 방문과 활동내역, 콜 센타를 통한 불만제기, 상품 및 서비스 부족 등 그에 따른 구매형태의 기록이나 이메일, 제안사항 등의 정보자료를 분석함으로써 올바르게 실행할 수 있다. 이는 과학적인 우월성이라기보다 차별화된 마케팅 환경에서 가능하다고 하겠다. 그렇게 함으로써 자사의 강점(strength)과 약점(weakness)을 바탕으로 외부적인 기회(opportunity)와 위협(threat) 요인을 바탕으로 전략방안을 수립할 수 있다.

〈표 3-3〉 외식기업의 SWOT 분석

기업입장의 강점과 약점 / 시장의 기회와 위협	강점(S)	약점(W)
	• 상권의 위치와 입지, 규모 • 가격과 전문성 • 인테리어시설과 분위기 • 주차시설 및 대중교통	• 상권의 입지와 위치 • 업장의 배치도와 가시성 • 교통편과 접근성 • 분위기와 테마 • 이벤트 및 차별성 부족
기회(O)	SO전략	WO전략
• 한식 세계화 • 정부지원 정책 • 글로벌 시장, 스마트폰 • 규모의 대형화, 고급화 • SNS, 페이스북, 요즘 • 미투데이, 카톡, 밴드	• 차별적인 메뉴개발 • 전문화된 메뉴 • 프랜차이즈 및 체인화 • 정책자금지원, 시설개선 • 단체고객 유치(연회사업) • 적극적인 수익원 개발	• 지역의 사회활동 강화 • 개성있는 메뉴개발 • 지속적인 광고와 홍보 • 전문적인 메뉴개발
위협(T)	ST전략	WT전략
• 세계적인 불황 • 식재료 가격 폭등 • 위생과 청결의 안정성 • 대기업의 시장진출 • 다국적기업 국내진출	• 기업의 포트폴리오 • 유망한 아이템 개발 • 위생적으로 안전한 식재료 • 다양한 요리와 서비스개발 • 원산지, 지리적 표시 • 친환경, 무공해 식재료	• 고객관계 관리 강화 • 자연재해로 인한 식재료 인상 • 인건비 상승과 부자재 인상 • 고부가 메뉴개발 • 점포별 차별화된 특성개발 • 대기업 및 다국적 기업 대응전략

특정 백화점들은 고객에게 차별화를 위하여 팝업(pop-up) 매장을 운영하고 있다. 팝업이란 인터넷에서 갑자기 생겼다가 사라지는 창처럼 사람들이 붐비는 특정장소에서 신상품, 한정 상품 등을 전시하거나 판매하는 행위로 일정 시간이 지나면 사라지는 이동식 매장을 의미한다.

신세계는 5톤 컨테이너 트럭을 개조하여 의류, 가방을 판매하는 팝업 매장을 홍대 입구와 신사동 가로수길 등 젊은 층이 많이 모이는 지역에서 수시로 이동하면서 운영하고 있다. 캐주얼 매장으로 여러 브랜드를 한 곳에 파는 블루핏의 청바지 등 백화점 영업시간에 맞추어 운영하고 있다. 백화점 안에 있던 매장이 팝업매장 형태로 고객이 많이 모이는 외부공간으로 나온 것이 특징이다. 이는 처음부터 젊은이들의 취향에 맞춰 한정 판매를 실시하며 성과를 내고 있다.

현대는 압구정동 본점 지하 2층에 67m^2(약 20평) 규모로 팝업 매장을 오픈하였다. 지하철역 입구와 가깝고 에스컬레이터 옆에 있어 오가는 사람들이 많이 붐비는 공간이다. 3주 단위로 캐주얼, 남성복 등 브랜드를 바꿔가며 판매한다. 백화점 안의 고정된 공간이 외부로 나와 고객을 맞이하는 것이다. 고객 입장에서는 3주마다 브랜드가 바뀌기 때문에 반응이 좋다. 백화점 측은 다른 지역의 매장으로 확장하겠다는 계획이다. 이 같은 매장은 지난해부터 IT, 패션 업체들을 중심으로 젊은 층을 찾아가는 방법으로 선보이고 있다. 백화점마다 경쟁적으로 도입하면서 시시각각 변하는 사회환경과 패션 트렌드에 대한 고객 수요를 반영할 수 있다는 장점이 있다. 팝업 매장은 아직 시장에 덜 알려진 유망한 성장 아이템으로 신진 브랜드를 육성하는 데 효과가 있다. 이와 같이 시대를 앞서가는 창의적인 아이디어를 즉각적으로 반영하여 운영하므로 고객의 반응은 뜨겁다. 이는 사회적 환경을 분석하는 데서 가능하다 하겠다.

1. 외식마케팅의 미시적 환경

기업의 미시적 환경은 마케팅활동을 수행하는 조직의 기능에 있어서 직접적으로 영향을 미친다. 내부직원, 공급자, 고객, 경쟁자 등 시장의 역학관계에서 직접적으로 영향을 미치는 이해당사자들의 환경이나 상황, 동향 등을 포함하고 있다. 기업의 내부적인 환경요인으로 통제 가능한 지원요소에서 고객(customer), 경쟁사(competitors), 기업(company)의 3Cs로 운영되는 과업환경과 내부 환경으로 구분할 수 있다. 경쟁사와 고객에 대한 분석은 크게 거시적, 미시적 환경으로 내적 변수를 포함하여 분류할 수 있다.

〈표 3-4〉 기업의 미시적 환경

구 분	분 류	세부내용
미시적 환경	내부환경	• 기업의 내부 환경은 각종 시스템으로 이루어진 하나의 조직체 • 1차적 환경 : 투자자, 직원, 소비자, 협력기업 • 2차적 환경 : 국제수지, 경제성장률, 1인당 GNP, 소비구조의 변화, 업계의 성장률, 노동력, 인건비 등 경제 환경, 제조공정, 원재료, 제품, 유통, 기술정보 등 기술적 환경으로 분류 • 3차적 환경 : 출생률, 사망률, 고령자 증가, 가족구성의 변화, 도시의 과밀화, 교통 환경, 가치관 등 사회적 환경과 대기, 일광, 하천, 바다, 녹지 등의 자연환경 의미 • 이상과 같이 내부환경은 영향을 받는다.
	과업환경	• 고객 : 경제활동 과정에 창출된 재화, 용역 구매하는 개인 및 조직, 가구 • 공급자 : 상품가격, 납기준수, 식재료 공급 등의 역할에서 시장의 트렌드, 경쟁상황, 아이디어 등 유용한 정보제공, 기업의 정보원 역할 • 중간상 : 제조사와 판매자 간 중간 역할만 하는 것이 아니라 점포의 마케팅 촉진 전략 추진, 새로운 메뉴개발 지원, 조언, 할인, 상품공급 • 경쟁자 : 양질상품 공급과 가격, 시장원리 적용 창의성과 혁신성 기본상품 형태와 범주는 경쟁자의 관계에서 혜택과 편익제공 • 노동조합 : 사업장 안 사용자, 노동자의 지시, 승복의 관계성립, 임금 교섭, 사업장의 지배관계를 대등관계로 변화, 임금 및 단체교섭권 등 • 정부 : 통치권 행사기관, 관할하는 기업 고객요구 받아들여 조정 및 해결 법률의 입안 및 제정, 정책으로 변환

1) 내부 환경

기업의 내부 환경은 각종 시스템으로 이루어진 하나의 조직이라 할 수 있다. 1차적인 환경에는 투자자, 직원, 소비자, 협력기업 등을 의미하며, 2차적 환경은 국제수지, 경제성장률, 1인당 GNP, 소비구조의 변화, 업계의 성장률, 노동력, 인건비 등과 같은 경제적 환경과 제조공정, 원재료, 제품, 유통, 기술정보 등의 기술적 환경으로 분류된다. 3차적 환경은 출생률과 사망률, 고령자 증가, 가족구성원의 변화, 도시의 과밀화, 교통 환경, 가치관 등 사회적 환경과 대기, 일광, 하천, 바다, 녹지 등의 자연환경을 의미한다. 이와 같이 신제품 개발이나 증축을 기획할 때도 경제적, 기술적 환경 못지않게 사회, 문화적인 자연환경은 기업의 사회적 책임에 따라 평가의 중요한 요소가 된다.

기업의 조직을 구성하는 생산부, 인사부, 영업부, 재무부, 회계부, 마케팅부, R&D부 등은 기업 활동에 있어 상호 간에 유기적으로 영향을 미친다. 내부 부서와 조직원 간의 긴밀한 협조를 통하여 통합적인 마케팅관리의 필요성이 강조된다. 조직 내 부서 간의 갈등으로 목표 달성에 역기능을 할 수 있다. 레스토랑의 점포는 조리를 계획할 때부터 요리팀, 마케팅팀, 메뉴 개발팀, 서비스 판매팀 등 다 함께 모여 결정하여야 한다. 한정된 공간에서 이루어지는 직무기능은 직원 간 갈등이 생길 수 있으므로 상호 간의 협조를 필요로 한다. 아울러 내부직원의 고객 지향적인 자세의 결여는 생산과 판매의 부진을 야기시킬 수 있어 문제점으로 제시될 수 있다. 따라서 직무분석을 통한 적절한 내부 환경의 변화 수용은 효율성을 극대화 할 수 있다.

2) 과업환경

기업의 경영환경에는 일반적인 환경과 과업환경으로 나눌 수 있다. 과업환경은 경영 활동에 직접적으로 영향을 미치는 환경을 의미한다. 일반적으로 기업의 생존에 직결되는 시장의 구조적 문제와 경쟁자, 정부의 규제, 시민단체 등을 의미한다. 이러한 과업은 기업이 속한 조직 내 구성원의 직무에서 목표달성을 저해하는 원인이 되기도 한다. 고객, 공급업자, 중간상, 경쟁자, 노동조합, 정부 등으로 이들은 직무수행에 영향을 미친다. 경영 활동에 이익을 주거나 손해를 줄 수도 있지만 당사자 간 이해와 마찰로 기업의 발전을 저해할 수 있어 정확한 역할과 과업수준을 파악할 필요성이 있다.

(1) 고객

고객은 경제활동 과정에서 창출된 재화와 용역을 구매하는 개인이나 조직, 가구를 의미한다. 소매점에 물건을 사는 손님은 그들이 원하는 필요를 제공하는 것에서 만족감을 느낄 수 있다. 이러한 필요의 분석은 고객과의 대면순간 기초조사와 면접, 데이터 마이닝, 대화 등 정보 수집을 통하여 구매를 결정하는 등 수요를 예측할 수 있다. 기업은 자신이 목표로 하는 타깃을 찾기 위하여 그 대상을 명확하게 선정하려 노력한다. 그들의 주된 활동은 목표고객이 기업 존속에 결정적으로 영향을 미치는 이해집단들인가? 또는 어떤 정보의 유통경로를 통하여 정보를 획득하는지 파악하여야 한다. 따라서 표적 고객의 욕구를 파악함으로써 그에 맞는 전략을 추진할 수 있다.

레스토랑의 목표와 콘셉트에 맞는 메뉴를 개발하고 상권의 입지에 맞는 가격과 인테리어 시설로 분위기 있는 매장을 운영한다면 경쟁력이 높다하겠다. 이러한 분위기에 잘 어울리는 고객을 확보하는 것은 훌륭한 수단이 된다. 하지만 외부적 환경요인으로 기업이 전략을 제대로 활용하지 못하는 사례도 있다.

정부는 백화점이나 대형마트에 실내 냉방온도를 25℃ 이하로 유지하는 것을 제한하였다. 업계는 덥다는 고객의 불만을 해소할 방법에 고민하게 되었다. 유통업체는 실내의 냉방온도에 대한 의무규정이 없던 예전에는 보통 23℃를 유지하였다. "백화점으로 피서 간다"는 말이 나올 정도로 시원한 쇼핑공간은 한여름 야간 고객으로 늘 붐볐다. 하지만 에너지 비상대책 일환으로 '에너지 이용 합리화법'이 개정되면서 백화점과 대형마트 매장은 25℃ 이상으로 온도를 맞춰야 한다. 이를 위반하면 300만 원의 이하의 과태료를 물게 되었다.

유통업체는 이미 25도에 맞춰왔다. 하지만 의류매장에서는 더운데 옷 입어 보는 게 귀찮아 옷을 고르다 그냥 가는 손님들이 늘어나고 있다. 이에 업체별로 고객을 달래기 위한 묘안을 짜내고 있다. 현대백화점은 청바지 매장의 피팅룸에 옷을 입어 보는 공간에 미니 선풍기를 설치하여 고객의 불편을 해소하고 있다. 긴소매 셔츠를 반소매 셔츠로 무료로 고쳐 주는 서비스를 시행하며, 무료 부채를 제작하여 전국 11개 매장의 방문고객에게 나눠주고 있다(매일신문, 2011.7.15).

신세계는 옷을 갈아입는 고객이 불편함을 느끼지 않도록 일부 피팅룸에 선풍기를 설치하였다. 란제리 매장의 경우 휴대용 미니 선풍기를 무료로 증정한다. 롯데백화점은 차를 갖고 오는 고객을 대상으로 주차장 입구에서 차가운 생수를 선착순으로 나누어주고 있다. 손님뿐 아니라 긴소매 정장이나 유니폼을 입고 일하는 직원 또한 더위를 느끼자 매장관리, 사무 관리직 등 반소매 셔츠를 입고 근무하도록 규정을 바꾸고 있다. 업체별로 매장 온도를 관리하는 묘안과 방법도 다양하다. 열이 많이 나는 할로겐 조명을 LED 조명으로 바꾸거나 햇빛으로 인한 온도상승을 막기 위하여 특수 소재로 만든 열 차단 필름을 유리창에 붙여 온도를 내리기도 한다.

(2) 공급업자

기업의 경영자나 관리자, 직원들은 상품 생산에 필요한 원재료를 공급하는 납품업 자를 소홀히 대하는 경우가 있다. 팔아주는 입장에서 보면 돈을 지불하는 갑과 을의 관계로 그 대가를 받는 을을 소홀히 대접한다는 점이다. 하지만 공급자는 상품가격 이나 납기준수, 식재료 공급 등의 단순한 역할만을 하는 것이 아니라 시장의 트렌드 와 경쟁상황, 아이디어 등 유용한 정보를 제공하는 기업의 정보원으로 그 중요성을 파악하고 있어야 한다. 특히 계절적 수요와 공급, 식재료 특성이 뚜렷한 외식기업은 품질이나 반품, 배달의 신속성은 물론 원활하게 공급되어야 한다. 계절적 요인 외 호 의적인 관계 유지의 지속은 안정적인 식재료 공급과 함께 경쟁력을 획득할 수 있다. 따라서 공급자는 갑과 을의 관계가 아니라 기업의 중요한 자원임을 인식하여야 한다.

중견 제과업체인 프라임베이커리 대표가 롯데 호텔 지배인을 폭행했다는 소식에 비난 여론이 빗발치고 있다. 이 회사 강○○ 회장은 지난 24일 정오쯤 서울 소공동 롯데호텔 1층 임시주차장에 자신의 BMW 차량을 오랫동안 정차하였다. 해당 구역은 공적인 업무로 호텔을 방문하는 공무원이나 국회의원 등 잠시 주차하는 곳으로 호텔 현관서비스 지배인인 박모씨는 차량을 옮겨 주차해 달라고 부탁했다는 것이다 박씨 가 수차례 같은 요구를 하자 급기야 강 회장은 "너 이리 와봐. 네가 뭔데 차를 빼라 마라야" 등의 반말을 하며 10여 분간 욕설을 퍼부은 것으로 알려졌다. 또한 자신의 장지갑으로 박씨의 뺨을 수차례 때려 지갑에 있던 신용카드가 10m 이상 날아갔다고 당시 현장에 있던 사람들은 증언하였다. 이러한 사실이 언론을 통하여 알려지면서 프라임베이커리 공식 블로그의 인사말 게시물에는 강 회장을 비난하는 댓글이 700여 건에 달하였다.

네티즌들은 "신뢰받을 수 있는 회사가 되기 전에 인성부터 갖춰야 한다" "힘 없고 빽 없는 사람은 먹으면 안 된다는 그 빵인가요?" "여기가 수타로 유명한 프라임베이 커리라 사람도 수타로 대한다면서요?" 등의 반응을 보였다. 지난 2008년에 설립된 프 라임베이커리는 경주 빵과 호두과자를 생산하는 회사로 코레일과 한화리조트 골프장 에 납품하면서 급성장한 회사로 보고된다(경제 투데이, 2013.4.30).

(3) 중간상

　중간상은 도매상과 소매상의 중간에 위치하여 상품의 매매업을 하는 소비자의 도매상인이다. 일반적으로 분산적 도매업 외, 생산지의 생산자로부터 소단위의 생산물을 구입하여 산지 도매상에게 대단위로 넘겨주는 중개상을 포함한다. 이들은 생산량이 소규모이거나 부패, 변질성이 높은 식재료, 농산물, 생선류, 식료품 등을 중간 관리해주는 역할을 한다. 도매시장과 같은 대규모 시장에서는 전국에서 위탁 판매된다는 선어류나 농산물을 단시간에 대량으로 처리해야 한다. 때문에 중간상인과 중개인이 필요하다. 이들은 자신의 거래선인 소매상의 요구를 잘 알아야 하며, 적합한 상품을 책임 하에 제공할 수 있어야 한다. 따라서 중간 도·소매상의 협조는 외식기업 경영에 있어서 단순히 구매와 판매 그 이상의 역할을 한다.

　중간상은 기업의 마케팅 촉진 전략을 추진하거나 새로운 메뉴 생산을 계획할 때 지원하는 조언, 할인, 상품공급 등의 협조를 받을 수 있다. 식재료 보관이나 유통 흐름을 원활하게 할 뿐 아니라 레스토랑의 장소적 제약에 따른 공간 확보와 식재료 보관에도 용이하게 하여 조리, 판매에 일어날 수 있는 문제점을 해결할 수 있다. 따라서 자사의 규모와 보유할 수 있는 저장 공간의 능력에 따라 이해당사자들의 원활한 관계구축은 물론 레스토랑의 이익과 판촉지원, 재고관리 등 협조를 이끌 수 있다.

　지난 주말 혼수준비를 위해 백화점 가전매장을 찾은 예비신부 백수은(30)씨는 냉장고 문을 여는 순간 깜짝 놀랐다. 냉장고 안에 시원한 맥주가 가득 차 있었기 때문이다. 가전매장에 전시된 냉장고는 안이 텅 비어 있는데, 예상치 못한 맥주가 들어있어 성능과 시원한 맥주를 함께 떠올리게 하였다. 업종이 다른 기업들이 제품 홍보를 위하여 공생(共生) 마케팅을 활발하게 진행하고 있다. LG와 하이트가 협업하여 진행하는 마케팅은 올 가을 혼수시즌 동안 1,300여 개 매장에 전시된 디오스 냉장고 안에 하이트 맥주와 진로 석수 등 실물 제품을 진열하기로 하였다.

　기존의 기업 마케팅은 소비자에게 제품정보를 일방적으로 주입하여 선택을 강요한 것이라면, 현재의 전략은 고객이 상품을 자연스럽게 체험하면서 관심을 갖도록 유도하는 데 초점을 두고 있다. 소비자에게 가까이 다가가 구매를 유도한다는 점에서 '슬쩍 옆구리를 찌르다'의 너지(nudge)마케팅 또는 공생마케팅으로 불린다. 공생은 최근 기업 마케팅에서 빈번해지고 있다. 현대자동차는 올여름 20~30대층을 잡기 위하여 전국 커피빈 매장에 준 중형차 i30 로고가 들어간 컵 홀더와 쿠폰을 사용하고 있다. 대한항공도 젊은 소비자들에게 다가가기 위해 인터넷게임 스타크래프트의 캐릭터가 그려진 항공기를 운항 중이다(조선일보, 2010.10.12). 고객이 냉장고 속 맥주를 보면서 시원해하고 즐거우면서 신기해하는 것 자체가 브랜드를 기억하여 긍정적

으로 인식할 수 있는 전략이다. 이러한 상호 간의 협업은 중간지대를 존재하게 하여
계속적으로 활성화될 것으로 예상된다.

(4) 경쟁자

경쟁자(rival)란 동등하거나 혹은 그 이상의 실력을 가진 자로서 적수(敵手)라고도
한다. 어원은 라틴어로 강을 의미하는 rivus의 파생어이다 이는 같은 강을 둘러싸고
싸우는 사람들에서, 하나밖에 없는 물건을 두고 싸우는 사람들을 의미하는 프랑스어
에서 영어로 유래되었다. 경쟁이란 고객에게 양질의 상품을 싼 가격에 공급하는 시
장의 원리로 기업의 창의성과 혁신성을 기본으로 한다. 상품 형태와 범주는 경쟁기
업과의 관계에서 혜택과 편익으로 지출비용에 따라 비교 평가하게 된다.

레스토랑에서 의미하는 경쟁자란 상권 내 동일 업종에서 발생하는 경쟁관계를 의
미한다. 김밥을 판매하는 업체라면 같은 김밥을 파는 동종업체끼리 경쟁하게 된다.
이러한 유사메뉴를 판매하는 속성에서 경쟁관계를 파악할 수 있으며, 분식점은 경쟁
자가 될 수 있다. 고객은 배고픔이라는 동일차원의 욕구를 가졌다 하더라도 각기 다
른 음식으로 배고픔을 해결할 수 있다. 모든 음식은 대체품이 될 수 있겠지만 개인적
특성에 따라 어떤 메뉴를 선택할 것인가에서 본원적 경쟁관계가 성립된다. 고객중심
의 경쟁은 지각에 따른 행동으로 분류할 수 있다. 어떤 상품의 기능성이 비슷하다
생각될수록 그들 간에 대체할 수 있는 가능성은 높아진다. 즉 피자와 치킨은 배달시
장에서 실제 대체관계가 성립된다. 경쟁자가 누구인가를 먼저 파악하여야 하며, 그
유형에 따라 현재 존재하는 경쟁자, 잠재경쟁자, 대체경쟁자로 나눌 수 있다. 현재
존재하는 경쟁기업을 기존경쟁자, 진입장벽을 넘어 새롭게 진출하려는 잠재 경쟁자,
족발과 보쌈 같은 긴밀한 관계의 대체경쟁자로 분류할 수 있다. 이와 같이 규모의
특성과 위치에 따라 대체품으로 활용한 사례는 다음과 같다.

정식품은 당뇨병 환자 등 혈당 관리가 필요한 사람들을 위하여 신제품 'GI 프로젝
트 베지밀 에이스(ACE)'를 출시하였다. 일반적으로 두유를 만들 때 맛을 내기 위하여
당(糖) 성분을 첨가하게 된다. 신제품을 출시할 때도 당도를 기존제품의 절반 수준으
로 낮추어 혈당조절에 효과가 있는 뽕잎 분말을 넣어 40대 전후 남성을 타깃으로 하
여 효과를 보고 있다. 소비자의 욕구가 다양해지면서 식음료 업체들은 특정 고객층
을 겨냥하여 기능을 세분화한 상품을 적극적으로 개발하고 있다. 제품 구매를 망설
이는 고객요구를 수용하면서 틈새시장을 공략하여 충성도를 높이고 있다.

농심의 채식주의 순(純)라면도 대표적인 예이다(조선일보, 2010.4.12). 수프에 육
류나 어류 성분을 넣지 않고 채소로 맛을 내고 있다. 웰빙 트렌드와 함께 채식에 대

한 관심이 높은 소비자들이 늘어나면서 이들의 입맛을 사로잡을 수 있는 라면을 개발하고 있다. 한국 이슬람 중앙회에 따르면 돼지고기 등을 먹지 않는 율법에 따라 저촉되지 않게 제조하였다는 인증을 받아 국내 이슬람교도 사이에서 인기이다. CJ제일제당은 지난해 알레르기 유발 가능성이 높은 원료를 빼고 웰빙 다시다인 '산들애키즈'를 출시하였다. 이 제품은 게, 새우, 밀, 대두, 우유, 고등어, 돼지고기, 메밀 등 알레르기 유발 가능성이 높은 성분을 빼고 아이들이 좋아할 재료로 상품을 만들어 출시하였다.

수출 대상 국가의 특수한 소비 스타일을 반영하여 특별한 제품을 생산한 경우도 있다. 오리온은 채식주의자가 많은 인도시장을 겨냥하여 식물성 초코파이를 만들었다. 초코파이 속 마시멜로에 돈피(豚皮)가 들어가지만, 수출용 초코파이는 돈피 대신 해조류인 우뭇가사리를 원료로 한 마시멜로를 사용하였다. 남양유업과 매일유업의 경우 이익은 크지 않지만 사회공헌 차원에서 난치성 소아 간질 등 특수 질환을 앓는 어린이를 위한 특수 분유를 생산하고 있다.

(5) 노동조합

노동조합은 노동자가 주체가 되어 자주적으로 단결하며 근로조건의 유지와 개선 기타 사회적, 경제적 지위를 향상시켜 줌으로써 조직의 권익을 대변하게 된다. 노동자의 단결권, 단체교섭권, 단체행동권 등 이른바 노동3권의 주체로서 조합원들의 의견을 집단적으로 수용하여 사용자와 교섭하며, 단체행동을 통하여 의견을 관철시키는 행동이다. 또한 개인이 소유한 노동력은 상품형태로 판매함으로써 생활이 가능하지만 일반 상품과 다른 특성을 가지고 있다.

노동력은 일반시장의 공급과 수요에서 탄력적으로 변화하는 것과 달리 비탄력적이다. 이는 그 성질상 저장할 수 없으며, 생존을 위해서는 노동 공급을 중단할 수 없기 때문이다. 사용자의 입장에서는 노동자가 제공하는 불확실성으로 비계측적이다. 고용계약을 맺을 때 노동자가 행한 노동의 결과를 구매하는 것이 아니라 앞으로 행할 노동 가능성을 구매하는 것이다. 이와 같은 불확실성 때문에 사용자는 노동에 대하여 통제하고자 하며, 이로 인하여 사업장 안에서 사용자와 노동자 사이에 지시와 승복의 관계가 성립된다. 노동조합은 임금에 대한 교섭과 더불어 사업장 안의 지배관계를 상하관계가 아닌 대등관계로 변화시키는 역할을 한다. 통상적인 임금교섭 외 노동조건의 개선과 단체교섭으로 사용자의 일방적 지배를 완화시키고자 한다. 노동조건이란 노동시간, 채용조건, 고용안정, 작업환경 등을 포함하는 개념으로 역사적인 시기와 국가, 조직범위, 이념의 차이에 따라 여러 가지 형태로 나누어질 수 있다.

　대한민국의 경제가 급속하게 성장하면서 직원들의 권익과 복지에 대한 관심이 높아졌다. 이러한 권익을 대변하는 노동조합은 기업경영에 미치는 영향력은 실로 엄청나다. 1979년 IMF라는 국가적 위기는 직원 한 사람 한 사람이 기업을 살리는 구사대가 되었다. 이들의 희생은 기업도산을 막는데 일등공신이 되었다. 위기가 극복되면서 노동조합은 활성화되기 시작하였다. 지난 기간 보상차원에서 성과에 대한 배당금이나 근무조건, 직원복지, 경영참여와 심지어 기업증설에 따른 노조의 허락 등 무리한 조건을 제시하면서 투자자들의 발목을 잡는 원인이 되기도 하였다. 이러한 지나친 노사분규는 기업과 사회에 악 영향을 미칠 뿐 아니라 경제성장을 저해하는 원인이 되기도 한다.

　일부 기업의 노사분쟁에서 볼 수 있듯이 조업 중단과 집기, 기물파손 등은 막대한 금전적 손해 뿐 아니라 자신의 직장을 파괴하는 비상식적인 행동으로 국민들의 공분을 사기도 하였다. 이와 같이 과격한 노동조합의 행동과 시위는 다국적 기업들에게 부정적 이미지를 심어주어 투자를 철회하는 등 그 피해로 나타나기 시작하였다. 하지만 다 그런 것은 아니다. 국민들의 사랑과 노사화합의 좋은 사례를 제시하는 기업도 무수히 많다. 노사관계의 선행사례를 소개하면 다음과 같다.

　주식회사 행남자기는 제품 연구소에서 디자인 회의를 기업대표와 노동자 대표가 함께한다. 행남자기의 노희웅 대표와 직원들은 가족적인 분위기에서 대를 이어 근무하는 사원이 20여 명이나 된다. 이들이 말하는 노사화합은 모든 기업이 반드시 풀어야 할 숙제이다. 양자 간 갈등과 반목은 회사의 존립 자체를 위협할 뿐 아니라 대립관계에 놓이기 때문에 전혀 다른 방식으로 풀어낸 노사관계라 하겠다. 식기, 도자기를 만드는 행남자기는 설립 초창기 회장이 직접 직원을 설득하여 노조를 만든 일로 유명하다. 노사 간 화합의 모범사례로 인정받아 고용노동부로부터 노사 문화대상 대통령상을 받았다.

　노조 대표가 청와대 행사에서 자사의 상품을 써달라고 대통령에게 건의하였다. 김영삼 정권 시절, 노사 간 갈등이 사회적 문제로 불거지면서 대통령이 전국 각지 사업장의 노동조합 관계자들을 불러 간담회를 가졌다. 참석자 대부분은 노조가 회사에서 어떤 대우를 받는지 집중적으로 불만을 토로하였다. 하지만 행남자기 노조위원장은 청와대에서 행남자기의 제품을 사용해달라고 건의하였다. 회사가 잘돼야 노조도 존재한다는 생각이 있었기에 가능한 일이다. 이후 김 대통령의 지시로 청와대는 행남자기 제품을 사용하고 있다.

　행남자기가 이처럼 특유의 노사화합을 이끌어낼 수 있었던 것은 회사 창립시절부터 이어온 끈끈한 가족문화가 밑거름이 되었다. 고 김준형 회장은 1960년대 당시 회사의 발전을 위해선 노조가 필요하다고 판단하였다. 1963년 노조가 생긴 이래 48년 간 무분규로 이어지고 있다. 김영호 노조위원장은 "회사가 살아야 직원이 살고, 직원이 윤택해야 회사의 실적도 좋아지는 것 아니냐"면서 "회사는 초창기부터 경영진과 함께 가족 같은 노사문화를 이어주어 고맙게 느낀다"(동아이코노미, 2010.10.20)고 하였다.

둘째, 대(代)를 이어 한 직장에 근무하여 업무성과도 높아졌다. 노조라는 말보다 가족이라는 표현을 더 선호한다. 500명에 달하는 전체 직원 가운데 400명이 노동조합에 가입되어 있다. 가족과 같은 분위기에 이끌려 2대에 걸쳐 같은 직장에 다니는 사람도 20명이나 된다. 아버지에 이어 행남자기에 30년 가까이 근무 중인 김승렬 이사는 선친 장례식을 치르는 사흘 내내 회장이 직접 나와 상가를 지키는 모습을 보며 하던 일을 접고 입사를 결심하였다. 현재 회장이자 창업주 손자인 김용주 회장 역시 모든 직원들의 경조사를 직접 챙긴다. 이 회사의 오랜 사풍(社風)이다. 직원을 가족이나 다름없이 여기는 문화는 구조 조정도 색다른 방식으로 이끌었다. 지난 2002년 사내 사업 분야를 하나로 만든 김 제조업체 '행남식품'이 바로 그것이다. 대내·외적인 위기로 인력 구조조정을 단행해야 했던 당시 경영진은 아예 새 사업을 만들어 한 명의 퇴직자도 없이 위기를 극복하였다. 회사가 먼저 사람을 보내지 않는다는 김용주 회장의 지론이 반영되었기 때문이다.

2006년 취임한 노희웅 대표는 행남자기의 독특한 문화를 계승 발전한다는 차원에서 '펀(fun)경영'을 회사운영의 기본원칙으로 삼고 있다. "사원이 웃어야 회사가 웃고, 사원이 행복해야 회사가 행복하다"고 강조하였다. 이와 같이 노동조합은 기업의 이익과 손해를 함께하는 이해집단 그룹이라 하겠다.

(6) 정부

정부는 국가의 통치권을 행사하는 기관이다. 관할하는 사람들의 요구를 받아들이는데 이러한 일들을 조정하거나 법률 및 정책으로 변환하여 분쟁을 해결하게 된다. 전체적인 기능은 공동체를 다스리는 것에도 관계하지만 현대의 정부는 불필요한 부분은 있지만 입법, 행정, 사법부로 구성된 정치기구 전체를 의미한다. 반면 협의의 개념으로 행정부만을 가리키기도 하는데 더 나아가 지방자치단체도 정부로 인정된다. 오늘날 국가와 지방자치단체의 관계는 중앙, 지방 관계로 받아들이기보다 정부 간으로 파악하는 것이 일반적이다. 따라서 정책 입안과 제정에 따른 규범과 규율, 행정지도 등 기업 활동을 지원하거나 규제하는 역할을 한다.

세계적인 금융 불안과 위기 속에서 각국마다 인플레이션(inflation)과 디플레이션

(deflation) 상황으로 가격통제와 독과점 방지, 공정거래를 유도하고 있다. 국가는 자연환경의 훼손에 따른 규제, 환경오염의 유해성, 안전한 식재료 관리와 위생, 청결 등의 개선기능을 담당한다. 이러한 업무는 전국적인 산업단지 조성과 사회 간접자본의 인프라 구축, 수출증대를 위한 자금지원, 인력수급을 위한 기능인 양성 등이 대표적 지원기능이라 하겠다.

2. 외식마케팅의 거시적 환경

거시적 환경(Macroenvironment)은 기업경영과 간접적으로 이해관계에 있거나 그 활동에 영향을 미칠 수 있는 외부적 요소들로서 현 상태에 대한 동향을 의미한다. 환경으로부터 기회와 위협요소를 발견하는데 있으며 이러한 발견의 변화는 활용할 수 있는 특별한 기회를 확인하는 것에서 시작된다. 이와 같이 중장기적인 기회와 위협요소의 발견을 가능하게 해 줌으로써 마케팅 관리자에게 일종의 조기 경보시스템으로 역할을 대행해주게 된다. 따라서 기업이 속한 경영 환경에서 영향을 미치는 외적인 요소를 의미한다. 일반적으로 통제 불가능한 요인으로 경영활동에 직접적으로 영향을 미치기 때문에 이러한 환경에 적응하지 못하면 생존의 위협을 받게 된다.

인구 통계적 환경, 사회문화, 경제, 정치, 법률, 기술, 생태적, 경쟁 환경 등이 여기에 포함된다. 이러한 요인들은 "PEST"로 표시하며 포괄적으로 함축시킨 정치적 환경(political environment), 경제적 환경(economical environment), 사회문화적 환경(social-cultural environment), 기술적 환경(technical environment)의 첫 글자를 의미하고 있다.

1) 경제적 환경(economical environment)

기업에서 가장 직접적으로 영향을 미치는 요인으로 국가와 지역의 경제상황은 경영환경에 중요한 변수가 된다. 국제적인 경기 상황이나 경쟁자의 유형, 경제성장률, 시장형태, 국민 총소득, 인플레이션, 금리, 세금, 이자율, 임대료, 주가 등은 점포경영의 성장과 폐업에 직접적으로 영향을 미치는 요소이다. 특히 국가와 지역의 경기는 국제적인 경제력과 맞물려 잠재적인 수요를 예측하는 변수가 된다. 경제위기 속에서 안정된 직업과 여가를 가진 고객층들은 외식수요의 증가를 이끌며, 시장도 함께 성장시키고 있다. 가격과 입지, 접근성, 편의성, 신속성의 특성을 고려하며, 계속적으로 성장할 수 있는 요인은 다음과 같다.

첫째, 실질 소득과 가처분 소득의 증가에 따른 변화가 일어날 수 있다.

둘째, 소비자들의 구매패턴은 다양하게 변화할 수 있다.

셋째, 상품의 브랜드나 이미지는 경쟁요소가 되어, 소비유형의 변화를 선도하게 된다.

넷째, 경기변동에 따른 소비 양극화 현상이 뚜렷하게 나타난다.

2) 사회문화적 환경(social-cultural environment)

고대 그리스의 철학자인 아리스토텔레스(Aristoteles)는 '인간은 사회적 동물이다' 하였다. 인간은 사회를 떠나서 존재할 수 없으며 사람 간의 관계가 중시되는 현대사회에서도 개인과 기업 간 경영에 중요한 역할을 담당하게 된다. 이러한 사회적 변화는 시간의 흐름에 따라 계속적으로 발전하면서 구성원의 성별, 인구수, 라이프스타일, 가치관, 신념, 선호도, 습관에 영향을 미친다. 특히 여성의 역할 변화는 만혼인구 증가와 경제적 여유에 따른 독신주의, 개인적 삶의 가치부여와 가족관 등 시간과 비용에 대한 효용가치를 따지는 흐름을 보이고 있다.

사회문화적 환경은 기본적인 가치관과 인식에 따른 선호도에서 고객행동에 영향을 미친다. 사람들은 특정 사회의 구성원으로 성장하면서 그 사람들에게 기본적인 신념이나 가치관을 만들어 준다. 이러한 문화적 가치관은 지속성이 있기 때문에 변하지 않는다. 인간은 자신에 대한 견해를 타인에게 전하려는 성향이 강하다. 이들의 기업 조직은 자연환경에서 영향을 받게되며, 특히 IT기술의 발달은 인터넷, TV, 스마트폰, 페이스북, 카톡, 소셜 커머스 등 개인적 선호도에 따른 편의성에서 계속적으로 성장하는 원동력이 되고 있다. 사회 전반적인 고령화는 각 국가마다 노령인구의 증가에 따른 대책을 필요로 한다. 실버산업과 의료산업에 대한 수요가 꾸준하게 늘어나고 있으며, 이에 따라 기업의 마케터들은 이를 해결할 수 있는 방안을 강구하여야 한다. 그 사례를 제시하면 다음과 같다.

첫째, 여성의 사회적 참여로 남·녀 간의 역할 변화가 달라졌다. 통계청에서 보여주는 역할 변화는 다음과 같다(통계청기사, 2011.8.15).

"여자라서 행복해요" 몇 년 전 유행했던 냉장고 CF의 광고 문구이다. 광고가 인기를 얻자 "여자라서 햄 볶아요~"라는 유행어가 생겼다. 최근 "남자라서 햄 볶아요"라는 말이 있다. 가사와 육아를 전담하는 전업주부 남성(서울시)이 5년 새 125%나 증가하였다. 집에서 애 보는 서울의 남자는 3만 6천 명. 아기와 가사를 담당하는 비율이 점점 늘어나고 있다. 경제활동 인구 및 인구주택 총 조사와 서울 서베이 등 2011년 서울 남성 통계에 의하면, 가사 및 육아가 2005년 1만 6천 명에서 2010년 3만 6천 명으로 5년 사이 125% 증가하였다. 같은 기간 전체 남성의 비경제 활동인구 증가율 (12.5%)이 전업주부 비경제 활동인구 증가율(6.1%)보다 훨씬 높은 기록이다.

2005년 드라마 '불량주부'는 실직한 가장이 주부로 변신하여 벌이는 좌충우돌 이야기로 인기를 모았다. 15세 이상 인구 중 남성 비경제 활동인구는 109만 8천 명, 여성 (210만 7천 명)의 절반 수준이었다. 육아와 가사를 선택한 여성을 빼면 남성 비경제 활동인구(106만 2천 명)가 여성(70만 3천 명)보다 35만 9천 명 더 많다는 통계이다. 전문가들은 여성의 사회적 진출이 늘어나면서 남자는 바깥일, 여자는 집안일을 해야 한다는 기존 가치관에 변화가 온 것으로 보고 있다. 실제로 20대 후반(25~29세) 남성 취업자 수는 2005년 36만 3천 명에서 지난해 31만 3천 명으로 5년 사이 13.7% 줄었다. 반면 여성 취업자 수는 같은 기간 31만 6천 명에서 33만 3천 명으로 5.4% 늘어났다. 서울 남성을 통한 한국 남성들의 변화상이 드러나고 있다.

전통적인 성 역할로 집안일과 육아의 전업 남성이 늘어나다보니 '육아일기'를 쓰는 남성들도 생겼다. 특히 자신의 블로그나 미니 홈피에 아기자기한 육아일기를 쓰는 전업 남성이 화제를 모았다. '인천댁'이라는 차영회(53)씨는 딱 한 달만 하겠다고 시작한 주부생활이 천직이 되어 14년차 베테랑 남성 주부이다. 2000년 '나는 오늘도 부엌으로 출근한다'는 책으로 전업 주부임을 세상에 공개하였다. 덕분에 유명해졌으며 출판사 편집장으로 근무하다 사표를 썼다는 것과 주부대상 TV 프로그램에 출연하여 살림 노하우를 전수하면서 '프로주부', '주부도 경쟁력'이라는 신조어를 퍼뜨렸다. 스스로 남자 주부라는 이유로 대접받은 운 좋은 케이스이다.

매일경제는 가정의 달을 맞아 전국 6대 광역시 20·30대 기혼 남녀 500명(남녀 각각 250명)을 대상으로 설문한 결과 아내가 경제력이 있다면 남편이 전업주부를 할 수 있느냐는 질문에 '그렇다'의 남성응답이 69%와 '아니다'는 24%로 나타났다. 여성은 46%가 '그렇다'와 '아니다' 44%를 다소 웃돌았다. 이번 조사를 통해 남편이 전업주부를 해도 괜찮다는 쿨한 아내가 더 많았다는 사실이다. 남자 전업주부가 빠르게 증가한 것은 고소득 전문직 등 여성의 사회적 진출이 증가한데 따른 것으로 풀이된다. 시간이 지날수록 전업주부 남편이 보다 늘어날 것으로 전망된다. 남성들이 가꿔가는 아름다운 가정, 그 힘을 받아 사회에서 씩씩하게 일하는 여성. 바뀐 성 역할이 우리에게 어떤 모습으로 다가올지 기대된다.

둘째, 사회문화적 발달은 인간의 수명이 연장되면서 노인인구가 증가하였다.

셋째, 자연 생태계 파괴와 오염에 대한 이슈로 환경보호에 대한 기업의 인식방향을 제시하도록 하고 있다.

넷째, 소비자의 다양한 욕구변화에 대한 편익적 혜택과 가치관으로 새로운 변화의 흐름을 제시하기를 원한다.

다섯째, 세계적인 글로벌화로 사회 · 문화적인 트렌드가 빠르게 변화하고 있다.

레스토랑 경영에서는 식품안전에 대한 불안감과 보건, 위생, 유통, 질병, 식수, 대기오염, 자연환경 등의 변화를 요구한다. 여름철은 대개 유통업계의 비수기로 꼽힌다. 여름휴가를 떠나려는 소비자들이 휴가비 마련을 위하여 지갑을 꽁꽁 닫기 때문이다. 하지만 날씨 덕분에 덕을 보기도 한다. 이상저온과 폭염 등 기상이변으로 신선식품 가격이 급등하면서 대체상품을 찾는 소비자들이 늘어나고 있다. 최대 수혜자는 수입 과일 업체이다. 국내산 대표 과일인 수박, 참외, 복숭아 등의 가격이 지난해 같은 기간보다 20~70% 오른 반면 수입 과일은 환율 하락과 해외 직수입에 따른 유통구조 개선으로 상대적으로 싸졌기 때문이다. 오렌지, 망고 매출은 지난해보다 각각 140%, 106% 증가하였다. 미국산 블루베리(냉동, 건조 포함) 역시 가격이 20~30% 낮아지면서 최근 2개월간 매출이 전년 같은 기간보다 19배 증가하였다(조선일보, 2010. 8.13).

반면, 오징어 덮밥과 같은 간편 가정식 완제품 매출이 크게 늘었다. 부대찌개, 육개장 등 야채나 채소가 많이 들어가는 음식의 경우 가정에서 재료를 직접 사서 조리하는 것보다 완제품을 사는 것이 오히려 저렴하다. 포장 김치 매출이 높아진 것도 같은 이유이다. 김치를 만드는 데 주재료로 쓰이는 배추, 무, 마늘 가격이 한 달 사이에 70% 가까이 오른 탓에 홈쇼핑을 비롯한 온라인 유통업체들은 대목을 누리고 있다. 장마나 태풍으로 인하여 집중호우가 내리는 경우가 많아지면서 주말 나들이하는 대신에 홈쇼핑 소비자들이 늘어났기 때문이다.

3) 정치적 환경(political environment)

정치적 환경은 법률 제정과 입안하는 정책으로 기업경영에 영향을 미치는 법률적 요인들이다. 산업별 정부정책의 규제에 따른 소비자 보호법, 생태환경과 관련된 법률, 유통산업 발전법 등을 비롯하여 광우병과 같은 특정 육류 부위의 수입, 통제 같은 환경에 영향을 미치는 요인들이다. 최근 외식산업진흥법(2011.6)의 국회를 통과하면서 외식인의 숙원사업이 해결되었다. 국회의원들에 의하여 결정되는 각종 정책은 특정 분야의 입안 및 제정으로 관련 산업의 발전을 이끌지만 때론 규제 및 로비, 정경유착으로 불공정한 선례를 남겨 국익을 저해하는 원인이 되기도 한다.

유통산업 발전법의 개정안은 대형마트를 비롯하여 SSM들이 강제 휴무일을 실시하여 재래시장 및 골목상권이 활성화되어 긍정적인 효과가 있을 것으로 기대하였다.

하지만 끊임없는 논쟁과 어젠다로 국민들의 관심을 가지지만 실제로 소비자들의 선택은 원하는 만큼 기대에 미치지 못하고 있다. 소상공인들이 진정으로 원하는 현장의 목소리는 배제되면서 공급자 위주로 논의가 진행되어 정치적 도구로 이용된다는 점이다. 따라서 비윤리적 방법으로 결정된 정책이나 법률 입안은 특정기업의 성장과 혜택으로 독과점적 지위를 주거나 발전을 저해하는 요인이 된다. 장기적 측면에서는 기업 이익은 물론 글로벌 경쟁력을 약화시키는 원인이 되기도 한다.

4) 법률적 환경

법률적 환경은 정부기관이 법률 규정을 통하여 관련 산업의 직접 규제업무를 담당하거나 윤리적 수준을 높이려는 타율적 규제라 할 수 있다. 이러한 환경은 비교적 단기간에 윤리적 수준으로 향상시킬 수 있지만 자율적인 윤리규제는 산업이나 협회 스스로 실천하는 것이 바람직하다. 세계적인 법률 환경은 통상적인 소비자보호법을 비롯하여 가격규제에 관한 법률과 제조물 책임법(PL : product liability), 독과점 규제법, 공정거래에 관한 법률, ISO 9000, 14000 등은 기업 활동에 영향을 미친다. 특히, 식품위해요소중점관리(HACCP : Hazard Analysis Critical Control Point)는 위해 가능성이 있는 요소를 발견하기 위하여 전 공정의 흐름에 따라 분석, 평가하는 것으로 확인된 위해요소를 중점적으로 관리하여 사전예방으로 식품 안전성을 확보하는 것을 의미한다.

미국 케네디(Kennedy) 대통령은 소비자보호 특별교서(1962년)를 제정하였다. 소비자는 안전의 권리, 알 권리, 선택권리, 의견을 말할 권리 등 4개항을 제시한 후 최근에는 이러한 권리에 대한 이익을 실현하기 위한 제도적 권리를 소비자 권리라 한다. 우리나라는 4대 권리 외 교육받을 권리, 보상받을 권리, 쾌적한 환경을 누릴 권리까지 포함하여 소비자의 7대 권리를 제정하였다.

2002년 시행된 제조물 책임자 보호법은 기업 경영활동에 새로운 국면을 맞이하였다. 생산 제조물의 결함으로 발생한 손해에 대하여 제조업자가 즉 생산업자가 손해배상 책임을 지는 특별법이다. 소비자는 고의성 과실에 대한 증명 없이도 제조물 결함으로 인하여 피해를 입었다는 사실만 입증하면 보상받을 수 있다. 하지만 이러한 법률제정은 영세한 생계형 외식 점포들에게 직격탄이 되고 있다. 열악한 자원으로 대처할 능력과 지식부족으로 어려움을 가중시키기 때문이다.

〈표 3-5〉 PEST 환경 분석

분 석	분석 내용
정치적 환경 P(political environment)	• G20 의장국으로서 국제적인 위상 강화 • 정부차원의 '한식 세계화' 등 정책적 지원 확대 • 글로벌 경쟁에 따른 외식기업의 해외진출 지원 • 의제매입 세액공제 연장으로 세제지원 확대
경제적 환경 E(economical environment)	• 글로벌 경제위기로 인한 소비 양극화 • 신흥 개발국의 경기호전으로 곡물 및 농수산물 수입증가 • 한·EU, 한·칠레, 한·미 등 무역거래 협정체결(FTA)
사회·문화적 환경 S(social-cultural environment)	• 구제역의 전국 확산으로 식품안전에 대한 불신 • 웰빙(wellbeing), 힐링(healing), 테라피(therapy) 선호현상 • 다국적 및 토종브랜드의 경쟁으로 커피시장 증대 • 식습관의 서구화에 따른 코스요리 및 후식 문화 증대
기술적 환경 T(technological environment)	• 스마트폰, 페이스북, 블로그, 카페, 카톡 등 인터넷 활성화 • POS시스템의 발달로 고객관계 관리(CRM) 강화 • 기술개발에 따른 다양한 메뉴개발과 조리법 전개

5) 기술적 환경(technical environment)

글로벌 경제성장에 따른 소비자들은 각 산업의 기술개발과 혁신성으로 자신들이 원하는 요구를 수용하면서 변화해 주기를 원한다. 기업은 그들의 욕구를 해결한다는 측면에서 새로운 상품을 개발하며, 이러한 상품은 경영의 전반적인 창의성으로 나타날 수 있다.

외식기업은 새로운 메뉴를 개발하거나 직원들의 서빙과정, 로비공간의 실용성 리뉴얼, 편안함 등 서비스 품질을 개선하고자 노력한다. 이들은 지속적으로 수익창출을 위하여 정보와 경쟁자, 법규 등을 수용하는데 고객은 이러한 변화에 즉각적으로 반응하게 된다. 특히 진부화하거나 부족한 기술적 문제는 더욱 예민하게 반응하기 때문에 선진화된 시스템을 도입하여 브랜드 이미지를 향상시켜야 한다. 이와 같이 운영매뉴얼이나 시스템의 개선은 로열티 비용을 지불하면서까지 개선시키고자 하는 이유가 된다. 경영관리 방법의 개선은 동종 경쟁자의 기술이나 전략방법, 촉진, 광고, 원가절감 등을 수용하는 것에서도 가능하다. 시간과 비용을 절약할 수 있으며 경쟁우위를 가질 수 있다. 이러한 기술개발과 정보획득으로 성공 사례를 소개하면 다음과 같다.

청주시 주덕읍 농민은 가을철 수매가격을 걱정하지 않는다. 기능성 벼 종자인 '설갱벼' 농사로 국순당이 매년 전량 수매하기 때문이다. 일반 벼와 달리 효모가 잘 자라 주류(酒類)제조에 제격인 설갱벼는 백세주를 만들기 때문이다. 전국에 전량 수매하는 설갱벼 재배농지가 230ha(헥타르, 1ha는 약 3,000평)에 이른다. 가격은 일반 쌀보다 10% 정도 비싸며 총 매입가격은 21억 원에 달한다. 쌀이 과학과 기술을 만나 몸값을 높인 대표적 사례이다. 둥근 피자의 테두리에 들어가는 쌀도 비슷하다. 식이섬유가 많이 함유되어 적은 양만 먹어도 포만감을 느낄 수 있다. 고아미 2호로 만든 피자를 먹으면 금방 배부른 느낌이 들어서 비만예방에 좋다는 입소문으로 피자업계에서 널리 사용된다. 특히 임실 치즈피자는 쌀로 피자를 만들어 지난해 43억 원의 매출을 올렸다.

국수용 쌀도 나왔다. 보통 쌀로 면을 만들면 쉽게 끊어져 국수에 적합하지 않은데, 고아미벼 쌀은 잘 끊어지지 않아 면에 주로 사용된다. 밀가루 8만톤을 대체하면 연간 545억 원의 수입대체 효과가 생겨 국가경제에도 도움이 된다. 과학기술로 탈바꿈한 쌀은 국내 식량 공급의 불균형 해소와 식량 안보에 효과적이다. 연간 30만~60만톤의 쌀이 남지만 정작 국내의 식량 자급도는 25% 수준이다. 밀가루 등 다른 곡물의 수요가 크기 때문이다(조선일보, 2010.4.7). 이와 같이 기능성 벼 종자 개발은 논농사 경작지를 유지해 줄 뿐 아니라 유사시 밀 등 곡물 가격의 폭등에도 대비하는 이중효과가 있다.

따라서 기술적 환경을 고려하여 기업의 마케터가 전략을 수립하는데 참조하여야 할 사항은 다음과 같다.

첫째, 글로벌 경제 상황에서 기술 변화는 가속화된다. 이러한 변화를 즉각적으로 수용하기 위하여 기업은 고객의 욕구파악을 게을리 해서는 안 된다. 둘째, 기업의 R&D 필요성으로 예산이 증대되었다. 각 기업은 기술개발과 혁신성을 창조하기 위하여 노력한다. 따라서 미래의 먹거리 산업의 발굴에 따른 신 메뉴개발에 초점을 맞추어진다. 셋째, 무한 기술혁신과 진화를 거듭하고 있다. 이러한 변화를 수용하는 기업은 계속적으로 성장하지만 이를 외면하는 기업은 도태할 수밖에 없다. 넷째, 외식기업의 특정 아이템은 기술모방이 쉬워 라이프사이클이 짧다. 하지만 지속적으로 그러한 변화를 수용하지 않으면 계속적으로 성장하기 어렵다는 점을 참조하여야 한다.

CHAPTER **4**

고객의 구매행동

흘러가는 같은 강물에 발을 두 번 담글 수는 없다.
두 번째 들어갈 때 그 강물은 이미 흘러가 버리기 때문이다.

– Heraclitus, 그리스 철학자

학습목표

_ 기업이 고객의 소비행동을 파악하는 이유를 학습한다.

_ EBM 모델에 따른 소비자의 의사결정과정을 이해한다.

_ EBM 모델에 따른 구매결정과정을 이해한다.

_ EBM 모델에 따른 외부환경요인은 무엇인가를 이해한다.

_ 고객의 소비행동 유형을 조사하고 분석한다.

4

고객의 구매행동

우리는 일찍 일어나는 새의 행운에 대하여 많이 이야기하지만,
일찍 일어나는 벌레의 불운에 대해서는 생각하지 않는다.
– Franklin Delano Roosevelt, 미국 대통령

제1절 | 고객행동

1. 고객행동의 중요성

1) 고객행동의 연구 필요성

기업이 목표로 하는 표적은 그 대상이 영리적이든 비영리적이든 바로 고객이다. 고객에 대한 지식이나 학습, 정보, 특성, 라이프스타일 등에 대한 이해 없이는 마케팅 활동을 성공적으로 이끌기 어렵다. 특히 글로벌 경쟁사회에서 노출된 정보는 개방적이다. 확산 속도가 빨라 생산과정의 다양한 상황을 수용하기도 전에 전 세계적으로 확산되는 신속성을 가진다. 따라서 고객의 마음을 이해하면서 적극적으로 수용할 수 있는 지향적인 기업 조직만이 살아남을 수 있다.

기업의 조직을 효과적으로 관리하여 성과를 내기 위해서는 자사가 가진 다양한 자원들을 활용하는 것이 중요하다. 매뉴얼과 시스템, 프로그램 등 고객이 원하는 욕구를 충족시켜 줄 수 있어야 한다. 그러기 위해서는 고객의 마음과 행동을 연구할 필요성이 있다. 고객에게 귀 기울이는 관심과 행동은 사전에 충분한 지식과 정보에서 그들에게 제공하는 가치와 혜택이 유익할 때 가능하다 하겠다. 고객행동을 연구하는 것은 자사의 장·단점으로 시장의 기회와 위협요인 속에서 새로운 수익을 창출할 수 있기 때문이다.

구매행동은 최종 소비자의 개인행동으로 개인적 특성과 가족, 준거인, 동료, 사회적 분위기, 경제상황 등에 따라 달라질 수 있다. 기업은 국가, 자치단체, 사회, 조직,

트렌드 등 변화에 맞추어 끊임없이 진화하여야 한다. 성공적인 마케팅 전략을 수행하기 위해서는 심층적으로 고객을 이해하며, 그들에게 제공하는 상품과 서비스를 어떻게 창출할 것인가가 중요하다. 따라서 기업입장에서 이윤을 창출하고 구매행동을 연구하는 요인들은 다음과 같다.

첫째, 고객의 구매행동을 이해하기 위해서는 사회적 요인들을 분석하여야 한다. 특히 준거집단을 비롯하여 가족, 친구, 동료, 전문가, 종교단체, 의견 선도자, 전문가 등은 개인의 태도와 소비행동을 결정하는데 직접, 간접적으로 영향을 미친다. 이러한 조직 관리는 타깃 고객의 선정에 따른 지위와 역할차원과 사회계층에서 규모의 성장성과 범위 등에 영향을 미치게 된다.

둘째, 조직의 마케터는 표적고객의 문화적 요소를 파악하기 위하여 노력하여야 한다. 문화란 개인의 행동과 태도를 결정하는 기본적인 요소로 가족이나 사회계층, 집단에 대한 선호, 가치관, 지각 등을 학습하는데 영향을 미친다. 따라서 개인적, 심리적, 행동적 특성에 따른 고유문화를 파악하므로 효율적인 접근을 가능하게 한다.

셋째, 표적고객의 마케팅 믹스 전략을 효과적으로 전개하기 위해서는 그들의 개인적 특성을 파악할 필요성이 있다. 연령, 성별, 직업, 라이프스타일, 개성, 가치관에 따라 영향을 받기 때문에 상품 및 서비스에 대한 경제적 상황과 소비유형을 파악하여야 한다. 고객이 원하는 시장은 어떤 상품과 스타일, 가격, 유통방법, 용량, 포장단위로 출시되고 있는지 파악하여야 한다. 이러한 흐름에 맞추어 최근 소용량 제품이 뜨고 있다. 기존의 주력제품 외 다양한 규격을 원하는 소비자의 욕구를 반영한 보조제품들이 뜨고 있다. 레저 인구와 싱글족, 2인 이하 소규모 가구가 늘어나면서 미니제품들이 주력제품의 인기를 앞지르고 있다.

순창 고추장은 200g들이 나들이세트를 중심으로 소용량 제품을 출시하였다. 2008년 용량별 신장률을 살펴보면, 1.5kg 이상의 중대형 제품 매출이 전년 동기대비 8% 줄어든 반면에 900g 이하 중소형 제품은 5% 성장하였다. 배추 값 폭락으로 포장 김치시장의 성장률이 주춤해진 사이 500g 이하 제품들은 꾸준하게 성장하고 있다(조선일보, 2009.3.3).

라면도 소용량 제품이 인기다. 한국 야쿠르트의 미니 왕뚜껑은 기존 제품량(110g)이 부담스러운 20~30대 여성과 청소년들이 즐길 수 있도록 80g으로 줄여 700원의 가격에 판매하고 있다. 가격도 30% 낮추어, 850만 개가 판매되었다. 2012년에는 1,000만 개 이상의 판매를 목표로 50억 이상의 매출을 기대하고 있다. 낱개 제품도 인기다. 해태제과는 오예스, 에이스, 아이비 등 주력 제품을 중심으로 낱개 포장을 출시하였다. 기존 오예스를 먹고 싶은 경우 3,600원으로 12개가 들어 있는 한 상자를 구입해야 하지만, 낱개 포장의 경우 한개 300원 가격으로 필요한 만큼 살 수 있다. 그 결과 출시 한 달 만에 2억 원의 매출을 올리는 등 학교 매점과 소규모 점포를 중심으로 인기다.

넷째, 고객의 의사결정 방법에 대하여 알아야 한다. 어떤 제품과 서비스를 선택하는지, 어떻게 구매를 결정하는지 파악할 필요성이 있다. 서비스를 구매하는 것은 인간생활을 영위하는 데 꼭 필요한 요소이다. 기업은 경영자가 전반적인 문제에 대하여 방향을 결정하는데 필요한 의사결정 외, 구매결정에 관여하는 영향요소를 파악하여야 한다. 특히 국제적인 위상이나 정치, 경제적인 유동화 현상, 경쟁심화에 따른 전략으로 기업을 둘러싼 사회적 조건이나 경쟁자 상황 등 어려움을 가질 수 있다. 따라서 불확실성이나 위험성에서 고객의 구매행동을 연구할 필요성이 있다.

결론적으로 필수불가결한 욕구충족 상태에서 고객이 필요로 하는 요구조건을 수용하는 인식의 전환이 필요하다. 현대사회에서 고객만족 경영은 지향적인 마인드 속에서 그들의 행동연구와 이해가 선행되었을 때 성공적인 전략을 가능하게 한다.

2. 고객행동의 의의

고객행동이란 상품을 구매하기 위하여 관련정보를 파악하거나 방문하는 실제행동으로 경험과정에서 직원 간의 커뮤니케이션이 실행되는 것을 의미한다. 상품구매와 소비에 관련된 물리적 행동뿐 아니라 구매의사를 결정하는 개인적, 환경적 영향에서 내적·외적 요인에 따라 달라질 수 있다.

외식고객의 구매행동은 레스토랑을 방문하기 위한 계획단계에서부터 그들의 정보수집은 시작된다. 점포방문 후 메뉴를 직접 주문하여 식음하는 과정의 경험은 자신의 만족여부에 따라 타인에게 구전하게 된다. 이들은 특별한 경험이나 즐거움, 상징적인 의미가 부여되었을 때 재방문하거나 충성행동을 하게 된다. 점포의 브랜드나 메뉴에 대한 애호도는 개인적인 신념과 태도, 선입관으로 지각된 성과에 따라 만족과 불만족을 결정하게 된다. 고객행동을 인지한다는 것은 고객의 마음을 파악하는 것으로 그들에 대한 유형을 파악할 필요성이 있다. 개인적, 심리적, 물리적 요인에 따라 존재하는 사회·문화적인 요인들에서 구매행동은 영향을 미치기 때문이다.

고객행동은 소비주체가 누구인가에서부터 시작된다. 구매 상황에서 장소와 위치는 여러 형태의 특징으로 존재할 수 있다. 시장의 환경조건이 동일한 상황이라면 고객에 따라 다른 소비 형태와 구매상황이 존재할 수 있다. 하지만 사람들은 비슷한 환경의 조건에서 일하며, 같은 시간대에 식사하거나 이용목적이나 동기가 유사한 생활패턴을 나타내고 있다. 특히 개인 소비자에게 나타날 수 있는 특징은 다양하게 존재하지만 이들을 수용할 수 있는 기본적인 요인만이라도 잘 반영한다면 계속적으로 성장할 수 있다.

웰빙과 다이어트가 강조되면서 식·음료회사들은 열량을 대폭 줄일 수 있는 제품을 경쟁적으로 출시하고 있다. 최근 감자를 원료로 시원한 동치미말이 국수인 '날씬 누들'과 '태양초 비빔 날씬 누들'을 출시하였다. 열량은 각각 110kcal와 240kcal에 불과하여 소비자들에게 인기이다. 풀무원도 곤약으로 만든 100kcal 내외의 냉면을 출시하였다. 이들 제품은 면류의 대명사인 신라면(510kcal)과 비교하면 칼로리 양이 5분의 1 수준이다. 커피시장에서도 다이어트 경쟁이 치열하다. 한국 네슬레는 최근 테이스터 초이스 웰빙 밀크커피 아이스 믹스를 출시하였다. 기존 제품보다 설탕은 25% 줄였으며, 칼슘은 77mg으로 열 배 가까이 늘렸다. 동서식품 역시 기존 제품보다 칼로리가 절반 수준인 맥심 웰빙 1/2 칼로리 커피믹스를 내놓았다. 이 제품의 칼로리는 25kcal로 기존 제품의 절반 수준이다.

음료시장은 무(無)칼로리가 기본이다. 당류와 지방 줄이기 경쟁에 나서고 있다. 해태 음료가 칼로리, 당류, 지방이 없는 다즐링 하우스의 홍차를 출시한 것을 비롯하여 남양유업의 '내 몸에 올바른 5블랙티', 한국 인삼공사의 '연인의 차', 현대약품의 '호박에 빠진 미인' 등 다양한 업체가 무칼로리 음료시장에 도전장을 내밀고 있다. 유통회사의 상품기획자(MD)는 칼로리를 줄인 제품의 판매가 기존 제품보다 30%가량 높다는 소식이다(중앙일보, 2008.8.20).

제2절 | 외식고객의 구매행동

1. 외식고객의 구매행동 모델

경영학에서 이야기하는 소비자들의 구매행동 모델은 일반적으로 1968년에 소개된 EKB(Engel-Kollat-Blackwell)모델에서 처음 시작되었다. 소비자가 구매의사결정을 수행하기 위하여 정보를 처리하는 과정의 상호관계를 설명한 모델로서 소비자 개인이 환경으로부터 투입물(input)에 반응하는 산출물(output, 행동)을 지니는 하나의 시스템이다. 투입물과 산출물 사이에 내재하는 매개변수를 규명함으로써, 복잡한 의사결정과정을 해명하고자 하였다. 이 모델은 4개의 구성요소로 중앙통제 단위(central control unit), 정보처리(information processing), 환경적 영향요소(environment influ-ences), 의사결정과정(decision process)으로 이루어졌다. 이후 수정과 정교화 작업을 거쳐서 1995년 Miniard가 참여하면서 EBM(Engel-Blackwell-Miniard)모델로 개선 또는 보완하여 널리 이용하고 있다. 이 모델은 투입영역과 정보처리, 의사결정, 영향변수의 영역으로 구성되었다.

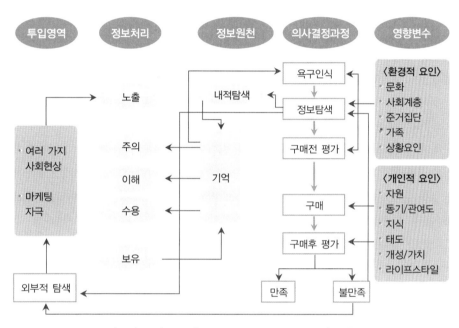

〈그림 4-1〉 EBM(Engle-Blackwell-Miniard)모델

1) 투입영역(input)

일상적인 생활 속에서 소비자들의 구매행동을 자극하는 요소는 여러 가지가 있다. 우연히 노출되는 광고, 홍보, PR, 네온사인, 상호, 상징물, 지하철 무가지, 통행인의 옷, 로고 등 기업의 마케팅 활동에서 발생되는 다양한 정보와 기타 여러 가지 환경적 요소에서 자극받을 수 있다. 전자는 매스미디어를 이용한 기업의 촉진활동이나 직원들과의 접촉, 인터넷이나 모바일 폰 등으로 확장되는 영역을 의미한다. 후자는 고객이 자연스럽게 노출된 정보에 의하여 관련정보를 수집하거나 의도하지 않아도 입수되는 정보 등 타인의 구매행동에 영향을 미치는 요소들이다.

2) 정보처리(information processing)

정보는 일반적으로 2개의 시스템에서 수동적으로 이동하는데 비하여, 정보처리는 가장 능동적인 과정이다. 즉 인간자체는 하나의 정보를 처리하는 행동 시스템이라 할 수 있다. 생체 내부에서 행하여지는 부위는 주로 대뇌이다. 컴퓨터의 발달과 더불어 사고 과정이 컴퓨터의 처리과정과 대비(對比)시켜 연구되고 있다. 입력된 정보가 어떻게 인간이라는 정보장치 속에 정리되어 기억되는가? 어떻게 변환되는가를 연구되어졌다.

현대사회는 개인적 판단이나 의사결정을 할 때 데이터나 정보에 기초하여 실행하게 된다. 처리되지 않은 데이터는 직접 이용되기보다 그 판단이나 의사결정이 고도화됨에 따라 이용목적에 따라 가공, 포장, 확대되어 재생산 된다. 비즈니스 환경이 복잡하고, 정보가 많을수록 능률적으로 처리하는 것이 중요하다. 개인적 구매목적을 위하여 연산 장치 안에 일정한 규칙이나 변환되는 과정이라 하겠다. 이러한 처리과정은 자동화로 그 아이디어의 중심에는 소프트웨어가 있다. 고도화된 소프트웨어는 정보를 위한 정보가 되는데 기업은 가급적 필요한 처리 결과에 따라 새로운 정보를 재생산하게 된다.

EBM모델에는 정보처리를 5단계로 이루어진다 하였다. 외부의 여러 가지 자극에서 노출(exposure)된 정보를 수집하여 처리하기 위해서는 인지적 역량을 할당하는 주의(attention)단계를 거치게 된다. 다음으로 투입된 정보를 나름대로 해석하여 이를 이해(comprehension)하며, 의미 있는 지식의 형태로 가공하거나 형성된 정보를 자신의 욕구에 부합하면 이를 수용(retention)하게 된다. 이후 재 구매 상황이나 미래의 구매를 결정할 때 활용하기 위하여 자신의 기억 속에 보유(retention)하게 된다. 이러한 과정을 정보 처리단계라 할 수 있다.

3) 의사결정과정(decision process)

기업은 자신들이 원하는 목적을 달성하기 위하여 효과적인 전략방법을 강구하게 된다. 둘 이상의 해결방법 가운데 한 가지의 방향을 설정하여 과학적이면서도 조직적으로 운영하여 효과를 낼 수 있는 전략을 의미한다. 이러한 의사결정의 시작은 필요한 여러 정보자료를 확보하는 것에서 시작된다. 이와 같이 종합적으로 파악하는 해결방안이나 대체안을 개발하여 평가하는 과정을 거치게 된다. 따라서 EBM모델에서는 크게 5단계로 구성하고 있다.

정보를 입력하여 의사 결정하는 욕구인식단계, 정보를 탐색하는 단계, 대안평가,

구내, 구매 후 평가 단계로 분류할 수 있다.

4) 영향변수(influencing variables)

소비자들의 의사결정에 영향을 미치는 요인들은 크게 환경적 요인과 개인적 요인으로 분류할 수 있다. 환경적 요인에는 가족, 문화, 사회계층, 상황요인 등의 변수들을 포함한다. 개인적 요인에는 소비자가 가지는 인적, 물적 자원을 비롯하여 동기와 관여도, 학습, 태도, 개성, 가치, 라이프스타일 등과 어떤 사회에서 영위되는 생활의 방식 즉, 인간 활동의 모든 분야를 포함하고 있다.

고객의 소비행동은 크게 내적행동과 외적행동으로 분류할 수 있다. 내적 요인에는 개인의 욕구와 동기, 태도, 지각, 학습, 성격, 라이프스타일과 같은 개인적, 심리적 요인이다. 외적 요인은 사회 · 문화적인 요인에 영향을 주는 가족, 준거집단, 사회계층 등으로 분류할 수 있다.

2. 외식 소비자의 구매결정에 미치는 영향요인

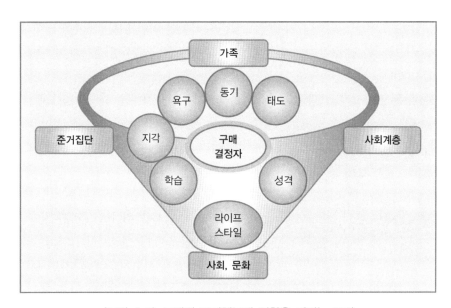

〈그림 4-2〉 고객의 구매행동에 영향을 미치는 요인

1) 개인적 요인

소비자는 구매를 결정할 때 연령, 직업, 성별, 수입, 생활패턴, 경제력, 라이프스타일, 개성, 자아신념 등 개인적 상황에서 영향을 받는다. 개인행동에 대한 게젤스(Getzels)와 구바(Guba)의 "사회체제 모형"에서는 규범적 차원에 대응하는 요인으로 개인의 성격, 욕구성향으로 제시하였다. 조직은 계획과 질서의 역할구조가 특징을 이루는 하나의 사회체제라 하였다. 그 체제를 규범적 요인과 개인적 요인으로 구분하고 있다. 이는 상호작용 관계에서 조직이 요구하는 궁극적인 목표가 이루어진다고 보고, 요인간의 차이가 심할수록 갈등은 크다는 것이다. 따라서 문화와 환경요인을 첨가하여 확대 발전시킴으로써 조직경영의 환경에 영향을 미치는 개인적 요인을 강조하였다.

개인적 행동에 영향을 미치는 현대적 흐름은 국가의 경제상황과 국제 사회의 변화 등에 따른 경제력이라 하겠다. 이는 결혼을 기피하는 독신인구의 증가나 만혼(晚婚), 결혼기피 현상으로 전통적인 가족관과 가족 수, 라이프스타일에 따른 생활주기에 영향을 미친다. 좋아하는 메뉴나 서비스방법 등은 이들의 소비행동에 따라 그 시장도 다르게 나타내고 있다. 특히 즉석식품(instant food)이나 테이크아웃, 배달 식품, 레토르트 등 편리성과 간편함을 추구하는 소비시장이 계속적으로 성장하고 있다. 이러한 편의성을 추구하는 발렌타인데이는 상대방에게 서로 얼마나 사랑하는지를 보여줄 수 있는 날이다. 싱글이라면 나 자신에 초점을 맞추지만 연인에게는 소중한 날이다. 특별하고 로맨틱한 날을 위하여 하지 말아야 할 행동을 소개하면 다음과 같다(코리아헤럴드, 2011.2.11).

첫째, 연인에게 큰 기대를 하지 마라. 파트너가 아주 값비싼 레스토랑을 예약해 놓을 것이라는 기대를 하지마라. 방 안에 수천 송이의 장미꽃으로 가득 채우고 당신을 위하여 다이아몬드로 장식해 줄 것이라는 지나친 기대감은 실망과 분노의 감정을 갖게 할 수 있다. 당신을 위하여 준비된 작은 것에 대한 감사의 마음을 잊게 할 수 있다. 돈을 얼마나 쓰느냐, 계획이 얼마나 사치스러우냐가 아니라 작은 것도 특별한 것이 될 수 있다. 따라서 큰 기대를 하지 않는다면 아주 좋은 날이 될 수 있다.

둘째, 애인과 싸우지 마라. 완벽한 사람은 없다. 최고의 커플이라도 100% 동의할 수는 없다. 종종 논쟁이 생겨날 수 있지만 이날 만큼은 휴전하여라. 지난 일로 속 태우지 마라. 당신 요구대로 쓰레기통을 비우지 않더라도 잘 받아들여야 한다. 쓰레기는 누군가가 버리면 되기 때문이다. 이때의 싸움이 큰 싸움으로 번질 수 있다. 서로에게 좋은 점에 초점을 맞추도록 노력하여야 한다.

셋째, 싱글이라도 집에 있지 마라. 그것은 최악의 선택으로 행복한 커플을 보는 것은 정말 우울한 일이기 때문이다. 하지만 집에 있다면 정크 푸드나 슬픈 영화 혹은 자책하면서 자신을 곱씹을 것이다. 하지만 싱글 친구들과 어울려 로맨틱한 레스토랑에서 즐기면 된다. 대부분의 커플들은 웃고 즐기는 당신을 질투할 것이다. 스스로 자신의 날로 만드는 것이 중요하다. 쇼핑이나 동성 친구들과의 만남으로 자신의 멋진 모습에 투자하는 시간이 될 것이다. 그들을 통하여 당신이 얼마나 멋진 결혼 상대인가 확인하게 될 것이다.

넷째, 비교하지 마라. 당신은 예쁜 장미꽃을 받았을 뿐이다. 친구가 준 다이아몬드의 목걸이를 탐할 필요는 없다. 그것은 질투가 될 뿐이다. 비싼 선물을 준다고 하여 그들의 관계가 나보다 낫다는 것을 의미하는 것은 아니다. 겉을 보고 속을 판단해서는 안 된다. 진정으로 당신을 위한 사랑이라면 그것이 크든 작든 항상 감사한 마음을 가져야 한다.

다섯째, 기념하지 않겠다고 변명하지 마라. 상징적인 기념일로 파트너와 달콤한 시간을 가질 수 있는 기회는 평생오지 않는다. 당신이 세련된 선물을 살 여유가 안 되거나 근사한 레스토랑에 식사할 여유가 안 될지라도 창의성을 발휘하여라. 기념일을 계획하여 아기자기하게 꾸미는 정성으로 당신의 숨어있는 능력과 진정성을 발견하게 될 것이다.

여섯째, 빚을 지지 마라. 특별한 날이지만 빚을 져야 할 만큼 대단한 것은 아니다. 소중한 사람을 위하여 신용카드 한도를 초과지출하지 말아야 한다. 비싼 저녁을 살 여유가 안 된다면 집에서 로맨틱한 촛불을 켜서 상대방을 놀라게 하는 것도 한 방법이다. 선물을 살 여유가 안 된다면 함께 찍은 행복한 날의 사진을 액자에 넣어 선물하여라. 작은 선물이지만 두 사람에게는 추억이나 사랑을 상기시켜줄 것이다.

일곱째, 식상한 것은 하지 마라. 이탈리아 식당에서 저녁 먹고 장미꽃을 받는 것은 오래된 고전적인 방법이다. 이러한 것은 당신을 성의 없는 사람으로 보게 될 것이다. 매년 장미꽃과 초콜릿, 거대한 테디베어 인형은 로맨틱한 요소를 놓칠 수 있다. 이러한 결과로 2년 뒤 관계가 흐지부지된 자신에게 놀라게 될 것이다. 따라서 창의적인 사람이 되는 것이 중요하다. 다른 사람들이 하는 것 말고 좀 더 특별한 뭔가를 할 수 있는 아이템의 기획이 필요하다. 축하하는 당신만의 특별한 방법을 찾아낸다면 감동할 것이다.

여덟째, 바보 같은 날이라 생각하지 마라. 생각은 행동으로 나타나 소중한 사람에게 실수를 하게 된다. 이러한 태도는 감정적으로 상대를 아프게 하거나 마치 다른 날인 것처럼 행동할지 모른다. 우리가 모두 알고 있듯이 모두가 장미꽃을 받길 바라는 날이다.

아홉째, 헤어지지 마라. 헤어지는 것은 잔인한 일로 애인에게 차인 불쌍한 사람들을 보면 비참한 기분이 들 수 있다. 관계를 끝내고 싶다면 발렌타인 데이가 지날 때까지 기다려라. 누군가를 차 버리기에는 최악의 날이다. 절망감에 빠져들 뿐만 아니라 싱글이 되어 사랑하는 커플들을 지켜봐야 한다. 하루만 기다리자.

열 번째, 다른 계획 만들지 마라. 1년 중 364일 다른 남자 친구들과 맥주를 마시거나 야구경기를 볼 수 있다. 하지만 소중한 사람과 지내기를 권하고 싶다. 싱글 친구들이 다른 계획을 구상한다면 괴롭더라도 거절하여야 한다. 당신 파트너와 함께 할 계획을 세우고, 나중에 친구들과 많이 보내면 된다. 그렇다고 돈을 많이 쓸 필요는 없다. 항상 소중한 마음을 간직하여 그(그녀)에게 최선을 다하면 된다. 이 날은 상대방을 얼마나 사랑하게 생각하는지 보여주는 날이다. 서로에게 감사하면서 상대방을 진심으로 사랑하는 날이다. 그렇게 함으로써 자신이 얼마나 행운아인지 알 수 있다.

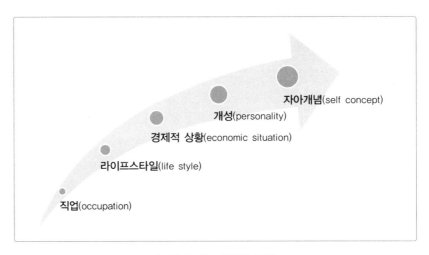

〈그림 4-3〉 개인적 요인

(1) 직업(occupation)

한 개인의 직업은 메뉴와 레스토랑을 선택하거나 서비스품질을 결정하는 행동에도 영향을 미친다. 일반적으로 대학생들은 교내 학생식당에서 식사를 하지만, 회사원들은 자신의 이용목적과 동행인에 따라 패밀리레스토랑, 뷔페, 한식점 등 다양하게 식사장소를 선택하게 된다. 반면 고위 공직자, 기업의 간부들은 상호 이해관계나 계약, 비즈니스 등 성사여부를 위하여 고급 레스토랑이나 한정식 등을 찾기도 한다. 하지만 이러한 직업은 사회적인 이목과 시선으로 행동에 제약을 받기도 한다.

(2) 라이프스타일(lifestyle)

개인 고객은 일상적인 생활 속에서 특정한 패턴을 가진다. 사람들마다 고유한 스타일이 존재하며 상품을 선택하거나 구매를 결정할 때 영향을 미친다. 같은 회사라도 직위와 직급, 연령, 성별, 취미, 개성에 따라 각 개인의 라이프스타일은 달라질 수 있다. 특히 개인적 경제력은 구매행동에 따른 고객의 가치와 혜택차원에서 그 변화를 다르게 이해할 수 있다.

기존 인구통계학적 분류방법은 사람들의 필요(needs)에 집중한 것이라면 VALS(value & life style)은 고객의 가치와 라이프스타일에 따른 실질적인 행동을 예측할 수 있는 방법으로 이용된다. 고객요구(demands)를 보다 효과적으로 대처할 수 있는 전략으로 혁신자(innovators), 사상가 또는 수용자(thinkers), 성취자(achievers), 경험자(experiencers), 믿음자(believers), 노력자(strivers), 활동가(makers), 생존자(survivor)들의 가치기준과 라이프스타일로 분류하고 있다. 실질적인 고객 행동을 예측하기 위하여 직접적인 요구에 기업이 보다 효과적으로 대처할 수 있다는 분석이다.

예를 들어, 레스토랑 고객이 스테이크로 식사할 때 레드 와인이나 화이트 와인을 즐기는 자신의 고유한 특성이 존재할 수 있다. 따라서 접객 직원들은 그들의 스타일에 따라 주문한 스테이크와 잘 어울리는 와인을 추천함으로써 추가매출을 가능하게 한다.

(3) 경제적 상황(economic situation)

국가 및 국제적인 경기상황은 개인 소비자의 상품선택과 구매행동을 결정하는데 직접적으로 영향을 미친다. 경기가 불황일 때 소비자들은 구매를 주저하거나 저렴한 가격을 찾게 된다. 특히 외식기업 고객들은 대외적인 경기불황이나 개인적인 경제적 어려움에 놓이면 저가격 업소를 찾거나 외식 횟수를 줄여 간편식으로 대체하는 경향을 나타낸다.

(4) 개성(personality)

개성은 각 사물이나 개체가 지닌 고유한 특징적 성격으로서 신체적 상황이나 용모외, 지능과 판단력, 기억, 사고, 사교성, 통솔력 등 여러 면에서 다를 수 있다. 특히 지식이나 사교성은 다른 면이 존재하는데 이것을 개인차라 한다. 이러한 성질 중에서 개인차가 존재하기 때문에 구별되는 고유한 성격을 의미한다. 예를 들어 어느 가정 현관문, 지붕, 거실, 기둥 등 그 재질과 구조가 다르듯이 각각의 성질을 통합한 전체가 다른 가옥과 비교하여 특유의 성질을 가진다. 이러한 개성은 품질과 형체, 유효성, 가격 등 특성에 따라 다르게 나타난다.

개성은 소비자의 구매행동에서도 일관성을 유지하려는 상대적 반응이다. 개인의 독특한 심리적 특성으로 자부심, 우월감, 자율, 복종, 사회성, 방어능력 적응성 등의 속성으로 독립성과 구별되는 특징을 가진다. 고객이 제품을 선택하고 브랜드이미지를 결정하는데 중요한 역할을 하며, 상품의 성질을 소비자에게 알리는 것이다. 따라서 개성을 가진 상품은 보다 친숙하거나 소비자에게 호기심을 자극하게 된다.

(5) 자아개념(self-concept)

자아란 한 개인의 인식, 감정 등 자신의 신념 등 총체적 의미를 지니고 있다. 자아개념은 능력과 태도, 느낌 등을 포함하는 주관적 개념으로 사고, 감정, 의지 등에 따라 행동반응을 수렴하며, 통일하는 주체, 즉 자신의 견해라 하겠다. 이러한 개념은 자아에 밀접한 영향을 미치며, 타인에 의하여 형성될 수 있다. 개성과 성격의 특징에 따라 바람직한 것 또는 가치에 대한 평가를 의미한다. 때론 자존심으로 불리기도 하는데, 쿨리(Cooley)와 미드(Mead)는 타인들이 자신을 어떻게 대하는가를 관찰함으로써 개인의 자아개념을 발전시킨다 하였다.

어린 시절 부모, 형제자매는 자아개념을 결정하는 데 큰 영향을 미친다. 이후 친구, 선생님으로 확대되어 자신의 특성과 가치에 따른 사고로 주위 사람들의 평가에서 영향을 받게 된다. 특히 자신의 특성과 행동을 결정하는데 부합하는 정도를 의미하며, 일관성은 자아개념을 설명하는 중요한 요소이다. 따라서 자신에 대하여 얼마나 진실한가? 그렇지 않은가 등의 한 방법으로 평가되기도 한다.

예를 들어, 신체가 불편한 장애우가 레스토랑을 방문하였을 때 지나친 관심과 배려 또는 무관심은 부정적 자아를 형성할 수 있다. 긍정과 부정이 상존하는 상황에서 신체적, 사회적, 학습적 자아는 남들과 다른 특별한 행동이 주어졌을 때 영향을 미치게 된다.

2) 심리적 요인

사람들은 똑같은 광고의 정보에 노출되었다 하더라도 같은 반응을 보이지 않는다. 외부요인에서 주어진 자극(stimulus) 정도에 따라 다르게 해석하여 수용하기 때문이다. 즉 개인이 가지는 특징이나 수용능력에 따라 심리적으로 다르게 반응하기 때문이다. 이러한 심리적 요인은 정신적 발달과 동기형성, 정서적 갈등의 해방감과 장애의 극복 등을 의미한다. 이처럼 고객행동에 영향을 미치는 심리적 요인으로 욕구와 동기, 지각, 학습 등으로 제시할 수 있다.

(1) 동기와 욕구

동기란 한 개인의 일상적인 활동과 행동을 일으키는 내적 요인으로 증가하거나 감소시키기도 한다. 개인의 행동수준이나 강도를 결정하는 심리적 과정에서 행동을 매개하는 변인으로 설명되며 동기와 행동 간의 관계가 제시된다. 즉 유기체가 내부로부터 움직여 추구하는 조건으로 행동의 강도를 결정하게 된다. 특히 행동을 중계하는 내적 성향과 습관을 활성화시키거나 다양화한다. 따라서 여러 가지 행동 중에서 방향성을 지니며, 무의식에 따른 정신분석 이론에서 동기의 근거를 두고 있다.

한편 동기에 따른 생리적 특성을 중심으로 조건화 과정과 인지적 과정, 생태적, 환경적 요인에 따라 다음과 같은 특징을 가진다.

첫째, 일반적인 소비자들은 복수의 동기를 가진다. 동기는 복합적인 상호작용에 의하여 유발된다.

둘째, 동기는 눈에 보이는 관찰이 불가능하다. 행동을 관찰함으로써 예상할 수 있지만 숫자화하여 정확하게 측정하는데 한계가 있다.

셋째, 고객의 개인적 특성에서 지각하는 인지는 무의식적인 동기에서 유발된다. 동기란 일상적인 생활 속에서 나타나는 불만과 욕구를 해결하는 과정의 동인이라 하겠다.

욕구(need)란 한 개체의 어떤 결핍, 결함 상태로 인하여 정신적, 신체적인 긴장 상태가 유발되는 현상이라 할 수 있다. 여기에는 주관적 욕구 즉 잠재된 욕구로 어떤 사회적인 상황이나 개인, 가족, 준거집단, 지역주민 등 사회적 해결의 필요성을 느낄 때 일어난다. 스스로 욕구 문제를 깊이 인식함으로써 행동에 옮기려는 동기부여에 이르는 상태를 의미한다. 사람들은 일상적인 생활 속에서 여러 가지 자극적인 욕구에서 동기를 가진다. 개인적인 욕구는 어떤 계기로 활성화되어 이를 충족시키기 위한 행동을 의미하며, 통상적인 욕구와 동기는 같은 의미로 사용되지만 세밀히 따지면 동기의 원천이라 할 수 있다. 욕구가 활성화되면 심리적으로 긴장하게 된다. 이러한 심리적 불안감을 해소하기 위하여 유발되는 동기는 충족되지 못하면 심리적인 긴장감을 가진다. 이를 직접적으로 유발하는 동기라 할 수 있다.

동기(motives)는 행동을 유발시키는 강력한 자극으로 활성화되면 사고하게 된다.

이를 인지하는 행동은 개인적 목적 차원에서 지속하게 되므로 활성화되어 행동을 유발하는 과정을 동기(motivation)라 한다. 소비자의 욕구에 대한 Maslow의 욕구계층이론을 소개하면 다음과 같다.

첫째, 생리적 욕구(physiological needs)는 인간이 생활하면서 가장 기본적으로 추구하는 의·식·주와 성욕 등을 의미한다.

둘째, 안전의 욕구(safety needs)는 개인의 신체적 보호를 위한 추위와 질병, 위험으로부터 안전한 생활을 영위하기 위한 직업, 결혼, 가족 등이 있다.

셋째, 사회적 또는 소속의 욕구(belongingness and love needs)는 가족, 친구, 직장동료, 이웃 등과 친교를 맺어 원하는 집단에 소속되어 귀속감을 가지는 것이다.

넷째, 존경의 욕구(esteem needs)는 소속 단체에서 권력이나 존경, 신분상승, 명예등에 대한 욕구를 의미한다.

다섯째, 자아실현의 욕구(self-actualization needs)는 자신의 잠재능력을 최대한 개발하여 이를 구현하고자 하는 욕구로서 성취감의 실현이라 할 수 있다.

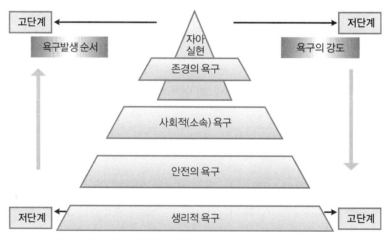

출처 : 김소영 외 5인(2010). 마케팅의 이해, p. 90

〈그림 4-4〉 Maslow의 욕구 5단계

(2) 지각(perception)

지각은 조직의 환경 내 물리적, 화학적 에너지가 생활의 감각기관에 도달하여 지각으로 작용하게 된다. 감각은 자극을 수용하여 구심점의 신경계를 흥분시켜 복잡한 과정을 거쳐 지각을 발생시킨다. 자극에 대응하는 차별적 반응이라 할 수 있으며, 무엇을 감지하느냐, 무엇을 인지하느냐를 의미한다. 즉 사물을 인지하는데 있어 무엇인가의 존재를 발견(detection)하는 단계에서부터 무엇인가를 명확히 알게(recognition) 되는 단계까지가 포함하고 있다. 아리스토텔레스는 "모든 사고와 지식의 근원을 지각에서 찾는다"라고 하였다.

사람들은 자신이 지각하는 현실을 그대로 반영하고자 한다. 현실 속에서 느끼는 주관적인 생각의 인식을 통하여 행동을 결정하게 된다. 그렇기 때문에 지각은 고객 행동을 유발하는 중요한 변수가 된다. 사물을 인지하는 과정에서 외부요인에 존재하는 자극물을 감지하고 판단하는 이해를 바탕으로 지각하게 된다. 특히 정보의 다양성에서 노출된 자극 단계를 수용하면서 그 역할을 담당한다. 외부에 노출된 정보를 어떻게 해석하고 이해하는가는 전적으로 개인의 지각에 달려 있다. 지각적 해석에 기초하여 개발된 신념을 지각적 추정(perceptual inference)이라 한다.

고객은 레스토랑의 메뉴와 점포 분위기를 광고, 홍보 및 준거인의 구전을 통하여 습득한 지식에서부터 지각된 이미지를 구축하게 된다. 이러한 이미지는 지각적 추정을 통하여 평가되며, 품질이 고급인지, 저급품인지, 믿을만 한지, 비싼지 등을 평가할 때 의존하게 된다. 반면, 자신의 기대에 대한 욕구는 경험을 통하여 사물을 지각하기 때문에 이해하는 과정에서 왜곡과 오해가 발생할 수 있다. 일반적으로 상품의 포장이나 형태에 따라 내용물의 양이 많아 보이거나 적어 보일 수 있다. 옷은 디자인에 따라 키가 커 보일수도 적어보일 수도 있다. 고객이 소비하는 품질은 지각에 영향을 미친다. 이러한 요인은 시각, 청각, 후각, 촉각, 미각의 감각과 색상, 소리, 향기와 가격, 품질 등 기업의 명성과 상표, 점포이미지 등에서 영향을 미친다.

(3) 학습(learning)

인간은 본능적으로 타고난 행동과 후천적인 학습을 통하여 지식을 향상시킨다. 학습이란 결과에서 나타나는 비교적 오래가며 변하지 않는 행동을 의미한다. 즉 연습이나 훈련, 경험에서 일어나는 지속적인 행동으로 성숙된 변화를 통하여 학습하며, 비교적 영속적이어야 한다. 동기에 따른 피로와 감각적 순응, 유기체의 감수성 등은 제외하고 있다. 순수 심리학에서는 진보 및 퇴보적 행동변화를 모두 학습으로 간주하지만 교육적인 견해에서는 바람직한 진보적 행동만을 학습으로 여긴다. 유기체 내 일어나는 내재적인 변화과정으로 직접 관찰 가능한 것은 아니지만 수행과정으로 표현된다. 이러한 조건은 추리를 통하여 가능하며, 형식적인 개념의 규정과 달리 실질적인 면에서 학습 또는 행동변화가 무엇인가에 대하여 다양한 견해를 제시하고 있다.

학습을 조건형성과 자극의 반응, 결합으로 보느냐, 인지 구조상의 변화로 보느냐, 신경 생리학적 변화로 보느냐에 따라 다르게 해설할 수 있다. 이와 같이 고객에게 학습이란 직·간접적인 경험에서 나타나는 특징으로 메뉴상품의 이미지와 브랜드, 광고 등의 학습된 지식에서 신념과 태도로 나타난다. 자신의 경험과 지식을 통하여 '○○음식은 맛과 가격이 알맞다', '싸고 맛있는 음식을 먹으려면 ○○로 가라' 등의 학습효과를 나타내고 있다. 이러한 학습을 통하여 다음과 같은 모델을 제시할 수 있다.

첫째, 학습에 대한 행동주의 접근방법으로 자극반응이론 S-R모델(stimulate-response model)을 제시할 수 있다. 학습경험을 통하여 자극과 반응의 관계를 개발한 Ivan Pavlov의 고전적 조건화(classical conditioning)를 제시할 수 있다. 주어진 자극에 대하여 수동적인 조건 반사가 형성되는 과정을 의미한다. 개의 타액분비를 지표로 하여 일정한 소리를 들리게 한 후, 먹이를 주는 것으로 소리와 먹이관계를 이용하여 소리만으로 타액분비를 일으키는 현상이다. 처음 개는 소리에 대하여 별다른 반응이 없었지만, 먹이를 줄 때 함께 제공하는 종소리라는 특정자극을 계속하면 소리를 먹이의 획득 신호로 인식하여 소리만으로 타액분비가 일어나게 된다. 이것을 조건반사라 하며, 소리를 조건자극이라 한다.

즉 개에게 음식을 제공하는 무조건적 자극에서 침을 흘리는 무조건적 반응과 종을 울리면서 음식을 제공하는 조건부 자극의 학습을 통하여 종을 치면 침을 흘리는 조건부 반응의 이론이 성립된다.

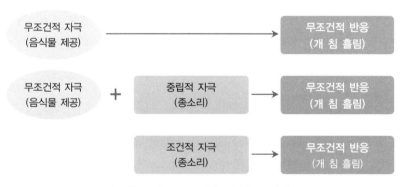

〈그림 4-5〉 Pavlov의 고전적 조건화

둘째, 인간은 행동 후에 일어나는 강화요인을 통하여, 즉 보상에 의해서 학습이 이루어진다. Skinner의 수단적 조건화(instrumental conditioning)는 사람들이 환경에 대응하는 과정에서 여러 가지 행동을 하게 되는데 긍정 또는 부정적 보상 때문에 어떤 상황에서 행동하는 것이 바람직한가를 의식적, 무의식적으로 학습한다는 것이다.

예를 들어 쥐 실험에서 상자의 벽에 단추를 누르면(Response) 문이 열리고 먹이

(Stimulate)가 떨어지게 고안하였다. 단추를 누르는 처음에는 우연히 발생하는 것으로 인식하지만 음식(S)을 받게 되면 단추를 누르는 것과 음식을 연결하여 조건화한다는 것이다. 두 번째는 전류가 흐르게 하여 단추를 누르면 전류가 멈추게 고안하였다. 이때의 자극은 부정적 강화라 할 수 있는데 부정적 자극을 피하기 위하여 단추를 누르는 학습행동이 증가한다는 사실이다. 실전사례의 예는 다음과 같다.

학교 앞 레스토랑에 식사를 하러 갔는데 A점포에서는 식사하는 동안 신 메뉴가 나왔다며, 맛보라고 새로운 메뉴를 서비스로 주면서 포인트를 적립해 주었다. 일주일 뒤 B레스토랑에 들어갔는데 이곳은 아무것도 주지 않고 적립만 해주는 것이다. 한달 뒤 C레스토랑에 점심을 먹기 위하여 방문하였는데 이곳은 아무것도 주지 않았다. 훗날 레스토랑을 방문할 시점이 되면 개인적 경험에 의한 조건들 중 긍정적으로 혜택을 주는 A의 레스토랑을 선택하게 된다. 이를 수단적 조건화라고 할 수 있다.

3) 사회적 요인

인간은 누구나 여러 가지 환경에 제약을 받음과 동시에 적극적인 활동을 하기 위해서는 사회적 요인에 영향을 받게 된다. 이러한 생활은 국가와 지역의 정치적 체제와 경제상태, 인구와 사회적 구조, 기술 등에 따라 차이가 있으며, 생활습관이나 태도, 행동을 결정하게 된다. 사회적 요인은 자연적 요인과 대비되는 개념으로 다양한 욕구가 상존하게 되는데 건강하면서도 바람직한 환경을 조성하려는 보편적인 합의에서 가능하다. 이러한 요인을 구성하는 가족, 준거집단, 사회계층 등 그들의 지위와 역할은 구매를 결정할 때 영향을 미친다.

심리적 요인	사회적 요인	문화적 요인

• 욕구(need)
• 동기(motive)
• 지각(perception)
• 학습(learning)
	• 가족(family)
	• 준거집단
	  (reference groups)
	• 사회적 지위와 역할
	  (social status & role)
		• 문화(culture)
		• 사회계층(social class)
		• 하위문화(sub cultures)

〈그림 4-6〉 고객의 구매행동(심리적 · 사회적 · 문화적 요인)

(1) 가족(family)

가족은 개인 구매자의 소비행동에 가장 큰 영향을 미친다. 기업의 마케터는 상품과 서비스품질을 구매하는 과정과 선택 행동에 직접적으로 영향을 미치는 엄마, 자녀

등의 인구통계학적 특성에 대한 정보를 파악하여야 한다. 특히 가족의 외식장소나 메뉴를 선택할 때 가장 영향력이 높은 사람은 엄마이며, 다음으로 자녀, 아빠 순으로 나타났다. 이와 같이 가족은 가장 신뢰할 수 있는 집단으로 단일가구를 형성하는데 기업은 이들의 정보를 전적으로 믿어 판단자료로 활용하게 된다.

(2) 준거집단(reference groups)

준거집단은 한 개인이 자신의 신념이나 가치관, 태도, 행동방향 등을 결정할 때 그 기준으로 삼는 사회집단을 의미한다. 소비자들을 스스로 동일화하는 특정 집단의 규범에 따라 행동하고 판단하게 된다. 1942년 미국의 사회심리학자인 하이먼의 "지위의 심리학"에서 처음 사용되었다. 그는 지위와 태도, 행동, 사회적 전망 등은 여러 가지 관련성으로 주관적 지위를 가지며, 개인과의 관계에서 파악되는 견해라 하였다.

준거집단은 소속집단과 중복되는 경우도 있으나 반드시 그 집단의 구성원은 아니라는 사실이다. 또한 그렇게 되기를 원하지 않을 수도 있으며, 적극적인 집단과 소극적인 집단으로 분류된다. 적극적 집단은 준거집단과 같은 의미로 사용되며, 소극적인 집단은 거부나 반대의 준거기준으로 삼는 것을 의미한다.

미국의 사회학자인 머턴은 개인에게는 두 가지 기능이 존재한다 하였다. 하나는 개인에 대한 행위의 기준을 설정하는 것이며, 나머지는 자신이나 다른 사람을 평가할 때 기준을 제공하는 기능이라 하였다. 소비자가 특정 레스토랑이나 메뉴를 결정할 때, 조언을 구하는 집단이나 직접 접촉하여 자문하는 가족, 친구, 친척 등을 포함하고 있다. 또한 만나지는 않았지만 좋아하거나 존경하는 사람들의 행동 양식도 여기에 포함된다. 준거집단은 개인의 태도와 행동을 결정하는데 직·간접적으로 영향을 미치는 대상으로 일반적인 친구, 동료, 클럽단체, 유명인, 리더, 지식인 등 구매행동에 영향을 미치는 구성원집단을 의미한다.

예를 들어, 사이버상의 수많은 동호회는 인터넷을 통하여 메뉴와 레스토랑의 입지, 가격, 분위기, 특이함, 상징성 등을 파악하며, 그들은 집단 간에 정보를 공유하고 있다. 이들은 평가 후기를 통하여 회원들과 공유하거나 타인의 구매행동에 영향을 미친다. 모임을 결정할 때도 랜덤화하거나 순위결정에도 참조한다. 이들은 다음의 레스토랑을 결정할 때 선택의 자료로 활용하고 있다.

(3) 사회적 지위와 역할(status & role)

한 가정의 구성원들은 레스토랑의 메뉴상품이나 점포를 결정할 때도 개인적 취향이나 주관에 따라 다르게 선택할 수 있다. 현대사회는 시대적 상황이나 여성의 지위 등에 따른 변화는 선택과 결정에 중요한 역할을 하는데, 대부분의 결정은 여성이 하게 된다. 이러한 역할은 구매과정에서 절대적으로 영향을 미치며 사회·경제, 문화적인 현상은 개인행동에서 다르게 나타날 수 있다. 일반적으로 사회적 지위는 특정 레스토랑의 메뉴나 업종을 선택하는데 영향을 미친다.

남아공월드컵 축구대회를 앞두고 국가대표 선수를 앞세운 제품광고들이 줄을 이었다. 월드컵 공식 후원업체가 아닌 기업들이 더 적극적이다. 거액의 후원금을 내지 않고도 월드컵 응원의 열기에 편승할 수 있기 때문이다.

영국 프리미어리그의 산소탱크 박지성과 에콰도르의 평가전에서 골을 넣으며 맹활약한 블루 드래곤 이청용이 제일 인기다. 제일모직 갤럭시 이청용 양복이 대표적이다. 원래는 축구 국가대표 선수와 스태프들의 공식 정장은 '프라이드 일레븐 수트(Pride 11 Suit)'였다. 하지만 이청용 선수와 계약을 맺고 영국서 촬영한 화보를 전 매장에 부착하면서 국가대표의 공식유니폼으로 인정받는 느낌이다. 품위 있으면서도 고루한 격식에 사로잡히지 않는 비즈니스 캐주얼 이미지가 선수와 잘 어울리면서 인기를 끌고 있다(조선일보, 2010.5.27).

편의점에서는 도시락, 삼각김밥, 생수, 라면 같은 상품에 이청용 선수의 사진을 새겨 넣어 출시하였다. 박지성 선수의 이름을 붙인 패션과 식품, 임페리얼15 리미티드 에디션 등이다. 선수의 얼굴까지 라벨에 새겼다. 남성정장 브렌우드는 'JS라인'을 내놓았다. 캠브리지 코오롱은 골을 넣을 때마다 500만 원 상품권 등 경품을 제공하는 '박지성 골(Goal) 축제'를 실시하였다. 편의점 GS25는 기존 제품보다 양이 50% 많은 박지성 삼각김밥, 주먹밥, 티셔츠까지 내놓았다. 고객의 반응도 뜨겁다. 선수들의 맹활약을 기대하는 일반 소비자들의 정서에 소구한 사례라 하겠다.

4) 문화적 요인

고객이 소비하는 행동연구에서 가장 광범위하게 영향을 미치는 요인으로 구매고객의 지위와 역할, 사회계층, 하위문화 등으로 제시할 수 있다.

(1) 문화(culture)

자연상태에서 벗어나 일정한 생활양식이나 목적을 실현하는데 영향을 미치는 요인으로 사회 구성원들에서 습득되는 지식과 정보를 공유하는 방식이다. 생활 속에서 만들어지는 물질적, 정신적 소득과 의식주를 비롯한 언어, 풍습, 학문, 예술, 제도 등으로 개인이 필요로 하는 행동을 의미한다. 구매행동에 따른 문화적 요인은 국가, 지역, 인종, 종교 등으로 사회 집단마다 다르게 형성된다. 특히 레스토랑의 음식종류와 시설, 분위기, 서비스상황은 그 나라의 문화에 따라 다르게 나타날 수 있다.

최근 건강에 대한 관심이 높아지면서 업종과 관계없이 위생과 안전을 염려하는 소비패턴을 보이고 있다. 인체에 무해한 식재료를 강조하는 농수산물 우수관리시스템이나 친환경인증, 농산물표준규격, 식품위해요소중점관리 등에 따른 관리를 강조한다. 지역특성에 따른 음식의 기호와 소비를 고려하며, 친환경적으로 조리된 음식은 그 나라 고유의 문화를 바탕으로 시장을 확장하고 있다.

예를 들어, 인사동의 한글판(스타벅스), 북경의 중국어 스타벅스(성파극가배 : 星巴克咖啡), 베트남의 쌀을 이용한 롯데리아 패스트푸드, 중국의 초코파이, 신라면 등과 한류스타들의 유럽입성 등 대표적인 문화마케팅 사례라 하겠다. 프랑스 파리에서 개최한 K-POP 공연에 대한 후폭풍이 거세다. 일본, 중국에 한정되었던 한류 바람이 유럽은 물론 남미까지 확산되고 있다. 지구촌의 한류 열풍은 유튜브, 트위터 등 소셜네트워크가 든든한 역할을 하였다. 특별한 촉진 전략 없이도 세계의 많은 사람들은 한국 가수들의 무대를 손쉽게 접할 수 있어 현지 공연상황과 무대를 그대로 옮겨 놓은 듯하다.

SM의 파리 공연이 인터넷에 동시에 중계되자 각국의 공연요청이 거세다. 스페인, 이탈리아 등의 유럽과 미국, 캐나다, 세르비아, 튀니지, 브라질 등 한국 문화를 접하기 힘든 국가에서 반응이 뜨겁다(동아일보, 2011.6.11). 스타들의 인기 지역도 나라마다 차이가 있다. 소녀시대 동방신기 등이 일본을 시작으로 남미 혹은 중화권으로 활동영역을 넓히고 있다. 대만에는 SS501 출신의 박정민과 슈퍼주니어의 활약이 돋보인다. 최근 히트곡 '미인아'가 대만 유명사이트 케이케이박스(KKBOX)에서 35주 연속 1위를 지켰다. 1년간 정상을 차지한 엄청난 기록이다. 그간 일본보다 중화권 활동에 집중해왔기 때문으로 분석된다. 중국 활동에 맞춰진 슈퍼주니어-M의 새 미니앨범 '태완미' 역시 1위로 현지화 전략에 성공한 사례이다.

박정민도 맞춤형 전략으로 범아시아 활동을 펼치고 있다. 솔로 데뷔 신고식을 치르고 일본, 홍콩, 대만, 태국, 중국 등 아시아 전역을 돌며 광범위한 프로모션을 진행 중이다. 중화권 인기가 상당하다. 2011년을 아시아 활동 원년으로 삼았다. 한국을 비롯하며 일본, 중화권 등 아시아 전역의 최고 전문가들과 팀워크를 이뤄 매력을 극대화시키고 있다. 현지에 정통한 파트너와 좋은 관계를 맺으며 딱 맞는 옷을 입혀 입지를 구축한 대표적 사례이다.

타이거 JK는 브라질에서 인기다. 현지에서 팬클럽이 생길 정도로 이례적인 관심을 끌고 있다. 브라질 출신 세계적인 소설가 파울로 코엘료와 특별한 인연으로 눈길을 끌며 국경을 넘나드는 자선활동을 펼치면서 더 유명해졌다. 코엘료는 신비로운 분위기와 문체, 언어의 연금술사로 '11분'의 소설로 유명한 작가이다. 트위터를 통해 친밀한 관계를 이어오면서 아동 성폭력, 학대를 위한 기금마련에 앞장서고 있다. 본격적인 해외 활동을 하기 전 브라질 내 K-POP 관련 차트에 단골 가수로 이름을 올리고 있다. 소녀시대와 더불어 유명세를 치르고 있다.

대중음악 평론가들은 소셜미디어 확산으로 K-POP이 세계로 쉽게 퍼질 수 있으며, 가요만이 갖는 특유의 서정적인 이미지와 친숙함, 그리고 세계 곳곳의 현지화 전략으로 한국문화의 발전은 계속 이어질 것으로 예상한다.

(2) 사회계층(social class)

사회의 구성원들이 가지는 능력이나 지위를 같은 수준으로 묶었을 때 생기는 서열 개념으로 상류층, 중류층, 하류층으로 분류된다. 향유하는 명성이나 권력, 신분계층을 의미하며 직업의 종류, 재력, 학력, 기술, 재능 등에 따라 사회적 계층과 위치의 층화현상이 일어난다.

사회계층은 직업, 소득, 학력, 거주지 등 인구통계적인 특성에 따라 권력이나 명성, 가치, 라이프스타일 등 복합적으로 형성된다. 레스토랑의 표적고객을 선정할 때 메뉴의 종류나 서비스방법, 시설 등의 분위기에 따라 다르게 전략을 추진하고 있다. 상위계층을 겨냥한 파인다이닝(fin-dining), 일품요리, 중위층의 일반 레스토랑, 하위층의 저가 및 편의품, 패스트푸드 등 표적고객에 따라 맞게 포지셔닝(positioning)하고 있다.

(3) 하위문화(subcultures)

하위문화는 부분문화 라고도 한다. 어떤 사회의 지배적 문화에서 그 사회의 일부 집단에 공통하는 특유의 가치기준에서 형성된 문화를 의미한다. 이러한 집단은 특정 계층이나 세대, 직업, 종교, 인종, 지역을 기초하여 계승된다. 독자적인 생활양식, 행동양식을 가지며 그것을 정치적 가치관과 결부시킴으로써 대항문화가 되어 정치운동으로 나타나고 있다. 하위문화는 국가, 종교, 인종, 지역에서 세분화된 문화로 사회의 정통성이나 역사를 바탕으로 특정집단이 가지는 가치와 생활양식으로 정의된다. 대중문화, 여성문화 등 사회의 지배적 문화와 별도로 특정 청소년 집단이나 히피족 같은 개별 그룹의 문화 등에서 공존하게 된다.

레스토랑 고객들은 개인 특성에 따라 식습관이 다르기 때문에 이러한 문화는 마케팅활동에 큰 영향을 미친다. 인도는 전인구의 83%가 힌두교를 믿어 햄버거 패티에 소고기 대신 양고기나 닭고기를 사용하고 있다. 맥도날드의 상징처럼 된 빅맥은 "마하라자 맥"으로 불리며 그에 따른 식재료를 모두 인도산으로 사용하고 있다.

하위문화는 1950년 후반 미국 사회에서 비행(非行) 청소년 연구의 일환으로 처음 시작되었다. '하위(sub-)'라는 접두사에서 암시되듯, 주체는 계급, 인종. 세대 등 소외계층이나 소집단으로 사회 구조 안에서 낮은 또는 종속적인 위치에 처해있는 경우가 일반적이다. 세대적으로는 청소년층, 동성애자, 유색인종 등이 하위문화의 대표적이며, 이들에 의해서 생성되는 노동자 문화, 청년문화, 소수민족 문화 등으로 나눌 수 있다. 한편 주류 문화, 고급문화에 대비되는 개념으로 기존의 질서와 정당성에서 가치를 의심하며, 새롭고 이질적인 문화로 생성된 적극적인 의미를 갖고 있다. 따라서 자연스럽게 자기들만의 새로운 아이덴티티를 추구하는 언어, 복장, 용모, 음악, 행동방식 등에서 독자적인 스타일을 만들어냄으로서 소속감과 연대감을 강화하는 경향이 있다.

3. 외식 소비자의 의사결정

외식 소비자들이 "어떤 점포에서 어떤 메뉴를 선택할 것인가?" 하는 결정은 소비자의 가장 기본적인 행동이다. 그들은 가능한 최저 비용으로 최대의 혜택을 누릴 수 있는 최선의 방법을 선택하기를 원한다.

예를 들어, 자신에게 모임의 중요성 정도, 동행인이 누구인가에 따라 충분한 시간과 정보원천을 바탕으로 상세하게 탐색할 것이다. 물론 정보의 신뢰성을 한번쯤 의심해보기도 하지만 타인의 평가를 참조하면서 방문시 선택에 대한 부조화가 일어나지 않게 하려 한다. 즉 구매실패의 부정적 흐름을 완화하기 위하여 노력한다는 것이다. 이러한 의사결정단계는 문제인식, 정보탐색, 대안의 평가, 구매, 구매 후의 행동단계로 제시할 수 있다.

1) 문제인식(problem recognition)

고객이 어떤 상품에 대하여 인지하는 욕구에서 이것을 해결하고자 하는 동기를 문제인식이라 한다. 소비자는 자신이 처한 현재 상황과 이상적인 상황 간의 갭이 발생하게 되며, 일정수준 이상일 때 문제를 인식하여 해결하려는 동기를 갖게 된다.

예를 들어, 배가 고프다는 생리적인 욕구에서 배가 고프니까 빵을 먹어야 되겠다는 구체적인 욕구로 변하게 된다. 생리적 현상은 자연스럽게 발생하지만 구체적인 욕구는 사회, 문화, 경제적인 여건과 개인의 지식, 경험, 특정 광고 등에서 영향을 받게 된다. 그러므로 다양한 외부자극에서 구매동기가 발생하며, 자극이 주어지지 않아도 잠재된 욕구가 활성화됨으로써 구매의 필요성을 인식하게 된다. 이를 문제인식 단계라 할 수 있다.

2) 정보탐색(information search)

고객은 구매 필요성을 인식한 후 상품정보를 적극적으로 수집하는 단계를 거치게 된다. 구매를 결정하기 전에 더 많은 정보를 파악하려 노력한다. 이러한 탐색행동은 구매결정과 관련하여 불확실성을 줄이려는 노력에서 시작된다. 결과적으로 구매행동에 확신을 주게 되며, 구매 전의 정보탐색이 충분하였을 때 구매 후의 상품에 대한 만족도는 높아진다.

개인의 기억 속에 내재하는 정보가 부족하거나 구매에 따른 인지된 위험이 클 수록 정보능력의 한계가 발생된다. 즉, 고객은 자신의 능력에 비례하여 더 많은 정보를 탐색하게 된다. 그러므로 기업은 다양한 정보를 내부직원을 통하여 수집하거나 그들을 통하여 알리려는 노력을 게을리 해서는 안 된다. 특히 즉각적인 보고를 통하여 귀중한 정보를 활용할 수 있어야 하며, 보상이 따를 때 직원들은 적극적으로 수집하고자 노력한다.

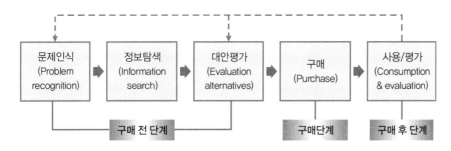

〈그림 4-7〉 소비자의 구매의사결정 과정

3) 대안평가(evaluation of alternatives)

고객은 상품을 구매하기 전에 자신의 경험에서 회상되는 정보와 지식을 통하여 선택대안을 비교하게 된다. 선택기준은 고객마다 다르지만 제품의 기능성과 효능, 속성, 상징성에서 획득할 수 있는 사회적 지위와 명성, 타인에게 과시할 혜택, 우수성,

제품에 대한 위신, 명예 등에서 영향을 미친다.

4) 구매(purchase)

레스토랑의 점포나 메뉴는 고객의 개인적 평가과정을 거쳐 브랜드의 이미지가 결정된다. 이러한 결정은 여러 대안 중에서 구매행동을 선택하는 동기가 된다. 소비자는 물리적, 사회적, 시간, 과업 등의 상황에서 개인적인 소비성향은 차이가 있으며, 관여도에 따라 다양한 구매형태를 나타낼 수 있다. 따라서 선호메뉴를 실제 구매하는 단계에서부터 레스토랑의 위치, 장소, 분위기, 가격 등의 특성은 개인적인 구매행동과 선택에 영향을 미친다.

5) 레스토랑 방문 후 평가(visit and evaluation)

고객은 레스토랑을 방문하면서 실제 식음료를 구매하여 섭취하고 계산하여 나올 때까지 여러 상황을 경험한 후 만족 유무를 결정된다. 이와 같은 과정의 평가는 의사결정의 최종단계로 재방문에 영향을 미친다. 경험과정에서 학습된 특정 브랜드의 이미지는 자연스럽게 태도를 형성하며, 구매를 결정할 때 중요한 자료가 된다. 따라서 고객평가에 대한 반응은 기업의 마케팅 전략을 설계하는 자료로 활용된다.

만족은 재구매나 타인에게 구전하는 행동으로 충성도에 영향을 미친다. 고객은 기대에 대한 실제경험 차이에서 불만족이 생기면 후회나 심리적 불편 등 구매 후 부조화(post-purchase dissonance)를 일으킨다. 나쁜 구전이나 홈페이지의 악성댓글, 소비자단체, 관공서 등을 통하여 불평행동을 전하게 된다. 이러한 불평, 불만을 마케팅 전략으로 활용하여 인지도를 높이는 사례를 삼성경제연구소(2009.6.7)에서 다음과 같이 소개하고 있다.

노이즈 마케팅이란 의도적으로 사회적 이슈를 만들어 소비자의 호기심을 불러일으키는 촉진 전략 기법이다.

(1) 노이즈 마케팅(noise marketing)의 발생 유형

최근 한국영화의 특징은 개봉을 앞두고 주연 배우의 열애설이 이슈가 된다. 당사자들은 적절한 시점에 부인하며, 톱스타의 결혼과 데이트 기사는 언론매체의 톱뉴스가 된다. 인터넷 실시간 검색어 상위권으로 급부상하는데 연예가의 의도적 스캔들은 사실 여부를 떠나 급속히 퍼져 자연스럽게 홍보하게 된다.

400만 관객을 모은 7급 공무원은 대표적 케이스다. 주인공 김하늘과 강지환은 한두 날 전부터 인터넷을 달구었다. "김하늘, 강지환 열애설!" 둘 다 사귐을 부정하면서 연기는 최고라고 치켜세웠다. 김하늘은 영화 제작 보고회에서 열애설이 터진 뒤 웃었다. 재미있으면서도 대수롭지 않다는 반응이다. 기획사측도 오해라면서 싫지 않은 반응이다. 인사동 스캔들의 김래원, 최송현도 같은 케이스다. 방송을 통하여 사실무근임을 밝혔지만 이 방송은 영화를 더욱 홍보하게 하였다.

인기 개그맨 박휘순과 신봉선은 열애설로 관심을 끌었다. 한 방송 프로그램에서 4년 전 신봉선이 박휘순에게 사랑을 고백했으나 거절당했고, 1년 전 박휘순이 반대로 신봉선에게 구애를 했으나 반응이 없었다는 내용이다. 방송 후 박휘순은 서로의 고백이 팬들의 관심을 집중시키려는 의도였음을 밝혔다.

자극적일수록 반응은 뜨겁다. 영화 '박쥐'의 송강호는 성기노출로 화제가 되었다. 타락한 신부가 속물이 되어가는 과정으로 예술성을 가장하여 강렬하게 표현하였지만 에로틱한 분위기 조성은 아니라는 것이다. 영상물등급위원회는 기존화면으로 상영을 허락할 수 없다는 지적에 모자이크 처리로 사회적 이슈가 되었다. 송강호의 열연 덕분에 제62회 칸영화제 심사위원상을 탔다. 이처럼 예술을 강조한 작품 외 전라의 노출과 노골적인 섹스신이나 중요부분 노출 등 사고나 실수를 가장한 자극적인 기법이 심심찮게 일어나고 있다. 탤런트 K는 쇼핑몰 노출 논란에 휩싸이며 곤욕을 치렀다. 쇼핑몰 대표를 돕기 위해 홍보용 사진을 촬영하던 중 장난삼아 찍은 사진이 유출된 것이라는 해명이다. 성인에로 여배우들을 뮤직 비디오에 출연시킨 힙합 그룹도 있다. 시청률 경쟁이 치열한 안방극장도 불륜과 패륜을 소재로 한 드라마가 끊이지 않는다.

케이블 TV는 더 자극적으로 선정적인 프로그램을 경쟁하는 양상이다. 한 프로그램은 여성 알몸 위에 초밥을 올려놓아 접대하는 '네이키드 스시'를 방송하였다.

가수 채연도 논란에 휩싸였다. 발표한 뮤직비디오가 선정적으로 방송3사의 심의를 통과하지 못했다. 앨범 Shake의 대표곡 '흔들려'의 뮤직비디오에서 침대에서 자신의 가슴을 쓰다듬으며 짓는 뇌쇄적인 표정, 부스에 누워 남성을 유혹하는 장면이 문제였다. 소속사는 노이즈 마케팅이라는 말에 억울하다는 반응이다.

(2) 노이즈 마케팅의 효과

개봉 전에 터지는 주연배우의 열애설은 영화 홍보에 결정적이다. 돈 안들이고 홍보하는 7급 공무원, 다빈치코드, 인사동 스캔들, 박쥐 등 열애설이나 사회 이슈가 된 작품들 등 인지도를 높일 때 효과적이다. 교회의 반발을 끌어들인 다빈치코드는 평단의 반응은 별로였으나 흥행은 성공하였다. 축구선수 데이비드 베컴의 전 비서인 레베카 루스는 베컴과의 불륜 사실을 방송에 폭로하겠다고 해 외신을 달구었다. 공교롭게도 타이밍을 맞추어 속옷을 출시하였으며, 그는 직접 속옷 모델로 나서기도 하였다.

개그우먼 안영미는 연하의 후배 남성과 사귄다는 긍정도 부정도 않는 모호한 발언으로 화살을 피해갔다. 노코멘트로 궁금증을 자아내게 하는 것에서 관심을 증폭시켰다. 신비주의 전략은 더 효과적이다.

(3) 노이즈 마케팅의 폭발력

여론몰이로 이슈화하는 것은 노이즈 마케팅의 전형이다. 사회적으로 민감한 동성애나 종교가 그 예이다. 이 같은 문제는 찬반이 극심해 쉽게 주목을 받을 수 있다. 수많은 관객을 모았던 왕의 남자는 동성애로 시선을 끌었다. 다빈치코드는 '기독교의 명예를 훼손시켰는가?' 이슈를 만들었다. 실미도는 특정인이나 특정 단체의 이익을 침해했다는 이유로 개봉 전부터 상영금지 가처분 신청을 당하였다.

지난 대통령선거 당시 황당 공약과 기행을 한 허경영 씨도 그 대표적 사례이다. 기존 정치권과는 다른 파격적인 공약과 지능지수 430 등 이야깃거리로 이슈화가 되었다. 비속어로 사회적 관심을 끈 경우도 있다. 한 유선 통신사는 "집 나가면 개고생이다"는 문구로 공략하였다. 전 세계적 인기를 끈 해리포터는 국내만 2,000만 부 팔린 것으로 추산된다. 어린이들에게 인기인 해리포터는 출간될 때마다 이슈를 만든다. 오역 문제가 불거지고, 로열티 문제가 제기되고, 출판형태 변경의 청원이 이어진다. 반면, 해리포터 여러 편을 한 권으로 만들어달라는 청원이 제기되고, 로열티를 많이 지불한다는 국부유출 논란이 일기도 하였다.

(4) 노이즈 마케팅의 위험성

유명인은 역풍을 맞을 수 있다. 자칫 신뢰와 이미지에 타격을 받을 수 있으며, 톱스타들은 구설수에 오르는 것에 신경을 쓴다. 위험성은 항상 함께 가진다.

권상우 주연의 '슬픔보다 더 슬픈 이야기'는 권상우와 손태영의 임신을 홍보에 이용하지 않았다. 인지도가 있는 영화는 노이즈 마케팅이 오히려 흥행에 악재라는 사실을 말하고 있다. 뻔한 사실도 역풍을 맞을 수 있다. 영화 "구세주2"의 주인공 최성국은 홍보를 위해 안문숙과 의도적 스캔들을 고려했다는 소문이다. 제작 발표회장에서 안문숙과 스캔들을 팬들이 믿지 않을 것이라고 말하였다. 스포츠 분야도 별 효과가 없다. 팬들은 스타의 일거수일투족을 책으로 알기보다 직접 관람을 통하여 즐기고 있다. 마해영이 쓴 야구본색은 한 달에 약 200권 정도 판매되었다. 많은 이의 입에 오르내렸지만 매출과 연결되지 못하였다.

(5) 노이즈 마케팅의 허와 실

프로야구 선수가 약물을 복용하였다. 롯데 자이언츠 간판타자인 마해영 씨가 자서전 '야구본색'에서 스스로 폭로한 내용이다. 이를 두고 반응은 엇갈린다. 스포츠계의 정화를 위한 몸부림이라는 평가와 책을 팔기 위한 노이즈 마케팅이라는 분석이다. 이는 연예계, 정치계, 기업계 등 여러 분야에서 광범위하게 펼쳐지고 있다. 짧은 시간 제품이나 인물을 널리 알리기 위하여 좋지 않은 내용을 퍼트린다. 자극적인 내용은 쉽게 소비자에게 전파되어 단기간 인지도를 올리거나 매출을 극대화시킨다. 의도적인 네거티브(Negative)전략이다. 인터넷의 발달로 폭발적인 구매나 인지도 등 효과를 높일 수 있기 때문이다. 하지만 여기에도 실이 있다는 점을 알아야 한다. 의도된 노이즈 마케팅은 기업이나 상품이 쌓은 신뢰도를 하루아침에 무너뜨릴 수 있기 때문이다. 따라서 이를 사용할 때는 사회적 환경에 맞는 전략과 이슈로 고객이 공감할 수 있을 때 효과가 있다 하겠다.

CHAPTER **5**

외식시장과 STP전략

승리의 순간에 입은 상처는 아프지 않다.
−Publilius Syrus, 로마 시인

학습목표

_ 마케팅 전략을 추진하기 위한 시장조사와 분석의 의미를 이해한다.

_ 시장 세분화의 조건을 파악한다.

_ 표적 및 표적시장을 선정하는 기준과 전략방안을 이해한다.

_ 자사에 맞는 포지셔닝 전략요소를 이해한다.

_ 시장을 세분화한 사례를 조사하여 분석한다.

_ 자신이 추진하고 싶은 목표고객은 누구이며, 그들에게 포지셔닝한 대표적인
  사례를 조사한다.

5

외식시장과 STP전략

인간은 목적을 달성하기 위하여 노력하는 한 항상 방황하기 마련이다.
–Johann W. Goethe, 독일의 시인

제1절 │ 외식마케팅의 시장분석

1. 장소적 역할

모든 산업의 시장은 그들만의 고유한 영역이 있다. 시장을 형성하는 구성원과 자사의 촉진 전략에 귀 기울이는 대상이 누구인가를 항상 파악하여야 한다. 모두가 우리의 고객이 될 수는 없다. 기업은 모든 소비자를 대상으로 하는 것이 아니라 나의 고객, 즉 자사의 고객을 찾아야 경쟁우위를 가질 수 있다.

레스토랑의 입지는 시장의 다양한 요인 중에서 유형성과 무형성으로 구성된 마음 속에 존재하는 가상의 고객까지 유인할 수 있어야 한다. 마케팅 촉진 전략을 추진하는 기업은 조직의 목표를 달성하는 데 의미가 있으며, 경쟁기업과 시장, 고객의 분석을 통하여 그들의 욕구를 충족시키려 노력하여야 한다. 이러한 노력은 장소 및 공간적인 역할뿐 아니라 고객확보를 위한 경영전략 차원에서 중요하다 하겠다.

1) 소비자 구성

소비자는 정보 탐색자, 구매자, 사용자로 분류할 수 있다. 시장을 구성하는 소비자는 기업에서 제공하는 상품을 실제 필요로 하는 실제 소비자(actual consumer)와 현재는 상품을 구매하지 않지만 앞으로 그 상품에 대하여 관심을 가지거나 구매할 가능성이 높은 잠재적 소비자(potential consumer)로 분류할 수 있다. 이와 같은 시장은 기업의 특정 메뉴상품을 필요로 하는 실제 이용자와 미래에 이용 가능성이 높은 잠재된 소비자로 구성할 수 있다.

2) 매력적인 구성요소

시장의 입지는 소비자를 만족시킬 매력적인 요소를 가지고 있어야 한다. 레스토랑은 실제 방문하여 식사하는 고객만이 존재하는 것은 아니라, 동행인, 직원, 공급자, 가상의 고객 등 모두가 그 대상이 될 수 있다. 즉 자사만의 고유한 특성을 가져야 하며 실제 식사하는데 필요한 개인적 사정이나 이용 목적, 호기심을 자극할 수 있는 메뉴나 이국적인 식재료, 색상, 코디네이션, 식기 등의 매력적인 요소를 필요로 한다.

레스토랑 경영자는 시장이 필요로 하는 정보와 아이템, 경쟁전략, 경쟁자의 동향 등을 파악하여야 한다. 구매가능성 높은 고객을 위하여 관심있는 정보를 제공하여야 하며 점포 내로 끌어들일 수 있는 매력적인 요소로 포지셔닝하여야 한다. 따라서 실제 방문할 가능성이 높은 고객을 통하여 시장의 규모를 확인할 수 있으며, 성장 가능성을 예측할 수 있다.

2. 시장의 정보적 역할

시장에서 고객이 구매의사를 결정할 때 사용하는 정보는 규칙적이다. 이를 계획하고 분석하며, 가능성 높은 고객을 확보하는 것이 중요하다. 이와 같이 정보를 획득하는 과정을 마케팅정보시스템(MIS : marketing information system)이라 한다(Cox & Good, 1967).

기업은 경쟁우위를 확보하기 위하여 자사의 재정상태와 조직도, 기술 등의 우수함을 시장에 제공한다. 소비자들이 자사의 제품을 적극적으로 구매할 수 있도록 정보를 제공하는 것이다. 이를 통하여 효율적으로 구매할 수 있도록 촉진 전략을 추진하며 사람과 정보, 시스템, 시설, 장비, 용역, 재화 등 통합적으로 기획하여 시행하게 된다.

일반적으로 시장의 정보시스템은 다음과 같은 기능을 수행한다.

첫째, 정보 제공은 고객의 서비스를 개선하는 데 그 기능을 수행하게 된다.

둘째, 마케팅 전략을 수립하는데 유용한 정보를 제공하게 된다.

셋째, 자사의 충성고객과 신규고객을 파악하는 기능을 한다.

넷째, 기업의 수익성을 높여주며 고객을 파악하는 기능을 한다.

다섯째, 고객의 인구통계적인 특성을 파악하는 기능을 한다.

여섯째, 고객의 의사결정을 도우며 시장의 혜택 기능을 담당하게 된다.

3. 거래의 재화적 역할

재화는 시장의 상품과 서비스, 아이디어, 용역 등의 거래과정에서 일어나는 매개물로서 생산자, 판매자, 소비자 간의 교환에서 일어나는 잉여물이다. 이러한 재화는 사회, 문화, 경제적인 환경 속에서 상호관계에 영향을 미친다. 시장의 재화는 재래시장이나 상가, 마트, 백화점 등의 오프라인 시장 뿐 아니라 온라인 쇼핑몰(mall)과 호텔, 여행사, 리조트, 컨벤션(convention), 카지노, 은행, 병원, 골프장, 관광지, 빈대떡집, 노점상 등의 장소와 사이버상의 거래관계에서 발생되는 금전적, 비금전적 시장의 모든 재화를 포함하고 있다.

글로벌 환경에서 시간과 공간을 초월하는 거래관계는 교환을 통하여 재화가 발생되며 여기에서 이루어지는 일체의 행위를 재화적 거래라 할 수 있다.

현대사회는 국가와 지방, 도시 등 지구촌 어느 곳이든지 시장이 형성될 수 있다. 아이디어와 실용성을 바탕으로 상품의 재화는 계속적으로 창출될 것이며 먹는 것, 입는 것, 잠자는 것 등 거래의 관계에서 교환을 통하여 생산하게 된다. 이와 같이 시장의 재화는 '움직이면 돈'이라는 말이 실감날 정도로 영원한 소비자의 거래 도구이자 시장의 절대적 존재자라 할 수 있다.

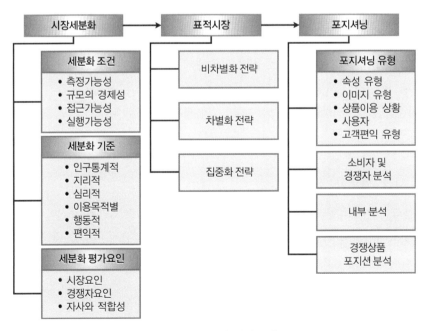

〈그림 5-1〉 STP마케팅 전략분석 흐름도

제2절 | 시장 세분화

1. 시장 세분화

1) 시장 세분화 의의

기업은 자사의 고객을 선정하기 위하여 시장을 세분화하게 된다. 세분된 고객은 선택과 집중으로 표적고객을 공략함으로써 원하는 목표를 달성할 수 있다. 기업은 자원이 한정되어 있다는 점에서 능력을 최대한 발휘할 수 있는 전략적 접근을 필요로 한다.

시장 세분화(market segmentation)는 각기 다른 이질적인 전체시장을 동질적인 몇 개의 작은 시장으로 세분화하여 나누는 행위를 의미한다. 각 세분시장의 수용능력에 따라 마케팅 전략을 전개하는데 의미가 있다. 세분화는 마케팅 STP전략의 출발점으로 전체시장을 보다 작은 세분시장으로 나누다보면 그 가운데 충족되지 못한 새로운 매력적인 시장을 발견하게 된다. 그 시장을 표적으로 하여 필요와 욕구를 충족시켜 줄 수 있다. 이러한 세분화는 효율성을 높이는 전략으로 표적고객에게 유용한 혜택과 역할을 심어주게 된다.

기업은 표적고객으로 적합한 잠재시장을 확인하여야 한다. 즉 여러 시장 가운데 마케팅 촉진 전략을 추진하는데 필요한 매력적인 표적을 선정하게 된다. 선정된 표적은 그들의 욕구에 적합한 믹스 전략을 통하여 세분시장에서 동질적인 집단을 구성하게 된다. 이러한 시장은 차별적 마케팅(differentiated marketing)을 추진할 수 있으며, 이질적인 전체시장을 동질적인 여러 개의 세분시장으로 나누어 기업 목표를 달성할 수 있다.

2) 시장 세분화 조건

세분화는 이질적인 시장에서 전개하는 마케팅 전략으로 제한된 자원과 능력을 집중하여 효과적으로 목표를 달성하는 데 그 목적이 있다. 전체 시장을 대상으로 하지 않으므로 시장의 수요와 변화에 신속하게 대처할 수 있다. 하지만 세분화가 가능하다 해서 무조건 세분화하여서는 안 된다.

세분화는 기업이 가지는 최적의 자원을 배분하여 마케팅 믹스 전략을 효과적으로 수행하는데 의의가 있다. 고객만족에 근거하여 궁극적으로 기업의 목적을 달성할 수 있으며, 절대적으로 필요한 가장 적합한 전략을 전개하기 위한 조건으로 다음과 같이 제시된다.

(1) 측정가능성(measurability)

기업이 목표로 하는 대상을 찾기 위하여 전체시장을 각각의 작은 세분시장으로 나누며 규모, 위치, 구매력, 잠재력, 비용, 편익 등을 정확하게 측정하여 비교할 수 있어야 한다. 측정에 대한 객관적인 근거는 마케팅활동을 계획하고 수립하는 데 기준이 된다. 따라서 측정가능성은 기업의 마케터와 경영자가 의사결정을 하고 전략을 추진하는데 필요한 정보자료의 유용성을 확인할 수 있다.

(2) 접근가능성(accessibility)

기업은 시장의 여러 상황을 고려하여 고객을 만족시킬 수 있는 전략을 추진하고 있다. 신규고객 확보와 고정고객을 유지하기 위한 마케팅 노력에서 매출을 증대시킬 수 있다. 정보제공은 대상고객의 접근을 용이하게 하는 방법 중의 하나이다. 시장은 기업경영에 필요한 행정상의 절차와 규정, 규칙, 법률적 규제에 따른 유통흐름의 제약 등에서 어려운 문제에 직면하기도 한다. 따라서 고객이 쉽게 접근할 수 있는 시장이 되어야 하며, 접근이 어려운 시장은 세분화하는 데 의미가 없다 하겠다.

(3) 규모의 실제성(substantiality)

세분된 시장은 이익을 가져다 줄 충분한 규모가 있어야 한다. 이러한 규모의 실제성은 효율적인 마케팅 믹스 전략을 추진할 수 있는 근거가 된다. 개별 시장에 적용할 수 있는 규모와 크기, 성장성은 실질적인 영업과 판매를 통하여 수익성을 확보할 수 있다. 같은 시장이라도 활성화되는 정도는 다르다. 지속적으로 성장하고 장기적으로 유지할 수 있는 전략은 기업의 이익을 제공해 주는 것이다. 따라서 시장의 규모와 크기를 고려한 잠재적 시장의 활성화는 계속적으로 성장할 수 있게 한다.

예를 들어, 밥 다음으로 술에서 에너지 섭취를 가장 많이 하는 대한민국 남성 직장인들은 잦은 술자리와 업무 스트레스로 질병에 쉽게 노출되어 있다. 이들을 겨냥한 전용 보험인 '금녀(禁女) 보험'이 인기다.

통상적으로 남성은 음주, 흡연, 운동부족과 스트레스 등의 이유로 여성보다 질병 발생 확률이 높아 보험사들은 전용상품 판매를 꺼려왔다. 최근 들어 틈새시장 공략 차원에서 신상품을 속속 내놓고 있다. 스트레스로 머리카락이 빠지면 두발 관리와 탈모방지 비용을 주거나 평일 출퇴근하다가 교통사고를 당하면 위로금을 더 지급해

주는 방법으로 남성들의 애환을 파고드는 보험이다. 한화의 헤라클레스 보험은 자주 발생하는 비뇨 생식기계 질환을 집중 보장해 준다. 3~5년마다 30만~50만 원씩 탈모 방지 비용과 주택대출이 많은 상황에서 불의의 사고를 당한 유가족에게 부담이 될 수 있다는 점을 착안하여 사망시 주택자금 상환비용을 매년 연금식으로 지급해 주는 기능을 한다. 남성들의 속사정에 밝은 보험이라는 입소문으로 출시 한 달 만에 5,700 명을 가입시켰다(조선일보, 2010.6.29).

메리츠 화재는 M스타일보험 비즈니스플랜을 출시하였다. 격무에 시달리는 직장인 가장이 과로사하면 유족자금으로 매년 200만 원씩 만기 때까지 지급한다. 신한생명의 나이스 상해보험은 남성들에게 닥치기 쉬운 5대 강력범죄인 살인, 폭행, 납치, 강도가 발생하면 위로금으로 100만 원씩 지급해준다. 출퇴근 하다가 사고가 나면 보험금을 더 많이 받도록 특약도 마련하였다. 이처럼 시장은 목표고객의 규모와 실체가 있어야 한다. 따라서 그 시장을 파악하는 것에서 세분화는 가능하다 하겠다.

(4) 행동가능성(actionability)

기업의 마케터가 특정 고객을 대상으로 믹스 전략을 추진하는 것은 잠재고객을 점포 내로 끌어들이기 위해서이다. 자사의 장점을 효과적으로 활용하며, 마케팅 전략을 수립하여 이를 실행할 수 있어야 한다. 한편 기업은 충분한 자본력과 인적, 물적 자원으로 원하는 정보와 기술을 활용할 수 있어야 한다. 이와 같이 집행할 수 있는 마케터의 능력이나 자질에 대한 행동가능성을 의미한다.

3) 시장 세분화의 혜택과 한계점

기업은 시장을 세분화하는 데 다음과 같은 혜택을 가질 수 있다.

첫째, 마케팅 전략을 추진하는 데 보다 효율적인 접근이 가능하다.

둘째, 기업이 표적으로 하는 고객집단의 필요와 욕구를 보다 분명하게 이해할 수 있다. 고객이 얻고자 하는 편익은 이질적인 전체시장에서 동질적인 작은 세분집단에서 나타날 수 있다.

셋째, 기업의 표적시장은 특정 세분집단을 대상으로 마케팅 믹스 전략을 추진할 때 효과적인 포지셔닝을 설정할 수 있다.

넷째, 방송이나 활자매체 등을 통한 광고, 홍보, 인적판매 등 촉진방법으로 정확한 표적고객을 선정할 수 있다.

한편 기업은 시장을 세분화하는 데 다음과 같은 한계점을 가진다.

첫째, 시장 세분화에 따른 선호도, 기호, 특성, 트렌드 등을 반영한 광고 및 촉진 전략을 실시하기 때문에 대중적 접근에 비하여 비용이 많이 들 수 있다.

둘째, 시장을 세분화하기 위하여 인구통계적 특성, 지리적, 심리적, 편익적 특성 등 어떤 것이 수익성에 가장 효과적인지 객관적으로 측정하기에 무리가 있다.

셋째, 글로벌시장에서 다양한 표적고객을 대상으로 성과를 내기에 어려움이 있을 수 있다. 그러므로 얼마나 정교하게 세분화하는지 알기가 어렵다는 점이다.

넷째, 실제 추진할 수 없는 세분시장이 존재할 수 있다. 사회, 문화, 정치, 경제, 기술, 생태적 환경 등 기업의 외부요인에 의하여 추진하는데 한계를 가질 수 있다.

서울특별시 식생활정보센터인 '엄마와 아이의 영양놀이터'에서 중국산 불임오이에 대한 여성가족재단 블로그 기자단(2011.5.31)은 다음과 같이 소개하고 있다. 요즘 무엇 하나 안심하고 먹을 수 없는 세상이다. 최근 중국산 '불임 오이'가 도마에 올랐다. 오이꽃이 필 때 피임약과 같은 성분의 호르몬제를 뿌려 키운 것으로, 일종의 성장 촉진제인데 농약의 일종으로 과하게 사용할 경우 인체에 해롭거나 장기간 먹을 경우 불임을 초래할 수 있다는 의학 전문가들의 경고이다.

음식에 대한 불안감을 증폭시키는 기사는 음식을 잘 알고 먹어야 된다는 생각을 가지게 한다. 정보센터는 시민에게 올바른 식생활을 목적으로 누구나 재미있게 이용할 수 있는 영양 놀이터를 여성플라자 4층에서 운영하고 있다. 이유식, 임신, 출산, 건강식단 콘텐츠가 설치되어 영유아, 임신, 수유부를 대상으로 운영된다.

출처 : 서울특별시 여성가족재단

어린이의 편식 예방프로그램인 '무적의 비타꼬치와 함께하는 즐거운 냠냠놀이터'는 어린이집, 유치원의 단체 교육으로 골고루 먹기, 채소 맞추기 게임, 무적의 비타꼬치 플래시 애니메이션 상영, 손 씻기 교육 등 매주 화, 목 오전 10:30~11:30에 진행되고 있다. 한편 오이데이를 실시하여 올바른 식생활 캠페인 프로젝트 제1탄으로 채소, 과일 캠페인, "오이야 건강을 부탁해"를 실시하고 있다. 채소과일 섭취량을 자신의 주먹만큼 하루에 채소 5번, 계절 과일을 2번 섭취하도록 권장하는 캠페인이다.

출처 : 서울여성가족재단

한편, 임신 개월 수와 체중이 증가하는 이유, 변화에 대하여 건강한 엄마와 튼튼한 아기를 위한 적절한 체중을 교육하고 있다. 체중은 왜 증가할까?

첫째, 2/3는 모체의 신체변화와 1/3은 태아의 성장으로 증가한다. 임신 전기에는 모체에 새로운 조직을 구성하며 후기로 갈수록 태아조직을 구성하고 있다. 적정한 체중 증가는 성공적인 임신을 위하여 중요하다.

• 초기(1~12주)는 모체 자궁과 혈액의 증가로 약간의 변화가 있다.
• 중기(13~26주)는 모체의 구성조직 증가로 1주에 약 0.3kg, 한 달에 0.8~1.5kg 증가한다.
• 후기(27~40주)는 태아의 성장으로 1주 약 0.45kg, 한 달에 1.5~2kg 증가한다.

(1) 태아에게 일어나는 변화

첫째, 머리, 몸통, 팔, 다리의 변화가 확실하게 성장한다.

둘째, 태반이 완성된다. 체중은 20g, 신장은 9cm 정도로 성장한다.

셋째, 근육과 신경계가 발달하며, 피하지방이 붙기 시작한다.

넷째, 자극에 적극적으로 반응한다.

다섯째, 호흡을 위한 연습을 시작한다.

(2) 엄마에게 일어나는 변화

첫째, 자궁의 모양이 주먹크기로 커진다. 임신의 자각증세가 나타난다.

둘째, 질의 분비물이 늘어난다.

셋째, 빈뇨 증세가 생긴다.

넷째, 유방의 색소 침착이 심해지며, 초유가 만들어지기 시작한다.

다섯째, 요통, 정맥류, 치질증세가 보인다.

여섯째, 부종 증세의 증가와 움직임이 매우 둔해진다.

(3) 주의

태반 완성기로 안정에 힘써야 한다. 입덧을 극복하고 충분한 식품 섭취를 할 수 있도록 유의하여야 한다. 입덧이 너무 심할 경우 조리법을 식성에 맞추어 약간 차거나 액체화시켜 여러 번에 걸쳐 조금씩 식사하여야 한다.

첫째, 태아에 일어나는 변화는? 자궁 밖 소리가 들리며 표정을 짓기 시작한다. 손가락을 빨며 발길질을 한다. 체중은 300g, 신장은 25cm 정도 성장한다.

둘째, 엄마에게 일어나는 변화는? 힘찬 태동을 감지하며 임신선이 나타난다. 피부 색소의 침착이 증가하며 혈액순환 장애가 생길 수 있다. 빈뇨와 변비가 줄어든다.

셋째, 산모의 옷은 태아에게 압박이 없는 걸로 입으며 적절한 체중증가가 이루어지고 있는지 확인한다. 하루에 340kcal 정도 더 섭취하며, 우유 2컵, 갈치 반토막, 귤 1개 등을 추가하여 식사한다.

넷째, 적절한 체중증가 및 임신 중독증에 유의한다.

다섯째, 변비가 생기지 않도록 채소와 과일을 충분히 섭취한다. 하루에 450kcal 정도를 더 섭취하며 우유 2컵, 갈치 반토막, 귤 1개, 찐 감자 반개, 시금치 한 접시 추가하여 식사한다.

임신 3개월(16주~19주)	임신 5개월(16주~19주)	임신 8개월(16주~19주)
1. 태아에게 일어나는 변화는? • 머리, 몸통, 팔 다리의 변화가 확실해진다. • 태반이 완성된다. • 체중은 20g, 신장은 9cm 정도이다.	1. 태아에게 일어나는 변화는? • 자궁 밖에서의 소리가 들리고, 표정도 짓기 시작한다. • 손가락을 빨고, 발길질도 한다. • 체중은 300g, 신장은 25cm 정도이다.	1. 태아에게 일어나는 변화는? • 근육과 신경계가 더욱 발달하며, 피하지방이 붙기 시작한다. • 자극에 적극적으로 반응한다. • 호흡을 위한 연습을 시작한다.
2. 엄마에게 일어나는 변화는? • 자궁 모양이 주먹크기 정도로 커진다. • 임신의 자각증세가 나타난다. • 질의 분비물이 늘어난다. • 빈뇨 증세가 생긴다.	2. 엄마에게 일어나는 변화는? • 힘찬 태동을 감지하며, 임신선이 나타난다. • 피부색소의 침착이 증가한다. • 혈액순환 장애가 생길 수 있다. • 빈뇨와 변비가 줄어든다.	2. 엄마에게 일어나는 변화는? • 유방의 색소침착이 심해지며, 초유가 만들어지기 시작한다. • 요통, 정맥류, 치질증세가 보인다. • 부종증세가 매우 증가한다. • 움직임이 매우 둔해진다.
3. 주의 • 태반 완성시기로 안정에 힘써야 한다. • 입덧을 극복하고 충분한 식품 섭취를 할 수 있도록 유의한다. • 입덧이 너무 심할 경우 조리법을 식성에 맞추어 약간 차거나 액체화시켜 여러번에 걸쳐 조금씩이라도 식사한다.	3. 주의 • 옷은 태아에게 압박이 없는 걸로 입는다. • 적절한 체중증가가 이루어지고 있는지 확인한다. • 하루에 340kcal 정도를 더 섭취해야 한다. (예 : 우유 2컵, 갈치 반토막, 귤 1개 추가)	3. 주의 • 적절한 체중증가 및 임신중독증에 유의한다. • 변비가 생기지 않도록 채소와 과일을 충분히 섭취한다. • 하루에 450kcal 정도를 더 섭취해야 한다. (예 : 우유 2컵, 갈치 반토막, 귤 1개, 찐감자 반개, 시금치 한 접시 추가)

출처 : 보건복지부

이와 같이 임산부의 식생활 공감대를 위한 동아리 '맘앤맘놀이터'는 매주 화요일 오후 3시 30분~5시에 운영된다. 매 기수마다 올바른 식생활, 우리아기 이유식 및 식품 알레르기 등을 주제로 대화하며 정보를 공유한다. 빈혈 예방을 위한 간단한 조리 실습 체험 등의 강좌를 부분적으로 신청할 수 있다.

찾아가는 곳

서울시 동작구 대방동 345-1번지(한숲길 22번지)
서울 여성플라자 4층 서울시 식생활 정보센터(156-808), 02-824-2622
(서울시 여성가족재단 제3기 블로그 기자단)

2. 시장의 세분화 기준

시장을 세분화하는 데 미치는 영향은 전체시장을 작은 시장으로 나누기 위하여 사용되는 개인 및 조직, 집단의 속성에 대한 특성을 의미한다. 국가의 지역이나 위치,

언어, 인종 등 지리적 특성과 연령, 싱별 소득, 교육, 제품의 사용률, 생활주기 등 세분 기준으로 사용되고 있다.

세분시장의 변수를 선택하기 위해서는 여러 요인들은 고려되어야 한다. 특히 제품에 대한 고객의 필요와 이용목적, 용도, 편익 등으로 개인의 특성에 따라 차이가 존재할 수 있다. 동일시장이라도 세분화 기준은 다르며 여러 시장이 존재하는 이유가 된다. 이와 같이 인구통계적 변수와 지리적 변수, 심리적 변수, 목적별 변수, 편익적 변수로 나눌 수 있다.

〈표 5-1〉 시장 세분화 변수

세분화 변수	구성 변수	기준 요소
인구통계적 변수	• 성별 • 연령 • 가족수 • 소득 • 직업 • 종교 • 교육수준	• 남자, 여자 • 유아, 유치원, 초등, 중 · 고등학생, 20대, 30대, 40대, 50대, 60대 이상 • 독신자 및 싱글족, 2인, 3~4인, 대가족 등 • 100만 원 이하, 100~200만 원, 300~400만 원, 400만 원 이상 등 • 회사원, 공무원, 자영업자, 가정주부, 노무자, 학생, 기타 • 불교, 기독교, 천주교, 원불교 등 • 초등 졸, 중등 졸, 고등 졸, 대학교 졸, 대학원 졸
지리적 변수	• 지역 • 도시규모 • 인구밀도 • 기후 • 인종	• 서울, 경기, 충청, 호남, 영남, 광역권 • 20만 이하 소도시, 50만 이하, 100만 이하, 100만 이상, 1000만 이상 • 도시, 농촌, 역세권, 환승권, 터미널 등 • 온난지역, 한난지역 등 • 황인종, 백인, 흑인, 히스패닉(hispanic) 등
심리적 변수	• 사회계층 • 생활양식 • 개성	• 상류층, 중류층, 하류층 • 개혁자(innovators), 사상가(thinkers), 성공자(achievers), 경험자(experiens), 신용자(belivers), 노력자(strivers), 만드는 사람(makers), 생존자(survivors) • 개인의 행동, 태도, 취미, 사고방식
목적별 변수	• 사업 • 친교 • 화합 • 단체모임	• 업무나 사업상 모임 • 동료, 선후배 등의 친교 모임 • 가족간의 화합 • 조직의 단체 및 개인의 단체 모임
행동적 변수	• 구매형태 • 사용량 • 태도 • 편익	• 특별구매, 일반구매 등 • 다량구매자, 수량구매자, 할인구매자, 일반구매자 • 적극적, 소극적, 무관심, 적대적, 정열적 • 양, 질, 서비스 가치, 경제성
편익적 변수	• 편리성 • 위생안전 • 가격 • 분위기	• 접근성의 편리성, 주차시설, 역세권 교통편 등 • HACCEP 등 위생 안전 • 저렴한 가격 • 목적에 맞는 시설

1) 인구통계적 세분화(demographic segmentation)

기업이 시장을 세분화하는데 가장 손쉽게 사용하는 방법으로 연령, 성별, 직업, 소득, 교육정도, 종교, 가족수, 출생과 사망률, 국적, 사회계층, 라이프스타일 등 변수들을 보편적 기준으로 사용하고 있다. 이러한 변수는 고객이 레스토랑을 이용하는 행동에 결정적 역할을 하며 상호 연관성이 있기 때문에 이를 파악하여야 한다.

일반적으로 레스토랑을 찾는 고객들의 분포를 살펴보면, 아이들은 패스트푸드 점이나 자장면, 중년층은 한식, 20대 전후의 여성들은 야채샐러드, 노인층은 건강식 등 연령별로 이용하는 업종이 다르다. 인구 통계적 변수의 측정이 용이한 점은 기업의 자원 활용과 능력으로 목적에 맞는 세분 시장의 수와 범위를 적절하게 활용할 수 있다는 점이다. 선호 정도에 따라 메뉴 상품의 유형이나 가격, 할인혜택, 부대서비스 등 고객 욕구와 특성을 파악하여 그에 맞는 전략을 추진할 수 있다는 점이다.

예를 들어, 환대 산업의 호텔 숙박업이나 여행사, 외식업, 리조트, 펜션 등은 고객이 실제 사용할 때 여러 가지 다양한 특성에서 제약을 받을 수 있다. 이러한 상황적 변수를 활용하는 방법으로 인구통계적인 특성은 유용한 자료로 이해된다.

2) 지리적 세분화(geographical segmentation)

지역, 인종, 기후, 자연환경, 자원, 인구밀도, 도시, 지방, 도시규모 등 지리적 변수에 따라 특정 상품은 소비자의 구매에 영향을 미친다.

외식업은 대도시의 광역권과 다운타운, 역세권, 환승권과 중소도시의 역세권, 소도시 중심의 시장권, 농촌 및 교외시장으로 세분화하여 지역 권역에 맞는 서비스를 제공하고 있다. 특정한 지리적 영역은 각기 다른 특징과 차별성으로 지역의 향토음식이나 특산품이 되어 판매되고 있다. 글로벌 경영체제에서 다국적 기업들은 국가와 지역, 기후, 풍토, 종교 등에 따라 음식의 기호가 다른 이질적인 특성을 반영하여 메뉴를 구성하고 있다.

보성 녹차, 하동 녹차, 이천 쌀, 철원 쌀, 여주 쌀, 서산 마늘, 의성 마늘, 충주 사과, 밀양 얼음골 사과, 창녕 양파, 함안 수박, 진도 대파, 금산 깻잎, 보은 대추, 청도반시(감) 외 농축산물 79품목은 국립품질관리원과 산림청이 공인한 지리적 표시 품목이다. 지리적 표시는 농수산물이 생산 지역의 특산품임을 인증하고 지적 재산권을 보호하기 위하여 도입된 제도이다. 1995년 타결된 WTO(세계무역기구)의 TRIPs(무역관련 지적재산권 협정) 등 국제 지적재산권 보호강화 움직임에 따라 우리 특산품을 보호하기 위하여 시행된 제도이다.

외국은 샴페인, 보르도, 코냑, 카망베르드노르망디 치즈 등의 프랑스와 스카치위스키의 영국 등은 대표적으로 지리적 표시 품목으로 등록하였다. 2009년 10월 한국과 EU(유럽연합)는 FTA(자유무역협정)를 추진하면서 지리적 표시품목이 상대국에 도용되지 않도록 보호수준을 강화시키고 있다.

한국도 지리적 표시 등록 지역 외 산출된 농수산물에는 이름을 사용하지 못하게 하고 있다. 등록된 품목 이름을 몰래 사용하는 경우 3년 이하 징역 및 3,000만 원 이하 벌금형을 받는다. 지리적 표시인증을 받기 위해선 국립 농산물품질 관리원으로부터 현장 시설과 품질을 검증받아야 한다. 시장의 지리적 표시는 고품질 특산품 임을 인증하며 소비자가 안심하게 구입할 수 있는 증명서 역할을 한다.

보은 대추는 충북 보은군 속리산의 청정지역 환경과 풍부한 햇빛, 큰 일교차 등의 자연조건 때문에 달고 속살이 탄탄한 것이 특징이다. 청도반시는 경북 청도산(産)으로 국내 유일의 씨 없는 감으로 넓적한 쟁반처럼 생겨 '반시(盤枾)'로 불린다.

양양 송이와 장흥 표고, 상주 곶감, 가평 잣, 울릉도 미역취 등 102개 품목이 지리적 표시 등록을 마쳤다. 농산물이 66개로 가장 많으며, 임산물이 29개, 수산물이 7개를 차지한다. 지리적 표시 등록에 참여한 66개 지방자치단체 중 울릉군이 4개 품목으로 가장 많으며, 우산 고로쇠 수액도 지리적 표시인증을 받기 위해 심의를 받고 있다(국립품질관리원). 지리적 표시 품목은 지방자치단체의 지원을 받아 포장과 디자인을 개선하고 내용물 관리 등 엄격한 품질검증을 거쳐 이루어진다. 따라서 소득이 높아지며 고급식품의 먹거리에 대한 소비자의 관심으로 인기가 커지고 있다.

〈표 5-2〉 지역브랜드 중 지리적 특산품 등록 상품, 청도 반시

구 분	이미지 (기본형)	상징물 설명(요약)	개발 및 특허일자	비 고
BI		청도반시 BI는 맑고 깨끗한 청도 자연이 키운 '감'이라는 이미지를 함축. 우리 농산물의 우수성은 물론 청도 자연의 순수함을 고스란히 담고자 하였음.	출원 06.2.9 등록 07.6.27	청도군 농산물 공동 브랜드
농산물 브랜드		청도의 믿을 수 있는 우수 농산물을 통해 언제나 건강한 삶을 누릴 수 있다는 의미를 가짐	출원 06.2.9 등록 06.12.1	

출처 : 청도군청 농정과 유통담당

3) 심리적 세분화(psychological segmentation)

소비자들은 인구통계적 특성이 동일하더라도 각 개인의 심리적 특성에 따라 다를

수 있다. 사회계층(social class), 라이프스타일(lifestyle), 개성(personality) 등에 따른 이질적인 전체시장을 동질적인 집단으로 세분화하는 것을 의미한다. 사회는 계층이 존재하며, 가치관이나 관심, 행동양식에 따라 달라질 수 있다. 특히 레스토랑의 메뉴와 업소 브랜드를 선택할 때 개인적인 선호도와 경험, 지식, 구전 등의 심리적인 요인은 소비행동에 영향을 미친다.

라이프스타일은 세분화 기준으로 유용한 자료로 활용된다. 한 개인의 생활양식은 규범을 가능하게 하는 생활 주기별 AIO(action, interest, opinion)기법으로 소비자행동을 분석하는 자료로 활용된다. 이러한 분석은 소비자가 어떤 업무에 종사하면 자연스럽게 그 일에 관심을 가지며 자신의 주변세계와 다른 견해를 가지는 분석 방법이다.

예를 들어, 가격이 비싼 서양음식을 자주 이용하는 사람 등은 그렇지 않은 사람에 비하여 파티를 좋아하며 외국에 자주 나가거나 여행을 즐긴다는 통계 보고이다. 그들은 스포츠카를 운전하면서 요란한 음악을 켜 놓을 확률이 높다는 분석이다.

현대사회에서 "물은 목말라 마신다" 생각하면 오산이다. 오히려 눈으로 마신다는 표현이 정확하다. 세계적인 디자이너들과 협업하여 만든 프리미엄 생수가 인기를 끄는 것을 보면 더욱더 그렇다. 프리미엄 생수는 일반 생수보다 미네랄 함량이 높아 가격이 비싸고 탄산수, 빙하수, 해양심층수, 나무수액 등 다양한 기능성을 포함한 물을 의미한다. 보통 생수병과 달리 원통이나 동그란 수류탄 모양처럼 톡톡 튀는 디자인으로 판매된다. 몇 년 전만 하여도 스타벅스 커피를 들고 다니는 20~30대 여성들의 행동이 패션이라면 현대는 디자인이 독특한 프리미엄 생수를 갖고 다니는 게 스타일의 상징이 되었다. 파리바게뜨가 출시한 생수 '오(EAU)'가 대표적이다. 소백산 인근 지하 200m에서 끌어올려 만든 천연 암반수로 캡슐 모양의 외관이 눈길을 끈다. 유명 산업디자이너 카림 라시드의 작품으로 하루 판매량이 2만 개에 달한다(조선일보, 2010.7.12).

프랑스 생수 브랜드 '에비앙'은 올 초 영국 패션 디자이너 폴 스미스와 손잡고 한정판을 만들었다. 750ml에 2만 5,000원이나 하는 고가로 일반 생수(제주 삼다수 기준)의 50배 정도 비싼데도 소장가치를 따지는 고객들이 늘어나면서 판매가 증가되고 있다.

패션 브랜드 캘빈 클라인의 디자이너였던 닐 크래프트가 제작한 노르웨이 브랜드 보스(Voss)와 유명한 산업 디자이너인 이토 모라비토가 디자인한 네덜란드 힐체르반 생산의 "오고(Ogo)" 역시 인기상품이다. 이들은 인기에 힘입어 신세계 프리미엄 생수 매출은 전년 대비 111%나 늘었다. 롯데 역시 72% 증가하였다. 지난해 1,500억 원정도의 국내 시장 규모가 2,000억 원대로 클 것으로 전망된다. 이와 같이 상품의 기능성과 스타일, 편익, 충성도 등 심리적 변수에 따라 구매력은 달라질 수 있다.

4) 목적별 세분화(purpose segmentation)

이용 목적별 세분화(use of purpose segmentation)는 레스토랑을 방문하는 고객의 목적에 따른 세분화로 사업상 모임이나 동료, 선후배 간의 친교, 가족 간의 화합, 조직의 단체, 개인의 친목단체, 연인 상견례, 결혼, 칠순, 돌 등 목적에 따른 세분화를 의미한다.

막걸리 인기가 급상승하면서 호텔, 은행, 아웃도어 브랜드 같은 고상한 이미지의 기업들까지 마케팅에 나서고 있다. 롯데호텔은 세 가지 종류의 막걸리 맛을 시음할 수 있는 '막걸리 플라이트'를 시행하고 있다. 막걸리 호기심을 가진 외국인들이 맛보고 선택하여 마실 수 있는 이벤트이다. 반응이 좋아 최근에는 고정 메뉴로 자리 잡았다. 호텔 내 '보비런던'에 '어메이징 막걸리 존'이라는 전용 바까지 설치하여 각지의 전통 막걸리 9종을 선정하여 고객 입맛을 사로잡고 있다.

리츠칼튼과 임피리얼 팰리스 호텔 등은 룸서비스로 막걸리를 판매하고 있다. 내국인뿐 아니라 일본 관광객이나 비즈니스맨들이 현지에서 인기를 끌고 있는 막걸리를 본고장에서 맛보려는 경우가 많아 객실에서 추천하는 메뉴로 선보이고 있다. 덕분에 해물파전, 두부김치 같은 전통 음식도 덩달아 객실 안으로 진출하였다.

금융업계도 막걸리 마케팅에 동참하였다. 하나은행은 생 막걸리 하나적금으로 우대금리로 0.2%의 추가 지급한다. 가족, 친구 등과 막걸리를 즐기는 사진을 제시할 경우, 통장에 막걸리를 건강하게 즐기겠다는 서명을 할 경우 등을 충족시키면 된다. 가입고객 중 60명을 추첨하여 막걸리 빚기 현장체험 기회까지 제공하고 있다.

코오롱은 최근 국순당과 '하산주(下山酒)는 막걸리로!'라는 슬로건을 내건 공동 마케팅 행사를 실시하였다. 북한산, 도봉산, 남한산성, 검단산과 코오롱 스포츠 매장에 등산을 마친 고객들이 방문하면 국순당 캔 막걸리를 무료로 나눠준다. 예전엔 막걸리라는 이름을 함께하는 것조차 무서워하던 업체들이 이젠 앞 다투어 공동 마케팅을 제안하는 등 격세지감을 느끼고 있다.

5) 행동적 세분화(behavioral segmentation)

행동적 세분화는 이익을 고려하는 고객행동으로 편익을 제공하는 기업 입장에서 실제 그 혜택을 즐길 수 있는 구매행동과 이를 사용하는 상품과의 관계에 초점을 맞춘 전략이다.

외식기업 고객은 메뉴상품을 구매함으로써 얻게 되는 편익적 혜택은 개인별로 다를 수 있다. 메뉴의 질이나 가격, 양, 서비스품질, 경제성 등을 따지는 반면, 실제 소비자 행동에서는 사용에 관계없이 최고의 메뉴를 식음하려 한다. 경제적인 구매자들은 비용을 최소화하려 하며, 저렴한 메뉴에 관심을 보일 수 있다. 반면 가치를 따지는 고객들은 가격에 맞는 적정한 분위기와 시설을 선호하게 된다.

행동적 세분화는 구매 양과 금액의 관계로 시장규모에 따른 구매율과 소비량의 비율에서 평가된다. 즉 방문고객의 20%가 전체 매출액의 80%를 책임진다는 파레토법칙(Pareto's low)에 의하여 발표된 소득분포의 불평등도(不平等度)에 관한 법칙으로 고객관계 관리의 중요성을 제시할 때 이용된다.

롯데백화점 부산점에서 고객관계 관리(CRM)시스템을 분석한 결과 지난 1월부터 4월까지 정기 휴무일을 제외한 115일간의 영업일 동안 하루도 빠지지 않고 백화점을 방문하여 구입한 고정 고객이 실제로 1명이 있는 것으로 확인되었다. 이 고객은 백화점 인근에 거주하는 30대 후반의 여성으로 1천 200만 원의 매출을 발생시켰다.

구입 품목은 정육과 농산물, 가공식품 등 식품이 가장 많았으며, 다음으로 주방용품과 캐주얼 및 스포츠 의류 등 쇼핑시간은 오전 11~12시 사이로 나타났다.

지난 4월 한 달 기준으로 총 영업일수 29일 가운데 25일 이상 백화점을 이용한 고객은 3명이며, 20일 이상 이용고객은 15명, 15일 이상 이용고객은 142명, 10일 이상 이용고객은 850명, 5일 이상 이용고객은 8천 300여 명에 달했다. 이는 5년 전 2006년 4월 부산본점을 5일 이상 이용한 고정고객 4천 300여 명과 비교할 때 배 가까이 늘어난 것이다(조선일보, 2011.6.17).

한 달에 5일 이상 이용한 고정고객들이 올린 매출은 모두 104억 원으로 이들 고정고객이 백화점 매출증가를 이끈 주 고객으로 분석된다. 따라서 고정 고객의 발길을 붙들기 위한 다양한 프로모션을 펼치고 있다.

우선 고객발송 우편물을 제작 할 때 거주지와 선호품목, 성별 등 고정고객의 특성에 따라 세분화한 맞춤형 우편물을 제공하고 있다. 우편물과 함께 제공되는 사은품이나 교환쿠폰, 견본상품 등도 고객에 따라 차별화하고 있다. 신상품 출시 때 고정고객을 대상으로 패션쇼와 식사 초대로 개최하고 있으며, 상품군의 특성에 따라 골프와 등산대회, 테마여행, 경품이벤트 등 다양한 판촉활동을 병행하고 있다. 백화점 관계자는 신규고객 유치와 함께 기존 고정고객들이 이탈하지 않도록 서비스 만족도 향상을 위한 다양한 이벤트에 집중하고 있다. 따라서 구매액과 빈도수가 높은 구매자의 행동을 파악하며, 이들의 심리적 특성에 따른 이용목적별 마케팅 전략을 수립하여야 한다.

6) 편익적 변수(beneficial segmentation)

고객이 상품을 구매함으로써 얻을 수 있는 혜택은 편익이다. 기업이 시장 세분화하는 것은 지불가격에 대한 가치로 이익을 내기 위해서이다. 일반적으로 고객의 필요와 욕구에 따른 의도된 관계에서 편익적 세분화란 고객이 추구하는 이익을 제공함으로써 그들이 얻고자 하는 구체적인 혜택을 의미한다.

외식기업은 편익에 대한 묶음을 구매한다는 점에서 유용한 기준을 제시할 수 있다. 즉 고객에게 제공하는 편익적 가치를 어떻게 제공하느냐에 따라서 구매를 유발시키는 요인이 된다. 세분화에 대한 노력은 편익적인 측면에서 시장의 다양성을 고려하여야 한다. 호텔이나 외식기업에서 요구하는 편익은 입지에 대한 편리성, 위생안전의 청결성, 다양한 종류와 가격, 이용목적에 맞는 분위기, 음식의 질과 식음료에 대한 서비스 등은 선택시 고려하는 편익의 묶음이다. 이러한 편익의 장점은 고객의 욕구를 직접적으로 파악할 수 있다는 장점이 있다. 특정 상품에 대한 구체적인 욕구를 의미하며, 세분시장에 대한 편익의 기준은 고객의 특성에서 파악될 수 있다.

초복을 앞두고 다양한 삼계닭 제품들이 고객의 편익적 혜택차원에서 기능성 상품으로 선을 보이고 있다. 사료에 항생제를 쓰지 않거나 스트레스 없이 방목한 건강한 닭, 복날 보양식을 챙기기 어려운 싱글족, 맞벌이 부부를 위한 즉석 삼계탕, 한 마리에 6만 원짜리 프리미엄 닭 같은 각종 삼계 닭이 선을 보이고 있다. 올가홀 푸드는 항생제와 성장호르몬이 없는 사료를 먹여 키운 무 항생제 영계와 넓은 공간에서 스트레스 없이 키운 토종닭을 내놓았다. 롯데마트도 하림과 계약을 맺어 농장을 직접 운영하여 사육한 무 항생제 닭고기를 팔고 있다. AK백화점 분당점은 6개월간 자연에서 풀어서 기른 무 항생제 토종 재래 닭을 선보이고 있다.

물만 부어 끓이기만 하는 반조리 삼계탕도 인기다. 즉석 보양식품을 모아 초복 상품전을 여는 백화점은 보양식품 매출이 전년 대비 늘었다는 소식이다. 이마트는 데우기만 하면 바로 먹을 수 있는 녹두, 들깨 삼계탕과 여성이나 아이들을 위해 반 마리만 조리해 놓은 즉석 조리 반계탕을 출시하였다. 홈플러스는 흑임자, 흑미, 찹쌀, 황기, 황금(黃芩) 약재 등 부재료를 달리한 흑·백·황색의 이색(異色) 즉석 삼계탕을 선보였다. 고가의 고급 닭도 등장하였다. 갤러리아백화점 명품관에서는 전북 진안 마이산 자락에서 자란 토종닭을 백숙용(대)은 6만 원에, 삼계탕용(소)은 3만 7,000원에 팔고 있다.

강원도 화천에서 유기농법으로 키운 화천 유기농 마당닭(18,000원)도 독점적으로 인기이다. 갤러리아백화점측은 비싸지만 친환경 상품에 대한 관심이 높아 인기를 모으고 있다는 분석이다.

3. 시장 세분화 평가요소

기업은 매력적인 시장을 찾기 위하여 세분화하며 이러한 표적을 선정함으로써 세분화가 완성된다. 시장을 세분화하는데, 다음과 같은 기준을 제시할 수 있다.

1) 시장요인

기업은 시장을 효율적으로 운영하기 위하여 전체시장을 세분화하여 자사의 표적고객을 관리하고 있다. 적절한 표적시장을 선정하는 기준과 평가요소는 다음과 같다.

첫째, 시장으로서 적정한 규모와 가치, 성장성, 환금성을 가지고 있어야 한다. 또한 수요변화에 신속히 대처할 수 있는 자사의 자원을 바탕으로 시장을 발견하게 된다. 하지만 시장의 규모가 크다고 기업의 수익을 보장해주는 것은 아니다.

둘째, 현재 존재하는 경쟁자의 규모에 따라 잠재적인 성장가능성을 예측할 수 있다. 기업의 상품개발은 서비스품질을 개선하는 것과 같이 매출을 통하여 이익을 기대할 수 있기 때문이다. 따라서 기업은 미래의 경쟁자에게 자사의 강점을 살려 유리한 위치를 선점할 수 있기 때문이다.

셋째, 자사의 자원을 효율적으로 배분할 수 있어야 한다. 시장의 점유율과 성장률은 상품의 수명주기에 맞는 정확한 포트폴리오 전략으로 가능하게 된다. 따라서 메뉴상품의 사이클에 맞는 규모와 위치, 입지는 경쟁우위를 확보할 수 있는 전략요소가 된다.

넷째, 기업의 목표를 설정하는데 시장의 유통 흐름과 트렌드가 일치하는가를 고려하여야 한다. 이러한 요인은 외부적인 위협과 기회에서 찾을 수 있다.

다섯째, 시장 세분화를 통하여 표적고객을 쉽게 찾을 수 있어야 한다. 기존시장과 연계하여 부가적인 시너지효과를 낼 수 있어야 한다.

예를 들어, 레스토랑을 오랫동안 운영한 경영자라면 주력 메뉴상품에 대한 가격인상 유혹에 빠지기 쉽다. 사회, 경제적으로 고정고객이나 주변 경쟁자 등을 고려할 때 가격을 인상하기는 어렵지만 레스토랑을 방문하는 고객이 늘어나면서 인상을 쉽게 결정하게 된다. 하지만 가격인상 요건이 충분히 발생하였다 하더라도 기존의 메뉴인상을 고려하는 것은 좋은 방법이 못 된다 하겠다. 신 메뉴, 유사메뉴, 세트메뉴 등을 개발하는 것이 올바른 방법이다. 특히 외부적으로 물가상승 요인이 발생하여 어쩔 수 없이 인상을 필요로 하더라도 가격인상은 늦게 하는 것이 최선의 방법이다. 때론 식재료의 인상을 고객에게 충분히 알려 이해시키는 것도 하나의 방법이라 하겠다.

2) 경쟁자 요인

시장을 세분화 할 때 반드시 동종 경쟁자를 먼저 파악하여야 한다. 상권 내 동일시장이 공존하고 있는 상황이라면 더욱더 표적고객 선정에 유의하여야 한다. 그렇지 않다면 자사에 유리한 소비자의 선정과 그에 맞는 마케팅 전략을 포지셔닝하는 데 들어가는 비용이 늘어나 경영의 어려움을 가질 수 있다. 기업이 시장을 조사하여 분석하는 것은 자사의 상품이나 서비스품질을 판매하는 데 필요한 적정한 표적고객 선정과 경쟁우위를 점할 수 있는가를 확인하는 것이다. 따라서 다음과 같이 경쟁자 요인을 파악할 수 있다.

첫째, 현재 경쟁자가 누구인가를 파악하여야 한다. 레스토랑을 창업하는 예비자라면 시장조사를 통하여 제일 먼저 경쟁업소를 방문할 것이다. 메뉴의 종류와 가격, 인테리어, 분위기, 동선, 직원의 태도, 주차시설, 야외조경 등을 철저하게 조사하면서 확인하게 된다. 경쟁자의 전략우위 요소가 크면 클수록 더욱더 타깃 고객을 세분화하여 자사의 장점을 부각할 수 있다. 때론 가격경쟁도 불사하게 되지만 처음부터 저가격을 고수하여 시장의 흐름을 역행함으로써 공익적 다수의 경영자에게 피해를 주어서는 안 된다. 이는 상권 내 모든 경영자에게 공분을 사 공적이 되므로 더 큰 피해를 당할 수 있다. 그러나 아무리 기존 경영자의 능력이 뛰어나거나 고정고객을 많이 확보하고 있다 하더라도 단점은 존재하기 마련이다. 따라서 시장에 진입하는 기회요인은 항상 발생하게 될 수 있다.

둘째, 현 시점에서 고객이 필요로 하는 눈에 보이는 경영전략을 필요로 한다. 잠재적인 경쟁자의 능력은 경영자의 철학, 비전, 직원의 접객태도, 서비스 품질 등에서 평가되며, 상권 내 성장 가능성에서 결정된다. 결국 시장의 성장성은 진입을 안전하게 하면서 수익을 지속적으로 창출할 수 있기 때문이다. 기업은 새로운 고객확보와 고정고객 유지에 노력을 게을리 해서는 안 된다. 이러한 노력이 부족하다면 경쟁자들의 진입을 촉진시키는 계기가 될 것이다.

셋째, 기업 경영자는 시장의 변화에 주목하여야 한다. 현 시장에 참여하지 않을지라도 앞으로 진입 가능성이 높은 경쟁자와 잠재되어 있는 예비자들은 항상 존재한다는 점을 잊지 말아야 한다. 경쟁자에 대한 마케팅 전략과 잠재되어 있는 예비 창업자에 대한 정보 수집을 게을리 해서는 안 된다.

커피전문점 간의 전쟁이 코피 터질 정도로 뜨겁다. 커피전문점 시장의 70~80%를 차지했던 스타벅스, 커피 빈 양대 외국 브랜드 점유율이 최근 50% 밑으로 떨어진 사이 토종 브랜드가 몸집을 늘리고 있다. 스타벅스가 매장수 320개로 1위지만, 국내브랜드인 엔제리너스(260개), 할리스(216개)를 비롯해 탐앤탐스(168개), 카페 베네(650개) 등 춘추전국시대를 연상시킨다(조선일보, 2010.4.5). 여기에 맥도날드 등 각종 패스트푸드점까지 전쟁에 가세하였다. 전문점보다 20~50% 할인된 1,000~2,000원대의 저렴한 가격이 장점이며, 맥도날드의 맥 카페는 2,000원, 650개 매장의 던킨도너츠는 오리지널 커피가격을 300원 내린 1,900원으로 고정하였다. 이랜드도 지난해 1,000원짜리 커피를 파는 더 카페를 출범하여 올해 말까지 170개 점포에서 350억 원의 매출을 기대하고 있다.

커피전문점들은 이에 맞서 고급 인테리어 디자인으로 반격에 나섰다. 최근 문을 연 스타벅스의 서울 삼성역 사거리 점은 폐교의 마룻바닥을 재활용하였다. 매장 내 모든 조명을 LED 전구를 사용하면서 친환경을 내세우고 있다. 엔제리너스는 유명 일러스트작가 이우일 씨가 작업한 캐릭터를 선보였다. 부산 사직구장점에는 롯데 자이언츠 선수들의 유니폼 등을 전시하는 등 차별화로 승부하고 있다. 국내 커피시장은 지난해 기준 1조 9,000억 원으로 그 중 커피 전문점은 5,500억 원으로 29%를 차지한다. 업계 관계자들은 올해 전체 시장 규모 2조 5,000억 원으로 전문점 비중은 30%를 넘길 것으로 전망한다. 엔제리너스는 최근 프리미엄 커피시장이 테이크아웃에서 머물고 싶은 공간으로 재편되고 있다는 점을 겨냥하여 차별화된 인테리어로 매출을 늘리겠다는 포부이다.

3) 자사와 적합성

기업은 비전과 사명을 설정하여 경영목표를 세우게 된다. 조직 구성원들에게 나아갈 방향과 비전을 정확하게 제시할 수 있어야 한다. 기업자원은 다양하게 구성되어 있다. 이러한 자원은 시장이 요구하는 능력과 자사의 능력이 일치하여 적합성을 가질 때 시너지 효과를 나타낼 수 있다. 특히 외식기업은 인적자원의 의존도가 높은 특성으로 직원들의 능력과 레스토랑이 추구하는 매력도에 따라 직무능력은 차이가 있다. 이와 같이 직원들의 능력을 향상시킬 수 있는 교육훈련과 관리자의 수용능력에 따라 그 효과는 차이가 난다. 따라서 기업의 목표를 달성하고 창의성을 발휘하는 데 어려움에 직면할 수 있으며 개인별 능력을 어떻게 발굴하여 접목시킬 것인가를 고민하게 된다.

기업은 자사의 인적, 물적 자원을 바탕으로 시장에 마케팅 믹스 전략을 추진하고 있다. 시장은 항상 더 큰 변화를 원하는데, 고객은 이보다 더 큰 만족의 혜택과 가치를 제공해주기를 원한다. 이와 같이 조화롭게 해결하지 못하는 세분화는 의미가 없다. 따라서 세분시장을 선정하고 평가하기 위한 자사의 규모와 위치, 자본력 등의 적합성을 고려해야 한다.

제3절 | 표적시장 전략

기업이 표적고객을 선정하고 마케팅 전략을 추진하는데 있어 모든 국가나 지역, 그 대상자들 모두에게 만족감을 줄 수는 없다. 소비자들은 다양한 특성을 가지고 있으며 광범위하게 분포되어 있기 때문에 기업의 마케터는 이들 모두에게 맞는 마케팅 전략을 추진하는데 한계를 가진다. 따라서 자사의 표적고객을 선정하기를 원하며, 그 대상에게 효과적으로 마케팅 전략을 추진할 필요성이 있다. 이에 따라 시장을 세분화하며 자사에 맞는 표적고객을 찾으려 노력한다.

하나 또는 둘 이상의 세분시장을 찾아 이들을 표적으로 메뉴상품이나 가격, 유통, 촉진 전략을 사용하는 표적마케팅(target marketing)과 일반대중을 대상으로 전체시장을 표적으로 하는 매스마케팅(mass marketing)으로 분류할 수 있다.

매스마케팅은 대량생산에 따른 불특정 다수의 일반고객을 대상으로 하며, 원가 요소와 비용절감, 판매극대화 방법 차원에서 주로 사용하는 전략이다. 전통적으로 기업에서 추진하는 전략은 타깃 소비자들의 욕구를 파악하여 그들의 구매 흐름을 단순화하는데 의미를 두고 있다. 하지만 단일 상품만으로 소비욕구를 다 충족시킬 수 없다는데서 표적마케팅의 필요성을 가진다.

오늘과 같이 복잡한 사회는 표적대상을 선택하여 전략을 추진하고 그들에게 유익한 정보를 제공하는 기회요인을 포착하여야 한다. 표적마케팅은 기업으로부터 효과적인 메뉴상품의 가격, 유통, 촉진 전략을 바탕으로 계획화(planning)하고 조직화(organizing), 지휘화(directing), 충원화(staffing), 조정화(coordinating), 통제화(controling)하는 일련의 과정이라 하겠다.

1. 표적시장 선정기준

기업은 시장을 세분화한 다음 계획과 조사, 분석을 통하여 평가하게 되며, 자사의 목표에 맞는 표적고객을 선정할 수 있다. 표적시장(target market)은 기업에 최대의 이익을 줄 수 있는 공통적인 욕구와 특성을 지닌 소비 집단을 의미한다. 세분된 시장의 매력도를 평가하여야 하며 하나 이상의 표적 집단과 그 시장을 자사의 자원으로 활용할 수 있는가를 확인하여야 한다. 한편 현 시장을 충분히 고려하였다면 어느 시장에 진출할 것인가를 결정하여야 한다. 이에 기업이 표적을 선정할 때 고려해야 할 사항은 다음과 같다.

첫째, 표적시장의 규모와 성장 가능성을 고려하여야 한다. 이러한 표적의 선정으로 성장 가능성을 예측할 수 있으며 기업이 공략할 수 있는 매력적인 시장을 확인할 수 있다.

둘째, 표적고객의 경쟁 정도를 파악하여야 한다. 시장 내 강력한 경쟁자가 이미 존재한다면 경쟁우위를 점하는데 어려움이 있기 때문이다.

셋째, 기업의 목표와 자원을 검토하여야 한다. 특정시장을 공략할 경우 기업의 목적에 맞는지 또는 자사의 자원으로 충족시킬 수 있는지를 고려해야 한다.

예를 들어, 회사원 김남길(40)씨는 뜻밖의 선물을 받고 깜짝 놀랐다. 은행 창구를 지키고 있어야 할 신협의 부장이 냄비와 육수병을 들고 회사 앞에 서 있었기 때문이다. "냄비를 높이 들어 보이며 미식가들 사이에서 맛집으로 소문난 서울의 A생태찌개 가게에서 직접 공수해왔다며 집에 가져가서 가족들과 즐거운 식사를 하라"는 것이다. 생태찌개 선물을 받게 된 김씨는 돈다발 선물을 받은 것보다 더 감동적이라며 고마워했다는 소식이다(조선일보, 2010.2.24).

서민 금융회사 신협은 끈끈한 정(情)으로 고객을 감동시키는 마케팅 전략을 벌이고 있다. 금융회사는 차갑고 딱딱하다는 고정관념을 깨뜨리며 가족같은 이미지를 구축하여 고객감동 100%에 도전하고 있다. 크고 번듯한 시중은행의 흉내를 내기보다 오히려 시중은행이 못하는 것을 찾아내 틈새를 파고드는 전략이다.

아산 동부신협 직원들은 토요일 오전마다 하루도 거르지 않고 조합 인근, 배방산 정상에 올라 등산객들에게 생수와 커피, 녹차 등을 나눠주고 있다. 산꼭대기에서 등산객들과 담소하면서 자연스럽게 조합을 홍보한다. 영업점에 직접 찾아오는 고객들에겐 직원들이 직접 재배한 오이나 콩을 나누어 좋은 반응을 얻고 있다. 전남 무안 남부신협은 직원들이 밴드를 결성하여 악기 연습을 한 후 고객을 초청하여 음악회를 여는 이색 감동을 선사하고 있다. 직원들의 노력은 실적으로 이어지며 지난해 신협

자산은 전년 대비 29%나 증가하였다. 처음으로 40조 원을 돌파한 것이다. 서민 금융 회사인 신협의 특성을 살려 고객 한 명 한 명에게 정성을 다한 것이 고성장 비결이라 하겠다.

2. 표적시장의 전략방법

기업은 각 세분시장을 평가한 후 표적고객을 선정하며 이때 표적으로 하는 시장을 공략하기 위하여 마케팅 전략을 수립하게 된다. 레스토랑에서 제시하는 표적시장의 전략은 하나의 단일시장을 공략하느냐 또는 여러 시장을 공략하느냐에 따라 차별적, 비차별적, 집중화 전략으로 나눌 수 있다.

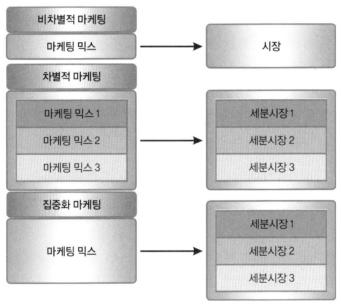

출처 : 김소영 외 5명(2012). 마케팅의 이해

〈그림 5-2〉 표적 마케팅의 전략 유형

1) 차별화 전략

차별화 전략(differentiated strategy)은 마케팅 전략의 하나로 경합 상품과 자사 상품과의 사이에 뚜렷한 차별을 두고 있으며, 디자인, 가격, 편리성 등에 대한 우위성을 소비자에게 전달함으로써 시장 점유율을 확대할 수 있는 전략이다. 즉 두 개 이상의 세분시장을 표적으로 선정하고 각 세분시장에 적합한 상품과 가격, 유통, 촉진의 마케팅 믹스 전략을 개발하여 실행하는 것이다. 이 전략은 세분시장에 따라 전개하는 프로그램은 다르므로 많은 자원과 그에 따른 인력의 확보가 필요하다. 이와 같이 표적시장의 소비욕구는 세분화할 수 있으며, 표적으로 하는 타깃시장도 다르다 하겠다. 따라서 마케팅 믹스 전략을 전개하여 보다 많은 수익을 창출할 수 있는 차별화 전략을 필요로 하게 된다.

2011년 8월 도쿄의 소녀시대 공연은 아수라장이었다. 5,000명 규모로 기획된 콘서트에 2만2,000명이 들어섰다. 일본 NHK는 9시 뉴스에 공연 현장을 소개하였다. "한국 아이돌 그룹의 세련된 스타일이 일본 연예계에 새로운 바람을 몰고 온다."는 논평이다(조선일보 살림 & 데코, 2011.11.11).

아이돌 그룹은 무한한 성장 가능성을 가지고 있다. 장르불문, 특정 연령층 초월, 음악은 기본, 영화, CF, 드라마, MC, DJ, 뮤지컬, 행사, 게임 등 콘텐츠산업 전체가 그들의 활동 무대이다. 오빠, 삼촌, 누나 팬과 성별, 연령 불문으로 대단한 잡식가 이며 공간적으로 엄청난 적응력을 과시하고 있다. 국내는 물론, 중국, 일본, 태국을 점령하고 미주와 유럽까지 세를 넓히고 있다. 한마디로 어디에나 그들이 있다. 진정한 원소스멀티유즈(one source multi use)다. 힘의 원동력은 어디에서 비롯된 것일까? 철저한 기획과 우월한 개인기, 전폭적이면서 전략적인 투자에서 그 답을 찾을 수 있다. 아이돌의 폭발적인 인기는 한국산업의 패러다임에 대한 변화를 상징한다. 하드웨어 강국에서 소프트웨어 강국으로 발전하는 대전환의 가능성을 대변하고 있다. 이들은 연예 산업에 국한한 것이 아니라 한국형 콘텐츠 산업의 차별화 전략을 푸는 실마리가 되고 있다. 뛰어나면서도 개성이 뚜렷한 재능의 조합으로 문화와 종교, 국경을 뛰어넘는 코드가 되고 있다. 비즈니스를 무한대로 발전시키는 한국형 아이돌산업의 차별화 전략을 보여주고 있다.

연예계의 엘리트로 댄스, 노래, 작사, 작곡, 연기, 개그 못하는 게 없는 만능인간이다. 소속사가 수년간 막대한 비용을 투자하여 길러 낸 결과 당사자와 소속사로서도 절차탁마(切磋琢磨)의 과정이다. 투박한 원석을 디자인하고 섬세한 커팅으로 명품을 만들어낸 상품기획과 R&D 결과라 하겠다. 2006년 미국 LA 한인축제 때, 캐스팅 담당자는 한 청년을 눈여겨 봤다. 훤칠한 키와 수려한 이목구비, 능숙한 영어까지 그의 스펙은 관계자를 사로잡았다. 아 이 사람이구나! 계약을 하고 2008년 데뷔시켰다. 2PM의 닉쿤이 주인공이다.

아이돌 멤버들의 우수성은 해외에서 인정받고 있다. 일본 경제주간지인 '닛케이비즈니스'는 소녀시대를 표지모델로 기용했다. 유력 경제지가 해외 인기가수를 커버스토리로 다룬 것은 이례적이다. 일본의 아이돌 그룹보다 월등한 실력을 갖췄다는 전문가들의 반응을 인용하며 "한국 엔터테인먼트 업계에는 우수한 그룹 엘리트 인재들로 글로벌 시장을 겨냥한 수출기업의 특징이 엿보인다" 하였다. 아이돌 비즈니스 본고장인 일본이 실력을 인정한 셈이다. 엔터테인먼트 아이돌의 비범한 재능을 가져 자체 발광하는 스타일이다. 이들을 모아 더 큰 빛으로 재탄생시킨 결과이다. 뛰어난 부품을 모아 시너지를 더하며 매력적인 완제품을 만들 수 있기 때문이다. 엔터테인먼트의 기획과 설계가 획기적이라도 이를 구현하는 부품이 없다면 무용지물이다. 될성부른 부품을 발굴, 육성하는 것에서 시작된다.

훌륭한 원석을 발굴하는 캐스팅은 시대와 기술의 발전에 따라 진화해 왔다. 길거리의 공개오디션, 국내·외 오프라인의 UCC, 원석을 구하는 채널과 규모가 커지면서 아이돌 그룹을 구성할 수 있는 캐파(capacity)도 증가하였다. 대표적인 연습생 모집 채널은 오디션이다. 소녀시대의 윤아, 슈퍼주니어의 희철, 2PM의 장우영 등 방식과 시기는 회사마다 다르지만 경쟁률은 상상을 초월한다. 올해 초 개최한 공개 오디션에 3만 명이 몰렸다. 재능만 갖춰진다면 출신지역도 가리지 않는다. 교포나 외국인 중 수퍼주니어-M의 헨리, 조미와 소녀시대의 티파니, 에프엑스의 엠버가 외국에서 캐스팅된 경우다. 기획사마다 해외 인재를 유치하기 위해 ARS, 이메일, UCC 등 다양한 채널로 연습생을 선발하고 있다.

원석을 선택한 후 보통 4~5년에 이르는 혹독한 가공과정이 기다리고 있다. 그들이 체화해야 하는 능력은 광범위하다. 작사, 작곡에서부터 연기, 매너, 보디빌딩 등 연예활동에 필요한 자질들을 체계적으로 배운다. 댄스만 하더라도 연습생의 성향에 따라 걸스힙합, 재즈댄스의 전문 강사들이 따로 배정된다. 최근엔 중국어·일어·영어 등 외국어도 필수과정이다. 아이돌 시장이 확대되고 생존 경쟁이 치열해지면서 배워야 하는 종목이 늘어나고 있다.

해외에서도 인정받는 멤버들의 개인적 실력은 치열한 내부 경쟁을 통해 길러진다. 연습생이라고 무조건 데뷔가 보장되는 것은 아니다. 경쟁을 통하여 재능이 뛰어난 순서대로 데뷔가 결정된다. 외모와 실력이 출중한 연습생들 중에서도 독특한 개성을 동반한 후보자들이 신규 아이돌 그룹의 멤버로 간택된다. 서로 다른 취향의 팬층을 확보하고 멤버 간의 시너지를 극대화하기 위해서다. 가령 빅뱅의 경우 리더인 지드래곤이 작곡과 작사를 맡고 탑이 랩을, 태양이 보컬을 맡는 식이다.

중도하차 연습생들도 많다. 원더걸스의 유빈, 애프터스쿨의 유이, 시크릿의 전효성은 처음은 같은 소속사의 연습생으로 출발했지만 다른 곳에서 데뷔했다. 서로 다른 기획사를 전전한 것이다. 장현승도 빅뱅의 후보였다가 탈락, 비스트에 합류했다.

멤버 선발기준은 기획에 달려 있다. 다른 아이돌과 차별화된 콘셉트를 소화할 수 있는 연습생이 1순위가 된다. 대부분 독특한 콘셉트를 갖고 있다. 그러나 결성 때부터 정해지는 것은 아니다. 2PM의 경우 비보잉, 아크로바틱 등 역동적인 안무를 구사할 수 있는 팀으로 기획됐지만, 근육질의 남성 아이돌인 짐승돌이라는 대표 이미지는 팬들이 붙였다. 데뷔하였다고 모두 성공하는 것은 아니다. 인기를 끌기도 전에 해체되는 그룹들도 많다. 2008년 결성된 에이스타일의 경우 다국적 아이돌 그룹을 표방하며 반짝 인기를 얻었지만 1년만에 해체되었다. 성패는 기획사의 육성과 매니지먼트 능력에 달렸다. 제2의 한류로 부상할 만큼 급속히 인지도를 늘리는 것은 대형 기획사들의 치밀한 전략과 차별화가 주효했기 때문이다.

2) 비차별화 전략

비차별화 전략(undifferentiated strategy)은 시장을 구성하는 소비자의 필요와 욕구가 유사하더라도 하나의 마케팅 믹스 전략을 전체시장으로 전개하는 방법이다. 전체시장을 하나의 시장으로 보고 전략을 수립하기 때문에 개인적인 필요는 무시되며, 소비자들에 대한 공통된 욕구를 찾아 전략을 수립하게 된다. 이 전략의 최대 장점은 대량생산에 따른 규모의 경제성을 실현함으로써 판매비용을 줄일 수 있다는 점이다. 따라서 시장의 조사와 계획으로 일정한 광고, 홍보에 따른 촉진 전략을 계속적으로 시행하기 때문에 비용절감의 효과를 기대할 수 있다.

3) 집중화 전략

집중화 전략(focus strategy)은 고객이나 상품, 지역 등 특정한 세분시장에 집중하여 기업의 자원을 투입하는 전략을 의미한다. 원가우위전략과 차별화 전략의 경우에는 전체시장을 대상으로 경쟁하지만, 집중화 전략은 표적으로 하는 '특정시장'만을 대상으로 경쟁을 하게 됨으로써 힘을 한곳으로 모을 수 있다. 집중화 전략은 경쟁자와 전면적인 경쟁에서 불리한 기업이나 보유하고 있는 자원, 역량이 부족할 때 한곳에 집중함으로써 효과를 거둘 수 있는 전략이다. 또한 기업이 하나의 세분시장을 선정하여 집중적으로 공략하는 마케팅 전략으로 기업의 자원이 제한적일 때 혹은, 소수의 세분시장에서 점유율을 높이려 할 때 시도하는 전략이다.

중소기업은 큰 시장을 세분화하여 표적시장을 선택한 후 집중함으로써 높은 점유율을 확보할 수 있다. 기업이 필요로 하는 표적시장은 하나가 되므로 집중할 수 있다. 이와 같이 고객욕구와 시장의 성격을 보다 면밀히 파악할 수 있어 마케팅 전략을 집중할 수 있다. 전문화할 수 있는 기술과 생산, 유통, 촉진을 바탕으로 시장의 강력한 지위를 확보하여 독보적인 입지를 구축하게 된다. 시장을 잘 선정하여 높은 수익을 올릴 수 있는 반면, 규모의 범위가 좁아 원하는 수익을 얻지 못할 수도 있다. 표적시장의 욕구가 변하거나 강력한 경쟁자가 진입할 경우 큰 타격을 받을 수 있는 단점도 있다.

예를 들어 피자시장에 도미노 피자와 리틀 시저피자가 도전장을 내었다. 이들은 기존 시장에 전면전을 벌이는 대신 특정 부문에 집중하는 전략을 실행함으로써 빠르게 점유하였다. 도미노 피자는 "가정에 30분 내 배달한다"는 캐치프레이즈를 내세워 기존의 피자헛 시장과 전쟁을 피하면서 점유율을 높일 수 있었다. 하지만 배달 운전자들이 교통사고로 사망하는 등 안전상의 문제가 발생하면서 결국 "30분 내 보장"이라는 약속을 철회할 수밖에 없었다. 하지만 도미노 피자는 사람들의 뇌에 깊이 인식하게 되었다. 반면 미국의 즉석식품 회사인 리틀 시저는 "한 개의 가격으로 두 개의 피자를!"이라는 캐치프레이즈로 가장 빠르게 성장한 테이크아웃 피자회사이다. 고객이 피자를 사가는 테이크아웃 전문점으로 테이블이나 배달 직원도 없으며, 배달 오토바이도 없는 저렴한 비용으로 사업을 빠르게 성장시켰다. 불과 10년 전까지만 하여도 햄버그가 시장을 선점하였지만 리틀 시저의 등장으로 피자의 비중이 늘어나는데 큰 역할을 하였다.

3. 표적시장 고려요인

현대 사회처럼 변화의 속도가 빠른 기업환경에서는 한 기업이 전체산업의 시장을 포괄하여 상품을 생산하거나 판매하는 것은 결코 쉬운 일이 아니다. 그러므로 산업에 참여하는 주체를 5가지 forces로 나누어 이들 간 경쟁관계의 우위에 따라 각 기업과 산업의 수익률이 결정된다는 '산업 구조적 분석 이론'을 마이클 포터 교수는 제시하였다. 이를 도식화한 그림은 다음과 같다.

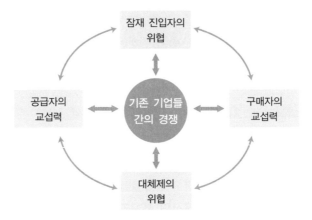

〈그림 5-3〉 마이클 포터의 산업구조적 분석

첫째, 기존 기업 간의 경쟁이다. 경쟁이 심할 경우 산업의 매력도는 크게 하락될 것이다. 기업은 차별화 전략이나 원가 절감을 통하여 이를 극복하려 한다. 때론 시장에 적응하지 못하면 철수를 고려해야 한다. 둘째, 잠재적 진입자의 위협이다. 현재 산업 밖에서 존재하는 기업의 진입위험으로부터 보호할 수 있는 우위를 확보하여야 한다. 규모의 경제성을 이루거나 절대적인 우위요소를 확보하기 위한 진입장벽을 구축하여야 한다. 셋째, 대체재의 위협이다. 자신의 제품을 구입하던 고객이 대체재를 구매하는 것은 기업의 수익을 악화시킬 수 있다. 그러므로 고객관계 관리를 통하여 충성도 높은 단골고객을 확보하여야 한다. 넷째, 구매자의 교섭력이다. 구매자가 가격을 인하하거나 품질향상을 요구할 경우 수익성은 악화될 수 있으므로 다양한 형태의 협상력을 강화하여야 한다. 다섯째, 공급자의 교섭력이다. 식재료 공급자의 가격이 인상될 경우 기업의 수익성이 떨어지게 된다. 그러므로 식재료 공급원을 다양화하거나 대체품의 존재여부 등을 파악하여 교섭력을 높여야 한다.

외식기업은 표적시장을 선정하기 위하여 고객을 세분화하게 되며, 표적으로 선정된 대상을 바탕으로 시장의 크기와 성장성 구조적 매력성, 목표와 자원의 일치성으로 포지셔닝하게 된다. 이러한 전략을 수립하기 위해서는 자사의 범위 내 상품의 경쟁력이나 수명주기, 시장의 변화 가능성, 경쟁사의 전략 등 마케팅 촉진 전략으로 추진할 수 있다. 이러한 표적시장을 선정할 때 고려하는 요인은 다음과 같다.

첫째, 기업은 자사의 자원(resource)을 바탕으로 그들의 능력을 향상시키고자 노력하며, 그에 맞는 표적시장을 선정하여야 한다. 자원이 충분할 경우 차별화 전략이 가능하지만 자원이 제한적이거나 부족할 경우 집중화 전략을 추진하는 것이 바람직하다.

둘째 기업은 시장에 진출하는 상품의 동질성(homogeneity)을 고려하여야 한다. 상품이 가지는 다양한 특성이나 형태, 기술력, 진입장벽, 자본력 등 큰 차이가 없거나 특징이 존재하지 않을 경우 비차별화 전략을 추진하는 것이 효과적이다.

셋째, 표적시장 내 진출하는 상품의 수명주기(life cycle)가 시장에서 어떠한 위치에 포지셔닝되어 있는가를 확인하여야 한다. 도입기는 고객의 욕구가 다양하지 않으므로 일반적인 비차별화 전략을 이용할 수 있다. 반면 성장기와 성숙기는 소비욕구의 다양화로 차별화 전략이나 집중화 전략을 선택하는 것이 효과적이다.

넷째, 시장의 특성(characteristic)을 고려한 선호도, 취향, 동기, 기호, 개성 등이 유사할 경우 비차별화 전략을 추진하는 것이 효과적이다. 하지만 이질적인 성향이 확인될 경우 차별화 전략을 시행하는 것이 바람직하다.

다섯째, 기업은 경쟁사의 전략(competitive strategy)을 고려하며, 그에 상응하는 마케팅 전략을 수립하여야 한다. 경쟁업체가 특정 표적을 대상으로 차별화 전략을 수행할 경우 비차별화 전략을 추진하기 어렵다. 경쟁업체가 비차별화 전략을 추진할 경우 차별화 전략 또는 집중화 전략을 추진하는 것이 효과적이다.

여섯째, 기업은 시장의 크기(size)와 경쟁자 수(number of competitors)를 고려하여야 한다. 소비자의 필요와 욕구를 파악한 후 시장의 규모와 크기에 따라 잠재적 수요를 예측할 수 있다. 이러한 분석은 인구통계적인 변수나 심리적, 편익적, 지리적 변수를 고려하여 경쟁자의 수가 증가하면 차별화 전략을 실행할 수 있다.

제4절 | 포지셔닝 전략

1. 포지셔닝 의의

포지셔닝(positioning)은 소비자의 마음속에 자사 제품이나 기업 이미지를 표적시장, 경쟁자 등에게 기업의 능력과 관련하여 유리한 위치에 포지션 하도록 하는 과정이다. 제품이 소비자들에게 지각되는 모습을 의미하며, 마음속에 자사제품의 위치가 바람직한 모습으로 형성되기 위하여 제품의 효익을 개발하고 커뮤니케이션을 강화하는 것이다. 1972년 앨 리스(Al Ries)와 잭 트로우트(Jack Trout)가 처음 광고에 도입하면서 개념이 정립되었다. 포지셔닝 전략(Positioning Strategy)은 소비자가 원하는 바를 준거점으로 자사제품의 위치를 개발하려는 소비자 포지셔닝 전략과 경쟁자의 포지션을 준거점으로 자사제품의 위치를 개발하려는 경쟁적 포지셔닝 전략으로 구분된다. 또한 소비자들이 원하는 바나 경쟁자의 위치가 변화함에 따라 기존제품의 위치를 바람직하게 또는 새롭게 전환시키는 전략을 리포지셔닝(repositioning)이라고 한다.

소비자의 포지셔닝 전략은 자사제품의 효익을 결정하는 커뮤니케이션 활동을 강화하는 것으로 구체적인 포지셔닝과 일반적 포지셔닝, 정보 포지셔닝, 심상 포지셔닝으로 구분된다. 즉 소비자가 원하는 바를 구체적으로 제시하며, 제품의 효익을 근거로 애매모호한 효익을 근거로 하는 일반적인 포지셔닝과 정보를 통하여 직접적으로 접근하는 정보 포지셔닝, 심상(imagery)이나 상징성(symbolism)을 통하여 간접적으로 접근하는 심상 포지셔닝으로 구분된다. 따라서 어떠한 포지셔닝 전략을 사용하든 제품의 특징이나 효익, 사용계기, 사용자 범주 등은 다음과 같은 과정을 거쳐 개발할 수 있다.

첫째, 소비자의 욕구와 기존제품에 대한 불만족 원인을 파악한다. 둘째, 경쟁자 확인으로 제품의 경쟁 상대를 파악한다. 이때는 표적시장을 어떻게 설정하느냐에 따라 경쟁자가 달라질 수 있다. 셋째, 경쟁제품의 포지션 분석으로 소비자들에게 어떻게 인식되어 평가받는지 확인할 수 있다. 넷째, 자사제품의 포지션 개발로 경쟁제품에 대한 소비욕구를 더 잘 충족시킬 수 있는 위치를 결정한다. 다섯째, 포지셔닝 확인과 리포지셔닝으로 전략이 실행된 후 목표한 위치에 포지셔닝 되었는가를 확인한다. 이는 매출성과와 효과를 파악할 수 있으며, 전문적인 조사를 통하여 소비자와 시장에 관한 분석을 하는 것이 옳다하겠다. 하지만 시간이 경과함에 따라 경쟁 환경과 소비자 욕구가 변화하기 때문에 목표로 하는 포지션을 재설정하거나 리포지셔닝하여야 한다. 시장을 세분화하여 표적시장을 선정하고 자사의 상품이나 제공물의 이미지가 표적 대상자에게 어떠한 위치를 차지할 수 있게 계획하는 것이다. 따라서 고객의 마음속에 자리 잡을 수 있는 차별적 요소와 상징성에서 시작된다 하겠다.

레스토랑의 독특한 상징물이나 분위기, 이용목적에 맞는 혜택, 부가서비스 등은 경쟁브랜드와 차별화된 포지셔닝 전략이 될 수 있다. 이러한 포지셔닝은 소비자의 마음속에 명확히 자리 잡지 못하면 사라지기 때문에 표적고객에게 심어줄 수 있는 가치 있는 혜택을 제공해주어야 한다. 따라서 소비자의 마음 속 인식을 바꿀 수 있는 포지셔닝 맵을 설정하는 것이 중요하며 치열한 경쟁시장에서 살아남을 수 있는 방법임을 보여주고 있다.

수업자료를 얻기 위하여 학술정보원을 자주 찾는다. 열람실에서 책을 보다가 놀라게 되는 것은 책상 위를 점령한 17차이다. 가끔은 옥수수 수염차와 블랙빈테리피, 생수가 보인다. 남양유업 17차는 녹차류가 대부분 이였던 혼합음료 시장에서 17가지의 몸에 좋은 차를 표방하면서 출시하였다. 전지연을 내세워 대대적으로 광고하였으며, 4~5백억 수준의 혼합차 시장을 2008년 3,000억까지 끌어 올리는데 1등 공신을 하였다. 광동 옥수수 수염차는 17차가 등장한 1년 5개월이 지난 후발주자로 얼굴 V라인에 집중적인 포커스를 맞추어 보아에 이어 김태희를 모델로 기용하였다.

몸에 좋은 음료로 대변되는 옥수수 수염차를 얼굴에 포커스를 맞추어 포지셔닝하였다는 점이다. 두 제품 모두 잭트라우스와 알리스의 '마케팅 불변의 법칙(The Law of Category)'을 매우 잘 설명하고 있다. 즉 최초로 뛰어들 수 있는 새로운 영역을 개척한다는 전략이다. 17차가 등장할 무렵 녹차시장이 주류였으나, 17가지 몸에 좋은 차는 소비자의 머리 속에 포지셔닝하면서 엄청난 성공을 거두게 된다. 후발주자인 광동 옥수수 수염차는 몸이 아닌 'V라인 얼굴'로 포지셔닝하여 추격하고 있다. 고객의 주의를 끄는데 시선을 함께 받았으며, 몸을 강조한 17차와 얼굴을 강조한 옥수수 수염차는 1위 자리를 주고받으면서 경쟁하고 있다(아이뉴스, 2011.1.10).

두 제품 모두 다이어트에 초점을 맞춘 제품이지만 하나는 몸에 집중하였으며 하나는 얼굴에 집중하였다. 소비자는 결국 얼굴을 강조한 옥수수 수염차의 손을 들어 주었다. 무엇보다 익숙한 맛을 선호하며 어린 시절 보리차나 옥수수차에 길들여진 입맛을 기억하게 된 것이다. 2009년 초 할리우드 스타 제시카 알바가 17차를 들고 다니는 모습이 파파라치 사진과 유튜브 등 온라인상에 퍼진 뒤 대박 행진이 이어졌다. 17차는 '할리우드 스타들의 물'이라는 애칭이 붙을 정도로 큰 인기를 끌어 성공한 사례이다.

2. 포지셔닝 유형

기업이 선택할 수 있는 포지셔닝 유형은 상품의 속성과 이미지, 시장상황, 사용자, 경쟁제품 등으로 분류할 수 있다.

첫째, 상품 속성에 의한 포지셔닝은 자사제품의 차별적 요소나 상황에서 경쟁제품과 다른 편익적 혜택을 제공할 수 있으며, 그 속성을 고객이 인식하여 알릴 수 있는 유형이다. 예를 들어, 소화가 잘되는 우유, 장에 좋은 우유, 저지방 우유, 초유성분 우유와 조용한 차, 음성으로 전화하는 핸드폰 등은 경쟁 제품이 가지지 못한 우월적 기술로 차별화되는 속성을 구체적으로 부각시킨 유형이라 하겠다.

둘째, 가격대비 품질과 브랜드는 이미지 유형이다. 상품의 추상적 편익과 관련된 이미지로서 상품의 가치에 따른 브랜드 중요성으로 제시된다. 자동차, 아파트, 구두, 의류, 보석 등과 패밀리, 파인다이닝, 커피전문점 등이 그 예라 하겠다.

셋째, 상품의 속성과 상황이 사용자에 의하여 결정되는 포지셔닝으로 특정 이용자나 집단을 대상으로 하는 유형이다. 예를 들어 생일, 결혼, 입학, 졸업 같은 축하 상황과 집들이 등에 소비되는 각종 세제, 롤, 휴지, 특별한 음주자들의 숙취해소 음료, 탈모방지 비듬 샴푸, 무좀비누 등을 그 예로 들 수 있다.

넷째, 편익에 따른 포지셔닝으로 소비자는 구매한 상품이 구체적으로 이익이 있을 때 신뢰하게 된다. 상품의 기능적 속성들은 소비자의 효익으로 전환되며 브랜드와 연관되어 인지하도록 하여야 한다. 이러한 편익은 소비자의 심리적 이점으로 강조되며 상품에 대한 포지셔닝을 선정할 수 있다.

3. 경쟁제품 포지셔닝 전략

기업은 은연중에 경쟁사의 제품과 비교 광고를 통하여 암시적, 묵시적으로 제품특성을 고객에게 소구하게 된다. 이러한 비교 유형의 포지션 전략은 자사의 우수한 상품을 경쟁사보다 명확하게 인식시키기 위하여 추구하게 된다.

첫째, 기업은 소비자의 마음속에 자사상품에 대한 포지션을 강화하여야 한다.

어떤 후발기업이 "우리는 2등이지만 더욱 열심히 하겠습니다"라는 포지셔닝 전략을 실행하여 성공한 사례를 그 예로 들 수 있다. 이러한 표현은 솔직함으로써 고객의 마음을 움직일 수 있다.

둘째, 경쟁사와 비교 광고나 홍보에서 유리한 입장이 아니라면 새로운 제품의 카테고리를 개발하여 최고의 포지션을 차지하는 전략을 수행하여야 한다.

셋째, 소비자의 마음속에 자리 잡지 못한 새로운 포지션을 공략하여야 한다. 외식기업의 웰빙, 친환경, 무공해 식재료를 통한 건강과 안전한 식단은 경쟁사의 식재료보다 우수한 속성을 가졌음을 강조하는 전략이다. 따라서 테라피(therapy)나 힐링(healing) 등에 소구한 포지셔닝 전략으로 차별화할 수 있다.

넷째, 경쟁사의 우수한 경영전략이나 서비스 방법 등 벤치마킹(benchmarking)하거나 그들의 전략을 통하여 리포지션(reposition)하여야 한다.

다섯째, 일류기업의 집단에 들어가거나 그렇지 않다면 비슷한 유형의 시장에 들어가 그룹을 형성하는 것도 경쟁전략의 한 방법이다. 글로벌경영 상황에서 세계최고 및 동양최대, 한국최고 같은 수식어는 그 상품의 우수성을 암시하며 신뢰할 수 있는 이유가 된다.

4. 포지셔닝 전략

일반적인 포지셔닝 전략은 제품이나 서비스 품질 등 여러 가지 다양한 요소를 평가하여 개발하여야 한다. 표적시장 내 고객이 중요하게 생각하는 자사상품의 경쟁력과 우위를 확보할 수 있는 차별성을 부각시켜야 한다. 이와 같이 정확한 상품지식과 정보를 고객들에게 전달하면서 체계적으로 포지셔닝 전략을 수립하여 집행하였을 때 그 효과를 향상시킬 수 있다.

효과적인 포지셔닝 전략을 수립하기 위한 구체적인 전략은 다음과 같다.

첫째, 기업의 제품과 서비스는 차별화된 전략으로 디자인(designing)되며 이를 통한 마케팅 믹스를 결합하여 포지셔닝을 가능하게 한다.

둘째, 기업은 표적고객에게 혜택을 심어주기 위하여 이미지 메이킹을 결정(deciding)할 수 있다.

셋째, 자사의 상품을 구매하는 고객에게 가장 중요한 혜택이 무엇인지 보여주어야한다. 이를 규명하고 개발 자료로 삼아 문서화(documenting)하여야 한다.

넷째, 경쟁관계에 있는 시점에서 어떻게 차별화(differentiation)할 것인가를 구체적으로 설정하여야 한다.

다섯째, 고객과의 약속은 어떠한 경우라도 지켜져야 한다. 이는 신뢰할 수 있는 믿음이 되며 행동으로 실천할 수 있어야 한다.

1) 내부분석

외식기업의 내부분석에서 직원들의 노동력은 가장 훌륭한 자원이 된다. 서비스품질을 결정하는 직원들의 접객능력은 생산과정의 재무 건전성만큼이나 경영성과에 영향을 미친다. 또한 물적, 인적자원과 노하우, 매뉴얼, 상징성 등 목표 고객에 대한 가치를 제공하는 결정요소로 수익성, 안정성, 성장성을 나타내게 된다. 직원들은 레스토랑의 메뉴 상품을 개발하거나 구성원으로서 표적고객에게 봉사할 수 있는 직무 역할을 수행하게 된다. 고객들은 그들이 이용하는 물리적 자원의 혜택 속에서 노동력과 서비스 품질 등을 바탕으로 평가하게 된다.

한편 신규 레스토랑의 출점이나 새로운 메뉴 등을 출시할 때는 내부분석을 통하여 활용 가능한 자원과 지식경험의 능력에서 설계되어야 한다.

2) 소비자 및 경쟁자 분석

고객 분석은 목표시장 내 소비자들이 상품을 구매하면서 얻게 되는 편익의 혜택을 분석하는 것으로 기존의 만족과 불만족의 경험까지 평가하게 된다. 이는 고객의 소비욕구를 정확하게 반영하려는 기업입장에서 상품선택과 평가속성들의 기준으로 제시된다. 이와 같이 표적시장을 선정하여 경쟁자를 파악하는데 필요한 정보자료는 전반적인 수요자극과 경영흐름에 따라 다르게 분석되어져야 한다. 이러한 능력을 통하여 기업의 규모와 성장가능성, 잠재력에서 고객과 경쟁자를 분석할 수 있다.

3) 경쟁상품의 포지션 분석

기업은 시장의 경쟁상품이 어떠한 포지션을 위치하고 있는지 구체적으로 파악하여야 한다. 이러한 정보를 바탕으로 고객이 어떻게 지각하는지 평가하게 된다. 이는 다차원적인 분석방법으로 포지셔닝 맵을 설정하여 경쟁 제품에 따른 자사제품의 현재 위치를 파악할 수 있는 전략이라 하겠다.

포지셔닝 맵은 소비자의 마음속에 차지하는 제품이나 경쟁사의 제품 위치를 의미한다. 2차원적 또는 3차원적 접근으로 작성되며, 분석결과에 따라 시장의 기회요인을 발견할 수 있어 경쟁상품에 따라 차별된 전략을 세울 수 있다.

한국 사람들은 매운맛을 유난히 좋아한다는 사실은 오래전부터 알고 있는 상식이다. 대형마트의 고추장, 카레, 라면 등에서도 매운맛의 상품이 나타나고 있다. 이들 제품은 매우면 매울수록 더 많이 팔리는 것으로 조사되었다.

이마트는 자체 상표부착(PL)으로 팔기 시작한 고추장을 1년간 실적을 조사하였다. 분석결과 매운맛 정도가 높은 제품의 판매량이 월등히 높았으며 보통 매운맛, 매운맛, 아주 매운맛, 무진장 매운맛 등 4단계로 구분하여 판매하고 있다. 지난 1년간 팔린 매운맛 등급의 판매량에서 고추장 7만 6,559개 중 가장 매운 '무진장 매운맛 고추장'의 판매 비중은 전체의 절반이 넘는 4만 515개로 52.9%를 차지했다. 이어 '아주 매운맛'이 22.3%, '매운맛'(13.4%)과 '보통 매운맛'(11.3%)이 뒤를 이었다. 매운맛 정도에 따라 상품의 판매량이 나누어지며, 카레, 라면 등과 다른 상품에서도 이와 비슷한 현상이 나타나고 있다. 바로 먹는 즉석 카레의 매운맛 판매 비중도 전체의 38.5%를 차지하면서 가장 많이 팔렸다. 약간 매운맛이 34.0%로 뒤를 이었다.

미니 라면은 아주 매운맛이 48.1%로 가장 많이 팔렸으며, 보통 맛은 32.3%의 비중을 나타내고 있다. 떡볶이 맛이 나는 과자의 경우 지난 1년간 무진장 매운맛(51.3%)이 매운맛(48.7%)보다 더 많이 팔렸다. 이러한 추세는 한국 사람들이 정서적으로 매운 음식을 먹으면서 오히려 시원함을 느낀다는 국민정서에 기초하고 있다. 이를 통하여 스트레스를 해소하는 경향에 초점을 맞춘 포지셔닝 맵이라 하겠다(조선일보, 2010.3.16).

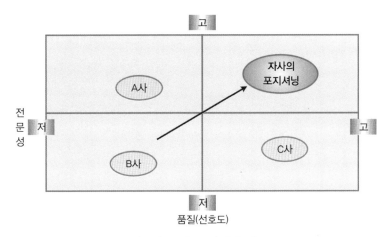

〈그림 5-4〉 포지셔닝 맵

CHAPTER **6**

마케팅 믹스와 상품전략

지식에 대한 욕망은 부에 대한 갈증처럼 얻으면 얻을수록 커진다.

– Laurence Sterne, 영국 소설가

마케팅 믹스와 상품전략

6

지식은 바로 오지만 지혜는 서성거리면서 천천히 온다.
- Alfred Load Tennyson, **영국 시인**

제1절 | 외식상품 이해와 분류

1. 상품이해와 구성요소

1) 상품의 개념

일반적으로 상품이란 용역과 서비스를 포함한 재화를 생산하는 매개물을 의미한다. 소비자 만족을 위한 마케팅 전략 차원에서 개인과 조직의 필요와 욕구를 충족시켜 주는 상품은 그 자체로는 특별한 가치를 가지지 못한다. 즉 소비자는 상품을 획득함으로써 가질 수 있는 상품의 효용가치에 만족한다는 것이다. 그들은 상품의 편익적 가치를 중요시하며 구체적인 혜택을 구매하는 것이다.

사람들이 화장품을 구매하는 것은 아름다움을 추구하기 때문이다. 미용과 개인적 이미지, 개성, 자아성취감 등을 통한 만족은 그들에게 중요한 혜택을 제공해주기 때문이다. 이러한 혜택은 기업의 상품관리(product management)차원에서 시작된다. 상품은 유형적인 요소뿐 아니라 직원서비스, 의료서비스 같은 무형적인 요소와 연예인, 운동선수, 의사, 변호사, 공인회계사 등의 전문직 종사자, 백두산, 제주도, 설악산 같은 자연 경관과 관광지, 박물관과 같은 문화유적지, 대학교, 호텔 같은 상징성, 브랜드이미지에 대한인지도, 아이디어 등 지적재산권까지 상품의 범주에 포함된다. 따라서 상품은 포괄적 의미로 해석되어야 한다.

기업 경영에서 말하는 상품의 속성은 소비자들이 구매함으로써 얻을 수 있는 편익적 혜택의 집합으로 마케팅 관리자들은 상품을 개발하려 할 때 소비자에게 어떠한 욕구에 대한 가치를 충족시켜 줄 수 있는가를 먼저 생각하여야 한다.

예를 들어, 외식기업 메뉴상품을 개발한다고 가정할 때, 음식점의 업종과 업태, 점포의 위치, 규모에 따른 특성을 고려하게 될 것이다. 그에 맞는 양과 가격, 계절성, 접객력, 분위기 등을 고려하며, 이러한 개발은 표적 고객이 선호하는 유형적인 요소와 그들에게 제공하려는 편익적 가치가 포함되어야 하기 때문이다. 점포를 방문하는 고객은 음식을 먹겠다고 생각하는 순간부터 다양한 채널을 통하여 정보를 수집하며, 점포를 벗어나는 순간까지 직원들의 접객태도나 언어, 분위기, 행동 등을 평가하게 된다. 이와 같이 경쟁이 심화되는 경영환경에서 가격과 서비스품질은 비슷해지고 있으며, 상품 기능만으로 우위를 점하기는 어렵다. 따라서 부가적 서비스기능과 핵심적인 혜택을 제공함으로써 경쟁사와 차별화가 가능하며, 마케팅 믹스를 통하여 상품화 전략을 강화할 수 있다.

2) 상품의 구성요소

상품이 시장에 출시되어 소비자의 구매선택과 결정에 도움이 되는 것은 그 제품이 가지는 편익적 속성 때문이다. 이러한 유·무형의 기능적 특성은 고객이 구매함으로써 얻을 수 있는 혜택으로 핵심제품, 기본제품, 기대제품, 확장제품, 잠재적 제품으로 분류할 수 있다.

(1) 핵심상품(core product)

핵심상품이란 고객이 상품을 구매함으로써 얻을 수 있는 궁극적인 이익이다. 즉 상품이 가지는 기능적 속성의 묶음으로 상품을 구매함으로써 원하는 문제를 해결할 수 있는 핵심요소이다.

배고픈 사람들이 음식을 먹는 것은 허기진 배고픔을 해결하는 것이다. 목마른 사람이 음료를 찾는 것은 갈증을 해결하는 궁극적인 목적이 있기 때문이다. 호텔에 투숙하는 고객은 편안한 휴식과 재충전을 통한 비즈니스를 위해서이다. 여성들이 화장품을 구입하는 것은 아름다움과 미용을 추구하기 위함이다.

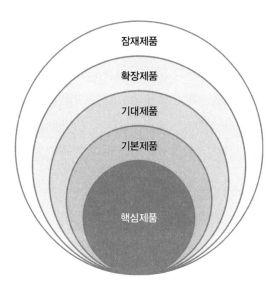

출처 : Kotler, P. (2000). Marketing management, The Millennium Edition, NJ: Prentice-Hall, p. 395

〈그림 6-1〉 제품의 개념

(2) 기본적인 제품(basic product)

소비자가 상품을 구매함으로써 얻을 수 있는 기본적인 혜택으로 구매상품과 연상되어 갖게 되는 기능성을 의미한다. 호텔 및 외식기업의 브랜드 명이나 이미지, 다양한 부대시설, 접객수준, 인테리어 시설, 분위기 등은 고객이 레스토랑을 선택하는데 필요한 기본적인 상품수준을 의미한다.

(3) 기대제품(expected product)

소비자들이 특정상품을 구매할 때 기대하는 속성들로 구매조건에 따른 혜택을 의미한다. 눈에 보이지 않는 핵심적인 혜택을 가시화시켜 그 상품이 주는 편익을 고객이 지각하도록 유도하기 때문에 자신의 수준과 인격에 맞는 품질을 기대하게 된다.

예를 들어, 호텔방문 고객은 호텔의 등급에 따라 일정수준 이상의 화려함과 웅장함에서부터, 그 속에서 부대서비스 등 고품질의 수준을 기대하게 된다. 레스토랑을 방문하는 고객은 업소명이나 규모, 크기, 입소문에 따라 기본적으로 일정수준 이상의 맛과 서비스를 제공해 줄 것으로 기대하게 된다.

(4) 확장제품(augmented product)

고객은 상품을 구매할 때 본래의 기능과 다른 차원의 추가 혜택을 제공하면 더욱

더 만족스러워한다. 확장제품(augmented product)은 유형적인 원래의 상품에서 부가적인 가치를 더 제공해 줌으로써 확장시켜주는 역할을 하게 된다.

레스토랑에서 주차와 출차 서비스는 고객이 기대하지 않은 품질이 될 수 있다. 대기하는 장소 및 휴게소의 간단한 음료와 차, 아이스크림, 신문, 잡지 등을 제공해 주었을 때 고객들은 더 만족하는 것으로 나타났다. 이러한 편익은 경쟁사와 차별화 수단이 될 뿐 아니라 고객의 기억으로부터 오래 남아 새로운 구매기회가 생겼을 때 활용하게 된다.

(5) 잠재적 제품(potential product)

소비자들은 상품 구매시 자신에게 맞는 성능과 기능, 혜택 수준에 따라 다음 기회에 구매할 수 있는 정보를 입력하게 된다. 기업은 고객만족을 위하여 자사 상품이나 서비스를 강화하는 것은 경쟁 기업과의 차별화로 우위를 확보하고자 하는 것으로 잠재적인 상품요소를 고객에게 인식시키기 위해서이다. 기업은 상품을 개발할 때 대상 고객 욕구를 확인하여 이를 만족시켜 줄 수 있는 혜택이 무엇인가를 생각하여야 한다. 이러한 혜택은 상품기능을 통하여 기본적으로 기대되는 상품과 확장되는 핵심상품의 속성에서 가능하게 된다. 따라서 고객만족을 통한 기업의 경쟁력은 차별화 수단이 되며, 미래의 잠재적 소비의식을 환기시켜 구매를 유도할 수 있다.

2. 외식상품 분류

기업은 마케팅 믹스 전략을 추진할 때 목표 고객에 맞는 상품계획을 수립하며, 기능적인 혜택과 특징, 성능을 제공할 촉진방법에서 고민하게 된다. 같은 상품이라도 사용하는 소비자의 선호도에 따라 다를 수 있으며, 상표의 브랜드와 생산기업의 인지도, 판매점, 직원 등이 주는 편익에 따라 다르게 나타날 수 있다. 따라서 외식기업의 상품 분류에 따른 구성 요소는 다음과 같다.

1) 서비스 상품

고객이 외식기업 상품을 구매하기 위하여 찾는 이용목적은 각자 다르다. 이들은 일반적인 기업의 소비재와 다른 기능적 혜택을 얻고자 한다. 즉 소비자 입장에서 이용하는 목적과 구매상황에 따른 그 가치를 다르게 인식한다는 점이다.

상품이 주는 기능적 혜택은 시설 내 접객직원의 태도와 서비스 품질, 물리적 환경, 분위기, 규모, 위치, 편의성, 상징물 등 개인의 방문목적과 특성에 따라 다양한 형태에서 영향을 받게 된다. 이러한 관점으로 볼 때 외식기업에서 판매하는 메뉴상품은 상품, 가격, 유통, 촉진, 물리적 환경, 사람, 과정, 참여 등 심리적인 서비스 상품을 포함하고 있다.

(1) 물리적 환경(physical environment)

서비스기업의 상품 구성요소는 무형성과 유형성을 함께 가지고 있다. 무형적인 인적 서비스와 유형적인 물리적 환경에서 기업이 제공하는 서비스품질을 통하여 고객은 평가하게 된다. 이러한 환경은 점포 공간과 동선, 배치, 기능성, 실내 분위기의 조명, 색상, 인테리어, 소음, 온도 등의 쾌적함에서 주변 요소와 인공적인 상징물, 아치의 조형물, 간판, 안내 표시판 등을 포함하고 있다. 이와 같이 물리적 환경 내 고객과 직원간의 상호교환에서 일어나는 인지적, 정서적, 감정적 상황에서 반응하게 된다. 이러한 요인들은 소비자들의 구매행동과 구전에 영향을 미친다.

(2) 사람(people)

환대산업의 서비스 업무는 사람을 통하여 고객에게 전달되기 때문에 직원들의 직무수행이 곧 상품의 생산자이자 서비스 전달자가 된다. 대부분의 서비스기업들은 인적자원의 중요성을 인식하여 어떻게 하면 더 나은 서비스를 제공할 수 있을까? 고민하고 있다. 이러한 인식은 사람을 통하여 서비스품질을 향상시킬 수 있으며 이는 교육훈련을 통하여 가능하다 하겠다.

최근 외식프랜차이즈 기업들은 운영 매뉴얼이나 레시피를 통하여 일정한 품질을 유지하면서도 일관성 있는 정책으로 고객들에게 사랑받고 있다. 특히 주방 구조를 개선시키는 작업으로 자동화와 표준화 등 현대적인 설계로 효율적인 운영을 가능하게 한다. 하지만 기업 특성상 사람을 대신하여 기계가 할 수 있는 일은 극히 제한적이다. 이는 생산성 향상과 고객만족을 함께하는 어려움이 있었다. 그럼에도 불구하고 기업의 궁극적인 목표는 고객만족을 통한 이익을 실현하는 것이다. 이는 곧 사람이 그 역할을 한다는 점에서 중요한 의미를 가진다.

(3) 과정(process)

과정은 계속적인 동작이나 행동을 의미하지만 '무엇'에 대한 사항보다 '어떻게'를 더 강조한다. 어떤 결과에 도달하기 위한 점진적인 변화나 단계적인 절차에 주안점을 두는 유형이다. 정보 전달을 목적으로 하며, 설명하거나 전달하는 방법에 있어 어떻게 일어났는가? 어떻게 작용하는가? 어떻게 만드는가? 어떻게 작동시키는가? 등 필요한 절차와 단계, 방법을 의미한다.

외식기업의 서비스품질은 여러 과정을 통하여 만들어진다. 물리적 환경 내 다양한 요소에서 생산되며, 생산된 메뉴는 직원들을 통하여 고객에게 전달된다. 제공된 메뉴상품을 고객이 섭취함으로써 맛과 분위기에 따른 점포의 수준과 만족유무를 결정하게 된다. 그러나 고객은 조리되어 전해지는 여러 과정에서 자연스럽게 참여하게 되며 이러한 요리는 직원들의 접객서비스를 통하여 실내의 분위기, 점포의 혼잡성, 고객수, 시간, 접객력 등 품질로 평가된다. 따라서 다양한 환경적 요소에서 효과적인 업무를 수행하는 과정은 상품요소가 된다.

(4) 고객 참여(customer participation)

참여란 의사결정 과정에서 영향력을 행사할 목적으로 이루어지는 활동으로 기업의 경영과정에 영향을 미치는 소비자의 일반적인 행동을 의미한다. 고객참여는 관광지역의 구성원인 주민과 행정기관, 학생 등이 관광목적지를 선택하는 과정에 영향력을 행사하면서 시작되었다. 현대와 같이 빠른 변화를 수용해야 하는 레스토랑 사업은 소비자들의 욕구 차원에서 고객 참여를 통하여 상품의 가치를 높일 수 있다.

외식기업 경영자들은 식재료의 청결과 안전한 먹거리에 따른 개방적인 주방으로 고객의 불만을 줄이고자 노력한다. 때론 소리함이나 홈페이지를 통하여 방문후기나 이용평가 등 다양한 채널을 통하여 의견을 반영하고 있다. 요리 사이트나 블로그를 통하여 조리법을 소개하거나 고객참여를 유도하고 있다. 특히 웹사이트, 스마트폰을 이용한 트위트, 페이스북, 카톡 등 특정 메뉴를 선호하는 동호회를 결성하는 행동으로 커뮤니티를 활성화시키고 있다.

음식은 일반적인 상품 관점이 아니라 소비자에게 이익을 주는 기능성으로 변화하고 있다. 하지만 한계도 있다. 만족과 이익 창출에 따른 다양한 채널에서 지향적 사고를 필요로 한다. 이러한 참여는 기업의 효율성 제고는 물론, 적은 비용으로 좋은 이미지를 창출할 수 있는 전략이 된다.

전통문화 공간인 삼청각에서는 프리미엄 런치콘서트 '자미(滋味)'를 새롭게 선보이고 있다. 자미는 '자양분이 많은 좋은 음식'이란 뜻의 제주도 방언이다. 상설공연으로 호평을 받았던 자미는 전통 공연과 점심식사를 곁들인 런치콘서트를 제공하고 있다. 고객에게 사랑받고 있는 곡을 선별하여 무용과 판소리, 민요 등 프로그램을 다양하게 하여 운영하고 있다.

고객들이 참여할 수 있는 국악퀴즈, 신청곡 이벤트 등을 마련하여 친숙하게 접할 수 있게 하였다. 외국 관광객을 위하여 영어와 일어 서비스도 제공된다. 연주는 20대 실력파 여성 연주자들로 구성된 국악 앙상블 '청아랑(靑蛾娘)'이 맡았다. 삼청각은 '자미' 외 전통문화 강좌 및 체험 프로그램, 맞춤형 특별 공연, 삼청각 별선(別選), 토요 상설 아침 콘서트 삼청각의 아침 등을 운영하고 있다(스포츠조선, 2011.2.18).

3. 외식상품의 수명주기(PLC : product life cycle)

세상의 모든 생명체와 유기체는 생성하고 소멸하는 수명주기를 가지고 있다. 사람, 기업, 상품, 식물 등 탄생과 성장, 성숙, 쇠퇴의 과정을 반복하게 된다.

상품주기는 전통적으로 곡선을 이루며 기업은 자사상품을 시장에 출시하는 도입기에서부터 광고와 홍보, 인적판매를 강화하고 있다. 또한 시장에 적극적으로 알리려 노력하는데 상품은 성장기를 지나 안정적으로 시장우위를 확보하면서 수익을 창출하는 성숙기를 거쳐 쇠퇴기를 맞아 일생을 마무리하게 된다.

첫째, 도입기(introduction stage)는 상품이 시장에 처음으로 진출하는 단계로 높은 생산비에 비하여 수익은 적다. 소비자의 인지도가 낮아 이를 향상시키기 위한 마케팅활동을 강화할 필요성이 있다. 진입초기의 전략은 시장에서 자사상품과 기업 이미지를 고객들에게 광고하여 얼마나 많이 알리느냐가 중요하다. 따라서 초기에는 촉진비용이 많이 들어가기 때문에 자사 상품을 알리는 데 주력하여야 한다.

둘째, 성장기(growth stage)는 시장에 도입된 상품이 고객들에게 일정 부분 알려지면서 매출이 급성장하는 단계이다. 경쟁 상품이 시장에 등장하기 시작하며, 품질과 가격, 서비스를 통하여 우월적 지위를 확보할 수 있는 차별성을 필요로 한다. 한편 고객이 쉽게 접근할 수 있도록 판매망을 확장하는 것이 중요하다. 대고객서비스를 강화하는 단계로 상품에 대한 충성도를 향상시킬 수 있는 전략을 필요로 한다.

셋째, 성숙기(maturity stage)는 기업이 시장에 상품을 출시한 후 매출과 수익 면에서 최고의 정점을 이루는 단계이다. 고객을 위한 전략이나 변화 욕구를 지속적으로 파악하여 수용할 수 있어야 한다. 이를 게을리 하면 곧바로 쇠퇴기를 맞이하게 된다. 고객이 경쟁기업으로 전환하기 쉬운 단계로 기존 상품에 대한 연구개발과 가격인하, 리뉴얼 등 새로운 촉진 전략을 필요로 한다.

넷째, 쇠퇴기(decline stage)는 상품 매출이 시장에서 격감하는 단계이다. 매출이 줄어들거나 부진해지면서 상품 철수를 고민하게 된다. 메뉴 철수나 리포지셔닝(repositioning), 리뉴얼(renewal)을 통하여 도입기로 전환할 필요가 있으며, 때론 세트메뉴를 개발하여 촉진을 강화할 수 있다. 따라서 경영자는 항상 메뉴별 수익구조를 분석할 수 있어야 한다.

제일제당은 기름을 적게 먹는 건강한 튀김가루를 출시하였다. 튀김 음식을 만들 때 묻히는 튀김가루가 다른 회사제품보다 기름을 40% 덜 흡수한다는 특징을 그대로 제품 이름에 풀어 넣어 '바로 구워먹는 우리밀 찹쌀 호떡믹스'를 내놓았다. 글자수가 무려 15자나 된다.

한국야쿠르트는 '신선한 하루하루 우유 성장 프로젝트 180'이라는 이름의 제품을 선보였다. 제품의 특성을 길게 풀어쓴 서술형 이름에 대한 작명(作名) 경쟁이 뜨겁다. 제품명이 10자를 넘는 것은 기본이며 청정원은 '우리 쌀로 만든 불타는 매운 고추장'과 '신안섬 보배 3년 묵은 천일염'을 내놓았다. 아워 홈은 '손수 바다순살 요리 생선묵 정통 일식 생선묵 탕'은 글자수가 19자가 된다. 파리바게뜨는 '겉은 바삭 속은 부드러운 치즈 페스추리(pastry) 식빵'의 18자를 내놓았다.

식품 매장마다 '손에 달라붙지 않아 반죽이 쉬운 감자 수제비가루'의 CJ와 '하루야채 유산균이 살아있는 보라당근과 포도'의 야쿠르트, '7가지 야채와 모짜렐라 토마토 소스 볶음밥'의 풀무원, '요리 쿡 조리 쿡 현미찹쌀 고향만두'의 해태제과 같은 긴 제품명을 소개하였다(조선일보, 2010.3.24).

제품명은 웰빙과 건강에 대한 소비자의 높아진 관심을 반영하고 있다. 남양유업의 '뼈에 강한 고칼슘 & 글루코사민 우유'처럼 상품에 기능성을 부각시키고 있다. 이름은 길지 않아 부르기 좋고 함축적이어야 한다는 이야기도 있지만, 긴 제품명은 소비자들이 이름만 보고도 제품의 특징을 쉽게 이해할 수 있다는 장점이 있다. 따라서 성분이나 이름이 비슷한 유사품 속에서 긴 이름은 다른 제품과 차별화하는 데 효과가 있다.

4. 상품믹스 전략

믹스 전략은 한 기업이 생산 및 공급하는 모든 제품의 배합으로 소비자의 욕구 또는 경쟁자의 활동에서 마케팅 전략의 변화에 대응하여 시장에 제공하는 상품 배합이다. 즉 상품계열(product line), 상품품목(product item)의 집합을 의미한다. 상품계열은 기능성과 고객, 유통경로, 가격범위 등 유사한 상품의 품목을 진단하며, 규격, 가격, 외양 및 기타 속성이 다른 하나의 단위를 의미한다. 상품믹스는 폭(width), 깊이(depth), 길이(length), 일관성(consistency)으로 평가된다. 폭은 서로 다른 상품계열의 수이며, 깊이는 각 상품계열 내 품목의 수를 말한다. 길이란 각 계열이 포괄하는 평균수를 의미한다. 일관성이란 다양한 상품 계열들이 최종적으로 사용하는 용도와 생산시설, 유통경로, 기타 측면에서 얼마나 밀접하게 관련되어 있는가를 말한다. 상품믹스를 확대하는 것은 폭이나 깊이 등 함께 늘리는 것으로 제품의 다양화라 할 수 있다.

기업의 성장과 수익을 지속적으로 유지하는 데 필요한 중요한 정책으로 상품믹스를 축소하는 것은 폭과 깊이를 축소시키는 것이다. 이는 계열수와 항목수를 동시에 감소시키는 정책이다. 최적의 상품믹스(optimal product mix)는 상품의 추가와 폐기, 수정으로 목표를 가장 효율적으로 달성하는 것이다. 정적인 최적화(static product-mix optimization)란 여러 가지 가능한 품목들 가운데 일정한 위험수준과 기타 제약조건 아래서 매출액 성장성, 안정성, 수익성을 최선으로 하는 품목을 선정하는 것이다. 동적인 최적화(dynamic product-mix optimization)란 시간의 경과함에도 불구하고 최적의 상품믹스 상태를 유지할 수 있도록 새로운 품목을 추가하거나 기존의 품목을 폐기 또는 수정하는 것이다. 기업에서 판매하는 모든 상품의 계열이나 품목으로 일관성을 바탕으로 넓이, 길이, 깊이 등으로 구성하고 있다. 제품은 품질과 서비스뿐 아니라 상표명, 포장, 유통, 고객의 가치 등 여러 가지 요소를 포함하여 결정하게 된다.

외식기업의 F&B(food & beverage) 환경은 인적, 물적 서비스로 구성되어 시설 내 직원에 의하여 판매되는 상품의 집합이라 할 수 있다. 고객에게 제공하는 상품믹스는 직원의 외모, 용모, 행동, 유니폼 등 시각적 요소와 업소 내 분위기, 외부조경, 각종 설비시설, 상징물, 사인, 커뮤니케이션에 의한 상호작용으로 구성된다. 이처럼 상품의 계열이나 수에 따라 그 폭과 깊이가 달라질 수 있다.

예를 들어 한식, 양식, 중식, 일식 등은 상품의 계열로 업종이 되며 한식의 김치찌개, 된장찌개, 비빔밥 등은 업태로서 품목이라 할 수 있다. 레스토랑에서 상품계열이 추가되어 상품믹스 폭이 넓어진다면 경영 다각화가 이루어지는 것이다. 반면 삭제된다면 생산이 중단되어 믹스 폭이 좁아져 단순화된다. 최근 특1급 호텔에서 한식당을 개업하여 정부차원의 한식 세계화에 동참하고 있다. 상품계열의 확장은 물론, 적극적인 지원으로 외식업계, 학계, 국민들에게 좋은 이미지와 찬사를 받고 있다.

세계에서 가장 맛있는 음식 50선에 우리나라 음식은 하나도 들어가지 못하였다는 소식을 국민일보(2011.7.23)에서 소개하고 있다.

세계적인 언론매체인 CNN이 운영하는 문화·여행·생활 정보 사이트인 'CNN Go'는 "사람들은 살기 위해 먹지만, 여가와 여행할 때 꼭 먹어봐야 할 음식들이 있다"는 주제와 함께 '세상에서 가장 맛있는 50가지 음식들'(World's 50 most delicious foods)을 발표하였다. CNN Go 편집진이 선정한 리스트의 1위는 태국의 '마싸만 커리(Massaman curry)'가 올랐다. 태국을 사랑하게 된 또 하나의 이유라는 부연 설명까지

하였다. 2~3위는 이태리의 나폴리 피자와 멕시코의 초콜릿이 각각 선정되었다. 초밥 (일본)과 오리를 훈제해 만든 '베이징 덕'(Peking duck · 중국), 햄버거(독일), 매운 국수의 일종인 '아쌈 락샤'(Penang assam laksa · 말레이시아), 톰양쿵(태국), 아이스크림(미국), 각종 채소와 닭고기를 넣은 토마토 소스로 버무리는 '치킨 무암바'(가봉) 등이 4~10위를 차지하였다. 초밥은 "세상에서 가장 아름다운 음식 리스트가 있다면 당연히 1등을 차지할 것"이라는 평가를 내놨다.

이 밖에 50위 안에는 도너츠(14위 · 미국), 케밥(18위 · 이란), 크루아상(21위 · 프랑스), 라자냐(23위 · 이태리), 쌀국수(28위 · 베트남), 피시앤칩스(33위 · 영국), 단풍나무시럽(34위 · 캐나다), 케첩(39위 · 미국), 타코스(43위 · 멕시코), 감자칩(48위 · 미국), 팝콘(50위 · 미국) 등 우리에게 익숙한 음식들이 상위랭크에 소개되었다. 아시아 음식이 19개나 포함됐는데도 김치나 불고기, 갈비 등 한국을 대표하는 요리는 찾아볼 수 없다는 점이다. 태국이 4개 요리를 올리며 1위를 차지하고 일본 3개, 인도, 싱가포르, 홍콩, 베트남이 각각 2개, 인도네시아, 말레이시아, 중국이 각각 1개씩 선정되었다. 동남아시아(취두부 · 41위)도 이름을 올렸다.

일본 네티즌들은 초밥이 1위를 하지 못했다는 아쉬움과 나름대로 적절함을 평가하였다. 요리 문화가 발달한 중국의 인터넷은 음식이 1개밖에 포함되지 못했다는 것을 못 믿겠다는 반응이다. 일부 중국과 일본의 네티즌들은 "평소 뭐든지 자신들이 1등이라고 주장하는 한국인들은 리스트에 격노할 것 같다"며 비아냥대기도 하였다.

첫째, 상품믹스에 의한 넓이(폭)(width)는 특정기업의 상품 계열수와 상품용도, 생산 공정성, 유통흐름 등 서로 밀접한 제품집단을 의미한다.

예를 들어, 호텔 및 외식업의 한식, 양식, 중식, 일식 등의 계열은 믹스 폭이 된다. 상품의 믹스 폭이 넓다는 것은 취급하는 메뉴가 다양하여 차별화가 있음을 나타낼 수 있다.

둘째, 상품믹스의 길이(length)는 상품을 구성하는 전체 품목에 대한 수 또는 상품 계열의 평균수를 의미한다. 외식기업에서 메뉴를 구성하는 수 또는 고객에게 선택되는 평균수를 의미한다. 점포마다 각자의 특성에 맞는 기능이나 다양한 메뉴에서 운영되지만 메뉴마다 고객에게 선택되는 수는 다르다.

셋째, 상품믹스의 깊이(depth)는 특정 제품 계열에 속하는 브랜드가 얼마나 다양하게 품목의 크기를 가지고 있느냐를 의미한다. 즉 메뉴의 크기로 대형, 중형, 소형 등 동행인에 맞는 사이즈로 외식점에서 제공하는 분량에 따라 기업의 상품믹스 전략은

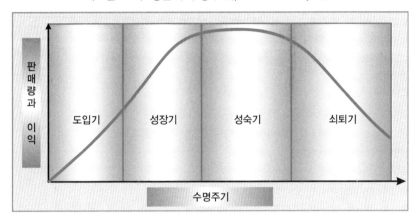

〈그림 6-2〉 상품의 수명주기(product life cycle)

여러 사용자들에서 조리, 판매되기 때문에 고객들에게 전달되는 계열별로 밀접하게 관련되었다 하겠다.

롯데마트는 전국 88개 점포에서 '흑마늘 양념치킨'을 7천 원에 한 달 한정으로 판매하였다. 이 제품은 여러 가지 면에서 대기업의 골목상권 침해 여론에 밀려 일주일 만에 판매가 중단된 '통큰 치킨'을 떠올리게 한다. 일단 두 상품 모두 대형마트가 그 자리에서 튀겨 파는 같은 크기(900g)의 닭요리로 용량 대비 싼 값을 강조하였다는 점이다. 5천 원이었던 통큰 치킨보다는 2천 원 비싸지만 당시 따로 팔았던 양념 소스의 값을 고려하면 큰 차이가 없다.

이 제품을 홍보하려고 전단에 내건 수식어도 '4인 가족이 먹기에 충분히 큰 치킨'이다. 포장지의 글꼴도 닮아 자연스럽게 통큰 치킨을 연상시킨다. 점포의 영업 개시 후 30분 만에 매진될 정도로 선풍적인 관심을 끈 통큰 치킨보다는 못하지만 서울역점에서 튀겨낼 수 있는 최대 300여 마리 중 85%인 250여 마리가 팔려나갈 정도로 인기를 끌었다. 통큰 치킨과는 전혀 상관이 없다고 선을 그었지만 치킨 판매 당시 가맹점 업계의 거센 반향이 재현될까 우려하고 있다. 하지만 통큰 치킨과는 상관없이 계속 팔아오던 제품을 만들기 쉬운 포장으로 바꾸고 값을 한시적으로 깎아주는 전략을 추진하였다는 점에서 차이가 있다 하였다(식품외식경제, 2011.5.16).

유통업계는 아무리 봐도 닮은 이 치킨의 등장이 반갑지 않은 표정이다. 대형마트들이 미끼상품이라는 비판 속에서도 소비자의 관심을 쉽게 끌 수 있는 값싼 상품의 유혹을 버리지 못하고 있다는 점이다. 1만 1,500원짜리 이마트 피자는 현재 122개 매장에서 인기리에 판매되고 있다. 롯데마트의 노병용 사장은 직접, 통큰 치킨에 대해

"전설로 남는 게 아름답다고 생각한다"며 부활 가능성을 일축하였지만, '손 큰 피자' 등 저가 외식상품을 더욱 강화하고 있다. 통큰 치킨이 많은 논란 속에 사라졌지만, 대형 마트들은 저가 외식 상품의 유인 효과를 포기하기란 쉽지 않다. 오히려 논란이 가중될수록 노이즈 마케팅 효과를 기대할 수 있기 때문이다.

제2절 │ 신상품 개발과 브랜드 결정

1. 신상품 개발

기업은 계속적으로 성장하기 위하여 시장의 흐름을 조사하며, 고객의 욕구에 부응할 수 있는 전략을 개발하고자 한다. 새로운 상품을 지속적으로 개발하면서 소비 흐름을 반영하지 못하는 기업은 도태할 수밖에 없다. 반면 경영자는 자사의 상품이 고객에게 사랑을 받고 있으며, 이익을 창출하는 데 아무런 문제가 없다고 확신한다면 계속적으로 성장하기가 어렵다. 이러한 마음가짐은 단시간 쇠퇴기를 맞거나 영원히 사라질 수 있다는 것을 알아야 한다.

주변 레스토랑 메뉴상품을 분석하다보면 새롭게 론칭(launching)하였다는 이유로 상대적으로 비싸게 팔고 있다. 이들의 메뉴는 이전에 먹었던 기존메뉴와 특별히 다른 이유를 발견하지 못하는데도 새로운 메뉴로 고집하면서 또는 다르다는 이유로 고가격에 판매되고 있다. 새롭게 개발된 메뉴라 하여도 시장에서 항상 사랑받는 것은 아니다. 신 메뉴 개발의 첫걸음은 상품을 개발한다는 의미도 있지만 현재 존재하는 상품의 품질을 보완하여 품질을 향상시키는 방법도 신 메뉴의 개발만큼이나 중요하다. 따라서 시장에 잠깐 나왔다가 사라지는 메뉴와 기존 메뉴의 변화 가능성을 고려하여 신상품 정책은 결정되어야 한다.

백화점 및 대형마트들이 추석을 앞두고 독특한 고가 명품 선물세트 경쟁을 벌이고 있다. 명절 선물 가운데 단골 품목인 한우로부터 그 내용이 심상치 않다. 롯데백화점은 희귀 한우인 칡소(얼룩소)의 고급 부위만을 골라 전통 한우 칡소 세트(4.2kg · 55만 원)를 한정 판매하였다. 전국에 500마리밖에 없으며, 송아지 분만을 해본 경험이 없는 미경산(未經産) 한우 암소 선물세트를 내놓고 있다. 한 세트 50~100만 원에 이를 정도로 비싸다. 분만 경험이 없는 암소는 근육이 경직되지 않아 육질이 부드럽고 고소한 맛을 낸다(조선일보, 2010.8.26). 신세계는 한우 최상급인 1++등급 한우 중에서 근육 속 지방 기준으로 넘버 나인(No.9)에 해당하는 구이용 부위만으로 선물세트를 만들었다. 넘버 나인이란 한우 등심에 있는 지방 분포도가 가장 높은 등급으로 일반적인 최상품을 의미한다.

　과일과 수산물 등도 고급세트 경쟁이 점입가경이다. 현대 백화점의 '금(金)멜론'은 순금을 전기 분해한 증류수를 멜론의 뿌리에 뿌려 평균 당도가 일반 멜론보다 1~2브릭스(brix, 물 100g에 녹아 있는 당분량) 이상 높다 하였다. 가격은 일반 멜론 세트보다 30% 정도 비싼 12만 5,000원이지만 없어서 못 판다하였다. 또한 머리와 뼈를 제거하고 꼬리에 천연 색소를 물들인 삼천포 활어인 일명 쥐포, 100세트에 30만 원짜리도 선보였다.

　갤러리아백화점은 2알에 19만 원과 4알에 29만 원 하는 타조 알 세트를 출시하였다. 달걀의 30배 크기로 먹는 재미가 있어 인기가 좋은 선물세트이다.

1) 신상품 선정(메뉴계획)

　신 메뉴를 시장에 출시하기 위해서는 현재 존재하는 메뉴상품과 다른 특징과 기능성을 가지고 있어야 한다. 이는 기존시장에 식상한 고객층을 끌어들일 수 있을 뿐 아니라 경쟁업체의 단골고객을 유인할 수 있는 틈새시장(niche market)의 발견을 의미한다.

　예를 들어, 대학교 주변의 외식점을 운영하는 업체가 새로운 메뉴를 론칭하여 개발한다고 가정할 때, 삼십대나 사십대가 좋아하는 메뉴나 형태를 지향한다면 표적고객을 잘못 이해하여 포지셔닝한 예가 될 것이다. 여기에 출시되어야 할 메뉴는 개성과 젊음을 상징하는 20대 표적고객으로 가격과 양, 미용에 신경 쓰는 여대생들의 샐러드, 생과일주스 등 살찌지 않으면서도 포만감을 가지는 메뉴가 선정되어야 한다. 또한 신속하게 제공하는 점포의 경영방침과 그에 맞는 메뉴가 결정되어야 효과를 볼 수 있다.

　이러한 메뉴를 결정하는 데 있어 고려해야 할 사항은 다음과 같다.

　첫째, 메뉴에 맞는 업소의 시설과 레이아웃이 디자인되어야 한다. 외식점을 창업하는 일부는 문만 열면 고객이 몰려오며, 전 연령층이 나의 고객이 될 것이라는 착각을 하는 경우가 있다. 적은 비용을 원하면서 상대적으로 많은 수익을 얻으려 노력한다. 때론 특별한 노하우와 기술, 경영능력 없이도 타 업소를 벤치마킹(benchmarking)하여 쉬운 운영을 결정하기도 한다. 실제 경영하다 보면 초기의 메뉴 선정에서 추가하거나 또는 삭제, 업태 변경 같은 상황은 항상 존재할 수 있다는 점이다.

둘째, 메뉴에 맞는 주방의 넓이와 장비, 기기, 기물을 배치하며, 직원들이 조리하는 데 편리한 구조로 설계되어야 한다. 평소에 충분히 음식을 생산할 수 있는 구조라 하여도 바쁜 시간 때나 성수기 등 메뉴의 종류에 따라 생산 시설의 한계가 있어 업무를 수행하는 데 문제가 생길 수 있다. 신상품 선정에 맞는 이용 공간이나 통로, 동선, 환기, 소음, 햇볕, 조명 등 현장 직원들의 의견을 반영하여 설계되어야 한다.

셋째, 메뉴에 맞는 인력구성이 필요하다. 음식점은 개별 영업장의 특성에 따라 조리기술은 소수의 특정인에 의존하거나 제한되어 때론 레시피에 의한 시스템으로 운영되고 있다. 이러한 기술과 노하우, 운영형태는 인력수에 따라 음식을 준비하고 서브하는 데 영향을 미치기 때문에 기술보유 능력과 운영에 맞는 구성을 필요로 한다.

넷째, 신 메뉴결정에 따른 식재료 예산은 그날의 특성이나 요일, 계절, 예약상황 등에서 고려된다. 판매되는 음식의 지출비용은 재료비와 인건비, 경비를 포함한 식재료 원가에 따라 계획되어야 한다. 메뉴는 1일 판매량에 따른 표준화와 조리법에 기초하며 식재료의 가용능력과 적정인원, 저장수준, 납품업자 등을 고려하여 결정되어야 한다.

2) 신상품의 성공 전략

신상품이 시장에 성공하기 위해서는 다음과 같은 개발전략이 수행되어야 한다.

첫째, 독특한 메뉴상품의 기능이 부각되어야 한다. 즉 기존 상품과 차별화된 이름이나 성능, 특성, 포장, 크기, 디자인, 배송 등에서 효과적으로 인식할 수 있다.

둘째, 고객 지향적인 상품개발 팀이 구성되어야 한다. 새로운 상품이 소비자에게 전달되는 순간까지 기업의 모든 조직은 상호 유기적인 협조하에서 일관성을 유지할 수 있어야 한다. 판매촉진과 유통 흐름에 맞는 시스템을 구축하며, 시장에 유리한 위치를 차지할 수 있는 포지셔닝을 필요로 한다.

셋째, 고객에게 소구할 수 있는 이미지를 형성하여야 한다. 고객은 자신의 지식과 경험, 구전 등에서 구매상품에 대한 정보를 원하며 상품이 주는 혜택이 무엇인지 연관시켜 생각하게 된다. 이와 같이 상품 이미지를 어떻게 심어줄 것인가는 기업의 마케터가 고려해야 할 중요한 변수이다. 따라서 신 상품의 이미지는 고객과의 상호작용에서 원활히 수행되었을 때 그 가치는 높아질 수 있다.

3) 신상품 수용과 결정

외식기업의 새로운 메뉴상품이 시장에 출시되어 고객이 수용하기까지는 상당한 시간이 걸린다. 구매에 이르는 전 과정은 고객의 정보처리 과정에서 상품에 대한 이해와 지식을 통한 의사결정의 단계를 거치게 된다. 이와 같이 과거의 경험과 준거인의 구전 등에서 자신이 기대하는 수준과 실제 구매과정에서 차이가 일어나 불일치가 생길 수 있다. 이러한 인지 부조화를 줄이려 신상품의 정보를 정확하게 제공하려 노력한다.

레스토랑을 이용하는 남녀 간의 신상품 수용 사례를 살펴보면 다음과 같다. 남성은 개인적 목적과 조직의 이용 상황에 맞게 평소에 즐기던 메뉴를 선택하거나 점포를 찾아 안전하게 식사하기를 원한다. 반면 여성들은 새로운 것에 대한 호기심이 높아 궁극적으로 자신의 모험심에 따라 신 메뉴와 점포를 탐방하여 확인하거나 개척한다. 또한 자신만이 알고 있는 비밀을 간직하려 하는데 이들은 메뉴를 섭취한 후 주위 동료나 가족, 친지, 친구 등에게 적극적으로 추천하는 구전행동을 한다는 것이다. 의견을 선도하는 여성 고객을 위한 소통을 강화할 필요성이 있다. 따라서 새로운 메뉴 상품을 시식하는데 고객의 차이가 있듯이 신상품에 대한 혁신자, 조기수용자, 조기다수자, 후기다수자, 보수자의 범주로 분류할 수 있다.

(1) 혁신자(innovators)

혁신자는 시장에 새로운 상품이 출현하면 그 상품에 대한 호기심 자극으로 구매를 결정하거나 탐방하려 한다. 이들은 과시적인 성격을 소유하고 있으며, 새로운 것에 대한 확인과 모험심의 구매형태를 보이고 있다. 다양한 매체나 광고, 외국저널 등을 통하여 정보를 수집하는 경향이 높으며, 20~30대 젊은 층으로 사회적으로 인정받는 신분을 가진 전문직 종사자나 고소득, 고학력, 외국생활을 경험한 수용자들이다. 이들은 경제력이 높아 가격에 민감하지 않으며, 가치가 있다고 판단되면 곧바로 구매하는 성향을 나타낸다. 기업의 마케터들은 이들을 위한 특별한 광고, 홍보, 이벤트 등의 혜택을 제공하여 그들만을 수용할 수 있는 정보를 제시해 주어야 한다.

(2) 조기 수용자(early adopters)

조기 수용자는 대체로 이름이 널리 알려진 연예인이나 사회적으로 인정받는 전문직 종사자, 스포츠 선수 등 유명인이다. 교육 수준이 높은 사회적 리더이거나 지역사회에서 존경받는 사람들이다. 이들은 의견을 선도(opinion leader)하며, 전문적인 직업을 가졌거나 수입이 높은 유명인으로 특정 상품이나 트렌드에 영향을 미친다. 때로는 기업 상품을 알리는 메신저 역할을 하기도 한다. 이와 같이 기업 마케터들은

의견 선도자들을 이용하여 신상품을 무료로 제공하거나 협찬하며 자사의 상품을 홍보하고 있다. 이와 같이 대중적 인기인의 행동은 청소년들에게 절대적으로 영향을 미치기 때문에 사회, 도덕, 규범적인 모범인이 되어야 한다. 유명인을 모델로 기용하거나 광고기능을 강화할 때 개인적인 사생활도 영향을 미치게 된다. 그러므로 스타성 외 국민정서를 고려한 얼리어답터의 모델을 필요로 한다.

조기수용자에 대한 예를 들면, '프린트 메일로 보내기', '내 블로그에 두 마리 치킨 저장하기' 등 티바 두 마리 치킨은 남들보다 먼저 신제품을 사서 사용한 의견을 제시하는 활동적인 블로거를 대상으로 체험단을 모집하는 이벤트를 벌였다. 이용고객 중 사진 찍기를 좋아하거나 새로운 정보를 알려주는 것을 즐기는 얼리어답터(early adopter) 성향을 가진 고객이라면 누구나 참여할 수 있다. 체험단에 선정될 경우 치킨시식, 체인점 탐방, 이벤트 기획 등 다양한 홍보활동에 참여할 수 있다는 소식이다 (중앙일보, 2011.2.16).

(3) 조기 다수자(early majority)

조기 다수자는 상품 구매를 신중하게 결정하는 소비자들로서 업계의 전문직에 종사하거나 사회의 뉴 리더 등 서비스 품질에 민감한 소비자들이다. 이들은 일반적인 소비자들이 이용하기 전에 구매하지만 사회적으로 신분을 드러내놓고 상품을 광고하거나 홍보하지는 않는다. 기업의 마케터들은 상품의 성능이나 품질, 특성을 고려하여 구매하기 때문에 고객의 지위와 역할에 맞는 촉진 전략을 추진하여야 한다.

최근 아이패드 1호 사용자인 얼리어답터(early adapter, 앞장서 사용하는 사람) 소비자가 스타로 떠오르고 있다. 첨단 기기 분야에만 있는 것은 아니다. 패션, 유통업계를 중심으로 신제품을 먼저 사용해 보고 반응을 얻는 '트렌드 얼리어답터' 마케팅이 한창이다. 청바지 브랜드인 리바이스는 최근 신제품을 출시하면서 서울지역 여자대학을 돌며 이동식 옷장을 설치하였다. 고객들이 매장을 찾는 것보다 한 발 더 앞서 제조사가 고객을 찾아간 것이다. 여대생들은 옷을 입어보며 제품 정보도 제공하고 옷 입는 방법에 대한 강의도 듣는다. 5개 여대를 하루씩 돌면서 운영하였는데 총 2,000여 명의 여대생들이 몰렸다는 소식이다(조선일보, 2010.10.7).

CJ오쇼핑은 45인승 버스를 개조한 '오쇼핑 리모'를 운행하여 TV 속 상품을 고객들이 직접 눈으로 보고 품질을 평가하게 하였다. 속옷 브랜드 에블린도 '에블린 뮤즈'를 선정해 신제품을 가장 먼저 사용하여 착용한 소감을 블로그에 올리게 하였다. 고객 의견을 상품기획 단계부터 수용하여 요구사항을 제품에 반영하고 있다. 트렌드 컨설팅업체 에이다임의 수석 컨설턴트는 "고객이 미리 경험해 보고 개선점을 보완한 제품으로 브랜드 충성도를 높일 뿐만 아니라 남들보다 먼저 갖는다는 만족감을 줄 수 있다"고 하였다.

(4) 후기 다수층(late majority)

후기 다수층은 시장의 구매자들 중 절반 이상이 구매하고 난 후 상품이 일반적으로 보편화된 시점에 구매하는 소비자들이다. 조직이나 가족 구성원들 사이에서 사회적 공감대가 형성되어 구매의 필요성을 느꼈을 때 또는 집단 내에서 자연스럽게 분위기가 형성되어 무언의 압력을 받았을 때 수용하는 일반적인 소비자들이다. 이들은 비교적 안전하게 구매하려 하며 구전(word of mouth)의 정보를 신뢰하고 있다.

(5) 수용이 늦은 사람, 즉 느림보(laggard)

일반적으로 변화를 싫어하며 전통이나 명분을 중시하면서 사회적으로 신분이 낮은 소비자들이다. 이들은 혁신층이 또 다른 신제품을 수용하기 시작하였을 때 비로소 구입하는 경향을 보인다. 신상품에 대하여 의심하거나 회의적이다. 기업의 상품은 마케팅 노력이나 성능에 따라 달라지기 때문에 혁신층이나 조기 수용자들을 대상으로 전략을 강화할 필요성이 있다. 이와 같이 시대적 변화에 따른 구매 특성과 트렌드, 역할에서 자연스럽게 정보의 중요성이 제시된다.

레스토랑의 특정 메뉴는 장기적인 관점에서 광고 및 촉진 전략을 강화하여야 한다. 전파속도가 빠른 메뉴의 특성과 신 메뉴 개발에 따른 동향, 상품의 수명주기 등 밀접하게 연관되어 있기 때문이다.

2. 신상품 개발과정

현대사회의 소비자들은 다양한 정보수용과 상품의 홍수 속에서 경제적으로 여유로운 생활을 하고 있다. 이들은 상품 선택의 범위도 넓어 언제 어디서나 구매가 가능한 무한성을 가지고 있다. 한편 변화의 속도가 빨라 계속적으로 진화하고 있으며, 기업은 이들 욕구를 충족시키기 위하여 계속적으로 신제품을 개발하거나 경쟁기업의 차별성을 부각하려 노력한다.

레스토랑 메뉴에 대한 수명주기는 계속적으로 짧아지고 있다. 대형 레스토랑들은 꾸준한 메뉴개발을 통하여 새로운 메뉴를 출시하고 있다. 독립적인 점포들은 자금, 기술, 경영능력, 시간 등 상대적으로 부족한 자원에서도 특색 있게 운영하고 있지만 수요를 제대로 반영하지 못하는 실정이다. 따라서 그에 따른 절차와 진행과정은 다음과 같다.

1) 신상품의 아이템 개발

특정지역 레스토랑의 메뉴는 얼마나 좋은 아이템을 보유하고 있느냐 또는 고객의 호기심을 충분히 자극할 수 있는 특징을 가졌느냐에 따라 승패가 결정될 수 있다. 기본적으로 동일상권 내 동종 업종의 경쟁자와 대체할 수 있는 메뉴를 누가 더 보유하고 있는가에 따라 달라지기 때문에 신상품에 대한 아이템의 개발 필요성이 있다.

신 메뉴에 대한 아이템은 기업목표와 경영전략에 부합하는 자원과 기술에서 수립되어야 한다. 아이디어는 일상적인 업무를 수행하는 과정에서 지속적인 관심과 변화의 흐름을 수용할 자세가 되어 있는 직원들에서 가능하다.

신상품을 개발하는 원천은 다음과 같다.

첫째, 업장 내 직무를 수행하는 내부 직원들은 조그마한 실수나 생활의 불편함에서 아이디어를 찾을 수 있다. 직원들의 업무는 여러 과정에서 참여하게 되므로 고객과의 접점에서 일어나는 생산과정의 모든 정보는 개선자료가 된다. 이러한 자원의 수용에서 항상 메모하거나 기획하는 아이디어를 통하여 즉각적으로 반영할 수 있어야 한다. 메뉴개발과 생산, 관리, 판매 등의 업무를 담당하는 직원들은 시장조사를 통하여 경쟁사의 동향과 자사상품의 개선점, 시장의 흐름에 따른 정보를 파악하여야 한다.

둘째, 레스토랑의 신 메뉴는 직원들의 판매능력에 따라 고객에게 전달되는 품질수준은 달라질 수 있다. 현장 직원들은 곧 바로 반응을 탐색하여야 하며 즉각적인 피드백에서 가능하다. 고객을 통하여 수익이 창출되기 때문에 단골고객을 통한 신 메뉴의 출시와 안내, 시식을 통하여 품질반응을 확인할 수 있는 바로미터가 된다.

셋째, 신 메뉴에 대한 고객반응을 항상 체크하여야 한다. 즉, "즐거워할 것인가"에 대한 시장흐름의 수요를 분석하여야 한다. 이러한 정보는 경쟁사의 동향과 공급자, 고객, 내부직원을 통하여 파악할 수 있다. 동종 경쟁업소는 자사의 정보획득에 공헌할 수 있는 일등공신의 역할을 할 수 있다. 목표설정 기준과 긴장 관계를 유지하며 서비스품질을 개선해야 하는 아이템 개발은 동기에서 그 이유를 찾을 수 있다.

넷째, 공급자는 시장의 '갑'과 '을'의 관계가 아니라 고급정보를 정확하게 파악하여 전달할 수 있는 정보원으로 이들과의 관계 중요성을 인식하여야 한다. 특히 이들은 물류의 유통흐름이나 경쟁상황, 시장상황 등을 통하여 레스토랑 업소를 개선할 수 있는 아이템과 트렌드를 제공할 수 있다.

이상과 같이 기업의 마케터는 신제품 개발에 필요한 정보수용과 트렌드를 분석하며 이를 개선시키기 위하여 지속적으로 반영하는 메뉴를 출시하여야 한다. 이러한 시대적 상황의 흐름은 이용자의 목적에 맞는 상품이 되어야 한다는 것을 의미한다. 조리방법의 개선이나 맛의 변화, 식기종류의 대체가능성, 식재료 변화 등에서 신상품 아이템은 개발될 수 있다.

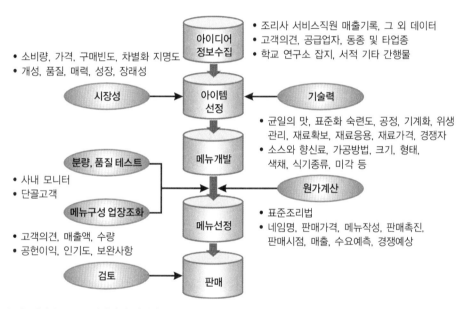

출처 : 박기용(2009), 외식산업 경영학, p. 304

〈그림 6-3〉 외식메뉴 개발과정

3. 브랜드 출시

브랜드 결정에 따른 상품화는 본격적으로 시장에 제품을 출시하는 단계이다. 처음 계획한 대로 성공을 거두기 위해서는 여러 단계의 과정을 거쳐서 일어날 수 있는 요인 등을 사전에 파악하여 위험요소를 줄여야 한다.

상품을 생산하기 위한 조사에서 수요예측이란 저절로 만들어지는 것이 아니라 사전에 적극적으로 조사하기 위한 설계에서부터 실행하는 행동단계를 거쳐서 완성된다. 생산 원가에서 각종 경비와 인건비, 재료비, 이익을 고려하여 판매가격이 결정된다. 고객은 적정한 가격에서 반응하게 되며 가격에 맞는 상품의 품질에서 브랜드가 결정된다. 이러한 전략은 시장조사를 통하여 상품을 계획하며 광고 및 판매촉진, 홍보, 인적판매 등을 통하여 시장에 출시된다.

머천다이징(merchandising)이란 상품을 만들어 시장에 출시하는 계획수립 단계에서 재료구입을 위한 공급자 선정, 생산 및 조리, 메뉴안내, 진열, 판매촉진 결정 등을 통한 상품계획(product planning)에서 실행할 수 있다. 이러한 단계는 다음의 과정을 거쳐서 브랜드가 출시된다.

첫째, 시장의 정보와 소비 트렌드를 반영하는 분석 기능으로 메뉴를 조리하기 위한 종류, 가격, 디자인 등 언제, 어디서, 어떻게, 생산하여 판매할 것인가를 계획하여야 한다.

둘째, 상품의 기획과 판매기능으로 표적고객을 대상으로 어떻게 소구할 것인가를 명확하게 설정하여야 한다.

셋째, 업무수행 기능은 생산활동에 필요한 제반사항을 검토하여야 하며, 장소, 위치, 장비, 인력 등을 검토하여 시행하여야 한다.

넷째, 촉진기능을 강화하는 단계로 생산제품의 특성을 파악하여 영업 및 광고 담당자에게 충분히 알려주어야 한다.

예를 들어, 레스토랑의 상품화 단계가 결정되면 언제, 어떤 시간, 어느 시점에 어떠한 방법으로 주문받아 고객에게 선보일 것인가를 결정하여야 한다. 이러한 메뉴는 고객의 평가에서 만족도를 파악할 수 있으며, 절차과정에 일어나는 일련의 행동을 명확하게 기록하여야 한다. 또한 관련 조직은 여러 과정에서 일어날 수 있는 개선사항을 토의하며 피드백을 통하여 향상시킬 수 있다. 한편 신 메뉴를 상품화하는 것은 촉진활동과정에서 권장되는 상품을 소비자가 외면하지 않게 브랜드화하는 데 그 목적이 있다.

1) 상품의 시장진출 시기

레스토랑에서 추진하는 상품의 브랜드화를 위한 시장 진출은 메뉴의 특성과 점포상황에 따른 적정시기를 고려하여 타이밍을 놓치지 말아야 한다. 고객에게 시선을 받지 못하거나 판매되지 않은 재고상품에 연연해서는 안 된다. 특히 점포의 오픈이나 새로운 상품의 시장진출은 기존 시장 내 존재하는 경쟁자에게 무언의 압력으로 다가온다. 강력한 임팩트를 주어 상권 내 존재감을 과시할 필요성이 있다. 이러한 기회를 잃어버린다면 경영전략을 실패할 수도 있다. 이와 같이 신상품의 시장출시는 테스트를 통하여 결정되지만 과감하게 상품화하여 고객평가를 겸허하게 받아들여야 한다.

2) 상품이 진출하는 국가와 지역

글로벌 경영에서 상품이 시장에 출시하기 위해서는 국가와 지역, 장소가 어디인가 를 고려하여야 한다. 일반적으로 레스토랑의 특정 메뉴상품은 지역에서 소비자들에 게 사랑받아 수도권으로 역진출하는 경우가 있다. 이들은 그 명성을 바탕으로 세계 시장으로 확장하고 있으며, 진출국가의 역사와 전통, 문화를 접목하여 성공전략을 추 진하고 있다. 따라서 외식사업은 어느 한 지역의 특정고객에게 사랑받으면 그 메뉴 상품을 전국적으로 확산시켜 성공할 수 있다. 이들은 그 여세를 몰아 국제시장으로 확장하여 글로벌화하는 사례들이라 하겠다.

특정지역의 향토음식을 중심으로 전국시장으로 확대한 사례가 많이 있다. 풍천장 어, 전주비빔밥, 세발낙지, 감자옹심이, 밀국 낙지탕, 오징어 불고기, 메밀국수, 조랭 이 국수, 닭갈비, 대구탕, 굴 요리, 추어탕, 이천쌀밥, 자리물회, 옥돔구이, 고들빼기 김치, 갓김치, 영광굴비, 안성맞춤 쌀과 한우, 횡성한우 등 전국적으로 어디에서나 지 역의 지리적 표시 특산품의 메뉴를 먹을 수 있다.

3) 표적시장 선정

기업이 신상품의 출시를 고려하는 도입기는 시장에 자연스럽게 적응할 수 있는 전 략을 필요로 한다. 이러한 전략은 모든 사람들에게 똑같이 적용하는 것이 아니라 특 정 표적고객에게 집중적으로 전개하면서 외연을 확장할 수 있는 전략에 초점을 맞추 어야 한다. 초기의 표적 집단은 혁신층이거나 조기 수용자로서 상품에 대하여 우호 적인 구전을 연결하거나 영향력을 미치는 소유자들이다. 이들에게 접근할 수 있는 다양한 채널이나 상품 확장을 통하여 선보일 수 있어야 한다. 따라서 표적시장의 선 정 기준을 다음과 같이 제시할 수 있다.

첫째, 세분시장의 규모와 성장잠재력이다. 예를 들어 음악 케이블TV인 MTV의 세 대는 비록 시장범위는 청소년으로 국한되어 있다 하더라도 전 세계적으로 거대한 시 장을 형성하고 있기 때문에 매우 매력적인 시장으로 떠오를 수 있다. 시장의 성장성 은 표적시장을 선정하는 기준이 된다. 둘째, 시장 내 잠재적인 경쟁정도를 확인하고 선정하여야 한다. 강한 경쟁자가 존재하는 해외시장은 피해야 할 시장으로 분류되지만 가격, 품질, 서비스의 경쟁력이 있거나 약점이 보인다면 쉽게 진입을 가능하게 한다. 셋째, 기업의 목적에 적합해야 한다. 경제력은 해외 표적시장을 공략하는 데 들어가는 광고, 물류유통비, 마케팅비 등으로 표적시장의 경제성을 충분히 고려하여 설계되어야 한다.

4) 브랜드화

신상품을 브랜드화하여 시장에 출시하는 것과 확장하여 차별화하는 것은 항상 가능한 것은 아니다. 기존시장에서 더 이상의 차별화와 기능적 혜택의 확장이 어렵다면 브랜드화를 강화하여야 한다. 브랜드(brand)란 자신이 판매하는 상품을 다른 판매자의 상품들과 구별하기 위하여 붙여진 이름, 문자, 숫자, 기호, 도형의 집합이다. 상표(trademark)는 상표 등록원에 의하여 특허청의 심사를 거쳐 등록여부를 결정하고 있으며, 법적 보호를 받을 수 있는 특정 브랜드를 의미한다.

기업은 자사상품을 다른 경쟁자의 상품과 구별하기 위하여 브랜드화를 시행하고 있다. 브랜드화는 자산적 가치의 증가에 따라 더 주목받게 된다. 자산이란 현재와 미래의 경제적 가치를 의미하며, 기업이 소유함으로써 꾸준한 이익을 얻을 수 있다. 이러한 자산적 가치는 고객의 마음속에 형성된 브랜드 이미지에서 그 가치는 높아진다.

첫째, 브랜드 자산은 고객의 인지도와 이미지로 구성된다. 일반적으로 레스토랑을 방문하는 고객은 특정 점포의 메뉴를 알지 못한다면 그 점포에 대하여 어떠한 이미지도 없을 것이다. 기업은 자사의 브랜드이미지와 인지도를 향상시키기 위하여 노력하여야 한다.

둘째, 기업의 브랜드화는 강력하고 독특한 이미지를 가지고 있어야 한다.

코카콜라 브랜드 이미지는 세계 최고의 가치를 가졌지만 그들은 지속적으로 광고하고 있다. 친근하면서 강력한 이미지를 심어주기 위하여 세계적인 행사를 지원하거나 체육과 예술, 문화행사 등에서 계속적으로 협찬한다. 그렇게 함으로써 변하지 않는 이미지를 고객에게 심어줄 수 있기 때문이다. 브랜드 자산은 인지도와 연상되어 형성되는 것으로 인지도가 높다는 것은 강력한 브랜드가 되는 필요조건이지 충분조건은 아니다. 이름만 잘 지으면 좋은 브랜드가 될 것으로 생각하는 경영자도 있겠지만 이름 자체만으로 브랜드 자산이 될 수는 없다.

헤럴드 경제(2009.11.26)에서 대한민국의 브랜드 가치를 1조 1,414억 달러로 소개하였다. 국가별로는 세계 10위권으로 평가된다. 서울의 브랜드 가치는 447조 5,000억 원, 삼성전자의 가치는 20조 원이라는 평가이다. 산업정책연구원은 서울 밀레니엄 힐

튼호텔에서 '2009 코리아 브랜드 콘퍼런스'에서 자산 가치 평가결과를 내놓았다. 연구원이 산정하는 국가브랜드 가치는 과거 3년간 제품 및 서비스 수출액과 관광 수입액을 가중 평균한 매출액과 장래 10년간 예상되는 수익을 뜻하는 '국가브랜드 수익' 국가경쟁력과 해당 국가에 대한 친근감, 국가브랜드 전략 등을 고려한 브랜드파워 지수를 곱한 값으로 산정되었다.

1위인 미국의 브랜드 가치는 10조 3,761억 달러, 2위인 독일은 6조 4,682억 달러, 3위 영국과 4위 일본의 가치는 각각 3조 3,649억 달러와 2조 8,506억 달러였다. 서울과 6대 광역시를 대상으로 실시된 도시 브랜드가치 평가에서 서울이 447조 5,000억 원, 부산과 인천이 각각 104조 원, 81조 3,000억 원으로 2, 3위를 기록했다.

도시 브랜드 가치는 과거 3년간 지역 내 총생산을 가중 평균한 값으로 향후 3년간 미래가치를 평가한 값에 자체 산정한 브랜드 파워지수를 곱하는 방식으로 계산하였다. 부산은 브랜드 가치에서는 2위였지만 지역 내 총생산 대비 브랜드가치 비율은 71.2%로 서울(68.4%)을 제치고 1위를 자치하였다. 기업브랜드 가치평가에서는 삼성전자가 20조 원으로 10년 연속 1위를 기록하였다. 2위는 현대자동차(8조 2,000억 원)였으며 LG전자(7조 2,000억 원), 기아자동차(4조 원), GS칼텍스(3조 5,000억 원) 순이었다. 은행권에서는 신한은행(6조 4,000억 원), 보험부문에서는 삼성생명(6조 8,000억 원), 백화점과 할인점 부문에서는 각각 롯데백화점(2조 원)과 신세계 이마트(2조 2,000억 원)가 순위에 올랐다. 인터넷 포털부문에서는 네이버가 5,300억 원으로 1위였다.

5) 신상품 장수화

기업의 특정 상품이 장수하기 위해서는 표적시장 고객의 마음속에 독특한 위치로 포지셔닝되어야 한다. 치열한 경쟁 속에서 자사의 상품이 차별된 메뉴상품으로 개발되어 이를 잘 관리하는 것이 중요하다. 신상품이 시장에 수용되기까지 들어가는 시간과 비용은 상대적으로 높다. 각 업장마다 수많은 메뉴가 출시되지만 성공하는 것은 소수에 불과하다. 특히 고객의 기억 속에서 오래도록 인식되어 장수화되는 것은 기업의 궁극적인 목표이다. 하지만 높은 이익을 창출하는 원동력임에도 고객들의 변화요구에 따라 신상품을 장수화하기는 그만큼 어렵다는 것이다.

한편, 메뉴를 리뉴얼(renewal)하여 맛, 가격, 품질을 변화시키거나 고객의 기호에 맞추어 품질을 개선시킴으로써 장수화를 유도할 수 있다. 여기에는 메뉴상품의 내용물과 가격변화, 푸드코디(food coordination)같이 예쁘면서도 세련되게 하여 고객의 기호와 다양성을 수용하는 방법도 제시할 수 있다.

4. 메뉴전략(menu strategy)

메뉴(menu)는 전 세계적으로 사용되는 공통어로 차림표, 식단을 의미한다. 원래 Minutus의 라틴어로 영어의 Minute에서 유래된 말로 '작은 목록표'란 의미를 가지고 있다. 현대적 개념은 1541년 앙리 8세 때 '브랑위그'라는 공작이 베푼 만찬회 때 조리 장이 요리 순서를 메모하여 식탁 위에 올려 차례대로 제공하는 과정에서 시작되었다. 요리 제공시 복잡한 순서와 틀리는 불편함을 해소하기 위하여 요리명과 순서를 기입 한 리스트를 사용하였으며, 손님이 음식을 선택하고 난 후 순서대로 제공되는 "정찬 요리"를 의미한다.

'Webster's dictionary'의 사전적 의미는 식사에서 제공되는 음식의 상세한 목록표(A detailed list of the foods served at a meal)로 설명하고 'Oxford dictionary'는 연회나 식사에서 제공되는 요리의 상세한 목록(A detailed list of dishes to be served at a banquet or meal)으로 정의하였다.

메뉴의 차림표는 판매 상품의 이름, 가격, 양, 원산지, 지리적 표시 등 필요조건의 정보를 기록하고 있다. 단순한 상품 안내에 그치는 것이 아니라 고객과 음식점을 연 결하는 판매촉진의 도구이자 최초의 판매수단, 고객과의 약속, 내부 통제수단 등이 된다. 특히 상품명, 품질, 의사전달, 언어, 커뮤니케이션 안내자로서 친근감을 주는 용어, 디자인, 색깔, 글자크기 등 소비자와 점포를 연결하는 의사결정 수단이 된다.

1) 메뉴 종류

메뉴는 1인분을 기준으로 분량의 균형에 맞게 영양적인 면과 양, 가격, 미각을 고 려하여 구성되어야 한다. 대표적인 요리 종류는 정식, 일품요리, 특별요리, 뷔페 등으 로 분류할 수 있다. 따라서 본서에서는 메뉴의 전략적인 측면을 고려하여 대표메뉴 와 촉진메뉴, 런치메뉴, 티타임 메뉴, 계절, 디너메뉴로 분류하고자 한다.

(1) 대표메뉴(typical menu)

고객은 식사를 결정할 때 또는 배고픔을 인지하였을 때, 제일 먼저 익숙한 점포 이미지나 대표메뉴의 특징을 강력하게 연상하게 된다. 이러한 매력은 자사의 점포만 이 갖는 고유 특성으로 고객을 업장 내로 유인하는 데 대표적인 역할을 하게 된다.

개별 업장마다 다 같은 것은 아니지만 대표메뉴는 매출액과 수익에 가장 큰 공헌을 하는 메뉴를 의미한다. 때론 고객의 편의를 위한다는 측면도 있지만 배달하거나 포장판매를 시행하는 것도 한 방법이다. 하지만 장기적인 전략 차원에서 배달은 효과적이지 못하다. 이러한 배달은 고객의 편의성에 일조한다고 생각할 수 있지만 업소를 방문하는 내점객, 주차장의 차량대수 등 지나가는 행인의 시선을 끌어 자연스럽게 광고의 효과를 나타낼 수 있는 기회를 활용하는 데 도움이 되지 못한다. 주차장의 차량 보유대수는 점포의 맛과 품질을 인지하거나 보증할 수 있는 기회를 고객에게 자연스럽게 보여줄 수 있다.

(2) 촉진메뉴(promotion menu)

외식기업의 촉진 전략에서 고객에게 소구할 수 있는 특정 인기메뉴는 일반 소비자들을 업장 내로 끌어들이는 중요한 수단이 될 수 있다. 기업의 촉진메뉴는 대체로 저렴하면서도 푸짐한 메뉴로 고객이 쉽게 접근할 수 있어야 한다. 기업 입장에서는 원가요소를 고려해야 하겠지만 조리를 간편하게 하는 레시피의 표준화로 주방 인력과 테이블 회전에 있어 자유롭게 운영될 수 있어야 한다.

레스토랑에서 시행하는 촉진수단에는 가격할인, 무료식사권, 시식회, 전단지, DM, 할인쿠폰, 마일리지 적립, 사은품 등이 사용되고 있다. 이러한 방법은 신규고객을 끌어들이거나 경쟁자의 고객을 끌어들이는 수단으로 사용할 수 있다.

(3) 런치타임 메뉴(lunch time menu)

점심시간 또는 특정 시간대에 저렴한 가격으로 고객의 부담을 들어주면서도 신속하게 제공할 수 있는 편의성을 가진 전략적 메뉴를 의미한다. 특정 메뉴를 한정함으로써 회전율을 높일 수 있으며, 특별한 서비스와 가격, 시간을 고려하여 판매하는 방식이다. 패스트푸드점이나 프랜차이즈, 패밀리레스토랑, 한식점 등 특정 메뉴를 오전 11시부터 오후 2시까지, 주말 점심시간, 평일점심 또는 저녁 등 통일된 메뉴를 특정 가격대에 판매하거나 특별 행사로 판매하기도 한다. 점포의 좌석 점유율이 낮은 시간대에 한정하여 판매함으로써 이용객의 증가에 따른 매출액 향상과 인지도를 높일 수 있다.

최근 외식업소 간 경쟁이 치열해지면서 경영주들은 효과적인 홍보수단을 찾게 되었다. 이때 쉽게 선택하는 것이 소셜 커머스(social commerce)이다. 단기간에 입소문을 내기 위한 수단으로 활용되며, 2010년 국내 처음으로 선보인 이후 현재 2조 원대를 기록할 정도로 핫(hot)한 뉴스로 소개된다. 소셜 커머스는 페이스북, 트위터, 카톡 등 SNS를 통하여 빠르게 전파되어 판매되는 전자상거래이다. 그렇다면 경영주들은 왜 홍보수단으로 적극 이용할까? 그것은 간단하다. 우선 별다른 비용이 들어가지 않기 때문이다. 하지만 촉진 전략 방법을 활용하는 데 있어 단점도 있으며, 이는 제12장 인터넷 마케팅에서 상세히 설명하겠다.

(4) 사이클 또는 계절메뉴(cycle or season menu)

순환메뉴 또는 주기메뉴는 월별, 계절별로 반복되는 단품 메뉴로 계절적 미각이나 단골 고객의 식상함을 자극시켜 새로운 이미지를 창출할 수 있다. 식재료의 효율적인 관리와 조리작업의 표준화로 계절 식재료를 적절히 활용함으로써 고객만족을 향상시킬 수 있다.

반면 너무 자주 식단을 바꾸거나 메뉴의 주기가 짧을 경우 오히려 고객 불만을 야기 시킬 수 있다. 하지만 학교급식, 병원급식, 관공서급식, 회사급식 등 대상자가 고정되어 있다면 경영관리 측면에서 효과적인 계절메뉴를 적절하게 구성하므로 고객만족도를 향상시킬 수 있다.

2) 메뉴 계획시 고려사항

메뉴는 레스토랑을 표현하는 이미지와 고객과 의사전달 도구가 된다. 메뉴상품의 진실을 전하는 언어로서 다양한 정보 자료를 고객에게 제공할 수 있다. 특히 그들의 마음을 사로잡아 성공과 실패를 좌우하는 판매수단의 역할을 하게 된다. 또한 조직의 목표관리를 진단하고 경영관리 측면에서 환경적 요소를 고려하여 성공적인 메뉴를 계획할 수 있다. 이러한 계획은 메뉴에 맞는 공간 내 시설과 장비, 조리방법, 주방설비, 디자인, 환기, 인원수 등에서 가능하게 된다.

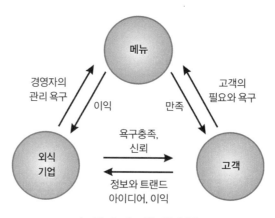

〈그림 6-4〉 메뉴의 역할

(1) 메뉴 표지판의 역할

메뉴 표지판은 고객과 점포 간의 의사전달 통로로서 신뢰할 수 있는 레스토랑의 상품 안내서이다. 때론 잘못 표기하거나 제공하는 내용물이 메뉴판과 다를 경우, 고객을 속이는 행위가 되므로 메뉴판은 항상 정확하게 작성되어야 한다.

메뉴판은 다음과 같은 사항을 포함하여야 한다.

첫째, 분량에 대한 표시가 정확하여야 한다. 스테이크 1인 분량이 120g이라면 실제 제공되는 내용물이 그렇게 되어야 한다.

둘째, 메뉴판은 1인분에 대한 정확한 가격을 표시하여야 한다. 실제 고객이 계산할 때 미기입, 과다기입 등으로 오류가 발생될 수 있다. 고객은 주문할 때부터 부가가치세가 포함되었는지 별도 부과인지 정확하게 공지하기를 바라며 계산서 상의 오류가 발생되지 않도록 하여야 한다.

셋째, 메뉴 상품의 원산지는 정확하게 표기되어야 한다. 생산 국가와 지역을 표시하는 원산지는 소고기, 돼지고기, 닭고기 등과 쌀, 김치 등이 법적으로 의무화하였지만 최근에는 고객들의 신뢰를 높이기 위하여 경영자들이 자발적으로 식재료의 원산지 출처를 표기하거나 알리려 노력한다. 2008년 광화문 거리에서 시작된 촛불시위는 미국산 소고기의 광우병으로 인한 원산지의 불신은 국적이 호주산으로 바뀌어 판매되는 기현상을 초래하였다.

넷째, 실제 품질이 표지판에서 안내하는 내용물과 같아야 한다. 메뉴의 원재료인 육류 등급은 소비자들의 경험과 지식으로 육안 식별이 가능하다. 광고나 내용물이 실제와 다를 경우 의심이나 불신이 발생하게 된다.

다섯째, 메뉴판에는 영양성분을 표기하여야 한다. 고객의 개인적 특성에 따라 제외시켜야 할 식재료나 알레르기성 체질로 인하여 먹으면 안 되는 음식이 있기 때문이다. 특히 영양성분이나 고객을 위한 조리방법, 식재료의 내용물, 식재료의 특성 등을 표시하므로 개별고객의 욕구를 수용할 수 있다.

업장마다 독특한 개성을 가지는 메뉴판은 고객에게 정확한 정보제공과 의사결정을 돕는 역할을 한다. 가격에 맞는 품질과 자사의 우수성을 널리 알려졌을 때 고객만족과 기업이익을 창출할 수 있음을 상기시키고자 한다.

(2) 메뉴개발 전략

목표시장의 상권과 입지는 성장가능성과 경제성에 있어 메뉴를 개발하는 데 중요한 역할을 한다. 판매가격을 결정하기 위해서는 공급자의 능력과 메뉴의 조화, 예산,

품질의 기준 등을 고려하여야 한다. 외식업은 포화상태로 동종 업태 간의 경쟁이 심화되어 경쟁우위 확보가 매우 어렵다. 그러므로 지속적인 메뉴를 분석하고 변화에 앞서가는 차별성을 확보하여야 한다.

메뉴 개발시 다음과 같은 사항을 고려하여야 한다.

첫째, 고객층에 맞는 정확한 메뉴개발이 이루어져야 한다. 기업의 마케터는 자사에 부합하는 정확한 표적고객을 선정하여 그들의 욕구를 충족시킬 수 있는 메뉴가 개발되어야 한다. 즉 대학생을 표적으로 설정하였다면 20대의 대학생 남녀에 맞는 메뉴의 특성을 고려해야 된다.

둘째, 마케팅 촉진 전략을 추진할 수 있는 메뉴가 개발되어야 한다. 점포를 방문한 고객은 오픈된 주방에서 조리과정의 즐거움과 재미, 위생과 청결, 지루함을 해결하는

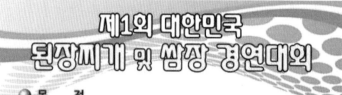

이벤트적 역할을 제공받기를 원한다. 이미지와 이야기 소재를 제공할 필요성이 있으며, 양적인 성장보다 질적인 정서를 제공함으로써 신뢰성을 향상시킬 수 있다.

셋째, 기업의 재고관리와 저장능력을 고려하여 개발되어야 한다. 점포경영은 대체로 단품 메뉴와 다품종 소량으로 운영된다. 메뉴는 그 업소의 특성에 따라 장·단점을 함께 가지고 있으며, 식재료의 구매 관리에 따른 계절성을 고려하여야 한다. 특히 희소성, 가격대비 가치, 저장성, 재고관리 측면을 참고할 수 있어야 한다.

넷째, 건강을 생각하는 메뉴로 기획 상품이 개발되어야 한다. 현대 소비자들은 웰빙(well-being)과 기능성을 고려한 건강식을 선호한다. 유전자 변형 농산물(GMO genetically modified organism)에 대한 안전성이 위협받으면서 우리 농산물의 우수성과 지역 특산물, 무공해 식재료임을 알려야 한다. 이러한 메뉴개발은 신 메뉴를 정기적으로 선보여 업소가 지속적으로 변화한다는 것을 보여주어야 한다. 그렇게 함으로써 개선하고자 하는 노력을 보여줄 수 있다.

다섯째, 주방설비를 고려한 메뉴를 개발하여야 한다. 주방의 크기나 넓이 조리시설, 기구, 기계, 직원 등 제대로 갖추어졌을 때 메뉴상품은 원활하게 공급될 수 있다. 주방과 홀의 원만한 의사소통과 협동에서 훌륭한 메뉴가 탄생할 수 있다. 이러한 시설을 갖추지 못하면 조악한 메뉴가 되거나 음식의 맛을 떨어뜨려 고객으로부터 외면받게 된다. 주방의 시설과 운영능력에 맞는 메뉴개발의 필요성이 제시된다.

3) 메뉴 분석방법

레스토랑에서 메뉴를 분석하는 것은 고객에게 인기 있으면서도 수익성이 높은 메뉴를 포지셔닝하기 위해서이다. 기업에서 제공하는 메뉴의 성격은 다르다. 이를 구성하는 환경은 영향을 미치기 때문에 일률적으로 적용하기 어렵다. 메뉴분석의 일반적 이용방법은 다음과 같다.

첫째, 메뉴의 ABC방법이다. 레스토랑의 메뉴 아이템 20%가 전체 80%를 차지한다는 파레토법칙을 적용한 분석방법이다. 관리 대상의 ABC그룹으로 나누어 한 그룹을 중점 관리하여 집중함으로써 효과를 높일 수 있다. 매출액이 높은 순서로 정리하여 총 매출액에 메뉴별 백분비율로 산출하게 된다. 고객에게 사랑받는 메뉴별 구성 비율을 상위부터 누적하여 그래프의 세로축 매출액 점유비와 가로축의 메뉴 누적 구성비로 표시할 수 있다.

그룹별 메뉴분포에 따라 중점관리 메뉴를 육성해 나가는 방법으로 B그룹 메뉴는 A그룹으로 승급 가능성을 분석하여 집중화한다. C그룹은 가능성 여부를 따져 제외하

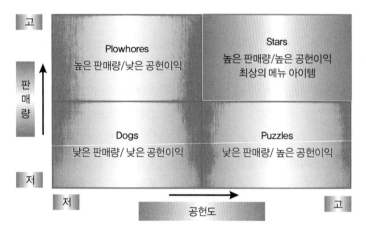

〈그림 6-5〉 메뉴의 판매량과 공헌이익

거나 삭제한다.

둘째, SWOT분석 방법이다. 기업의 통제 가능한 내부적인 장·단점을 파악하여 통제 불가능한 외부 환경의 기회와 위협을 바탕으로 전략방안을 제시할 수 있다. 이러한 분석방법은 프랜차이즈 기업에서 주로 사용하고 있다.

셋째, 메뉴 엔지니어링(menu engineering)을 통한 수익성과 인기메뉴 분석방법이다. 개별 점포마다 판매되는 품목은 일정기간을 통하여 인기도와 수익성을 파악하게된다. 업장의 전체 매출액에 대한 각각의 메뉴들이 상대적으로 비중이 높거나 낮기때문에 단품 메뉴나 일품요리, 다품종 등 패밀리레스토랑이나 외식업체, 호텔 등에서널리 이용하는 방법이다.

넷째, 메뉴의 협업 필터링(filtering)분석 방법이다. 소비자들의 기호나 정보에 따라가격의 변화와 인기도, 공헌도 등 관심사를 자동적으로 예측하는 분석방법이다. 이러한 접근방법은 소비자의 과거 소비성향을 바탕으로 미래에 그대로 유지될 것이라는전제하에 경험여부와 이용목록 등을 예측하는 방법이다. 이 시스템은 특정인의 정보에 국한된 것이 아니라 일반적인 고객의 정보수집에서 단순 투표나 아이템의 평균으로 평가하는 차별화된 분석방법이다. 이와 같이 고객의 선호도와 패턴을 구별하여비슷한 취향의 형태를 고객별로 묶어 추천하는 방법이다.

다섯째, Miller의 분석방법이다. 원가율과 판매율을 이용하여 가장 낮은 원가에서가장 많은 판매량의 메뉴를 나타내는 이상적인 경영성과를 나타내는 방법이다. 그러나 실제 원가율이 낮은 메뉴는 판매 가격도 낮을 뿐 아니라 수익성도 낮아진다. 따라서 기업 전략상 특정 메뉴를 론칭(launching)하여 한정된 시간 내 판매함으로써 메뉴와 점포의 이미지를 심어주어 좋은 평가를 받을 수 있다.

여섯째, Kasavana & Smith 분석방법이다. 메뉴 엔지니어링을 바탕으로 체계화된 기법으로 이익과 판매량이 높은 메뉴를 최고상품으로 선택하여 일반적으로 이용하는 방식이다. 판매량이 일정수준 이하의 메뉴에서 전체비용을 커버하지 못하면 상대적으로 공헌이익이 높을 수밖에 없다. 메뉴의 판매가격을 높게 설정하여 공헌이익을 높이는 방법으로 수요와 수익성을 줄일 수 있다.

CHAPTER **7**

가격전략

이 세상의 모든 위대한 것들은 열정 없이 성취한 것은 하나도 없다.
— *Georg W. Hegel*, 독일 철학자

학습목표

_ 레스토랑 경영에서 가격은 무엇인가를 학습한다.

_ 가격을 결정하는 요소를 파악한다.

_ 가격을 결정하는 방법을 이해한다.

_ 가격을 결정할 때 고려되는 고객의 심리반응을 학습한다.

_ 원가관리의 중요성을 파악한다.

_ 원가를 구성하는 요소와 원가의 종류를 파악한다.

_ 손익분기점을 이해하며 손익분기점 결정방법을 학습한다.

_ 가격전략으로 성공 및 실패사례를 조사하고 분석한다.

7

가격전략

인간은 목표에 매진하는 동안 자기도 모르는 사이에 위대함을 성취하게 된다.
– Ralph Waldo Emerson, 미국 철학자

제1절 | 가격의 개념과 중요성

1. 가격의 개념

일반적으로 가격의 정의는 상품을 구입하고 그 대가를 지불하는 화폐의 가치를 의미한다. 기업이 상품을 생산하고 가격을 결정하는 마케팅 믹스는 제품과 서비스의 교환에서 소비자가 지각하는 가치, 즉 고객이 상품과 서비스에 부여하는 효용가치를 의미한다. 고객은 기업이 제시하는 상품이 자신의 필요를 자극하여 효용가치가 가격보다 클 때 구매를 결정하게 된다. 개인 소비자부터 가정, 기업, 지방자치단체, 국가 등 구매를 결정할 때 가격은 중요한 변수가 된다.

생산자와 소비자 간의 상품과 서비스품질 교환에서 가치가 동일할 때 상호 간의 일치가 이루어진다. 자신이 지불하는 가격의 편익은 목표고객의 이익과 인식차원에서 균형을 이루게 된다. 이와 같이 가격믹스는 마케팅 전략의 도구로 활용되며 수익을 창출하는 원동력이 된다. 이러한 가격의 역할을 제시하면 다음과 같다.

첫째, 가격은 레스토랑 경영에서 이익을 결정하는 수단이 된다. 점포에서 가격을 어떻게 결정하느냐에 따라 매출과 총수익(total revenue)은 달라질 수 있다. 반면 물류유통은 상대적으로 우위확보의 한계가 있을 수 있다. 따라서 경쟁기업의 전략에서 즉각적으로 대처할 수 없는 어려움이 있어 탄력적으로 운영하여야 한다.

둘째, 가격은 소비자가 상품을 선택하고 결정하는 데 중요한 역할을 한다. 현대사회의 소비자들은 재화를 통하여 교환을 창출하며 가격은 구매 양과 질을 결정하는

데 영향을 미친다.

셋째, 국가의 경제상황과 물가상승은 임금, 이자율, 금리, 수입, 수출 등 기업의 가격정책에 영향을 미친다. 정부는 통화와 공급조절에 의한 정책 일환으로 서민생활에 밀접한 52개 품목을 선정하여 국민경제 생활을 안전하게 관리하려 노력하였다. 생필품과 식재료는 경제적인 상황과 계절적인 영향으로 변동의 폭이 크기 때문에 가격통제와 경영의 어려움을 가지는 원인이 된다.

넷째, 지구 온난화로 겨울 한파와 폭설, 강풍 등은 식재료의 원가상승과 가격인상에 영향을 미친다. 따라서 다음과 같은 자연환경과 기후변화에 따른 재해를 확인할 수 있다.

2010년 1월 4일 서울에 100년 만에 폭설이 내렸다. 다음날은 한파로 최저기온이 영하 13.6도로 3년 11개월 만이다. 한반도만 그런 것이 아니다. 중국 베이징도 59년 만의 폭설(33cm), 유럽의 60cm 폭설과 한파가 몰아쳤다. 미국은 강풍과 한파가 몰아쳐 미네소타주 인터내셔널 폴스시는 영하 37도를 기록하는 등 30년 만의 강추위를 맞이하였다. 인도는 100여 명이 동사하였다. 지구 온난화라는 의문이 들 정도로 이율배반적인 현상들이 나타나고 있다(주간조선, 2010.4.13).

첫째, 온난화를 막으려는 지구의 몸부림이다. 지난 100년간 지구 북반구 온도는 0.6도 상승하여 급격하게 도시화하였다. 한국 기온도 1.5도 상승하였다. 과학자들이 말하는 지구 온난화는 단순히 지구 전체가 골고루 더워지는 것이 아니라 기후의 균형을 무너뜨려 이상기후 현상이 잦아지는 것을 의미한다. 일시적인 한파와 폭설을 더 이상 지구 온난화가 아닐 거라는 생각은 위험한 발상이다.

둘째, 북극의 찬 공기를 막아주던 장벽이 무너졌다. 미국의 기후센터는 베이징, 노르웨이, 미국 동부, 영국, 한반도 등 혹한과 폭설 현상은 북극의 차가운 공기인 시베리아기단이 북반구로 불거져 나왔기 때문이라는 분석이다. 평상시 북극지역의 차가운 공기는 마치 장벽처럼 감싸고 도는 제트기류가 막아내기 때문에 북반구의 도시들을 덮치지 않는다. 그러나 지구 온난화로 북극의 평균기온이 높아져 고기압이 팽창하였다. 제트기류의 기세가 약해지면서 장벽 역할을 하던 공기의 흐름이 뚫렸다는 것이다. 차가운 공기덩어리가 남으로 북으로 지그재그형으로 사행(蛇行)해 세계를 뒤덮고 있다는 것이다. '폴라캡(polar cap)'으로 불리는 제트기류는 평소에 동서로 흐르면서 저위도 지방으로 내려가려는 북극의 한기를 막아준다. 최근 북극지역의 기온은 -20도로 평년보다 10도나 높은 이상 고온현상이 나타나고 있다.

남쪽으로 밀려난 한기는 한반도까지 강타하며 이를 '극진동(Arctic Oscillation) 남하'라 표현한다. 북극 지역의 기압 변화를 의미하는 말로, 북극 중위도의 해면기압

차이를 주기적인 그래프로 표시한 값이다. 극진동 값이 음(−)이면 편서풍이 약해지면서 동아시아와 북미대륙 동쪽에 추위가 닥친다. 미국 해양 대기국이 기록한 최근 자료는 양과 음을 오가던 그래프가 작년 10월 중순 -3까지 떨어졌다. 12월 중순부터 올해로 넘어오면서 지수가 아예 -4 이하로 내려갔다. 극 진동은 보통 열흘에서 2주 이상 지속돼 추위도 오래 간다.

셋째, 인도양의 수분 증발량 증가도 원인이다. 시베리아 기단은 삼한사온(三寒四溫)의 주기로 팽창과 수축을 반복한다. 우리나라 겨울철의 대표적 기후가 실종된 지 오래다. 찬 대륙 고기압이 3~4일 머물다 태양열에 의해 데워져 날씨가 풀리는 등 삼한사온이 사라진 이유이다.

북아시아 폭설은 온전히 온난화 때문이다. 바다와의 거리가 있어 대기 중에 수증기가 많이 유입되지 않는다. 지구 온난화로 인도양의 수분 증발량이 많아졌으며 수증기를 머금은 더운 공기가 북아시아 내륙 깊숙한 곳까지 유입돼 폭설의 원인이 되고 있다. 세계적으로 폭설사태가 일어난 것은 공기 중에 수증기가 많아졌기 때문이다. 만약 수증기를 가득 머금은 적도의 따뜻한 공기가 극지방의 찬 공기와 만나 한반도에 폭설을 쏟아붓는다면 이번 폭설과는 비교도 안 될 만큼 엄청난 사태가 벌어질 것이라는 한국지질자원 측의 설명이다. 우리는 유례없는 폭설과 한파를 겪고 있다. 북극기온이 지구 온난화 영향으로 예년보다 높은 영하 20도 수준이다. 이 기후변화에 대해 제대로 된 대책을 마련하지 못하면 여러 개의 톱니바퀴가 맞물려 돌아가는 거대한 시계처럼 어느 한 지역의 기상이변 피해를 지구 반대편에서 고스란히 떠안을 수 있다는 사실이다.

미국 일리노이대 마이클 슐레진저 교수는 "최근의 한파를 빌미로 탄산가스 배출의 지구 온난화에 회의론을 제기하는 것은 시간 낭비일 뿐이다"라고 하였다. 기상이변에 대하여 심각하게 받아들이는 계기가 되어야 한다고 강조한다.

2. 가격결정 요인

1) 가격결정의 목표

상품의 가격은 기업에서 제시하는 마케팅 목표와 이익을 결정하는 원천으로 점유율과 경쟁기업의 우위확보 수단이 된다. 최적의 가격은 고객이 지불할 의사를 유발하는 것으로 구매 품질의 일치에서 동기가 발생된다. 고객이 기대하는 수준은 물리적 자원의 속성에서 적정하게 형성되며, 이러한 품질에서 기업 경영차원의 이익을 실현하게 된다.

가격결정은 고객이 지불할 의사와 경영자의 이익, 직원의 직무수준 등을 고려하여 달성할 수 있는 목표를 의미한다. 이상적인 가격을 설정한다는 것은 한계가 있을 수 있다. 모든 고객은 같은 상품이라도 다르게 인식하여 차이를 나타내기 때문이다. 따라서 가격은 구매를 결정하는 중요한 수단이 된다.

대형마트에서 가격 신경전이 시작되었다. 30개의 주요 생필품을 장봤을 때 '이마트는 18만 9,440원, A사는 21만 2,620원, B사는 21만 1,990원'이라는 기사를 일간지 장바구니 사이트에 가격비교 광고를 실었다(조선일보, 2010.6.25).

대형마트 2 · 3위 업체인 홈플러스와 롯데마트는 터무니없는 비교라며 강력히 반발하였다. 평소 윤리경영을 강조해 온 기업이 비윤리적인 방식을 사용한다는 것이다. 상도에 어긋난 행동으로 업체마다 더 싼 제품이 있거나 기획 상품에 따라 가격이 다른데 자사에 유리한 상품만을 골라 더 싸다고 말한 것은 모순이라는 것이다.

홈플러스는 업계 선두인 이마트가 자기식대로 기준을 적용하여 경쟁사의 가격 비교 광고를 내는 것은 비윤리적 행동이라 하였다. 한국 소비자원이 대형마트의 생필품 가격을 공개하는데도 조사방법과 상품, 기간, 점포 등을 정해놓고 비교하는데 상식 밖의 수준이라 하였다. 롯데마트 역시 경쟁사를 폄하하는 것은 협력업체와 불공정 문제, 잦은 상품 품절, 경쟁사의 강력한 맞대응 등으로 인하여 약속을 지키지 못한 고육책으로 소비자를 기만하는 어이없는 행동이라 하였다. 이에 대하여 어느 상품이라도 이마트가 싸다며 기획 상품을 피하고, 가장 많이 팔리는 상품을 소비자들이 알기 쉽고 공정하게 비교한 것이란 설명이다. 연초 생필품 가격을 내리겠다는 가격혁명을 선언한 후 경쟁업체가 맞대응하면서 삼겹살이 100g에 570원까지 내려갔던 이전의 상황이 재연될지 고객들은 관심이 높다.

(1) 이익 지향적인 목표(profit oriented objectives)

기업이 상품생산과 가격을 결정하는 것은 목표 수익과 이익을 실현하기 위해서이다. 목표달성은 메뉴상품의 매출에 대한 총수익과 투자비용에 대한 이익에서 결정된다. 외식기업은 개별 점포의 입지와 시간, 요일, 계절에 따라 잘못 포지셔닝하여 이익 창출의 어려움을 가질 수 있다. 예상되는 운영경비는 특정고객의 희망가격으로 원가에 플러스하여 판매가격을 결정하게 된다. 이와 같이 소비자가 느끼는 일반적인 경험은 구매결정 전에 준거하는 가격으로 개별 고객의 이용경험에 따라 유행이나 품질 차이가 발생할 수 있다. 그러므로 기업은 다음과 같은 이익 지향적 목표를 가져야 한다.

첫째, 가능한 많은 이익을 가지려 노력한다. 상품가격은 시장의 이익이나 독점적 지위, 고수익으로 부정적 이미지를 가질 수 있지만 더 많은 시장의 점유율과 이익을 가지려 한다. 반면에 소비자들은 대체품을 생각하며 구매를 미루거나 포기하기도 한다. 그러므로 기업의 이익극대화는 고객만족을 통하여 구매상품의 공감대와 합리성에서 창출하게 된다.

둘째, 레스토랑은 새로운 메뉴가격을 결정할 때 대체로 높은 가격에서 고객의 반응이나 저항 정도, 경쟁사를 통하여 결정하게 된다. 이러한 전략은 장기적으로 업소의 부정적 이미지를 심어줄 수 있다. 즉 "사람 봐가면서 가격을 받는다"는 말처럼 처음부터 충분한 조사를 통하여 적정가격을 선정할 때 고객은 신뢰하게 된다.

셋째, 가격은 개별기업의 고유정책으로 주변 환경과 점포상황에 맞게 선택되어야 한다. 창업 초기부터 적정가격이 책정되어야 하며, 장기적으로 이익을 극대화하는 방법은 고객의 이해 속에서 충분히 지불할 가치가 있는 상품에서 실현될 수 있다.

(2) 판매 지향적 목표(selling oriented objectives)

기업 경영자가 추구하는 목적이 다 같을 수는 없다. 일반적으로 기업이 존재하는 이유가 이윤 추구라면 기업을 경영하면서 얻을 수 있는 성취감이나 직원들의 일자리에 따른 고용창출과 사회구성원으로서 봉사와 공익성까지 다양하게 존재하고 있다. 기업은 많은 수익을 창출하여 목표를 달성하고자 노력하며, 생산시설을 확충하거나 시장 점유율을 높여 이윤을 극대화시키고자 한다. 이러한 목표를 지향하는 사업가 정신과 고용창출과 기업의 사회적 책임을 다하는 기업가 정신으로 분류할 수 있다.

첫째, 사업가 정신에서 추진하는 가격전략은 매출증가를 위한 판매 지향적인 목표를 설정하여 이익 극대화를 최고의 목표로 삼고 있다. 빠른 시간 내 시장에 진입하거나 기업의 성장을 원하며, 경쟁사의 진입을 저지하는 등의 행동을 하게 된다. 전년, 전월대비 몇 퍼센트의 성장을 위하여 가격할인을 하거나 묶음 판매, 덤, 무료 상품권 등 전략을 추진하여 기업 이익에 초점을 맞추고 있다.

둘째, 기업가는 가격을 결정할 때 시장 점유율을 향상시키는 데 그 목적이 있다. 기업의 사회적 책임과 역할을 통하여 상생할 수 있는 전략을 추진하며 목표시장에 안정되게 정착할 수 있도록 하여야 한다. 하지만 경쟁기업은 항상 존재하기 마련이다. 더불어 함께 공유할 수 있는 마인드를 가져야 한다. 따라서 도입기를 지나 성숙기에 높은 점유율을 가졌다 하더라도 고객에게 지속적으로 소구할 수 있는 촉진 전략에서 성장할 수 있다 하겠다.

규모의 경제성에 따른 프랜차이즈화가 가능하며, 개별기업의 성장은 자사가 보유한 규모와 자본, 시설, 노동력에서 생산성을 향상시킬 수 있다. 특히 개별기업은 상권 내 점포를 확장하는 것보다 매출액을 늘려 지역의 동종업계 우위를 확보하여 안정되게 수익을 창출하려 노력한다.

(3) 유지 지향적 목표(maintain oriented objectives)

창업을 준비하는 사람들은 외식업에 가장 많이 뛰어들고 있다. 이들은 경쟁이 치열한 외식점포 창업을 두려워하면서도 안정되고 편안한 사업으로 인식하고 있다는 점이다. 하지만 기존 점포들은 안정된 점유율을 확보하고 있으며, 새로운 경쟁자의 출현을 반기지 않고 있다. 이들은 상품과 가격이 안정되어 지역의 상권을 선도하고 있기 때문에 신규로 진입하는 창업자의 전략은 분명한 메시지와 목적 속에서 제시되어야 효과를 볼 수 있다.

첫째, 새로운 경쟁자는 시장에 진출할 때 가격과 품질 차원에서 차별화를 제시해 줄 수 있어야 한다. 기존 점유자들은 담합하거나 공급자들에게 압력을 가하여 납품을 하지 못하게 하는 등 현재 상태를 유지하려 한다. 또한 확보된 단골 고객을 대상으로 촉진 전략을 추진하면서 나쁜 구전을 전개하거나 때론 건물주에게 압력을 넣어 신규 진입자의 진입을 어렵게 한다.

둘째, 시장은 빠르게 변화하며 현재의 구도를 유지하려는 집단과 새로운 시장을 개척하려는 집단에서 고객은 새로운 변화를 요구하게 된다. 기존 점포들의 이익은 저하되고 하나둘씩 줄어드는 단골고객의 숫자만큼 경쟁이 치열해지게 된다. 기존 점포는 가격이나 리뉴얼을 통하여 새로운 촉진방법을 모색하기도 하지만 구태하게 안주하다가 어려움을 취할 수도 있다. 따라서 현재의 경영전략은 휴지가 되어 새로운 방법을 필요로 하게 된다.

셋째, 고객은 서비스 품질이나 혜택에 따라 시장을 자연스럽게 재편하게 만든다. 시장의 질서는 수요와 공급으로 결정되기 때문에 기존의 경영자와 신규 진입자는 일정부분의 점유율을 나눠가지면서 타협점을 찾게 된다. 특히 기존 경영자는 일정부분의 지분변화를 수용하면서 스스로 설정한 목표를 유지하려 노력한다.

2) 가격결정에 미치는 영향

가격은 재료의 원가와 노무비, 경비를 포함하며 직접원가, 제조원가, 제조 간접비, 판매비와 관리비의 총원가에 이익을 포함하여 소비자 가격을 결정한다. 일반적인 가격기준은 상품과 서비스품질에 대한 개인적 경험에서 지각을 통하여 결정하게 된다.

하지만 고객은 자신의 경험과 학습된 지식을 바탕으로 마음속에 기대하는 가격을 가지며 이에 따라 준거가격(reference price)을 형성하게 된다. 가격은 소비자가 실제 상품과 서비스 품질을 평가할 때 기준이 되는 것으로 특정 상품을 비교하는 역할을 한다. 그러므로 시장 가격과 비교되기 때문에 고객이 쉽게 인지할 수 있어야 한다.

(1) 원가요소

상품이 시장에 출시될 때 고려하는 원가요소에는 생산과 유통, 판매, 마케팅 등에서 투입되는 비용과 산출효과에서 성과를 분석하여야 한다. 판매가격이 형성되려면 직접원가에서 제조원가, 총원가의 투입 비용에 적절한 이익을 가산하여 가격을 결정하게 된다. 직접원가에 대한 원가 구성요소는 다음과 같다.

첫째 고정비적 요소이다. 식음료를 생산하는 데 들어가는 비용대비 품질과 수량에 상관없이 일정하게 투입되는 비용을 의미한다. 조리생산에 필요한 식재료비, 인건비, 경비 등 제세공과금은 여기에 포함된다. 메뉴를 생산하지 않더라도 고정비가 발생되는 원가로 짧은 시간에 변화시킬 수 있는 요소는 포함되지 않는다. 레스토랑에서는 원가 우위를 극대화하는 방법으로 비정규직이나 아르바이트 인원으로 대체하여 고정비를 줄이기도 한다. 하지만 외식기업 특성상 정직원이 아닌 노동력은 서비스 질 저하에 따른 품질 차이가 발생할 수 있다. 교육훈련을 통하여 개선하려 하지만 기대하는 성과를 얻기가 힘들다. 그러므로 경영의 악순환이 될 수 있으므로 고정비를 줄일 수 있는 방법에 몰두하기보다 품질저하에 관심을 가져야 한다.

둘째, 변동비는 변동원가라 불린다. 조업도의 변화에 따라서 변동하는 원가요소를 의미하며, 고정비와 대립하게 된다. 보통은 관리 가능한 비용일 경우가 많지만 발생의 모양이 규칙적인가 아닌가에 따라서 규칙적 변동비와 비규칙적 변동비로 구별된다. 전자에는 직접재료비, 성과급 임금과 같이 조업도와 비례적으로 변동하는 비용과 연료비처럼 조업도에 대하여 체감적인 비용, 잔업수당처럼 체증적인 비용으로 분류할 수 있다.

변동비는 조리생산의 제조원가에서 관련된 비용으로 인건비와 재료비, 경비 등을 포함한다. 기업의 매출액 증가로 인한 조업도는 인건비와 가스비, 수도광열비, 전기세 등 준변동비적 요소가 발생하는데, 이러한 비용은 통제 가능한 요소로 생산량에 따라 달라질 수 있다.

(2) 경쟁자

기업은 자사의 메뉴가격을 결정할 때 영향을 미치는 요소로 경쟁자의 가격을 참고하고 있다. 시장은 새로운 메뉴가 출시되기까지 다양한 기능적 요소의 제약과 경쟁자의 위협 속에서 제대로 정착되지 못할 수도 있다. 그러므로 경쟁사의 메뉴와 품질수준, 가격, 고객인식 등을 고려하여 가격을 결정하여야 한다.

첫째, 경쟁자와 동일한 메뉴나 유사메뉴를 파악하여야 한다. 외식기업 특성상 분위기와 메뉴 아이템, 가격 등은 모방이 용이하여 쉽게 따라 하기 때문에 언제 어디서나 비교대상이 된다. 그러므로 상품에 대한 가격동향과 경쟁자의 촉진 전략에 따른 정보를 수시로 파악하여야 한다.

둘째, 가격결정시 경쟁자의 대체 메뉴를 파악하여야 한다. 고객은 점포를 방문할 때 특정 메뉴를 먹겠다고 결정하고 내방하였지만 주문시점의 POP(point of purchase) 광고나 타인의 식사, 신 메뉴안내, 출입구의 메뉴보드(menu board) 공지 등에 따라 주문은 달라질 수 있다. 따라서 경쟁자의 메뉴가 자사의 포지셔닝 맵(positioning map)과 겹칠 때 가격은 중요한 변수가 되기 때문에 대체가격을 고려하여 메뉴를 선정하는 것도 하나의 방법이라 하겠다.

(3) 외부요인

외식기업에서 결정하는 가격은 현재의 경기상황과 국가의 경제력, 호경기와 불경기, 인플레이션(inflation), 디플레이션(deflation)의 경제상황은 생산과 소비, 이자율, 소비자 물가 등 구매가격을 결정할 때 영향을 미친다.

한편 계절적 요인으로 가격, 수요, 공급 상황과 유통 도매상, 공급자와 관계 등에서 협조를 필요로 한다. 공급자는 단순한 거래관계가 아니라 업계의 동향과 가격, 경쟁사, 신제품, 트렌드 등 유익한 정보를 제공해 주는 호혜적 관계로 상호 간의 이익을 주게 된다. 메뉴에 대한 가격은 개별기업에 따라 다르게 책정될 수 있지만 정부정책이나 법적 규제, 규칙 등에서 영향을 받을 수 있기 때문에 외부적 환경요인을 고려하여야 한다.

(4) 수요예측

수요예측(demand forecasting)이란 시장의 각종 조사 결과를 종합하여 장래의 수요를 예측하는 일이다. 산업 전체의 수요가 질적·양적으로 어떤 경향을 나타내며, 어떠한 상태에 있는가를 과거 및 현재의 자료에 기초하여 예측하게 된다. 기업의 경영성과와 성장을 규정하는 주요인으로 개인 기업이 제공하는 제품 및 서비스에 따른 시장수요를 결정하게 된다. 제품이나 서비스의 개량과 개발은 시장수요의 변동을 정확하게 파악하는 것이 중요하다. 수요예측은 단지 일정기간의 기업 매출전망과 개별기업의 범위 내에 국한하지 않으며, 다른 산업과의 관련성, 경제의 추세까지 그 범위를 확대하고 있다.

수요예측은 현재로부터 장래에 걸친 기업 활동을 위한 의사결정의 기초로 활용된다. 일반적으로 예측의 기술적 문제는 외부적 환경요인과 수단적 요인으로 예측하는 경우가 많다. 따라서 어떠한 변동이 나타나면 예측 값을 재검토하지 않으면 안 되는데 기업 활동의 결과를 분석, 평가하는 데 있어 피드백되어져야 한다. 그러므로 단발적(單發的) 행동으로 끝나서는 안 되며, 언제나 의사결정의 일체를 이루기 위한 정확한 예측이 선행되어야 하겠다.

레스토랑은 당일 마감시 매출액과 소비한 식재료, 인원수, 제세공과금 등의 사용량과 지출비용을 체크하여 결산하게 된다. 일반적으로 재고 상품보다 현재 필요한 재료를 파악하며, 특별한 예약이나 계절, 요일, 시간적 상황과 전년, 전월 자료를 바탕으로 수요를 예측할 수 있다. 고객의 가치는 점포의 위치, 서비스품질, 맛과 양, 제비용, 생산방법, 정부규제, 수익률, 가격수준, 공급시장 등에서 달라질 수 있다. 기업에서 제시하는 가격은 소비자의 개인적 경험과 지식에서 의식적 · 무의식적 상품에 대한 지불 가치에서 평가된다. 따라서 특정 메뉴를 수용할 수 있는 가격을 기대하거나 과거의 경험을 통하여 수요를 예측할 수 있다.

제2절 | 가격결정방법

일반적으로 외식기업의 메뉴가격은 식재료 원가, 인건비, 기타 경비를 포함하여 시장의 경쟁자 가격을 고려하여 결정하게 된다. 특히 상권의 동향과 입지력, 기술, 규모, 전문성에 따라 다를 수 있지만 타깃 고객층들이 수용할 수 있는 가격을 결정하는 것이 좋다. 가격은 물리적 환경 내에 조리된 메뉴의 가치와 직원들의 서비스, 부가적 접객서비스 등 생산에서 판매까지 이어지는 과정의 지출비용을 포함하여 결정하게 된다.

가격결정방법에는 원가중심의 가격결정법과 수요자 중심의 가격결정법, 경쟁자 중심의 가격결정법, 신제품 가격결정법 등으로 제시할 수 있다.

1. 원가중심 가격결정법

원가는 기업의 이익을 결정하는 기준으로 상품을 생산하는데 지출되는 비용과 관리비, 제세공과금 등을 포함하고 있다. 기본적으로 원가를 중심으로 가격을 결정하는 원가가산 결정법과 투자수익률 결정법으로 분류할 수 있다.

1) 원가 가산법(cost plus pricing)

원가 가산법은 일반적으로 가격을 결정할 때 가장 많이 사용하고 있으며, 상품의 단위 원가에 일정률의 이익(margin)을 가산하여 가격을 결정하는 방법이다.

첫째, 가격결정이 용이하다. 원가에 이익을 더하여 가격을 결정하기 때문에 기업에서 쉽게 사용할 수 있다. 일반적으로 유통상의 시장 흐름과 수요, 공급에 따른 비용을 고려하지 않고 일률적으로 이익을 가산하여 결정하는 방법이다.

둘째, 동종 경쟁자의 가격을 비슷하게 선정하기 때문에 무리하게 경쟁하지 않아도 된다.

셋째, 정부와 자치단체, 소비자, 기타 관련단체의 가격결정에 설득력을 가질 수 있다. 하지만 원가종류와 시장상황을 고려하지 못한다는 단점이 있다. 따라서 원가계산은 물가상승률과 시장의 수요와 공급을 고려하여 결정하여야 한다.

2) 투자이익률(ROI : return on investment)의 가격결정법

투자수익률(Return on Investment : ROI)은 경영 성과를 종합적으로 측정하는 데 이용되는 가장 대표적인 재무비율이다. 순이익을 총 투자액으로 나누어 산출하며, 총투자는 대차대조표상의 총자본 금액과 같다. 이것은 총자산과 같기 때문에 총자본이익률 혹은 총자산이익률(Return on Asset : ROA)도 투자수익률과 같은 의미로 쓰인다. ROI 분석은 미국의 듀퐁(Du Pont)사가 사업부의 업적을 평가하여 관리하기 위한 방법으로 개발되었다. 경영 성과에 대한 종합 척도가 곧 투자수익률로 보고 이를 결정하는 재무 요인을 체계적으로 관찰하여 통제하는 기법이다.

* 투자수익률(ROI) = 순이익/총투자액(총자본) × 100

(1) 자기자본이익률(ROE : return on equity)

ROE와 ROI는 투자자들이 투자를 결정할 때 고려하는 중요한 참고 지표이다. ROI는 경영 성과를 종합적으로 판단하지만, 타인자본의 사용으로 ROI가 증가하는 경우가 있어 기업의 효율성을 제대로 측정하지 못할 수도 있다. 이러한 단점을 ROE를 이용함으로써 보완할 수 있다. 이상과 같이 투자수익률을 확보할 수 있는 수준과 범위에서 가격을 결정하는 방법으로 이용된다.

원가에서 목표이익의 범위를 결정하고 예상 판매량은 실제 양에 따라 책정하는 가격으로 총수익과 총비용이 일치하는 손익분기점(break even point)에서 판매량과 목표이익을 실현할 수 있다. 분기점을 초과하는 매출액은 추가이익이 되며 매출액이 늘어날수록 단위당 이익은 높아진다. 따라서 수요가 감소할 때 목표 수익률을 달성하기 어려울 뿐 아니라 가격을 높여야 한다는 단점이 있다.

2. 경쟁자 가격결정법

경쟁자 가격결정법은 시장의 경쟁자 가격을 충분히 검토하여 이를 기준으로 결정하는 방법이다. 레스토랑을 창업할 때 동종 경쟁자의 규모와 입지를 파악하여 메뉴의 종류와 가격, 보완재(complementary goods), 대체재(substitutional goods) 등 시장수요를 통하여 비교하게 된다. 또한 레스토랑의 능력에 따라 비슷한 가격을 결정하거나 경쟁자의 가격보다 높게 또는 낮게 책정하여 차별화를 두려고 노력한다. 이러한 가격에는 현재 대응가격, 고가격, 저가격 결정법으로 분류할 수 있다.

1) 현재 대응가격

현재 대응가격은 시장에 통용되는 일반적인 가격방법으로 자사의 원가에서 이익을 가산하여 현재상황을 고려하여 결정하는 방법이다. 기업이 가격을 결정할 때 고려하는 시장상황은 경쟁 환경의 여러 변수에서 결정된다. 특히 메뉴에 대한 차별화가 어려울 때 가격을 확인하게 되며, 이러한 상황을 잘 알 수 없거나 가격을 통제할 수 없을 때 사용하는 방법이다. 상권 내 가격을 선도하는 것은 추종가격, 모방가격으로 기업의 마케터는 현재의 경쟁가격에 대응할 수 있는 고정적 이미지를 심어주어야 한다.

2000년대 중반 이후 실적부진으로 백화점에서 퇴출 1순위로 꼽히던 아줌마 브랜드가 되살아나고 있다. 가격대는 3분의 1로 파격적이며 젊은 감각에 맞춘 디자인을 선보이고 있다.

국내 패션 디자이너 1세대로 꼽히는 진태옥씨는 신세계 백화점과 손잡고 세컨드 브랜드, 즉 고가 브랜드에서 가격대와 연령대를 낮춰 새롭게 내놓은 'JIN(제이아이엔)'을 선보였다. 코트류의 가격은 35~45만 원대로 기존 브랜드 가격의 3분의 1 수준이다. 젊은 층을 공략하여 허리선을 날씬하게 하였으며, 소맷단을 굵게 디자인하는 등 섬세함을 살린 것이 특징이다. 판매를 시작한 지 사흘 만에 준비 물량 400장을 팔았다는 소식이다(조선일보, 2010.11.29).

대표적인 어머니 브랜드로 꼽히는 '케이스 바이 김연주'는 30~40대를 대상으로 하였다. 마담포라 역시 젊은 콘셉트를 반영하여 '엠포라'를 출시하였다. 최근 딸과 함께 방문하는 모녀 고객층을 대상으로 매출액이 30~40% 늘었다. 손정완 씨는 현대백화점과 손잡고 남성과 영(young)패션 의류를 선보여 매출이 상승하였다. 백화점 관계자의 말에 의하면 '아줌마 브랜드' 하면 펑퍼짐하고 고루해 보이는 이미지로 고객들에게 외면받았는데, 최근 가격과 젊은 감각의 브랜드들이 줄줄이 출시하면서 다시 찾는 사람들이 늘고 있다는 소식이다.

2) 고가격 결정법

고객으로부터 자사의 메뉴상품이 우수하다고 평가받는 브랜드라면 높은 인지도를 바탕으로 시장가격보다 높게 가격을 결정할 수 있다.

일반적으로 메뉴상품이 시장에 출시될 때 동종 경쟁자의 가격보다 높게 또는 낮게 책정하여 전략적으로 운영되고 있다. 기업은 자사의 특정 브랜드나 메뉴상품의 인지도를 높이고자 노력한다. 특히 브랜드의 이미지는 경쟁자보다 가격을 높게 책정할 뿐 아니라 우수성으로 브랜드의 신뢰를 얻고 있다. 즉, "가격이 비싸면 비싼 값을 한다"는 소비자의 정서를 반영하는 가격결정법이다. 한편 이익을 주지 못하는 고객은 디마케팅(demarketing)을 사용하여 자연스럽게 방문을 제한하게 되며 상품의 희소성에 따른 가치를 높일 수 있다.

외식기업은 셰프(chef)의 명성이나 다운타운의 입지조건, 호텔 식음료업장 출신의 경력이나 특수자격증 소지(복어), 대회 입상경력 등 개별점포 특성에 따라 높은 가격으로 운영되고 있다. 이와 같이 특정 수요자를 겨냥하여 예약제 및 질 높은 서비스로 고가격으로 운영하는 업종이 늘어가고 있다. 하지만 다수의 일반점포들은 경기불황과 국가의 경제상황, 개인적 경제력 등 경영의 어려움을 가지면서 빈익빈 부익부 현상이 뚜렷하게 나타나 계층사회를 이루고 있다.

최근 상품권이나 핸드백보다 김치가 더 귀한 시대가 되었다. 배추가격 폭등으로 김치가 '금(金)치' 대접을 받고 있다. 각종 상품권을 대신하여 김치를 사은품이나 경품으로 내놓는 유통업체들이 늘어가고 있다. 신세계는 김치냉장고 100만 원 이상 구매고객에게 포기김치 5kg, 상품권 5만 원 중 하나를 증정한다. 200만 원 이상 구매

고객에게는 김순자 명인세트 8㎏ 또는 상품권 10만 원 중 하나를 제공한다(조선일보, 2010.10.09). 최근 고객 선호도는 김치가 단연 1위이다. 유통업체가 김치대란 시대에 조금이나마 도움이 될 수 있는 김치 관련 사은품을 확대하는 이유이다.

홈쇼핑 업체들도 쌀이나 고가(高價)의 핸드백 같은 경품 대신 김치를 내놓고 있다. 현대 홈쇼핑은 구매고객 중 매일 100명을 추첨하여 총 3,100명에게 한복선 포기김치 10㎏을 증정하였다. 경품인데도 고객센터 쪽에 '김치만 따로 구매할 수 없느냐'는 문의가 하루에도 몇 십 통씩 온다는 소식이다. 기업들은 고객 선호도를 사전에 조사하여 기획 상품을 개발하거나 경품 행사를 실시하며, 고객들에게 또 하나의 만족감을 심어주고 있다.

3) 저가격 결정법

현재 시장에서 가장 손쉽게 시행할 수 있는 전략은 저가격 결정방법이다. 저가전략은 창업 초기에 상당한 성과를 낼 수 있지만 시간이 경과하면서 경영 관리자의 경제적, 심리적, 육체적 부담으로 지속적으로 추진할 전략이 못 된다. 특히 청결과 위생, 식품안전의 중요성이 부각되는 음식점의 식재료는 신체의 위해요소가 될 수 있으므로 생필품처럼 박리다매 전략을 추진하여 경영한다는 것은 위험한 발상이라 하겠다.

최근 몇몇 외식 프랜차이즈 기업은 저가격을 촉진 전략으로 내세워 짧은 기간에 많은 가맹점을 모집하였다는 것을 광고하고 있다. 이를 자사브랜드의 우수성으로 홍보하는가 하면, 대단한 경영자로 추켜세우고 있다. 하지만 창업을 고려하는 예비자라면 '가맹점수'가 프랜차이즈 본부를 결정하는데 중요한 이유가 되는지 충분히 고민하여야 한다는 점이다.

가격전략은 기존시장의 경쟁자 고객을 자사의 고객으로 유인할 때 효과적으로 활용할 수 있다. 하지만 메뉴의 품질과 기업의 이미지 등을 고려하여 시행할 수 있으며, 기간을 정해놓고 추진하는 것이 효과적이다. 하지만 가격은 장기적으로 추진할 전략은 못 된다 하였다. 저가격을 너무 자주 사용하다 보면 저가격이 고정가격 또는 싸구려 음식으로 인식될 수 있다는 점을 명심하여야 한다. 저가전략으로 성장한 사례는 다음과 같다.

최근 국제노선에서도 저가 항공사들과 대형 항공사 간 손님 쟁탈전이 뜨겁다. 국내 저가 항공사 시장이 도입된 지 5년 만에 국제노선을 공격적으로 확대하고 있다. 제주항공은 대한항공과 아시아나항공이 선점한 인천~홍콩 노선에 신규 취항하며 두 대형 항공사에 도전장을 냈다. 이 노선은 주 23회의 대한항공과 14회의 아시아나항공보다 훨씬 적은 주 3회에 불과하지만 30% 이상 저렴한 항공료로 승객을 사로잡고 있다(조선일보, 2010.10.28).

진에어는 아시아나항공이 단독으로 운항한 인천~필리핀 클락 노선에 뛰어들었다. 낮 시간대에 운항하는 아시아나와 달리 인천 출발 시간대를 밤과 새벽 시간대로 차별화하여 골프와 일반 여행객들의 수요를 겨냥하였다. 제주항공도 인천~마닐라, 부산~필리핀 세부 노선에 취항하여 저가격으로 대형 항공사와 경쟁한다.

외국계 저가항공사들도 가세하였다. 태국 비즈니스에어 항공, 말레이시아 에어아시아는 인천~콸라룸푸르, 인천~방콕 노선을 신설하였다. 아시아 지역에 대형항공사와 저가항공사가 경쟁하는 노선은 10곳 이상으로 늘어날 정도로 경쟁이 치열하다.

3. 고객 가격결정법

외식기업은 자사의 입지조건과 메뉴의 특성, 맛과 품질수준, 인테리어 시설의 분위기, 규모, 위치 등에 따라 가격을 다르게 결정할 수 있다. 고객이 기대하는 가치에 따라 추구할 수 있는 가격은 기대가격, 심리적 가격으로 나눌 수 있다.

1) 고객의 가치

고객 중에서 보다 수익성 있는 고객을 발굴하거나 연계 또는 상승 판매를 유도할 수 있는 대상이 누구인가를 의미하는 것이다. 즉 어떤 고객이 더 큰 가치를 가지고 있으며 잠재가치가 누가 더 높은지 분석하여 기업의 자원을 적절히 배분하게 된다. 이러한 분석은 적절한 투자와 서비스에서 선호도와 특징 등에 대한 지식을 바탕으로 이루어지게 된다.

가격에서 느끼는 기업 이미지는 장소와 위치, 품질서비스, 분위기 등 상품과 서비스차원에서 차이가 있다. 지각하는 가치는 개인이 인지하는 정도에 따라 다를 수 있으며, 구매를 통하여 고객이 얻을 수 있는 가치는 지출비용에 대한 혜택이라 하겠다. 기업 경영자는 고객이 정당하게 느낄 수 있는 가격과 가치에 대한 품질서비스를 균형 있게 느끼도록 하여야 한다.

2) 기대가격

고객은 자신이 구매하는 메뉴에 대하여 스스로 기대하는 가격을 형성하게 된다. 이는 가격에 대한 반응이라기보다 평소에 경험한 지식과 학습을 통하여 자연스럽게 비교하거나 평가하게 된다. 가격을 결정하는 마케터는 메뉴에 대한 높은 가격이나 낮은 가격을 피하고 고객이 기대하는 일정수준의 가격을 책정하여 저항감을 줄여야 한다.

국내 이동통신사들은 프랜차이즈 커피숍과 음식점 등에 공용 와이파이(WiFi · 근거리 무선랜)망 설치를 경쟁하고 있다. 원조(元祖)는 미국이지만 커피숍의 수익에 미치는 영향이 많아 항상 논란을 가지고 있다. 로스앤젤레스타임스는 "손님들을 끌기 위하여 와이파이 설치에 가장 적극적이던 커피숍들이 최근 서비스를 속속 중단하고 있다"는 것이다. 커피 한 잔을 시켜놓고 온종일 인터넷을 이용하는 손님들로 인하여 새 손님을 받지 못하여 수익성이 악화되기 때문이다. 특정 산업의 전문가들은 와이파이가 없는 커피숍에서 혼자 조용히 생각할 시간을 가질 수 있어 오히려 와이파이를 갖추지 않은 커피숍이 틈새시장으로 부상하고 있다는 소식이다(중앙일보, 2010. 7.10).

스타벅스는 미국과 캐나다 전 매장에서 와이파이 서비스를 전면 무료화한 데 이어 조만간 매장을 찾은 소비자들에게 와이파이를 통해 월스트리트저널과 뉴욕타임스, USA투데이 같은 유력 일간지에 대한 무료 열람 서비스도 제공할 계획이다. 자사 매장에서 이들 신문을 무료로 읽은 소비자들이 구독신청을 하면 해당 언론사로부터 구독료의 일정부분을 받는다. IT전문매체인 '컴퓨터월드'는 "무료 콘텐츠로 손님을 끌고 부수입도 챙길 수 있어 스타벅스와 신문사가 윈윈(win-win)하게 될 것"이라 하였다.

컴퓨터월드는 "가장 나쁜 것은 어중간한 태도"라며 미국 서부의 커피 매장인 '피츠'는 당초 고객들에게 2시간의 무료 접속시간을 제공했다가 최근 1시간으로 줄였다. 대부분의 매장이 장시간 테이블을 점거하는 인터넷 사용자들로 넘쳐나고 있는 피해 때문이다.

3) 심리적 가격

기업의 경영자는 자사의 가격을 결정할 때 고객이 가지는 심리적 반응을 고려하여 수용하고자 한다. 일반적으로 고객이 느끼는 감정은 높은 가격은 높은 품질, 낮은 가격은 낮은 품질로 인식하고 있다는 점이다. 따라서 경영자들은 기대 가격보다 높게 설정하여 자사의 이미지를 고급스럽게 심어주려 노력한다. 이러한 가격결정은 고객의 심리를 이용하는 방법으로 단수가격(odd-even pricing), 관습가격(customary pricing), 위신가격(prestige pricing), 가격라인(price lining)으로 분류할 수 있다.

소비자가 제품을 구매할 때 심리적으로 만족감을 느낄 수 있도록 책정하는 가격으로 10,000원보다는 9,900원을 제시하였을 때 할인받는 느낌이 들도록 하는 방법이다. 소비자가 가격 변동에 따라 수요 증감에 영향을 받지 않는 범위를 찾아서 결정하는 가격을 의미한다.

제3절 | 가격결정 전략

기업은 가격을 결정할 때 여러 가지 환경요인을 고려하게 된다. 가격은 자사가 추진하는 고객범위에 대한 전략적 접근에서 용이하게 활용할 수 있다. 특히 신 메뉴를 출시할 때 경쟁사의 인기 메뉴를 벤치마킹하거나 쉽게 만들려 노력한다. 하지만 독창적이지 못한 메뉴는 고객에게 사랑받기까지 오랜 시간이 걸린다. 가격을 결정하는 요인은 경제적 상황과 경기변동, 고객선호도, 계절, 경쟁자요인 등에서 고려되어야 한다. 이와 같이 가격을 결정할 때는 식재료를 대체할 수 있거나 건강과 환경을 고려한 식재료이거나 로컬푸드(local food), 푸드 마일리지(food mileage) 등의 신토불이(身土不二)와 지산지소(地産地消) 등은 영향을 미친다.

1. 할인가격 전략

할인가격은 소비자의 이용 횟수나 구매금액의 크기, 결재방법 등에서 자사의 이익을 창출하는 특정 고객에게 원래의 소비자 가격에서 차감해 주는 가격전략이다. 외식기업은 가격할인뿐 아니라 각종 기념일의 무료 식사권이나 시식권, 단골고객의 포인트 적립, 홈페이지 참여에 따른 할인쿠폰 내려받기 등 다양한 방법으로 할인가격 전략을 시행하고 있다.

1) 금액할인

단체의 가족모임, 회갑, 칠순, 돌, 백일 등 행사가 끝난 후 결재할 때 또는 현금결제 시 일정금액을 할인해 주거나 줄여주면 고객들은 매우 만족스럽게 생각한다. 이러한 금액할인은 일정금액 이상을 한 번에 계산할 때 또는 일정기간 누적되어 쌓이는 합산 금액에서 시행할 수 있다. 단골고객을 위한 마일리지나 포인트를 적립하는 등 자사의 충성도 높은 고객을 확보하는 수단으로 이용된다.

외식기업 고객들은 방문 횟수가 많을수록 혜택이 커지며 할인받을 수 있는 금액이 커진다. 이러한 할인제도는 레스토랑, 호프, 꽃집, 주유소, 세탁소, 베이커리 등 전 산업에서 일반적으로 널리 사용하는 방법이라 하겠다.

2) 거래할인

생산 회사의 요청이나 중간 유통업자의 정책으로 개별 레스토랑에서 할인된 금액으로 판매하는 방법이다. 특히 도매상의 창고재고 소진을 위하여 촉진활동을 전개하기도 한다. 생산 기업의 현금 확보 필요성과 연말 목표달성, 유통기한 등으로 할인을 실시한다. 이러한 기회는 개별 레스토랑의 소비촉진을 자극할 수 있다.

예를 들어 외식기업의 특정 식료품 중 설탕, 밀가루, 식용유, 간장, 된장, 고추장 등은 판매촉진을 위하여 거래할인을 종종 시행하고 있다. 이는 거래할인의 대표적 사례라 하겠다.

3) 계절할인

외식기업의 식재료는 계절에 따라 가격의 변동 폭이 크다. 특히 12, 1, 2월의 겨울 한파와 7~8월의 무더위는 식재료 관리의 어려움으로 주 식재료보다 부 식재료(side dish)의 지출비용이 높은 비정상적인 판매구조를 가지게 된다. 사계절이 뚜렷한 우리나라는 레스토랑 경영에서 식재료가 안정되게 공급되기가 어렵다. 매년 나타나는 적조현상이나 비브리오패혈증, 식중독, 조류독감, 구제역, 장마기간 등은 식재료 상승의 원인이 된다.

최근 등산객의 간식거리나 반찬, 마사지 용도로 쓰이던 오이가격이 하늘 높은 줄 모르고 치솟고 있다. 집에서 즐기던 오이 마사지가 최근 여성들 사이에서는 귀족 마사지로 불린다. 음식점에서도 오이 반찬이 자취를 감추었다. 돈을 받고 팔아야 할 지경이다. 농산물유통공사(aT) 가격정보에는 다다기 오이 상품(上品) 15kg은 5만 2,500원으로 1년 전(3만 1,650원)에 비해 66%나 올랐다. 롯데마트는 오이 한 개에 1,150원으로 작년 이맘 때(550원)보다 두 배 이상 비싸다(조선일보, 2010.8.27).

양재동 하나로마트 오이는 개당 990원에 팔리고 지난해(550원)보다 80% 정도 오른 수준이다. 가격이 이처럼 폭등한 것은 잦은 비로 인한 일조량 부족으로 출하량이 전년의 절반 정도로 줄어들었기 때문이다. 이런 이상(異常)기후는 마늘, 시금치, 열무 같은 채소 가격도 전년 비해 50~100% 올랐다. 상추 값이 폭등하는 바람에 '삼겹살로 상추를 싸 먹을' 지경이다. 삼겹살 500g에 9,067원은 전년도 9,568원에 비해 내린 수치다. 하지만 상추는 100g에 2,258원으로 지난해 720원에 비해 3배 이상 올랐다. 무게로만 따진다면 상추가 삼겹살보다 더 비싸다. 치솟는 물가에 알뜰 주부들이 팔을 걷어 붙였다. 반상회나 인터넷 카페 등을 통하여 효과적으로 구매하는 비법을 공유하고 있다.

짠순이 주부의 쇼핑법은 마트의 구색을 바꾸어 놓았다. 청 파프리카의 물량을 30% 늘렸다. 피망가격이 20~30% 오르자 색깔과 모양은 비슷하지만 가격은 절반 수준인 청 파프리카를 구매하는 주부가 많아졌기 때문이다. 적상추(150g) 가격은 같지만 이보다 100g 정도가 더 많은 쌈 채소의 모둠인 청경채, 치커리, 쌈추, 겨자 등의 물량을 늘려 판매하고 있다. 관계자의 말에 의하면 같은 가격에 최대한 효과를 올리려는 짠순이 주부들의 입맛을 맞추기 위하여 대체할 수 있는 채소의 물량을 늘리며 각종 할인행사를 통하여 고객이 원하는 가격과 상품구색을 모색하고 있다.

2. 심리적 가격결정 전략

소비자들은 특정 상품의 구매를 결정할 때 제품의 기능, 가격, 유통 등의 정보를 다양한 경로를 통하여 인지하게 된다. 이를 행동으로 옮기는 과정에서 심리적인 불안감을 가지게 된다. 가격을 결정하는 전략은 단수가격, 관습가격, 준거가격, 유인가격 등으로 제시할 수 있다.

1) 단수가격(odd price)

소비자들은 심리적으로 구매를 결정할 때 사회적인 여러 현상에 영향을 받게 된다. 단수가격은 일반적으로 금액의 끝 단위를 절삭하여 책정하는 방법이다. 생활필수품을 판매하는 유통 체인점에서 990원, 9,900원 99,000원과 4,500원 9,500원 같은 방법으로 단수가격표를 사용하고 있다. 반면 패밀리레스토랑을 비롯한 패스트푸드점, 뷔페 등은 경쟁기업과 차별화 수단으로 단수가격을 널리 사용하고 있다. 이는 구매고객이 좀 더 저렴한 가격으로 인지하도록 하는 심리적 촉진 전략이다.

최근 몇 kg짜리 한 통에 얼마 하는 수박가격을 g단위로 무게를 달아 팔겠다는 정책이 나왔다. 국내 2위 대형마트인 홈플러스는 g단위에 따라 수박가격을 책정하여 고객이 원하는 크기의 수박을 살 수 있도록 하였다. 얼핏 휴대전화 요금 과금 체계를 10초 단위에서 1초 단위로 바꾸면 소비자 입장에서 가격인하 효과가 나는 것처럼, 수박도 g단위로 파는 게 이익인 것으로 여겨질 법하다. 수박을 같은 원리로 적용될 수 있을지 의문이다. 이마트의 한 청과 바이어는 "수박 한 통이 6kg이라 할 때 6kg은 최저 무게를 뜻하는 것이다. 한 무더기에 큰 걸 찾아낸 고객이 이익이지만 다른 고객이 손해를 보는 것은 아니다"는 것이다(연합뉴스, 2010.5.11).

롯데마트 청과 바이어는 "수박은 껍질을 버려야 하기 때문에 큰 수박이나 작은 수박이나 g당 가격을 똑같이 적용하면 전체 무게에서 껍질 비율이 높고 크기가 작은 수박을 사는 사람이 손해"라는 것이다. 홈플러스는 수박을 원하는 크기로 잘라 무게를 달아 판매하므로 수박 한 통을 다 사기 부담스러운 싱글족들의 호응이 클 것으로 예상한다. 그러나 수박을 소고기처럼 잘라 팔면 고객의 편의성은 좋겠지만 자른 수박을 냉장 보관하는 데 들어가는 전기세와 인건비 등 가격은 높아질 수밖에 없을 것으로 판단한다.

대형마트의 가격제도 때문에 소비자들이 혼란스러운 경우도 있다. 공산품은 제품마다 용량이 들쭉날쭉하다. 유통 전문가들은 용량을 복잡하게 만드는 것이 소비자들한테 어느 게 더 싼지 빨리 판단할 수 없도록 하는 장치 중 하나라고 이야기한다. 마트 관계자는 10g당 얼마식으로 단위가격을 표기해 놓아 여러 제품의 가격비교를 쉽게 하도록 하고 있다. 하지만 제조업체들이 사은품이나 샘플을 제품에 붙이면 가격비교는 어려워진다.

2) 특매품(loss leader)

특매품은 일반적으로 미끼상품, 유인상품, 특매상품으로 불린다. 소매 기업에서 기회비용을 낮추어 일반상품과 같이 판매하는데, 이를 통하여 재고를 줄이거나 고객을 불러들여 판매를 극대화할 수 있다. 주력상품을 팔기 위한 일종의 우회 전략으로 고객의 접근성을 높여 많이 팔수록 이득이 된다. 일반적으로 널리 알려진 제품을 저렴하게 공급함으로써 기업에 대한 전체적인 이미지를 긍정적으로 유도하며, 고객을 업장 내로 끌어들이는 전략이다. 이러한 방법은 미끼상품 또는 유인가격이라 한다.

레스토랑에서는 특정 메뉴의 대중적 인기를 바탕으로 전략품목을 선정하거나 세트메뉴를 만들기도 한다. 반면, 특정메뉴를 파격적으로 판매함으로써 발생하는 손실은 정상가격에서 얻게 되며, 정상가격의 매출이익으로 상쇄시킬 수 있다. 예를 들어, 편의점 삼각 김밥은 700원에 판매하지만 정상가격인 우유나 음료를 같이 먹게 되는 고객으로 인하여 할인된 가격을 보전받게 된다. 따라서 전체적으로 매출액은 증가하게 된다.

3) 준거가격(reference price)

준거가격은 고객이 상품이나 서비스에 대하여 마음속으로 기대하는 기준가격

(standard price)이다. 실제 제품이나 서비스 가격을 평가하는 기준이 되며, 특정 상품이나 서비스 가격을 비교하는 준거점(frame of reference) 또는 기준역할을 하게 된다. 소비자는 일상적인 생활 속에서 경험하는 지식과 정서를 바탕으로 인지하는 가격을 준거가격이라 한다.

외식기업의 라면, 칼국수, 김밥, 어묵, 김치찌개, 된장찌개 등은 어렸을 때부터 습관적으로 먹어본 음식이다. 만약, 김치찌개의 일반적인 가격이 5천 원이라고 할 때 8천 원에 판매하는 점포가 있다면 고객들은 비싸게 인식하게 될 것이다. 이와 같이 김치찌개의 원재료인 배추가격이 상승하더라도 가격인상을 주저하게 되며 어려움을 토로하고 있다. 하지만 대외적인 어려운 환경으로 원재료의 상승이 불가피하다면 개별 점포들은 인상을 추진하게 될 것이다. 따라서 가격인상은 사회, 경제적인 여러 환경요인들을 참조하여 추진하였을 때 고객의 저항감을 줄일 수 있다.

제4절 | 원가관리

1. 원가의 개념과 종류

원가란 상품, 재화, 용역, 아이디어, 정보 등을 얻기 위하여 희생된 자원의 가치로서 경제적 이익에 대한 희생을 화폐단위로 측정한 것이다. 따라서 원가란 만들어진 제품의 원래가치로 정의된다.

레스토랑에서 말하는 원가란 메뉴의 식재료와 인건비를 통하여 서비스 품질을 생산하는 촉진비용에 관련된 모든 원가를 포함하고 있다. 또한 판매를 유지하는데 들어가는 적절한 수준의 이익에서 결정된다. 기업에서 측정하는 원가는 재화나 용역을 획득하는 과정으로 비용이 발생하며 이를 회계보고서에 기록하게 된다. 즉 생산과 소비의 경제적 가치로서 현금창출 능력을 화폐단위로 표시한 것을 의미한다.

수익(revenue)은 생산적 활동에 의한 가치의 형성과 증식을 뜻하며 생산적 급부로 재화나 용역을 제공하여 기업이 받는 매출액에서 측정된다. 기업의 이익은 수익을 근원으로 하여, 수익 - 비용 = 이익으로 산정된다. 한 기간에 획득한 수익 중에서 그 기간에 소속되는 수익은 손익계산서의 대변에 기재하며, 여기에는 영업수익(operating revenue)과 영업외 수익(non-operating income)으로 구분된다. 영업수익은 기업의 정상적인 제조판매 활동이나 용역제공 활동에서 얻어지는 수익이다. 영업외 수익이란 그 밖의 원천으로부터 생기는 수익으로 자본의 소유관계 등 금융상의 원천에서 생기는 수익이다. 이러한 수익은 기간의 귀속을 기준으로 당기 업적에서 잉여금계산서에 계상되나 손익계산서에는 계상되지 않는다.

비용(expenses)은 수익을 창출하기 위하여 소멸되는 원가로서 손익계산서상의 수익을 얻기 위하여 지출되는 비용으로 계정을 나누어 차감하여 정리하게 된다. 이러한 수익과 비용에 따른 원가의 구성요소는 다음과 같다.

첫째, 원가란 제품을 생산하기 위하여 직접적으로 소비된 것이어야 한다. 상품을 생산하기 위한 제조활동 과정에서 소비된 일체의 경제적 가치를 의미한다. 도난이나 화재 등의 손실로 생산활동에 직접 참여하지 않은 직원들의 노동비는 원가에 포함되지 않는다.

둘째, 경제적 가치로 인하여 소비가 이루어져야 한다. 반드시 금전적 지출을 수반하는 것은 아니지만 증여받은 원재료나 자가 생산의 식재료일지라도 제조활동을 위하여 소비된 것이라면 원가에 포함된다. 하지만 생산활동을 위하여 구입한 토지나 건물, 장비, 시설 등은 그 목적이 생산을 위한 설비라도 원가라 할 수 없다.

셋째, 화폐로 측정할 수 있어야 한다. 원가란 수익과 비용에서 발생하는 화폐단위로 기록하지만 경영자의 관리능력, 직원들의 사기 등 무형적인 요소로 생산활동에 사용하였다 하더라도 원가가 발생한 것이라고는 할 수 없다.

2. 원가의 분류

기업의 생산활동에서 발생하는 원가는 발생형태, 제품관련성, 변동성, 제조활동에 따라 다음과 같이 분류할 수 있다.

1) 원가의 발생형태에 따른 분류

원가를 발생 형태에 따라 세 가지로 분류할 수 있다.

첫째, 상품의 생산을 위하여 소비한 물품의 원가로, 메뉴를 조리하기 위하여 투입되는 식재료와 소비과정에서 발생하는 원가를 재료비(material costs)라 한다.

둘째, 노동력 사용에 의하여 발생한 원가로 메뉴를 생산하기 위하여 투입되는 직원의 노동력을 소비함으로써 발생하는 원가를 인건비(labor costs)라 한다.

셋째, 제품의 생산과 관련하여 발생한 비용으로 원가 중 재료비와 노무비를 제외하고 생산활동에서 발생하는 일체의 비용을 경비(factory expenses)라 한다. 여기에는 감가상각비, 보험료, 제세공과금 등도 포함된다.

2) 제품 관련성에 따른 분류

제품의 관련성에 따라 원가대상과 당해 원가와의 관련성이 직접적이고 명확한 원가인 직접비와 특정 제품과 관련하여 추적할 수 없는 원가 요소인 간접비로 구성되어 있다.

실제 레스토랑에서 메뉴를 만드는 데 들어가는 음식과 음료, 후식 등의 식재료와 판매되는 과정에 들어가는 전기세, 수도세, 가스비, 난방비 등은 어느 원가에 포함시켜야 할 것인가를 고민하게 된다. 특정 메뉴를 만드는 데 직접적으로 관련 있는 원가를 직접비(direct costs)라 하며, 음식이나 음료, 차를 만드는 데 공통으로 소비된 비용, 즉 특정 상품과 직접적으로 관련이 없는 원가를 간접비(indirect costs)라 한다.

이와 같이 레스토랑 내 공동으로 생산되는 메뉴별 원가를 정확하게 분류하기 위하여 재료비, 노무비, 경비로 나눌 수 있다. 특정 메뉴와 직접적인 관련성 여부는 처음부터 정해진 것이 아니라 발생상황에 따라 직접비, 간접비로 분류할 수 있다.

3) 원가의 변동형태에 따른 분류

원가형태란 제품의 생산량이나 작업시간, 조업수준의 증감에 따라 그 발생 금액이 일정패턴으로 변화하는 것을 의미한다. 조업량의 발생과 미래원가를 예상하여 추정할 수 있으며 과거의 기록을 바탕으로 목표치를 책정할 수 있다.

(1) 변동비(variable costs)

레스토랑에서 특정 메뉴가 인기가 있으면 고객으로부터 주문이 많아지고 주방의 조업량은 많아져 비례하여 원가의 총액은 증가한다. 반대로 인기가 없으면 작업량이 감소하여 변화하는 것을 의미한다. 이와 같이 조업 수준의 증감에 따라 변동하며, 직접적으로 비례하여 변동하는 원가는 조업량이 줄어들면 발생되지 않는 것을 변동비라 한다. 즉 조업도의 증감에 따라 총 원가가 비례적으로 증감하거나 단위당 변동원가가 일정하게 발생하는 원가로 직접재료비, 직접노무비, 판매관리비 등의 변동을 의미한다.

(2) 고정비(fixed costs)

조업량의 변동과 관계없이 일정하게 발생하는 원가로서 공장의 건물이나 각종기계 장치의 감가상각비, 재산세, 보험료, 임대료, 제세공과금 등 음식의 생산과 상관없이 일정하게 발생하는 원가를 의미한다. 즉 조업도의 증감에 변화 없이 총원가가 일

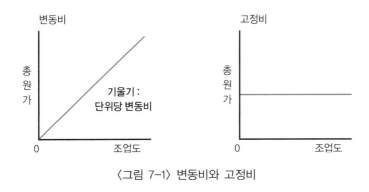

〈그림 7-1〉 변동비와 고정비

정하게 발생하며 조업도 증가시 단위당 고정원가는 감소하게 된다.

(3) 준 변동비(semi-variable costs)

고정비와 조업도의 변화에 따라 일정비율로 변동하는 원가로 조업수준의 변동과 상관없이 일정하게 발생하는 고정비와 조업수준의 증감에 따라 비례하여 발생하는 변동비, 두 요소를 모두 가지고 있는 원가를 의미한다.

예를 들어, 전기료는 기본요금이 있지만 전력 사용량에 따라 증가하게 되고 수도료, 가스비, 수선유지비, 통신비 등 조업수준의 증가에 따라 변동비 부문은 비례하여 나타나게 된다.

(4) 준 고정비(semi-fixed costs)

일정범위의 조업도 내에서 총원가는 일정하게 발생하지만 그 범위를 벗어나면 총원가의 발생액이 달라지는 원가로 계단원가(step costs)라 한다. 즉 일정한 범위 내의 조업도 변화에서는 고정적(불변적)이지만 그것을 넘으면 급증하여 재차 고정화되어가는 원가요소를 의미한다. 준 고정비와 준 변동비의 구별은 실제는 상당히 모호한 것으로 구분하기 어렵다. 원가계산에서는 이들을 고정비 또는 변동비 중 어느 것에 귀속시키는가를 판단하여 합리적인 방법으로 결정하여야 한다. 따라서 고정비의 부분과 변동비의 부분으로 분해하여 계상하는 것이 보편타당하다 하겠다.

예를 들어, 출장연회에서 특정 메뉴를 조리하는 요리사 한 사람이 50인분을 조리할 수 있다면 100인분을 조리하기 위해서는 2사람의 조리사가 필요하다. 하지만 실제 연회행사를 담당할 때 조리사 1명을 추가 고용하는 것이 아니라 보조할 인력으로 대체하여 조리사의 인건비를 줄여 운영하게 된다. 이와 같이 특정 범위의 조업도에서 고정비가 일정하게 발생하지만 조업도의 범위가 벗어나면 일정액만큼 증감하는

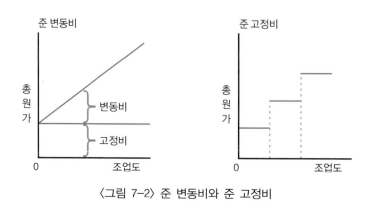

〈그림 7-2〉 준 변동비와 준 고정비

원가를 의미한다.

4) 제조활동에 의한 분류

원가가 생산활동을 위하여 소비되었는가? 생산활동과 관계없이 소비되었는가에 따라 제조원가와 비제조원가로 분류한다.

(1) 제조원가

제품의 제조를 위해 직접 또는 간접적으로 소비한 일체의 경제적 가치의 합계액을 제조원가라고 한다. 일반적으로 원가라 표현할 때는 이 제조원가를 가리키는 것으로 재료비, 노무비, 경비로 구분하고, 다시 직접비와 간접비로 구분한다.

직접원가에 제조 간접비를 더한 것으로 여기에서 직접원가는 직접재료비와 직접 노무비, 직접경비를 더한 것을 의미한다. 즉 제품을 생산하기 위하여 소비된 경제적 가치로 직접재료비, 직접노무비, 제조 간접비로 구성된다.

첫째, 직접재료비(direct material costs)는 제품을 생산하기 위하여 사용되는 원재 료의 원가 중 특정제품에 직접적으로 사용되는 원가를 의미한다. 레스토랑 음식의 식재료와 음료 원가가 여기에 해당된다.

둘째, 직접노무비(direct labor costs)는 특정상품을 생산하는 데 직접적으로 사용된 노동력으로 지출된 원가를 의미한다. 음식을 조리하는데 소비된 요리사의 임금이 여 기에 해당된다.

셋째, 제조 간접비(indirect manufacturing costs)는 제품생산의 활동과 관련하여 발 생한 원가 중 직접 재료비와 직접 노무비를 제외한 모든 원가를 의미한다. 간접재료 비, 간접 노무비, 기타 경비 등이 여기에 포함된다.

(2) 비 제조원가

제품을 생산하는데 직접적으로 발생한 인건비 외 홀서빙, 사무직원의 인건비와 판매 수수료 등은 생산에 직접 소비된 비용이 아니다. 이와 같이 제품생산과 직접 관련성 없이 소비된 경제적 가치에서 제공되는 지출 비용으로 광고, 홍보, 수수료, 운송비 등 판매과정에서 발생되는 비용을 의미한다.

일반 관리비(administrative costs)는 레스토랑이 조직을 운영하는 데 지출되는 비용으로 경영자, 사무직원 등의 급여와 건물의 유지, 보수, 관리비 등을 의미한다.

3. 원가의 구성

메뉴상품에 대한 원가는 여러 요소를 포함하여 직접원가, 제조원가, 총원가, 소비자 가격, 판매가격으로 구성된다.

1) 직접원가(direct costs)

특정 메뉴를 생산하기 위하여 소비된 원가 중에서 직접비로 구성된 원가를 의미한다. 제품생산을 위하여 사용된 식재료와 노무비, 경비를 직접원가라 한다.

2) 제조원가(manufacturing costs)

메뉴를 생산하기 위하여 들어간 직접원가에서 제조 간접비를 더한 원가로 각종 세금이나 건물의 시설, 장비, 차량 구축물 등에 대한 감가상각비 등의 원가를 의미한다.

3) 총원가(total costs)

제품을 생산하기 위하여 지출된 제조원가에서 판매비와 관리비, 영업비, 마케팅비용을 더한 금액을 의미한다.

4) 판매가격(selling price)

기업은 특정상품을 생산하기 위하여 총원가의 비용이 발생하게 된다. 즉 지속적인 성장과 고용 창출을 위하여 일정금액의 수익이 발생하여야 된다. 또한 직원들의 복지후생이나 기업의 사회적 참여, 사회에 기여 등을 위하여 수익이 있어야 된다. 따라서 이러한 혜택을 나눌 수 있는 일정금액의 이익을 가산하여 소비자 가격을 책정하게 된다.

4. 원가관리의 목적과 형태

1) 원가관리의 목적

레스토랑 경영에서 시스템의 표준을 설정하는 것은 원가관리를 통하여 지속적으로 이윤을 창출하기 위해서이다. 원가절감과 통제는 고객을 만족시키는 것이며, 효율적인 경영관리란 조직 구성원들에게 권한과 책임을 부여함으로써 업무능률을 향상시킬 수 있다. 경영자가 아무리 좋은 식재료를 조달하여도 주방 직원들이 불필요하게 낭비하거나 관련 없는 식재료 주문 등 원가절감 마인드를 가지고 있지 않다면 아무리 높은 매출을 올리더라도 이익은 크지 않게 된다. 따라서 점포의 특성에 맞는 주방관리와 선입선출, 재고관리, 불출, 다듬기 과정에서 원가절감의 노력이나 마음가짐이 없으면 원하는 이익을 기대하기 어렵다.

음식을 조리하기 전에 계획하는 메뉴와 수요예측은 현재의 시장상황을 고려하여 이루어져야 한다. 이와 같이 원가관리는 경영목적을 달성하기 위한 시스템을 효율적으로 운영하는 것으로 기회손실을 최소화하는 관리방법 중의 하나라 하겠다.

첫째, 원가관리는 식재료를 통하여 메뉴가격을 결정하는 자료로 활용할 수 있다. 둘째, 원가는 구체적인 계수화를 통하여 절감할 수 있다. 셋째, 각 부문 간 예산을 편성하는 자료로 활용할 수 있다. 넷째, 기업 회계보고서를 작성할 때 재고품에 따른 원가산출 자료로 활용할 수 있다.

원가관리 목적을 달성하기 위하여 다음과 같은 사항을 필요로 한다.

첫째, 레스토랑의 방문 고객이 어떠한 메뉴를 요구하는지 예측할 수 있어야 한다.

둘째, 수요예측에 따른 최상의 식재료를 적정수량만큼 구입하여야 한다.

셋째, 원가의 레시피로 메뉴별 분량에 맞는 표준화·규격화할 수 있어야 한다.

넷째, 식재료 구입과 검수, 저장, 불출, 다듬기, 판매 등 불필요한 낭비요소와 손실이 발생되지 않도록 하여야 한다.

다섯째, 식재료에 대한 시장동향과 물가변동의 대비책을 강구하여야 한다.

2) 원가관리의 형태

원가를 계산하는 시점과 방법의 차이에 따라 실제원가, 예정원가, 표준원가 등으로 분류할 수 있다.

(1) 표준원가(standard cost)

실제원가의 대응개념으로 일정한 조업도를 전제하여 과학적 연구에 의한 물량표준과 가격표준에서 산정된 원가를 의미한다. 원가계산 기준에 의하면 표준원가는 재화의 소비량을 과학적, 통계적으로 조사하여 능률의 척도가 되는 예상가격 또는 정상가격으로 계산하는 원가이다.

레스토랑의 기준원가로 식재료에서 음식이 만들어지며 레시피에 의해서 작성되는 원가이다. 매뉴얼의 규격화에 의하여 작성되는 기준원가로 개별 품목과 메뉴 판매액의 백분율에 의하여 산출되는 기초 원가를 의미한다. 점포의 식재료에 대한 관리기준은 경영경험과 합리적인 매뉴얼에 의하여 식재료의 수율(yield)을 결정하며 점포의 특성과 노하우를 바탕으로 평가하게 된다.

(2) 실제원가(actual cost)

실제원가는 조리생산이 종료되고 상품이 완성된 후 제조를 위하여 생겨난 가치의 소비액을 산출한 원가를 의미한다. 즉 사후계산에 의하여 산출된 원가로서 보통 원가라 하며 실제원가를 의미한다. 경제적인 재화로 가치를 실제 소비한 수량과 그것을 취득한 가액에 따라 산출한 역사적 원가를 실제원가라고도 한다. 점포단위는 실제 작업에서 차이가 생길 수 있으며, 표준원가의 차이가 최소일 때 품질관리가 우수하다 할 수 있다.

표준원가와 실제원가는 다음과 같은 차이가 발생된다.

첫째, 과도한 요리의 단위당 분량 사이즈와 규격에서 차이가 발생된다. 둘째, 과잉생산에서 차이가 발생된다. 셋째, 구매하는 방법과 출고관리에서 차이가 발생된다. 넷째, 부적절한 조리방법에서 차이가 발생된다. 다섯째, 식재료의 변질과 부패에서 차이가 발생된다. 여섯째, 재고 식재료 활용에서 차이가 발생된다. 일곱째, 도난과 절도행위에서 차이가 발생된다.

5. 손익분기점(break-even point)

한 기간의 매출액이 당해기간의 총비용과 일치하는 점을 손익분기점이라 한다. 매출액이 분기점 이하로 감소하면 손실이 나며 그 이상으로 증가하면 이익을 가져오는 기점을 가리킨다. 일반적으로 비용을 고정비와 변동비로 분류하고 매출액과의 관계를 검토하게 된다. 이러한 매출액은 수량과 단가의 관계로 판매계획의 입안에서 중요한 기준으로 제시된다. 상호 간의 인과관계를 추구하는 것에서 생산계획, 조업도,

상품결정 등 각 분야에 걸쳐 다각적으로 이용된다.

　레스토랑을 경영하는 창업자들은 반드시 영업에 대한 매출액과 지출비용에 따른 손익분기점을 파악하여야 한다. 경영과정에서 계속적으로 발생하는 인건비와 감가상각비, 임대료, 전기세, 수도세, 가스비 등의 고정비(fixed cost)와 매출액의 조업량과 비례하여 발생하는 변동비(variable costs) 요소를 파악하여 메뉴가격을 결정하게 된다. 이러한 총수익과 총비용이 일치하는 지점의 생산량을 손익분기점(BEP)이라 한다.

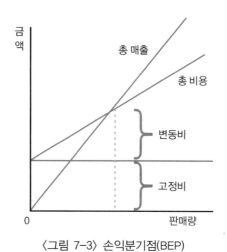

〈그림 7-3〉 손익분기점(BEP)

1) 손익분기점의 용도

　레스토랑 경영에서 점포의 메뉴 가격에 따라 각기 상이한 손익분기점이 존재하게 된다. 분기점을 초과하여 판매되는 매출액은 각 단위마다 이익을 창출하게 되며 매출이 늘어날수록 총이익과 단위당 이익은 높아지게 된다. 반면 손익분기점 이하로 판매되는 매출액 전부는 레스토랑의 손실이 된다. 따라서 운영방법, 메뉴구성, 직원운용 등 원가관리 차원에서 손익분기점을 통한 개선을 요구한다.

　손익분기점은 다음과 같은 용도로 결정된다.

　첫째, 손익분기점은 매출액과 지출비용의 동일한 시점에서 결정된다.

　둘째, 예상수익과 이익을 실현하는 데 필요한 매출액을 결정한다.

　셋째, 고정비와 변동비의 증감은 손익분기점에 직접적으로 영향을 미친다.

　넷째, 매출액이 늘어 직원의 수를 늘리거나 매출액이 줄어 폐업이나 업종 전환을 고려할 시점을 선택할 때 사용된다.

다섯째, 메뉴의 객단가, 매출액, 고객수를 결정할 때 사용된다.

여섯째, 추가 장비 구입이나 리모델링 등을 결정할 때 사용된다.

일곱째, 가격 인상과 인하, 손익분기점의 수익과 비용을 결정할 때 사용된다.

여덟째, 식사시간대별, 일별, 주별, 월별, 분기별 매출액을 분석할 때 사용된다.

2) 손익분기점 산출시 유의사항

레스토랑을 경영할 때 손익분기점을 파악하는 것은 매우 유용하며 지혜로운 전략이다. 하지만 절대치를 나타내는 값으로 정확한 수치를 제시하지 못한다는 단점이 있다. 기업 특성상 입지와 메뉴, 가격에 따라 조금씩 상이한 인건비와 임대료, 경영방식이 존재하며 매출액에 따른 분기점은 이론적인 수치임을 전제하고 있다. 그러므로 다음과 같은 내용을 포함하고 있다.

첫째, 손익분기점의 예상 매출액과 지출비용을 알기 위해서는 각 원가의 소요비용은 반드시 고정비와 변동비로 구성하여야 한다. 일반적으로 고정비는 인건비를 비롯한 감가상각비, 임대료, 수도, 가스비, 전기세 등 화폐로 표시되지만 변동비는 매출 대비 백분율로 표시되어 순수한 고정비와 변동비의 원가를 나타내지 못하고 있다. 따라서 준 변동비와 준 고정비를 함께 가지게 된다.

둘째, 일반적으로 변동비는 매출액에 비례하여 직접 발생하게 된다. 레스토랑의 변동비는 식음료 원가에서 손익계산서상 매출대비 백분율로 표시되어 결산시 계속적으로 발생하게 된다.

셋째, 고정비는 일정하게 발생하는 비용이지만 준 고정비 성격을 함께 가지고 있다. 전기세, 수도세, 가스비 등은 고정비이지만 계절적인 수요와 고객수, 매출액 증가 등 변동비 요소를 함께 가진다.

CHAPTER 8

판매촉진 전략

도전은 인생을 흥미롭게 만들지만 도전의 극복은 인생을 의미 있게 한다.
– 조규아 J. 마린

학습목표

_ 판매촉진이란 무엇인가를 이해한다.
_ 촉진활동에 따른 문제점과 나아갈 방향을 파악한다.
_ 광고란 무엇이며, 광고의 구성요소, 매체, 측정방법을 학습한다.
_ 홍보란 무엇이며, 홍보의 유형과 수단을 학습한다.
_ 인적판매란 무엇이며 직원능력을 향상시킬 방법을 학습한다.
_ 판매촉진 기능과 특징, 방법을 학습한다.
_ 기업의 판매촉진(광고, 홍보, PR, 인적판매)사례를 조사하여 분석한다.

판매촉진 전략

위대한 업적은 커다란 위험을 해결한 결과이다.
– 헤로도토스

1. 판매촉진의 이해

1) 촉진활동의 의의

판매촉진(selling promotion)이란 기업이 제공하는 제품이나 서비스 품질을 고객이 적정가격에 구매할 수 있게 자사상품의 정보를 전달하며 성능이나 가치를 현재 또는 미래고객에게 제공하는 것으로 정의된다.

마케팅 촉진 전략에서 고객과 직원 간 상호작용할 수 있는 커뮤니케이션 수단으로 기업이 소비자에게 상품을 알리고 우호적인 태도를 형성하도록 정보를 제공하는 것이다. 시장에서 기업이 촉진활동을 펼치는 것은 판매증대와 이익창출을 위하여 일방적으로 고객을 설득하거나 전달하는 활동이라 하겠다.

마케터는 우호적인 관계를 위하여 쌍방향 커뮤니케이션의 촉진을 포괄적으로 이해할 필요가 있다. 이러한 촉진활동은 광고, 홍보, 인적판매, 내부 판매 등이 있으며 기업에서 수행하는 마케팅 믹스 전략은 상품, 가격, 유통, 촉진으로 상호 긴밀한 연관성을 가져 표적 고객에게 효율적으로 제공할 수 있다.

2) 촉진활동의 목적

기업과 고객 간의 커뮤니케이션은 궁극적으로 각기 상이한 메뉴 상품의 특성에 따라 고객에게 전달하는 정보와 설득의 촉진활동을 의미한다. 이러한 촉진활동의 목적을 구체적으로 제시하면 다음과 같다.

첫째, 레스토랑의 메뉴는 점포의 지각된 이해를 바탕으로 고객관심을 유도할 수 있다. 둘째, 경쟁사의 메뉴상품과 차별화를 위한 촉진활동을 전개할 수 있다. 셋째, 경쟁사의 조직과 운영방법의 차별화를 전개할 수 있다. 넷째, 고객의 이용 혜택을 구체화하여 전개할 수 있다. 다섯째, 기업의 명성과 이미지를 구축하여 지속적으로 관계를 유지할 수 있다. 여섯째, 고객을 점포 내로 끌어들이는 설득적 역할을 수행하게 된다.

3) 촉진활동 기능

현대의 기업들은 고객의 다양한 욕구와 개성, 기호를 수용할 수 있는 전략과 경쟁우위 확보방안을 구축하고자 노력한다. 국가 간의 무역장벽이 없는 글로벌(global) 환경에서 생존을 위한 몸부림은 눈물겨울 정도로 치열하다. 기업의 마케터들은 모든 수단과 방법을 동원하여 자사의 상품에 대한 이미지를 개선시키려 노력하며, 애호도를 높이는 전략을 구사하여야 한다. 따라서 구매설득의 기능은 촉진활동을 전개하기 위한 노력이라 하겠다.

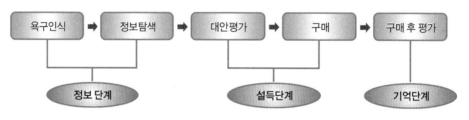

〈그림 8-1〉 구매의사 결정과 촉진단계

(1) 정보제공(information)

고객이 점포를 선택하고 방문하기까지는 메뉴에 대한 지식과 기능적인 혜택과 정보를 제공하여야 한다. 개인은 학습된 경험과 구전을 통하여 정보를 인식하게 되며, 촉진활동 차원에서 새로운 메뉴가 출시되었는가? 어떤 지역에 점포가 오픈하였는가? 등 주의를 기울이게 된다. 이들은 본원적으로 수요를 찾아 방문하게 된다.

기업은 신제품 구매를 촉구하는 기능보다 그 상품의 우수성을 알리려는 노력에서 시작된다. 레스토랑의 신 메뉴는 고객의 이용목적과 동기부여 차원에서 정보를 제공할 수 있으며, 이러한 메뉴는 품질결정에 영향을 미친다.

(2) 설득력(persuasive)

기업은 많은 업종과 업태가 공존하는 시장상황에서 자사의 상품이 경쟁사보다 우수한 품질의 특성을 가지고 있다고 소개한다. 또한 사실적으로 부각시키기 위해서 표적 고객들에게 널리 알리려 노력한다. 즉 구매를 유도하기 위해 알리는 과정을 설득력이라 한다. 이러한 기능은 구매행동에 영향을 미칠 뿐 아니라 자사의 이미지와 상품 특성을 호의적으로 인식하게 하는 계기가 될 수 있다.

(3) 기억(memory)

고객들은 레스토랑을 방문할 목적이나 메뉴를 선호하는 긍정적 태도를 가졌다 하더라도 경쟁사의 표적대상이 된다. 이전의 방문 경험이나 만족감은 재방문을 결정할 중요한 변수가 되며 상기되는 추억이나 재미 등을 회상하게 된다. 일상적인 생활 속에서 느낄 수 있는 즐거움을 제공하는 것은 경쟁력으로 차별화 수단이 된다. 따라서 고객의 기억 속에 회상되는 추억과 재미를 심어주어야 할 필요성이 있다.

2. 촉진활동 목표

기업에서 가장 많이 사용하는 촉진방법으로 광고, 홍보, 인적판매, 판매촉진, 내부촉진, PR 등을 제시할 수 있다. 특히 IT기술의 발달과 정보의 풍부함은 인터넷, 스마트폰, 페이스북, 소셜 커머스, 카톡 등 기업과 소비자, 기업과 기업, 소비자와 소비자 간의 공유와 커뮤니케이션 활동이 증대되면서 직접 촉진활동을 전개하는 비율이 높아졌다. 기업에서 제공하는 촉진 전략은 여러 장·단점을 가지는데 고객과의 상호 보완적인 관계에서 혜택을 줄 수 있어야 한다. 따라서 기업의 마케터들은 동시에 사용할 수 있는 전략을 제공해주고자 노력한다.

기업에서 촉진활동을 전개하여 고객만족을 향상시키는 것은 궁극적으로 수익을 지속적으로 창출하기 위해서이다. 즉 마케팅 믹스 전략을 통하여 효과적인 예산수립과 촉진활동을 전개하는 이유가 여기에 있다. 레스토랑은 촉진활동을 전개하면서 표적으로 하는 목표를 어디에 두느냐에서 달라질 수 있다. 자사 상품을 알리는 것에서부터 브랜드 인지도를 높이는 역할까지 소비욕구를 충족시키며, 즉각적으로 구매할 수 있는 전략에서 고객의 반응은 달라질 수 있다.

기업이 추구하는 목표를 설정하였다면 커뮤니케이션을 통하여 타깃으로부터 반응을 이끌어 낼 수 있는 메시지를 전달하는 방법을 생각하여야 한다. 메시지는 최대한 소비자의 반응을 이끌어내기 위하여 상품에 대한 기능을 호소력 있게 어필할 수 있는 포인트가 필요하다. 이와 같이 이성적, 정서적 도덕적인 어필을 통하여 그 효과를 높일 수 있다.

고객에게 제공하는 메시지는 제품으로 주목받으며(attention), 관심을 가지게 하여 (interest), 욕구를 불러일으키며(desire), 구매하는 행위로(action)연결된다. 이 단계를 영어의 약자를 사용하여 AIDA모델이라 한다. 따라서 촉진활동을 유발하는 소비태도 는 AIDA모델과 효과계층모델(hierarchy of effects model)을 제시할 수 있다.

첫째, AIDA모델은 소비자의 구매태도 결정 모델로 주의, 관심, 욕구, 행동단계로 나누어진다. 제품을 구매할 때 상품의 존재와 특징을 알아야 하며 구매하고 싶은 욕 구가 유발되어야 한다. 궁극적인 목표는 소비자가 구매할 수 있게 설득하는 것으로 소비를 유발시키는 촉진활동으로 제시할 수 있다.

소비자 반응에 따른 촉진활동은 〈그림 8-2〉와 같이 나타내고 있다. 촉진활동은 자 사 제품에 대하여 고객의 주의를 끄는 데 효과가 있다. 이를 행동하는 효과는 낮은 것으로 나타났다. 인적판매, 판매촉진은 소비자를 설득하여 즉각적으로 행동을 유도 할 수 있다. 촉진목표가 단기적인 판매증대에 있다면 인적판매를 통하여 전개하는 것이 효과적이다. 반대로 제품의 인지도를 높여 고객욕구와 관심을 환기시키려는 목 적이라면 광고에 비중을 두는 것이 효과적이다.

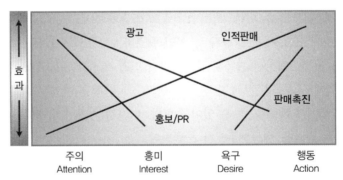

출처 : Rosenberg, L.J.(1977). Marketing, New York : Prentice-Hall, p. 407
〈그림 8-2〉 촉진방법과 AIDA에 의한 소비자 반응

둘째, 효과계층모델은 세분된 인식(awareness), 지식(knowledge), 호감(liking), 선 호(preference), 확신(conviction), 구매(purchase)의 단계로 나누어진다. 여기에는 3 가지 모형의 유형을 세부적으로 제시할 수 있다.

① 표준학습 위계모형은 신념이 감정에 영향을 미치며, 감정이 행동에 영향을 미치

는 단계적 모형을 의미한다. 일반적으로 저관여 상태의 구매의사 결정과정은 인지적 정보에 의존하여 처리하는 경향을 가진다. 따라서 신념-감정-행동-태도는 인지적 정보과정에 기반을 두고 있다.

② 저관여 효과계층 모델이다. 신념이 직접행동에 영향을 미치며, 행동을 한 후 감정이 생기는 단계를 의미한다. 이는 행동적인 학습에 기반을 두고 있으며, 신념-행동-감정-태도에서 행동적 학습의 과정에 기반하고 있다.

③ 경험적 효과계층모델이다. 감정이 행동에 영향을 미치며, 행동이 있은 후 신념이 생성되는 단계를 의미한다. 쾌락적 소비행태에 기반하고 있으며, 감정-행동-신념-태도에서 쾌락적 소비에 기반하고 있다.

3. 촉진활동의 문제점과 전략방안

1) 촉진활동의 문제점

일반적으로 기업의 제품 생산과 판매는 분리되어 있다. 대형 유통점은 자본력을 바탕으로 생산과 유통, 판매의 전체시장 판권을 독점적으로 확보하고자 노력한다. 반면 독립점포의 레스토랑들은 조리된 메뉴를 직원들을 통하여 판매가 이루어지기 때문에 규격화된 표준화와 일관된 생산활동이 어렵다. 유형적인 물리적 시설에서 인적서비스가 제공한 개인적 기술이나 능력에서 품질이 결정되므로 고객과의 대면순간에

〈표 8-1〉 촉진수단의 장·단점

촉진수단	특 징	장 점	단 점
광고	비인적 대중매체 활용	• 다수의 소비자 접근 • 메시지의 통제 가능 • 고객당 소비 비용 저렴	• 정보 양의 제한 • 고객별 메시지 개별화 제한 • 효과의 측정 어려움
인적 판매	판매직원 활용	• 고객별 정보 개별화 가능 • 설득력 높음 • 즉각적 피드백	• 촉진속도 느림 • 고객당 촉진비율 높음
판매 촉진	샘플, 경품 등 활용 단기적 유인책	• 주의집중 효과가 크다. • 즉각적 구매유인 효과 큼	• 비용이 고가 • 모방이 용이
홍보	매체 주관의 뉴스형태, 정보 제공	• 신뢰도 높음 • 비용 무료	• 통제의 어려움 • 간접적 효과
PR	이미지 제고와 공중관계 형성	• 다각적 효과	• 효과 느림 • 간접적 효과
직접 촉진	비공개적 개별매체 활용	• 고객 개별화 가능 • 상호작용성 높음	• 고객당 촉진비 높음 • 접근 고객수 제한

따른 상호작용이 중요하다. 따라서 각 영업장에서 추진되는 촉진활동은 점포를 구성하는 여러 환경을 고려하여 다르게 추진하여야 한다. 이러한 촉진활동은 경영 관리자가 파악하여 해결해야 할 문제점이 되기도 한다.

외식기업 특성을 고려한 촉진활동의 장·단점은 〈표 8-1〉과 같다.

(1) 고객 지향적인 사고 부족

현재의 외식기업들은 각 학교 전공자들을 직원으로 채용하여 운영하는 업소가 많기 때문에 교육훈련이 잘되어 있다. 이들은 20대 전후의 남녀로서 담당하는 업무는 세련되어 있으며, 고품질 서비스를 제공하고자 노력한다. 또한 고객 눈높이에서 느끼는 언어, 행동, 태도를 보여 누가 봐도 훌륭한 자세를 가졌다고 느낄 수 있다. 하지만 강요된 듯한 경직된 자세나 직무를 수행하는 직원들의 마음가짐, 서비스마인드의 부족은 직원태도를 진정성 없는 행동의 개인별 차이로 나타나고 있다. 따라서 마음으로부터 고객이 느낄 수 있는 지향적인 사고를 요구하고 있다.

(2) 세일즈 정신 부족

기업 차원에서 추진하는 촉진 전략은 고객과 직접 대면하는 직원의 직무에서 이루어 질 수 있다. 이를 실행하는 것은 직원들로서 업무는 개인적 지식과 자발적인 세일즈 정신에서 능력의 차이를 가진다. 촉진활동을 전개하는 것은 기업의 이익뿐 아니라 개인적 성취감과 자아실현 등 전체적인 이미지 개선과 신뢰성을 향상시킬 수 있다. 개인의 이익은 물론 직원들의 복지, 직무환경의 개선 등 혜택을 제공할 수 있으며, 이익은 직원들의 세일즈 정신에서 가능하다 하겠다.

일부 직원들은 "장사가 잘되면 일만 많아지고 나한테 돌아오는 것은 아무것도 없다"라는 생각을 가질 수 있다. 이러한 비효율적인 업무태도와 불성실한 자세는 고객의 불만을 야기하여 클레임(claim)을 발생하게 하는 원인이 된다. 그러므로 기업은 직원들이 자발적인 지향적 자세를 가질 수 있도록 근무환경의 개선이나 인센티브 및 교육훈련 등을 함께 제공하여야 한다.

(3) 규모의 영세성과 한정된 지식

외식기업을 경영하는 업종과 업태는 다양하다. 하루에도 수많은 점포가 창업하고 폐업하는 일을 반복하고 있다. 프랜차이즈사업을 통하여 운영하는가 하면 개별 독립 점포를 운영하면서 다점포화하여 규모의 경제성을 실현하거나 대형화하는 업장도 늘어가고 있다.

　자본력과 인력, 아이템 등 영세한 조건 속에서도 촉진 전략을 추진하는 정보의 한계성이 있어 실력을 가지고 있더라도 실행하지 못할 수도 있다. 또한 한정된 자원과 지식으로 광고, 가격할인, 인적판매 등을 전개하고 있지만 거대기업이나 프랜차이즈 기업과 경쟁하기에는 역부족이다. 따라서 촉진활동을 추진하지 못할 수도 있으며, 실패하는 영업장도 있다. 따라서 자신만의 컬러로 고객들에게 좋은 이미지를 만들어낼 수 있는 노력이 필요하다. 한편 틈새시장을 공략하여 지역의 유명점포로 명성을 얻고 있는 점포도 늘어나고 있다.

(4) 외식상품과 경쟁 환경

　외식기업은 사회문화적인 변화와 함께 업종과 업태로 분류되면서 시장은 발전하였다. 대외적인 경제상황과 정치, 법률, 환경, 인구 통계적 특성에 따라 영향을 미치며 누구나 쉽게 창업할 수 있다는 점에서 성공과 실패를 함께 한다. 이와 같이 성공을 위해서는 그 어떤 산업보다 더 치열한 경쟁이 예고되어 있지만 어려운 환경은 기회라는 촉매제가 되고 있다. 따라서 경영자들은 시장을 꾸준하게 조사하고 분석하여야 하며, 그에 따른 촉진활동을 전개하여 수익창출을 위하여 노력하여야 한다. 때로는 경쟁자의 우수한 기술이나 운영방법을 과감하게 벤치마킹(benchmarking)하여 경쟁력을 가지는 것도 하나의 방법이라 하겠다.

2) 촉진활동 전략방안

　외식기업의 촉진 전략을 효과적으로 전개하는 방법은 개별 고객의 특성을 고려하여 구매행동을 파악하는 데서 시작된다. 이를 수행하는 직원들의 자세를 다음과 같이 제시할 수 있다.

(1) 개별 고객의 관여도에 따른 구매행동

　레스토랑을 이용하는 고객들은 이용목적과 개인적 인간관계에 따라 접객과정의 맛과 품질에 참여하거나 관여하기도 한다. 또한 직원배치를 통한 접객행동은 물론 장소와 분위기, 음료 및 알코올성 음료의 보유유무 등 다양한 요소에서 영향을 미치게 된다. 이들은 식음과정의 불만이나 위험성을 줄이기 위하여 개인적인 경험과 지식, 인적정보를 활용하여 만족감을 높이고자 노력한다. 때론 업무상 접대나 결혼 상견례 등, 중요 모임인 고관여(high involvement)상황이라면 더 많은 정보와 지식, 경험을 바탕으로 위험을 줄이려 노력한다. 따라서 개인적인 관여도에 따른 구매행동의 차이를 나타내고 있다.

(2) 정보원천에 따른 불확실성

외식점포를 선택하는 고객들은 처음 방문하는 레스토랑을 주저하게 된다. 이들은 다양한 정보원천을 찾아 위험을 줄이려 노력하며, 방문 전에 일어날 수 있는 물리적 환경 내 직원들의 직무와 서비스, 분위기, 인테리어, 소음, 메뉴 등을 모르기 때문에 불확실성을 줄이려 노력하게 된다. 이와 같이 개별 점포는 이들의 불안감을 해소할 수 있는 외부적 단서를 제공하여야 한다. 특히 매장 입구에서부터 메뉴와 업장을 연상할 수 있는 아치의 상징물, 분위기, 조경, 안내판 등 촉진 전략을 필요로 한다. 따라서 불확실성 제거를 위한 정확한 정보제공의 필요성이 제시된다.

(3) 식재료의 계절성

현대의 고객들은 음식을 섭취하면서 건강과 환경에 따른 식재료의 안전성을 중요시하고 있다. 저염도, 저지방, 저당분 등의 식재료와 친환경, 유기농, 자연식의 슬로 푸드(slow food), 로컬 푸드(local food), 푸드 마일리지(food millage) 등 위생과 청결의 안전한 먹거리를 선호하고 있다. 따라서 계절과 지역의 대표 식재료를 통하여 촉진 전략을 강화할 수 있다.

(4) 고정고객 확보에 따른 충성도

레스토랑을 방문하는 고객들은 일정수준의 맛과 품질, 메뉴의 종류, 직원태도 등에서 계속적으로 방문하는 충성도를 보인다. 기업이 지속적으로 수익을 창출할 수 있는 원동력은 단골고객을 확보하고 있기 때문이다. 이들을 통한 인적판매와 할인, 가족우대권, 무료시식권, 축하이벤트 등 계속적으로 감동할 수 있는 전략을 제시하여야 한다.

직원들은 보다 적극적인 자세로 한 번 찾은 고객이 다시 찾을 수 있도록 접객력을 향상시켜야 하며, 지향적인 마인드를 가져야 한다. 따라서 경영 관리자들은 직원들이 편안하게 근무할 수 있는 환경과 복지, 권한위임, 보상, 승진의 혜택을 제공하여 소속 구성원들이 자부심을 느낄 수 있도록 하여야 한다. 이러한 과정에서 충성도 높은 고객을 확보할 수 있다.

3) 촉진 전략 결정

레스토랑에서 마케팅 촉진 전략을 전개하는 이유는 기업이 추진하는 목표와 정책, 점포의 성격, 메뉴의 수명주기, 과정, 경기상황 등으로 사회, 경제적인 여러 환경에서 예산규모에 따른 전략방안을 결정할 수 있기 때문이다.

(1) 기업의 전략목표

레스토랑에서 추진하는 목표를 어디에 두느냐에 따라 전략은 달라질 수 있다. 기업이 추진하는 촉진 전략은 자사의 메뉴와 점포 브랜드를 적극적으로 알려 인지도를 상승시키는 전략목표에서 가능하게 된다. 전략목표는 고객이 식사할 때 연상되는 브랜드 이미지와 메뉴를 환기시켜 방문을 유도하는 데 그 목적이 있다. 기업목표에 맞는 광고와 홍보, 인적판매, PR 등의 촉진 전략을 어디에 두느냐에 따라 고객은 주의를 기울이며, 이를 환기시켜 효과를 나타낼 수 있다.

(2) 예산규모

레스토랑의 촉진 전략을 수립하는데 절대적으로 영향을 미치는 변수는 가용할 수 있는 자금력과 가족 구성원들이라 하겠다. 가용자원은 대외적인 제약 변수들로부터 보호해 줄 뿐 아니라 효율적으로 업무를 추진하는 전략요소가 된다. 특히 TV, 라디오 신문, 지하철 네온과 와이드, 무가지 신문 등 대중매체를 이용하여 촉진 전략을 추진할 경우 효과가 크다. 레스토랑은 기업 특성상 시간과 요일, 계절에 따른 수요의 불확실성으로 예측하지 못한 고객이 늘어났을 때 가용할 수 있는 가족 구성원의 도움이 절실하다.

기업은 내부직원들의 인적판매와 우편, 메일 등을 통하여 할인권, 시식권을 제공하고 있다. 고객은 그러한 촉진 전략에 관심을 가지며, 홈페이지 참여를 통하여 평가하게 된다. 따라서 단위당 지출비용이 저렴한 홈페이지의 활성화는 고객의 요구조건을 즉각적으로 수용할 수 있어 일반적으로 널리 사용되는 전략이라 하겠다.

가족은 가용인력의 우수한 자원으로 예상하지 못한 방문고객에서 효율적으로 대처할 수 있는 장점이 된다. 이러한 문제를 슬기롭게 처리하면서 점포의 인지도는 물론 호의적인 반응을 유도할 수 있어 좋은 이미지를 심어줄 수 있다. 반면 프랜차이즈 및 체인 기업들은 지역의 유선방송이나 관광안내소, 은행 및 관공서의 실내 전광판 등을 이용하여 꾸준하게 광고하고 있다. 예산규모에 따른 촉진 전략을 다양하게 추진할 수 있으며 자사에 맞는 광고방법을 선택하였을 때 효율성을 극대화할 수 있다.

(3) 메뉴의 성격

기업에서 촉진활동을 전개하는 것은 메뉴의 성격과 레스토랑의 특성에 따라 다르게 추진할 수 있다. 메뉴는 이용 횟수와 시간, 연령, 직업과 지출비용에 따라 달라질 수 있으며 그에 따른 성격은 차등적으로 제공할 수 있다.

일반적으로 개인의 경험과 지식을 바탕으로 성별, 연령, 직업, 학력, 수입정도 등은 메뉴선택을 다르게 하기 때문에 다수의 고객들이 쉽게 접근할 수 있는 방법으로 제공되어야 한다. 객단가 높은 메뉴일수록 광고보다 동행인에 대한 관심이나 직원들의 밀착 서비스, 축하이벤트, 부가서비스 등에서 효과를 나타낼 수 있다. 특히 레스토랑의 특성은 이러한 인구통계적인 특성에 따른 수요자의 선택을 결정하는 데 도움을 줄 수 있다.

(4) 메뉴의 수명주기

레스토랑의 메뉴 수명주기는 점포의 전략과 목표에 따라 다르게 나타날 수 있다. 도입기는 점포이미지와 메뉴를 알리는데 초점을 두어 광고와 홍보, 공급자, 내부직원 등 촉진활동을 강화하여야 한다. 성장기는 일정 고객의 단골 층을 형성하므로 광고효과보다 인적판매를 통하여 개인별 고객만족을 강화하여야 한다. 이 단계는 구전에 의한 커뮤니케이션 활동을 전개할 수 있으며, 더 많은 고객을 확보하여 충성도를 강화하여야 한다.

성숙기는 동종 경쟁자들이 많아지므로 가능한 모든 촉진수단을 동원하여야 한다. 경쟁우위를 통한 가격 전략과 신 메뉴로 이탈고객의 관심과 시선을 잡아 두어야 한다. 특히 인적 서비스의 중요성으로 개별 고객의 관심과 재미를 제공할 수 있는 체험적 흥미를 유발할 수 있는 전략을 필요로 한다. 쇠퇴기는 촉진 비용을 줄이면서 수익성에 따른 메뉴 전환과 리포지셔닝 등 철수하거나 변화를 주어야 한다.

(5) 시장상황과 경제상황

기업이 촉진 전략을 결정하기 위해서는 현재의 시장상황과 경제상황을 고려하여야 한다. 2010년 겨울의 강추위는 2011년 3월까지 이어져 전 세계적으로 농산물의 가격을 폭등시켰다. 구제역과 조류독감은 축산농가의 피해로 이어지면서 전통적으로 3~4월이면 안정세를 보이던 농산물 비용이 2011년 5월까지 이어져 물가상승의 원인이 되었다. 이러한 와중에도 계속적인 내수경기의 불황은 소비심리를 위축시켜 경영의 어려움을 가중시키고 있다.

또한 각 레스토랑의 촉진 전략에도 불구하고 고객들은 주머니 열기를 꺼려하고 있다. 다양한 촉진방법을 전개해야 할 기업들은 시장의 경제적 상황을 고려하여 촉진 전략을 추진하는 데 있어 주저하게 된다. 특히, 고객들에게 줄 수 있는 혜택의 한계는 현명한 소비를 자극할 수 있는 가치를 제공할 때 불황을 극복할 수 있는 전략이라 하겠다.

제2절 | 광고

1. 광고의 의의와 특성

1) 광고의 정의

광고(advertising)란, 광고주가 대가를 지불하고 유료로 대중매체를 이용하여 자사의 상품과 서비스를 소비자에게 널리 알리는 방법이다. 표적고객에게 제품 및 서비스와 기업정보를 제공하며, 구매를 유도하기 위하여 설득하는 커뮤니케이션 활동이라 하겠다. 광고란 짧은 시간 불특정 다수에게 정보를 제공할 수 있는 장점이 있으나 그 효과를 측정하는 데 한계가 있을 수 있다. 이와 같이 광고는 대중매체를 이용한다는 점에서 홍보와 유사하지만 직접적으로 비용을 지불한다는 점에서 차이를 나타내고 있다.

2) 외식기업의 광고 필요성

레스토랑에서 광고 및 촉진 전략을 추진하는 것은 자사의 이미지와 메뉴 종류, 위치, 부대서비스 등 정보를 제공하면서 고객욕구를 충족시킬 수 있기 때문이다. 이러한 광고의 효과는 개업 초기에 만족을 심어주지 못하면 재방문이나 구전을 기대하기 힘들게 된다. 경영자가 계속적으로 광고에 초점을 두어 운영하고자 한다면 지출비용의 문제에 직면하게 된다. 광고비용의 증가는 가격인상으로 이어져 결국 품질을 저하시킬 수 있다. 이는 원가상승의 원인이 될 수 있기 때문에 지나친 광고는 제한을 필요로 한다.

음식점은 개인 고객의 건강과 안전을 책임지며 꼭 먹어야 되는 필수 영양성분을 판매한다는 측면에서 광고하여 매출을 향상시키겠다는 것은 위험한 발상이라 할 수 있다. 때론 바람직하지 못한 방법이라 하겠다. 하지만 현실적으로 광고효과를 숫자로 측정하여 계수화하려고 한다는 점이다. 개별 고객에게 정확한 정보를 제공한다는 점과 단골 고객들에게 계속적으로 변화를 수용하고자 노력하며 변화의 모습을 보여주어야 한다. 그러므로 개업 ○○주년, 봄, 여름, 가을, 겨울 등 계절행사는 물론, 크리스마스, 어버이날, 어린이날과 같은 특정 기간을 정해놓고 한시적으로 운영하는 것이 효과적이라 하겠다. 정기적인 광고는 기업의 변화에 대한 노력과 개선의 이미지를 심어주게 된다. 각종 할인혜택 안내와 서비스품질 개선 등 부정적 이미지를 호의적으로 바꿀 수 있다.

최근 빵을 찾는 고객이 늘고 있다. 불과 몇 개월 전 인기 없던 단팥빵이나 크림빵 위주로 잘 팔린다. 식품 및 유통업계는 빵 열풍이 대단하다. 시청률 40%를 웃돌며 인기리에 방영한 '제빵왕 김탁구' 덕택이다. 빵이 특수를 누리는 것은 드라마 중에 상세하게 묘사되는 제조과정이 빵에 대한 추억을 불러일으켰기 때문이다. 실제로 각종 베이커리 점은 인기를 끌고 있다. 드라마에 자주 나오는 단팥빵, 크림빵과 70~80년대 복고풍 빵이 그 주인공이다. 현대백화점 내 베이커리 브랜드인 '베즐리'는 케이크 매출액이 전년보다 1%, 크림빵, 단팥빵 매출은 20% 증가하였다. 단팥빵 전문 브랜드인 '기야마'의 매출은 24% 증가하였다는 소식이다(조선일보, 2010.8.24).

드라마 속 빵을 직접 만들어 보려는 경향도 뚜렷하다. 인터넷 쇼핑몰인 H몰의 경우 제빵기, 반죽기, 미니오븐 등 집에서 직접 빵을 굽는 데 필요한 '홈 베이킹' 용품 판매가 증가하였다. 롯데백화점 문화센터는 가을학기 제빵 강좌는 이미 90%의 신청률을 기록하였다. 수강률이 30~40% 수준이었던 점을 감안하면 이례적으로 높은 수준이다. 이런 변화에 업체들도 발 빠르게 움직인다. 백화점마다 식품매장에 베이커리 브랜드를 신규 오픈하거나 추가로 매장을 열고 있다.

뚜레쥬르는 드라마 제목에서 이름을 딴 '제빵왕 우리밀 옥수수 보리빵'을 출시하였다. 이는 몇 년 전 인기를 끌었던 '내 이름은 김삼순'으로 제빵 전문가인 '파티셰' 열풍이 불었던 것을 재현하는 느낌이다.

3) 광고의 기능과 특성

(1) 광고의 기능

광고는 기업경영 활동에서 여러 가지 유익한 기능을 가지고 있다. 정보를 제공해 주는 역할에서 수요촉진과 방문을 유도할 수 있는 설득력과 교육, 사회복지 등 레스토랑의 메뉴 판매량 증가와 고객유지 등으로 브랜드이미지를 향상시킬 수 있다. 따라서 광고는 다음과 같은 혜택을 줄 수 있다.

첫째, 광고는 시장의 잠재고객에게 새로운 메뉴와 가격, 할인혜택, 매뉴얼 등 서비스 시스템을 알리는 역할을 할 수 있다.

둘째, 광고는 시장 확대 기능을 가지고 있다. 사회 구성원들에게 상권의 규모와 점포위치, 메뉴종류, 가격, 분위기 등 잠재고객에게 품질을 알려 설득하는 역할을 하게 된다.

셋째, 레스토랑 방문고객에게 점포의 이미지를 호의적으로 심어줄 수 있다. 또한 지역사회 구성원뿐 아니라 관공서 등에서 긍정적으로 인식시킬 수 있다.

넷째, 점포의 외부 조경과 메뉴안내, 팸플릿, 로고, 그림 등을 통하여 잠재고객에게 상품을 알리는 역할을 할 수 있다.

다섯째, 광고는 점포의 존재감과 용도, 성능, 기타 정보를 제공해 줄 수 있으며, 개별고객의 욕구를 자극하여 구매를 촉진시킬 수 있다. 특히 과거의 이용 상황 등으로 자연스럽게 환기시켜 수요를 창출할 수 있다.

(2) 광고의 특성

외식기업의 각 점포는 메뉴상품과 서비스 품질에 따른 특성의 차이로 같은 메시지를 전달하더라도 다른 효과로 받아들이게 된다. 따라서 광고의 특성을 다음과 같이 이해할 필요성이 있다.

첫째, 외식기업의 메뉴상품 광고는 분명하고 명확한 내용을 담고 있어야 한다. 고객에게 효과적으로 전달하기 위해서는 간결한 문장과 단어, 핵심 내용을 바탕으로 심벌과 그림, 표식 등 쉽게 이해하거나 사용할 수 있어야 한다.

둘째, 고객에게 혜택을 제공해 주어야 한다. 사람들은 누구나 하루 세끼의 식사를 하는데 이왕이면 내게 가치 있는 이익을 주는 레스토랑을 선택하게 된다. 그러므로 고객이 원하는 편익을 충족시켜 줄 수 있는 광고가 되어야 한다.

셋째, 레스토랑에서 제공할 수 있는 가치가 무엇인지 고객에게 알려야 한다. 예를 들어, 창업초기에 전개하는 무리한 광고는 오히려 역효과를 낼 수 있다. 짧은 시간 많은 사람들이 한꺼번에 몰리는 지나친 촉진 전략은 내방객들을 짜증나게 할 수 있다. 직원들이 이를 원만하게 해결하지 못하였을 때 불만이 커질 수밖에 없으며, 직무가 많아 자신의 역량을 맘껏 발휘하지 못할 수 있다. 특히 혼잡 정도는 고품격 서비스를 제공하는데 장애가 되기 때문에 관리자들은 방문하는 고객들을 조절하여 한꺼번에 몰리는 일이 없도록 하여야 한다. 따라서 오픈 행사의 촉진 전략을 잘못 설계하여 운영한다면 오히려 역효과가 날 수 있다는 점을 명심하여야 한다. 그러므로 제공 가능한 수준과 고객 분산을 조절할 수 있는 능력을 필요로 한다.

넷째, 광고를 통한 직원만족을 강화하여야 한다. 직원들에게 각종 할인이나 무료 상품권, 시식회 등을 제공함으로써 직무만족을 강화할 수 있으며, 이러한 만족도는 고객만족을 강화시킬 수 있다.

다섯째, 유형적인 볼거리를 제공하여 구전 커뮤니케이션을 강화하여야 한다. 고객은 점포를 선택할 때 가족이나 친구, 동료 등 준거인을 통하여 얻게 되는 정보를 신뢰한다. 또한 직원들이 제공하는 호의적인 말과 언어, 용모, 복장의 태도는 고객을 끌어 들이는 훌륭한 촉진 전략이 된다.

여섯째, 개별 점포의 상징성에 따른 상호, 로고, 아치, 색상, 글자체, 테마, 형식 등은 점포의 일관된 이미지를 전달하는 수단이 된다.

일곱째, 지속적인 광고로 브랜드 인지도를 강화할 수 있다. 신뢰성은 고객이 얻는 정보 원천에서 가장 훌륭한 고급 정보이다. 특히 추천인의 정보를 확신하지 못한 상태라면 방문을 주저하게 되어 인지부조화(cognitive dissonance)가 생길 수 있다. 따라서 불만족을 해소하려 노력하여야 하며, 이러한 부조화는 신규고객, 잠재고객을 끌어들이는 데 문제가 되므로 광고효과를 극대화할 수 있는 전략을 필요로 한다.

2. 광고의 목적과 분류

1) 광고의 목적

일반적으로 레스토랑에서 광고를 하는 이유는 고객들에게 자사의 우수한 시설과 음식의 맛, 품질을 적극적으로 알리기 위해서이다.

미국 마케팅협회(AMA : American marketing association)에 따르면 광고의 목적은 고객에게 정보를 제공하는 것, 상품에 대하여 적극적인 태도를 개발하는 것, 판매를 촉진하는 것으로 분류하고 있다. 이러한 목적을 달성하기 위한 세부적인 내용은 다음과 같다.

첫째, 업장의 위치와 분위기 메뉴정보를 알릴 수 있다. 새로운 메뉴와 가격 변동, 기간 내 할인 등의 정보를 제공하기 위해서이다.

둘째, 상호, 로고의 브랜드 인지도를 상승시킬 수 있다. 상호는 개별점포의 특징을 나타내는 것으로 무엇을 판다는 것을 상징적으로 나타난다. 이를 함축적으로 고객에게 이해시킬 수 있어야 한다.

셋째, 브랜드에 대한 태도를 고객이 쉽게 형성할 수 있어야 한다. 레스토랑 고객의 기대를 충족시키며 계속적으로 광고를 유지하는 것은 비호의적인 고객들을 긍정적으로 전환시킬 수 있기 때문이다.

넷째, 긍정적인 점포이미지를 바탕으로 재방문을 유도하거나 경쟁자의 고객을 설득하여 자사의 영업장으로 끌어들이는데 그 목적이 있다.

다섯째, 고객의 기대에 따른 만족을 강화시켜 올바른 선택과 확신을 심어줄 수 있다. 특히 방문 후 기대불일치에 대한 불만족을 감소시킬 수 있다.

여섯째, 브랜드 이미지를 심어줄 수 있어야 한다. 이벤트 광고를 강화한다는 것은 기억을 잊지 않게 환기(evoked)시키는 역할을 할 수 있기 때문이다. 이상과 같이 광고를 통하여 레스토랑의 브랜드이미지를 구축하며 고객이 인지하도록 하는 데 그 목적이 있다.

2) 광고의 분류

광고는 표적 대상물, 광고목적, 광고전개 방식, 표현방법 등 다양한 유형의 기준으로 분류하고 있다.

(1) 광고의 표적 대상물 유형

첫째, 상품광고는 경영자가 자사의 판매상품의 품질과 가격 등 정보를 제공하여 방문을 유도하는 것을 의미한다.

둘째, 점포 및 기업광고는 경영자가 일반적인 대중에게 친근함과 호의성을 유도하기 위하여 상징물이나 기업이념, 봉사, 사회적 참여, 친환경 등 공익성으로 전문적인 이미지를 갖도록 하는 것이다.

셋째, 이미지 광고는 사회 저변의 문제점과 불우이웃들에게 봉사하며 함께 동참하는 의미를 포함하고 있다. 이러한 광고는 기업 이미지를 긍정적으로 전환시킬 수 있기 때문에 공익적 목적으로 널리 이용되고 있다.

넷째, 공익광고(public advertising)는 지역사회의 구성원으로서 역할을 함께하게 된다. 지역 관공서의 행사나 노인회, 부녀회 등의 행사에서 장소를 제공하거나 독거노인, 결손가정 등 함께하는 사회를 만들 수 있다.

다섯째, 생태적 광고는 자연환경 보호와 음식물 줄이기, 지역 식재료 사용 등의 친환경적인 경영을 의미한다.

(2) 광고 목적에 따른 분류

첫째, 점포의 브랜드와 메뉴 종류, 가격, 이용방법, 업장의 혜택 등 정보제공에서 이용자들의 수요를 자극하는 데 그 목적이 있다.

둘째, 자사의 메뉴에 대한 표적고객을 대상으로 수요증대와 충성도를 향상시킬 수 있다. 이들을 통하여 비호의적인 고객들의 태도를 설득할 수 있다.

셋째, 경쟁사와 비교하여 자사품질의 우수함을 고객들에게 보여줄 수 있다. 그러므로 대중적인 선호도를 바탕으로 경쟁사 고객을 자사고객으로 전환시키는데 그 목적이 있다.

넷째, 고객의 기억 속에 있는 점포 이미지와 메뉴상품의 추억을 회상시킬 수 있다. 체험, 경험, 재미를 통하여 이야기의 소재와 추억을 만들며, 이를 회상시킬 수 있게 하는 것이다.

다섯째, 레스토랑의 방문고객이 올바른 선택을 하였다는 확신을 심어주어 메뉴에 대한 애호도와 충성도를 강화시킬 수 있다.

광고시장에 변화를 맞이하고 있다. 여성이 주름잡던 김치냉장고 시장에 '꽃미남'이 전쟁이다. 삼성전자는 이승기를 김치냉장고 모델로 발탁하였다. 만도는 국민 남동생으로 불리는 유승호와 소지섭을 기용했다. LG전자는 꽃미남 축구선수 기성용과 차두리를 기용하였다(조선일보, 2010.8.31).

가전 업체들은 김장철인 가을에 꽃미남 모델을 앞세워 시장을 공략하는 이유는 주부들의 마음을 얻기 위해서이다. 생활가전은 주부들이 구매하기 때문에 여성 모델을 주로 기용하였다. 하지만 이승기를 발탁하여 성공을 거두면서 상황이 바뀌었다. 처음 모델로 선정하였을 때만 하여도 경영진의 걱정이 많았지만 전년 대비 20%의 매출상승을 기록하였다는 소식에 호재로 작용하였다. 남자들이 오히려 제품 특성을 잘 반영한다는 것이다. 유승호와 소지섭은 닮았지만 각각 다른 매력이 있듯이 뚜껑형과 스탠드형 냉장고의 고유한 장점과 함께 각각의 우수성을 잘 표현할 수 있을 것으로 기대한다.

(3) 광고 표현방식에 의한 유형

첫째, 고객에게 이성적(rational)으로 호소하기 위하여 메뉴의 기능과 속성, 효능, 혜택 등을 강조하는 것을 의미한다.

둘째, 고객의 마음에 호소하여 자사의 상품을 호의적으로 형성할 수 있도록 하는 것이다. 각종 혜택을 제공함으로써 경쟁사 제품보다 잘 선택하였다는 감성(emotional)에 소구하는 방법이다. 이는 직장인 또는 가족을 동반하는 고객들에게 심리적인 만족감을 줄 수 있다.

셋째, 일반적인 상품을 광고할 때도 짧은 시간 많은 소비자들의 호기심을 자극하여 주의를 끌 수 있는 표현방식이다. 처음 출시되는 상품정보를 일부만 제공함으로써 궁금증을 유발하는 시리즈 형식의 티저광고(teaser advertising)를 의미한다.

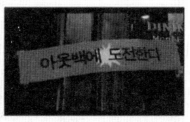

'아웃백에 도전한다'

■ (주)오자정, '티저' 편

국내 패밀리 레스토랑 1위
인 아웃백스테이크하우스에
도전하는 티저 광고가 나와
화제가 되고 있다. '아웃백
에 도전한다' 는 직접적인 카
피가 쓰인 포스터와 현수막
노출에 이어 이러한 직설화
법의 내용에 당황하는 사람들의 모
습을 담은 CF까지 등장해 주목도를
높이고 있다. 현재 아웃백스테이크
하우스는 점포수나 매출액 부문에서
국내 1위 패밀리레스토랑 업체로 평

가 받고 있다. 따라서 여기에 도전하
는 곳이 새롭게 오픈 하는 패밀리 레
스토랑 인지, 아니면 라이벌 업체의
도전 인지에 대해서 궁금증을 증폭
시키고 있는 중이다.

티저광고(http://www.outback.co.kr)

넷째, 소비자의 본능적 욕구를 자극하는 성적소구(sex appeals)로 광고하는 방식이
다. 성적 표현방식으로 주의를 환기시키며 자극적인 표현을 제시하여 짧은 시간 많
은 사람들을 기억하게 하는 방법이다.

3. 광고의 구성요소

1) 광고의 구성요소

광고는 기업 경영주가 표현하고 싶은 메시지를 미디어나 활자를 통하여 일반 대중
에게 전달하는 매체를 기준으로 구성된다. 전달하는 메시지는 신호(sign), 확성기
(amplifier)로 이루어지며 일러스트레이션의 그림, 사진, 문자 등 이미지를 포함하고
있다. 헤드라인은 메시지의 기본으로 가장 짧은 말로 정확하게 요점을 표현하고 있
다. 본문은 말로 설명하고 헤드라인을 보완하는 3가지 구성요소를 배경으로 배치하
는 레이아웃과 이를 담당하는 아트 디렉터(art director)를 의미한다.

2) 광고과정

광고가 완성되려면 제작사, 광고주, 매체, 조사 회사 등이 있어야 한다. 기업광고는
TV부터 전단지에 이르기까지 다양한 매체와 형태로 시행된다. 청취자(audience), 시
청자 등 방송과 활자매체를 이용하거나 전단지, 무가지, 기획기사 등 노출 횟수에 따
른 예산과 전달방법 등은 유사하면서도 다르게 진행되고 있다.

첫째, 외식기업 광고를 계획하고 입안하는 광고 회사는 매체를 선정하기 전에 표적대상을 선정하여야 한다. 어떠한 방법으로 전개할 것인가를 선택하며 외식과 관련된 납품업자, 저널, 음식중앙회, 연구소 등 다양한 채널을 통하여 정보를 전달할 수 있다.

둘째, 광고내용은 철저하게 고객 입장에서 이루어져야 한다. 현재의 고객은 무엇을 원하며 시장은 어떠한 트렌드를 형성하고 있는지 파악하여야 한다.

셋째, 광고 메시지는 많은 사람들을 설득시키려는 커뮤니케이션 활동이다. 감정이입이나 정보교환에 따른 의사소통을 포함하여 전달할 수 있다.

넷째, 광고는 신문, 라디오, TV, 인터넷 등 비 인적매체를 이용하지만 인적판매(personal selling)에서 효과가 높다. 따라서 레스토랑에 근무하는 직원들은 직접적으로 고객을 설득한다는 점에서 가장 신뢰할 수 있는 첫 번째 광고자가 된다.

4. 광고매체

광고매체를 선정하는 것은 표적 고객이 가장 빠르게 접근할 수 있는 기준을 제시하는 것이다. 구매할 준비가 되어 있는 표적고객에게 제공함으로 그 효과를 극대화할 수 있다. 점심 고객을 타깃으로 하는 업종이라면 직장인들이 고민하는 11시 전후의 특정 메시지를 전달하면 효과적인 촉진 전략이 될 수 있다. 저녁 고객을 대상으로 하는 레스토랑이라면 퇴근 전 광고나 문자, 전단지, 영업안내 등이 효과적이다. 광고이용 계획은 가능한 자사가 추진할 수 있는 매체의 특성을 파악하여 수립하는 것이 효과적이다.

첫째, 메시지 전달은 고객의 이성적 판단을 설득하는 방법으로 흥미와 주의를 유발시키는 효과를 나타낼 수 있다.

둘째, 고객에게 전달하는 메시지는 생활의 한 단면을 표현하는 방식과 증언식, 유머, 비교, 증거제시 등으로 제시할 수 있다.

셋째, 광고메시지 전달자는 전문적인 지식이나 신뢰할 수 있는 매력성을 가진 모델을 선정하는 것이 효과적이다. 특히 사회적으로 모범이 될 수 있는 모델일수록 신뢰성이 높다 하겠다.

넷째, 광고 내용은 신뢰할 수 있는 문장과 경쟁자의 차별적 요소가 포함되어야 한다. 이해하기 쉬운 용어를 정확하게 전달하였을 효과적이라 하겠다.

〈표 8-2〉 광고매체의 장·단점

	장 점	단 점	외식기업 전략
인터넷 매체	• 다수고객/ 비용 저렴, 쌍방향 • 시간, 공간, 지역, 장소 제한 없음 • 전파속도 빠름	• 광고노출 허락 필요 • 사생활 침해 가능성	• 배너광고 및 지역소개를 통한 기사화 • 블로그 및 트위터, 페이스북 카톡 등 정보제공 • 다양한 기획 : 맛, 거리, 장소 찾기 등 제공
전단지	• 오픈/ 할인 즉각적 반응 • 가격, 메뉴, 정보제공 • 저렴한 비용	• 즉각적인 반응 고객수용 한계 • 고객의 거부감	• 주거지의 조간, 석간 등 표적집단 대상 활동 • 아르바이트 무가지 배포 • 호객행위 나쁜 이미지
114, 협회 공연	• 친근함, 비용 저렴함 • 표적고객 즉각적 반응	• 수용의 한계	• 전화번호부, 114안내, 협회 및 학회의 카탈로그, 연극 및 영화 입장권, 일반적으로 널리 이용하는 방법
TV, 지역 유선 매체	• 목소리와 동작, 행동결합 • 감정과 감각 등에 소구 • 다수 고객층에게 어필 • 창의성, 이동방법 반복시연	• 일시적, 광고시간 짧음 • 많은 비용 • 광고 사이에 삽입 • 쉽게 잊혀짐	• 초기 인지도 상승과 특별층의 관심 유도 주력할 수 있음 • 광고주제 선정과 이미지 중요 • 장기적 메시지 전달과 소재 중요성 • 쇼/ 오락, 연예인 경험담
라디오 매체	• 대중적 전파와 접촉 • 표적청중 선택가능 • 구매 중/구매시 광고 • 저렴한 비용	• 청각으로 전달 • 집중력 떨어짐 • 광고시간 짧음 • 특정 전파 한계성	• 점포 및 브랜드 인지도 상승 기능성 강조 • 출·퇴근시간 집중 • 광고의 청각적 단서에 효과적임 • 최소의 정보를 반복적으로 전달
신문 매체	• 규모, 역사, 크기, 색상, 시기의 신축성 • 특정 독자층 침투 • 광고비용 저렴 • 장문의 문장력과 심층 적, 다수의 접근과 수용	• 수명이 짧음/젊은 층 무관심 • 표적의 선별능력 저하 • 표적선택 어려움 • 쉽게 잊혀 짐	• 초기 집중적 인지도 상승 • 직장인 및 장년층 표적/고관여 상세 설명 • 창업과 프랜차이즈 안내 효과 • 얼리어답터(early adopter) 인용
잡지	• 표적고객 선택 능력 • 정독 및 제독 가능 • 전문지/품격가능 수명 길다.	• 기획/ 노출까지 시간이 길다. • 세분된 표적고객 • 지면상의 위치 불확실	• 전문지 : 기업 우수성, 비전, 다양한 정보 제공 • 일반잡지·탐방과 경험담, 연예인, 스포츠인 • 얼리어답터(early adopter) 경험담
옥외 광고	• 연중노출, 지출비용 저렴, 광범함, 소비자 기억강화 • 상호, 로고, 상징물, 색깔, 글자체, 네온, 조명 신축성	• 표현의 제한과 반문 • 제한적 노출과 측정의 어려움	• 프랜차이즈 점 전국 동시 동일 효과가능 • 고객기대 유발과 창의성 • 상호 및 로고의 집중적 부각

1) 인터넷매체

인터넷을 이용한 촉진수단은 사이버상의 블로그, 사이트, 스마트폰을 이용한 트위터와 SNS를 이용한 페이스북, 카톡 등 다양한 방법으로 고객과 고객, 고객과 기업 간의 커뮤니케이션 수단으로 이용된다. 특히 다양한 촉진방법에서 일대일, 쌍방향, 일대 다수 등 그 범위는 넓어지고 있다.

2) 전단지

전단지는 외식 점포에서 일반적으로 널리 사용하는 방법이다. 개별 업장의 특성과 메뉴, 가격, 위치, 할인혜택 등의 정보를 조간 및 석간신문에 끼워 넣어 개별 주거지로 배송하거나 아르바이트를 고용하여 무가지로 배포하는 방법이다. 단위당 비용이 저렴할 뿐 아니라 즉각적인 반응을 나타낼 수 있어 오픈행사나 세일 및 할인행사에 효과적이다.

3) 전화번호부, 협회, 학회의 카탈로그 및 공연, 영화 입장권

지역단위 생활정보지, 맛집, 테마가 있는 집, 분위기 있는 집 등 소책자로 묶어 이용되고 있다. 외식기업은 협회, 학회의 학술대회를 통하여 광고하거나 후원하는 방법으로 무료 식사권을 제공함으로써 친근하게 접근하는 전략을 사용하고 있다. 한편 젊은 층을 겨냥하여 공연 티켓이나 영화 입장권 등 주변지역 레스토랑의 위치, 메뉴, 가격 등을 안내하는 새로운 방식과 모바일을 통한 소셜 커머스(social commerce)를 활용한 할인, 소비자의 이동 장소에 따른 음식점 위치 안내 등 즉각적인 효과를 기대할 수 있다.

4) TV매체 및 지역 유선방송

TV매체는 지출비용이 많지만 노출 횟수가 많아 광고효과가 매우 높다. 인구 천 명당 광고비 CPM(cost per mill/cost per thousand)은 상대적으로 저렴하여 일반적으로 기업 및 자치단체, 정부 등에서 사용하는 매력적인 광고방법 중의 하나이다. 지역 유선방송은 지역 내 방송광고를 통하여 소비자에게 전달되며 중앙 방송보다 비용은 저렴하지만 전국 단위의 효과는 적다. 주로 지역 내 입지와 상권의 규모, 위치, 분위기 등 장소안내를 광고할 때 주로 이용된다. 따라서 개별기업의 특성과 이미지, 메뉴안내, 특별 행사를 유치할 수 있는 공간과 기념일의 이벤트, 부가서비스와 할인유무 등 목적에 맞게 광고를 선택하여 시행할 때 효과적이라 하겠다.

5) 라디오매체

라디오매체는 전통적인 방식으로 고객 개개인의 기호와 특성 선택에 따라 접근이 가능한 광고유형이다. 전국적인 고객층을 확보할 수 있어 전 연령층에 소구할 수 있다. 한편 이용 연령층의 시각적 제한 때문에 한계가 있을 수 있지만 특정 애청자를 고려한 선별력으로 표적 고객에게 강한 메시지와 전파력을 가지고 있다. 이와 같이 광고비용이 저렴하다는 장점과 너무 제한적이라는 단점이 있지만 학생과 가정주부들을 대상으로 하는 광고에는 특히 효과적이다.

6) 신문매체와 지하철 무가지

신문매체는 표적시장(target market) 고객에게 짧은 시간 심층분석을 통한 전문적인 지식으로 광범위하게 접근할 수 있는 광고이다. 광고 목적이 뚜렷한 업종이나 특정 메뉴의 애호도가 높을 때 태도를 강화할 수 있어 고객의 호기심을 자극할 수 있다. 독자층이 뚜렷하게 나누어짐에 따라 목표고객에 맞는 활자매체를 선택하는 것이 효과적이다. 지하철 무가지, 생활정보지 등 개별기업 특성에 맞게 선정할 수 있으며, 정보를 필요로 하는 대상자에 맞는 헤드라인, 문장, 글자 수, 내용, 혜택 등을 분명하게 제시하여야 한다.

7) 잡지매체

잡지는 지출 비용이 높은 매체로 특정고객을 대상으로 높은 몰입도를 보인다. 노출될 때까지 시간이 많이 걸리는 단점도 있지만 내용이 특정 분야에 집중하므로 심층 분석이 가능하다. 특정 고객의 선별성 때문에 이용고객은 제한적일 수 있다. 하지만 마니아층을 형성하거나 사회적 이슈와 트렌드를 파악할 수 있다는 장점으로 미적 감각과 시각, 촉각적인 수단을 활용하여 그 내용과 의미를 부각시킬 수 있는 장점이 있다.

8) 옥외광고

개별 독립점포에서 이용하는 전통적인 방법으로 옥외 공간을 최대한 활용하여 전면 또는 돌출로 광고하는 대중적인 방법이다. 간판, 네온사인, 전광판 등 점포의 상호와 메뉴 상징물을 고객에게 알리는 방법으로 널리 사용되고 있다. 이용 고객이나 제작자들은 정부와 자치단체의 규제, 관리감독의 소홀함을 틈타 점포별 개성을 살리려 노력한다. 하지만 자치단체별로 규격과 디자인, 색상, 도안 등을 규정하여 도시의 미관을 아름답게 꾸미고 있는 자치단체가 늘어나고 있다. 이와 같이 고정된 위치에서 반복적으로 노출되기 때문에 다수고객의 시선을 사로잡을 수 있는 장점이 있다.

한편 간판의 상호와 이미지, 디자인, 상징성으로 추구하고자 하는 분위기와 메뉴, 가격 등, 무엇을 판매하고 있다는 것을 알 수 있게 하여야 한다. 즉 목표 고객의 목적에 맞는 광고방법으로 입지와 메뉴 수, 색상, 문장, 상징물 등 강력하고 스페셜하게 보여줌으로써 전문화된 이미지를 심어줄 수 있다.

5. 광고 측정방법

기업의 경영자들은 광고를 통하여 지출비용 대비 매출액이 증가하기를 기대한다. 광고는 실제 기업의 성장성이나 이미지 개선, 지역사회 기여 등 고용을 창출하는 투자개념으로 보아야 한다. 이러한 광고는 최종적으로 매출 증가와 이익을 실현할 수 있지만 정확하게 측정하는 데는 한계가 있을 수 있다. 하지만 광고의 전달방식이나 형태, 매출액, 인지도, 이미지 등의 커뮤니케이션 활동으로 판매효과를 극대화할 수 있어야 한다. 광고에 대한 측정방법을 다음과 같이 소개하고자 한다.

1) 매출효과 측정방법

매출증가에 영향을 미치는 요소는 다양하다. 판매효과를 정확하게 측정하기에는 한계가 있을 수 있지만 정교한 실험방법으로 자료를 분석하거나 통계기법을 활용하여 직접적인 영향요소를 파악할 수 있다. 이러한 측정방법에는 매출액 조사법(seller test)과 사용자 조사법(user test)으로 분류할 수 있다.

예를 들어, 드라마 속 화면 제품을 쇼핑할 수 있는 '쇼퍼라마(Shopperama)'가 이슈이다. 인터넷 장터인 옥션을 통하여 방송하는 '헝그리 로미오와 럭셔리 줄리엣'이 인기이다. 쇼퍼(Shopper)와 '드라마(Drama)' 합성어로 화면 창 옆에 해당 장면 속에 노출된 옷과 액세서리, 휴대전화 등 상품이미지와 가격이 제시된다. 드라마를 보는 소비자들은 관련 이미지를 클릭하여 상품에 대한 설명을 상세히 볼 수 있으며 관심있는 상품을 즉시 구매할 수 있다.

드라마와 쇼핑이 결합한 새로운 콘텐츠로 기존 쇼핑몰 이용자들에게 새로운 재미를 선사할 것으로 기대된다. 인기드라마 주몽과 황진이 제작진이 참여하여 해외 촬영으로 여행상품을 결합한 모델도 선보이고 있다. 시청자들이 드라마를 보면서 마음에 드는 장소를 클릭하면 여행상품에 대한 정보를 바로 확인할 수 있다. 커피숍이나 쇼핑몰 등의 장소가 등장하였을 때 클릭하면 약도와 전화번호, 위치 등 곧바로 확인할 수 있다.

인터넷과 TV를 이용한 전자상거래인 'T커머스'시장이 성장할 것으로 보인다. 텔레비전에 드라마를 보며 바로 쇼핑하는 것은 T커머스가 가능한 TV 보유 가구수는 200만 정도에 불과하지만 앞으로 계속적으로 성장할 것으로 전망된다.

(1) 매출액 조사방법

매출액 조사법은 인구수와 구매력, 시장 상황이 같은 지역을 선정하여 각 지역마다 상이한 광고방법을 선택하여 매출액 변화를 측정하는 방법이다.

예를 들어, 시험 도시와 통제 도시를 각각 수개씩 선정하여 어느 한쪽 도시만을 대상으로 광고하여 매출액의 증가여부를 기록하여 판단하는 방법이다. 인터넷 쇼핑몰을 통하여 지역별 주문량이나 금액, 메뉴가격을 비교할 수 있으며, 이러한 방법은 누적효과를 측정하거나 선호도, 지역별 분포 등을 확인할 수 있다.

(2) 이용자 조사방법

실제 특정업소를 이용한 경험이나 기업의 메뉴상품을 구매한 경험 유무를 패널을 통하여 분석하는 방법이다. 유형적인 상품 이용에 대한 상황을 파악하기 위하여 각 가정의 휴지통, 상표 라벨지, 상자 등을 직접 전수조사하는 방법이다. 이러한 방법은 실제 광고를 보지 않았거나 이용하지 못한 다수의 고객들을 고려하지 못한다는 단점도 있다.

2) 커뮤니케이션 효과 측정방법

커뮤니케이션 효과 측정방법은 기업 광고가 소비자들에게 미치는 영향을 의미한다. 브랜드 및 메뉴 인지도, 선호도, 태도 등을 결정할 때 측정하는 방법이다. 이러한 측정방법은 광고를 시행하기 전에 실시하는 방법과 광고를 시행한 후 회상하는 방법으로 분류할 수 있다.

(1) 광고 전의 측정방법

첫째, 소비자나 광고 전문가를 대상으로 광고물에 지접 노출시켜 평가하는 방법(direct rating)을 의미한다.

둘째, 광고지를 배포하여 일정시간 보게 한 후 기억하는 내용을 평가하는 포트폴리오(portfolio test) 방법이다. 이러한 방법은 가장 잘 기억하고 이해되는 광고물이 어떤 것인가를 나타내게 된다.

셋째, 노출된 광고에서 심리적으로 반응정도를 측정하는 실험실 방법(laboratory test)이다. 고객의 생리적 반응에 대한 맥박, 혈압, 눈동자의 변화, 땀 분비량 등 기계 장치를 통하여 측정하는 방법이다.

(2) 광고 후의 측정방법

첫째, 광고매체에 노출된 상징물을 연상하거나 회상되는 기억을 통하여 측정하는 방법이다. 특정 상표의 상품명, 내용물 등을 기억하거나 주의를 통하여 테스트하는 연상법(recall test)이다.

둘째, 속독률 검사(readership test)를 통하여 광고에 게재된 기사와 내용물을 기억하고 있는지 질문하여 인식(recognition) 여부를 평가하는 방법이다. 특정 매체를 본 비율과 광고 내용을 읽은 비율, 상품 및 기업을 확인한 비율 등을 측정할 수 있다.

제3절 | 홍보

1. 홍보의 개념과 특징

1) 홍보의 개념

홍보(publicity)란 매출증대의 목적보다 기업 이미지를 심어주는 데 효과적이다. 광고보다 높은 신뢰성으로 전문적인 지식이나 고품질임을 나타낼 수 있다. 또한 고객이나 레스토랑 직원, 지역사회, 국내, 국제적인 활동을 통하여 업무를 수행할 수 있는 능력을 홍보할 수 있다. 각 기업들은 최고 경영자의 일상적인 활동을 홍보할 조직이나 담당자를 두고 있다.

광고가 비대인적, 시각적, 청각적, 감성적 메시지를 전달하는 매체라면 홍보는 판매촉진 매체로 기업 정보나 사진, 그림, 기사 등 신문이나 잡지, TV, 라디오 등에서 무상으로 제공된다. 이러한 금전적 지출 비용에 따라 광고와 구별되는 기준이 된다.

2) 홍보의 특징

홍보는 다음과 같은 특징을 가지고 있다.

첫째, 사진, 그림, 소재에 대한 비용을 개별 기업이 부담하는 것이 아니라 매체 회사에서 부담하며 기사거리를 무료로 제공하여 홍보하게 된다.

둘째, 각 매체회사에서 정보를 만들어 뉴스 형태로 일반 소비자에게 전달되며 광고보다 높은 전파와 파급효과를 가진다.

셋째, 각 매체의 특성에 맞게 결정되며 상황에 따라 통제되거나 개별기업 의도와 상관없이 부정적으로 전달되기도 한다. 따라서 기업은 각종 매체들과 좋은 관계를 유지하여 긍정적인 기사거리를 제공할 필요성이 있다.

2. 홍보의 수단

홍보수단은 다음과 같은 방법으로 이용되고 있다.

첫째, 기업의 아이디어나 공익적 뉴스, 소재(news releas)를 만들어 매스컴을 타게 함으로써 대중적인 이목을 집중하는 방법이다.

둘째, 잡지, 협회, 학회 등 특집 기사거리를 제공하는 방법이다.

셋째, 최고 경영자, 기업 임원 등 공익 활동과 자선으로 기자회견 등을 하는 방법이다.

넷째, 기업 대표자가 대중들이 모이는 특별 행사장에 강연을 하거나 주최하여 참석함으로써 홍보하는 방법이다.

3. 홍보 유형

1) 사내 홍보

기업은 사내 홍보지를 통하여 호텔 및 외식업을 방문하는 고객에게 식음료 업장의 위치, 부대시설, 오락실, 연회장 등을 쉽게 찾을 수 있게 안내하고 있다. 특정장소는 사내 홍보물을 통하여 자유롭게 이용 가능한 편의성을 제공하게 된다. 특히 호텔고객을 대상으로 부대시설을 홍보하는 인쇄물이나 컴퓨터시스템(PMS : property manage-ment system)의 프로그램을 이용하여 시각적 서비스는 물론 실제 시설물을 이용할 수 있게 홍보하고 있다.

2) 직원 홍보

레스토랑을 경영하는 관리자들은 직원들의 만족도를 향상시키기 위하여 다양한 정책이나 프로그램을 활용하고 있다. 이들은 사보를 만들어 공공장소에 비치함으로써 고객이나 직원, 공급자 등에게 기업의 전반적인 이용시설과 비전, 사명 등을 알리고 있다. 최고 경영자의 철학과 나아갈 방향, 상품 및 혜택, 특별 프로그램 등을 제공하며, 직원 한 사람 한사람이 주인임을 심어주려 노력한다. 특히 새로운 계획을 기획하거나 아이디어 및 발전방안, 원가절감 등을 제안하였을 때 채택한 성과는 반드시 보상을 통하여 동기부여와 사기를 높여주고 있다. 이러한 만족감은 직원을 통한 고객만족을 강화하는 등의 효과를 나타낼 수 있기 때문이다.

3) 지역사회 홍보

기업의 사회적 역할에 따른 책임으로 지역의 상업적 유대관계 강화는 물론 다양한 모임을 통하여 공동체 역할을 수행하게 된다. 지방자치단체 내 공공기관, 즉 시청, 구청, 동사무소와 초 · 중 · 고등학교의 운영위원회, 녹색 어머니회, 부녀회, 새마을지도자 협의회, 바르게살기 협의회, 지역 YMCA, 로터리클럽 등에 참여하면서 지역사회의 일원으로 활동을 강화하여야 한다.

농협은 포도데이(8월 8일)를 앞두고 서울 용산역 광장에서 2011년 포도데이 행사을 진행하였다. 2008년부터 농협과 농림수산식품부, 생산자협회 등이 출하시기를 맞추어 포도 모양과 비슷한 8월 8일을 포도데이로 지정하였기 때문이다.

포도는 우리나라 5대 과일 중의 하나로 포도당과 과당, 비타민 A · B · B2 · C · D등이 풍부하여 피로회복과 신진대사를 원활히 하는 알칼리성 식품으로 인기가 높다. 생혈과 조혈작용으로 빈혈에 좋으며 바이러스 활동을 억제하여 충치를 예방하는 '레스베라트롤(resveratrol)'이라는 항암성분이 있어 암 억제에 효과가 높다.

생과일뿐 아니라 주스, 건포도, 포도주 등 다양한 형태로 소비된다. 하지만 효능을 제대로 알려고 하지 않으며 영양성분을 따져가면서 소비하는 고객들은 별로 없다. 이번행사는 포도의 품종과 브랜드 전시, 요리체험, 포도를 활용한 무대 레크리에이션 등 행사장을 찾는 소비자들에게 즐거움을 줄 뿐 아니라 생활 속의 포도 재발견의 기회를 제공한다. 뿐만 아니라 명당 찾기 등 남녀노소를 불문하고 즐길 수 있는 다양한 이벤트를 마련하였다.

최근 개그콘서트 '생활의 발견'팀인 송준근, 신보라, 김기리 씨를 홍보대사로 위촉하여 직접 포도를 나누어주는 행사를 하였다. 어린이와 외국인이 참여하는 농장체험과 지역별 대표 포도 및 품종 전시회, 국산 와인전시회 및 시음회, 각종 요리 시식, 시민과 함께하는 레크리에이션 등의 이벤트를 실시하였다. 매번 반복되는 집중호우나 침수, 일조량 부족 같은 부진한 작황은 생산농가의 어려움을 해소할 것으로 기대하며, 행사를 통하여 판매 활성화에 도움이 될 것으로 보고 있다.

4) 국내 · 외 홍보

국내 · 외 각종 행사에 대한 홍보는 TV, 신문, 라디오, 잡지, 학회, 협회, 지방자치단체 신문 등 다양한 매체를 통하여 기사화되고 있다.

예를 들어, 건국 이래 최대의 국가행사로 주목한 'G20 정상회의'에 의전차량을 제공하려는 기업의 물밑 경쟁은 뜨거웠다. 국내 · 외 자동차업체들은 G20 서울회의에 각국 수뇌들을 모시기 위하여 총력전을 펼쳤다. 업계와 준비위원회는 정상회의 차량 후원업체를 현대 에쿠스, 아우디A8, BMW 7시리즈, 크라이슬러 300C 등을 선정하였다. 안전성과 편의성을 내세워 국가수와 정부 요인이 타는 만큼 방탄사양은 기본이다. 세계적 방탄차를 생산하는 기업은 메르세데스-벤츠, BMW, 캐딜락 등 일부에 불과하다.

우리나라는 현대차가 작년 9월 에쿠스 리무진 방탄차를 청와대에 기증, 이명박 전 대통령이 사용하였다. 회의는 20개국 정상급 인사 35명이 참석하였다. 자국산 방탄차가 있는 정상들은 가급적 타국 차량을 타지 않는 관례에 따라 기존 의전차량을 그대로 쓸 예정이다. 오바마 대통령은 '괴물'이라는 별명의 의전차량 '캐딜락 원'을 가져온다. 자국 내 의전차량이 없는 정상이나 수행원들은 주최국이 마련한 의전차량을 타게 된다. 따라서 이러한 G20정상회의에 각 자동차 기업들은 자차의 우수한 성능을 선보여 브랜드 인지도를 높이고자 한다.

4. 홍보시 유의할 점

기업은 브랜드 및 상품을 홍보할 때 다음과 같은 유의점을 가지고 있다.

첫째, 전달하고자 하는 메시지는 사실적이면서 진실성을 가지고 있어야 한다. 특히 광고매체는 전파 속도가 빠르기 때문에 정직하지 못하거나 거짓기사로 판명 날 경우 걷잡을 수 없는 확장성이 있어 진정성을 보여주어야 있다.

둘째, 소비자단체, 정부, 지방정부, 학교 등의 질문 요청 시 즉각적인 응답과 정확한 정보를 제공하여야 한다.

셋째, 수치화한 인쇄자료는 정확한 정보제공으로 신뢰감을 줄 수 있어야 한다. 또한 자료의 출처 기록과 제공자의 인지도 등도 고려되어야 한다.

넷째, 홍보자료는 간결하면서도 과장되지 않으며 개인적인 주관이 들어가서는 안된다. 또한 그림이나 사진 등을 제시하면서 시각적 효과를 나타낼 수 있어야 한다.

다섯째, 홍보매체는 관련기관의 직원과 좋은 관계 속에서 전달될 수 있어야 한다. 적대적인 태도나 민감한 질문, 반발적인 용어선택 등은 냉담한 태도를 보여 홍보를 반감시킬 수 있다.

예를 들어, 3월 3일은 삼겹살 데이다. 3자가 두 번 겹치는 날로 좋아하는 사람들이 모여 삼(3)겹살을 먹자는 의미로 시작되었다. 각종 '데이(Day)'가 우후죽순처럼 생겨나면서 상술이다, 국적 없는 문화다 등의 비난의 목소리가 높지만 축산인들에게 도움이 되는 의미 있는 날이다(chosun.com, 2011.3.3).

삼겹살 데이는 2010부터 2011년까지 이어진 구제역 사태로 최악의 피해를 입었던 축산 농가를 살리자는 취지에서 시작되었다. 140만 마리가 넘는 가축이 살(殺)처분되었으며, 축산농가의 상당수가 무너져 내렸다. 급하게 묻은 가축 매몰지 침출수가 흘러 제2의 환경재앙이 현실화된 지역도 있다.

2002년 파주지방 구제역 피해에서 축산농가를 살리자는 의미로 3월 3일을 '삼겹살 데이'로 정하였다. 파주시 축산팀은 축협의 제안에 따라 삼겹살 마케팅을 확정하였다. 아이디어를 낸 사람은 조합 지원실 계장으로, 돼지고기 소비가 둔화되면서 재고 물량을 해결할 아이디어에서 시작되었다. 소비도 늘리고 젊은 사람까지 함께 즐기는 문화를 만들자는 취지에서 시작되었다.

2003년 3월 3일을 앞두고 마케팅 프로젝트가 완성되었다. 신문, 방송, 언론사에 보도자료를 제공하여 대대적인 홍보가 전개되었다. 이후 삼겹살 촉진에 기여한 공로로 농림축산식품부 장관상을 타는 등 격려도 받았다. '데이'가 지정된 후 대형 유통업체를 중심으로 판촉행사가 열렸다. 홈플러스의 한 지점은 삼겹살 데이 당일 100g을 950원에 파는 행사로 평일 대비 4배 이상의 매출을 올렸다. 하나로마트도 100g당 980원에 판매하여 3배 이상의 매출을 올렸다.

삼겹살을 파는 음식점에도 손님이 몰리며 11월 11일 '빼빼로데이' 다음으로 새로운 소비문화 트렌드로 자리 잡았다. 2011년 삼겹살 데이는 구제역 여파로 크게 침울한 분위기다. 예년 같으면 삼겹살 데이 행사로 호황을 누렸지만 올해는 구제역으로 돼지들이 30% 가까이 살처분 되어 행사하기가 어렵게 되었다. 여기에 유통업체들은 국내 돼지고기 물량을 대폭 줄이고 수입산을 대량 풀어 데이 분위기를 잇는다는 방침이다. 하지만 소비자들은 국내 축산농가를 돕고자 마련된 '삼겹살 데이'가 원래 취지와 달리 외국산 삼겹살로 점령되어 씁쓸하다는 반응이다.

제4절 | 인적판매

인적판매(personal selling)는 직원판매 또는 대면판매(face of face selling)라 한다. 고객이 점포를 내방한 후 직원들이 자사의 이익이나 기여도가 높은 메뉴를 권장할 때 사용하는 촉진방법이다. 음료 및 알코올성 음료는 고객의 필요와 이해, 설득으로 추가 매출액을 기대할 수 있다. 레스토랑의 직원들은 어떠한 촉진 방법보다 높은 고객의 신뢰에 역할을 하며, 직원 한사람이 권하는 상품은 품질을 결정하는 중요한 요소가 된다. 따라서 인적판매는 커뮤니케이션 수단으로 최고의 설득력을 가지는 전략이라 하겠다.

1. 직원판매의 중요성

직원판매는 업종에 따라 조금씩 다르게 역할이 수행된다. 개인적인 서비스 마인드는 물론 잠재된 수요를 자극하거나 설득하여 추가 주문을 유도할 수 있다. 이러한 상품의 권장은 매출로 나타나며, 개인별 서비스품질 차이가 되어 능력으로 평가된다. 한편 고객은 훌륭한 접객력을 가진 직원에게서 서비스받기를 원한다. 밀착된 서비스 과정에서 고객만족을 강화시킬 수 있으며 다양한 정보는 재방문을 촉진하거나 충성도를 향상시킬 수 있다. 직원들의 직무수행은 개인적 지식과 세일즈맨십(salesman-ship)을 가졌을 때 가능하며 이를 고취시켜 서비스정신을 향상시켜야 한다. 직원판매는 새로운 메뉴가 출시되었을 때 효과적이다. 음식의 기능성이나 식재료의 우수성, 희소성, 전문품 등 직원판매로 인하여 주문 시점에 상표 전환이 가능하기 때문이다.

1) 인적판매 특성

직원판매는 레스토랑의 물리적 시설 내 무형적인 분위기와 위생, 청결, 접객서비스 등을 통하여 품질을 결정한다. 직원들은 각자 주어진 직무를 수행하면서 매출액을 극대화 시킬 수 있는 마케팅활동을 실현하는 것이다. 다양한 메뉴품질을 바탕으로 효과적인 촉진활동을 전개할 수 있으며, 음식을 고객에게 제공한다는 측면에서 인적판매 그 이상의 촉진 노력을 기울여야 한다.

2) 직원역할

레스토랑 직원들은 자신의 지식과 경험을 바탕으로 전문적인 서비스를 제공하고자 노력한다. 그에 따라 매출액을 증가시킬 수 있다. 특히 외식점은 주문이 곧 매출로 이어지기 때문에 직원들은 추가주문을 위한 세일즈 정신을 가지고 있어야 한다. 이러한 매출은 동행인의 목적에 맞는 분위기와 음식의 품질, 식사속도, 양, 가격, 후식 등에서 결정된다.

이러한 직원역할은 다음과 같은 특징을 가지고 있다.

첫째, 직원들은 고객에게 메뉴를 주문받을 때 상품의 지식과 영양, 조리시간, 품질 특성 등을 설명할 수 있어야 한다.

둘째, 직원들은 원가 마인드와 이익 관점에서 접객태도를 가져야 한다.

셋째, 메뉴에 대한 평가와 고객동향 등 전반적인 분위기를 주목하며, 항상 수정할 수 있어야 한다.

넷째, 더 나은 서비스품질을 개발하기 위하여 노력해야 한다. 기업은 교육훈련을 통하여 개선시켜야 한다.

다섯째, 직원들의 업무는 점포를 대표하기 때문에 언제나 경영자의 입장에서 레스토랑을 대표한다는 마음가짐으로 수행되어야 한다.

3) 판매과정

직원들이 판매하는 상품은 여러 과정을 거쳐서 고객에게 전달된다. 준비단계에서부터 설득단계, 고객관리 단계로 구성된다.

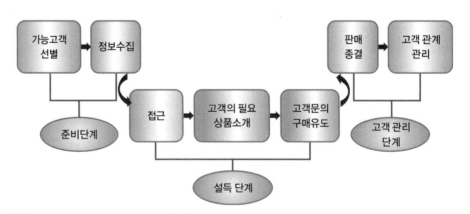

출처 : Philip Kotler & Gary Armstrong(2001). Principles of marketing, 9th ed., Prentice-Hall, Inc., p. 512

〈그림 8-3〉 직원 판매과정

(1) 준비단계

음식점을 방문할 가능성이 높은 고객을 사전에 탐지하여 준비하는 단계이다. 사전에 방문할 가능성이 높은 고객을 선별할 수 있다면 그들에게 유리한 혜택을 제공할 수 있다. 이는 쉬운 일이 아니지만 정교하면서도 정확한 예측에서 가능하다. 직원들은 고객의 동선을 파악하여 정보를 수집하는데 게을리해서는 안 된다. 따라서 레스토랑 직원들은 고객이 내방한 후 이루어지는 접객을 통하여 항상 관찰할 필요성이 있다. 이들을 점포 내로 끌어들이기 위한 방법은 다음과 같다.

첫째, 가능성 있는 고객을 항상 찾아야 한다. 일정지역 잠재고객이 자유롭게 방문할 수 있는 수요를 파악하여야 한다. 개인적 관찰이나 지인, 협력자, 메일, 신문, 제3자의 소개 등의 정보를 기록하여야 한다. 그렇게 함으로써 가망고객(prospecting)으로부터 소개받아 수요를 파악할 수도 있다. 즉 고객을 직접 확인하는 방법으로 콜드캔버싱법(cold canvassing)을 제시할 수 있다. 여기에는 원시적인 선별법으로 고객에 대한 사전조사 없이 특정 지역의 모두를 방문하는 것이다. 예를 들어 강남의 카페베네 커피점을 방문하여 원두 판매량을 확인하는 것과 같다.

둘째, 레스토랑을 방문한 고객이 주위 사람을 소개하고 소개받은 사람이 또 다른 사람을 소개하는 연쇄법(endless chain method)을 의미한다. 즉 첫 번째 고객으로부터 두 번째 고객을, 두 번째 고객에게 세 번째 고객으로 이어지는 방법이다. 이는 판매 구역을 따로 두지 않는 곳에서 널리 이용되는 방법이다.

셋째, 지역 내 영향력 있는 사람이 다른 사람을 소개하는 선도자 활용법(center of influencer method)을 제시할 수 있다. 영향력 있는 인사에게 접근하여 그의 영향력 아래에 있는 사람을 소개받는 방법이다. 선도자가 가능성을 판단해 주므로 수요를 정확하게 예측할 뿐 아니라 판매에 긍정적으로 작용할 수 있다.

넷째, 정부나 자치단체 등의 간행물을 이용하여 방문대상을 미리 사전에 파악하여 측정하는 2차 자료 이용법(usage of secondary data)이다. 예를 들어 건축 판매점에서는 구청에 특정기간 동안 발급된 건축허가 내역을 검토함으로써 가망고객을 어렵지 않게 찾을 수 있다. 따라서 경쟁자의 고객, 옛날 고객 등을 점검하는 방법으로 활용되기도 한다.

(2) 설득단계

방문고객에게 새로운 메뉴를 소개하거나 설득하여 추가주문 등을 받을 수 있는 단계이다.

첫째, 방문고객이 주문하기까지 세심한 주의를 필요로 한다. 때론 분위기상 추가 메뉴를 주문 받기가 힘이 들 때도 있다. 하지만 식사하는 과정에서 부족분을 채워주거나 친절한 접객태도를 보여줌으로써 호의적으로 전환시킬 수 있다. 특히 호기심을 자극하여 관심을 유도함으로써 추가매출을 가능하게 한다.

둘째, 고객의 대화에 자연스럽게 참여할 수 있다. 오늘의 메인요리, 동행인에 맞는 메뉴소개, 특별한 이벤트, 식사 후 볼거리 안내, 주위경관 등을 소개할 수 있다. 이러한 상호관계는 개인적인 지식과 예의, 인성, 세일즈 정신 등에서 이루어질 수 있다.

셋째, 고객의 반응정도에 따라 서비스품질의 수준과 질을 다르게 제공할 수 있다. 고객을 설득할 수 있는 단계는 직원들의 직무능력을 통하여 가능하다.

(3) 고객관계 관리

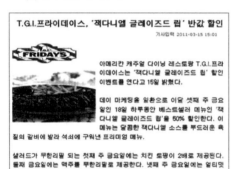

출처 : TGI Fridays 홍보부

직원은 고객 식사가 끝나면 계산을 도와주어야 한다. 정산하는 과정과 레스토랑을 벗어날 때 만족감을 느낄 수 있도록 항상 배웅하는 자세를 가져야 한다. 고객은 음식을 잘 먹고 업장을 벗어나는 그 순간까지 레스토랑을 평가한다는 것이다. 따라서 따뜻한 인사 한마디에 만족감을 극대화 할 수 있으며, 거래를 종결한 후 담당 직원의 태도는 이미지 형성에 영향을 미친다. 이러한 행동은 단골고객의 확보와 재방문을 결정하는 촉진수단이 된다.

유통회사마다 '데이 마케팅'을 경쟁적으로 실시하여 고객관계를 강화하고 있다. 회사원 백효은(34)씨는 매월 가족과 함께 패밀리레스토랑을 찾는다. 점포의 할인행사 날짜를 수첩에 적어 매장을 찾는 사람들이 늘어나고 있다. 업계는 브랜드 및 제품 특성과 연관된 날짜를 결합하여 '데이(day) 마케팅'을 실시한다. 특정 날짜에 무제한 제공하거나 할인 판매하는 방법으로 고객의 관심을 끌고 있다.

T.G.I는 금요일에 제품별 무한리필 서비스를 제공한다. 매달 첫째 주 금요일에는 샐러드 주문 시 양상추, 파프리카, 로메인 등 신선한 채소를 무제한 제공하는 '샐러드 데이'이다. 둘째 주 금요일은 맥주 애호가를 위한 '비어 데이'로 한 잔 값(4,000원)에 맘껏 즐길 수 있다. 판매량은 평소보다 7배 정도 늘었다는 소식이다.

파리바게뜨는 매월 13일을 '브레드(bread) 데이'로 정하였다. 13이라는 숫자가 빵의 영문 첫 글자와 비슷하고, 이를 왼쪽으로 돌려보면 빵 모양을 연상시킨다는 것이다. 식빵의 18종류 가격을 20% 낮춰 판매하는 행사도 같이 시행한다.

배스킨라빈스는 브랜드 로고에 들어가는 숫자 '31'을 활용하여 31일마다 아이스크림을 사는 고객에게 싱글레귤러(115g) 사이즈를 더블주니어(150g)로 올려 제공한다. 업계에서 실시하는 데이 마케팅은 계속적으로 매출 증가와 충성 고객을 확보할 수 있는 전략으로 활용된다(조선일보, 2010.12.2).

2. 직원능력 향상과 교육훈련

외식기업 특성상 직원에 의하여 조리가 생산되고 직원에 의하여 메뉴가 서빙된다. 이러한 직원들은 물리적 시설 내 고객과의 대면을 통하여 상호작용하게 된다. 아무리 훌륭한 음식이라도 제공하는 직원의 접객태도가 문제가 있다면 성공적인 만족을 기대하기 어렵다. 기업에서 제공하는 직원의 능력과 자질은 개인마다 차이가 있기 때문에 우수한 직원을 선발하는 것이 중요하다.

직무에 맞는 직원을 선발하여도 계속적으로 잘할 수는 없다. 정기적인 교육을 통하여 훈련하여야 하며 성과를 내는 직원들은 공개적으로 칭찬하거나 보상을 해줌으로써 만족도를 높여 업무를 효율적으로 처리할 수 있다.

1) 레스토랑 직원의 능력

주방에서 맛있는 음식을 조리하여 제공하여도 서빙직원이 고객에게 잘못 전달하면 음식의 맛과 레스토랑의 이미지는 실추되어 원하는 성과를 얻기가 힘들다. 이러한 업무는 사람이 하기 때문에 능력 있는 직원을 채용하는 것은 기업의 영원한 과제이다. 따라서 직원교육으로 훌륭한 인재를 양성할 필요성이 있다. 개인적인 능력과 자질에 따라 접객 태도는 차이가 있으므로 전문적인 서비스능력을 향상시켜야 한다.

레스토랑의 유능한 직원을 선발하는 것은 개인의 능력과 개성, 특성, 세일즈능력 등 자질에서 차이가 있다. 유능한 직원이란 다음과 같은 사람을 의미한다.

첫째, 고객과의 감정이입(empathy)을 느끼는 순발력을 가진 사람이다. 이러한 직원은 직무 중에 일어날 수 있는 상황을 센스 있게 해결함으로써 개별 고객에게 친근감을 줄 수 있다.

둘째, 직무를 수행하는 직원의 강력한 목표의식과 성공하겠다는 굳은 결심을 바탕으로 인생을 설계하는 사람이다. 항상 업무에 긍정적인 생각과 행동으로 학습하는 태도를 보임으로써 스스로 자아동인(self drive)을 가지는 직원이다.

셋째, 접객직원의 업무는 사회, 경제, 문화, 환경적인 특성에 따라 고객과의 상호작용에서 이를 이해하여야 한다. 특히 고객이 공감할 수 있는 접객력은 신뢰성 회복에서 가능하게 된다.

2) 교육훈련

음식과 음료를 판매하는 부서 직원들은 전문적인 지식을 가지고 업무에 종사하여야 한다. 현장의 직원은 기업을 대표하기 때문에 접객활동에 필요한 지식을 습득하여 올바른 태도를 가져야 한다. 항상 성실하며 적극적인 학습자로서 자세를 가져야 한다. 기업의 경험이 많은 직원을 선호하는 것은 그들로 하여금 달성할 수 있는 고객만족과 매출액, 이익이 크기 때문이다. 따라서 성공적인 역할을 수행하는 데 필요한 직원교육이 선행되어야 한다.

직원들을 교육하는 방법에는 그 목적과 대상에 따라 강의, 협회, 통신, 현장, 사례연구 등이 있다. 기업에서 시행하는 교육방법은 직무에 맞는 역할연기와 감성훈련, VTR 이용, 직원들의 성공사례 등으로 교육할 수 있다. 기업을 대표하는 직원들은 스스로 주인의식을 가져야 하며 전문적인 교육을 통하여 업무 능률을 향상시킬 수 있어야 한다.

3) 직원 성과와 보상

조직이 목표로 하는 성과를 달성하였을 때 보상할 수 있는 급여 외 금전적 수당이나 휴가, 승진, 인센티브, 근무환경의 개선과 직원 복지 등을 들 수 있다. 이러한 보상은 모두가 누릴 수 있는 혜택으로 근무의욕을 고취하거나 동기부여, 조직 분위기 쇄신 등의 차원에서 성과를 나타낼 수 있다. 기업은 직원만족을 통하여 그들의 능력을 충분히 발휘할 수 있도록 하여야 한다. 성과에 대한 평가는 목표 달성을 위한 직원 활동을 계획하고 조직화하여 수행되어야 한다. 이를 검증하는 것은 효율성을 향상시키는 것으로 이를 숫자로 측정할 수 있는 원가절감과 지출비용 절감 등으로 평가할 수 있다.

또한 접객과정의 문제점을 개선하거나 수요예측, 신규고객 확보차원에서 참고자료가 될 수 있으며, 조직 구성원들이 새로운 계획을 설계할 때 이용될 수 있다. 레스토랑 직원들의 성공적인 서비스접객 사례는 후배들의 중요한 교육 자료로 활용된다.

최근 삼성전자에서 직원들에게 성과급으로 7천 억 원이 지급된다는 뉴스가 화재이다. 직원들에게 높은 성과급의 보상은 아무리 많이 주어도 지나치지 않다. 즉 이익금의 일부를 나누어주는 것으로 회사에는 결코 손해를 보지 않는 제도이다. 그렇다면 직원보상에는 어떤 것이 있을까?

첫째, 금전적 보상이다. GE의 전 회장인 잭 웰치는 어느 이사회에서 한 이사가 "나는 돈을 위하여 일하지 않는다"는 말을 하자 "말도 안 되는 소리 집어치우라"고 일갈했다는 일화가 유명하다. 솔직히 어떠한 화려한 이유를 대더라도 돈이 전제되지 않으면 아무런 의미가 없다. 기업의 직원들은 자선단체에 일하는 것도 교회에 다니는 것도 아니다. 기업이 가능한 많은 보상을 하여 직장생활을 하는 사람에게 부끄럽지 않을 정도로 성과의 보상체계를 가질 수 있다면 그 회사는 당연히 발전하게 될 것이다. 월급을 의미하는 것이 아니라 성과에 대한 별도의 보상을 의미한다. 성과급은 줄수도 있지만 못 줄 수도 있다. 따라서 뭐니 뭐니 하여도 머니가 제일이듯이 최고의 보상은 현금이다.

두 번째는 명예이다. "칭찬은 고래도 춤추게 한다"는 말처럼 칭찬은 여러 사람 앞에서 하고 질책은 단둘이서 하라는 말이 있다. 성과가 높은 사람은 명예롭게 만들어 주어야 한다. 여러 가지의 방법을 동원하여 이번 달 최우수 직원, 분기의 최우수 직원, 00년도 최우수 직원 등을 선발하여 칭찬과 보상, 격려를 해주어야 한다. 즉 잘한 사람은 높여주고 칭찬하는 분위기를 만들어주는 것이 중요하다, 때론 질투하여 오히려 왕따시키는 분위기로 몰아가면 조직은 절대로 발전할 수 없다. 즉 유능한 인재는 떠나면서 무능한 사람이 조직을 집권하게 된다.

셋째는 가족의 보상이다. 회사에서 전액의 비용을 지불하는 해외 가족여행은 직원들에게 가장 의미 있는 선물이 될 수 있다. 말레이시아 코타키나발루, 하와이, 몰디브 등 가족을 동반한 해외 단체여행은 직원들의 호응도가 매우 높다. 한편 토, 일요일을 묶어서 보내면 목, 금 이틀은 연차를 사용하게 함으로써 회사입장에서는 연차수당의 절감으로 비용을 약간 절약할 수 있다.

제5절 | 판매촉진

1. 판매촉진의 개념과 특징

1) 판매촉진의 개념

판매촉진(sales promotion)이란 표적고객의 구매를 자극하기 위하여 상품, 서비스, 용역 등에 따른 정보를 제공하고 고객을 유인하는 정책이다. 외식기업은 메뉴 및 서비스 상품판매를 촉진시키는 수단으로 사용된다. 이는 즉각적인 반응을 유발시켜 짧은 시간 고객의 선택에 영향을 미치는 촉진방법이라 하겠다.

고객은 레스토랑을 결정할 때 점포나 메뉴를 미리 정하여 방문하는 경우가 많다. 한편 영업장을 방문한 후 이용목적과 동행인에 맞게 주문하기도 한다. 자신이 선택한 메뉴는 평소에 경험한 지식과 광고, 구전 등에서 노출된 정보에 따라 전환하기도 한다. 외식이 대중화된 시점에 다양한 매체를 통하여 제공되는 기업정보는 구매행동을 촉진시킬 뿐 아니라 매출증가에도 직접적으로 영향을 미친다.

일반적으로 레스토랑 경영에서 널리 이용되는 견본메뉴(sample menu), 구매시점 광고(POP : point of purchase), 페이징 메뉴, 특선메뉴, 직원추천 등을 중심으로 제시된다.

2) 판매촉진의 특징

판매촉진은 고객의 주의(attention)를 끌어 구매행동을 유발하거나 결정하는데 도움을 주는 역할을 한다. 점포를 방문함으로써 고객이 얻을 수 있는 혜택과 부가적 서비스차원에서 음식의 맛과 양, 할인, 무료서비스, 우수한 접객력, 방문 목적에 맞는 시설과 분위기, 음악, 향기, 조명, 소음 등은 자연스럽게 구매를 촉진시키는 역할을 하게 된다. 이러한 요소는 위험지각을 줄여 안심하게 선택할 수 있게 하며, 음식과 음료를 섭취함으로써 우수품질로 인식하게 할 수 있다.

시장규모가 커질수록 고객이 얻는 정보는 다양해지며, 판매촉진의 유형과 경쟁자들은 늘어나게 된다. 이와 같이 단골고객을 자사의 고객으로 묶어 둘 방법은 어렵겠지만 일반적으로 할인가를 제시하거나 시식권, 초대권 등 이벤트를 실시하여 촉진전략을 추진하고 있다.

2. 판매촉진방법

판매촉진은 대상과 시점, 상황에 따라 다르게 전략을 구사하여야 한다. 기업 마케터들은 촉진방법을 결정하기 전에 점포와 메뉴의 특성을 고려하여야 한다. 표적 대상에 맞는 입지의 규모, 이용 빈도, 동행인 등 경쟁사와 시장상황에 따른 고객가치를 제공할 수 있어야 한다. 이와 같이 구매를 자극하거나 환기시키는 커뮤니케이션 수단으로 판매촉진은 다음과 같이 이루어지고 있다.

1) 메뉴 견본(sample)

메뉴의 견본은 고객이 점포를 방문할 때 또는 메뉴를 선택하기 전에 눈으로 직접 볼 수 있게 진열해 놓은 음식이다. 일반적으로 견본 메뉴를 통하여 실물을 미리 보여줌으로써 고객에게 신속한 선택과 요리의 확신을 심어줄 수 있다. 직접 보면서 느끼는 이미지는 메뉴에 대한 신뢰성과 긍정성을 확산시킬 수 있다. 기업에서 적극적으로 권장하는 특정 메뉴는 대량으로 조리함으로써 인력 및 식재료비용을 줄여 효율적으로 경영할 수 있는 촉진 전략이 된다.

견본품은 패밀리레스토랑이나 패스트푸드, 학교, 병원, 관공서, 기업, 백화점의 먹거리 촌 등에서 효과적으로 활용되고 있다. 새로운 메뉴나 견본품의 이용은 상황에 맞게 활용되는데 문제점이나 제안사항, 개선사항 등의 평가는 벽보나 방명록을 만들어 즉각적으로 고객의 반응을 살펴 반영하고 있다.

2) POP(point of purchase) 광고

구매시점 광고는 영업장의 입구, 점내 벽보 등 고객에게 직접 정보를 제공할 목적으로 선택행동을 도와주는 각종 광고와 진열형태를 의미한다. 광고방법으로는 실외 간판, 유리창의 선팅지 사진과 메뉴안내, 벽면의 메뉴화보, 신 메뉴 포스트 등 주문시점의 구매행동을 유발시켜 충동구매를 가능하게 한다. 또한 구매시점의 촉진 전략에 따라 상품 선택을 용이하게 할 수 있다.

3) 현수막

외식업에서 가장 빈번하게 사용하는 촉진방법으로 개점 전이나 임대 후 현수막을 설치하여 미리 점포를 안내하고 있다. 개인 창업이나 소규모 프랜차이즈 기업들은 미리 현수막을 설치하여 홍보하지만 기업형 점포들은 외부에서 볼 수 없는 막음장치로 업종의 상징성이나 자연환경의 그림을 그려 넣어 궁금증을 유발하기도 한다.

각종 행사의 홍보수단으로 이용되며, 개업주년, 어버이날, 어린이날 등 기념일에 대한 할인행사, 크리스마스 및 연말연시 단체고객을 끌어들이는 촉진방법으로 이용된다. 적은 비용으로 단기간 효과를 낼 수 있으나, 불법 적치물에 대한 관청의 행정규제로 곧바로 철거되기도 한다. 때론 설치 후 관리소홀로 찢어지거나 부주의로 도시 미관을 흐리는 등 때론 흉물로 방치되어 나쁜 이미지를 심어 줄 수 있다. 따라서 지정된 게시대를 통하여 관할관청에 허가를 취득한 후 일정기간 게시하여 홍보하고 있다.

4) 경품(premium or gift)

특정 행사 고객이나 협회, 방송매체, 관공서 등 기업의 상품권, 식사권, 금액권을 제공하여 협찬함으로써 브랜드 이미지 향상과 소비를 촉진시키는 전략이다. 최근 외식경영학회 및 관광호텔학회 등 관련 학회를 통하여 식사권을 찬조함으로써 기업 인지도는 물론 외식업을 연구하는 학생들에게 훌륭한 교육사례로 활용된다. 홍보에 대한 브랜드 상승과 긍정적 이미지로 구전하게 한다는 점이다. 하지만 일부 접객 직원의 소통부족으로 차별적 느낌을 받을 수 있으며, 이는 정서적으로 나쁜 감정의 결과를 가질 수 있다. 즉 협찬한 상품권을 미리 제시하기를 요구하거나 음식의 질이 달라 불편한 감정을 가지게 하여 부정적 이미지를 나타내고 있다.

GS샵은 '남아공, 심육(16)강, 한국승씨(氏)를 찾습니다'라는 이벤트를 진행하였다. 월드컵과 관련하여 본인이나 지인 이름을 응원 메시지와 함께 기업 블로그에 올린 고객을 대상으로 티셔츠 등 경품을 제공하는 행사이다. 월드컵을 명시하지는 않았지만 누가 봐도 월드컵을 떠올리게 한다. 이벤트 시작한 후 누적 방문자 수가 7,300여 명에 달한다는 소식이다(조선일보, 2010.6.15). 월드컵을 활용하는 '앰부시(ambush·매복)' 마케팅은 갈수록 교묘해지고 있다. 월드컵 및 올림픽의 공식 후원업체가 아니면서도 광고문구 등을 통해 이를 활용하고 있다. '월드컵, FIFA'의 명칭이나 로고, 대표팀 유니폼 등을 함부로 쓸 수 없다. 하지만 교묘하게 규제를 피하면서 마케팅 수단으로 활용하고 있다.

롯데는 한국 대표팀이 한 골을 넣을 때마다 1억 원 상당의 상품권을 지급하는 이벤트를 진행하였다. 월드컵이라는 단어는 쓰지 않았으나 1골 1억! 2골 2억!… '한국 축구가 골을 넣을 때마다'라는 표현으로 이벤트를 알리고 있다. GS와 질레트는 박지성을 광고 모델로 기용하였다. 페르노리카 코리아는 '임페리얼15 박지성 리미티드 에디션'을 내놓았다. 훼미리마트는 이청용과 계약을 맺어 김밥과 도시락을 팔고 있다. 유한 킴벌리는 월드컵을 맞아 기저귀 제품 하기스 매직팬티 '사커(soccer)'를 한정판으로 출시하였다. 이런 앰부시 마케팅에 대하여 무임승차라는 비판도 있지만 축제를 함께 공유한다는 주장으로 엇갈린 반응을 나타내고 있다. 이용 고객의 불편함 없이 사용할 수 있는 앰부시 마케팅은 기업이 시행할 때 얌체광고로 부정적 이미지를 심어줄 수 있지만 그에 따른 긍정적 효과는 크다 하겠다.

5) 쿠폰(coupon)

고객이 특정업소를 방문하여 구매할 때 제시하면 명시된 할인혜택을 받을 수 있도록 하는 증명서이다. 쿠폰은 우편이나 신문, 잡지, 행사 전단지, 제품의 포장면 등 인쇄물을 통하여 제공된다. 새로운 제품을 소개하거나 재고상품, 기존상품의 사용빈도 등을 증대시키기 위하여 기한을 한정함으로써 가격인하에 민감한 고객을 끌어 들일 수 있다. 기간 외 또는 다른 품목을 구매하는 고객은 정규가격을 적용함으로써 할인 쿠폰 등 낮은 가격의 부정적 이미지를 해소할 수 있다.

6) 단골고객

외식기업마다 단골고객을 만들기 위하여 노력하고 있다. 이들에게 제공하는 보상 방법은 다양하다. 전통적으로 쿠폰(딱지)을 방문 횟수만큼 붙여 일정한 그림이 완성되면 사은품을 증정하거나 현금할인, 일정매출 이상의 사은품 증정, 10회 방문시 1회 공짜, 가족 방문시 음료 및 와인 무료제공 등 기업마다 독특한 차별화 방법으로 촉진 전략을 추진하면서 단골 고객을 늘리려고 노력한다. 이러한 촉진 전략은 이용목적과 점포상황, 고객특성 등에 따라 달라질 수 있기 때문에 레스토랑에서 추구하는 목적과 지향성을 바탕으로 다양하게 시행할 수 있다. 따라서 단골고객은 매출증대는 물론 점포 이미지를 향상시키는 소중한 자산이 된다.

최근 예비 창업자들이 선호하는 소자본 창업의 아이템을 꼽는다면 치킨 호프 전문 점일 것이다. 하지만 옛날의 통닭 맛을 고수하면서 단골손님의 재방문율을 높이는 치킨점이 있다(스포츠 한국, 2013.5.29). 일반적으로 치킨창업은 수요층이 넓고, 홀과 포장, 배달까지 3박자가 모두 가능한 팔방미인의 아이템으로 알려져 있다. 수많은 치킨 프랜차이즈 점포들이 체계적인 가맹점 관리와 본사 지원을 바탕으로 각각의 사업을 전개하고 있다. 이렇다 보니 본사를 비롯하여 가맹점 간의 경쟁이 어느 때보다 치열하다. 이러한 불황 속에서 핫이슈가 되는 '복고'이미지와 잘 어울리는 치킨 아이템을 보유하여 많은 소비자층을 확보하고 있다.

1977년 설립 후 37년 동안 원조 통닭의 맛을 고수해온 "오늘 통닭"은 닭의 육즙을 유지시킬 수 있도록 통째로 닭을 튀기는 비법을 사용하고 있다. 추억의 맛을 고집하면서도 인테리어를 세련된 현대식으로 바꾸어 단골 고객 확보와 다양한 연령층으로부터 인기를 얻고 있다. 창업주 손영순 대표(64)는 "36년 전 단골이 지금도 단골이라면서, 노란 봉투에 김을 모락모락 피우며 아버지가 월급날 사 오셨던 그 통닭이 그립다며 '오늘통닭'을 꼭 먹어볼 것"이라고 자신하였다. 이 업체는 2009년부터 프랜차이즈 사업을 시작하여 현재 서울과 대전지역에 약 40여 개의 가맹점을 운영하며, 2012년 대전 관평점은 일 매출 200만 원을 돌파하는 등 전국적으로 인기를 끌고 있다는 소식이다.

CHAPTER 9

유통전략

조금 아는 사람은 대부분 말을 많이 하지만 많이 아는 사람은 말을 조금 한다.
– 루소(에밀 교육론에서)

유통전략

9

행동으로 옮겨지지 않는 생각은 대수롭지 않은 것이고, 생각에서 비롯되지 않은 행동은 전혀 아무것도 아니다.
- G. 베르나노스(수필집에서)

제1절 | 유통

1. 유통의 의의와 특징

1) 유통시스템의 의의

유통은 상품 및 화폐, 유가증권 등 생산자에서 소비자까지 전달하는 과정으로 상품과 서비스 품질이 이전되는 과정에 개입되는 경로를 의미한다. 즉 개인과 조직 간 상호 의존적인 관계의 물류 흐름으로 생산기업에서 소비자에게 전달되는 안전한 경로과정의 유통을 의미한다. 따라서 상품의 가치와 혜택을 추가하여 시장의 경제 질서를 확립하는 유통에 의의를 두고 있다. 그러므로 유통경로 시스템이 존재하지 않으면 생산과 소비의 순환이 어렵게 될 수 있다.

예를 들어 시장에는 상품이 가득하다. 상인들은 생산자를 대신하여 소비자에게 상품과 서비스, 용역을 발생하여 거래의 교환을 창출하게 된다. 이를 통하여 재화를 발생시킨다. 경제적인 생활을 영위하고자 하는 현대인들에게 매매가 이루어지는 공간은 중요한 역할을 한다. 즉 생산자가 물건을 열심히 만들어도 판매할 수 있는 장소와 공간, 판매자가 없으면 거래가 이루어질 수 없다. 이와 같이 교환과정에서 이익과 손실이 발생하며 시장은 수요에 맞추어 가격은 결정된다. 여기에는 직접적인 생산자와 판매자에게 전달하는 운송인, 택배, 창고업자, 정보를 안내해주는 광고인, 중개인 등을 포함하고 있다.

인터넷을 활용한 쇼핑과 홈쇼핑 등은 유통시장을 확 바꾸어 놓았다. 물건을 직접 보관하였다가 판매하는 매장관리가 필요 없을 뿐 아니라 생산자와 소비자를 직접 연결하므로 유통과정에서 발생하는 비용을 절약할 수 있다. 또한 구매와 반품이 쉽기 때문에 빠른 속도로 성장하고 있다. 이러한 편리함으로 온라인 쇼핑 중독까지 생겨 사회적 문제로 대두된다.

외식기업의 유통은 입지의 장소적인 측면과 공급자에게 물품을 공급받고 소비하는 측면까지 포함한다. 특정 메뉴를 판매하는 거리, 즉 위치와 시간차원으로 분류할 수 있다.

예를 들어, 고객에게 상품을 전달하는 오프라인 거래인 도매상, 소매상과 TV 홈쇼핑, 인터넷 쇼핑몰, 기업과 고객, 고객과 고객 간의 온라인 관계 등으로 나눌 수 있다. 생산기업의 상품은 유통형태에 따라 판매가 이루어지기 때문에 고객을 끌어들일 수 있는 흡입력은 상호 전달과정의 장소적 공간(space)에서 차이가 날 수 있다.

레스토랑의 메뉴상품은 표적고객의 욕구를 충족시켜 주는 촉진방법으로 개별 영업장을 통하여 접근을 용이하게 하는 유통경로(channel of distribution)를 의미한다. 메뉴는 전달과정의 촉진 전략과 유통시스템 차원으로 나누어진다.

음식은 일반 상품과 다르기 때문에 특정 고객이 점포를 방문하여 요리의 주문과 동시에 생산이 이루어진다. 즉 요리사에 의하여 생산된 메뉴는 서빙되어 고객이 소비하는 전달과정의 상호작용을 통하여 평가받게 된다. 따라서 접객과정의 직원 능력은 유통과정의 품질이 되며, 물류흐름의 촉진수단이 될 수 있다.

2) 유통시스템의 특징

레스토랑에서 유통경로가 중요한 이유는 사람에 의하여 생산되고 사람에 의하여 전달되어 소비되기 때문이다. 이러한 경로는 판매자 입장의 매뉴얼과 소비자 입장의 경영관리 측면에서 다음과 같은 특징을 가지고 있다.

(1) 판매자 측면의 유통경로

첫째, 레스토랑의 메뉴상품은 주문과 동시에 생산되어 곧바로 고객에 의하여 소비된다. 이러한 서비스품질은 개별 직원의 능력과 매뉴얼, 시스템 등에서 맛과 가격, 분위기 등 차이가 발생된다. 이와 같이 접객 직원의 용모, 언어, 지식, 정보 등 품질에 따라 효율성을 극대화할 수 있다.

둘째, 레스토랑의 메뉴상품은 유형적인 물리적 시설과 무형의 직원 접객력으로 이루어지기 때문에 일관된 품질을 유지하기 어렵다. 요리사에 의하여 조리가 이루어지는 과정뿐 아니라 똑같은 메뉴라도 개별 업장마다 조금씩 다른 식재료의 특징으로 동일한 메뉴라도 그 맛과 품질에는 차이가 있다. 따라서 유통과정은 판매자 능력에 따라 고객이 느끼는 상품 가치는 다르다 하겠다.

(2) 소비자 입장의 유통경로

첫째, 소비자 입장에서 도매상, 소매상은 개별기업이 보유할 수 있는 저장 공간의 한계나 식자재 구매의 경제성을 따지는 촉진수단이 된다. 기업의 물류 흐름은 소비자 입장에서 가격을 결정하는 기준이 되며, 이러한 경로를 어떻게 관리 하느냐에 따라 경쟁력을 가질 수 있다.

둘째, 외식기업 특성상 식재료의 부패성은 냉장, 냉동시설의 보관 한계로 물류시스템회사의 공간을 활용하여야 한다. 특히 프랜차이즈 기업일수록 대량매입에 따른 저장창고의 이용 필요성과 원활한 거래관계를 위하여 지출비용을 줄일 수 있는 유통경로를 필요로 한다.

셋째, 중간상들은 레스토랑을 경영하는데 필요한 식재료의 구색과 배송 등 즉각적인 수송력을 제공하여야 한다. 개별 점포가 구매하는데 필요한 시간과 비용 측면에서 효율성을 따지며 재고부담의 비용을 줄일 수 있다.

넷째, 개별 경영능력에 따른 정보와 현금능력은 경쟁력이 된다. 생산 기업이나 유통 상들은 상호 간의 이해관계에서 푸시전략(push strategy)을 실시하여 상호 간의 이익을 실현하고 있다. 이를 적절히 활용함으로써 경쟁우위를 가질 수 있다. 이러한 관계는 판매량이나 수금능력, 개인적인 친분 등에 따라 차이를 가지지만, 좋은 제품을 저렴하게 구입하는 것은 경쟁력이 된다. 하지만 소비자 입장에서는 개별 점포만 좋은 일로 인식될 수 있다.

다섯째, 생산기업과 공급자, 유통 도매상으로부터 현재의 물류흐름과 트렌드, 경쟁사의 아이디어 등 정보를 얻을 수 있다. 이러한 정보는 시장흐름과 고객 욕구를 파악하는데 효과적일 뿐 아니라 새로운 메뉴상품을 생산하는데 필요한 자료로 활용된다. 이와 같이 저마다 다른 유통경로를 활용하여 추진하는 개별기업의 경영전략은 물류흐름상 소비자에게 유리한 구조로 되어 있다. 따라서 소비자입장을 대변하는 가치와 혜택 차원에서 유통단계는 계속적으로 개선되어 그 비용을 줄일 수 있어야 한다.

(3) 새로운 유통시장의 등장

상품의 서비스가 생산자로부터 소비자에게 판매되어 전달되는 과정에서 일어나는 모든 활동으로 소비자를 만족시키면서 최대한의 이익을 창출하는 기업의 경제 활동이다. 이러한 목적은 소비자를 만족시키는 데 있으며, 불만을 해소하면서도 편리하고 즐겁게 구매할 수 있도록 하는 방법이 무엇인지 늘 고심하여야 한다. 새로운 유통시장에 따른 전략이 성공하려면 시장의 수요를 파악하여 상품을 제공하는 것으로 광고 및 선전, 홍보, 판매촉진 활동을 통하여 이루어질 수 있다. 이러한 과정을 통하여 고객은 왕처럼 대접받게 된다.

첫째 대형마트들의 등장이다. 소비자가 원하는 상품을 모두 살 수 있을 만큼 다양한 종류와 싼 가격, 넓은 매장에 편리한 주차시설로 고객을 끌어들이고 있다. 교통의 발달로 생산지에서 많은 양을 신속하게 운반해 올 수 있으며, 냉장 및 냉동업의 발달로 소비자에게 생산지와 똑 같은 수준의 신선한 농수산물을 공급하고 있다. 이러한 유통시장은 식당이나 영화관 등 문화복합 공간으로도 함께 운영되고 있다. 오늘날과 같이 대량 생산과 대량 소비의 시대에서 재래식으로 운영되는 유통경로에서는 비효율적이기 때문에 쇠퇴할 수밖에 없는 현실이 되고 있다.

둘째, 셀프 서비스로 운영되는 슈퍼마켓의 등장이다. 슈퍼마켓은 작은 규모로 운영되어 일상적인 생활필수품을 소비자의 입맛에 맞게 포장하여 공급하면서 언제 어디서나 구매할 수 있는 장점이 있다. 이들은 셀프 서비스 방식을 취하면서 전국적인 점포로 체인화 하여 소비자의 요구에 부응하는 상품개발로 각 점포에 공급하여 판매하고 있다. 최근에는 24시간 편의점이 늘어나면서 동네 슈퍼마켓이 점점 어려워지는 현상을 나타내고 있다.

셋째, 같은 상호를 사용하고 같은 상품을 판매하여 브랜드화 할 수 있다. 프랜차이즈 시스템으로 음식점을 비롯하여 커피전문점, 미용실, 생활용품 등 점점 품목이 다양해지고 있다. 그렇다면 백화점에 가면 왜 창문이 없을까? 한마디로 말하면 소비자들이 시간을 잊고 쇼핑에 빠져들게 하기 위해서이다. 초기의 백화점은 창문이 있었다. 그런데 주부들이 쇼핑을 하다가 창밖을 보면서 "어머, 어두워졌네. 저녁 할 시간이다" 하고 서둘러 가더라는 것이다. 이러한 결과는 미국의 한 대형백화점에서 창문을 없앤 후 분석한 결과이다. 매출이 10% 이상 증가하였으며, 고객들이 시간을 잊고 매장의 분위기와 주위 구매환경에 적응하면서 편안하게 쇼핑한다는 것이다. 현재 대부분의 백화점은 창문을 찾아볼 수 없다. 또한 에스컬레이터가 벽 쪽에 있는 것보다 매장의 중앙에 있어 오르내릴 때 한눈으로 전체매장을 쇼핑하므로 매출이 증가한다는 사실을 발견하였다.

넷째, 그때그때 달라지는 유통환경이다. 소비자에게 맞추어진 환경으로 고객과 1 : 1로 상담하여 원하는 상품의 유형과 취향 등 모든 정보를 컴퓨터에 축적하고 있다. 그들의 요구와 기호에 부합하는 서비스를 제공하는 판매기법을 데이터베이스 하여 개별 고객에게 맞춤식으로 적용하고 있다. 한편 농민과 직접 계약하여 먹을거리를 주문하거나 생산하여 판매하는 일도 한다. 여행사에서 여행객의 취미와 경험, 경비 등을 고려하여 최적의 여행지를 안내하는 서비스를 제공하듯이 학원에서는 학생들의 학업성취 능력에 따라 가장 알맞은 교육 프로그램을 제공하고 있다. 건강을 중시하는 현대인들에게 개인의 특성에 맞는 운동과 식단 등을 체크하여 관리해 주고 있다. 이들은 상담을 통하여 개인의 취향에 맞는 상품안내와 정보, 서비스를 적절하게 제공하면서 고객과의 신뢰를 쌓고 있다. 따라서 구매에 따른 잠재력이 큰 고객을 집중적으로 공략함으로써 효과적인 마케팅 촉진 전략을 추진할 수 있다.

다섯째, 입으로 전달하는 촉진 전략이다. 분위기가 좋으면서 음식이 맛있어진다. 맛의 만족은 다음에 좋아하는 친구와 다시 오고 싶어지게 한다. 자신의 인터넷 블로그나 카페에 글을 올리거나 사진을 찍어 자연스럽게 소개하고 있다. 이를 바이럴 마케팅(viral marketing, 입소문 마케팅)이라 한다. 현대사회는 인터넷을 통한 입소문을 가장 강력한 촉진 전략으로 생각한다. 많은 사람들이 모인 장소에서 소문을 내는 경우가 많아 그 전파력은 상상을 초월한다. 경영자들은 자신의 점포를 알리려고 카페나 블로그를 만들며, 회원들이 참여할 수 있는 기회를 주고 있다. 또한 칭찬이나 개인적 의견을 직접 전달받거나 댓글을 통하여 수용하면서 매출을 올리려 노력한다. 때론 흥미를 유발시키기 위하여 단어나 문장을 검색할 수 있는 키워드를 소개하면서 홍보하기도 한다.

여섯째, 갑자기 나타나 광고하는 전략이다. 예를 들어 지하철 안에서 갑자기 나타나 추억의 노래를 크게 틀어 듣게 한 다음 CD를 소개하여 판매하는 상인을 볼 수 있다. 장소와 시간에 구애 받지 않고 대중이 모인 공간에 갑자기 나타나 상품을 선전하거나 판매하는 기법을 게릴라 전략이라 한다. 상품 선전과 관계없이 마술을 보여주거나 노래를 부른 뒤 상품을 선전하는 판매 행위도 여기에 포함된다.

피겨요정 김연아는 전 국민에게 사랑을 받는 스타이다. 덕분에 광고 모델로 모시려는 기업들이 줄을 섰다. 2009년 한 해에 김연아가 올린 광고 효과가 200억 원이 넘는다고 한다. 이렇게 인기스타를 이용하는 광고를 스타 마케팅이라 한다. 스타를 이용한 마케팅 전략은 제품을 소비자들에게 쉽게 인식시킬 수 있지만, 스타에게 줘야 하는 모델료가 너무나도 비싸다. 하지만 그 효과는 높지만 결국 그 비용은 제품 값에 포함되어 소비자가 부담하게 된다는 사실이다. 이처럼 유통흐름은 각기 다른 입장에서 만족하거나 불만족하는 과정을 겪으면서 발전하기 때문에 이를 파악할 필요성이 있다.

제2절 | 외식기업의 입지와 상권

1. 입지와 상권의 의의

1) 입지의 정의

외식기업에서 입지란 위치 또는 몫으로 메뉴 상품과 고객과의 만남을 제공하는 장소적 공간을 의미한다. 개별 레스토랑에서 자사가 원하는 표적고객을 선정하여 지역의 입지에 맞는 메뉴를 제공하여도 고객에게 제대로 전달되지 않으면 상품으로서 가치는 없어지게 된다. 이와 같이 점포마다 다양한 촉진방법으로 창출하는 이미지는 고객의 접근을 용이하게 하는 입지 전략에서 시작된다 하겠다.

시장에서 자사가 원하는 표적고객의 접근을 용이하게 하는 입지는 중요한 전략요소가 된다. 생산과 판매가 동시에 이루어지며 주문에 의해서 조리가 생산되는 음식 못지않게 접근성은 모임장소를 선택하는 충분한 이유가 된다. 지하철, 버스 등의 대중 교통편이나 환승역, 점포의 주차시설, 공용 주차장, 대로, 소로, 도보 등 위치의 몫은 충분한 경쟁력이 된다. 따라서 경쟁자보다 접근이 용이한 위치를 선정하는 것은 창업자의 능력일 뿐 아니라 성공을 결정하는 변수가 된다. "음식점은 몫이 결정한다"는 말이 있다.

2) 입지와 상권의 개념

(1) 입지와 상권

외식기업의 성공은 입지(몫)가 좌우한다고 할 정도로 상권의 몫은 중요한 역할은 한다. 이러한 입지는 연구자들에 따라 성공의 7~8할을 차지한다고 할 정도로 의존성이 높다. 입지는 고객이 내점할 수 있는 점포의 영향권으로 거래할 수 있는 범위를 의미한다. 즉 음식을 먹을 수 있는 지리적 위치의 거리로서 레스토랑을 창업할 때 자사의 고객이 될 수 있는 지역적 위치와 그 대상이 어디까지인가를 나타내는 범위를 말한다.

입지란 레스토랑의 점포가 존재하는 위치의 조건으로 접객장소를 의미한다. 창업자는 상권분석을 통하여 입점할 수 있는 지리적 위치를 파악하여야 한다. 이러한 분석은 상권의 현황을 바탕으로 희망하는 업종이 자신의 목적에 부합하고 있는지 그 여부를 판단할 수 있다. 성공사업을 영위할 수 있는 것은 입지를 파악하는 것에서 시작된다. 입지가 활성화되어 있거나 미래의 성장 가능성이 높은 위치를 선택하는 것이 중요하다. 그렇게 함으로써 예상되는 수요와 매출액을 추정할 수 있어 성공가능성이 높아진다.

기업은 판매를 통하여 매출을 발생시키며, 수익 창출을 위하여 노력한다. 개별 점포의 능력에 따라 고용을 창출하면서 지역경제에 기여하게 된다. 이러한 경영성공은 국가의 고용안전에 일익을 담당하게 된다. 창업자들은 개인적 가치관과 신념에 따라 기업을 성장시키거나 고용을 창출하는 것에서 그 목표를 두고 있다. 즉 시장의 유통은 무엇보다도 수요와 공급에 따라 조절되지만 입지는 그 이상의 혜택을 줄 수 있기 때문이다.

개별 입지의 특성을 고려하는 업종은 독립형, 복합형, 층별 건물형태, 유입능력, 상주인구, 유동인구, 통행량, 장소의 정체성, 분산성 등을 따지게 된다. 발전 가능성이란 사회 경제적인 여건의 변화에 따라 지구가 지정되거나 도시계획에 의한 정비사업, 전철권, 신도로 개통, 전철역 개통, 관공서나 학교, 쇼핑몰, 대형건물의 입점 등은 상권의 흐름을 순식간에 바꿀 수 있다. 따라서 시장 상황에 따른 성장성을 조사하여 예측할 수 있어야 한다.

현재 상권 내 성업 중인 인기메뉴와 가격, 위치, 매뉴얼, 부가서비스, 경영능력 등을 조사하여 자사가 차지할 수 있는 포지셔닝 맵(positioning map)을 활용할 수 있어야 한다.

(2) 입지요건

레스토랑의 입지는 점포의 인상이 될 수 있다. 전체적인 상권에서 개별 점포가 차지하는 위치의 비중과 관망할 수 있는 전경, 조망할 수 있는 가시성은 입지에서 중요한 의미를 담고 있다. 점포는 일반인들에게 많이 노출되어 있어야 한다. 장소는 방문객의 출입을 용이하게 할 뿐 아니라 눈에 잘 띄어 쉽게 찾을 수 있는 곳이 좋은 입지의 몫이라 하겠다. 입지를 선택할 때 주의해야 할 구체적인 내용을 소개하면 다음과 같다.

첫째, 행정구역상 거주하는 인구가 많은 곳을 선택하여야 한다. 상권 내 거주하는 인구수는 관할하는 구청, 동사무소 등에서 세대수, 인구수 등 표적고객의 성별, 연령, 직업, 생활패턴 등 기초자료를 조사할 수 있다.

둘째, 입지 선택시 점포 앞을 지나가는 통행인의 수를 정확하게 파악하여야 한다. 이들의 보행속도와 보폭까지 확인하며 유동 인구인지 쇼핑 인구인지 파악하여야 한다. 출근과 퇴근, 아침, 점심, 저녁, 주중, 주말 등을 세분하여 파악하여야 한다.

셋째, 쉽게 찾아올 수 있는 지리적 입지와 교통편을 가지고 있어야 한다. 고객이 점포까지 도달할 수 있는 거리로 전철, 버스 등 대중교통 시설이 잘되어 있을 때 내점률은 높아진다. 역세권의 상권과 입지는 대부분 유동인구와 내방하는 내점률이 높다.

넷째, 주변 상권과 도시계획 유무를 확인하여야 한다. 초기 창업자들은 부동산과 컨설팅 회사에 의뢰하여 현재에 형성되어 있는 상권의 크기만을 중요하게 생각할 수 있다. 상권은 항상 변화할 수 있으며, 살아 있는 생물과 같은 존재라는 것을 명심하여야 한다. 특히 지구 지정이나 아파트단지 유입, 관공서와 학교, 쇼핑센터 등의 유입은 상권 지형을 바꿀 수 있다. 쇠퇴하는 지역인지, 번성하는 지역인지, 주변의 상권을 파악하는 능력을 가지고 있어야 한다.

다섯째, 임차인은 상가임대차 보호법으로 5년간 계약기간을 보호받을 수 있다. 상호 간의 합의 하에 원만하게 계약이 이루어지는 것이 좋다. 경영이란 여러 가지 변수들이 상존하고 있으며 예상치 못한 일로 임대차보호법이 발목을 잡을 수도 있다. 즉, 개인적 사정이나 경영능력의 한계로 사업을 접어야 할 때도 있을 수 있다. 그러한

⟨표 9-1⟩ 입지와 상권의 분류

구 분	입 지	상 권
정의	• 레스토랑이 위치해 있는 소재지 • 고객을 끌어들일 수 있는 크기 • 전망, 조경, 도로, 교통편 등	• 다양한 업종이 모여 있는 점포의 지역범위 • 지역 점포구성이 고객을 끌어들일 수 있는 공간 • 유동인구, 배후지, 접객시설, 장애요인 등
물리적 특성	• 상업시설, 대로, 소로, 인도, 전경 • 물리적 시설과 상징물	• 다운타운, 역세권, 중심상권, 주택가, 아파트 상권 • 오피스텔 상권, 사무실 상권 등 • 상거래 활성화 공간
분류	• 1급지, 2급지, 3급지 등	• 1차 상권, 2차 상권, 3차 상권 • 대학가 상권, 역세권 등
분석 방법	• 점포의 접근성, 가시성 • 도로와 평탄 정도 • 점포의 형태(가로, 세로) • 시설 및 구조, 주차시설 등	• 유동인구 정도, 유입할 수 있는 배후지 인구 • 경쟁점포, 교통유발 시설, 장애요인 • 상권의 발전가능성과 전망
분석 목적	• 레스토랑의 성공과 실패를 파악	• 상권의 성장가능성과 점포의 성패 파악
혜택	• 창업 후 점포의 매출액을 추정할 수 있으며, 사업타당성을 분석할 수 있다. • 손익분기점 달성을 위한 예상매출액을 추정할 수 있다. • 상권의 잠재력과 성장가능성을 확인할 수 있다. • 입지분석을 통하여 고객을 끌어들일 수 있는 잠재력을 확인할 수 있다.

때 긴 계약기간은 발목을 잡아 보증금을 날릴 수 있기 때문이다. 따라서 기타 사항의 옵션을 정하여 현명한 계약이 될 수 있어야 한다. 임대기간이 길다고 다 유리한 계약은 아니라는 사실이다. 자신의 능력과 주변상권의 변화가능성, 메뉴의 지속성 등 장기적인 안목으로 입지를 선택하여 시너지효과를 낼 수 있어야 한다.

(3) 상권의 분류

상권은 소비자의 거주 지역에 대한 활동 거리이다. 고객을 끌어들일 수 있는 지리적 범위가 어느 정도인가를 의미한다. 즉 소비자가 방문하는 지리적 거리 내 매출의 구성비가 높은 정도에 따라 1차, 2차, 3차 상권으로 분류된다. 일반적으로 통행 숫자가 많으면 살아 있는 상권이라 하고 통행인이 뜸하면 죽은 상권으로 불려진다. 이러한 상권은 주변인구의 생활형태, 지역의 지형과 지세, 도로 및 교통상황, 통행인의 성격, 상권규모의 수준, 경쟁 점의 입지에서 그 범위를 설정할 수 있다.

1차 상권은 이용객의 60~70%가 거주하는 지역으로 고객의 이용률과 판매액이 가장 높은 지역을 의미한다. 다른 상권보다 점포의 위치가 가까이 있으며, 식료품과 생필품을 판매하는 슈퍼마켓, 제과점, 편의점, 세탁소, 의류, 화장품, 미용실 등 도보로 10분 거리의 반경 1.5km 내 지역이다. 패스트푸드점은 500m, 패밀리레스토랑은 1km, 캐주얼 및 다이닝 레스토랑은 1.5km까지의 거리를 일반적인 1차 상권 지역으로 분류하고 있다.

2차 상권은 이용객의 15~25%가 거주하는 상권으로 1차 상권의 외곽지역으로 고객의 분산력이 높다. 상권 내 소비하는 수요를 10% 이상 흡수하는 지역으로 편의품(convenience goods)일 경우 2차 상권에서 약간의 고객을 흡인하지만 선매품(shopping goods)일 경우 1차 상권의 범주에 포함될 수 있다. 도보로 20분 거리로 패스트푸드 1km, 패밀리 1.5km, 다이닝 2.5km의 상권을 의미한다.

장바구니 물가가 크게 오르면서 편의점에서 파는 도시락 상품의 품질이 가격대비 효율성으로 인기를 끌고 있다. 혼자 사는 싱글 족이나 맞벌이 족을 중심으로 수요가 확산되고 있다, 필요한 만큼 사려는 소비자의 인식으로 소량 구매 트렌드가 확산되는 현상으로 분석된다. 편의점 훼미리마트는 하루 평균 3만 3,500개의 도시락을 팔아 총 판매량이 1,000만 개를 돌파하였다(머니투데이, 2010.12.7). 금융위기로 소비심리가 위축되었던 도시락 매출 신장률이 1,850%를 기록하였다. 그 여세를 몰아 전년 대비 40.8% 신장하였다는 소식이다. 도시락과 삼각김밥은 일본에 비해 간식 개념으로 판매되었지만 2008~2009년 금융위기를 거치면서 도시락 매출이 큰 폭으로 늘어 계속적으로 수요가 증가하고 있다.

최근 2~3년 동안 소비심리가 전반적으로 위축된 데다가 물가가 오르면서 품질 대비 가격이 저렴한 편의점 도시락이 1차 상권 내 새로운 상품으로 부각되고 있다. 식품을 소량 구매하는 싱글 족과 맞벌이 족의 수요가 소비를 뒷받침하는 현상이다. 훼미리마트가 홈페이지를 통하여 1,200명에게 설문 조사한 결과, 도시락을 집에서 먹는다는 비율이 3%에서 24%로 늘었다. 이와 같이 음식점 가격이 많이 올라 편의점 도시락을 사먹는 수요가 개별 소비자들을 통하여 많이 늘어났다는 소식이다. 심지어 한 번 먹어봤던 소비자들은 계속적으로 구매하는 충성도를 보이고 있다.

세븐일레븐과 바이더웨이는 소폭으로 그쳤던 도시락 매출이 189.1%라는 경이적인 기록의 신장률을 보이고 있다. GS25는 최근 3년 동안 도시락 매출이 두 배로 늘었다. 편의점 도시락 시장 규모가 해를 거듭할수록 커지며 전체 순위에서 도시락이 10위권 안으로 진입한 모습이다. 이에 따라 업체들은 도시락을 새 매출원으로 적극 키우고 있다. 사람들은 물이나 음료, 휴지 등을 추가 구매하므로 시너지효과가 크다 하겠다. 현재 도시락 매출은 삼각 김밥이 40% 수준이지만, 매년 2배 이상 성장하는 만큼 지속적으로 관리될 것으로 판단된다.

최근 전국 편의점 개수가 1만 5,000개를 돌파하면서 경쟁이 치열해진 것도 도시락을 개발하는 원인이다. 공산품들은 차별화 요소가 없기 때문에 도시락은 가장 좋은 아이템으로 업체 간의 제품개발 경쟁이 뜨거워질 것으로 판단된다. 따라서 1차 상권 내 편의점 시장은 계속적으로 성장할 것으로 전망된다.

3차 상권은 1, 2차 상권 외의 고객을 포함하는 범위로 약 2.5km 내의 거리를 의미한다. 이러한 상권은 분산되어 있으며 대형마트, 가전품, 가구단지, 향토음식 등의 상권을 의미한다.

기생상권은 쇼핑센터 내의 먹거리촌, 스낵바, 호텔 내 쇼핑몰, 백화점 내 식당, 역세권 내 간이점포 등 업종에 따라 고객을 유입시키는 특징은 차이가 있다. 하지만 안정된 수요로 고수익을 창출할 수 있어 임대료 또한 높게 책정되어 있다. 하지만 원 상권과의 고객유치문제나 매출액, 운영관리비, 청소비 등 마찰이나 분쟁이 일어날 수도 있다.

최근 백화점 식당가가 진화하고 있다. 고객들은 허기진 배를 채워주는 수준을 넘어 맛집 명소로 자리 잡고 있다. 현대백화점 식당가 '엘본 더 테이블(ELBON the table)' 레스토랑은 서울 강남구 신사동 가로수 길에 있는 본점이 큰 인기를 끌자 일산 킨텍스점에 2호점을 열었다.

롯데 본점의 '문 스트럭(MoonsStruck Chocolate)'은 미국 서부지역 대학생들에게 인기를 끌고 있는 초콜릿 카페이다. 이 카페를 유치하려고 2년 가까이 설득하였다는 소식이다. 신세계는 뉴욕 맨해튼의 디저트 카페 '페이야드(Payard)'와 영국 런던의 고급 백화점에서 운영되는 유기농 레스토랑 '데일스포드오가닉(Daylesford organic)'을 강남점에 열었다. 백화점들이 식당가 업그레이드에 나서는 이유는 자기만의 색깔과 차별화된 경쟁력을 확보하기 위해서이다. 의류와 가전매장은 백화점마다 입점 브랜드가 비슷하지만 맛집은 특정 백화점에 단독으로 들어가기 때문에 고객이 느끼는 가치가 다르다는 것이다.

고급 식당은 백화점 매출을 높이는 효자노릇을 한다. 식당을 이용하는 고객은 전체 고객의 14% 정도이지만 매출액은 72%나 차지할 정도로 높다. 이들은 백화점 방문 횟수가 일반 고객보다 높다. 식당 이용객들의 입소문은 곧 광고가 되어 구전 마케팅의 효과를 나타낼 수 있는 전략이 된다.

2. 입지의 분산과 접근성

1) 입지의 접근성

외식기업의 메뉴상품이 일반적으로 널리 알려져 있다 하더라도 개별고객이 필요로 하는 품질의 상품이 특정한 상권 내 입지의 장소에서 시간 내 제공하지 못하면 그 가치를 상실하게 된다. 레스토랑은 물리적 환경 내 이용객의 편리성에 따라 접근성을 따지게 된다. 때론 광고 및 홍보를 통하여 자치단체와 연계하거나 지역축제 행사용 부스를 설치하여 맛집으로 홍보하고 있다. 음식중앙회를 통하여 "모범음식점", "향토음식점"으로 지정받고자 노력하며, 새로운 행사를 계획하여 널리 알리려 노력한다. 이처럼 입지를 바탕으로 유통경로나 홍보방법을 개발하여 더 친근하게 고객들 속으로 접근하려 한다.

입지에 대한 시간과 장소의 효용가치는 고객이 필요로 하는 시점에 이용 가능하도록 하는 전략에서 시작된다. '연중무휴'와 '24시간 영업' 같은 방법은 고객의 접근과 편리성을 용이하게 하는 전략 중 하나이다. 즉 언제, 어디서나 제공받을 수 있는 케이터링(Catering)이나 배달(delivery) 등이 성업 중이다. 아무리 좋은 음식이라도 고객이 편리한 장소에서 쉽게 먹을 수 있지 않으면 의미가 없다. 이러한 레스토랑의 입지와 장소는 고객의 접근을 용이하게 하는 장점으로 부각될 수 있다.

(1) 물리적 접근성

입지는 시설에 대한 투자비용과 비례한다. 장소의 입지는 여러 지역의 상권 내 항상 유리한 위치를 차지하기는 어렵다. 개별 점포는 고객의 불편을 해소하는 방법으로 체인 및 프랜차이즈 기업을 통하여 동반 성장할 수 있는 가맹계약을 맺기도 한다.

인터넷 주문이나 택배 등을 통한 HMR(Home Meal Replacement)식품 등은 사회 구조적인 환경변화로 인하여 계속적으로 성장하고 있다. 이러한 물리적 환경 속에서 고객과의 거리인 접근성을 좁히는 데서 그 전략을 찾을 수 있다. 각 지역상권의 입지를 선점하는 것은 물리적 거리감을 줄이는 촉진 전략이다. 레스토랑 방문자가 느끼는 거리는 신속함과 비례하여 경쟁요소가 될 수 있다. 교육수준과 가처분 소득의 증가는 먹거리에 대한 인식 변화를 가져오게 하였다. 이러한 접근의 용이함은 '맛집'과 '분위기 있는 집', '특별한 향토음식', '전망 좋은 집' 등 멀더라도 탐방하면서 체험하는 소비문화를 만들게 하였다.

(2) 시간적 접근성

기업은 고객의 접근을 용이하게 하기 위하여 연중무휴로 운영하는 영업장이 늘어가고 있다. 개인적인 특성을 반영하는 편리성은 시간적 효용가치의 차이로 차별화가 가능하다. 고객의 특성에 맞는 새로운 경영방법을 개발하고자 노력하며 24시간 영업, 365일, 점심특선, 아침메뉴, 저녁메뉴 등의 차이를 두거나 이동식 스낵카, 토스트, 김밥집 등으로 활성화 되고 있다.

시간은 누구에게나 24시간 똑같이 주어진다. 패밀리레스토랑이나 패스트푸드, 피자, 햄버거, 치킨 등은 고객이 기다리는 시간을 어떻게 유용하게 활용할 수 있을까 고민하고 있다. 실제 기다리는 시간뿐만 아니라 심리적으로 느끼는 대기시간까지 비용대비 가치를 따지게 된다. 이러한 비용은 기업과 고객 모두에게 손실이 될 수 있다. 대기시간을 생산적으로 활용할 수 있는 접근법이 필요하다. 재미와 흥미를 유발할 수 있는 전략이란 불만을 해소는 것에서 시작된다. 읽을거리, 볼거리, 먹거리 차원의 프로그램 개발과 효율적인 매뉴얼시스템으로 적용할 수 있어야 한다.

1분 안에 음식이 나오지 않으면, 무료 '프렌치프라이 쿠폰'을 증정한다(국민쿠키 건강, 2010. 7. 29). 한국 맥도날드는 '60초 스피드' 행사를 실시하였다. 만약 1분 안에 음식이 나오지 않을 경우 다음 방문 시 사용할 수 있는 무료 프렌치프라이 쿠폰(중간 사이즈)을 증정한다. 고객이 매장을 방문하여 주문 완료 후 비치된 모래시계를 직접 뒤집어 제품 제공까지 걸리는 시간을 측정하는 행사에 참여할 수 있다. 영업팀 상무는 전 세계 맥도날드가 지향하는 4가지 기업 철학인 QSC&V(Quality, Service, Cleanliness, and Value / 품질, 서비스, 청결, 그리고 가치)의 실천을 위하여 매장을 방문한 고객들이 높은 품질의 제품과 함께 친절하고 빠른 서비스를 경험할 수 있도록 이번 행사를 마련하였다는 소식이다.

(3) 정보전달의 접근성

고객의 필요와 욕구는 트렌드에 부합하는 기업의 정보제공에서 시작된다. 정보전달의 접근성은 거래의 교환에서 일어나는 동시성으로 품질을 결정할 수 있다. 고객에게 전달되는 정보는 일정수준 이상의 품질가치를 동반하여야만 그 효과가 있다.

레스토랑 경영에서 추진하는 촉진 전략은 매출증가와 수익창출 외 고객이 시설을 이용할 때 호의적으로 반응하는 정도를 의미한다. 경쟁사의 정보흐름을 파악할 수 있는 가치의 평가는 얼마나 쉽게 접근할 수 있는가에서 결정된다.

2) 입지의 분산성

특정 점포나 메뉴가 시장에 알려지면서 고객이 늘어나 새로운 문제가 발생하기 시작한다. 개별 점포가 수용할 수 있는 규모나 좌석 수는 한계가 있을 수 있어 방문고객을 다 앉히지 못하여 대기시키거나 되돌려 보낼 수도 있다. 이러한 불편을 해소하는 방법으로 추가점포를 개설하거나 확장하여 체인화를 시도하기도 한다. 하지만 단기간에 이루어지기 힘들 뿐 아니라 많은 비용이 들어가 지체될 수 있어 새로운 해결책을 필요로 한다. 하지만 점포를 확장하는 것이나 시간대 별 맞춤 혜택을 고객에게 전달하는 것은 분산전략을 실행하는 수단이 될 수 있다.

일정 이상의 점포운영 기간이나 경력은 맛과 품질, 서비스 차원에서 그 능력을 고객으로부터 인정받았다 하겠다. 인지도를 바탕으로 타 지역에서 사랑받는 메뉴가 될 수도 있으며, 점포분산으로 가맹점 수를 확장할 수 있어 사업규모를 키울 수 있다. 이러한 사업은 이중적으로 투자하는 것으로 비용이 증가하지만 외식기업 특성상 저장과 주방시설, 직원관리에 따른 규모의 경제성을 실현할 수 있다. 따라서 다음과 같은 입지의 분산성을 제시할 수 있다.

첫째, 메뉴 상품의 생산성에 대한 직원수를 적정하게 유지할 수 있다. 입지의 분산성은 고객을 끌어들이는 매력적인 요소를 발견하는 것이다. 다점포화를 위한 고객의 선택을 용이하게 하는 것은 교통의 편리성이나, 주차장, 주변 환경의 볼거리 등 전략요소에서 가능하게 된다.

둘째, 외식업체나 프랜차이즈 등 체인화를 이용한 C/K(central kitchen)는 생산 시설의 대형화로 가맹점 및 체인점의 주방시설을 효율적으로 활용할 수 있다.

셋째, 메뉴 상품은 다양한 물리적 환경에서 서비스의 품질을 결정하며, 새로운 수요를 창출할 수 있다. 한정된 입지에서 제공하는 직원 서비스는 음식의 질과 분위기에 따라 만족도를 높일 수 있다. 실제 경험하는 과정에서 만족유무를 결정하며, 입지는 달라도 동일한 서비스를 제공받음으로써 일관성을 유지할 수 있는 전략요소가 된다.

3) 입지선정의 원칙

입지를 선정할 때는 여러 가지 학설이나 가설에 의하여 인용되고 있지만 일반적으로 넬슨(R. Nelson)이 제시한 8가지 원칙을 널리 사용하고 있다. 본 교재는 외식기업의 입지선정에 맞게 정리하여 넬슨이 제시한 8가지 원칙을 사용하였다.

점포 입지의 잠재력

점포의 접근 가능성

입지의 성장 가능성

점포의 중간 저지성

입지의 누적 흡인력

입지의 양립성 원칙

경쟁 점포 회피 전략

입지 경쟁력

〈그림 9-1〉 Nelson의 입지선정 원칙

(1) 상권의 잠재력이다.

일반적으로 상권의 잠재력이란 두 가지 측면에서 이해할 수 있다. 첫째는 자사의 점포가 상권 내 차지하는 셰어(share)의 비율로서 향후 확대 가능성이다. 상권 내 차지할 수 있는 점유율이 일정 수준 이상의 과점 상태라면 상권의 성장 잠재력보다 유지하는 것이 목표가 될 수 있다. 하지만 자신이 차지하는 셰어가 적다면 더 커질 수 있는 가능성은 있지만 상권 내 대표가 될 가능성은 낮다. 자사가 차지하는 점유율이 50%가 넘으면 과점상태라 할 수 있다. 이러한 과점상황은 점유율을 확장하는 것보다 유지하는 것이 목표가 될 수 있다. 점유율 10% 미만이라면 성장 가능성은 있지만 상권 내 리더 점포가 될 가능성은 낮다. 핵심 상권은 1km 범위 안에서 중심상가를 이루지만, 근린생활 시설의 점유율은 80%가 넘어 60% 이상은 핵심 상권 내에서 구매가 이루어진다.

　둘째, 자신이 속한 상권이 지역 전체에 차지하는 비중을 의미한다. 창업자의 레스토랑이 소속된 상권의 지역 내 차지하는 비중이 작으면 개발이나 마케팅 촉진 전략으로 고객을 쉽게 흡인할 수 있다. 하지만 지역전체에 차지하는 비중이 크면 새로운 시설개발을 필요로 한다. 즉 잠재력보다 외부의 경쟁요소를 통하여 흡인되는데 한계가 있기 때문에 일정규모 이상의 수요층이 확보되어도 그 이상 키워나갈 수 있어야 한다. 이와 같이 지역 내 새로운 아파트 단지가 들어서거나 상업지나 관공서, 문화시설 등이 들어섰을 때 시장의 잠재력은 커질 수밖에 없다. 따라서 인구증가가 이루어질 수 있는 점포인지, 새로운 수익구조로 소득수준이 기대되는 상권의 입지인지 파악되어져야 한다.

(2) 점포의 접근 가능성이다.

　상권 내 점포의 잠재력은 고객을 어느 정도 끌어들일 수 있는가 하는 것이다. 점포 주변의 유동인구를 의미하며 3가지 기준으로 분류할 수 있다. 첫째, 입지 창출형이다. 입지는 다양한 형태의 정보를 통하여 광고, 홍보의 판매촉진 활동으로 새로운 고객을 창출할 수 있다. 백화점, 할인점, 대형마트, 시장, 테마파크, 쇼핑센터, 영화관 등의 접근성을 의미한다. 둘째, 근린시설 내 입지유형이다. 상권 내 입지는 레스토랑의 고유능력으로 고객을 유입시키는데 한계를 가질 수도 있다. 때론 주위의 업종이나 업태에 의존하게 된다. 셋째, 통행량에 의존하는 독립점포를 의미한다. 통행량이나 유동인구 증가에 따른 입지를 역세권 입지라 할 수 있다. 이러한 유동력은 편의성으로 충동구매의 쇼핑을 가능하게 한다. 이러한 역세권의 유동인구가 10만 명 이상일 때 전문 쇼핑몰의 입점이 가능하며, 상권력을 가질 수 있다.

(3) 입지의 성장 가능성이다.

　입지에는 개방형 입지인가, 폐쇄형 입지인가 나눌 수 있다. 개방형 입지는 성장 가능성은 높지만 폐쇄형 입지보다 안정적이지는 못하다. 주변에 개발될 수 있는 유휴지나 나대지, 창고, 공장 등의 변화가 가능하기 때문이다. 이러한 예상부지가 있다면 향후 개발 가능성이 높아질 수 있어 배후 세대수의 증가가 예상된다. 하지만 개발이 완료된 지역은 인구의 정체가 예상될 수 있다. 이들 지역은 리모델링이나 재건축으로 새로운 수익구조를 달성할 수 있다. 하지만 파이를 나누어 먹어야 하기 때문에 자칫 잘못하면 슬럼화 가능성이 있다.

성장가능성이 높은 개방형 입지는 신규 수요를 흡수하지만 기존의 입지는 둔화될 수 있다. 둘째 성장 가능성이 큰 입지는 향후 대기업을 비롯하여 자본력과 규모, 경영능력을 앞세운 거대기업이 입점할 확률이 높다. 따라서 주위의 신규개발이나 입점 가능성에 따른 정보를 파악하고 있어야 한다.

(4) 점포의 중간 저지성이다.

중간 저지성이란 상권 배후의 세대나 주민들이 경쟁력 있는 상업지로 몰리는 현상을 의미한다. 상업지와 주거지 사이에 있는 점포에서 자연스럽게 발견되며, 때론 점포가 활성화되어 중심지로 성장할 수도 있다. 이러한 입지는 중간에서 이동하는 인구를 차단할 수 있기 때문에 강력한 상권이 인접해 있다면 오히려 한쪽 시장으로 흡수 될 수 있다. 이와 같이 어느 정도의 거리를 두거나 지역 내 생활시설이나 도로 상태, 교통상황, 역세권, 지하철, 버스 등이 근접해 있다면 유동성 높은 입지가 될 수 있다. 그에 맞는 개발을 통하여 효과를 볼 수 있다. 이론적으로는 가능하지만 실제 상당히 어려운 부분이 있다. 따라서 입지의 불리함을 중간에서 얼마나 차단할 수 있을 것인가 등 신중한 접근을 필요로 한다.

(5) 입지의 누적 흡인력이다.

교통상황이나 유동인구 등에 따라 자연스럽게 고객들이 모이는 곳을 흡인력이라 한다. 고객은 규모가 비슷한 A와 B점포를 마주하고 있다면 둘 중 자신에게 매력적인 점포를 선택하게 된다. 자연스럽게 고객들은 특정 지역이나 상권, 점포에 모이게 된다. 이러한 입지는 취급상품이 다양할 뿐 아니라 모여 있을 때 고객을 유인하는데 효과적이다. 따라서 중간 저지성이 높은 입지를 선택할 것인지, 흡인되어 누적성이 높은 입지를 선택할 것인지 스스로 결정하여야 한다.

한편 집객력이 높은 재래시장을 분석해보면 전문상가 형태로 운영되는 입지를 발견할 수 있다. 중소형 점포들이 모여 비교 구매를 가능하게 하여 영업을 활성화시키고 있다. 이러한 업종에는 전자, 전기, 가구, 용구점, 한약재, 정육, 청과, 수산물, 아울렛, 식당가 등 전문시설이 갖추어져 있다. 입지의 불리함을 극복하면서 고객의 인지도를 높여 구매력을 증가시키고 있다.

(6) 입지의 양립성이다.

양립성이란 상호 보완관계에 있는 동종 업종이 서로 양립하면서 경쟁력을 키울 수 있는 입지를 의미이다. 일반적으로 입지가 개발될 때 양립성에 대하여 소홀할 수 있다. 상권이 활성화되었거나 규모가 커질 때 자연스럽게 생성되기도 하지만 실제로 번화가인 경우, 도로변보다 도보로 가능한 점포가 활성화되어 있다. 최근 들어 커피 전문점이나 화장품, 헬스 케어, 여성전용 미용 전문점 등 도로변에 인접하여 중심지로 모이는 '마중입지' 역할을 하고 있다.

한편 택지개발로 인한 상가형성은 도로변을 선호하게 되는데 상가가 완전히 들어섰을 때는 안쪽의 인도 점포들이 활성화 되어 중심지로 변할 수 있다. 그러므로 특정 상품을 판매하는 점포들이 다양하게 구색을 갖추고 있거나 상호 보완적이거나 호혜적인 업종이라면 고객증가가 예상되는 입지형태를 분석하여 점포를 선택하는 기술이 필요하다.

(7) 경쟁점포 회피전략이다.

창업자는 가급적 경쟁을 피하는 것이 좋은 전략이라 할 수 있다. 경쟁관계에서는 경쟁자가 적을수록 유리하며, 신규 창업자의 진입이 자유로운 지역인지 어려운 지역인지 파악하여야 한다. 또한 중간 저지장소에서 일정 부분을 커버할 수 있는 지역인지에 따라 입지를 선정하는 기준과 원칙은 달라진다. 경쟁력이란 상대적으로 열세인 중소형 점포들이 다양하게 구색을 맞추어 집단으로 주변의 대형 점포들과 경쟁할 수 있다. 업종이 서로 다르거나 혹은 같은 업종이 모여 있다면 입지에 따라 점포의 활성화에 차이가 있을 수 있다. 특히 동종의 업종이 모여 있을 경우 점포 활성화에 큰 어려움을 겪을 수도 있지만 그와 반대의 현상이 생겨 경쟁력이 강화될 수도 있다.

할인점이 입점한다면 도보 권으로 1km 내 동종업종의 매출액 60% 이상에 영향을 미치게 된다. 백화점의 경우 유명브랜드의 입점을 방해할 수 있기 때문에 주변상권의 입점을 피하는 것이 좋다. 특히 대형점포 주변에는 업종 선택에 주의를 필요로 한다. 유동력이 많은 대형점 가까이에 위치하여 활성화하는 방법은, 대형점포와 상호 보완관계에 있는 업종을 선택하여 기존의 유동인구를 흡수할 수 있는 전략을 사용하는 것이 효과적이다.

(8) 입지는 경쟁력이다.

입지는 크게 두 가지 측면에서 분석할 수 있다. 유동인구가 많은 곳에 비싼 가격을 주고 점포를 매입하거나 임대하여 작게 운영할 것인가, 가격이 싼 지역에 건물을 크게 짓거나 임대하여 고객을 끌어들일 것인가에 따라서 경쟁력은 달라질 수 있다. 때문에 입지를 선정할 때 점포의 이용조건을 고려하여야 한다. 이러한 분석은 결국 경제성을 따지는 것이다. 입지를 선택할 때는 정량적 방법으로 사업성을 조사하여 분석한 다음에 선택하여야 한다. 그러므로 투자 수익률에 대한 분석은 계약기간 내 매출로 획득할 수 있는 수익금과 토지를 구입하여 운영하면서 일정한 시간이 지나 팔았을 때 기간 동안의 매입 금액과 순수익까지 포함하여 조사되어야 한다. 즉 좋은 몫의 입지는 매출액외 땅값 상승에 대한 차액으로 높은 이익을 실현할 수 있어 경쟁력이 된다.

3. 상권의 특성과 조사방법

1) 상권의 특성

외식기업의 상권은 표적고객이 쉽게 찾아 접근할 수 있는 위치와 장소에서 얼마나 많은 고객을 끌어들일 수 있을까? 하는 것에서 의미를 둘 수 있다. 상권이 좋다는 것은 자사에 유익한 고객이 자연스럽게 모일 수 있는 공간을 의미한다. 그곳에서 그들이 추구하는 편익적 가치를 제공할 때 좋은 상권과 좋은 점포가 될 수 있다. 접근이 용이한 장소는 훌륭한 경쟁력이 된다. 가격은 고객욕구를 충족시키는 매력적인 전략요소이다. 지역의 통행량이나 주변점포 상황, 접근의 편리성과 위치, 취급 메뉴의 특징 등은 상권을 구성하는 중요한 요소가 된다.

(1) 변화하는 상권

상권은 변화하는 성질을 가지고 있어 그 지위도 변화하게 된다. 현재 존재하는 시장에서 권리금이나 보증금이 싸다 하여 즉, 상권이 침체되었다 하더라도 사업을 성공적으로 이끌 수만 있다면 중심 상권으로 전환될 수 있다. 지역 상권이 번성한다는 것은 외부적으로 활성화 될 수 있는 수요변화의 요인이 큰 역할을 한다. 따라서 점포를 운영하는 다수의 경영자가 고객을 유치하려는 노력과 의지에서 가능하게 된다.

미국 생필품 시장은 도심에서 벗어난 대규모 소매점이 발달하였다. 고객을 끌어들이는 교외형 쇼핑몰이 활성화되었으며, 우리나라도 이 같은 대형 유통점이 대기업을 중심으로 확장되고 있다. 이마트 트레이더스(traders), 오렌지 팩토리 아울렛(orange factory outlet) 같은 창고형 할인매장들이 점차 시장을 확장하면서 긍정적으로 평가받고 있다. 교외의 입지는 도심 인구 과밀화에 대한 분산 효과와 자동차 대중화에 따른 자연스러운 구매행동의 변화로 인식된다. 기업은 초기 투자비용을 줄여 고객에게 제공함으로써 상권의 범위를 확장할 수 있다. 이러한 경영환경의 변화와 사고전환에서 고객을 흡인할 수 있는 마케팅 전략을 통하여 시장은 점점 성장하고 있다.

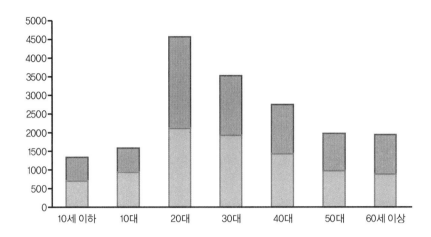

단 위	총인구수	연 령					
		10세 이하	10대	20대	30대	40대	50대
전체	17,628 (100%)	1,332 (8%)	1,573 (9%)	4,560 (26%)	3,531 (20%)	2,742 (16%)	1,963 (11%)
남	8,894 (100%)	694 (8%)	935 (11%)	2,114 (24%)	1,918 (22%)	1,411 (16%)	945 (11%)
여	8,734 (100%)	638 (7%)	638 (7%)	2,446 (28%)	1,613 (18%)	1,331 (15%)	1,018 (12%)

유동인구현황

【주중】

(단위 : 명)

조사지점	건대 맛거리 입구(서울특별시 광진구 화양동)									
조사일자	2010–06–09. 날씨 : 맑음									
조사시간	남 자					여 자				
	10대	20대	30대	40대	50대 이상	10대	20대	30대	40대	50대 이상
12시~13시까지	30	108	60	30	48	24	120	84	18	6
19시~20시까지	12	156	228	36	12	24	48	114	72	24

조사지점	건대 글방 앞(서울특별시 광진구 화양동)								
조사일자	2010-06-09, 날씨 : 맑음								
조사시간	남 자					여 자				
	10대	20대	30대	40대	50대 이상	10대	20대	30대	40대	50대 이상
12시~13시까지	12	46	78	108	18	12	24	54	24	6
19시~20시까지	24	240	84	72	24	30	468	234	12	12

출처 : 소상공인 진흥원 자체조사(2010.8 기준)

【주말】

(단위 : 명)

조사지점	건대 맛거리 입구(서울특별시 광진구 화양동)								
조사일자	2010-06-05, 날씨 : 맑음								
조사시간	남 자					여 자				
	10대	20대	30대	40대	50대 이상	10대	20대	30대	40대	50대 이상
12시~13시까지	24	450	84	36	132	42	132	36	72	102
19시~20시까지	72	192	288	48	30	114	246	306	96	48

조사지점	건대 글방 앞(서울특별시 광진구 화양동)								
조사일자	2010-06-05, 날씨 : 맑음								
조사시간	남 자					여 자				
	10대	20대	30대	40대	50대 이상	10대	20대	30대	40대	50대 이상
12시~13시까지	72	372	84	72	156	48	852	252	48	72
19시~20시까지	36	318	156	108	48	90	492	294	54	54

출처 : 소상공인 진흥원 자체조사(2010.8 기준)

(2) 상권 선택시 고려사항

좋은 상권이란 실제 경영하는 업종이나 업태의 종류가 골고루 분포되어 있다. 주위의 다양한 업종이 상호 보완재 역할을 하는 호혜상권을 형성하고 있는 것을 의미한다. 이러한 상권은 시장의 수요에 따라 변화하게 되며, 상권을 선택할 때 다음과 같이 고려되어야 한다.

첫째, 일반적인 사업자들은 업종과 업태를 먼저 선정하여 무엇을 팔겠다는 품목을 선택하고서 상권의 입지를 찾게 된다. 이들은 개인적 능력과 경험을 살려 시장의 기회요인을 찾을 수 있는 방법을 위하여 노력한다. 상권이 잘 형성되어 있을 수 록 개별 점포의 장점이 자연스럽게 부각된다. 그러나 자칫 능력의 과신으로 무리한 계획을 세우거나 예상하지 못한 어려움을 가질 수 있어 성과를 내지 못할 수도 있다.

둘째, 상권을 선택할 때 성장가능성을 고려하여야 한다. 창업한 지 1~2년 안에 투지비용을 회수하려는 경영자들이 많다. 이러한 마음가짐은 위험한 생각이다. 완성된 상권이 아니더라도 새롭게 형성되는 상권이나 신축하는 쇼핑몰, 대형건물, 지구지정, 신규 아파트단지 등은 좋은 상권으로 함께 성장할 수 있다.

초기의 권리금이나 임대보증금이 상대적으로 싼 장점을 살려 자사의 홍보와 인테리어시설 등에 투자한다면 점포의 이미지 개선은 물론 서비스품질을 향상시킬 수 있는 훌륭한 촉진수단이 된다. 자연스럽게 단골고객을 확보할 수 있으며 성장과 내실을 다질 수 있어 수요를 창출할 수 있다.

〈표 9-2〉 상권의 형태와 특징

기 준	상권형태	상권특성
규모	대형	• 강남, 명동, 동대문, 종로, 신촌, 홍대, 영등포, 노량진, 건대, 잠실 등 • 대표상품 및 환승권을 중심으로 전국적인 대표상권들을 의미한다.
	중형	• 각 역세권 중심으로 형성된 상권 통행량이 2~3만 명 • 수원, 평촌, 안양, 의정부, 강변, 사당, 신림동, 왕십리 등
	소형	• 각 지역에 분포되어 있는 생활형 상권으로 동네상권을 의미
거주지역	1차	• 레스토랑의 매출액 70% 정도를 차지하는 소비자가 거주하는 지역
	2차	• 레스토랑의 매출액 20%를 차지하는 소비자가 거주하는 지역
	3차	• 레스토랑의 매출액 10% 미만을 차지하는 소비자가 거주하는 지역
주거환경	역세권	• 기차역, 전철역, 시외버스 터미널 등 유동인구가 많은 지역 • 시간의 제약으로 빠른 서비스와 저가상품이 인기이다.
	오피스	• 기업의 본사 및 금융, 법원, 교육청, 정부청사 등 밀접한 상권 • 점심 및 퇴근 이후 활성화
	번화가	• 백화점, 쇼핑몰, 영화관, 유흥업소 등 접객시설이 잘 갖추어진 상권 • 다양한 연령과 주말 및 휴일, 소비성향이 강하다.
	대학교	• 학생이라는 고정고객이 많다. • 주말과 주중의 차이가 심하며 가격과 양에 민감하다.
	주택가	• 거주지 상권으로 주말에 몰린다. • 지역의 각종 단체 소모임이 활성화되어 있다.
	교외	• 자동차 생활의 일상화-중·장년층과 청년층 • 가격에 민감하지 않음, 날씨와 계절, 요일에 따라 변화가 크다.
	관광지	• 강한 레저성향으로 성수기와 비수기가 뚜렷하다. • 명산지, 문화유적지, 해변 및 해안가, 놀이동산 등

셋째, 점포 입지가 전체적으로 잘 구성되어 있는 시장 형태가 중요하다. 다양한 업종이 조화를 이루어 상호 보완적인 역할을 하는 상권인지, 동일 업종이 밀집되어 전문성을 갖춘 지역인지 전체적인 구조를 파악하여야 한다. 이와 같이 고객의 입맛은 천차만별이며 '어디에 가면 ○○이 있다'는 인식은 유명지역의 입지와 상권에 편승하여 안전하게 수익을 창출하는 방법이 될 수 있다.

넷째, 외식업을 창업할 때 상권과 입지만을 고집한다면 절대적으로 큰 꿈을 가질 수 없다. 개인의 능력은 무한하다. 값싸고 맛있으면서도 친절하면 누구나 성공할 수 있다. 이러한 전략은 누구나 다 잘 알고 있다. 하지만 이를 실행하는 경영자의 능력과 자질은 다르기 때문에 성공과 실패는 항상 공존하게 된다. 결론적으로 자신의 능력에 맞는 차별화된 전략으로 상권을 분석하며 도전할 수 있어야 한다.

2) 상권 조사방법

상권조사는 일정 시점에 사전 계획된 스케줄에 따라 이루어져야 한다. 일반적으로 시간대 별, 요일별, 주말, 휴일, 분기별 지역상권 형태와 통행량, 고객수를 체크하여야 한다. 개별 소비자의 특성을 파악하여 성별, 연령, 직업, 학력, 주거지, 가족수, 차량보유 현황, 주거형태 등을 세밀하게 분석하여야 한다.

이러한 조사방법은 크게 4가지 단계로 분류할 수 있다.

첫째, 상권 내 지역정보를 수집하여야 한다. 관할 구청이나 동사무소, 중소기업 중앙회, 지역 상공회의소 등을 이용하여 기본적인 인구 통계자료를 활용할 수 있다. 세분화된 정보자료를 활용하여 방송, 신문, 조사업체 등 특정기관의 자료와 비교하여 관련 현황이나 점포수, 위치, 특성 등을 파악하여야 한다.

둘째, 지역 상권에 대한 지도를 완성하여야 한다. 지역의 상권은 지구별, 도로별, 주거 형태별, 세대별, 인구수 등과 업종에 따른 표시, 교통 기관별 역과 정류소, 대형 유통점, 영화관, 주택지 입구, 도로상황 등 지형에 대한 특성을 조사하여야 한다. 특히 중요한 지역 시설과 경쟁점포를 표시하면서 조사되어야 한다.

셋째, 상권 내 지역을 도보로 직접 관찰하여야 한다. 인구 통계적 특성에 따른 지역민의 생활패턴과 주거형태, 주거 연수, 세대당 차량보유 대수, 직업 등에 따른 소득 수준을 파악하여야 한다. 교통이용 현황과 표적으로 하는 상권 범위와 혼잡 정도, 경쟁점포, 인기점포 등에 따른 쇼핑객의 동선, 고객들의 옷차림, 보행속도 등 생활방식이나 구매행동을 조사하여야 한다.

넷째, 단체고객의 유입여부를 파악하여야 한다. 주위 상권을 구성하는 배후 지형과 직업별 분류에 따른 이용현황, 주차시설, 편리성을 제공할 수 있는 서비스품질을 조사하여야 한다. 특히 이동거리와 차량제공 여부, 무료서비스, 마이크 사용, 케이크 등의 촉진 전략을 제시할 수 있어야 한다. 이들은 짧은 시간 높은 매출을 올릴 수 있어 항상 고객관리를 위한 데이터베이스를 필요로 한다.

CHAPTER 10

브랜드

학습목표

_ 현대사회에서 브랜드가 왜 중요한가를 학습한다.
_ 브랜드의 개념과 기능, 브랜드를 통한 정보와 의사결정을 이해한다.
_ 브랜와 자산과의 관계를 파악한다.
_ 브랜드 자산의 구성요소와 디자인을 학습한다.
_ 대한민국 대표브랜드와 외식브랜드, 토종브랜드, 업종별 브랜드 등을 조사
  하여 분석한다.

10

브랜드

어떠한 진리도 사람들에게 인정받기까지는 세 가지 단계를 거치게 된다.
우선 조롱거리가 되고, 그 다음에는 반대에 부딪히다가 결국 자명한 것으로 인식된다.
– Schopenhauer, 독일 철학자

제1절 | 외식 브랜드

외식기업의 점포명이나 특정 메뉴는 브랜드가 되어 레스토랑의 고유자산이 될 수 있다. 뿐만 아니라 고객의 편익적 가치를 제공하여 선택에 영향을 미친다. 고객은 배고픔의 생리적 욕구를 해결하려 음식점을 찾게 된다. 하지만 안전한 식생활을 위하여 다양한 맛과 가격, 분위기 속에서 동행인과 추억 쌓기를 원한다. 따라서 특정 메뉴는 레스토랑의 브랜드가 될 수 있으며, 재방문을 결정할 때도 영향을 미친다. 이러한 브랜드는 개인적인 상황을 고려한 장소선택에서 품질에 확신을 심어주어 구매의 부조화를 줄일 수 있다.

1. 브랜드의 개념과 중요성

1) 브랜드의 개념

고객이 상품이나 서비스 품질을 결정할 때 고려하게 되는 첫 번째 기준으로 브랜드를 제시할 수 있다. 환대산업에서 점포의 브랜드 이미지는 갈수록 그 중요성이 부각된다. 기업의 마케터는 전반적인 촉진 전략을 결정할 때 자사제품을 어떻게 상표화(branding)할 것인가?를 고민하게 된다. 어떤 전략을 추진할 것인가를 고려하게 되는데 소비자에게 지각시킬 수 있는 이미지를 심어주는 것이 중요하다. 반면에 기업은 유형적인 물리적 시설과 무형적인 서비스 상품이 혼재하여 운영되는 레스토랑에서 어떻게 브랜드화할 것인가를 결정하여야 한다.

브랜드란 본질적으로 경쟁기업보다 우위를 차지할 수 있는 이름과 심벌, 표지, 디자인 등 다양한 요소를 결합하여 상징성을 나타낼 수 있다. 기업의 메뉴상품은 경쟁사와 차별화를 통하여 경쟁력을 보여주어야 한다. 그렇게 함으로써 고객은 언제, 어디서나 동일한 품질의 상품과 서비스를 제공해준다는 확신 속에서 브랜드의 개념을 정립할 수 있다.

2) 브랜드 구성요소

브랜드는 언어적 요소와 시각적 요소로 형성된다. 브랜드네임과 심벌, 슬로건, 로고, 캐릭터, 색깔, 패키지 등으로 제시할 수 있다. 최근 커피시장의 돌풍을 일으키는 '카페베네'는 추상적인 커피열매 형태와 형식에 얽매이지 않은 글씨체와 자유분방한 예술성으로 유럽의 카페 이미지를 표현하였다. 특히 bene의 b 위의 커피나무는 고객들이 즐거워하는 모습, 연인들이 사랑을 나누는 장면 등 상상 속에서 그려진 모습을 형상화하고 있다. 고객은 특정 상품을 잘 모르더라도 기업을 대표하는 브랜드를 통하여 형태, 상징성, 심상(imagery)으로 그 품질을 확인하고 있다.

출처 : 카페베네

3년 만에 국내 커피 프랜차이즈 시장 평정!

2008년 4월 천호점으로 시작하여 국내 최고의 브랜드인 토종 커피전문점으로 성장한 기업이다.

대한민국 최초의 유럽풍 카페 문화를 선도하며 커피 원산지 농가의 경제와 인권을 보호하는 등 기업의 사회적 책임을 다하고 있다.

2013년 3월 870호점의 매장을 운영하고 있다. 국내 커피시장에서 후발 주자였지만, 드라마나 시트콤의 간접광고(PPL)를 통하여 단기간에 인지도를 끌어올렸다. 매장의 95%가 가맹점으로 운영하는 한국형 프랜차이즈 전략을 통하여 매장 수를 빠르게 늘려가고 있다. 자본금 10억 원으로 시작하여 본사 매출 1,000억 원을 기록하였으며 2012년은 2,500억 원을 달성하였다.

카페베네의 성공 비결은 크게 세 가지로 제시된다.

첫째, 원대한 청사진을 그렸다. 커피 프랜차이즈 사업을 구상하면서 국내 커피 브랜드로 세계를 호령하겠다는 도발적인 목표를 세웠다. 로열티를 지불하는 해외 브랜드 도입보다 국내 브랜드로 승부한 것이다. 장기적으로는 한국시장의 성공을 기반으로 해외로 나가 글로벌 브랜드로 성장하겠다는 목표를 세워 현실화하는 데 초점을 맞추었다. 커피는 원산지 원두를 수입한 후 국내 생산 공장에 보내져 미디엄 로스팅으로 재가공한 후 제품으로 만들어진다. 미디엄 로스팅은 커피콩을 중간으로 볶는 것을 의미하며 향기와 맛, 빛깔이 좋아 부드러운 맛을 느낄 수 있는 장점이 있다. 사업이 성공하고 매장이 빠르게 늘어나면서 국내 공장에서 미디엄 로스팅으로 볶은 커피 원두를 태국, 말레이시아 등 아시아권으로 역수출해 국내 커피산업의 신기원을 이루었다. 한국의 스타벅스로 성장하겠다는 비전이 있었으며 국내 최고의 커피 프랜차이즈 브랜드로 자리매김하는 강한 원동력이 되었다.

둘째, 독특한 브랜드 전략이다. 카페는 기본적으로 커피 맛이 좋아야 한다. 최근의 트렌드인 인테리어와 분위기가 중요한 요소이다. 카페베네는 추억을 불러일으킬 수 있는 인테리어와 소품을 매장에 배치하여 고객들에게 커피뿐 아니라 문화를 소비하며 향유하는 듯한 느낌을 전달하는 데 주력하였다. 소품에 스토리라인을 가미하여 이를 적극적으로 알리는 문화를 전파하였다. 단순히 커피를 파는 것보다 브랜드에 문화를 입힌 것이다.

셋째, 적극적인 스타 마케팅이다. 현대인의 성공을 주도하는 것은 스타이며, 그 누구도 이의를 달지 않는다. 한예슬, 송승헌 등으로 대변되는 연예인 광고와 간접광고 (PPL)의 위력은 그야말로 산도 무너뜨릴 기세이다. TV에 방영되는 드라마의 모든 카페 장면에 빠지지 않았으며, 시청률 상위권 드라마에 등장하는 배우들은 카페베네를 운영하거나 매장을 소유하는 것으로 설정되었다. 스타를 활용한 적극적인 마케팅은 인지도를 단시간에 향상시켰다.

하지만 김 대표는 디자인을 성공의 일등공신으로 치켜세운다. 매장이 많지 않았을 때 점주들은 인테리어 공사를 하다 만 것 같다며 불평하기도 하였다는 것이다. 빛바랜 청록색이 묻어나는 패인 느낌의 나무 간판, 노출 콘크리트로 이루어진 천장과 벽 등이 일반인들에게 쉽게 다가가지 못했던 것이다. 고풍스러운 느낌을 가질 수 있게 일부러 빈티지 콘셉트를 수용한 것이었다. 시간이 지날수록 점차 여성 고객의 호응이 나타나면서 상황은 반전되었다. 유럽의 귀족들이 즐겨 마셨던 싱글 오리진 커피와 영화 '로마의 휴일' 배경이었던 이탈리아 아이스크림 젤라또, 세계인이 즐기는 벨기에 정통 와플을 통해 유럽풍 카페문화를 선도하였다.

와플은 젊은 여성 고객들로부터 인기가 많으며, 커피를 좋아하지 않는 고객들도 맛보기 위해 찾을 정도이다. 견과류가 들어간 바삭한 맛에 젤라또, 과일, 생크림 등 여러 종류의 달콤한 토핑을 곁들일 수 있다는 점이 매력적이다. 매장 내 어디서나 와이파이를 사용할 수 있도록 무선인터넷을 지원하였다. 의자마다 콘센트를 설치해 모든 테이블에서 노트북 사용이 가능하도록 하였다. 무료 PC존을 만들어 고객에게 편리성을 제공하고 있다.

(1) 브랜드 명(brand name)

브랜드 명은 기업의 특정 상품 이름이나 상호를 고객들이 발음하기 쉽고 부르기 쉬운 문장과 단어, 문자, 숫자, 기호 등이 결합된 언어이다. 인명, 지명, 산과 들의 자연환경, 문화유산 등 독창적인 창의성을 바탕으로 신분이나 지위, 연상되는 이미지 등을 포함하고 있다. 브랜드 명은 자체적인 스펙트럼(spectrum)을 형성하며 특정 상품이 제시하는 순수한 기능을 바탕으로 고유한 문자, 숫자, 상징물에서 부차적인 조어의 의미를 포함하고 있다. 이와 같이 기업의 브랜드가 고객으로부터 사랑받기 위해서는 다음과 같은 역할을 필요로 한다.

첫째, 상표등록이나 사용의 법적보호를 받을 수 있어야 한다. 브랜드 명과 로고, 상징물 등 불법 사용의 법적규정이 제도화되었다. 둘째, 발음하기 쉽고 듣기에 편안하며 시각, 청각, 감각을 바탕으로 고객을 만족시켜야 한다. 셋째, 환대산업의 브랜드와 로고, 위치, 인테리어 등 기억되기 쉬워야 한다. 넷째, 레스토랑의 메뉴에 대한 특징을 잘 전달할 수 있어야 한다. 다섯째, 목표고객의 특성과 기호, 일치하는 친근감을 제시할 수 있어야 한다. 여섯째, 일정 이상의 점유율을 확보하였다면 체인화를 위한 확장성이 있어야 한다. 일곱째, 기업의 고유 이미지를 담은 독창성으로 참신한 아이템을 가지고 있어야 한다. 여덟째, 고객의 흥미와 재미를 추구할 수 있으며, 위트가 있으면 더욱 좋다.

(2) 로고

로고는 로고타입(logotype)의 약자로, 기업의 고유한 특성이나 독특한 문양, 모형, 서체 등으로 표현된다. 기업의 브랜드나 점포의 특징, 서비스를 식별하는데 사용되며 명칭, 기호, 디자인 등을 총칭하고 있다. 레스토랑에서 특정 메뉴를 고객들에게 강력하게 인식시키고자 하며, 상징물이나 로고(logo), 아치 등을 설치하고 있다. 로고타입은 제품이 지니는 이미지를 쉽게 전하며, 인상 깊게 하는 역할을 한다. 따라서 고객의 기억 속에 오래남아 누구나 쉽게 이용할 수 있으며 대중에게 호감을 줄 수 있어야 한다.

(3) 심벌(symbol)

심벌은 그리스어의 symbolon이 어원이며 이후 상징이라는 의미를 뜻하고 있다. 로고나 심벌이 시각적인 특성으로서 중요한 이유는 언어적 정보보다 고객이 지각하여 기억하는데 유리하기 때문이다. 심벌 자체에서 인지하여 연상하는 이미지는 품질로서 지각하게 된다.

거리의 네온사인은 어둠 속에서 휘황찬란하게 빛나는 존재이지만 일정한 사물의 내용과 의미를 전달하는 역할을 한다. 이와 같이 그 성질을 직접 나타내는 기호(sign)와는 달리 상징은 그것을 매개로 다른 것을 알게 하는 역할을 한다.

(4) 브랜드 마크(brand mark)

법률적으로 기업의 상징성을 보호받을 수 있는 브랜드마크는 특정 상품이 시장에 출시되었을 때 경쟁사의 상품과 식별할 수 있는 기호, 문자, 도형, 표시, 부호이다. 상업적 목적을 위하여 모방할 수 없도록 의장 특허를 받아 그 효력을 발휘할 수 있다. 여기에는 자연생태계에서 표현할 수 있는 동식물, 해산물, 어류 등의 디자인이나 색채, 글자, 배치 등을 포함하고 있다.

예를 들어 경기도 평택항 홍보관에 경기도지사 인증 G마크 우수 농·특산물이 한 자리에 모였다. 경기지방공사(사장 최홍철)와 경기농림 진흥재단(대표이사 김정한)은 평택항 홍보관에서 'G마크' 우수 농·특산물 전용 판매관 개관식을 가졌다(경기일보, 2013.3).

경기도 우수 농·특산물과 친환경농산물, 품질인증농산물 등 도내에서 생산되는 40여 개 품목이 전시·판매된다. "경기도의 글로벌 무역창구인 평택항에 우리 농민들의 땀과 정성을 들여 수확한 우수농산물을 알리게 되어 기쁘게 생각한다"고 하였다. 매년 홍보관을 찾는 6만 명 이상의 내외국인에게 경기도 농·특산물의 우수성을 적극적으로 홍보하여 매출 신장을 이뤄 농촌 지역사회 발전과 지역경제 발전에 이바지 할 수 있도록 최선의 노력을 다하겠다"고 밝혔다.

한편 평택항 홍보관은 지난 2004년 2,270㎡의 면적에 지상 3층으로 건립됐으며 △항만 체험존 △멀티미디어실 △크로마키존 △게임존 △전망대 등의 시설을 갖추고 있다. 법정 공휴일을 제외한 평일 오전 9시부터 오후 6시까지 무료로 운영되며 무료 영화 상영과 체험학습 프로그램, 평택항 부두시설 전반을 항만 안내 선에 승선해 둘러볼 수 있는 투어 서비스도 운영하고 있다.

(5) 상품 외장(trade dress)

환대산업에서 호텔 및 레스토랑의 규모와 크기, 외관, 형태, 색상, 조명 등 경쟁기업과 구별할 수 있는 독특한 이미지를 의미한다. 최근 지적 소유권의 하나로 외부적 디자인이나 조경, 상징성 등 법률적으로 보호받을 수 있는 권리로 레스토랑의 외부조경이나 점포이미지 등 그 형태가 부각되고 있다.

(6) 슬로건

슬로건은 기업 브랜드의 고유명사로 경영자의 철학과 사상, 기업이념, 정보의 의미 등을 포함하고 있다. 브랜드를 구체화하여 빛나게 하는 역할을 하며, 기업이 추구하는 목표와 연상할 수 있는 이미지에서 그 혜택을 찾을 수 있다. 특히 고객이 공감할 수 있어야 하며, 브랜드 특성을 반영하는 참신성과 독창성에서 고유한 메시지를 담아야 한다.

〈그림 10-1〉 외식 브랜드

이상과 같이 기업 브랜드를 결정하는 의미는 신규고객 확보와 고정고객의 충성도를 강화하기 위한 유치 전략으로 슬로건은 활용되고 있다. 외식기업의 수익 창출은 우수한 인재를 통하여 가능하다. 이러한 능력은 프리미엄으로 브랜드가 되는데 기업은 조직 구성원들에게 분명한 메시지와 철학, 비전을 제시하여야 한다. 따라서 브랜드의 강력함이 주는 슬로건은 개별 상품보다 기업 경영에서 강력한 영향력을 가질 수 있다.

3) 브랜드 중요성

특정 상품을 구별하는데 사용되는 브랜드는 자사상품이 경쟁자보다 우수함을 고객에게 인지시켜 판매 효율성을 극대화하는 데 그 목적이 있다. 기업입장에서는 갈수록 광고 촉진비용이 늘어나며, 수많은 브랜드들은 하루에도 수없이 출시되면서 유지하거나 사라지는 것을 반복하고 있다. 하지만 자본력을 바탕으로 M&A나 특정 브랜드를 매입하여 짧은 시간 내 높은 점유율을 확보하는 전략을 추진하기도 한다. 브랜드의 명성은 기업 전략차원에서 중요한 역할을 하므로 이러한 가치의 혜택은 판매량을 증가시키는 자산이 된다.

강력한 브랜드를 시장에 구축하는 것은 치열한 경쟁상황에서 자사의 우위확보와 쉽게 모방할 수 없는 수단을 확보할 수 있기 때문이다. 단기간에 이익을 기대하기 어렵더라도 지속적인 마케팅 촉진 전략을 추진하여 우수 브랜드로 인식하게 할 수 있다. 또한 동종 업계의 리더로서 선도할 수 있으며, 상권 내 경쟁자의 진입을 막을 수 있는 경쟁력을 가질 수 있다.

(1) 고객측면

기업의 브랜드는 상품의 품질을 증명해 준다. 고객은 브랜드 인지도가 높을수록 고품질로 인식하게 된다.

첫째, 일반적인 경영자들은 호텔 및 고급 레스토랑을 운영할 때 계속적으로 고품질의 서비스를 제공하거나, 인테리어 시설을 화려하게 하는 등 서비스품질의 개선작업을 시도하여 품위 있게 유지하려 노력한다.

둘째, 고객이 브랜드를 현명하게 구매할 수 있게 편리성과 효율성을 가지고 있어야 한다. 반면 기업은 시장에 노출된 정보를 바탕으로 가격과 품질을 쉽게 비교할 수 있어야 하며, 서비스 품질을 향상시키고자 노력한다.

셋째, 기업의 브랜드는 품질의 일관성을 유지하여야 한다. 이러한 정보를 고객에게 제공함으로써 소비자의 신뢰를 확보할 수 있다.

세계적인 패스트패션(fast fashion)이 뜨고 있다. 트렌드에 맞춰 자주 신상품을 내놓는 의류사업인 H&M 한국지사는 뜻밖의 연락을 받았다. 프랑스 명품 브랜드인 '소니아 리키엘' 담당자로부터 "고맙다"는 인사가 온 것이다. 니트 한 벌에 100만 원 하는 리키엘 측이 티셔츠 하나에 6~7천 원에 파는 H&M에 고개를 숙인다는 것은 상상하기 힘든 일이다. H&M이 명동에 진출하면서 리키엘과 협업하여 한정 상품을 내놓았다. 매장 문을 연 지 27분 만에 매진되었다. 그 소식이 알려지면서 소비자들은 얼마나 대단한지 궁금하다며 백화점 매장으로 몰려들었다는 소식이다. 90년대 풍미하던 명품이 디자이너에 밀려 인지도가 떨어지던 차에 '협업' 덕택으로 다시 뜬 것이다.

이번 판매가격은 니트 의류가 최저 2만 9,000원에서 최고 10만 원 정도이다. 그동안 '샤넬'의 수석 디자이너인 칼 라거펠트에 의한 '꼼데 가르송'과 레이 가와쿠보의 '지미 추' 등 톱디자이너와 협업하여 폭발적인 인기를 누렸다. 2004년 칼 라거펠트 제품이 나왔을 때 뉴요커들이 수백미터 줄을 선 채 밤을 새워 'H&M 노숙인'이라는 신조어까지 생겼다.

일본 패스트패션 유니클로와 협업한 독일명품 '질 샌더'도 비슷한 케이스다. '유니클로 플러스제이(+J)'의 경우 출시 당일 명동에 국내 옷 잘 입는다는 남성들이 한꺼번에 몰렸다. 몇 년 동안 적자를 냈지만 협업한 후 인지도가 올라 몰락하는 명품업체들이 속속 회생하고 있다(조선일보, 2010.3.13).

(2) 기업측면

첫째, 브랜드 인지도는 경쟁사의 제품과 차별화를 제공할 수 있다.

둘째, 호텔 식음료 업장이나 고급 레스토랑은 고객 수준에 맞는 정보를 재생산할 수 있어야 한다. 현대인들이 즐기는 인터넷은 시간과 장소, 공간과 상관없이 어디에서나 활용 가능한 정보를 제공하고 있다. 특히 손안의 모바일 폰은 그 사용상의 용도를 확장하여 재생산하고 있다.

셋째, 기업의 강력한 브랜드는 기존 시장의 유통흐름을 선도할 뿐 아니라 새로운 경쟁자의 진입장벽을 설치하여 경쟁우위를 확보할 수 있다.

넷째, 브랜드 이미지 구축은 레스토랑의 이용시설이나 신 메뉴 출시 때 고객에게 저항감 없이 다가갈 수 있는 경쟁력이 된다.

다섯째, 기업의 강력한 브랜드는 시장을 선도할 뿐 아니라 고객에게 자사상품의 우수성과 안전성을 제공할 수 있다.

여섯째, 브랜드 인지도는 기업의 경쟁 상황에서 우위확보 수단과 전략요소가 된다.

이와 같이 가격을 높게 책정하여도 계속적으로 수익을 창출할 수 있다는 점이 대표적인 브랜드 전략이라 하겠다.

일곱째, 특정 브랜드에 대한 특허로 법적보호를 받을 수 있으며, 로열티와 지적 소유권을 확보할 수 있어 경쟁력을 가질 수 있다.

(3) 사회적 측면

첫째, 시장의 다양한 브랜드는 경쟁을 촉발시켜 고객의 선택권을 넓혀줄 수 있다. 특히 개별 브랜드의 특성과 기술, 품격, 가격, 서비스 등의 기능은 고객에게 상품구매에 따른 효용성의 혜택을 줄 수 있다.

둘째, 소비자의 권익보호와 생산, 유통에 대한 경로를 투명하게 할 수 있다. 고객은 다양한 정보원천을 바탕으로 상품의 질을 비교할 수 있어 구매활동을 편리하게 할 수 있다.

셋째, 브랜드 상승은 국가차원의 이미지와 지역사회에 기여할 수 있다. 특히 고용창출과 지역사회 발전, 지역브랜드의 상징성 등에 따라 고객 상호 간의 유대관계를 강화하며, 그에 따른 파급효과를 확대할 수 있다.

2. 브랜드 기능

기업의 브랜드기능은 소비자의 호감과 인지도 상승으로 경쟁력을 확보하는 원천이 된다. 강력한 브랜드는 사업을 다각적으로 확장할 수 있으며, 상품 이미지를 향상시켜 촉진비용을 절감시킬 수 있다. 이와 같은 브랜드 기능은 고객의 구매행동을 촉진시키는 본원적 기능과 부가적 기능으로 나눌 수 있다.

1) 본원적 기능

브랜드의 품질과 정보, 용역, 아이디어, 재화가 교환되는 시장은 상품의 출처기능에 따라 기업의 신용과 구매하는 고객의 가치에 따라 구별되는 본원적 기능으로 제시된다.

첫째, 제품을 생산하고 가공, 유통하는 시장에서 기본적으로 제시되는 본원적 기능은 브랜드의 성능과 품질에서 가능하다. 식재료의 원산지, 생산자주소, 성명, 전화번호, 지역특성 등을 명시함으로써 소비자의 신뢰는 물론 안심하고 구매할 수 있게 한다.

둘째, 브랜드의 신용도를 나타낼 수 있다. 시장은 각종 브랜드가 난립하고 있어 경쟁자보다 우위를 확보해야 하는 기업 입장에서 차별화 전략으로 제시된다. 이러한 본원적 기능을 향상시켜 충성도를 높일 수 있다.

셋째, 브랜드의 본원적 기능은 자산이 된다. 브랜드는 기업 가치를 평가하는 척도로 인식되며, 경제적, 재무적 자산 가치는 물론 M&A 상황이나 양도시 그 가치가 부각될 수 있다.

2) 부가적 기능

기업의 브랜드 상승으로 인한 인지도(awareness) 향상은 고객의 충성도를 높일 수 있다. 이를 구매하는 소비자의 위상은 브랜드를 통하여 얻을 수 있는 가치의 혜택으로 다음과 같은 부가적 기능으로 제시된다.

첫째, 인지도에 대한 강화요인으로 과거에 구매한 경험을 통하여 현재의 구매시점에 떠올리는 재인(再認)을 한다. 또한 구매제품을 나중에 재생하는 등, 회상(回想)하게 된다.

둘째, 충성도(royalty) 강화요인은 고객이 재구매할 수 있게 영향을 미치는 심리적 기능이다. 개인의 경험과 지식, 구전에 따른 상품 가치를 지각하게 되며 이를 바탕으로 구매를 결정하게 된다. 첫 번째 구매 제품의 깊은 인상은 재구매시 의사결정을 강화시킬 수 있다. 따라서 브랜드의 부가적 기능은 인지도를 확장시키는 요소로 시장의 우월적 지위를 가능하게 한다.

셋째, 기업의 브랜드 전략에 따른 차별화로 시장의 지위를 향상시킬 수 있다. 시장을 선도하는 브랜드라면 계속적으로 인지도를 유지할 수 있을 것이다. 따라서 경쟁사가 모방하거나 새로운 진입자가 침투하여도 짧은 시간 내 점유율을 뺏어가기는 어렵다. 부가적 기능을 제시함으로써 경쟁우위와 차별화를 확보할 수 있다.

넷째, 고객의 위상에 따라 브랜드 효과는 차이가 날 수 있다. 제품 인지도는 기업위상과 구매빈도에 따라 비례하여 나타나게 된다. 인지도를 강화할 수 있는 요인은 브랜드 전략이다. 이는 기업의 위상과 효율성을 극대화할 수 있는 전략이 된다.

3. 브랜드의 정보와 의사결정

1) 소비자의 정보선택

소비자는 의사결정을 하기 위하여 수많은 정보를 인식하게 된다. 자신과 상관없이 정보량이나 정보의 중요성, 정보의 새로움, 정보의 처리단계에 따라 다른 선택을 할 수 있다. 이를 구체화하면 다음과 같다.

첫째, 고객은 자신과의 관련 정도에 따라 정보를 받아들이는 태도가 달라진다. 대중매체를 통한 인터넷, TV, 라디오, 신문 등 수많은 정보에서 자신에게 맞는 정보를 받아들이게 된다.

둘째, 고객은 관여정도에 따라 정보의 깊이에서 차이가 있다. 자신의 관여도에 따라 정보를 처리하는 시간과 노력은 다르지만 구매의 부조화를 줄이려 노력한다. 이러한 현상은 관여상황에 따라 받아들이는 정보가 제한적일 수 있기 때문이다.

셋째, 고객은 새로운 정보에 대하여 의심하거나 혼돈을 일으킬 수 있다. 예를 들어, 아웃백은 '스테이크 하우스'라는 차별화된 브랜드 명을 사용하였다. 고객들은 스테이크라는 메인 요리의 정보를 구체적으로 인식하여 자연스럽게 아웃백의 신뢰를 증가시키고 있다. 따라서 기존 시장의 흐름과 다른 브랜드 명이나 상징성을 부여받았을 때 추가정보 없이 신뢰하게 된다.

2) 의사결정 과정

브랜드의 의사결정 과정은 브랜드의 주체와 브랜드 전략, 브랜드 명 등 기업의 마케팅 촉진 전략 차원에서 체계적으로 이루어져야 한다.

(1) 브랜드 명

브랜드 명은 시장의 거래를 용이하게 하는 상품과 서비스를 식별하는 명칭, 기호, 디자인 등을 총칭한다. 즉 말로써 표현할 수 있는 것을 브랜드 명(名)이라 한다. 말로써 표현할 수 없는 기호, 디자인, 스토리 등은 브랜드 마크라 한다. 브랜드 명, 브랜드 마크 가운데 그 배타적 사용이 법적으로 보증되어 있는 것은 상표(트레이드 마크)라 한다. 브랜드 명은 제조업자에 속하느냐 유통업자에 속하느냐에 따라 메이커 브랜드와 프라이빗 브랜드(private brand)로 나누어진다.

메이커 브랜드는 자사 제품에 사용하는 것이며, 프라이빗 브랜드는 대형 소매점, 도매점 등 유통업자가 자신들이 판매하는 제품에 대하여 사용하는 것이다. 상품의 대부분은 이들 유통업자의 기획 아래 위탁 생산되는 것이다. 품질에 비하여 가격이 싼 것이 특징이다. 기업은 자사 제품에 브랜드 명을 부여하는 것 그것을 경쟁 상대의 제품과 명확히 구별하기 위해서이다. 이러한 것은 소비자의 상표 충성도(brand loyalty)에 대한 존재와 무관치 않다.

로열티는 브랜드 선택에 있어 소비자가 어느 특정한 브랜드에 대하여 갖는 호의적인 태도이다. 그에 따라 반복적인 구매 성향을 보이며, 구매빈도가 높고 그 품질을 사전에 확인할 수 없는 제품일수록 그러한 경향이 높다. 브랜드의 이미지는 소비자의 기호에 따른 일치여부, 위험회피, 태도, 습관형성, 개인적 성향 등을 그 예로 들 수 있다. 일반적으로 어떠한 브랜드에 대한 지명도가 높은 시장에서는 그 브랜드와 관련된 신제품을 출시하면, 각 제품의 판매촉진활동이 하나의 브랜드 아래에서 상승 효과를 낼 수 있다.

기업의 마케터는 브랜드 명을 어떻게 결정할 것인가를 판단하여야 한다. 브랜드 명은 상품이 갖추어야 될 중요 자산으로 고객이 어떻게 인식하게 할 것인가가 중요하다. 지역 자치단체는 특산물의 식재료를 중심으로 레스토랑의 브랜드를 결정하는데 영향을 미친다. 주재료가 어떤 것인가에 따라 고객이 느끼는 이미지는 다르게 평가된다. 특히 이천 쌀밥집, 횡성한우 정육식당, 제주흑돼지, 목표 삼합, 풍천장어구이, 안동 간 고등어, 영광 법성포 굴비, 제주 흑돔, 여수돌산갓김치 등은 브랜드 명으로 널리 알려져 고객의 마음속에 자리한 지 오래되었다. 그 외 성환 배, 화성 배, 안성 포도, 성주 참외 등의 과일이나 영양 고추, 청양 고추, 풍기 인삼, 남해 마늘, 대관령 고랭지 배추, 창녕 양파, 무안 대파 등 지역과 연계하여 특산품으로 그 가치를 인정받고 있다.

(2) 브랜드의 주체 결정(brand sponsor decision)

브랜드의 주체를 결정하는 것은 기업이 우선시하는 구체적인 가치를 담고 있어야 한다. 독립 점포인가? 프랜차이즈 점포인가? 생활필수품점인가? 산업용품점인가? 등에 따라 브랜드를 결정하는 주체는 다르다 하겠다.

예를 들어 SPA브랜드(specialty store retailer of private label apparel brand)는 자사의 기획브랜드 상품을 직접 제조하여 유통까지 하는 전문 소매점이다. 제조사가 정책 결정의 주체가 되어 대량생산 방식을 통하여 효율성을 추구하고 있다. 제조원가를 낮추어 유통단계를 축소시키며, 저렴한 가격에 빠른 상품 회전을 특징으로 한다. 그 대표적인 것이 패스트패션 전략이다. 만들기만 하는 게 아니라 팔기까지 해 가격을 낮추며, 유행을 빨리 반영하여 시장을 장악하고 있다. 의류시장에서 시작된 이 생산 방식은 경기 침체기의 중요한 생존 전략으로 각광받으면서, 전 분야로 확장되고 있다.

특히 여성용 하이힐, 신사화, 샌들까지 매장을 가득 채운 신발들은 3만 원대 숙녀화로 가격이 싸다. 디자인은 최신 유행의 성향을 띠고 있다. 비결은 구두 만드는 제조사가 매장까지 직영으로 운영하기 때문이다. 통상 매출액의 35%에 달하는 백화점 입점 수수료 등 유통비가 줄어들면서 가격이 싸지고, 재고 소진 등 유통속도가 빨라지니 최신 유행까지 선도할 수 있는 전략방식이다. 구두뿐 아니라 백화점 30% 수준의 골프 웨어 등 과거 백화점 단골 고가품목도 패스트패션 방식을 채택하고 있다. 기존의 백화점 브랜드는 수수료와 인건비가 전체 의류 비용의 절반 정도를 차지하였다. 패스트패션 방식은 치열한 저가경쟁과 빠른 회전율로 생존전략이 절실하였던 전 산업으로 확대되고 있다. 불황의 골이 깊어지면서 불황 속 생존 전략으로 인식되고 있다.

(3) 브랜드 전략(brand strategy)

기업은 브랜드 활성화를 위하여 노력하고 있다. 개별 브랜드로 결정할 것인가, 공동 브랜드로 결정할 것인가, 혼합 브랜드로 결정할 것인가를 선택하여야 한다.

첫째, 개별 브랜드 전략(individual brand strategy)이다. 기업의 생산제품에 대하여 각기 다른 브랜드 명을 부착하여 인지도를 높이는 전략이다.

맥도날드는 빅맥으로 롯데리아는 라이스버거로 고객에게 소구하였다. 개별 브랜드의 이점은 한 브랜드가 시장에서 실패하더라도 다른 브랜드 상품에 영향을 미치지 않는다는 사실이다. 각 브랜드별 차별화된 이미지를 구축함으로써 고객의 욕구를 충족시킬 수 있을 뿐 아니라 기업 브랜드의 이미지를 상승시킬 수 있다는 장점이 있다.

경남·부산·울산지역을 아우르는 한우 브랜드가 경남 농협을 중심으로 "경남 한우 공동 브랜드 사업단이 발족하였다. 미국산 쇠고기 등 한우시장을 보호, 육성하기 위하여 지역 자치단체마다 경쟁적으로 추진하는 특산품 중의 하나로 경상남도 내 18개 지역 축협과 부산 축협·울산 축협 등 1,100여 개 한우농가가 참여함으로써 명실상부한 광역 브랜드를 탄생시켰다. 사업단은 도내 20개 시·군 중 10개 지역 축협이 정부인증으로 개별 브랜드를 보유하고 있다는 점을 감안하여 당분간은 공동 브랜드를 대표 브랜드로 표기하는 방식을 채택하고 있다. 사업추진을 전담하는 경남농협은 경남도와 협약하여 유통시설의 개선과 지원, 소고기 이력추적시스템을 활용한 유통 등급별 출하에 따른 장려금지원, 축산물 공판장 현대화 등 15개 기반 확충 사업을 펼쳤다(서울경제신문, 2011.5.22).

경남 한우 공동 브랜드가 확정되면서 한우협회와 유통업체, 소비자단체와 함께 공동 브랜드를 출범하여 전속 계약거래가 이루어질 수 있는 양해각서(MOU)를 체결하였다. 지역의 축산물과 연계하여 그 범위를 확장시키며 수입 소고기와의 경쟁에서 우위를 점할 수 있다는 판단이다.

둘째, 공동 브랜드(co-brand) 전략이다. 전략적 제휴를 통하여 신제품에 두 개의 브랜드를 공동으로 표기하여 사용하거나, 시장의 지위가 확고하지 못한 중소업체들이 공동으로 개발하여 사용하는 브랜드를 의미한다. 예를 들어 대구광역시를 대표하는 '쉬메릭(CHIMERIC)', 부산광역시의 '테즈락(TEZROC)'과 같이 지역을 기반으로 하여 같은 업체들이 지역경제 활성화나 해외시장의 판로를 개척하기 위하여 개발한 사례이다. 미국 캘리포니아 오렌지 업체들의 '썬키스트(Sunktst)', 국내 가죽제품 브랜드인 '가파치(CAPACCI)', 중소 신발업체가 공동으로 개발한 '귀족' 브랜드 등이 여기에 속한다.

최근 한정된 고객의 기반을 넓히고자 자사제품의 브랜드 가치를 높이기 위한 목적으로 대기업 간 또는 서로 다른 업종 간에도 사용되고 있다.

일본의 자동차 제조업체인 도요타는 마쓰시타 전기 등 7개 업체들과 협력관계를 구축하여 공동 브랜드인 '윌(Will)'을 개발하였다. 신세대를 타깃으로 자동차에서 가전, 식품, 문구, 여행 등 다양한 제품의 범주를 확대하여 고객층을 넓히고 있다. 이러한 공동 브랜드는 하나의 브랜드를 공동으로 사용함으로 마케팅 촉진비용을 절감할 수 있을 뿐 아니라 제품에 대한 원가절감을 통하여 품질향상에 기여할 수 있다. 특히 협력사 간의 기술과 마케팅, 시장정보 등을 공유할 수 있다. 이들 제품에서 최고의 품질을 일관되게 유지하려는 전략으로 시너지효과를 극대화할 수 있다. 그러나 공동 브랜드를 사용하기 위해서는 각 브랜드의 단점을 최소화하여 장점을 부각시키는 촉진활동이 필요하다.

제2절 | 브랜드 자산

1. 브랜드와 자산

1) 브랜드 자산의 개념

자산(equity)은 특정 브랜드를 소유함으로써 얻게 되는 혜택으로 마케팅 촉진 효과로 정의된다. 레스토랑에서 잘 구축된 특정 브랜드는 고객에게 좋은 이미지로 인식되지만 모방이 용이한 특성으로 오래도록 특정 브랜드의 명성을 유지하기가 어렵다. 특히 레스토랑에서 생산하는 상품은 유형적이지만 고객이 구매하는 것은 편익적 혜택이다. 고객의 기호와 시장의 변화를 수용하는 브랜드는 오랜 기간 사랑을 받을 수 있지만 그렇지 못한 기업은 경영의 어려움을 겪게 된다. 이러한 브랜드의 신뢰는 파위가 되어 경쟁 환경에서 계속적으로 수익을 창출할 수 있는 자산이 된다.

브랜드자산(brand equity)은 고객의 충성도에서 그 가치를 창출할 수 있다. 고객관리를 위한 메뉴의 종류와 신선함, 청결, 맛, 영양 등은 고유한 자산으로 촉진 전략이 될 수 있다. 인지도(awareness)는 연상(association)된 이미지 차원에서 고객이 얼마나 알고 있는가? 또는 식재료의 생산지역이 어디인가 등에 따라 긍정 또는 부정적으로 평가된다.

롯데리아, 맥도날드 등은 특정메뉴가 기업의 브랜드와 점포명으로 인식되어 상징성을 나타내고 있다. 로고는 브랜드의 일부가 되어 이미지를 창출하는 상징물이 된다. 브랜드에 대한 고객의 인식은 어떻게 이미지를 형성하며, 구매시점에 상기시킬 수 있는가에서 파악되어진다. 브랜드에 대한 호의적인 기억은 이미지를 친숙하게 하며, 자산의 가치를 높일 수 있는 수단이 된다.

2) 브랜드 중요성

고객은 레스토랑의 명성이나 규모, 입지, 분위기, 유명정도에 따라 고유한 브랜드의 이미지를 형성하게 된다. 이러한 레스토랑의 상품은 틀림없이 음식과 시설, 일정 수준 이상의 맛과 접객서비스, 위생적으로 안전한 청결성을 가진 좋은 식재료를 사용할 것이라는 인식하에서 품질을 결정하게 된다. 브랜드는 매출향상과 경영성과에 중요한 역할을 한다. 따라서 다음과 같은 편익적 혜택을 제공할 수 있어야 한다.

(1) 브랜드가 고객에게 주는 혜택

첫째, 브랜드는 고객이 기업의 상품과 서비스품질을 결정하는 데 있어 일정 수준 이상의 기준을 제시해 준다. 둘째, 브랜드에 대한 인식은 기업이 제공하는 정보의 신뢰성으로 고객의 선택을 안전하게 한다. 셋째, 브랜드 이미지는 고객만족도를 향상시킨다.

(2) 브랜드가 기업 또는 점포에 주는 혜택

첫째, 브랜드는 점포 이미지를 긍정적으로 유도하여 친근감을 향상시킨다. 둘째, 기업의 브랜드 및 제품에 대하여 법적 보호를 받을 수 있다. 셋째, 고유한 브랜드 이미지는 경쟁점과 차별화 수단이 된다. 넷째, 기업 브랜드에 대한 호의적 이미지 창출은 프리미엄 가격으로 책정된다. 다섯째, 광고 및 촉진 전략에서 비용지출을 줄일 수 있다. 여섯째, 기업에 대한 브랜드의 충성도는 안정적인 매출을 창출할 수 있다. 일곱째, 기존 경쟁자와 신규 진입자의 보호 장벽으로 경쟁력을 확보할 수 있다. 여덟째, 유통과정의 주문, 검수, 입고, 재고, 매장관리 등 효율적으로 관리할 수 있다. 아홉째, 기업과 점포 간의 커뮤니케이션활동을 원활히 수행할 수 있다.

2. 브랜드 자산의 구성요소

브랜드는 상품의 이름 및 상징성에서 결합된 자산으로 고객의 신뢰에 영향을 미치는 집합체이다. 기업이 고객에게 제품이나 서비스를 제공하는 품질 수준으로 정의된다(Aaker, 1991). 브랜드 네임, 로고, 색상의 상징성은 기업의 자산이자 부채가 될 수 있다. 이러한 상품은 고객에게 가치를 증가시키거나 때론 감소시키는 역할을 하기도 한다. 따라서 소비자 중심의 시장에서 제공되는 브랜드는 자산적 가치가 높으며, 브랜드의 인지도와 충성도, 지각된 품질, 연상된 이미지로 구성할 수 있다.

1) 브랜드 인지도

고객은 기업에서 제시하는 상품을 곧바로 구매하는 행동을 하지는 않는다. 각 기업의 업종이 가지는 특성과 입지, 규모, 시설, 분위기 등에 따라 개인이 인지하는 가치와 혜택이 다르기 때문이다. 이와 같이 고객들은 학습된 지식과 개인적 구매경험을 바탕으로 인지하는 능력은 다르지만 빠른 구매결정의 방법으로 브랜드를 선택하고 있다. 하지만 개인적으로 고려하는 친근함이나 친숙함의 정도에 따라 브랜드 인지도는 달라질 수 있다. 특히 외식업의 특정 메뉴는 생리적 욕구차원에서 개인적 특성과 상황, 알고 있는 정도 등에 따라 구매에 영향을 미친다. 따라서 낯선 상황보다 인지도가 높은 상태에서 호의적으로 반응하며 동행인이 누구인가, 시간적 여유가 있는가? 주머니 사정은 어떠한가? 등에 따라 달라질 수 있다.

예를 들어, 배고픔을 간단하게 해결하려면 자연스럽게 떠오르는 상품이 있다. 빵이나 햄버거, 샌드위치, 김밥, 자장면, 칼국수, 쫄면 등이 될 것이다. 하지만 특정 브랜드를 알고 있거나 쉽게 떠올릴 수 있다면 그 브랜드를 우선적으로 상기시키게 된다. 이와 같이 특정 브랜드의 인지도는 파워가 되며, 개인 소비자의 경제적 여유 등을 고려하여 구매선택을 달라지게 할 수 있다.

첫째, 브랜드의 자산적 가치는 다르다. 각 개인이 가지는 경제적 여유와 브랜드의 선호도에 따라 다르게 평가된다. 즉 주머니 사정에 따라 여유가 있다면 맛있는 식사를 연상할 것이다. 그렇지 않다면 배고픔의 생리적 문제만을 해결하게 될 것이다.

둘째, 고객은 인지 구조적인 관점에서 브랜드의 가치를 측정하게 된다. 인지정도는 개별적인 관심도에 따라 달라지며 충성도는 구매행동에 영향을 미친다.

셋째, K-BPI(Korea brand power index)에 의하여 제시되는 측정방법으로 소비자 관점의 브랜드 인지도(brand awareness)와 브랜드 로열티(brand loyalty)로 나눌 수 있다. 브랜드 인지도는 브랜드 파워를 측정하기 때문에 사후적 측정과 재무적 관점에서 시장의 성장성과 안전성, 인지여부 등으로 평가된다. 브랜드 로열티는 소비자가 습관적으로 특정 브랜드를 선호하거나 계속적으로 구입하는 것이다. 로열티가 높은 상품은 자연히 그 시장을 독점할 수 있기 때문에 기업은 브랜드에 대한 로열티를 높이고자 노력한다.

넷째, 브랜드 자산을 활용한 대표적인 마케팅으로 기존 브랜드에 대하여 소비자가 느끼는 인식, 충성도, 연상된 이미지 등 브랜드의 지식 차원으로 평가된다. 이러한 유형은 동일한 상품군 내 라인과 카테고리로 확장될 수 있다.

신혼여행을 준비하는 예비자들에게 특정 호텔과 레스토랑의 이국적 분위기가 노출되면 이들은 계속적으로 정보를 탐색하게 된다. 꼭 머물고 싶은 장소와 이국적인 음식을 경험할 수 있는 기회일 뿐 아니라 결혼은 개인적으로 고관여 상황이기 때문이다. 이러한 브랜드의 결정과 선택은 평소에 잘 알고 있거나 노출된 정보의 양과 광고정도, 홍보의 양, 구전 유무 등에 따라 달라지기 때문에 브랜드 인지도는 훌륭한 촉진수단이 된다.

2) 브랜드 이미지

브랜드 이미지를 바탕으로 구축된 인지도는 강력한 기업의 자산이 된다. 고객들에게 기업의 상품을 심어주는 것은 전체적인 인상을 오래도록 기억 속에 남겨두기 위해서이다. 고객은 자신이 좋아하는 브랜드에 대한 첫 인상을 다양한 형태나 현상으로 축적하였다. 특정 구매시점에 그 정보를 꺼내 쓸 수 있기 때문이다. 오랫동안 고객의 특별한 경험이나 추억할 수 있는 재미 등은 장기적인 기억 속에서 보관하였다가 다음의 레스토랑을 선택할 때 유용한 정보로 활용된다. 특히 새로운 관여상황이 주어졌을 때 자연스럽게 회상하게 되며, 구매결정에 영향을 미친다. 예를 들어 '아웃백'은 오지, 캥거루, 부메랑, 스테이크 등으로 연상된다. 고객은 특정 점포의 이미지에 노출된 호기심과 상징성에서 독특함으로 기억하게 된다. 이는 점포를 선택할 때 자연스럽게 회상되어 장소결정에 영향을 미친다. 브랜드로 인하여 상품의 속성과 관련된 품질을 유추할 수 있으며 이러한 용도는 개인적 성향과 느낌, 경험 등으로 연상될 수 있다.

첫째, 고객이 받아들이는 브랜드 이미지는 제품유형으로 제시된다. 브랜드의 고유한 정체성(identity)은 긍정적 이미지를 형성하게 된다. 햄버거는 롯데리아, 맥도날드가 생각나듯이 치킨 하면 KFC나 BBQ가 먼저 떠오른다. 이와 같이 특정 브랜드는 상호 연관성을 가지며, 새로운 범주로 고객의 기억 속에 회상되어 고유한 상품의 유형으로 인식하게 된다.

둘째, 브랜드 연상은 상품의 속성과 편익이다. 속성은 고객이 원하는 제품의 기능적 혜택을 의미한다. 레스토랑에서는 식재료를 중요하게 생각한다. 식재료의 원산지에 따라 그 영향과 기능성은 차이가 있기 때문이다. 원산지 표시는 친환경과 무공해, 무농약, 웰빙 등으로 자사의 우월적 지위를 강화할 수 있으며 고객의 구매행동을 유발시키는 내적 동인(drive)이 된다.

셋째, 시장에서 구축된 특정브랜드는 고가격의 프리미엄을 가질 수 있다. 상대적으로 비싼 가격이라도 소비자에게 잘 인식된 브랜드로 고객이 받아들이는 신뢰성의 원천이 된다. 예를 들어 광화문 사거리의 촛불시위는 광우병에 대한 잘못된 인식으로 많은 사람들이 길거리로 쏟아져 나오게 하였다. 미국산 소고기가 광우병의 직접적인 원인이 아님에도 유언비어로 유포되어 전통적인 우방 국가인 미국과의 관계를 불신하게 되었다. 불매운동을 넘어 국민들의 안전한 먹거리와 생존권을 위협하는 요소로 사회적 이슈가 되었다. 특히 이명박 정부의 초기 국정 계획에 차질을 빚을 정도로 큰 위협 속에서 정치를 실종시켰다. 집회에 참여한 구성원의 60%는 여고생이거나 주부로 애기를 유머 차에 실은 30대 주부들의 모습은 해외 토픽의 일면을 장식하기도 하였다. 아무리 건강에 무해한 품질과 청정성을 강조하여도 한 번 잘못 인식된 이미지는 회복하기 힘들다는 점을 단적으로 보여주고 있다. 이와 같이 소비자는 인체에 무해하며 잘못된 정보라 하여도 진위여부와 상관없이 특정 국가의 이미지, 지역 이미지, 상품 및 브랜드에 거부감을 가지게 된다.

넷째, 소비자는 특정 브랜드를 구매하면서 상품과 자신을 동일시하려 한다. 상품에 대한 이미지를 자신과 연계하여 행동하려 하며, 대중적인 친숙함은 기업의 브랜드로 인식하여 신뢰하게 한다. 기업은 모델을 통하여 자사 상품에 대한 호감도를 높이고자 노력한다. 예를 들어 피겨여왕으로 등극한 김연아는 저지방 우유를 비롯하여 여러 개의 광고를 하고 있다. 쉼 없는 연습을 통하여 포기하지 않는 도전과 열정, 우아함, 기술, 실력 등으로 많은 사람들에게 사랑받고 있다. 국민배우 안성기의 커피광고와 성실함과 멀티플레이어로 인식되는 박지성의 에너지 광고 등 기업은 이들을 통하여 상품의 우수성을 나타내려 하며, 소비자들에게 자사의 상품과 모델을 연계하여 신뢰하도록 촉진 전략을 추진하고 있다.

　최근 광고의 동향과 흐름은 유명 연예인보다 친근하면서도 공감할 수 있는 각 분야의 전문가들을 모델로 기용하고 있다는 점이다. 기업은 이들을 통하여 자연스럽게 브랜드 이미지를 구축할 수 있는 분위기를 제공하고자 노력한다.

3) 브랜드 애호도

　브랜드 애호도는 실제 구매하려는 의도, 즉 소비자가 특정 브랜드에 지니는 호감 또는 애착을 의미하며, 상표에 대한 충성도, 상표 애호도로 나눌 수 있다. 고객은 제품을 구매할 때 특정 브랜드를 선호하며, 동일 브랜드를 반복적으로 구매하는 태도를 나타낸다. 이는 브랜드의 자산이자 핵심요소가 된다. 고객은 특정 브랜드를 선호하면서도 실제 자신의 구매상황에 직면하면 싼 가격의 상품을 우선적으로 선택하게 된다. 즉 자신에게 합당한 브랜드라 하여도 동행인이 누구인가에 따라 그 선택은 달라질 수 있다. 따라서 기업은 특정 상품과 연계할 수 있는 새로운 차원의 마케팅 전략과 긍정적 이미지를 심어주도록 노력하여야 한다.

　기업이 무조건적으로 브랜드의 애호도만을 강조하는 것은 좋은 전략이 못된다. 브랜드가 줄 수 있는 편익적 혜택과 표적 고객에게 가장 적합한 가격, 품질, 가치를 제공하여야 한다. 그렇게 함으로써 자연스럽게 애호도를 높여 단골고객을 확보할 수 있다. 이러한 고객은 상품을 구매할 때 실질적으로 유리하다고 판단되는 행동에서 구체적인 혜택으로 애호도를 높여 반응하게 된다. 애호도는 다음과 같은 특징을 가지고 있다.

　첫째, 브랜드 애호도는 고객의 차별화된 가치를 의미한다. 고객은 상품이 주는 편익을 원하는 것이 아니라 소비함으로써 가질 수 있는 혜택의 가치를 원한다. 좋은 제품을 싼 가격에 구매할 수는 없다. 분위기 있는 레스토랑의 음식은 그에 맞는 비용을 지불하여야만 원하는 혜택을 얻을 수 있다.

　둘째, 기업은 특정 상품을 구매하고자 하는 고객에게 애호도를 높이기 위하여 고유한 브랜드의 특성과 핵심가치를 심어주려 한다. 레스토랑에서 창출하는 품질은 경쟁 브랜드와 유사한 매뉴얼과 시스템으로 자사의 독특함이 되어 매출을 향상시킬 수 있다. 애호도를 높이는 것은 기술력이나 가격대비 품질 면에서 브랜드파워(brand power)가 된다.

　셋째, 마케팅 자극을 통하여 고객과의 관계를 강화할 수 있다. 기업은 광고를 통하여 브랜드를 인지하며 일정 시점의 구매상황에서 자연스럽게 회상하게 된다. 기업은 다양한 채널의 유통망을 통하여 시장에 노출된 상표를 계속적으로 확장시키고자 노력한다. 이와 같이 패밀리레스토랑을 비롯한 프랜차이즈 기업들은 동일 메뉴를 언제 어디서나 똑같은 가격과 통일된 매뉴얼의 시스템으로 서비스를 제공하고 있다. 이러한 품질은 가격과 서비스차원에서 안심하고 구매할 수 있는 전략이 된다. 특정 메뉴의 높은 애호도는 구매 상황에서 자연스럽게 상기되기 때문에 브랜드 전략차원에서 고객관리 방법이 되고 있다.

3. 브랜드 자산과 디자인

기업은 브랜드의 가치를 높이기 위하여 광고, 홍보, 포장, 디자인, 로고, 점포명 등의 촉진방법으로 이미지를 향상시켜 고객의 접근을 용이하게 한다. 일정한 입지를 구축한 지역의 레스토랑이나 외식기업들은 주위의 불우 이웃이나 결손가정, 주민 봉사활동 등을 통하여 지역사회의 일원으로서 그 역할을 다하고 있다. 이들은 더불어 함께하는 노력을 통하여 점포이미지를 향상시키며 점포브랜드에 대한 가치를 높이고자 한다. 이와 같이 외식기업 점포들은 브랜드와 자산 가치는 물론 전체적인 이미지를 향상시키고자 디자인을 설계하여 특화하고 있다.

1) 기업 또는 점포명

레스토랑의 점포명은 소비자가 가장 쉽게 기억할 수 있는 자산이자 광고이다. 대형 점포만이 가지는 특권이 아니라 소규모의 점포 등 고객에게 확실한 자사의 이미지를 심어줄 수 있다. 규모의 경제성에 따라 작은 점포를 체인화하거나 또는 특정 고객들에게 사랑받을 수 있는 브랜드로 점포명을 개명하기도 한다. 이러한 점포명은 기업의 소중한 자산으로 친근하게 고객이 느낄 수 있는 브랜드 명으로 인식된다.

기업은 고객이 갖는 인상을 중요시하고 있다. "고객이 어떻게 기억할 것인가"라는 창의적인 아이템과 전략을 필요로 한다. 레스토랑은 비슷한 규모의 크기와 입지 속에서 자사만의 인테리어 시설과 분위기, 동선, 상징물 등 경쟁사보다 우위를 차지하는 장점을 부각하려 노력한다. 이러한 이미지는 고객이 인지하는 수단으로 소비자의 마음속에서 자연스럽게 형성된다. 이와 같이 기업이 가지는 특성과 형태, 나아갈 방향 등은 목표로 하는 상징물을 확실하게 심어주어야만 고객들은 분명하게 점포명을 기억하게 된다. 이와 같이 기업 또는 점포명을 결정할 때 다음과 같은 사항을 고려하여야 한다.

첫째, 방문 고객에게 보여줄 수 있는 자산적 가치는 입구에서 볼 수 있는 간판이나 상징물 등에서 시작된다. 외부의 통행인에게 안정감을 줄 수 있으며, 전체적인 분위기로 색상, 글씨, 입체감, 조경 등 판매하는 메뉴와 조화를 이루면서 자연스럽게 안내할 수 있다.

둘째, 레스토랑의 점포명은 고객이 인식할 수 있는 강력한 브랜드 명을 가져야 한다. 단어 및 문장의 뜻이 거부감을 주지 않아야 하며, 상호와 이름, 취급하는 메뉴의 품목이 모순되지 않아야 한다.

셋째, 사람들이 기억할 수 있는 문장의 구조는 약 5자 이내로 강렬하면서도 짧은 단어를 선택하여야 한다. 또는 긴 이름을 사용하여 상품의 내용물이 무엇을 담고 있는지 설명하고 있다. 긴 이름을 사용하면서 자연스럽게 고객의 이해를 돕고 있다 예를 들어 "신당동 장독대를 뛰쳐나온 떡볶이 총각의 맛있는 프로포즈"는 24글자나 되는 과자 이름이다.

넷째, 상호는 무엇을 팔고 있다는 것을 상징적으로 보여주어야 한다. 모호한 간판이나 메뉴판은 고객의 선택을 혼란스럽게 하기 때문에 전문성이 결여된 점포로 인식할 수 있다. 예를 들어, 간판은 고기집인데 매장 안의 분위기와 메뉴는 생선이나 해물탕, 감자탕 등을 판매한다면 고객들은 황당해하거나 발길을 돌릴 것이다.

다섯째, 점포명은 긍정적인 이미지를 심어주어야 한다. 즉 부정적인 단어나 비속어 등의 사용은 기억을 용이하게 할 수 있지만, 고객의 마음속에 저렴하거나 격에 맞지 않는 나쁜 이미지를 심어줄 수 있다.

여섯째, 고객은 진심으로 자신을 접객할 때 감동하게 된다. 주위의 분위기 환경과 전체적인 이미지를 긍정적으로 인식하게 된다.

일곱째, 표적 고객이 누구인가를 알려줄 수 있어야 한다. "싱글을 위하여"라는 상호를 사용하였다면 표적고객이 누구인가를 말하지 않아도 고객은 구체적으로 이를 파악하여 느낄 것이다.

여덟째, 자신의 이름을 점포명으로 사용할 때는 유명정도가 영향을 미친다. 부정적인 동명이인이나 사회적으로 부정한 행동을 하였을 때 또는 메뉴의 품질이 떨어졌을 때, 고객들은 더 많이 실망하게 된다. 반면 연예인들은 자신의 유명정도를 자산으로 활용하여 성공한 사례도 있지만 그 대상은 소수에 불과하다. 이름을 걸고 사업한다는 것은 명예로운 것이다. 자신의 유명정도에 따라 긍정적 이미지를 심어줄 수도 있지만 쉽게 실망감을 줄 수 있다는 점을 명심하여야 한다.

2) 디자인

21세기 모든 산업의 경쟁력은 디자인이라 하였다. 레스토랑의 점포와 내부 디자인은 고객의 시선을 한 번에 끌 수 있는 매력적인 요소이다. 경쟁자보다 우수한 지위를 가지는 장점으로 부각될 수 있다. 디자인이 잘된 브랜드는 보기 좋을 뿐 아니라 명소가 되어 상징물이 된다. 사용하기에 편리한 디자인은 레스토랑의 메뉴를 돋보이게 한다. 따라서 기능성과 혜택 차원에서 그 가치를 향상시켜 줄 수 있다. 특히 디자인이 가지는 상품은 외관뿐 아니라 스타일(style), 포장, 서비스품질 등 차별화의 도구가 된다.

기업이 고객의 관심을 끌 수 있는 매력적인 요소는 경쟁력을 가지는 것이다. 원가절감이나 표적시장의 경쟁우위를 차지하는 것은 레스토랑의 디자인을 통하여 가능할 수 있다. 고객에게 제공하는 상품은 누구에게나 즐거움과 혜택을 줄 수 있어야 한다. 고객이 무엇을 원하는지 파악함으로써 효과를 극대화할 수 있다. 따라서 고객은 다음과 같은 단계를 거쳐 상품을 수용하게 된다.

첫째, 새로운 디자인 상품을 고객이 인지(awareness)하는 단계이다. 시장에 노출된 특정 상품의 정보가 부족한 상태로 구매욕구가 활성화되는 단계이다.

둘째, 신상품에 대하여 관심(interest)을 가지는 단계로 개인의 관여도에 따라 유용성을 확인하는 단계이다. 고객은 자신의 관여도에 따라 구매를 결정할 때 보류하거나 재구매하기도 한다.

셋째, 레스토랑에서 제시하는 새로운 상품을 비교하여 평가(evaluation)하는 단계이다. 고객은 스스로 학습된 지식과 주어진 정보를 통하여 상품의 장·단점을 비교하거나 대체할 수 있는 대안을 찾게 된다.

넷째, 디자인된 상품의 샘플을 사용하는 단계로 제한된 공간 내에서 시험적(trial)으로 테스트할 수 있다.

다섯째, 새로운 디자인 상품을 소비자가 전면적으로 수용(adoption)하는 단계로 재구매하거나 사용을 결정하게 된다.

여섯째, 사용 후 즉각적으로 확인(confirmation)하는 단계이다. 자신의 결정이 올바른지 확신을 구하는 단계이다.

관광 이미지 개선과 디자인의 경쟁력 향상에 기여하는 서울(SEOUL)의 브랜드 가치는 '세계디자인 수도(WDC) 서울 2010'을 통하여 8,900억 원 상승한 것으로 나타났다. 지식경제부 정책연구원은 "세계 디자인 수도 지정에 따른 효과와 성과분석"을 통하여 향후 발전방안을 제시하였으며, 도시 브랜드 및 경쟁력을 높이는 데 활용하고 있다. 서울 도시브랜드 가치는 409조 9,472억 원으로 지난해 387조 5,092억 원보다 약 22조 4,381억 원이 상승하였다. 도시 브랜드 가치에 기여한 부분은 약 3.97%인 8,910억 7,900만 원에 달하는 것으로 조사되었다.

자산 가치는 브랜드에 대한 여러 활동이 미래 3년간 지속적으로 효과가 있을 것이라는 가정 하에 추가적인 활동을 하지 않더라도 향후 3년간 벌어들일 수 있는 브랜드 수익을 의미한다. 즉 타이틀만으로 약 8,900억 원의 가치를 갖는다는 의미다. 서울시민 만 15세 이상 남녀 5,000명을 대상으로 'WDC서울 2010'을 제시하기 전과 후의 브랜드파워 지수와 구성요소를 측정하였다. 도시브랜드 가치 상승으로 외관상 이미지 개선과 경쟁력 향상 등에 큰 기여를 한 것으로 분석되었다.

해외에 거주하는 외국인 318명을 대상으로 이미지 변화를 측정한 결과, 인지여부에 따라 서울에 대한 선호도가 25% 상승하였으며, 방문 의도는 26%가 높아진 것으로 나타났다. 이와 같이 외국인들이 'WDC서울' 지정 사실을 인지함으로써 서울의 공공시설물이나 디자인 역량, 디자인의 수준에 대한 인식이 좋아졌다. 기업하기 좋은 도시라는 이미지를 갖게 되었다. 서울시는 "이미 세계의 많은 도시들은 자신만의 매력을 창출하여 브랜드 가치를 높이기 위하여 디자인을 핵심 철학으로 삼고 있다"며 서울 역시 경쟁력을 높이는 6대 신성장 동력의 하나로 경제와 문화를 발전시켜 삶의 질을 높이려 하는 것이다. 2010년 세계 디자인수도 타이틀을 받은 후 세계적인 도시로 위상을 정립하였다. 세계인들이 투자하며 머물고 싶은 매력적인 도시로 변모하였다는 이야기다. 4년 전 27위에 머물던 도시경쟁력이 세계 9위로 급상승하였다. '유네스코 디자인 창의도시'에 선정되는 등 세계가 인정하는 "디자인 도시"로 자리매김하고 있다는 증거이다.

3) 포장

상품을 감싸는 포장지의 디자인은 상징적으로 구매하는 상품의 질과 구매자의 격을 나타내게 된다. 기업은 상품의 내용물을 안전하게 보호한다는 차원에서 사용하고 있다. 보관을 용이하게 하거나 진열, 배치 등을 위하여 포장지의 두께와 규격, 디자인, 색상, 그림, 언어, 상징성을 돋보이게 한다. 특이하거나 진기한 모양으로, 적합한 크기와 형태를 제공함으로써 타인의 구매를 촉진하거나 권장하는 기능을 한다. 고객 간에 주고받는 선물에서 사용하는 포장은 유통경로 과정으로 자연스럽게 노출되어 시선을 끌 수 있다. 이러한 홍보는 기업의 촉진수단으로 활용되지만 과다한 포장지로 인한 가격인상에 소비자들은 부담감을 느낀다. 한편 폐자원 활용에 따른 자연 환경보호와 포장지를 줄이고자 하는 범국민운동으로 장려되고 있다.

예를 들어, 어김없이 다가오는 화이트데이 날은 며칠 동안 길거리가 화려한 사탕들로 뒤덮인다. '대목'이라는 말이 무색하지 않을 정도로 사탕을 팔기 위한 촉진 전략이 쏟아져 나왔다. 하지만 화려한 포장을 뜯어보고 실망하는 이들이 많다. 익숙한 종류의 사탕이 고작 10개 들어 있는데 3,500원이라는 가격으로 판매된다. 많은 사람들은 화이트데이가 상술로 얼룩져 이익만 챙기려는 판매 행태가 도를 넘었다고 공감한다. '완전히 어이없다. 받는 사람도 기분 안 좋겠다', '나도 똑같은 거 샀는데 낚였다', '솔직히 파는 사탕 대부분이 이렇다' 등의 반응을 보이면서 매년 되풀이되고 있다.

한편, 같은 제품도 판매처에 따라 가격이 천차만별이다. 적게는 1, 2천 원에서 5천 원 이상까지 차이 나 소비자는 '왕'이 아니라 이날만큼은 '봉'이라는 것이다.

호텔, 패밀리레스토랑, 피자, 치킨, 햄버거 등 전 산업에서 제품을 식별하는 도구로 사용되는 포장(packaging)지의 디자인은 제품을 알리는 광고역할을 톡톡히 한다. 따라서 포장지는 다음과 같은 특징을 가지고 있다.

첫째, 포장은 제품을 보호하거나 유지할 수 있는 특징을 가지고 있다. 둘째, 고객의 상품취급을 용이하게 한다. 셋째, 좋은 포장지는 기업의 정보를 제공하는 도구가 된다. 현대사회에서 일상적으로 접하게 되는 포장지는 말없는 세일즈맨의 역할을 한다. 이러한 변화환경을 수용해야 할 필요성이 있다. 포장지를 잘 이용하는 기업은 훌륭한 마케팅 촉진수단이 된다. 하지만 잘못 사용하면 쓰레기가 될 수 있다. 따라서 내용물보다 실속 없다는 고객의 불평으로 브랜드 이미지를 훼손할 수 있다.

사례 '화이트데이 실속형 선물 알고 보니 부실덩어리!' 라는 도발적인 기사가 눈에 들어왔다(아세아 경제, 2013.3.14). "짝퉁 명품 초콜릿에 조잡한 포장지 유통기한이 3개월밖에 남지 않은 초코바 등"

화이트데이를 맞아 편의점, 제과점 등 불황 형 실속선물을 내세운 중저가 사탕 선물세트를 분석한 결과 내용물이 크게 부실한 것으로 나타났다. 가격 역시 거품이 많았으며, 조화 꽃에 사탕 5개, 곰 인형, 사탕 3개, 초콜릿 1개가 1만 원을 훌쩍 넘는다. 1만~2만 원짜리 '불황형 실속선물'이라고 하지만 내용물은 실속이 아니라 부실에 가깝다. 말만 '저가, 실속'이지 알맹이는 허술한 화이트데이 거품 상술이 여전히 지속되고 있다.

편의점 업체들은 올해 화이트데이 선물세트를 1만 원대 중저가 상품 위주로 준비하였다고 하였다. GS25는 전체 세트 상품 중 70%를 1만 원대 중저가로 준비하였으며, 세븐일레븐은 1만 원 이하 제품을 전년대비 20%가량 늘려 선보였다. 이렇게 구성한 기업은 하나같이 '알뜰하고 실속 있게' 선물을 준비하라고 제언한다. 선물을 뜯어보면 문제가 심각하다. 중국산 곰 인형 한 개와 유통기한이 3개월 남짓한 초콜릿 등이 들어 있다. '불황형 실속' 선물일까? '불황형 부실' 선물일까?

세븐일레븐에서 판매하는 3만 2,000원짜리 곰 인형 사탕바구니 세트는 중국산 곰 인형 한 개와 초콜릿 2개, 초콜릿세트 1개, 초콜릿바 2개, 비스킷 4개, 미니젤리 14개가 들어 있다. 초콜릿은 개당 200원짜리, 초콜릿세트는 짝퉁 페레로로쉐이다. 무엇보다 포장지의 일부는 초콜릿이 노출될 정도로 찢겨 나갔으며 유통기한도 3개월밖에 남지 않았다. 제과 제조업체 관계자는 "초코바 유통기한은 보통 12개월"이라니, 최소 2012년 6월에 만들어졌다는 얘기다. 2013년 6월까지로 유통기한이 찍힌 이 제품은 드러그 스토어에서 3개에 1,000원에 판매된다.

편의점 CU에서 판매하는 1만 5,000원짜리 사탕바구니에는 알사탕 한 무더기와 조화 꽃 속에 묻힌 츄파춥스 5개가 있다. 이곳에서 가장 잘 나가는 제품은 1만 원짜리 츄파춥스 50개들이다. 현대백화점에서는 유리병에 든 사탕 2병 세트가 1만 2,000원~1만 5,000원에 판매한다. 직원은 "바구니와 인형이 포함되면 일단 사탕 개수와 무관하게 2만 원대 이상"이라며 인형이 있으면 처음에는 그럴듯해 보이지만 결국은 다 버릴 것들로 낭비라고 주장한다.

제과점에서 판매하는 제품들도 가격 거품이 심하기는 마찬가지이다. 파리바게뜨에서 판매하는 1만 1,000원짜리 곰 인형 선물세트에는 파란색 옷을 입은 곰 인형과 유가 맛 사탕 3개, 초콜릿 1개가 들어 있다. 작은 사탕 한 무더기를 부케 모양의 장식 컵 안에 넣어 7,500원에 판매한다. 1만 4,000원짜리 제품에는 꽃 장식으로 꾸민 화려한 겉모습과 달리 쿠키와 낱개 초콜릿 각각 6개, 사탕봉지 1개가 들어 있다. 대학생 이수은(22)씨는 "사탕 선물들이 포장과 부피가 너무 크고 내용물은 병아리 눈물만큼 들어 있다"며 "그렇다고 내용물이 제대로 들어간 것을 사자니 학생이 사기에는 가격이 부담스럽다"고 말했다.

업계 관계자는 "여성들은 마트며 온라인 몰 등에서 꼼꼼히 따져보며 구매하지만 남성들은 바구니나 박스로 크게 묶음된 것 위주로 사기 때문에 하나하나 그 안의 내용물까지 따져보진 않는다"라며 조언하였다. 남성들은 1만 원대라면 그저 가격만 보고 저렴하다고 생각하지, 가격대비 내용물이 충실한지까지는 따지지 않아 이런 상술은 마케팅 촉진 전략으로 통한다는 사실이다.

화이트데이 매출은 2월 14일 밸런타인데이보다 항상 높게 나타나고 있다. 편의점 세븐일레븐에서는 2010년 화이트데이 매출이 밸런타인데이 때보다 32.7% 높았으며 2011년과 2012년에도 각각 65.4%, 42.2%로 더 많았다. 불황이라고 사탕을 예년보다 저렴하게 출시한 것처럼 얘기하지만 하나씩 따져보면 사탕 가격에 거품이 들어 있는 것은 불황인 올해에도 똑같이 되풀이된다. 가격대비 가치가 없는 제품들이 단지 1만 원대라 하여 불황형 실속 선물로 불리고 있다.

4) 브랜드 콘셉트

브랜드 자산이 되는 디자인 콘셉트(concept)는 목표 고객에게 적합한 포지셔닝으로 이미지를 심어줄 수 있다. 현재의 시장상황을 고려하여 정교화할 수 있으며, 구체적인 목표와 나아갈 방향을 제시할 수 있다. 즉 고객이 무엇을 원하는지 파악할 수 있어야 한다. 이러한 마케팅 활동을 전개하는 것은 고객들에게 확실한 브랜드의 콘셉트를 심어줄 수 있기 때문이다. 따라서 기능성과 상징성에 따른 기업 입장에서 어떠한 방법으로 콘셉트를 구축할 것인가를 결정하여야 한다.

첫째, 브랜드의 콘셉트를 강화하여 집중화하는 단계이다. 정교화(elaboration)를 통하여 경쟁사보다 높은 장점을 부각하여 지각하도록 하여야 한다. 이와 같이 고객의 지각된 가치에 따라 이미지를 증대시키는 데 그 목적이 있다. 이러한 브랜드는 갈수록 복잡하거나 정교화되어 치열한 환경 속에서 경쟁되어 적응단계를 거치게 된다.

둘째, 브랜드 콘셉트에 대한 강화단계(fortification stage)로 정교화한 브랜드를 다른 제품과 연결하여 사용할 수 있다. 브랜드 확장은 기업 능력이나 시장의 경쟁상황에 따라 달라질 수 있다. 비슷한 이미지의 브랜드를 묶어 둠으로써 상호 보완적인 제품으로 인식할 수 있다. 예를 들어 '놀부보쌈'을 '놀부 항아리 갈비'로 확장하거나 '원 할머니 보쌈'을 '원 할머니 부대찌개', 'BBQ치킨'을 '올리브치킨'으로 확장할 수 있다. 이와 같이 고객은 브랜드 콘셉트를 확장하여 인식하게 되는 브랜드 명에 관심을 가진다. 따라서 브랜드의 설정이나 정교화를 강화할 수 있다.

CHAPTER 11

프랜차이즈 사업

이윤은 현명하게 선택된 위험물의 결과이다.
이익이 있는 곳에는 항상 가까이에 손실이 숨어 있다.
— *Frederick Hawley*, 미국 경제학자

_ 프랜차이즈 사업이란 무엇인가를 이해한다.
_ 프랜차이즈 사업의 종류와 유형, 형태를 학습한다.
_ 프랜차이즈 사업의 장·단점을 학습한다.
_ 가맹본부와 가맹점의 역할과 원원전략을 학습한다.
_ 프랜차이즈 시스템의 문제점과 육성방안을 학습한다.
_ 프랜차이즈 사업의 성공사례를 조사하여 분석한다.

프랜차이즈 사업

인간은 얼굴을 붉히는 유일한 동물이다.
- Mark Twain, 미국 작가

제1절 | 프랜차이즈 사업의 개념과 의의

1. 프랜차이즈 사업

1) 프랜차이즈 사업의 정의

세계의 모든 산업은 프랜차이즈 시스템으로 움직인다고 할 만큼 시장은 급속하게 프랜차이즈화되어 변화하고 있다. 이러한 산업은 대기업에서부터 소매점에 이르기까지 사회, 문화, 정치, 경제적인 환경 속에서 시장은 계속적으로 성장하고 있다. 미국 시장의 90%가 프랜차이즈 시스템으로 운영되고 있다. 글로벌 기업들은 빠르게 이러한 시스템으로 재편되고 있다.

반면, 개인 독립 점포들은 열악한 환경 속에서 부족한 자본력과 지식, 정보, 구인난, 인력관리, 교육훈련, 진부화한 시설관리, 운영능력의 미숙함, 매뉴얼 시스템의 부족 등으로 어려움을 겪고 있다. 하지만 특정 지역을 대표하여 2~5개 이상의 점포를 체인화하거나 가족경영으로 알차게 이익을 창출하면서 시장을 선점하는 점포들도 늘어가고 있다.

프랜차이즈(franchise)는 "특권을 부여하다" 같은 의미와 자유, 면책과 같은 예속인으로부터 해방되는 것을 의미한다. 국왕이 영주들에게 일부 자취권이나 특권을 부여하여 농노들을 관리하거나 신분을 자유롭게 해주는 면천의 증서를 'Letter de franchise'라 하였다. 이와 같이 제도상의 권리와 조직 간의 체계적 흐름에 따라 다양한 상황을 수용하면서 프랜차이즈 산업은 발전하고 있다.

외식기업에서 말하는 프랜차이즈(franchise)의 사전적 의미는 특정 상품이나 서비스를 제공하는 주재자로서 일정한 자격을 갖춘 사람에게 자사의 상품을 특정 지역에 영업할 수 있는 권리를 부여하는 것이다. 즉 시장을 개척하거나 확장할 수 있는 권리를 부여하는 것을 말한다.

한국프랜차이즈협회(KFA : Korea Franchise Association)는 가맹본부인 프랜차이저(franchisor)가 프랜차이즈(franchise)를 사는 개인 및 조직의 가맹 사업자인 프랜차이지(franchisee)에게 상호, 상표, 서비스기술, 영업방법, 휘장 등을 본부와 동일한 이미지로 판매할 수 있는 권리를 의미하고 있다. 계속적인 영업을 허가하는 계약을 통하여 교육을 지원하거나 통제하는 사업 활동으로 당사자 간의 계약관계로 구성된 조직을 의미한다.

가맹 사업자는 그 대가로 가입비, 정기 납입금 및 기타경비 등을 지급하며 자금을 투자하여 가맹본부의 지원과 지도하에 상품과 서비스를 시장에 판매하거나 영업할 수 있는 권리를 부여받는 것이다. 한편 포괄적인 관계로 일정한 목적과 계획 속에서 지속적으로 이루어지는 지원활동을 의미한다.

국제프랜차이즈협회(IFI : International Franchise Association)는 "프랜차이저와 프랜차이지 사이의 계약관계"라 하였다. 프랜차이저는 상품과 상호, 마크, 경영방법의 노하우와 교육훈련, 매뉴얼 등 프랜차이지의 사업에 계속적으로 관심과 노력을 기울이거나 유지할 수 있도록 돕는 것이다. 프랜차이지는 프랜차이저가 소유하거나 통제하는 상호, 마크, 형식, 절차 등을 이용하여 자기자본으로 계속적인 사업을 운영하는 것이라 하겠다.

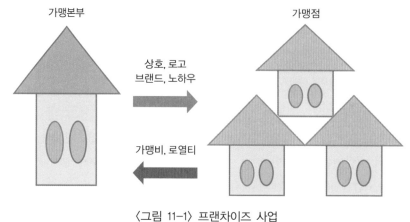

〈그림 11-1〉 프랜차이즈 사업

2) 프랜차이즈 사업의 현황

프랜차이즈 사업이 일상적으로 국민들의 생활 속에 깊숙이 차지하면서 정부 또한 관심이 높아져 발전의 제약사항을 개선시키고 있다. IMF환란 이후 많은 사람들이 실업자가 되면서 미취업자들을 위한 창업은 새로운 기회로 프랜차이즈 사업을 활용하게 되었다. 특히 정부의 적극적인 지원 아래 고용창출과 사회적 안정화 방안으로 활용되면서 국책사업으로 인정받게 되었다. 정치인들의 관심과 사회적, 경제적, 정책적 이슈가 되면서 국민적 관심의 사업으로 인식하게 되었다. 이와 같이 프랜차이즈 사업이 도입되어 정착되는 변환 과정을 겪으면서 짧은 시간 세계적인 기업과 어깨를 나란히 할 정도로 성장하였다. 규모면이나 시스템적으로도 부족한 기업들이 나타났지만 이들은 성공과 실패의 과정을 겪으면서 자연스럽게 안정되어가는 모습을 보이고 있다.

베이비부머 세대들은 봉양해야 할 부모님과 자녀들의 학비, 자녀결혼 등 해결해야될 일이 산적한데도 정년이 다가오는 불안감으로 새로운 일을 찾지 않으면 안 되게 되었다. 이들은 자신을 위한 노후 준비나 퇴직 이후 자격증이나 기술을 연마할 시간적, 경제적 여유도 없이 불투명한 미래를 걱정하고 있다. 특히 미국 발 서브프라임 모기지론(2008년)과 유럽발 재정위기(2010년)와 같은 대외적인 경기상황하에 놓이게 되면서 많은 사람들은 구조조정이나 비정규직으로 전환되어 새로운 일자리를 찾아야만 했다. 아직은 왕성한 활동으로 가장 역할을 수행하는 입장에서 경제적인 일을 하지 않으면 안 되었다. 프랜차이즈 시스템은 이들의 미래에 대한 대안으로 떠오르고 있다.

정부는 2007년 12월 제정하여 2008년 6월에 시행된 "가맹사업 진흥에 관한 법률"에 의하여 프랜차이즈 진흥을 위한 기본계획과 시행규칙을 수립하였다. 지식경제부는 2009년 9월에 국가 경쟁력강화 위원회 제17차 회의에서 "자영업자들의 경쟁력 강화를 위한 프랜차이즈 산업 활성화 방안"을 발표하였다. 이후 업종분류를 위한 세분화를 통하여 현실성 있는 프랜차이즈 실태조사를 실시하였다. 외식업 소매업, 서비스 업종에서 표준산업 분류에 따라 15종으로 세분류하고 실태조사의 주기도 현행 3년에서 1년으로 단축하는 등 구체적인 산업의 활성화 계획을 밝혔다.

공정거래위원회의 2012년 실태조사 자료에 등록된 외식 및 패스트푸드의 상호와 영업표시, 매출액, 당기 순이익(순손실), 가맹점 수 등에 대한 통계 현황을 제시하면 다음과 같다. 공정거래위원회에 소개된 2013년 6월 기준 국내 프랜차이즈 브랜드의 정보공개서 내역에는 패스트푸드점이 147로 나타났다. 기타 외식브랜드에는 2,188개로 보고되었다. 본 교재에서는 공정거래위원회의 정보 공개서에 소개된 일정 규모 이상의 매출액을 가진 프랜차이즈 기업 현황을 바탕으로 연구자가 직접 작성하였다.

〈표 11-1〉 패스트푸드 프랜차이즈 현황

(단위 : 백만 원)

상 호	영업표시	매출액	당기순이익 (손실)	정보공개 연도	가맹점 가맹/직영
승일 푸드시스템	임실치즈피자	2,376	1,000	2013	41
국대 F&B	떡볶이	5,167	−33	2011	64
글렌 인터내셔널	카페 글렌	1,470	39	2011	20
넥스트 웹스	피자굼터	564	−73	2011	25
다성 F&C	영구스 피자	1,669	47	2011	33
이도연 F&C	미스앤미스터 포테이토	2,221	15	2011	36
독대	독대 떡볶이	48	−11	2011	11
디에스 푸드	피자와 치킨의 러브레터	3,543	117	2011	86
롯데리아	롯데리아	727,015	39,540	2011	874/118
리치빔	피자나라 치킨공주	14,515	861	2011	138
비케이알	버거킹	20,402	257	2012	131(직)
스티븐슨	뉴욕핫도그 앤 커피	6,782	217	2011	156
에땅	피자에 땅	69,952	5,770	2011	334
하양까망	미스터 피자	158,518	5,387	2011	385
오투스페이스	아딸	13,000	2,360	2012	749
워니원	또띠아	1,606	33	2011	23
이삭	이삭토스트	14,027	402	2012	702
이플푸드	버무리 떡볶이	2,491	103	2012	54
죠스 푸드	죠스 떡볶이	5,726	566	2011	119
쥬노 F&B	쥬노 떡볶이	2,406	−9520	22	2011
푸드넷 시스템	토스피아	1,152	6	2011	105
푸드존	피자마루	5,449	961	2011	511
피자스쿨	피자스쿨	3,918	739	2011	691
쥰오부티	타코벨	239,696	159,305	2011	4
고쉬엔터프라이즈	찰리스필리 스테이크	15,454	8,240	2011	15
왕서방치킨 피자	왕서방 치킨피자	194	22	2011	14
한국도미노	한국도미노 피자	113,923	3,830	2011	276
한국 맥도날드	맥도날드	342,667	3,598	2011	19/171
한국 피자헛	피자헛	159,925	2,978	2011	204/104

출처 : 공정거래위원회 자료를 참고하여 저자가 재작성

〈표 11-2〉 공정거래위원회의 정보 공개서에 분류된 기타 외식업 프랜차이즈 현황

(단위 : 백만 원)

상 호	영업표시	매출액	당기순이익 (손실)	정보공개 연도	가맹점 가맹/직영
쿠드	신선설농탕	4,532	66	2011	41
탐앤탐스	탐앤탐스 커피	62,450	3,545	2011	267/35
탑이안	원조 장충동 왕족발	309	62	2011	10
토다이 코리아	토다이	31,716	2,899	2011	7/5
토성에프시	옛골토성	15,247	214	2012	52
투아 푸드시스템	토마토 아저씨	8,826	176	2011	58
티비비지	코리안 바비큐	15,452	731	2012	349
파리 크라상	파스쿠찌	1,573,366	54,651	2011	131/52
펀앤 임프레이션	펀 비어킹	1,032	195	2011	37
페리카나	페리카나	11,703	256	2012	1,262
푸드 패밀리	해물떡집	2,343	202	2011	12
푸드페이스	신씨화로	1,333	97	2011	
푸른 에프앤디	가츠라 우동	3,060	18	2012	46
하누소 시스템	하누소	8,311	715	2011	13
한국 일오삼 농산	처갓집 양념치킨	30,744	1,491	2012	882
한솥	한솥	54,288	2,403	2011	552/3
한스앤 컴퍼니	한스델리	2,980	148	2011	217/1
한울 푸드라인	솔레미오	2,377	415	2011	100
해피 브릿지	화평동 왕냉면	27,294	1,131	2011	66
행복추풍령	행복추풍령 감자탕묵은지	5,087	890	2011	76
호경에프씨	코바코	8,877	60	2012	136/2
훌랄라	훌랄라 참숯 바베큐	7,638	1,063	2011	607
쿄촌 에프앤비	교촌치킨	142,522	4,181	2012	944
본 아이에프	본죽	113,040	4,106	2011	1,259
비알 코리아	던킨도너츠, 배스킨라빈스	452,359	27,332	2011	702/154
카페베네	카페베네	167,959	11,947	2011	676/25
슈퍼빈 인터네셔널	미스터 빈	32,210	1,015	2011	
스무디즈 코리아	스무디킹	35,503	776	2011	54/41
원앤원	원할머니 보쌈	62,468	4,685	2011	283/2
육쌈 에프에스	육삼 냉면	3,584	588	2011	65
신포 우리식품	신포 우리만두	11,952	6820	2012	125/3
가온	3초삽삼겹살	420	1	2012	24
고궁 에프앤비	고궁	2,151	95	2011	23/3

상 호	영업표시	매출액	당기순이익 (손실)	정보공개 연도	가맹점 가맹/직영
굿모닝 에프앤디	미소야	7,210	38	2012	85/1
글로벌 리더스	우리집 닭강정	2,665	9	2011	
길성이	길성이	2,668	190	2011	27
김가네	김가네 김밥	25,677	−380	2011	391
놀부	놀부보쌈, 부대찌개	108,413	2,736	2011	263/4
다정한 사람들	오니짱 오기리니	227	−40	2011	6
대대에프씨	줄줄이 꿀닭	4,939	88	2011	170
더본 코리아	새마을 식당 외	62,783	2,288	2011	169/1
명동	명동칼국수 샤브샤브	2,314	85	2010	62/2
미라지 식품	남가네 설악추어탕	12,309	868	2011	136
이바돔	이바돔 감자탕	24,723	−494	2011	104/3
지앤에스 F&B	닭읽는 마을	14,329	−630	2011	61
착한고기	착한고기	25,041	109	2011	52/10
채선당	채선당	56,550	2,363	2012	299/1
커핀 그루나무	커핀그루나무	23,053	522	2011	70/27
* 빈칸은 공정거래위원회에 제출한 정보보고서 중 빈 공간임					

출처 : 공정거래위원회 자료를 참조하여 저자가 재작성

2. 프랜차이즈 사업의 특성

프랜차이즈 사업의 특성은 점포의 성장성과 동질성, 지역반응성, 시스템 적응성으로 구체적인 목표설정과 체인화를 통한 형태와 수용 능력을 의미한다. 동일한 메뉴와 상호, 로고, 운영시스템으로 사업을 달리하는 독립적인 사업자가 상호 협력함으로써 동일자본 아래에서 체인형태와 유사한 효과를 발휘하는 특징을 가진다. 하지만 본부와 가맹점의 기능은 분업화가 명시되어 있지만 크고 작은 분쟁으로 계약관계는 물론 경영전체의 운영상황에서 문제점을 가지기도 한다.

1) 계약관계

프랜차이즈 본부와 가맹점 간의 계약관계는 서로 다른 형태로 이루어져 있다. 이러한 계약관계는 가맹본부와 가맹점 간, 직영점 간, 가맹점과 직원 간의 계약관계로 분류할 수 있다.

첫째, 프랜차이즈 계약은 가맹본부가 제공하는 상품, 로고, 운영 매뉴얼 등의 노하우와 메뉴개발, 선진화된 유통시스템, 촉진 전략, 시장의 정보력 등에서 경쟁우위를 확보할 수 있다. 가맹점은 짧은 시간 가맹본부의 경영전략과 지도를 받으면서 안정된 수익을 창출하는 계약관계로 구성되어 있다. 가맹 본부가 제공하는 메뉴와 인테리어시설, 가격, 분위기, 복장, 매뉴얼 등 일률적으로 시행함으로써 고객들은 언제 어디서나 같은 맛과 품질을 제공하는 통일성을 느낄 수 있다.

둘째, 가맹본부는 비교적 최소의 인력과 소액의 자본금 투자로 가맹계약을 체결할 수 있다. 아이템이나 기술은 빠른 시간 내 새로운 시장의 개척이나 가맹사업을 확장할 수 있다. 계약금과 로열티라는 안정된 수익을 보장받을 수 있으며, 계속적인 영업관계를 유지할 수 있다. 가맹점은 가맹본부가 개발한 상품과 경영 노하우, 운영 매뉴얼, 시스템으로 재무적 위험을 줄일 수 있어 성공적인 사업을 수행할 수 있다.

셋째, 직원 간의 계약은 직영점 직원과 가맹점 직원으로 분류할 수 있다. 직영점 직원은 체인 본사가 운영하는 시스템으로 직무규정에 위배되지 않게 복종해야 하는 특징이 있다. 개인의 사적인 이익보다 본사의 공적인 영향 하에 놓이며, 급여와 근무시간 등 기업이 규정하는 규칙에 지배받게 된다. 개인적인 정보는 제한적이지만 조직의 계층구조에서 근무순환 등 이동성을 가진다. 반면 가맹점 직원들은 개별 가맹점 간의 계약 관계로 상대적으로 열악한 계약조건의 임금구조와 승진, 보상 등에서 이직률이 높다.

넷째, 가맹점 형태는 공식적인 파트너십과 수수료, 로열티를 주고받는 계약관계로 이루어져 있다. 자본의 구조와 사업체의 규모, 입지, 운영형태 등이 다르며, 운영 매뉴얼에 따른 본사의 지침에서 자유롭지 못하여 위배되거나 상호 간의 이익을 저해하기도 한다. 때론 시장의 외적요인에 영향을 받아 가맹점 운영에 어려움을 받기도 한다. 가맹점은 지역 특성을 고려하여 안정된 수익과 나름의 풍부한 지역정보로 본부의 지휘와 감독에서 거부감을 가질 수 있다. 하지만 계약의 승낙범위는 상호 수용할 수 있는 관계로 시작하였으나, 지나친 통제로 인하여 불신을 초래하는 원인이 될 수도 있다.

2) 정보체계

정보는 고객이 언제 어디서나 어떠한 경로의 체계를 통하여 수용할 수 있는가를 반영하는 것이다. 정보체계는 프랜차이즈 형태와 다르게 운영될 수 있다. 가맹본부가 제공하는 직영점은 경영과정에서 노출된다. 문제점들을 해결할 수 있거나 정기적으로 컨설팅을 지원받지만 가맹점 입장에서는 본부의 정보체계를 제대로 전달받지 못하는 어려움이 있을 수 있다.

가맹점에서 발생하는 경영상의 문제점은 레스토랑의 메뉴나 경쟁사의 시장정보, 상권의 입지, 성장가능성 등 직영점에서 전달받는 정보와 차이가 날 수 있다. 정보의 차이는 가맹 점주를 설득시키는 자료로 활용되지만 각 조직에서 발생하는 정보의 유형이나 형태, 정보흐름, 정보의 신뢰성에서 달라져 문제를 키울 수 있다. 이러한 문제점들을 해결하고자 POS시스템을 설치하고 있다. 각 점포의 매출 자료를 자동으로 집계하여 가맹본부에서 파악할 수 있게 한다. 또한 유사 자료는 수동으로 모아 제품별, 시간대별, 요일별로 파악할 수 있다. 일일 매출액에 대한 매입과 재고량, 근무 시간대별 기록에 따른 식재료비 현황과 근무하는 직원 수에 따른 노동비, 제조 간접비, 기타 경비 등을 통하여 가맹점을 관리하거나 원가절감 자료로 활용하고 있다.

3) 동질성

프랜차이즈 사업은 유사한 수준의 동질성을 유지하여 체인화 하는데 그 목적이 있다. 가맹본부는 경영시스템과 서비스품질, 가격, 직원 접객력, 청결, 복장, 매뉴얼 등 일관성 있는 동질감을 유지하기 위하여 암행감사 전략을 시행하고 있다. 익명의 고객으로 하여금 전체적인 서비스품질 수준을 평가하고 있다. 기업은 손님을 가장하여 점포의 영업상황을 감시하는 등 암행고객(mystery shoppers)제도가 뜨고 있다.

프랜차이즈 본부 입장의 직영점은 관료주의 체계 안에서 창의성 없이 무조건적 방침과 규칙을 따른다는 부정적인 면이 있다. 하지만 경영과정에서 일어날 수 있는 가맹점 관리의 문제점에 대한 테스트를 통하여 해결방안을 제시할 수 있다.

레스토랑의 가맹점 경영은 조직의 특성에 따라 제한적인 책임과 권한에 따라 경영환경을 제대로 반영하지 못할 수도 있다. 개별 점포의 특성에 맞는 매뉴얼 제공이나 지역 운영자들(local operators)의 동질적인 직무수행은 전체적인 브랜드 이미지를 향상시키고 있다. 이와 같이 보상을 제공함으로써 부정적인 고객들을 자사의 영역 내로 끌어들일 수 있는 효과를 기대할 수 있다. 하지만 프랜차이즈 사업의 문제점들을 제대로 반영하지 못할 수도 있으며, 따라서 이를 구체화할 수 없다는 단점이 있다. 이에 협회를 중심으로 동질성을 강화하고자 노력한다.

4) 공동성과 협동성

프랜차이즈 본부와 가맹점 간 거래는 초기에 많은 자본이 투자되어 운영되므로 개인적 이익을 위한 기회주의적 행동을 하여서는 안 된다. 이러한 태도는 상호 간의 관계유지를 어렵게 하거나 일반적인 장기계약의 집행을 위배할 수 있다. 따라서 계약기간 동안 시장상황의 변화에 따른 외부의 정보에 현혹되어 상호 간의 갈등 원인을 만들지 말아야 한다. 그러므로 협조와 조정을 통하여 합리적인 역할을 존중하면서 윈윈전략이 될 수 있도록 하여야 한다.

소호 창업을 운영하는 프랜차이즈 본부는 환경변화에 알맞은 교육 프로그램을 개발하여 동종 경쟁자의 우위확보를 위한 마케팅촉진 전략을 제시하고 있다. 상호 간의 이익을 공유할 수 있는 동기와 노력 속에서 장기적으로 수입을 보장받을 수 있으며 계속적인 사업을 영위할 수 있다는 공통된 협동성을 필요로 한다.

2011년 7월 대한상공회의소는 수도권 및 6대 광역시 소비자 500명을 대상으로 프랜차이즈점을 이용할 때 가장 중요하게 생각하는 요점을 조사하였다. 대상자의 남성은 위치(34%)를 최우선적으로 고려한 반면, 여성은 맛과 품질(25.4%)을 가장 중요하게 생각하는 것으로 나타났다. 남자들은 품질(20.1%), 브랜드(13.9%), 가격(13.5%)과 여성은 가격(23%), 위치(21.1%), 브랜드(16.8%) 순으로 높게 나타났다. 전체적으로 위치(27.4%), 품질(22.8%), 가격(18.4%), 브랜드(15.4%), 상품의 종류(6.8%), 교통의 편리성(6.2%), 위생(2.2%) 순으로 나타났다.

매월 1회 이상 점포를 찾는 소비자는 편의점(69.4%), 미용실(65%), 제과점(61.6%) 순으로 나타났으며, 방문의 빈도수가 많은 업종은 편의점(월평균 6.4회), 학원(4.4회), 커피전문점(4.3회) 순으로 나타났다. 같은 프랜차이즈 기업이라도 매장별 맛과 품질, 서비스 등의 차이가 54.6%로 나타났으며, 43.8%는 프랜차이즈 매장이 너무 많다는 응답을 하였다. 업종별로는 외식업(50.6%), 서비스업(41.4%), 도·소매업(39.4%) 순으로 매장수가 많은 것으로 조사되었다. 매장 이용에 대한 만족도는 긍정적인 응답이 45.6%로 집계되었다.

3. 프랜차이즈 사업의 구조와 형태

프랜차이즈 사업은 상호 간의 이익목적 실현과 기업발전을 달성하기 위한 구조적인 역할 속에서 합리적으로 운영되어야 한다. 넓은 의미의 직영점과 가맹점은 서로 다른 목표와 이윤추구를 위하여 노력하여야 한다. 가맹본부는 계층적 구조 형태를 가지지만 가맹점은 연방조직을 가지고 있다. 이러한 특성은 수백, 수천 개의 가맹점으로 어떻게 그들이 원하는 목표와 성과를 일괄적으로 달성할 수 있을까? 하는 것에서 프랜차이즈의 구조와 형태를 파악할 수 있다.

고용관계에 영향을 주는 직영점의 권한과 보상은 다르게 형성되어 있지만 관리감독을 통제해 줄 수 있는 가맹점의 대표자를 통하여 지역별 자치권을 행사할 수 있다. 이러한 구조적 관계는 가맹본부의 운영자들에게 직영점뿐 아니라 많은 가맹점들의 아이템과 기업 정보를 반영하여 상품화 할 수 있다. 한편 지위체계와 조직구성원에서 일어날 수 있는 문제점들은 여러 가지 상황 속에서 존재하게 되지만 광범위한 시장범위를 수용하기 어렵다는 단점이 있다.

롯데리아, 맥도날드, 피자헛, KFC 등은 중앙조직의 통제 속에서 관리감독이 가능하다. 각 지역의 기능별 담당자들은 기업 경영방침이나 운영형태, 경영관리, 점포관리 등 운영체제의 제어와 통제, 실행을 감독하는 슈퍼바이저(supervisor)의 영향 하에 놓여 있다. 이들은 여러 형태의 가맹점들 속에서 연방구조의 조직체계와 지역적 특성을 반영한 정보를 교류할 수 있다. 이와 같이 원하는 조직체계 내 다양한 모임을 통하여 이해관계자들의 의사결정을 원활하게 할 수 있다. 따라서 조직의 상호관계를 통하여 협력함으로써 그들의 목적을 달성할 수 있게 한다.

4. 프랜차이즈 시스템의 유형

프랜차이즈 시스템의 유형은 전 산업으로 폭넓게 적용되어 왔으며, 사업 형태별, 제품 형태별로 분류할 수 있다.

1) 사업 형태별 프랜차이즈(business format franchise)

롯데리아, 맥도날드, BBQ, 배스킨라빈스(Baskin Robbins) 등은 사업 형태별 프랜차이즈 시스템으로 운영된다. 가맹본부는 가맹점에게 상품과 기술, 노하우, 매뉴얼 등을 전수한다. 가맹점을 운영하기 위한 콘셉트를 설계하며, 구체적인 서비스 시스템을 제공하여 관리하고 있다. 매뉴얼의 교본을 배부하거나 연수를 통하여 교육과 훈련을 실시한다. 경영 노하우를 익히도록 숙달된 슈퍼바이저(supervisor : 관리책임자)를 파견하여 현장지도를 실시하고 있다. 구매상품의 조리와 판매, 운영 등 업무의 전반적인 지도와 관리감독을 실시하는 프랜차이즈 형태를 의미한다. 이와 같이 본부에서 개발한 품질을 일정하게 유지하며 고객에게 제공하는 판매방식 등 프랜차이즈 시스템을 일관성 있게 표준화하여 운영하고 있다. 따라서 표준화된 서비스 시스템과 매뉴얼, 서비스 접객방법, 상품 등을 통하여 프랜차이즈 사업을 전개하는 판매형태라 하겠다.

프랜차이즈 본사는 특정제품을 판매하여 얻는 이익이 아니라 프랜차이즈 패키지(package) 즉, 가맹상품과 상호, 상표를 판매하거나 반제품의 식재료, 자재, 인테리어

시설 등 경영 전반의 노하우를 포괄적으로 판매하게 된다. 이를 근거로 가맹점을 모집하며 가맹금과 가맹보증금, 로열티 등의 수익을 얻게 된다. 따라서 호텔, 모텔, 편의점, 패스트푸드, 패밀리레스토랑 등 환대산업은 계속적으로 사업형 프랜차이즈 시스템으로 성장한다 하겠다.

2) 제품 형태별 프랜차이즈(product format franchise)

제품의 생산업자 또는 도매업자는 자신의 제품을 유통시키는 가맹사업으로 특정 지역의 소매업자에게 판매권을 부여하는 권리형식으로 가맹점을 모집하여 운영하고 있다. 이러한 시스템은 상품 판매에 효과적이며 가맹본부는 상품 개발과 공급, 재정 지원 등 통일된 상호와 상표, 로고, 색상을 바탕으로 영업을 지원하게 된다.

가전제품이나 주유소, 자동차 딜러 등 여러 개의 생산 제조사 상품을 판매하는 것보다 특정 회사의 제품만을 독점적으로 판매함으로써 전문화시키거나 본사로부터 더 많은 지원과 혜택을 받을 수 있다. 이러한 유통시스템은 본부가 제공하는 상호, 로고, 색상 등을 사용하는 것으로 허락된다. 가맹자의 독점권 또는 준 독점적 상품 취급의 권리를 가지게 된다. 몇 개의 상품만을 취급하도록 규정하거나 제한적인 규제로 공급자와 판매자 간의 갈등으로 대립하거나 분쟁이 일어나기도 한다. 따라서 사업의 운영시스템 전부를 제공하지는 않는다는 특징을 가지고 있다.

제2절 | 프랜차이즈 사업경영과 발전방향

1. 프랜차이즈 사업경영

프랜차이즈 시스템은 가맹본부와 가맹점 입장에서 살펴보는 것이 중요하다. 사업 운영의 장·단점이란 어느 입장에서 보느냐에 따라 달라질 수 있다. 한쪽이 유리하면 다른 한쪽은 피해를 볼 수밖에 없는 것이 시장의 원리이다. 같은 프랜차이즈 사업이라도 갈등보다는 상호 간의 공생관계로 윈윈(win-win)할 수 있는 전략을 필요로 한다. 따라서 빠른 시간에 안정된 매출과 수익을 달성할 수 있는 프랜차이즈 사업은 다음과 같은 장·단점을 가지고 있다.

1) 프랜차이즈 사업의 장점

프랜차이즈 본부는 최소의 자본투자로 전국 단위의 지역시장에 단시일 내 판매망을 확보할 수 있다. 기존의 유명정도나 인지도를 이용하여 사업규모와 마케팅 촉진전략에 따른 속도를 가속화할 수 있다. 본사가 추진하는 가맹전략이란 상호, 간판, 로고, 인테리어, 유니폼, 각종 시설장비 등 통일되게 사용하기 때문에 소비자에게 같은 이미지를 심어줄 수 있다. 계속적인 계약관계로 계약금과 로열티 등 안정적인 사업을 수행할 수 있으며, 가맹점의 계약 확대로 메뉴의 판매량을 증가시키거나 매출을 상승시킬 수 있다. 또한 신상품을 출시하였을 때 빠른 시간 내에 자사가 확보한 판로를 통하여 전국시장으로 확장할 수 있다.

가맹점의 영업상황과 본부의 경영철학, 프랜차이즈 시스템 등은 계속적인 성장을 가능하게 한다. 새로운 환경 변화에 따라 가맹점의 지리적 거리를 조절할 수도 있다. 특히 지구단위의 새로운 도시형성이나 전철의 역세권 등 단지가 형성될 경우 사업성장을 확대할 수 있다. 따라서 프랜차이즈 본부는 다음과 같은 장점으로 계속적인 성장을 가능하게 한다.

첫째, 체인본부는 통일된 상호와 로고를 사용함으로써 짧은 시간 많은 사람들에게 브랜드 인지도를 높일 수 있다. 이미 시장에 진출한 인지도를 바탕으로 빠른 시간 소비자들에게 다가갈 수 있으며, 상대적으로 적은 비용을 가지고 시작할 수 있다. 전국 규모의 광고와 홍보, 수준 높은 인테리어시설, 간판의 색상, 글씨체, 재질 등 디자인의 차별화를 가능하게 한다.

둘째, 본부와 가맹점 간의 경영책임이 분리되어 있어 부주의로 인한 사고나 부상, 재해가 일어났을 때 책임을 대신하지 않는다. 제품의 공급과 판촉, 경영 노하우 등의 지원으로 독립된 사업보다 상대적으로 안정된 경영을 할 수 있다.

셋째, 조직의 인력을 최소화할 수 있으며, 경영 노하우를 전수받아 안정되게 수익을 창출할 수 있다. 가맹점은 독립적인 자산으로 사업주의 책임 하에 경영하기 때문에 본부는 일일 매출을 점검할 필요가 없다. 따라서 최소의 비용으로 최대의 효과를 올릴 수 있다.

넷째, 본부는 슈퍼바이저(supervisor)를 이용하여 가맹점의 경영 지도를 할 수 있다. 가맹점의 아이디어, 제안서 등을 사업경영에 접목할 수 있으며, 시장의 흐름과 변화에 신속하게 대응하여 독립 점포보다 높은 경쟁우위를 확보할 수 있다.

다섯째, 본부는 가맹점들로부터 특허 사용료를 규칙적으로 받아 안정되게 사업을 확장할 수 있다. 새로운 브랜드를 개발하거나 신규시장으로 확장할 수 있다. 반면 복잡한 영업 관리와 인허가 등 법률적인 문제나 갈등으로 마찰이 일어날 수 있다.

여섯째, 본부는 가맹점 관리에 따른 계약조항을 명문화하여 합법적으로 관리할 수 있다.

일곱째, 가맹점은 본사의 브랜드와 매뉴얼, 경영 노하우를 바탕으로 최소 인원으로 안정되게 영업할 수 있다.

여덟째, 가맹점은 본사의 전국적인 인지도를 바탕으로 개별적인 광고와 홍보비용을 줄일 수 있다.

2) 프랜차이즈 사업의 단점

사업은 언제나 예상하지 못한 어려움에 직면할 수 있으며, 항상 위험성은 존재하기 마련이다. 경영자는 매순간 새로운 의사결정의 순간이 발생하며, 객관적이고 중립적인 자세로 이를 해결하도록 노력하여야 한다. 대부분의 가맹 점주들은 짧은 시간 손익분기점 도달과 이익창출을 원하고 있다. 이와 같이 처음 목적과 배치될 때 가맹본부와 마찰의 원인이 된다. 하지만 사업이란 서둔다고 원하는 것을 다 얻을 수는 없다. 꾸준하게 자사의 스타일을 고객들에게 심어주어 인정받았을 때 그 효과는 서서히 나타나게 된다. 이와 같이 경영자의 꿈과 목표를 실현하기 위하여 지식과 경험을 쌓는 경영자도 있다. 더 큰 꿈을 위하여 개인적인 능력과 사업 아이템으로 성공사업을 확신하고 있다. 스스로 가맹 점주를 모집하거나 새로운 수익사업을 바탕으로 확장하기도 한다. 반면 여러 가지 요인으로 분쟁이 발생할 수 있으며, 프랜차이즈 가맹사업의 단점으로 제시된다.

첫째, 가맹본부는 가맹점을 관리할 때 공평하게 지도하지 못하는 어려움이 있다. 가맹 사업주가 이익을 창출한 만큼 고객들에게 품질향상과 서비스를 제공해주기를 원하지만 가맹점은 그러한 필요성을 느끼지 못한다. 반면 상대적으로 안정된 수입에서 개인점포들의 특성에 맞는 촉진 전략을 추진하고 싶지만 가맹점 단독으로 전략을 추진하지 못할 수도 있다.

둘째, 프랜차이즈 본부의 나쁜 이미지는 가맹점에 곧바로 전달되어 매출과 이익에 영향을 미친다. 자신이 투자한 자금과 운영자원의 경비에 비하여 안정된 수익을 창출하는데 오랜 시간이 걸릴 수 있어 불만족한 원인이 된다.

셋째, 프랜차이즈 본부에서 권장하는 직원관리나 모집에 한계가 있어 성실하고 믿을 수 있는 인력확보의 어려움이 있다. 특히 개별 점포에서 제공할 수 있는 인건비와 직원복지 등은 각 영업장마다 차이가 있으므로 소규모 점포일수록 고객과 직원관리에 부담을 줄 수 있다.

넷째, 본부에서 지급해야 하는 로열티가 시간이 지나면서 부담감으로 다가올 수 있다. 초기에는 정당하게 느껴졌던 금액이 개별 영업장의 매출액의 결정이나 점포특성에 따라 경영의 어려움을 가중시키는 원인이 되기도 한다. 약정기간 내 계약해지가 어려울 뿐 아니라 임의로 타인에게 양도할 수도 없다. 이러한 마찰은 분쟁의 원인이 된다.

다섯째, 프랜차이즈 사업의 수익구조는 일반기업과 다른 양상을 나타낸다. 가맹계약은 사업초기의 경영에서 뚜렷한 차이를 보인다. 초기에는 오픈 효과와 광고, 홍보, 촉진 전략으로 방문한 고객들이 늘어나지만 일정시간이 지나면 평소와 다른 모습을 보이기 시작한다. 가맹점은 본부가 로열티만 받아 챙긴다 생각할 수 있다. 반면에 본부는 경영개선의 의지나 노력 없이 본부만 바라보고 있다고 생각한다. 이러한 상반된 입장에서 상호 불신이 생기게 된다.

여섯째, 가맹점은 임의로 거래처를 바꿀 수 없다. 인테리어, 광고, 간판, 전단지를 비롯하여 원재료, 부재료, 비품의 비용까지 가맹본부에서 일률적으로 공급하거나 지정된 거래처를 이용하도록 강요하고 있다. 특히 유리한 조건의 공급자와 물품을 발견하더라도 이를 구매하기 어렵다는 것이다. 본사는 가맹점들의 수익창출과 매출 증가에 관심을 가지는 것이 아니라 본사의 가맹점 수와 외형을 넓히는 데 관심을 가진다고 생각한다.

일곱째, 판매지역의 제한으로 마찰의 원인이 된다. 가맹체결 후 장사가 잘 될 수 있는 지역적 특성이나 시장이 확장되는 특별한 상황이 발생하였을 때 임의로 가맹점의 범위를 확장할 수는 없다. 이러한 크고 적은 요인들은 마찰의 원인이 되어 단점으로 제시된다.

2. 프랜차이즈 시스템의 문제점과 발전방향

1) 프랜차이즈 시스템의 문제점

프랜차이즈는 현대사회에서 새로운 유통시스템으로 정착되었다. 정보기술의 발달로 인터넷을 활용한 모바일 폰의 변화는 내 손안에서 언제 어디서나 시간과 장소의 구애 없이 원하는 것을 얻을 수 있다. 이와 같이 IT 및 벤처기업에서부터 전문점, 소매점, 유통업, 음식업, 서비스업 등 전 사업으로 활성화되고 있다. 특히 서비스기업은 독립 점포의 가족 형태에서 체인화한 프랜차이즈 사업으로 급속하게 재편되고 있다. 상대적으로 영세한 음식 시장에서 프랜차이즈 시스템을 도입한 대기업들이 뛰어들면서 규모를 대형화시키거나 현대화, 전문화, 표준화하여 안정된 고객확보와 직원관리로 시장을 빠르게 잠식하고 있다.

한편 국내에서 안정되게 성공한 프랜차이즈 기업들도 해외시장으로 그 영역을 넓히고 있다. 글로벌 경제에서 세계인의 입맛에 맞는 표준을 설정하거나 현지화하여 긍정적으로 성공사업을 정착시키고 있다. 이러한 기업 및 협회의 노력에도 불구하고 프랜차이즈 시스템의 문제점들은 존재하며 그 예는 다음과 같다.

첫째, 소규모 점포들은 영세성으로 프랜차이즈 시스템을 적용하여 대형화하거나 규모를 확장하지 못하는 어려움이 있다. 또한 개별 경영능력의 부재로 매출 증가는 물론 생계형으로 더 이상 성장하지 못할 수도 있다.

둘째, 가맹본부와 가맹점 간의 낮은 신뢰도는 상호 간의 잦은 분쟁과 불신으로 프랜차이즈 산업의 발전을 저해하는 원인이 되고 있다. 이들은 상호 간의 정보 공개서 요구와 취급상품, 운영방법, 규제 등 투명한 경영을 원하는 가맹점의 욕구 충족에서 문제점을 해결하지 못하고 있다. 따라서 공정거래위원회나 협회, 법적 소송 등 타인을 통하여 해결하고 있다는 점이다.

셋째, 프랜차이즈 산업의 급속한 발달은 특정(외식업)산업에 편중하는 현상을 초래하고 있다. 베이붐 세대(1955~1963년생)들은 퇴직 후 창업 1순위로 외식사업을 선택하고 있다. 특히 높은 비중을 차지하는 외식사업 중에 프랜차이즈 기업을 선호하는 것으로 나타났다. 이러한 선호도는 준비되지 않은 창업으로 부실화될 가능성이 높아 개인 및 국가의 위기를 초래할 수 있으므로 시급한 대책이 필요하다.

넷째, 정부의 자금지원과 조세상의 혜택이 저조하다. 2011년 외식산업진흥법이 국회를 통과하면서 외식기업은 독립 산업으로 정부지원의 법적 근거를 마련하였다. 하지만 정부차원의 지원은 소상공인 창업 및 개선자금으로 특정 범위를 정하여 시행함으로써 소수의 자영업자들에게 혜택이 주어지지 못하는 실정이다. 이와 같이 기존의 지원 대상에 대한 유통의 정보화와 물류 현대화, 표준화, 전문상가, 집배송단지 건립 등 제한적으로 이루어져 프랜차이즈 산업이 발전하지 못하는 원인이 되고 있다.

다섯째, 전문 인력부족에 따른 양성기관이 없다. 프랜차이즈 본사에서 자체적으로 운영하는 회사 외 국가가 인증한 공인된 교육프로그램이 전무한 실정이다. 협회를 중심으로 외곽지원 단체에서 활성화시키기 위하여 노력하고 있지만 한계가 있어 어려움을 가진다.

여섯째, 글로벌 경영에서 국제화가 미흡하다. 국내에서 성공한 토종 브랜드가 해외에 진출하여 성공한 케이스는 일부에 불과하다. 반면 현지의 독립 점포들은 자체적인 성공을 발판삼아 국내로 역진출하거나 국내 기업과 제휴하여 성공한 사례가 늘어가고 있다. 21세기 프랜차이즈 사업은 국부산업으로 인정받고 있다. 부가가치가 높을 뿐 아니라 보다 성공적인 기업육성이 가능하여 빠르게 확장시킬 수 있다. 따라서 국제화에 맞는 매뉴얼과 표준화가 선행되어야 하겠다.

세계한상대회(The World Korean Business Convention)

600만 명의 재외 동포들을 대상으로 한민족의 경제적 자산을 결집시키기 위하여 2002년부터 매년 10월에 한민족 경제인 대회를 개최한다.

행사내용으로는 '리딩 CEO 포럼'을 비롯하여 차세대 경제 리더십 포럼, 1 : 1 비즈니스 미팅, 기업 전시회, 지방자치단체 투자환경 설명회, 국가별 투자환경 설명회 등 재외동포 기업인들의 비즈니스 네트워크를 구축하여 국내외 동포들 사이에 필요한 상호 간의 교류를 활성화 시켜 실질적인 한민족 비즈니스의 장을 마련하고 있다. 궁극적으로 600만 재외동포 및 경제인들을 국가적인 자산으로 승화시킬 목적으로 2002년부터 개최하기 시작하였다. 이는 전 세계 한민족 경제인들의 모임이라 할 수 있다.

매년 10월에 열리며, 재외동포 재단과 매일경제신문사가 공동으로 주관한다. 해외에서 활발한 비즈니스 교류 활동을 하는 동포 기업인을 비롯하여 각계의 전문가, 차세대를 이끌어 나갈 경영인들이 대규모로 참가한다.

주요 행사에는 첫째, 리딩 CEO포럼이다. 이 포럼에는 세계적인 동포 경제인들과 다국적 기업의 주요 경영진으로 활동하는 기업인들이 참석한다. 둘째, 차세대 경제 리더 포럼에서는 40대 미만의 젊은 동포 기업인 30여 명이 참석해 한상 네트워크 구축과 주류사회 진출을 위한 활용방안 등에 대하여 자유로운 의견을 교환한다. 셋째, 금융 · 유통 · 신기술 · 패션 · 생활 등 산업 분야별 비즈니스 포럼을 들 수 있다. 여기에는 업계의 최근 동향과 이슈에 대한 분야별 전문가들의 토의가 이루어진다.

그 밖에 재외동포와 국내 기업 사이의 1 대 1 비즈니스 미팅, 동포 경제인들과 협력체계를 구축할 기회를 제공하는 기업 전시회, 외국시장 정보를 제공하는 국가별 투자환경 설명회, 지방자치단체의 투자환경 설명회, 비즈니스 특강 등이 열린다. 또한 대회를 전후하여 벤처코리아대회(KOVA대회), 세계한민족여성네트워크대회, 한국전자전 등 각종 행사가 함께 개최됨으로써 다양한 교류 활동과 기회를 제공한다.

대회본부의 사무국은 서울특별시 서초구 서초2동1376-1번지 외교센터 6층에 있다.

GTI 박람회 · 세계 한상인 대회 손 잡는다(강원일보, 2013.6.12).

최문순 지사 · 양창영 사무총장 GTI 협력 · 발전 · 상생협약을 체결하여 2014년부터 동시 개최하여 정례화하기로 하였으며, 알펜시아 리조트회사에 투자하기로 하였다. 전 세계에서 사업을 하고 있는 한국 기업가들의 모임인 세계한인상공인총연합회(세총)가 'GTI 국제무역·투자박람회' 참석을 정례화하기로 하여 강원도 내 경제 활성화에 크게 기여할 것으로 전망이다.

최문순 지사와 양창영 세총 사무 총장은 강릉 실내체육관 상생관에서 'GTI 협력·발전·상생협약서'를 체결하고 내년부터 'GTI 국제무역·투자박람회'와 '세계한인상공인 지도자대회'를 함께 개최하기로 합의했다. 협약서에는 "2013 GTI국제무역·투자박람회를 계기로 매년 강원도에서 개최되는 국제무역·투자박람회를 적극 지원하며 박람회 개최시 세계한상지도자대회를 함께 개최 한다"고 명시하였다. 세총은 이와 별도로 2018 평창 동계올림픽 주무대인 알펜시아리조트에도 투자하기로 했다. 우선 30억 원 규모의 알펜시아리조트 에스테이트 1동을 구입하고 회원사들에게 추가 구입을 적극적으로 권유하기로 했다.

최 지사는 "세계한인상공인연합회 지도자대회와 박람회가 함께 열리면 지역발전에 큰 도움이 될 것"이라며 "세총 회원사들이 도에 투자하게 되면 최적의 맞춤형 우대 정책을 실시하겠다"고 약속하였다. 양 총장은 "세계한인상공인연합회는 지난해부터 전 세계에 흩어져 있는 회원들을 대상으로 국내 투자를 유도하고 있다"며 "강원도는 투자 가치와 발전 가능성이 높은 곳인 만큼 집중투자 될 수 있도록 노력 하겠다"고 말했다.

한편 태양광 조명기구업체인 원주 이엔티 솔루션(대표 이원영)은 중국 천우그룹과 500만 달러, 중국 연변 거룡 정보기술과 200만 달러, 홍콩 서접 과학기술과 200만 달러 규모의 수출계약 협약을 체결하여 성과를 나타내고 있다.

2) 프랜차이즈 시스템의 발전목표와 육성방안

(1) 프랜차이즈 시스템의 발전목표

프랜차이즈 산업의 발전은 대외적인 경영환경의 변화와 국민경제 기여, 복지후생을 증대시키는 중장기적인 목표에서 시작된다. 국제화에 맞은 표준화가 절실하며, 수출산업에 기여할 수 있는 경쟁력을 개발하는 데 의의가 있다. 또한 국민들의 소득증가와 삶의 질을 향상시킬 수 있는 경제력에서 가능하다 하겠다. 따라서 다음과 같은 발전목표를 제시할 수 있다.

첫째, 국가경제 성장과 발전에 기여할 수 있다. 프랜차이즈 산업의 발전은 연관 산업의 파급효과로 생산 원자재와 부자재 등의 소비와 고용창출로 실업률을 줄일 수 있다. 따라서 부가가치가 높은 산업으로 경제성장에 기여할 수 있다.

둘째, 소비자의 복지후생을 증대시킬 수 있다. 산업사회의 발달은 수도권 인구편중 현상으로 지방과 도시간의 문화, 쇼핑, 외식, 학교 등의 편차를 나타내고 있다. 이러한 격차의 완화는 프랜차이즈 기업이 그 역할을 대신할 수 있다.

셋째, 유통구조의 선진화로 국제적인 경쟁력을 강화할 수 있다. 프랜차이즈 시스템의 정착은 상거래 질서 확립과 무자료 관행을 불식시켜 조세 형평성과 국가경제 발전에 일익을 담당할 수 있다. 또한 물류기지 현대화에 따른 유통환경의 개선과 비용절감으로 국제화 등 경쟁력을 향상시킬 수 있다.

(2) 프랜차이즈 정책과제

첫째, 국가의 성장과 미래는 많은 일자리를 창출하는 데 의미가 있다. 창업을 위한 박람회나 가이드 북 발간, 해외 로드쇼 등 국제적인 프랜차이즈 산업의 육성을 장려하여야 한다. 금융정책 지원과 세재혜택은 국가와 지역경제에 이바지할 수 있는 역점사업으로 그 역할은 강화되어야 한다.

둘째, 프랜차이즈 산업의 거래 질서를 체계화시켜야 한다. 공정한 거래를 통하여 바른 사회를 선도할 수 있으며 관련 산업의 발전을 촉진시킬 수 있다. 따라서 상호간의 정보를 공개하여 불신을 해소할 수 있는 제도적 장치가 필요하다.

셋째, 프랜차이즈 산업의 발전을 위한 법률 제정과 제도적 정비를 필요로 한다. 산업육성을 위한 기반 구축과 조세제도 활성화 등 구조개선을 필요로 한다.

넷째, 지역경제 활성화에 따른 지원과 실태를 파악할 수 있다. 프랜차이즈 산업은 자치단체와 중앙정부의 협력하에 지역사업으로 적극 유치된다. 특산품을 바탕으로 성공한 기업은 고유한 이미지와 브랜드를 창출하고 있다. 이와 같이 관광산업의 육성과 인프라(infrastructure)를 구축하며, 지역민의 경제자립도와 주민 만족도를 향상시킬 수 있다.

다섯째, 글로벌 경영에서 국제화의 기반을 조성하고 경쟁력을 향상시킬 수 있다. 해외진출을 위한 국가 지원과 협회 차원의 프로그램 개발, 무역중개 기능 강화, 국제 심포지엄 개최, 웹사이트 운영지원 등을 필요로 한다. 따라서 프랜차이즈 기업의 육성을 위한 글로벌화 기준을 마련하며, 그에 맞는 규정과 금융지원, 세제혜택을 강화하여야 한다.

(3) 프랜차이즈 육성방안

프랜차이즈 산업의 육성방안으로 다음과 같이 제시할 수 있다.

첫째, 법률적 제도적 개선으로 프랜차이즈 사업의 지원정책을 강화하며, 균형 있는 발전이 이루어지도록 하여야 한다.

둘째, 프랜차이즈 산업이 스스로 발전할 수 있도록 규제를 완화하며 자생력을 키울 수 있는 인프라 구축과 교육지원을 강화하여야 한다.

셋째, 도시와 농촌 간의 균형 발전을 해소할 수 있으며, 지역경제 자립도와 프랜차이즈 산업의 활성화를 가능하게 한다.

넷째, 산업의 육성을 위하여 학교, 협회, 행정의 협의체를 구성하여 지원방법을 강화하여야 한다. 이상과 같이 프랜차이즈 산업의 성장과 육성을 위한 제도적 정비와 기반조성을 위한 발전계획이 장려되어야 한다. 상호 간의 정보공개서 작성을 의무화하며, 투명한 경영으로 신뢰성을 높여야 한다. 이와 같이 기업의 사회적 참여는 기여할 수 있는 역할 확대로 동반성장을 가능하게 한다.

제3절 | 프랜차이즈가맹점의 VMD관리와 차별화 전략

1. 프랜차이즈가맹점의 VMD관리

1) 점포관리와 카테고리

(1) 점포관리

현대사회에서 소비자들은 질적인 가치를 추구하는 라이프스타일에 따라 구매를 통하여 자신의 개성을 표현할 수 있는 레스토랑을 방문하고자 한다. 이들은 감성적, 정서적, 심리적, 문화적인 만족을 추구하고자 하는 특징을 가지고 있다. 외식기업은 다양한 개성과 특색 있는 이미지를 통하여 갈수록 세분화되고 있다. 소비자의 욕구를 충족시킴과 동시에 과포화 상태에 있는 시장에서 경쟁우위를 확보할 수 있는 전략을 필요로 한다. 특히 독특하면서도 매력적인 브랜드 개발이나 점포의 분위기, 환경을 조성하는 데 주목하게 된다.

비주얼 머천다이징 디스플레이(VMD : visual merchandising display)는 A. 프리스가 1944년에 처음 사용하면서 시작되었다. 이 용어가 등장하기 전에는 디스플레이(display)라는 용어가 일반적으로 사용되었다. 비주얼 머천다이징 디스플레이는 점포의 상품 및 서비스를 판매하기 위한 광고, 디스플레이, 스페셜 이벤트, 패션 코디네이션, 머천다이징 등의 통합이나 팀 워크화로 고객에게 점포와 그 취급 상품을 알리는 데 의미를 두고 있다. 그중에서도 VMD는 브랜드와 점포 이미지에 초점을 맞추어 상품과 서비스를 향상시킬 수 있는 품질을 시각적으로 표현하여 구매하도록 하는 것이다. 현대 사회에서 유사한 업종과 동종 경쟁자들 속에서 상품이나 가격의 특별한 차별화가 없으면 살아남기 힘들다. 대중매체를 이용한 광고가 고객을 점내로 끌어들이는 촉진수단이라면, VMD는 현장에서 구매를 촉진시키는 수단이 될 수 있다. 즉 고객이 점포를 방문하여 주문과 동시에 판매가 이루어지는 외식기업에서는 고객을 점내로 끌어들일 수 있는 외부적 구성요소에 관심을 가져야 한다. 또한 그들의 구매심리를 자극할 수 있는 직접적인 영향요인과 점포의 판매 효율성을 극대화할 수 있는 브랜드 이미지를 창출할 수 있어야 한다. 이러한 과정에서 충성도를 향상시킬 수 있는 구매행동을 통하여 만족도를 높일 수 있다.

선행연구자들은 매장의 VMD 구성요소를 잘 배열된 레이아웃과 조명, 집기류, 직원들의 접객서비스와 공간의 구성, 기능성 연출, 유행, 심미성, 정보성, 편의시설 등으로 제시하고 있다. 즉 소비자들의 쇼핑 감정을 자극할 수 있는 정신적, 육체적 자극요소에 따른 고객반응을 유도함으로써 과거의 경험과 느낌, 즐거움을 지각하도록 하는 것이다. 따라서 고객의 마음은 의식적으로 새로운 경험을 원하는데 이는 개인의 주관적인 느낌과 정서적 상태의 기분상태를 동반하는 일반적인 현상이라 할 수 있다.

(2) 점포관리 카테고리

카테고리(category)란 동일한 성질의 것이 속하는 부분을 가리키던 말이었으나, 일반적으로 가장 근본적이면서도 보편적인 개념과 형식을 의미하고 있다. 아리스토텔레스는 존재의 형식으로서 실체·성질·분량·장소·시간·능동·수동·위치·상태의 카테고리를 열거하였다. 칸트는 사유(思惟)의 형식으로서 분량·성질·관계·양상 등으로 제시하였다.

카테고리 관리란 소비자가 그 초점의 중심에 있는 것이다. 과거에는 제조업체나 소매업체에서 판매를 목적으로 일방적인 지시에 의하여 이루어졌다. 즉 담당자의 자의적인 판단과 해석으로 이루어졌다는 것이다. 현대 사회는 소비자의 관점에서 점포의 카테고리를 설계하고 있다. 예를 들어 고객은 레스토랑의 특정한 매장을 선호하거나 재방문하는 이유에 대하여 자신이 인지하는 경제적인 측면이나 합리적인 의식체계에서 설명되어지지 못할 수도 있다. 과거와 달리 "꼭 필요한 상품을 구입하기 위하여 쇼핑한다"라는 목적이 뚜렷하다. 더 여유로운 분위기와 환경을 즐기기 위하여 레스토랑을 방문하는 고객은 늘어가고 있다. 특히 그 이용목적이 바뀌어감에 따라 고객이 인지하는 요소는 감성적, 정서적으로 부각되는 비주얼머천다이징 디스플레이가 중요한 자리를 차지하고 있다. 고객의 감성적 정서에 따른 영향력이 높아짐에 따라 메뉴의 선택이나 점포선택, 브랜드선택에서 소비자들을 자극할 수 있는 매력적인 요소를 제시하기 위하여 비주얼 머천다이징을 활용하고 있다.

2. 점포의 매장 연출

1) 매장의 분위기 연출

고객은 레스토랑을 방문하기 위하여 여러 가지 정보원천에 의지하게 된다. 과거의 경험이나 주변인의 구전, 학습된 지식, 자동차나 버스로 지나가면서 봐 두었던 특정 이미지, 돋보이는 외부환경과 상호, 상징물, 브랜드 등은 여러 가지의 정보 원천이 될 수 있다. 이와 같이 레스토랑은 주 메뉴를 비롯하여 점포의 간판이나 디자인, 색상, 상징물 등 눈에 잘 띄게 하거나 알기 쉽게 보일 수 있어야 한다. 고객은 자신이 원하는 상상의 메뉴상품과 품질, 분위기, 가격이 어우러지는 점포를 찾아 구매부조화가 일어나지 않기를 바란다. 이와 같이 매장의 디스플레이를 강화하므로 다음과 같은 효과를 나타낼 수 있다.

첫째, 고객의 재방문에 필요한 정보를 제공할 수 있다. 둘째, 직원 입장에서 고객의 접객을 용이하게 할 수 있어 매출을 증가시킬 수 있다. 셋째, 고객은 주력메뉴가 무엇인지 빨리 파악할 수 있으며, 이익 있는 상품판매를 가능하게 한다. 넷째, 재고 및 그날의 특별 메뉴에 대한 관리를 용이하게 할 수 있다. 다섯째, 점포 내 작업의 효율성을 향상시킬 수 있다.

2) 진열의 원칙

(1) 레이아웃

레이아웃이란 디자인, 광고, 편집에서 문자, 그림, 기호, 사진 등 각 구성요소를 제한된 공간 안에 효율적으로 배열하는 방법을 의미한다. 기술이나 레이아웃 구성요소를 규칙적으로 배치하는 것만으로 부족하기 때문에 기본적으로 고객이 주목할 수 있거나 쉽게 파악할 수 있는 가독성, 명쾌함, 조형성, 창조성 등을 충분히 고려해야 한다. 이와 같이 레이아웃은 새로운 미적공간을 창출할 수 있게 종합적으로 구성할 필요성이 있다. 따라서 전체적으로 어울릴 수 있는 조합 능력을 요구하게 된다.

특히 조합에 있어서 각 구성요소의 독자적인 역할과 기능이 전체적으로 통일된 질서와 감각적 이미지를 심어주어야 한다. 따라서 레이아웃은 고객의 방문목적에 맞는 특성과 시각적 효과를 고려하는 것이 효과적이다.

고객이 점포를 방문할 때 처음으로 맞이하는 것은 레스토랑의 전체적인 인상이다. 도로에서 점포로 들어오는 자동차의 접근성이나 도보시 쉽게 찾을 수 있는 조망권과 시야는 경쟁력이 된다. 메인도로에서 직선인가, 회전인가, 두 번째 블록인가, 대중 교통수단을 이용하여 하차하였을 때 쉽게 볼 수 있는 입지인가, 맞은편인가 등의 가시성, 홍보성, 접근성을 나타낼 수 있다. 한편 점포의 출입구 문은 중앙인가, 좌측인가, 우측인가, 계단은 있는가. 지하인가, 2층인가 등 레이아웃은 영향을 미친다. 입구의 통로 신발장 크기, 색상, 위치, 잠금장치를 비롯하여 신발 받침대, 발바닥 매트, 신발을 벗는가, 신고 들어가는가, 룸 및 칸막이는 있는가, 테이블이 좌식, 입식인가 등에 따라 달라진다.

layout은 간단하면서도 점포의 분위기와 판매하는 메뉴상품과 맞아야 한다. 가구 및 테이블, 기물, 직원들의 유니폼 등은 메뉴에 어울리는 색상과 모양, 크기로서 분명한 메시지를 심어 주는 것이 포인트이다. 대각선의 동선이나 원형의 동선, 좌석 테이블의 크기와 규모와 어울리는 정도를 고려하여야 한다. 고객이 매장 입구에서 한눈으로 다 볼 수 있는 것보다는 다양하거나 특색 있게 인테리어됨으로써 새로운 재미를 줄 수 있어야 한다.

(2) POPA

구매시점광고(POPA : point of purchase advertising)는 소매점 즉, 판매점의 점두(店頭)에서 고객의 시선과 주의를 끌며, 구매 욕구를 일으키도록 디자인된 광고라고 한다. 직접 구입하려는 시점에 점포에서 제시할 수 있는 광고라는 의미이다. 옥외간판, 윈도 디스플레이, 카운터 진열광고, 바닥진열 광고, 선반 및 벽면 진열광고, 천장에 늘어뜨린 광고, 패키지 등으로 제시할 수 있다.

POP에는 상품명, 가격, 메뉴분류 안내 등으로 사용하며, 매장의 벽면이나 가구 등 색깔과 색상, 위치가 어울리게 사람들의 시선을 받는 것이 좋다. 때론 지나치게 특정 메뉴만 강조하다 보면 다른 메뉴는 고객의 시선을 못 받을 수 있다. 지나치게 많은 양을 부착하여 전체적인 이미지의 격을 낮추는 일은 없어야 한다. 동의어로 POS 광고가 있다. POP광고는 구매 장소에 있어서 일체의 광고를 말하지만 POS광고는 판매하는 장소에 일어나는 광고를 의미한다. 소매점을 중심으로 한다는 점에서 같이 이용되고 있다.

POS(point of sales)는 금전등록기와 컴퓨터 단말기의 기능을 결합한 시스템으로 매출금액을 정산해 줄 뿐만 아니라 동시에 소매경영에 필요한 각종정보와 자료 수집을 가능하게 하는 판매시점 관리시스템이라 하겠다. POS 터미널과 스토어 컨트롤러, 호스트 컴퓨터 등으로 구성되며, 상품코드(bar code)의 자동판독 장치인 바코드 리더가 부착되어 있다. 상품 포장지에 고유마크(bar code)를 인쇄하거나 부착시켜 판독기(scanner)를 통과하면 해당 상품의 각종 정보가 자동적으로 메인 컴퓨터에 들어가게 된다. 이러한 시스템을 사용하면 자사제품의 판매흐름을 단위 품목별로, 신제품과 판촉제품의 경향을 시간대별로 파악할 수 있다. 매출부진 상품이나 유사품, 경쟁 제품과의 판매경향 등을 세부적으로 파악할 수 있다. 판매가격과 판매량과의 상관관계, 주요공략 대상, 광고계획 등 마케팅 전략을 효과적으로 수립할 수 있다. 일일이 사람의 손을 필요로 했던 재고나 발주, 배송 등을 체계적으로 관리할 수 있으며, 표준화, 단순화하여 원가를 절감할 수 있다.

(3) 직원권유 판매

레스토랑은 점포별로 경영자 및 관리자들이 추천하거나 관리하는 메뉴가 있다. 이러한 상품은 이익이 되는 메뉴도 있지만 전략적으로 기획한다든지, 계절적인 메뉴를 개발하여 판매하거나 과다한 재고의 소진이나 고객을 끌 수 있는 촉진메뉴 등 다양하게 권유하여 판매할 수 있다. 대부분의 고객은 직원들이 추천하면 처음 의도한 메뉴 주문에서 전환한다는 사실이다. 따라서 직원들은 고객들이 알기 쉽게 설명할 수 있어야 한다.

식재료의 영양과 가치, 신선도, 지역표시, 특산품, 계절, 시간을 고려하여 간결하면서도 신뢰할 수 있는 권유가 되어야 한다. 특히 자사의 할인 혜택이나 전략상품일 경우, 또 다른 혜택이 있다는 것을 상기시켜 주는 것이 좋다. 광고 메뉴인지, 전략기획 메뉴인지, 새로운 신 메뉴인지 등 홈페이지나 광고, 신문 등과 연동하여 추진하였을 때 효과가 더 크다고 하겠다.

3) VMD연출 강화방법

VMD에 대한 연출을 강화하는 방법으로 다음과 같이 제시할 수 있다.

(1) 매장 내부의 주목성

매장의 내부 연출은 고객이 방문한 후 보여줄 수 있다. 품목별 메뉴상품에 대한 안내와 주력하는 특별 메뉴 등 집중적으로 주목받게 연출할 수 있다. 특히 고객의 관심과 주목을 끌 수 있는 광고방법은 일상적인 생활 속에서 필요로 하는 상품을 중심으로 이루어진다. 이와 같이 고객의 관심과 호기심을 끌 수 있어야 한다. 주력 메뉴상품과 공격상품, 방어 상품 등 그 역할이 필요하다. 외면 받는 메뉴를 set메뉴를 개발하여 기획 상품으로 연계하여 제시함으로써 고객의 구매를 자극할 수 있다. 이러한 고객의 관심과 주목을 끌어 매출을 향상시킬 수 있다.

(2) 매장 외관에 따른 집객효과

고객이 점포의 외관에서 볼 수 있는 것은 하나이다. 간판이나 네온, 상징물, 매장 사인, 색깔, 조경 등 무엇을 판매하고 있는지를 알 수 있게 하는 것이다. 홈페이지나 세일안내, 계절 및 요일별 이벤트 안내, 포스터 연출, POP 등을 보면서 어떠한 특징과 호기심을 자극할 수 있는 매장인지 알 수 있다. 또한 주변의 주차시설과 접근성에 따른 대중교통, 점포의 전문성과 청결성, 신뢰성을 나타낼 수 있는 외관을 통하여 집객효과를 높일 수 있다.

(3) 판촉과 연계한 홍보상품

레스토랑을 경영하는 관리자들은 점포가 항상 생동감 있는 모습을 보여주어야 한다. 판매촉진 및 홍보를 통하여 분위기를 조성하며 구매의욕을 자극할 수 있거나 관심을 끌 수 있는 연출을 필요로 한다. 특정 메뉴상품에 대한 안내와 행사안내의 상품 부각, 촉진내용의 전달 등 실제 이용을 용이하게 하여야 한다. 특히 이들에게 즐거움과 재미, 색다른 경험을 제공함으로써 매장에서 전달할 수 있는 이미지까지 포함한 판촉행사를 연계할 수 있다.

(4) 고객의 분산과 저가격전략

레스토랑 사업은 계절, 요일, 시간에 따라 그 운용을 유연하게 할 필요성이 있다. 사람들이 식사하는 시간은 같기 때문에 점포를 방문하는 시간 또한 유사하다. 음식점은 사람들이 몰릴 때 모인다는 점이다. 고객들을 분산시킬 필요성이 있다. 점심과 저녁시간을 제외한 한가한 시간을 유효적절하게 활용함으로써 효과를 볼 수 있다. 이러한 고객분산전략에 저가격을 추진하여 효과를 나타내고 있다. 하지만 가격전략에 대한 오해를 일으킬 수 있기 때문에 정확한 정보를 전달하는 것이 중요하다. 주중의 한가한 시간을 맞추어 이벤트를 실시한다든지 기획 상품을 만들어 제공하므로 차별화할 수 있다.

3. 점포의 차별화 전략

1) 레스토랑의 차별화 전략

(1) 차별화 전략

차별화 전략(differentiation strategy)이란 레스토랑의 점포가 특정 시장에서 강한 정체성을 확립하기 위하여 사용하는 마케팅촉진 전략 중의 하나이다. 예를 들어 일반참치, 고추참치, 짜장 참치, 어린이용 참치 등 같은 상표로 일관되게 광고한다면 이러한 상품을 생산하는 경쟁회사 제품들은 경쟁력을 잃게 될 것이다. 이 전략은 광고비가 많이 들지만 각각의 세분화시장에서 독립적으로 광고되어야 하기 때문에 차별화 전략이 필요한 이유라 하겠다.

프랜차이즈 가맹점의 운영에 필요한 마케팅 믹스 요인은 가맹본부에서 제공하는 시스템이나 운영매뉴얼, 상품화, 가격화, 유통체계, 촉진 등 다양한 차별화의 전략이 가능해진다. 가맹사업의 특성상 프랜차이즈 시스템의 성패는 가맹본부의 지원이나 정책에서 결정될 수 있다. 일반적으로 성공적인 프랜차이즈 운영시스템으로 3S 즉, 표준화(standard), 단순화(simple), 스피드화(speed)로 제시된다. 가맹본부의 운영지침이 얼마나 표준화되어 가맹자에게 제공할 수 있는가를 의미한다. 성공한 가맹점의 노하우를 벤치마킹하여 따라할 수 있는 사례를 만들어야 한다. 개별 점포의 경영 노하우는 다른 성공사례가 될 수 있다. 지속적인 개선을 통하여 점포 운영의 표준화가 중요하다. 가맹점의 운영방법이나 본부의 지침을 단순화하거나 심플하게 하여 스스로 쉽게 이해하면서 믿고 따를 수 있어야 한다. 가맹점의 요구사항이 얼마나 스피드하게 반영되어 해결할 수 있는가? 가맹사업의 성패를 결정하는 요소가 된다.

반면 가맹점 입장에서는 성공을 위하여 차별화되고 경쟁력 있는 가맹 본부를 선택하는 것이 중요하다, 본부에서 제공하는 아이템의 매력도를 평가하여야 한다. 본부의 지원을 받아 매장의 입지를 결정하지만 정작 성공과 실패가 결정되는 것은 성공을 위한 올바른 자세와 노력이 그만큼 필요하기 때문이다. 가맹점은 주변의 경쟁자들과 경쟁하여 성공할 수 있는 것은 독보적인 아이템이나 뛰어난 매장의 입지만으로 보장되는 것은 아니다. 구체적인 차별화 전략이 필요하며, 부단한 노력과 기회를 찾아 전략을 추진할 때 안정된 수익을 보장해 줄 수 있다. 그렇다면 차별화된 마케팅 전략은 무엇일까?

첫째, 많은 사람들에게 알리는 것이다. 둘째, 정보를 접한 사람들이 구매하거나 방문하도록 돕는 것이다. 셋째, 고객이 올바르게 생각할 수 있도록 유도하는 것이다. 마케팅 전략은 남녀 간의 사랑과 닮았다. 서비스 받기를 좋아하는 사랑하는 사람에게 마음을 전하지 못하여 애태우는 짝사랑과 같은 것이다. 차별화 전략을 추진하는 것은 소비자의 구매심리에 따른 구조를 파악하는 것이다. 왜 방문하지 않을까? "옆집에는 사람들이 바글바글한데 왜 우리 점포는 사람이 오지 않을까?" 사람들이 방문하지 않는 것은 여러 가지 이유가 있다. 물리적 환경 속에서 보여줄 수 있는 상품요소 외 애매하거나 복잡한 심리적 구조 속에서 상호 간의 관계가 형성되기 때문이다. 그것을 찾아야 한다.

사람의 마음을 이해하는 데는 몇 가지 중요한 구매심리가 작용하게 된다. 이를 이해할 필요성이 있다. 첫째, 정보의 비대칭이 일어난다. 고객들은 잘 생각하여 판단하는 것이 아니라 어떤 조건을 만족하면 자동적으로 호의적으로 반응하게 된다. 심리학자 수잔 피스크(Susan Fiske)는 사람들을 인지적 구두쇠(cognitive miser)라 하였다. 두뇌가 정보를 처리할 때 많은 에너지를 사용하게 되는데 되도록 그 에너지를 절약하려 한다는 것이다. 제품을 구매하거나 그 제품을 평가하려는 것이 아니라 늘 하던 대로 습관적으로 구매한다는 사실이다. 언젠가 한번쯤 의식적으로 의사결정을 하였다면 그 다음부터는 무의식적으로, 습관에 따라 구매하는데 이는 편리함에 익숙해져 있기 때문이다. 고객의 새로운 습관을 형성시키고 이를 유지시킬 수 있는 장치를 마련하는데 기업은 노력하고 있다. 예를 들어 패밀리레스토랑이나 패스트푸드, 피자, 주유소, 편의점, 미장원, 세탁소 등 같은 가게를 방문하는 것은 늘 사용하던 방식대로 습관적으로 방문하는 것이 편하기 때문이다. 같은 신용카드를 사용하는 것 또한 마일리지를 적립한다든지 각종 혜택을 제공하는 기업의 촉진 전략에 익숙해져 있기 때문이다.

둘째, 희소성이다. 사람들은 혜택을 받는 숫자가 적을수록 가치가 높다고 생각한다. 때론 특별한 식재료를 사용하여 희소성의 가치를 높일 수도 있다. 기한을 정하여 고객의 관심도를 높이는 전략이 필요하다. 한정된 정보는 개인 고객이 획득하려는 심리에서 동기가 되기 때문이다. 셋째는 권위이다. 사람들은 어려움에 직면하였을 때 지식을 가진 사람들의 지혜에 감탄하곤 한다. 넷째, 소비자들은 타인행동에 주목하게 된다. 그들의 태도에서 평가하며, 고객의 마음을 설득하여 가치 있는 혜택을 제공해 줄 수 있어야 한다.

(2) 고객의 습관

기업은 매일매일 소비자와 대화하고, 그들에게 관심을 보이는 과정을 통하여 끈끈한 관계를 만들 수 있다. 이러한 관계의 궁극적인 목적은 습관화를 통하여 브랜드의 충성도를 높일 수 있기 때문이다. Neal Martin은 "Habit"에서 고객만족 시대에서 고객습관화의 시대로 변화하고 있음을 강조하면서 다음과 같이 그 특징을 제시하였다.

첫째, 고객의 습관을 파악하여야 한다. CS 전문가인 닐 마틴(N. Martin)은 "만족한다"라고 대답한 고객 중 기껏해야 10퍼센트 미만이 충성심을 가지며, 실질적으로 재방문하거나 재구매한다는 것이다. 다르게 말하면 '불만족한다'고 하여도 그 브랜드의 구매를 기피하지도 않는다는 사실이다. 고객이 어떤 항공사의 서비스에 불만이 있다 해도 마일리지 등이 누적되어 있으면 다른 항공사로 쉽게 옮겨가지 못한다는 사실을 설명하고 있다. 이처럼 고객의 만족도는 참고가 될지언정 경영의 흐름을 바꿀 수 있는 절대적인 것이 되지는 못한다는 것이다. 그것은 거대 기업의 규모와 시스템으로 고착화되어가고 있기 때문이다. 따라서 기업의 관심이 고객만족(CS : customer satisfaction)에서 고객습관화(CH : customer habituation)로 옮겨가고 있는 이유가 된다.

둘째, 기존의 습관은 새로운 습관에 의하여 정복된다. 리서치 전문회사인 AC닐슨은 다음과 같이 제언하였다. 소비자들이 습관에 의하여 구매를 결정하는 것을 오메가룰(omega rules)이라 한다. 습관에 도전하여 의식적인 평가를 하는 순간을 델타 모멘트(delta moments)라 부른다는 것이다. 과거의 소비자와 달리 현대의 소비자들은 의식적인 평가를 내리기 전에 반드시 거치는 과정이 있다. 그것이 바로 정보 검색이나 정보 원천에 따라 변화에 반응하는 것이다. 다른 사람들의 블로그나 SNS에 남겨놓은 평판, 홈페이지의 댓글, 평가후기 등을 참고하게 된다는 것이다.

셋째, 소셜미디어를 통하여 고객의 습관을 바꾸는데 도움을 주어야 한다. 다양한 정보 검색을 통하여 얻게 되는 소비자들은 네이버나 다음과 같은 포털에서 특정 키워드로 검색하게 된다. 특정 브랜드로 노출된 검색어의 정보를 소비자들이 긍정적으로 평가할 수 있도록 관리하여야 한다. 기본적으로 브랜드를 의미하는 단어나 관련 사이트 등은 자연스럽게 고객평가를 통하여 관리되어진다. 경쟁자의 검색단어에도 적절히 노출되도록 하는 것이 중요하다. 뿐만 아니라 사진이나 동영상, 이모티콘 등 고객의 라이프스타일에 적합한 콘텐츠를 개발하여 그들에게 맞는 홈페이지나 블로그를 관리할 필요성이 있다. 대부분의 소비자들은 친구를 통하여 특정 브랜드에 대하여 묻고 있다. 이와 같이 SNS를 모니터링하여 자사의 브랜드에 대한 궁금증을 자연스럽게 답변해 줄 수 있는 방법이 좋다. 그러한 기업의 담당자에게 고객은 감동하거나 흥미를 가진다. 따라서 자신의 트위터나 페이스북에 자랑하는 소비자에게 기업은 반응을 보이게 된다.

넷째, 소비자의 마음을 설득하여야 한다. 차별화는 소비자의 접근을 용이하게 하거나 기념일을 정하여 마음을 표현하는 행동에서 가능하다. 자사의 이벤트에 자연스럽게 참여할 수 있는 스타일이나 생활을 제안하여 경쟁자와 비교할 수 있는 전략을 제시하는 것이 좋다. 점포나 브랜드를 선택할 권리를 고객에게 제공하므로 흥미를 유발시킬 수 있다. 특별한 대우로 고객을 사로잡거나 표준화된 가격을 파괴하여 고객이 대접받는 느낌을 받을 수 있게 할 수 있다. 점포 및 브랜드에 대한 우월감을 느끼게 하면서도 전문가로서 느낌을 받을 수 있게 경쟁심리를 자극할 수도 있다.

2) 여성을 위한 차별화 전략

기업은 왜 여성에게 주목할까? 많은 경영자들은 여성의 심리를 알지 못하면 성공할 수 없다고 이야기한다. 그 이유는 무엇일까? 현대 사회에서 상품이나 서비스의 종류, 가격, 입지, 점포를 결정하는 권리를 주도하는 사람은 여성이다. 이들은 일상생활 속에서 필요한 물품을 구매하면서도 분명한 의사결정과 즐거움을 누린다. 기업의 다양한 촉진 전략에도 관심을 나타내며 언제나 주의를 기울인다. 이 모든 것이 여성으로부터 시작된다. 여성의 기본적인 심리와 욕구를 파악하는 데서 차별화를 위한 전략은 가능하다. 여성의 기본적인 심리는 트렌드에 민감하다는 사실이다. 그들은 대우받기를 원하며 같은 것을 싫어할 뿐 아니라 도전적이다. 이들에 대한 이해가 필수적이다.

첫째, 여성들은 무리 속에서 자연스럽게 적응하는 능력이 뛰어나다. 남자들이 할 수 없는 그 어떤 환경 속에서도 적응하면서 행동할 수 있다. 둘째, 여성들은 감성적이다. 사람들은 이성적으로 판단하려 하지만 인간의 내면에 깔려 있는 감성에 충실하려는 욕망이 있다. 셋째, 여성은 변신하고 싶어 한다. "여성의 변신은 무죄"라는 광고내용이 말하듯, 다른 사람들과 다른 분위기로 전환하고 싶어 한다. 넷째, 여성들은 자신이 이해받기를 원한다. 어떤 경우라도 부드러운 설명과 자신을 설득할 수 있는 이유를 듣고 싶어 한다. 다섯째, 여성들은 자신의 주위사람들에게 자랑하고 싶어 한다. 이러한 유형은 물리적 환경에서 음식 외, 서비스 품질을 구매할 때 가지게 된다. 특히 기대요소에 따른 시간과 비용을 따지는 합리적인 소비의 중요성으로 제시된다. 기다리는 것을 싫어하지만 생활의 공통점을 쉽게 찾아 공감하는 특징을 가지고 있다.

여성들은 옷이나 가방, 신발, 액세서리 등 화려한 색상과 무늬, 디자인을 좋아한다.

이들의 취향을 맞출 수 있는 미적 요소를 필요로 하며 항상 아쉬운 듯 여운을 남기는 개성 있는 고객이 되기를 바란다. 눈으로 이야기할 수 있는 것을 바라며, 주목받는 서비스를 원한다. 알기 쉽게 말하거나 자신의 예상을 뛰어넘는 획기적인 서비스에 관심을 가진다. 유행에 뒤지지 않는 꿈꾸는 듯한 현실이 일어날 것으로 믿는다.

3) VIP를 위한 차별화 전략

VIP마케팅이란 우수 고객을 대상으로 잠재되어 있는 구매 욕구를 불러일으키는 것이다. 매출에 높은 기여 고객을 대상으로 판매가 이루어지도록 촉진 전략을 추진하는 행위이다. 고소득층이나 상류층을 대상으로 하며 최근에는 유동할 수 있는 자산이 10억 이상을 현금화할 수 있는 고객층을 의미한다. 월 소비되는 명품구매 금액이 500만 원 이상인 고객을 의미한다. 이들은 부를 세습하였거나 자수성가한 중상류층을 포함하는데 전문직에 종사하는 부인들이나 금융업, 의사, 연예인, 체육인, 레포츠 등에 종사하는 사람들을 의미한다.

상류층을 위한 마케팅 전략을 추진할 때 잘못 이해하는 경우가 많이 있다. 이유 없이 돈을 쓴다거나 사치와 향락이 이들의 인생에 중요한 목적으로 치부한다는 사실이다. 또한 불로소득을 많이 획득하였거나 부의 세습으로 부모에게 물려받은 재산이 많다고 생각하기가 쉽다. 비쌀수록 잘 팔릴 것이라는 생각은 매우 위험하다. 이는 잘못된 생각이다. 이들은 경기변동에 영향을 받지 않는 경제력을 가졌지만 허투루 물건을 구매하지는 않는다.

일반 소비자들은 상품이 일상생활에 필요하여 구매하거나 고장 나서 재구매하는 등, 비용이 저렴하여 구매하는 패턴을 가진다. 또한 다양한 경로를 통하여 비교하거나 정보를 입수한 후 결정하는 특징이 있다. VIP 고객들은 상황에 따라 여유 있게 상품과 서비스를 교체하거나 재구매한다. 자신의 품격과 브랜드 인지도에 따라 구매 행동은 영향을 받지만 최고의 서비스를 원한다. 이들의 구매패턴은 다른 계층의 모방으로 이어지게 한다. 타깃으로 하는 제품은 가격대비 마진율이 높더라도 민감하지 않은 편이다. 따라서 VIP전략의 차별화에 따른 핵심은 부유층의 특성을 이해하고 그에 맞는 전략을 추진하는 데서 시작된다. 이들을 위한 브랜드 관리가 중요하다. 꾸준하게 부유층이 찾거나 구매할 수 있는 최고의 가치를 제공하는 것이 중요하다. 장기적인 관점에서 볼 때 그들에 맞는 맞춤형 관리 제도를 통하여 충성도 높은 고객을 확보할 수 있다.

반면에, 이들은 특별한 대우를 받아야 한다고 생각한다. 사람의 마음을 움직이는 가장 효과적인 방법 중의 하나는 돈이며 그 돈을 자신이 소유하고 있기 때문에 대접 받을 수 있다는 것을 알고 있기 때문이다. VIP고객들은 자신들의 삶 자체를 일반인과 다른 차별적으로 영위해 가고자 한다. 대중에게 자신이 노출되는 것을 극도로 회피 하면서도 타인과 다르다는 심리적 우월감을 가지고 있다. 서로 간의 네트워크를 형 성하여 높은 수준의 문화생활과 관심사로 끼리끼리 뭉치는 경향이 있다. 이들을 위 한 고객관계의 핵심은 VIP 확보와 이들의 유지관리이다. 그러므로 자존심을 존중해 줄 필요성이 있으며, 가격이 아니라 상품과 서비스가 지닌 가치를 부각시켜 제공해 줄 수 있어야 한다.

4) 고객의 습관화 전략

고객만족의 핵심이 기업의 중요한 위치로 자리한 지 오래되었다. 고객은 구매한 제품이 얼마나 자신의 기대치를 충족시키느냐에 따라 만족도는 달라진다. 제품이나 서비스가 기대이하가 되면 불만족으로 평가되기 때문에 기업은 그 기대를 넘어설 수 있게 제공하는 것이 중요하다. 이러한 기대수준을 충족시킬 수 있을 만큼 기업이 만 족시키더라도 다음에 재방문하는 고객들은 그 수준을 높여 그 이상을 원하게 된다.

예를 들어 미국에서 붙인 우편 화물이 다음날 아침에 서울의 사무실 책상 위에 올 라 있는 것을 생각하면 과거에는 상상도 못한 기적과 같은 일이다. 하지만 그러한 우편서비스에 감동하는 사람들은 없다. 하루 만에 도착하는 것은 고객이 기대하는 당연한 수준이 되어버렸기 때문이다. 기대수준이란 갈수록 높아지면서도 까다로워지 기 때문에 고객의 불평은 끝나지 않는 딜레마가 된다.

현대사회에서 고객만족은 재구매와 연결되지 못한다는 단점이 있다. 설문조사에 의하면 특정 "브랜드에 만족하였다"라고 하였지만 "다음에 이 제품을 구매할 의향이 있는가?"라고 제시하였을 때 말로는 "그렇다" 하였지만 대부분의 사람들은 다른 브랜 드를 찾게 된다는 것이다. 즉 구매할 의향이 있다고 하여도 실제 구매로 연결하지는 않는다는 사실이다. 조건만 갖추어져 있다면 경쟁사의 제품을 마다하지 않는 것이 현대의 구매습관이다. 이처럼 고객만족도는 참고가 될지언정 경영의 핵심은 아니라 는 것이다. 따라서 기업의 관심이 CH(customer habituation)로 옮겨가고 있다는 것을 증명하고 있다.

좋은 디자인도 고객을 습관화시키는 데 큰 역할을 한다. 애플은 경쟁사와 치열하 게 선두다툼을 벌이고 있다. 경쟁사 제품보다 비쌀 뿐 아니라 용량이 적어 고객이 큰 매력을 느끼지 못할 요소를 가졌지만 디자인으로 승부하여 마니아를 만들어내고 있다. 스타벅스는 좋은 원두 재료와 감성적 접근으로 분석하는 것도 일리가 있지만 편의성을 통한 고객의 습관화를 가능하게 하였다. 커피 프랜차이즈 가맹점들은 길모퉁이를 끼고 같은 브랜드가 양립하고 있다. 스타벅스는 강남역 4거리에 대표적인 매장을 가지고 있다. 길을 건너는 불편함을 해소할 뿐 아니라 일정한 지역의 지리적 거리를 존중해줌으로써 가맹점들이 안심하고 영업에 전념할 수 있게 하였다. 스타벅스만의 차별적 입지선정으로 고객이 느끼는 여유와 문화, 생활공간으로 활용하여 성공하고 있다.

예를 들어 습관적인 구매 패턴을 가진 커피나 술, 담배와 같은 기호식품은 일반적으로 다양한 브랜드를 구매하기보다는 특정 브랜드를 습관적으로 구매하게 된다. 커피전문점인 '더 카페'는 고객의 습관을 이용한 전략으로 성공한 사례이다. 기호식품의 특성을 감안하여 매일 먹어도 질리지 않는 원두의 맛을 내기 위하여 모든 메뉴의 베이스가 되는 원두의 블렌딩과 로스팅에 집중하였다. 웰빙 트렌드와 고급 원두커피를 추구하는 소비자의 기호와 시장변화에 맞추어 향과 뒷맛을 중요시하는 여성고객의 니즈를 반영하였다. 매일 먹어도 질리지 않으면서 오랫동안 입안에 머무는 여운과 풍미가 감도는 차별화된 맛을 구현하기 위하여 습관화전략을 시행하였다.

첫째, 매일 먹어도 질리지 않는 원두커피의 맛을 구현하기 위하여 유통점에 집중적으로 입점하였다. 포화상태의 커피전문점 시장에 리스크를 최소화하고자 노력하였다. 둘째, 촉진 전략을 다르게 시행하였다. 일반적으로 커피전문점에서 커피를 구매하면 무료로 제공하는 서비스와 달리 5회 구매시 1,500원 할인하거나 10회 구매시 3,000원을 할인하는 등 경쟁사와 다른 마일리지 서비스를 실시하였다. 고객에게 선택의 기회를 다양하게 제공함으로써 남녀노소 구분 없이 폭 넓은 고객층과 단골층을 확보할 수 있었다. 셋째, 최소의 공간으로 효과적인 시장침투를 가능하게 하였다. 10평의 공간에서도 매장 운영이 가능할 수 있게 규모를 줄였으며, 유통매장의 사이드 코너뿐 아니라 오피스 빌딩의 옥상 등 공간을 최적화한 인테리어 시설로 어떤 지형이나 어떤 공간이던지 효과적인 시장침투를 가능하게 하였다. 이와 같이 공간을 최적화한 인테리어 시스템으로 소비자의 구매 선택에 따른 편의성을 향상시켰으며, 직장인이 많은 오피스 상권에서도 차별화된 경쟁력을 갖게 되었다.

4. 문제점 해결 방법

브랜드 전략에 따른 문제점을 해결하고자 할 때 부딪히게 되는 문제는 창의적인 개선안을 도출하는 틀이 미흡하다는 점이다. 브레인스토밍이나 전문가의 조언 등에

따라 개선안을 도출하고자 하지만 상식을 뛰어넘을 수 있는 혁신적인 개선안의 도출
은 기대하기 어렵다. 브레인스토밍(brainstorming)이란 일정한 테마에 대하여 회의
형식을 채택하며, 구성원의 자유발언을 통한 아이디어 제시와 해결방안을 찾아내려
는 방법이다. 이러한 원리는 한 사람보다 다수인 쪽에서 제시되는 아이디어가 많이
채택된다. 그 수가 많을수록 질적으로 우수한 아이디어가 나올 가능성이 높다. 일반
적으로 아이디어는 비판이 가해지지 않으면 많아질 수밖에 없다. 어떠한 내용의 발
언이라도 비판을 해서는 안 되며, 오히려 자유분방하고 엉뚱하기까지 한 의견을 기초
한 아이디어를 전개시켜 나가도록 하여야 한다. 이를테면, 일종의 자유연상법이라고
도 할 수 있다. 회의에서는 리더를 두고, 구성원 10명 내외로 할 수도 있다.

최근 연구개발 분야에서 기술적인 문제나 혁신을 위하여 트리즈(TRIZ)가 문제를 해
결할 수 있는 대안으로 떠오르고 있다. 트리즈(TRIZ : Teoriya Resheniya Izobretatelskikh
Zadatch(러), Theory of inventive problem solving(영)란 주어진 문제에 대하여 가장
이상적인 결과를 도출하는 것으로 정의된다. 그 결과를 얻는 데 관건이 되는 모순을
찾아내며, 이를 극복할 수 있는 해결방안으로 40가지의 방법을 제시하고 있다. 1960
년대 구소련의 엔지니어 알트슐러(Altshuller, 1946~1985)와 그의 제자들에 의해 처음
만들어졌다. 트리즈는 경험과 논리에 바탕을 둔 창의적인 발명기법으로 초등학생부
터 대학생에 이르기까지 트리즈 교육을 활발하게 실시하여 과학기술의 발전에 기여
한 것으로 알려졌다.

전 세계 20만 건 이상의 특허를 조사하고 그중 약 4만 개의 혁신적인 특허를 정밀
분석하여 창의적인 문제점의 해결 원리를 발견하였다. 대부분의 문제점은 세상 어딘
가에서 해결방안이 존재하며 특허의 2%만이 진정한 의미의 창조적인 발명이라는 것
이다. 98%는 이미 알려진 아이디어와 개념을 이용하여 개발한 것이라고 주장하였다.
발명은 최소한 하나 이상의 모순(contradiction)을 해결함으로써 완성된다.

트리즈에서의 모순은 기술적·물리적으로 구분된다. 기술적 모순은 시스템의 한
속성 A를 개선하고자 할 때 그 시스템의 다른 속성 B가 악화되는 상태를 의미한다.
물리적 모순은 시스템의 한 속성 A의 값이 높아야 하지만 동시에 낮기도 해야 하는
상태로 어떤 경우에는 속성 B가 있어야 하지만 어떤 경우에는 없어야 하는 상태를
의미한다. 과거의 기술적 모순을 갖고 있는 문제가 발생하였다면 상호 절충(trade
off)을 통하여 해결해 왔으나 트리즈에서는 모순의 행렬(contradiction matrix)에 따른
발명원리를 적용하여 문제를 해결하였다. 문제해결 방식으로는 혁신적인 개선이 불
가능하기 때문에 발생 가능한 39개의 기술적 모순들을 개선하려는 데서 시작되었다.
특성(Y축)과 악화되는 특성(X축)으로 39×39행렬로 정의한 매트릭스를 활용하여 문

제를 해결하는 방법이다. 행렬 내의 숫자들은 대응하는 행과 열의 모순을 해결할 수 있게 발명의 원리(총 40개)로 활용하였다.

〈표 11-3〉 40개의 발명원리

40개의 발명원리		
1. 분할	15. 다이내믹성	28. 비기계적 방식으로 전환
2. 분리 및 추출	16. 초과 및 부적	29. 공기매체와 유체 이동
3. 국부적 성질	17. 다른 차원으로의 진화	30. 유연한 박막 및 필름
4. 비대칭성	18. 진동	31. 다공성 재료 사용
5. 조합성	19. 주기적인 작용(조치)	32. 색 변환
6. 범용성	20. 유용한 작용의 지속	33. 균질성 유지
7. 끼워넣기	21. 빠르게 지나가기	34. 패기 또는 복구
8. 평형추	22. 해로운 것을 유익한 것으로	35. 물리적 · 화학적 상태변화
9. 예비능력	전환	36. 물질의 상태변화 이용
10. 기능을 미리 설정	23. 피드백	37. 열팽창
11. 사전보상	24. 중개	38. 산화제 사용
12. 등위성	25. 셀프서비스	(환경과의 상호작용 증대)
13. 거꾸로 하기	26. 모방	39. 불활성환경
14. 회전 타원형	27. 저가 및 단수 명 물질 사용	40. 복합재료

출처 : 박주영 · 박경원(2013). 프랜차이즈 슈퍼바이징 원론, p. 293 인용

예를 들어 항공기의 기능성 강도를 높일 경우(개선의 특성) 무게가 증가(악화특성)하는 모순을 해결하기 위해서는 모순행렬에서 제시한 발명의 원리(2, 26, 29, 40)를 활용하게 된다. 즉 분리되는 추출(2), 모방(26), 공기매체와 유체이용(29), 복합재료(40)의 원리를 활용하여 해결방안을 찾을 수 있다.

최근에는 같은 공학분야의 트리즈식 문제해결 방식을 비공학 분야에서도 유사하게 적용하려는 움직임이 활발하다. 교통문제, 교육문제, 환경문제 등 다양한 분야에서 접목하고 있다. 베스트 비즈니스를 실천(practice)하는 문제로 여러 분야에 맞게 재해석하고 있다. 모순행렬로부터 발명의 원리를 도출하던 방식 대신에 발명의 원리 그 자체를 철저하게 이해하여 모순을 해결하고 있다. 또한 모순의 원리를 직접 추출하여 적용하는 방식으로 응용되었다.

서비스 기업의 대표적인 사례는 사우스웨스트 항공사(South West Airlines)를 예로 들 수 있다. 90년대 사우스웨스트 항공사는 가격은 비싸지만 서비스가 형편없는 회사의 대명사였다. 서비스를 개선하면 비용이 증가하기 때문에 트리즈 관점에서 보면 이 문제를 서비스 품질(개선특성)과 비용(악화특성) 간의 기술적 모순을 해결해야 하는 문제였다. 이 항공사는 트리즈의 발명 원리로부터 아이디어를 얻어 비용을 최적

화시키면서도 고품질의 서비스를 해결할 수 있는 방안을 도출하는 데 성공하였다. 40개의 발명원리 중 1(분할), 25(셀프서비스), 38(환경과 상호작용 증대) 등을 추출하여 각각의 개선방안을 수립하였다.

5. 프랜차이즈 사업의 특성화

우리는 일상적인 생활 속에서 특정한 프랜차이즈 가맹점이 장사를 잘 되었을 때 프랜차이즈 본사의 경영 능력이 뛰어나다고 생각하기보다는 가맹점 주인의 능력이 뛰어나다고 생각할 수 있다. 특히 프랜차이즈 본사의 지원이나 음식의 맛, 접객태도 등 사전에 교육훈련이 되어 경영관리와 매뉴얼이 훌륭하였기 때문이라고 믿지 않을 수 있다. 즉 가맹점주의 능력으로 매출액을 상승시키고 있다 생각하기가 쉽다. 하지만 전문가들이 봤을 때는 프랜차이지(franchisee)보다 프랜차이저(franchisor) 본부의 콘셉트나 디자인, 이미지, 매뉴얼 등에서 고객이 얼마나 노출될 수 있는가를 지적하고 있다. 따라서 광고와 홍보 전략은 누구를 통하여 얼마만큼 노출되고 있는가에서 관심을 가져야 된다고 조언한다.

좋은 레스토랑이 되기 위해서는 본사의 유명도나 인기메뉴도 중요하지만 가맹점을 운영하는 가맹점주의 경영마인드가 중요하다. 사업을 하는 사람들은 시장원리를 적용하는데 힘들어 한다. 시장에서 필요로 하는 것을 기업이 제시해 주지 않으면 도태된다. 기업은 시장을 통하여 성장하거나 외면받을 수 있다. 레스토랑을 운영하는 것은 궁극적으로 가맹점주가 하는 것이다. 어떠한 콘셉트로 어떠한 촉진방법을 동원할 것인가? 고객의 심리를 자극하여 끌어들일 수 있는 특성화전략이 필요하다.

특성화(specialization)란 각각 다른 개인, 산업, 지역 간에 일어나는 생산활동의 분업을 의미한다. 단일 상품을 생산하는 레스토랑에서 다른 메뉴를 조리하여 생산하는 것처럼, 특화와 분업으로 제시할 수 있다. 특화란 특정 상황의 공적인 구매와 사적인 구매와 같이 사회적으로 일어날 수 있는 단계를 의미한다. 어떤 국가는 농업생산에 집중하지만 또 다른 국가는 공업이나 서비스업에 집중하고 있다. 지역과 국가, 단체 등 특정 상황에서 다르게 주어지기 때문이다. 특성화가 행하여지는 것은 생산성의 효율성을 극대화할 수 있기 때문이다. 각 개인은 능력을 발휘할 수 있다는 장점을 부각시켜 능률적인 업무로 일할 수 있게 하여야 한다. 분업은 능률을 높이며, 적절한 기능을 습득할 수 있게 한다. 각자의 시간을 단일 작업에 집약하는 것이 아니라 하나의 작업에서 다른 작업으로 이동함으로써 생기는 시간의 손실을 줄일 수 있다. 하나 이상의 생산과정을 특화함으로써 기능을 단순화할 수 있다. 기계화와 노동 절약적인 사용을 유리하게 할 수 있다.

산업의 특화는 발명과 기계의 효과적인 사용을 유도할 수 있다. 지역별 토지와 자본 등 비인적 자원을 유용하게 하는 데서 개인적, 선천적인 차이가 나타날 수 있다. 특성화란 자사가 가지는 자원을 바탕으로 경쟁자 없는 블루오션(blue ocean)을 만드는 것이다. 이를 바탕으로 그 사례를 제시하면 다음과 같다.

예를 들어 스타벅스는 비싼 커피로 유명하지만 가정 다음으로 안락한 분위기와 가고 싶은 곳으로 유명하다. 한국야쿠르트의 '위에 좋은 발효유 윌'은 발효주 시장에서 지각변동을 일으켰다(헤럴드, 2013.2.26).

한국야쿠르트의 건강발효유 '윌'은 2000년 8월 첫 선을 보인 후 12년여가 지난 지금도 소비자들에게 선풍적인 인기를 누려온 스테디셀러이다. '윌'의 인기는 한국인들이 달고 사는 위장 질환의 예방에 도움을 준다는 제품 콘셉트 덕분이다. 위염과 위궤양의 대표적인 원인 균으로 알려진 헬리코박터 파일로리균을 억제하는 유산균을 이용하였기 때문이다. 한국야쿠르트는 '윌'에 포함된 특허받은 유산균(HY2177, HY2743)과 면역난황, 차조기 등을 이용하여 헬리코박터 파일로리균을 억제하는 데 주력하여 성과를 내고 있다.

국내 성인의 75% 이상이 헬리코박터 파일로리균에 감염되어 있으며, 이 균은 위암 발생에 깊이 관여한다는 연구 결과에 주목하고 있다. 97년부터 이 균을 효과적으로 억제할 수 있는 발효유 개발에 주력했다. 이후 5년 만에 탄생한 '윌'의 효능은 서울대병원 김나영 교수팀이 진행한 임상실험에서도 확인되었다. 내원한 347명의 위염환자를 대상으로 항생제와 '윌'을 투여한 결과, 단순히 항생제를 투여한 경우에 비하여 '윌' 음용을 병행한 환자가 헬리코박터 파일로리균의 억제가 8.8% 정도 증가한 것으로 확인되었다.

제품의 기능성과 더불어 '윌'의 마케팅 능력도 화제이다. 출시 당시 헬리코박터 파일로리균을 발견한 배리 마셜 박사가 광고 모델로 직접 출현하였다. 이후 배리 마셜 박사는 2005년 노벨 의학상을 수상하면서 윌에 대한 신뢰도를 자동적으로 높여주는 역할을 하였다. 한국야쿠르트는 '윌'을 끊임없이 변신시켜, 2004년에는 위와 장의 건강까지 기여하는 제품으로 그 영역을 확대하고 있다. 2008년에는 석류, 복분자 등으로 맛도 다양화하였으며, 유산균 함량을 10배 강화하기 위하여 위에 좋은 양배추와 브로콜리를 첨가하여 제품을 업그레이드시켰다. 현재까지 판매된 '윌'은 총 25억 개로, 누적된 매출액만 하여도 2조 6,000억 원 이상이다. 그 인기는 갈수록 뜨거워지고 있으며, 2012년 3월에 리뉴얼한 이후 판매량이 하루 평균 60만 개에서 70만 개 이상으로 늘어나 2,700억 원의 매출을 올리고 있다.

'청풍 음이온'은 1983년부터 최진순 회장이 직접 연구하여 태어났다. 당시 국내 음이온이라는 말은 생소한 황무지 상태였으며, 그는 하나에서 열까지 무에서 유를 만들어가야만 하였다. 해외 학술지를 뒤져가면서 독학으로 연구한 것도 최 회장의 몫이었다. 한때 소나무에서 음이온이 많이 나온다는 소리를 듣고 직접 불편한 몸을 이끌고 이 산 저 산을 오르기도 하였다. 그 와중에 음이온을 직접 만들겠다는 생각을 하게 된 것이다. 그러나 생각대로 되는 것은 아무것도 없다. 음이온을 연구하고서 제품화하면서 너무나도 많은 우여곡절을 겪었다. 이만하면 완성되었다 싶어 제품을 생산하면 오존이 나오지 않거나 때론 너무 많이 나와 불량품의 생산이 계속되었다. 82년부터 92년 동안 실패를 밥 먹듯이 하였으며, 그럴 때마다 포기하고 싶었던 것은 너무나도 당연하였다. 하지만 그는 포기를 모르는 사람이었다.

건강을 위한 제품을 생산하는 것은 나부터 시험해 보고 판매하는 것이 당연하다는 생각을 하였다. 스스로 실험 대상으로 삼아 연구에 몰입하였다. 그러한 덕분에 오래도록 가져왔던 하반신 불구의 몸은 기적같이 걸을 수 있게 되었으며, 음이온 공기청정기는 날개 돋친 듯 팔렸다. 이처럼 한 편의 드라마 같은 인생역정을 겪은 최 회장은 주변사람들에게 자립심을 유난히 강조하고 있다. 그는 자식을 키우는 부모들에게 꼭 전하고 싶은 말로 "자녀들에게 강한 의지를 키울 수 있게 자립심을 기르도록 하여라"라고 조언한다.

매년 6월이면 장마철을 맞이하는데 백화점 및 할인점은 '장마철 기획전'을 열어 특화하고 있다. 우산과 레인부츠, 제습기 등 장마 관련 상품들이 불티나게 팔리고 있다. 롯데백화점 부산 점에 따르면 2013년 6월 1일부터 12일까지 매출을 분석한 결과 레인부츠와 레인코트, 젤리슈즈의 판매량이 크게 늘어난 것으로 나타났다. 레인부츠 브랜드인 '헌터'의 경우 같은 기간에 비하여 무려 3배의 매출이 증가하였다는 소식이다.

레인 패션 브랜드인 '에이글'도 부산지역 4개 점에서 매출이 73%나 신장되었다고 하였다(부산일보, 2013.6.26). 젤리슈즈도 큰 인기를 얻고 있다. 대표 브랜드인 '크록스'의 매출은 부산지역 4개 점에서 지난해보다 60% 급증한 것으로 조사되었다.

신세계 센텀시티에서도 레인부츠를 찾는 고객들이 증가하였다. 지난해보다 65%가량 증가하였으며, 레인코트와 우산 등을 판매하는 '무브부츠' 등 장마용품 매출은 2.5배 증가한 것으로 집계되었다. 의류 담당자는 "장마철을 맞아 최근 남성들을 위한 메쉬·고무 소재와 기능성 신발이 잘 팔리고 있다"고 설명했다.

이 마트에서도 장마용품의 판매가 급증하고 있다. 제습기의 판매가 지난해 같은 기간보다 10배나 늘어난 것으로 나타났다. 제습제는 48.1%, 우산은 52.9%, 차량용 와이퍼는 75.3% 정도 매출이 급증한 것으로 조사되었다. 특히 방수기능의 워셔액과 습기제거 왁스 등 차량용품의 매출도 26% 신장한 것으로 집계되었다. 이 밖에 천연 항균 물티슈, 세탁조 크리너, 항균 스프레이 등 장마철의 인기상품으로 부상하고 있다. 이번 행사에선 에어로 일반 와이퍼를 2천 원 균일가에 판매하고 있으며, 비가 오면 애주가들이 많이 찾는 탁주를 2병 이상 구매 시 15% 할인하여 판매하고 있다. 부침개 재료인 부침·튀김가루를 20~50% 할인된 가격에 팔며, 제습제인 '물먹는 하마'를 2개(8개입) 구매하면 2천 원짜리 상품권을 증정하는 촉진 전략을 특성화하여 장마철에 맞추어 진행하고 있다.

메가마트도 접이식 우산을 50% 할인된 4,900~9천 원에 판매하고 있다. 20여 종의 제습기는 최대 20% 할인된 가격으로 선보이며, 물먹는 하마 등 제습제와 자동차 코팅제, 워셔액, 와이퍼 등을 10% 할인된 가격에 판매한다. 실내 인테리어 및 습기 제거 상품으로 인기가 높은 숯 제품도 30% 저렴한 가격에 판매하고 있다. 이 밖에 부침가루와 튀김가루는 15% 할인하며, 빨래 건조대 10개 품목을 20% 할인된 가격에 선보이고 있다. 이러한 전략은 계절적인 요소를 반영한 기업의 특성화 전략에서 개별 유통 브랜드들은 차별화를 시도하고 있다.

결론적으로 가맹점을 경영하는 차별화 전략은 자신이 설계한 콘셉트가 좋은 콘셉트인지 확인하는 기준이 바로 유니크(unique)이다. 유니크란 유일함, 독특한, 진기한의 의미를 담고 있다. 일반적으로는 의류산업에서 널리 사용하고 있지만 그 독특함이나 진기함, 이상함 등을 넘어 훌륭하다고 표현할 때 사용하고 있다. 이를테면 유니크한 디자인이라고 할 경우, 다른 것에는 전혀 없는, 유례가 없는, 독창성이 풍부한 디자인을 의미한다. 대부분의 경우 그 독창성을 좋은 평가의 뜻으로 사용하고 있다. 하지만 때로는 빈정거리는 것을 의미할 때도 있다. 따라서 김밥집 하나에도 특성화한 방법은 여러 가지가 있다.

- 맛을 생명으로 하는 김밥
- 유명한 연예인이 프랜차이즈 사업을 하는 김밥집
- 신속하고 정확하게 배달하는 김밥집
- 친절을 생명으로 하여 운영하는 김밥집
- 위생과 청결을 통한 먹거리의 안전을 소중하게 생각하는 김밥집
- 가격을 할인하여 1인분에 1천 원 하는 김밥집 등으로 특성화할 수 있다. 이러한 사례에서 볼 수 있듯이 같은 카테고리로 차별화하지 않았는가? 단순하게 보여주기 위하여 차별화를 하지 않았는가? 애매하게 차별화하지 않았는가? 남보다 더 낫다는 식으로 차별화하지 않았는가? 차별화를 위한 차별화를 하지 않았는가를 따져야 한다.

CHAPTER 12

인터넷 마케팅

'만인이 평등하다'라는 명제는 평상시에 그 어떤 누구도 동의하지 않는 명제이다.
−Aldous Huxley, 그리스 철학자

_ 인터넷 마케팅의 중요성을 학습한다.
_ 인터넷 마케팅의 환경변화와 특성을 학습한다.
_ 인터넷을 활용한 전략유형을 학습한다.
_ 인터넷을 통한 성공사례를 조사하여 분석한다.

12 인터넷 마케팅

기회란 대체로 어려운 일로 변장하고 오기 때문에 대부분의 사람들은 그것을 알지 못한다.
– Ann, Landers, 미국의 칼럼니스트

제1절 │ 인터넷 마케팅의 개념과 중요성

1. 인터넷 마케팅의 개념

디지털(digital) 산업은 컴퓨터와 정보통신을 활용한 전자상거래의 발달을 의미한다. 개인과 조직, 기업, 국가 등 전 산업에서 활용되는 디지털 기술은 다음과 같은 특징을 가지고 있다. 첫째, 어디에서나 활용 가능하며 빛과 같은 속도로 이동하면서 정보를 전달할 수 있는 광속성을 가진다. 둘째, 반복하여 사용해도 정보가 줄어들거나 질이 떨어지지 않는 무한 재현성을 가진다. 셋째, 정보가공이 쉽고 다양한 형태로 조작이 가능한 변형의 용이성을 가진다. 넷째, 송수신자가 동시에 정보를 주고받을 수 있는 쌍방향성을 가지고 있다.

컴퓨터를 통하여 정보, 통신과 촉진활동을 전개하는 것을 인터넷 마케팅이라 한다. IT기술의 발달은 21세기를 살아가는 현대인들에게 정보의 중요성을 제시하고 있다. 90년대 이후 개인용 컴퓨터가 급속히 보급되면서 모든 업무는 컴퓨터에서 시작하여 컴퓨터로 끝나는 시스템으로 전환되었다. 오프라인의 거대조직이 사이버 내 네트워크로 형성되었으며 손안의 정보 활용은 개인적 사고와 가치변화에 따른 기업경영 목표와 발전의 패러다임을 진화시켰다.

인터넷의 발달은 기업들에게 시장의 기회인 동시에 위협으로 다가왔다. 개인 고객은 다양한 정보를 축적하여 이를 데이터베이스화 하고 있거나 일대일 마케팅을 실행하여 기업이 줄 수 있는 실질적인 혜택을 더 제공해주기를 원하고 있다. 이러한 기회를 적절히 활용하는 기업은 계속적으로 성장할 수 있지만 그렇지 못한 기업들은 매우 위험한 상황에 직면하게 되었다. 고객들은 인터넷을 기반으로 통합적 마케팅시스템을 요구하고 있다. 조직이 필요로 하는 정보와 자신이 원하는 목적을 달성하기 위하여 쌍방향 커뮤니케이션을 활용하고 있다.

정보통신과 인터넷의 기술 발달은 월드와이드 웹(WWW)의 상업적 활용이 개인 소비시장의 인프라를 구축하면서 디지털화되었다. 정보는 곧 지식산업으로 발전되어 고객에게 맞는 맞춤형 전략을 추진하게 하였다. 세분된 표적고객의 욕구와 가치를 찾아 제공함으로써 최적의 마케팅을 추진할 수 있다. 이를 기업 매출과 연계하여 향상시키는 방법으로 인터넷은 활용되고 있다.

온라인의 쌍방향 미디어를 활용하여 네트워크를 구축하는 전자상거래는 기존 고객과의 관계개선뿐 아니라 유지, 신규고객 창출 등의 목적으로 이용되고 있다. 홈페이지나 전자 카탈로그 형태의 고객 데이터베이스를 활용하여 유용한 상관관계를 확인하고 있다. 또한 미래에 실행 가능한 정보를 추출하여 의사결정에 이용하는 한편 데이터마이닝(data mining)을 실시하고 있다. 고객관련 정보를 토대로 미래의 구매 행태를 예측하거나 변수 간 인과관계를 대용량 데이터베이스로 강화하고 있다. 반복구매나 연결구매, 가능성이 높은 고객층을 발견하여 권유하거나 인센티브 등을 제시하는 방법으로 판매를 극대화하고 있다. 이러한 기술은 복잡한 통계기법을 응용하여 금융기관이나 통신판매, 유통업체 등 구매 패턴을 파악하거나 가입자 해지율 분석에서도 적극적으로 활용되고 있다.

최근에는 데이터 마이닝 기술도 변하고 있다. 데이터량은 많지 않지만 복잡한 변수들의 상관관계로 핵심적인 요소를 추출하는 분석기법에 주목하고 있다. 제조업에서 시작한 반도체 수율 분석, 철강회사의 최적 원료 배합비율, 6시그마 활동 분석 등으로 제시되고 있다. 특히 외식기업은 매스마케팅을 응용한 홈쇼핑이나 인터넷 전자상거래 업체의 데이터 마이닝 기술을 방송 시간대 별 편성과 매출의 상관관계 분석, 쇼핑몰의 클릭횟수 등을 실시간 활용하여 매출 증가를 확인하고 있다. 이와 같이 스마트폰과 내비게이션을 활용하여 맛집 찾기 등으로 상용화하고 있다. 따라서 인터넷을 이용한 고객의 정보원천은 더욱 다양해지고 있다.

2. 인터넷 마케팅의 환경변화

현대사회에서 인터넷 시장이 차지하는 비중은 갈수록 커지고 있다. 전 산업으로 확장되어 하나의 문화와 사회현상이 발전되고 있다. 기업은 인터넷 마케팅을 추진하면서 획기적인 변화를 가져왔다. 시공과 상상을 초월하는 지역과 공간, 시간적 제약의 경계가 없어져 무한 경쟁시대가 도래하였다. 시장은 무한대의 영역으로 확장되었으며 글로벌 환경에서 소비자의 욕구는 수많은 선택과 대안으로 구매의 필요성과 다양한 방법으로 정보를 찾을 수 있게 하였다. 이러한 힘은 소비 주권시대에서 나타나는 사회현상으로 기업의 의사결정에 변화를 주어 고객중심으로 전환해야 하는 이유가 되었다.

진정한 소비자 중심의 시장에서 인터넷 환경은 급속하게 변화와 발전을 거듭하고 있다. 온라인 환경에서 경쟁자보다 우월적 지위를 확보하는 것은 경쟁력을 가지는 것이다. 자사만의 독특한 개성과 특성을 고객들에게 보여줄 수 있다. 따라서 인터넷 환경은 친구, 직장동료, 동호회 등 필요한 정보를 사이버상으로 공유하거나 호텔, 외식, 여행사, 리조트, 펜션, 스포츠 등의 이용목적에 따라 예약과 상품구매 등으로 일반화되었다.

1) 인터넷 환경변화

현대의 디지털문화는 정보혁명으로 하루하루가 빠른 속도로 변화가 진행되고 있다. 스마트폰을 이용한 애플리케이션(application : 응용프로그램)과 페이스북을 이용한 SNS(social network service), 카톡, QR 코드(quick response code), RFID(radio frequency identification) 등 U-commerce를 이용한 인터넷은 각종 네트워크, 휴대폰, PDA와 같은 무선기기와 정보가전 등 모든 형태의 도구를 활용하여 전자상거래는 활성화되고 있다.

'언제 어디서나 동시에 존재한다'라는 유비쿼터스(ubiquitous)의 의미처럼 제한 없이 진행되는 전자상거래 이용은 마케팅 전략이 확산되는 이유가 된다. 인터넷을 기반으로 하는 E-커머스와 모바일 기기를 활용한 M-커머스, 인터넷과 TV를 활용한 T-커머스 등 모든 종류의 전자상거래를 의미한다.

전자통신의 유·무선기기는 다양한 유형의 차세대 휴대기기를 기반으로 네트워크를 자율적으로 하는 컴퓨팅 기능을 가지고 있다. 기계와 기기에 의하여 상거래가 이루어져 온라인과 오프라인이 통합되는 특징을 가진다. 이러한 인터넷은 고객정보를 위주로 마케팅이 이루어지는 E-커머스에 비하여 시간과 장소의 구애됨 없이 실시간, 연속적으로 인식되어 추적과 의사소통을 전개할 수 있다. 모든 공간과 사물에 대하여 센서와 칩, 마이크로머신, 전파식별(RFID) 등이 식재되어 네트워크가 연결되었다. 기존에 존재하지 않았던 새로운 비즈니스 모델이 생성되면서 다양하고 폭넓게 활용되고 있다.

2) 인터넷 마케팅의 특징

인터넷 마케팅은 다양한 촉진방법으로 활용되고 있으며, 고객에게 그 가치를 제공하기 위하여 기업은 노력하고 있다. 인터넷 마케팅의 특징을 제시하면 다음과 같다.

첫째, 시간과 장소, 공간상의 제약이 없으며 24시간 언제 어디에서나 다양한 촉진활동을 전개할 수 있다. 기존 매체보다 빠른 속도로 국내 · 외 온라인 상의 마케팅활동을 전개할 수 있다. 검색 엔진이나 팝업, 전자신문, 웹사이트, 전자게시판, 뉴스그룹 등 다양한 방법으로 활용되고 있다.

둘째, 기업이 표적으로 하는 집단의 접근성을 용이하게 한다. 특정 대상에 대하여 전자우편이나 뉴스그룹, 카페, 블로그, 페이스북, 밴드 등을 통하여 구체적으로 집단을 선정하여 커뮤니케이션 활동을 가능하게 한다. 한편 사용자의 의견을 즉각적으로 반영하여 제품 생산에 곧바로 이용할 수 있다.

셋째, 인터넷을 이용한 촉진은 유통채널 및 커뮤니케이션 활동으로 개인과 조직의 욕구와 목표를 충족시킬 수 있다. 저렴한 광고비로 기존 매체보다 높은 효과를 낼 수 있으며 다양한 계층을 대상으로 수익을 창출할 수 있다.

넷째, 쌍방향 커뮤니케이션 활동으로 개별 소비자들을 마케팅과정에 참여시키며, 상호 간의 접촉에 따른 반응을 활용할 수 있다. 광고, 홍보 등의 판촉에 따른 기능을 강화하며 개별 소비자 간 거래보다 기업과 소비자(B2C) 간 거래 등 즉각적인 반응을 확인할 수 있다.

한 호텔 뷔페에서 있었던 '한복복장 해프닝'이 우리나라 서비스 기업들을 잔뜩 긴장시키게 하였다. 호텔 뷔페에서 다른 고객들의 통행 및 음식 운반시 위생 등을 이유로 한복 착용 고객의 출입을 금지하였다는 소식이다. 기분이 상한 고객이 이를 인증샷과 함께 트위터에 올렸다. 인증샷은 비판과 함께 순식간에 퍼져나갔으며, 언론들이 이를 대서특필하였다. 국내 최고를 자랑하는 이 호텔은 트위터 계정이 없었다. SNS와 관련한 위기관리 능력과 인터넷 위력에 대한 대비가 되지 않아 일이 걷잡을 수 없이 커진 것이다. 각 기업들은 SNS 위기관리에 비상이 걸렸다. 호텔의 옳고 그름을 떠나 어떤 기업이나 일어날 수 있다. 같은 사안도 트위터를 통하면 엄청난 파장이 되어 이어질 수 있다는 점은 기업들에게 경종을 울리기에 충분하다.

이번 사례는 SNS 공식 계정의 조직을 반드시 가져야 한다는 이유가 되었다. 소비자들은 제품이나 서비스에 문제가 발생될 경우 SNS에 먼저 올린다. 해당 기업의 고객 상담실이나 인터넷·언론사 등에 제보할 수도 있지만 SNS에 올리는 것이 훨씬 간편하며 소비자들의 즉각적인 반응을 얻을 수 있기 때문이다. 특히 트위터나 페이스북 등은 전파속도가 빨라 한 명의 고객문제는 순식간에 전체 소비자들에게 퍼져 나간다. 기업의 공식 계정이 있다면 즉각적으로 이 같은 사실이 알려지는 것을 막을 수 있었다. 최초의 제보자가 해당 기업 계정과 관계를 맺고 있었다면 자기 트위터에 올리기보다 기업 계정에 직접 항의할 수도 있기 때문이다. 설사 해당 계정으로 불만이 직접 전달되지 않더라도 SNS 담당자는 회사 관련 이슈들을 주기적으로 검색하므로 언론사보다 빨리 해결할 수 있다. 이와 같이 공식 계정의 조직만으로 충분히 해결할 수 없기 때문에 기업의 담당자는 적절한 활동이 필요하다.

기업의 고위 관리자들은 대부분 마케팅 활동을 위한 조직이 필요하다는 데 공감하지만 문제가 불거지기 전에는 그 심각성을 느끼지 못한다는 것이다. 평상시의 활동으로 유저들과 관계를 맺고 평판 관리를 통하여 적절한 존재감을 인정받는 것이 중요하다. 존재감 없이 몰래 계정을 만들어 트위터를 활용하기는 어렵다. SNS를 통하여 현재 고객 및 잠재 고객과의 관계를 맺으며 이를 자연스럽게 우호 세력으로 형성함으로써 직·간접적인 도움을 받는 것이 SNS를 통한 위기관리 능력이라 하겠다.

3. 인터넷 마케팅의 특성

1) 인터넷 특성

인터넷 연결망이 사이버공간을 통하여 수행되는 모든 활동을 인터넷이라 한다. 광속성, 변형 용이성, 무한 재현성, 쌍방성 등의 개인화에 따른 상호작용으로 생산 기반을 형성하는 구조물, 도로, 항만, 철도, 발전소, 통신시설, 학교, 병원, 상수도 하수처리 등 생활 전반에 필요한 시설로 인프라(infrastructure)를 구축하고 있다. 인터넷은 다음과 같은 특징을 가지고 있다.

첫째, 인터넷 매체는 소비자와 기업 간의 커뮤니케이션 수단으로 다수의 일반대중들에게 의사전달 기능을 가능하게 한다. 기업과 고객 간에 이루어지던 것이 기업과 기업, 기업과 고객, 고객과 고객 간으로 확장되고 있다. 사람과 집단을 연결하는 기능으로 객관적인 정보의 측정은 실시간 전달할 수 있는 기능을 가능하게 한다.

둘째, 전자기계와 대화하는 문자, 음성, 동영상, 이모티콘 등은 커뮤니케이션 도구이자 수단으로 다양한 정보로 활용된다. 계속적으로 진화하며 정보를 재생산하거나 축적시키는 특징이 있다. 이들은 웹사이트, 스마트폰, 페이스북 등 전자상거래를 통하여 구축된다.

셋째, 고객과의 접점에서 상호작용하는 쌍방향성이다. 대기업에서부터 소규모 점포에 이르기까지 동일 조건에서 경쟁하게 된다. 사회 전반적인 환경의 변화는 언제 어디서나 진화를 받아들이게 하며, 기업이 보여줄 수 있는 정보는 사진, 그림, 삽화, 상징물 등을 통하여 빠른 속도로 확산될 수 있다.

넷째, 가상공간 내 정보를 이용하는 사람들은 구매 패턴이 동일하지 않다. 즉 지출비용에 따라 개인적인 혜택을 선별적으로 받아들이며, 자신이 받을 수 있는 가치의 중요도 등 핵심 내용만을 수용하려 한다.

다섯째, 인터넷은 시간과 장소의 제약이 없어 가상공간에서 활동하는 개방형 구조를 가지고 있다. 현대인들은 생활 속의 정보를 곧바로 활용하여 즉각적으로 확인하여 이용하고 있다.

여섯째, 인터넷은 기업의 물류비용을 절감할 뿐 아니라 유통구조를 개선시켜 고객과의 거리를 단축시킨다. 이들은 실시간 운영되는 과정의 경로를 즉각적으로 확인하여 자신의 생활에 반영하고 있다.

일곱째, 기업의 글로벌화 정책을 실현할 수 있다. 시간과 장소, 국경을 초월하는 무한대의 마케팅촉진 전략을 펼칠 수 있다.

2) 인터넷의 장점

첫째, 다양한 인터넷 쇼핑몰의 출현과 구매방법으로 고객의 시간을 절약하는데 효과적이다. 특히 가정에서 쉽게 구매하여 소비할 수 있는 편리성으로 가족 간의 선택을 공유할 수 있다. 레스토랑의 홈페이지는 실시간 예약상황과 메뉴, 가격, 부대서비스, 결재수단, 적립유무, 할인, 이벤트, 위치, 교통편 등의 정보를 제공하고 있어 고객들이 언제나 필요로 할 때 즉각적으로 확인할 수 있다.

둘째, 일반적으로 방문을 의도하지 않더라도, 쇼핑이 아니더라도 생동감 있는 동영상과 사진, 그림, 삽화 등 클릭 한 번으로 즉각적으로 비교할 수 있다. 예를 들어, 호텔 객실이나 식음료 업장을 예약할 때 실제상황의 사진이나 동영상을 기업에서 제공함으로써 자신의 취향과 기호, 이용목적에 맞는 객실과 업장을 선택할 수 있다.

셋째, 현대는 빠른 정보를 공유하려는 특성으로 소비자들이 원하는 동적(dynamic)인 기업 정보를 쉽게 확인할 수 있다. 이에 따라 고객이 필요로 하는 정보를 즉각적으로 제공하고자 노력하며 그 반응을 즉시 활용하고자 한다.

넷째, 인터넷 가상공간은 개인의 오락(entertainment)과 취미, 동호회는 물론 희귀물품의 특별 주문에 이르기까지 모든 활동을 가능하게 한다.

3) 인터넷의 중요성

기업의 경쟁력은 국가경제의 부흥과 기술의 진화, 국민들의 안정된 생활 속에서 이루어진다. 고객의 구매패턴을 파악하는 것은 기업 본연의 자세이다. 미국 동부에서 시작된 서브프라임 모기지론(subprime mortgage loan)은 전 세계를 하나의 국가처럼 경기불황의 위기로 몰아넣었다. 각국은 저마다 위기를 극복하기 위하여 노력하고 있으며, 투자를 촉진하는 금리인하나 고용창출을 위한 기업투자를 장려하고 있다. 특히 외국 관광객 유치활동, 한국방문의 해 선정, 한식 세계화 등 시간과 공간을 초월하여 소비자와 소통할 수 있는 다양한 채널을 동원하여 촉진 전략을 추진하고 있다.

인터넷은 정보를 실시간 트위트나 페이스북, 카톡 등을 통하여 전파할 수 있다. 신속한 정보전파는 국가들마다 자국의 우수함을 홍보하는데 활용되고 있다. IT기술의 발달은 인터넷을 통하여 실시간 전파되며 기존에 불가능하다고 생각하였던 일들이 시간과 공간, 장소를 초월하여 가능하게 하였다. TV, 라디오, 영화, 게임 등으로 전달되었던 정보는 모바일(스마트폰) 하나로 그 기능을 대신하고 있다. 인터넷 마케팅의 촉진 전략을 통하여 급속하게 전달되는 통합성은 새로운 변화의 중요성으로 제시된다.

첫째, 모든 국민들은 인터넷을 이용하여 관련 기술과 정보파악의 혜택을 가진다. 글로벌 세상에서 더 많은 정보와 기술을 원하게 되었으며, 이용의 편리성에 따른 속도는 일분일초 단위로 쪼개어 시간과 비용을 따지는 문화로 형성되었다.

둘째, IT기술의 발달은 인터넷 환경을 변화시켰다. 기존 매스미디어(mass media)를 이용하던 소비자들은 새로운 개념의 쌍방향 커뮤니케이션에 익숙해졌다. 이러한 소비욕구의 변화는 사회, 경제, 문화, 기술적인 변화를 선도하게 되었다. 따라서 기업은 다양한 촉진방법을 전개하며, 소비자의 욕구를 충족시키고자 노력한다.

셋째, 인터넷을 이용하는 소비자의 정보수용 범위는 변화하고 있다. 기업에서 제시하는 일방적인 노출광고나 홍보를 그대로 받아들이는 수동적인 입장에서 인터넷을 통하여 실시간 확인하거나 비교하는 소비성을 가진다.

넷째, 인터넷을 이용한 소비자의 행동이 변화하고 있다. 사회 구조적인 흐름은 유행이나 트렌드 및 선도자들의 패션경향 등을 일방적으로 추종하는 현상을 나타내고 있다. 소비자들은 개인적인 경제력을 바탕으로 시간과 정신, 육체적인 풍요로움에서 삶의 질을 따지는 가치중심의 소비생활로 변화하고 있다.

다섯째, 세계적인 인터넷 보급과 연결망의 확충은 저렴한 비용에 빠른 전파력으로 세계 곳곳에 아이디어와 정보를 알릴 수 있다. 특히 대학생들을 중심으로 기획되는 제안서, 공모전 등 창의적인 아이템은 인터넷 정보망을 통하여 실시간 검색되거나 소개되어 상용화를 가능하게 한다.

소행성의 이름을 지어주세요!(전자신문, 2011.4.29)

내 자녀의 이름을 붙여줄 기회가 왔다. 국제천문연맹(IAU) 소형천체명칭위원회(CSBN)는 이름 없는 소행성의 '네이밍 X(Naming X)' 공모전을 진행 중이다. 소행성은 태양 주위를 공전하는 작은 천체(天體)를 의미한다. 과거 천문학계는 발견자 이름을 붙였지만 최근에는 이름 없이 번호로만 구분되는 소행성이 훨씬 더 많다. 더 이상 개인 망원경으로 일일이 찾지 않아도 컴퓨터 프로그램으로 천체 사진을 자동 판독해 찾을 수 있기 때문이다. 워낙 많은 소행성이 자동적으로 발견되므로 천문학자들은 일일이 이름을 짓지 않는다. 지난 해 이름 없는 소행성의 숫자는 무려 23만 9,797개에 달한다는 보고이다.

CSBN은 이름도 찾아주고, 천문학에 대한 관심도 불러일으키기 위한 공모전을 마련했다. 지난 1930년 미국 클라이드 톰보(Tomba ugh)가 발견한 명왕성(Pluto) 이름은 11살 영국 소녀가 지은 데서 착안하였다. 규칙은 간단하다. 16글자를 넘으면 안 되며 발음이 가능해야 한다. 정치인의 경우 죽은지 100년이 지난 인물이어야 하며 현재 붙여진 이름은 당연히 제외된다. 이번 공모전은 11세 이하와 12세 이상, 그리고 단체(학교) 등 세 그룹으로 나뉘어 진행된다. 참가를 원하는 개인이나 단체는 2011년 12월 30일까지 본인이 제안한 소행성의 이름과 그 이유를 25단어 이내를 영어로 적어 메일(namingx@gmail.com)로 보내면 된다.

---

4. 인터넷 마케팅의 유형

기업의 마케터는 고객이 쉽게 접근할 수 있는 방법으로 홈페이지, 카페, 트위트, 미니홈피, 블로그 등을 개설하며 스마트폰, SNS, U-commerce 기능을 활용하고 있다. 개별 기업의 홍보를 위하여 배너광고, 지도검색, 클릭 초이스, 파워 링크, 스폰스 링크, 플러스, 비즈사이트, 포럼, 동우회, 이메일, e-CRM 등 다양한 방법으로 촉진 전략을 전개하고 있다.

1) 홈페이지

홈페이지는 기업이 소비자에게 가장 쉽게 정보를 제공하면서 고객의 접근을 용이하게 하는 방법이다. 기업마다 홈페이지를 개설하여 정보를 빠르게 안내할 수 있는 공간으로 활용하고 있다. 레스토랑의 사이트는 기업과 관련된 모든 이해관계자들에게 소중한 정보를 제공하며, 자사의 방문을 유도하는 촉진기능을 가능하게 한다. 다양한 방문객들의 경험이나 경쟁사의 정보, 트렌드, 사회적 이슈와 변화 흐름을 파악하거나 불평불만에 대한 개선점 등을 수용하므로 기업의 인지도를 높일 수 있다.

홈페이지는 고객들에게 다음과 같은 역할을 수행하게 된다.

첫째, 레스토랑의 메뉴상품이나 가격, 부대서비스, 할인 등을 설명하며, 신속한 정보를 실시간 제공할 수 있다. 인터넷이나 스마트폰을 이용한 유비쿼터스(Ubiquitous)는 '언제 어디서나 동시에 존재한다'는 뜻으로 생활 속의 컴퓨팅 개념을 활용할 수 있다. 즉 이질적인 물리적 공간에서 전자공간을 연결하여 진화할 수 있는 4차원을 만들고 있다. 정보를 물리적 공간의 컴퓨터 속에 넣은 것이라면 유비쿼터스는 물리적 공간에 컴퓨터를 집어넣은 혁명이다. 현재의 컴퓨터에 기능을 추가하는 것이 아니라 컵, 자동차, 안경, 신발과 같은 일상적인 사물에 칩을 넣어 사물끼리 커뮤니케이션 하도록 하는 것이다. 즉 모든 사물이 인터페이스(interface) 주체가 된다.

둘째, 제품의 다양한 기능과 특성, 구매방법, 혜택 등 카탈로그에서 공간의 제약을 받지 않는다. 사이버 공간에서 차지하는 비용은 상대적으로 저렴하며 기업이 원하는 정보를 얼마든지 제공할 수 있다. 컴퓨터만 설치된 공간이라면 언제 어디서나 원하는 정보를 취득할 수 있다.

셋째, 기업은 자사의 목표와 이념, 사명, 현황, 실적, 재무상태, 신상품 안내 등 뉴스 공지 등을 통하여 사용자 중심의 정보를 무작위로 제공할 수 있다. 고객들은 노출된 정보를 선별적으로 수용하지만 바쁜 일상생활 속에서 자신에게 유리한 방향으로 해석하게 된다. 기업의 상품안내는 무작위로 노출되어 개별고객에게 맞게 해석되어 이해하게 된다.

넷째, 레스토랑의 특별 이벤트나 할인행사 등 부가적 혜택을 공지할 수 있다. 고객 개개인의 일대일 커뮤니케이션이 가능하며 무료행사, 사은품, 시음회 등 정보를 바탕으로 조건을 수용하는 등 개인화된 상품과 서비스를 제공할 수 있다.

다섯째, 홈페이지를 통하여 고객행사의 특성과 가격, 서비스 품질에 맞는 견적서를 제공받을 수 있으며 즉각적으로 비교할 수 있다. 특히 개별 레스토랑의 상품정보를 다량으로 실어 전 세계의 고객들에게 전달할 수 있다. 언제 어디서나 필요한 정보를 예약하거나 질문에 응답할 수도 있다. 표적 고객에게 구체적인 이용방법과 유형, 메시지 등을 전할 수 있으며, 목적에 맞게 결정을 도울 수 있다.

국내 대표적인 호텔기업인 신라, 롯데, 인터콘티넨탈, 르네상스, 힐튼, 워크힐 등 '서울을 대표하는 초 특급호텔', '서울의 신문화를 창조하는 대표적인 초특급 비즈니스 호텔', '럭셔리한 도심 속의 고품격 비즈니스 호텔' 등의 표어를 만들어 주 고객층의 콘셉트에 맞게 이미지를 심어주고 있다. 여성전용 패키지 상품이나 봄, 여름, 가을, 겨울 패키지, 식도락 패키지, 작은 천국패키지 등 이벤트를 추진하여 고객의 관심을 유도하고 있다.

출처 : 인터콘티넨탈 호텔

인터콘티넨탈 호텔 정문 및 로비

출처 : 서울 롯데 호텔

2) 광고

현대인들은 광고의 홍수 속에서 살아간다 할 만큼 다양한 유형의 정보에서 생활하고 있다. 인터넷을 이용한 광고는 주로 배너 광고이지만 주요기사와 연관된 검색어 등을 통하여 궁금증이나 호기심 등을 충족시키고 있다.

기업은 자사상품 광고를 특정 웹사이트를 통하여 광고하고 있다. 어떤 내용의 기사 화면에 갑자기 생성되는 팝업광고(pop up advertisement)와 자바스크립트(Javascript)창을 만들어 제공하고 있다. 특히 자바스크립트는 배너광고(banner advertisement) 와 키워드 검색 등 홈페이지 한쪽에 특정 웹사이트의 이름이나 내용을 부착하여 홍보하는 그래픽 이미지를 의미한다. 이러한 광고는 현수막처럼 생겨 배너(banner)란 명칭으로 불리며 미리 정해진 규격의 동영상, 파일 등을 이용하여 광고할 수 있다. 이와 같이 소정의 광고료를 지불하는 형태로 운영되며, 광고효과를 측정하기 위하여 배너가 보여준 일정 기간의 다운로드 횟수 등을 세어 평가할 수도 있다.

(1) 인터넷 광고의 장점

인터넷 광고의 장점은 다음과 같이 제시할 수 있다.

첫째, 인터넷 홈페이지를 통한 광고는 시간적, 공간적, 장소적 제약이 없으며 쌍방향 커뮤니케이션이 가능하다.

둘째, 노출광고에 대하여 고객이 반응하는 정도를 의미하며 접촉횟수와 클릭수 등을 고려하여 이용 빈도를 즉각적으로 파악할 수 있다. 구매행동 파악과 자료수집 차원에서 효율적으로 이용할 수 있으며, 마케팅 촉진 전략의 자료로 활용할 수 있다.

셋째, 광고효과를 측정하여 즉각적으로 반영할 수 있기 때문에 일반적인 대중으로부터 광고주를 쉽게 모집할 수 있다.

넷째, 광고효과의 지속여부에 따라 새로운 광고 유형의 선택과 시행이 용이하다.

(2) 인터넷 광고의 단점

이러한 장점에도 불구하고 인터넷 광고의 단점은 다음과 같다.

첫째, 온라인상의 무분별한 광고 폭증은 소비자들의 선택을 혼란스럽게 한다. 너무나도 많은 정보로 인하여 특정 광고에 집중하지 못할 뿐 아니라 선택에 있어 고객의 신뢰를 저하시키는 원인이 될 수 있다.

둘째, 인터넷 홈페이지와 포털사이트 광고에서 기업의 인력난이나 담당자의 능력 부재는 지속적인 관리나 업데이트가 제때 이루어지지 않게 된다. 이는 고객들의 불평불만을 가중시키는 원인이 되고 있다.

셋째, 고객들은 자신의 관련 정도에 따라 팝업 및 배너광고를 클릭하기 전에 지우기를 먼저 하게 된다. 광고 내용, 기업, 상품 등의 존재를 기억하지 못할 뿐 아니라 그 효과는 미미할 수 있다. 이러한 장ㆍ단점은 항상 존재하지만 인터넷을 이용한 업무는 대중화 되어가고 있다. 초기의 배너, 팝업, 텍스트, 삽입형, 협찬, 기사, 버튼 등 가상공간을 활용한 광고는 계속적으로 진화하고 있다. 포털사이트에서 시작한 광고는 갈수록 시장의 성장성을 확장시키고 있다. 인터넷 방송을 비롯하여 인터넷 신문 등 경쟁은 더욱 치열해지고 있으며 광고주를 유치하기 위한 경쟁은 뜨겁다.

레스토랑은 인터넷을 통하여 상품권을 판매하고 있으며 온라인 예약, 고객할인, 무료시식권, 포인트 적립, 이벤트 등 신규고객 유치와 고정고객의 충성도를 향상시키기 위한 노력의 일환으로 활용되고 있다.

5. 인터넷 마케팅의 공동체

현대인들의 하루 일과는 인터넷에서 시작하여 인터넷으로 끝난다. 온라인을 통하여 카페, 트위트, 페이스북, 카톡, 밴드(band), 블로그, 미니홈피, 채팅 등의 커뮤니티(community)활동을 계속하고 있다. 직장인들의 일상적인 업무 속에서도 틈틈이 개인적인 욕구충족을 위하여 인터넷을 활용하고 있다. 일반적인 커뮤니티는 지역사회의 공통적인 관심사항을 통하여 욕구불만을 해결하려 한다. 이와 같이 인터넷의 공동체는 개인과 조직의 목표달성을 위하여 인간관계를 구축하는 데서부터 시작된다. 인터넷 공간은 상호작용을 통하여 기업의 정보보다 대중매체의 기사에 열광하는 사회적 현상으로 나타나고 있다. 따라서 대중매체보다 공동체의 정보 또는 공동체보다 개인의 소비경험을 중시하는 구매흐름을 나타내게 된다.

기업은 제품이나 서비스품질을 알리기 위한 촉진방법으로 인터넷을 통한 공동체 중요성을 제시하고 있다. 외식업은 커뮤니티 활동을 통하여 고객에게 친근하게 다가갈 수 있으며, 목적에 맞는 개인 홈피나 블로그를 관리하면서 방문객 수를 늘리려 한다. 다수의 대중을 통하여 비영리적 목적을 달성하며 충분히 자신을 PR하고 있다. 따라서 다음과 같은 커뮤니티 활동에 대한 이점을 제시할 수 있다.

첫째, 포털사이트 내 운영되는 커뮤니티는 최소비용으로 많은 효과를 낼 수 있다.

둘째, 각기 다른 일반 대중의 성별, 연령, 직업, 학력 등에서 개인의 기호와 성향, 선호도를 바탕으로 마니아층을 형성할 수 있다. 이들은 온라인에서 만나 전국 단위의 오프라인 모임을 주도하기도 한다. 특히 홈페이지에서 자신의 영향력을 과시하거나 그들이 원하는 목적과 혜택을 제공해주기를 원하고 있다.

셋째, 기업은 커뮤니티를 활성화하기 위하여 전문 인력을 배치하여 담당자를 두거나 자사에 유리한 고객들을 묶어두면서 공동체를 발휘하고 있다. 특히 각종 이벤트나 할인, 모임 행사 등에서 유입되는 고객들과의 관계를 강화하고 있다. 기업은 이들을 통하여 각종 평가와 댓글, 구전 등 긍정적인 전략을 추진할 수 있기 때문이다.

넷째, 잘 만들어진 홈페이지는 기업의 상품 안내와 가격, 이벤트, 할인, 부가서비스 등을 효과적으로 알릴 수 있다. 다양한 촉진 전략을 통하여 세계의 많은 소비자들에게 여러 가지 방법으로 접근할 수 있다. 이러한 장점은 실제 기업 경영자보다 개인 간의 커뮤니케이션 수단으로 활용된다. 때론 예비 창업자를 위한 카페, 페이스북, 블로그 등 커뮤니티 운영을 전문가들에게 위탁함으로써 영리목적으로 비칠 수 있다.

기업은 커뮤니티의 주체보다 고객들이 활용할 수 있는 공간을 제공함으로써 고정고객을 묶어둘 수 있다. 하지만 원하는 목적과 다르게 운영될 수 있으며, 때론 기업의 광고, 홍보, PR 담당자들이 직접 주체자가 되어 마케팅 활동을 장려하거나 촉진시키기도 한다. 하지만 개인이 관리할 수 있는 조직의 한계로 온라인 광고나 카페, 블로그, 페이스북 등의 운영이 왜곡될 수도 있다. 따라서 회원 모집, 동호회 관리 등을 대행해주는 업체도 늘어가고 있다.

6. 소셜 커머스

2.0 소셜 네트워크서비스(SNS: Social Network Service)가 도래한지 얼마 되지 않았지만 세상은 몇몇 기업들에 의해서 빠르게 재편되고 있다. 불과 얼마 전까지만 하여도 싸이월드가 대세였으나 세계적인 추세는 스마트폰을 이용한 트위터와 미투데이 등 페이스북, 카톡과 같은 소셜 커머스가 주도하고 있다.

1) 소셜 커머스의 개념

소셜 커머스(Social commerce)는 서비스를 활용하여 이루어지는 전자상거래이다. 일정수 이상의 구매자가 모일 경우 파격적인 할인가로 상품을 판매하는 소셜 쇼핑(Social shopping)을 의미한다. 상품구매를 원하는 사람들에게 할인을 성사시키기 위하여 공동 구매자를 모으는 과정에서 이용된다. 2005년 야후의 장바구니(Pick List)공유 서비스인 쇼퍼스피어(Shoposphere)사이트를 통하여 처음 소개되었다.

대표적인 기업은 2008년 미국 시카고에서 설립된 온라인 할인쿠폰 업체인 '그루폰(Groupon)'이 공동 구매형 소셜 커머스 모델을 만들어 성공을 거둔 후 본격적으로 알려지기 시작하였다. 설립 3년 만에 세계 35개국 5,000만 명이 넘는 가입자를 확보하여 소셜 커머스 붐을 일으켰다. 국내 기업은 티켓 몬스터, 쿠팡, 위폰 등으로 스마트폰 이용과 소셜 네트워크 서비스 이용이 대중화되면서 새로운 시장으로 주목받고 있다. 등록 상품은 24시간 판매가 이루어지며 50~90%의 높은 할인율 적용과 일정량 이상의 구매조건이 붙는다.

100명 이상 구매시 정가의 50% 할인되는 것으로 공연, 레스토랑, 카페, 미용의 소규모 사업장에서 호텔, 외식, 레저, 패션, 가전제품, 식품 등 다양한 상품으로 확장되고 있다. 높은 할인율은 업체의 홍보와 박리다매로 현금 회전율을 높일 수 있어 무명의 소규모 기업을 알리는데 효과적이다. 일반적인 상품은 광고, 홍보 의존도가 높지만 소셜 커머스는 소비자들이 이용하면서 얻는 서비스 혜택으로 자발적인 상품 홍보에서 구매자를 모으기 때문에 비용이 거의 들지 않는다.

기업의 판매수단보다 장기적인 고객 확보의 마케팅수단으로 인식되고 있다. 본격적으로 상용화되면서 2010년까지만 하여도 네이버, 다음, 네이트 같은 싸이월드와 일본의 믹시(Mixi), 아메바(Ameba)가 주력이었지만 현재는 댓글 나눔터인 마이크로 블로그의 대표 주자인 트위터나 미투데이, 페이스북, 카톡, 밴드 등으로 그 쓰임의 용도가 다양해지고 있다.

SNS를 활용한 소셜 커머스는 빠르게 확산되고 있다. 일종의 공동구매 형식으로 저렴한 가격에 상품을 구입할 수 있어 소비자들의 호응이 뜨거운 이유이다. 비용 대비 마케팅 효과가 탁월할 때 판매자들은 환영하게 된다. 이와 같이 관련 업체들도 우후죽순처럼 생겨 과열이 우려될 정도이다. 따라서 새로운 유통 모델인 소셜 커머스의 세계가 시작되어 새로운 세상을 만들고 있다.

휴직 중인 강미선(31)씨는 소셜 커머스에 푹 빠져 있다. 티켓몬스터, 쿠팡, 데일리픽 등 사이트를 포털보다 자주 방문한다. 판매하는 것은 전자쿠폰이지만 실제 음식, 뷰티, 케어, 의류, 공연티켓 등 다양한 서비스와 상품을 50% 이상의 파격적인 할인가로 이용할 수 있다. 전자쿠폰을 구입하려면 일정 인원이 모여야 한다. 친구들을 포섭하여 함께 구매하는 경우가 많다. 친구들을 모을 수 있는 트위터의 메시지를 발송하여 짧은 시간 매매가 이루어진다.

"강남역에 기막힌 분식집 발견! 즉시 쿠폰 공동구매 바람!"(조선일보, 2011.1.11).
임재범(30)씨는 서울 대학로에서 재즈클럽을 운영한다. 손님이 적어 최근 공연시간 전에 클럽을 레스토랑으로 활용하였다. 식사하러 오는 사람이 나타나지 않아 속이 탔다. 소셜 커머스가 임씨의 고민을 단번에 해결하였다. 6만 원짜리 서양식 풀코스를 반값에 먹을 수 있는 전자쿠폰이 입소문을 타면서 '대박'이 터진 것이다. 단 하루 동안 판매된 쿠폰수만 5,000매로 그만큼의 방문객이 확보된 것이다.

허민 전 네오 플 대표는 온라인게임 업계의 스타 경영자이다. 국내 최고의 흥행게임 '던전 앤 파이터'를 만든 주역이다. 그가 이끄는 "나무 인터넷(wemake price.com)"은 최근 새로운 소재를 찾았다. 소셜 커머스로 관련 업체들이 급증하고 있지만 대부분 영세한 규모로 유지되는 것이 경쟁업체들의 약점으로 판단하였다. 자사의 사이트인 '위메이크 프라이스'에 월 20억 원 이상의 마케팅 비용을 쏟아 부으며 적극적으로 공략에 나섰다.

소셜 커머스가 전자상거래를 뒤흔들고 있다. 소비자들은 획기적으로 싼값에 쇼핑할 수 있으며 할인 품목의 판매자는 효과적으로 인지도를 높일 수 있다. 이들을 이어주는 업체는 중간에 상당한 수수료 수입을 얻을 수 있다. 서로 윈윈 할 수 있는 상생모델로 오픈마켓 등장 이후 가장 혁신적인 비즈니스 모델로 평가된다.

2) 소셜 커머스의 역사

국내 첫 소셜 커머스 업체가 등장한 것은 2010년 3월이다. 인터넷 사이트 평가 업체인 '랭킹 닷컴'에 등록된 소셜 커머스 업체는 180개 정도이다. 김대영 공정거래위원회 사무관은 "직원 2~3명의 영세한 업체들도 생겨나고 있기 때문에 실제로는 훨씬 많은 업체들이 활동하고 있다"며 하루에만 2~3곳의 신규업체들이 생겨나고 있을 만큼 시장은 활성화되고 있다.

업체가 급증하는 이유는 돈이 되기 때문이다. 잘 나가는 상위업체들이 올린 실적은 이미 상당하다. 업계 1위인 티켓몬스터의 경우 지난해 11월까지 창업 후 반년 동안 100억 원의 매출을 올렸다. 위메이크 프라이스는 10월 2일 하루 동안 롯데월드의 자유이용권 할인쿠폰을 10만 매를 팔았다. 금액으로 15억 원은 국내 온라인마켓 거래사상 가장 많은 당일 매출이다. 같은 해 7월 오픈한 데일리픽도 불과 3개월만에 손익분기점을 넘어섰다.

업체들이 기대 이상의 실적을 쏟아내자 대기업들도 진출을 서두르고 있다. 특히 적극적인 곳은 온라인 쇼핑몰이다. 신세계 몰과 인터파크의 경우 각각 해피바이러스와 하프타임이라는 사이트를 운영하고 있다. 11번가는 자사 사이트에 쿠팡의 서비스를 링크해 두었다. 포털의 관심도 뜨겁다. 미투데이, 요즘(Yozm), 싸이월드 등 널리알려진 SNS들이 주력 서비스로 사업을 확장하였다. SK컴즈는 아직 계획 단계로 전략을 구상하고 있다. 현재 지배적인 '공동구매형' 사업 모델을 넘어 소셜 커머스 형태를 구상하고 있다. 네이트와 싸이월드의 법인 플랫폼에 고객관계 관리(CRM)의 통계, 결제시스템을 결합시켜 SNS에서도 효과적으로 비즈니스를 진행할 수 있는 환경을 구축하고 있다.

경쟁이 치열하면서 서비스는 진화한다. 전국적으로 확대되어 서울, 부산, 대구 등 15개 권역으로 넓어져 상품도 다양화되었다. 패밀리레스토랑, 패스트푸드, 리조트, 전자제품 등 대중적인 브랜드 상품까지 취급하고 있다. 취급품목을 특화시키는 곳도 늘고 있다. 영화, 연극, 뮤지컬 등 문화상품에서 경쟁력을 발휘하여 의류 등 패션 아이템이나 음식점에 집중하여 차별화를 시도하고 있다.

소셜 커머스를 이용한 당일 판매는 성공적이지만 부실한 운영관리로 소비자들의 원성이 늘어가고 있다. 공정위는 지난해 소비자피해 주의보를 발령하였다. 허위, 과장 광고 피해 사례가 속출하고 있기 때문이다. 명품 가방 등 고가품을 99% 할인해준다는 신뢰하기 어려운 변종 업체들까지 등장하고 있다. 부실 업체들이 부도를 내거나 소비자들을 기만할 위험이 증가하는 상황이다. 업체들의 성과는 극명하게 엇갈린다. 판매자들로부터 하루 수백 건씩의 제휴 문의가 쏟아지는 업체가 있는가 하면, 간간이 한두 건씩 할인쿠폰을 판매하다 문을 닫는 경우도 속출하고 있다. 경쟁력은 양질의 상품을 발굴하는 기획력과 영업력에서 결정된다. 상품이 부실할 경우 소비자들의 불만은 SNS에서 광범하게 퍼져 업체의 목을 죌 수 있다. 소비자들의 입소문은 '양날의 칼'이 되는 셈이다.

현재 신규업체들이 쏟아지는 상황이지만 곧 시장이 정리될 것으로 전망된다. 서울의 일부 핵심 상권을 둘러싸고 수백 개 업체들이 난타전을 벌이고 있다. 빠른 시간 내 검증된 상위 5~6개 업체가 시장을 과점할 것으로 분석된다. 초기 단계로 잡음이 난무하는 상황이다. 업체마다 서비스 형태가 비슷해 차별화가 필요하다. 안정적으로 자리 잡기 위해서는 오픈마켓 이상의 혁신적인 웹 비즈니스 모델이 되어야 한다. SNS가 차세대 비즈니스 키워드로 급부상하고 있는 상황에서 스마트폰의 위치기반서비스(LBS : location based service) 등 신기술과 결합하면 막강한 위력을 발휘할 수 있을 것이라 생각된다.

3) 소셜 커머스의 특징

첫째, 소셜 커머스에 대한 소비자들의 호응이 뜨겁다. 전자쿠폰을 구매하는 소비자들의 고객층은 20~30대 실속파 여성들이 그 중심이지만 점차 다른 계층으로 확산되고 있다. 공동구매 형태의 전자상거래로 일정수 이상의 구매자가 모여야 쿠폰을 구입할 수 있다는 신종 시장이다.

둘째, 매일 한 품목에 적용된다. 쿠폰에 대한 소비자들의 집중도를 극대화하기 위하여 적용되는 품목은 음식점, 커피숍, 피부미용, 의류점 등의 개인 점포들이다. 최근 여행사, 리조트, 패스트푸드점, 패밀리레스토랑의 대기업이나 대형 프랜차이즈도 판매자로 가세하여 시장의 영역을 확장하고 있다.

셋째, 소비자들이 소셜 커머스에 열광하는 것은 무엇보다 할인폭 때문이다. 대상 품목에 따라 40~80%의 할인으로 품목의 질만 받쳐주면 말 그대로 불티나게 팔린다.

초기에는 20~30대 여성 직장인 등 실속파 소비자들이 애용하였으나 지금은 대중화되었다. 1년에 500만 명가량의 소비자가 이용하는 것으로 추산되며 할인 폭 때문만이 아니라 페이스북, 미투데이, 트위터 등 SNS를 이용하여 자발적으로 마케팅에 나서는 것이 급성장의 비결이다. 낯선 이보다 지인의 권유에서 훨씬 신뢰를 느끼는 소비문화는 SNS가 스마트폰의 '킬러 앱'으로 자리 잡아 입소문으로 빠르게 전파되는 이유가 된다.

넷째, 입소문의 가장 큰 수혜자는 판매자들이다. 소비자들이 SNS로 쿠폰을 알릴수록 판매자의 인지도는 덩달아 올라간다. 전자쿠폰 판매가 마케팅 툴 역할을 하기 때문이다. 비용은 업체들이 받는 수수료로 쿠폰 판매 대금의 15~20%가량이지만 그 효과를 고려하면 결코 비싼 수준이 아니다. 예를 들어, 서울에서 한 음식점을 운영하는 김정식씨는 신문에 전단지를 끼워 넣거나 가가호호 안내 책자를 돌리는 종래의 홍보방식보다 훨씬 저렴한 비용으로 고객에게 알릴 수 있다는 경험담을 소개하였다.

다섯째, 소비재를 생산하는 중소기업 입장에서도 효과적인 마케팅 수단이 될 수 있다. 지난해 로봇청소기를 판매한 유진로봇이 그 대표적이다. 이 회사는 한 주 10여 개 남짓 팔리던 로봇청소기를 하루에 650대나 팔았다. 인터넷 검색광고나 전단지 배포 등의 기존 방식은 성과를 확인하기 어렵지만 쿠폰은 판매 직후 소비자들의 반응이 바로 나타나는 장점이 있기 때문이다.

여섯째, 경쟁력은 업체의 기획과 영업력으로 결정된다. 소셜 커머스 붐에 대기업이 편승하면서 자본과 정보, 시장성의 우위를 바탕으로 진화된 판매방식으로 발전하고 있다. 업체수가 증가하여 새로운 시장으로 재편될 것으로 예상된다.

4) 소셜 커머스 이용방법

첫째, 취급품목의 품질이 양호하며 안정적으로 운영되는 사이트를 방문하는 것이 중요하다.

둘째, 사이트는 누구나 그날의 할인 품목을 살펴볼 수 있다. 쿠폰을 구매하기 위해선 회원으로 가입해야 한다. 가입과정은 일반 사이트와 비슷하다. ID와 패스워드를 지정하고 휴대전화로 인증을 받은 후 이메일과 거주지역을 입력하면 된다.

셋째, 할인 쿠폰을 구매하기 전 마감시간, 현재 입찰 인원, 할인가격에 주목해야 한다. 마감시간이 지나면 구매를 취소하거나 환불을 받을 수 없다. 마감이 임박해도 입찰 인원이 미달하면 쿠폰을 구매할 수 없다는 점도 유념해야 한다.

넷째, 화면 아래쪽으로 스크롤을 내려 할인상품의 사진과 상세한 설명을 확인할 수 있다. 사이트 내 '구매하기'를 클릭하면 결제 창이 뜨며 품명, 수량, 금액, 개인정보를 확인한 후 신용카드, 계좌이체 등 결제수단을 선택할 수 있다. 결제를 마치면 쿠폰을 출력하거나 휴대전화로 수신할 수 있다. 매장을 방문하여 쿠폰을 보여주면 할인받을 수 있다.

친구에게 구매상품을 권유하고 싶다면 페이지 내 '친구에게 알리기' 기능을 이용할 수 있다. 소셜 커머스 업체들이 입소문을 유도하기 위해 만든 장치이다. 휴대폰 문자 서비스, 싸이월드, 트위터, 페이스북, 미투데이 등으로 메시지를 전송할 수 있다.

7. 트위터

트위터(twitter)는 2006년 미국의 잭 도시(Jack Dorsey)와 에번 윌리엄스(Evan Williams), 비즈 스톤(Biz Stone)이 공동으로 개발한 '마이크로 블로그' 또는 '미니 블로그'이다. 샌프란시스코의 벤처기업 오비어스(Obvious Corp)가 처음 개설하였다. '지저귀다'라는 뜻으로 재잘거리듯이 하고 싶은 말을 그때그때 짧게 올릴 수 있는 공간에서 한 번에 쓸 수 있는 글자 수가 최대 140자로 제한되어 있다.

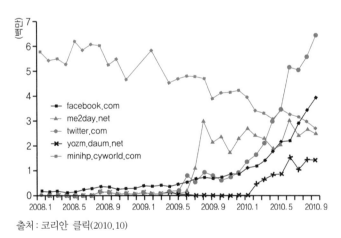

출처 : 코리안 클릭(2010.10)

〈그림 12-1〉 국내 SNS 방문자 현황

미니 홈페이지는 '친구 맺기' 기능으로 메신저의 신속성을 갖춘 소셜 네트워크 서비스로 관심을 모은 반면, 상대방을 뒤따르는 팔로(follow)라는 독특한 기능을 중심으로 소통하고 있다. 다른 SNS의 친구 맺기와 비슷한 개념이지만 상대방이 허락하지 않아도 일방적으로 '뒤따르는 사람' 곧 팔로어(follower)로 등록할 수 있다는 점이 가장 큰 차이라 할 수 있다. 웹에 직접 접속하지 않더라도 휴대전화의 문자메시지(SMS)

나 스마트폰 같은 휴대기기 등 다양한 방법을 통하여 글을 올리거나 받아볼 수 있다. 언제 어디서나 정보를 신속하게 교류할 수 있다는 특징을 가지고 있다. 세계적인 뉴스 채널인 CNN보다 빠른 속보로 많은 정보를 실시간 제공할 수 있는 정보망에 주목하고 있다.

미국 첫 흑인 대통령인 버락 오바마가 선거를 승리하는데 트위터 효과를 톡톡히 본 것으로 알려졌다. 기업들도 홍보나 고객 불만접수 등 다양한 방법으로 활용하고 있다. 하지만 같은 SNS라 하여도 확장 속도를 따라가지 못하는 개인이 존재할 수 있어 정보를 이용하는 사람들은 차이가 있다.

최근 영어 울렁증에 시달리는 국민들을 위하여 드림위즈가 한국형 트위터 오픈 사이트인 "트위터 kr"을 개설하였다. 개인의 아이디어와 창의성을 바탕으로 정보 신속성을 활용하며, 개별고객의 글로벌 진출에 도움을 주고 있다. 빠른 속도로 상품화하거나 신속하게 연결되는 기능의 장점은 모든 사람들에게 훌륭한 촉진수단이 되고 있다.

외식업체들은 대기시간을 줄이기 위하여 노력하고 있다. 줄서지 않도록 진동 호출기를 나눠주는 수준이 아니라 아예 기다리지 않게 하는 전략개발에 경쟁이 뜨겁다. 스무디킹(smoothieking)은 삼성동 코엑스몰과 영등포 타임스퀘어점에 인기 메뉴만 따로 주문받는 '퀵 & 후레쉬' 코너를 설치하였다. '스트로베리 익스트림(strawberry X-treme)', '레몬트위스트 스트로베리'만 주문할 수 있는 이 '익스프레스 라인'에서는 주문 즉시 상품을 받을 수 있다. 복합 쇼핑몰 안에 위치한 매장의 특성상 주말에 특히 많이 몰리는 고객들을 해결하기 위하여 직원을 추가로 투입하였다. 주력 메뉴를 따로 주문받으니 다른 메뉴를 주문받는 창구의 혼잡정도가 줄어 일석이조(一石二鳥)의 효과를 나타내고 있다(조선일보, 2010.8.25).

맥도날드는 주문 후 60초 이내에 제품이 나오지 않으면 무료 메뉴를 제공하는 이벤트를 시행하였다. 고객이 주문한 후 1분짜리 모래시계를 엎어놓고 모래가 다 흘러내릴 때까지 제품이 나오지 않으면 무료 프렌치프라이 쿠폰을 받게 된다. 맥도날드는 '60초 서비스'를 지키기 위해 카운터에서 주문을 받고 제품을 만들어 전달하기까지 곳곳의 직원들이 해야 할 행동 요령을 매뉴얼로 만들어 훈련시켰다. 60초 이내 서비스 성공률이 95%에 달하였으며 곧 정착될 것으로 판단된다.

던킨도너츠 부천역사점은 3년 전부터 도넛을 미리 포장해두는 '스피드 서비스'를 시행하고 있다. 작은 크기의 도넛인 '치킨류'를 10개씩 미리 포장해 두었다가 출근길 고객들에게 2,500원에 판매한다. 이런 서비스로 유동인구가 많은 지역의 고객을 사로잡아 전국 던킨도너츠 매장 가운데 매출 선두권을 지키고 있다. CJ푸드빌의 한식

레스토랑 '비비고(bibigo)' 매장에서는 신속하게 비빔밥 메뉴를 골라 먹을 수 있도록 1층에 별도로 퀵서비스 공간을 마련하였다. 2층 레스토랑과는 달리 고객이 직접 바에서 메뉴를 선택하며, 계산까지 한 번에 완료할 수 있다. 주문 후 음식을 받는 데까지 1분도 안 걸린다. 최근 대기시간을 줄이는 건 고객의 만족도와 직결되는 가장 중요한 요소 중 하나로 인식된다.

8. 메일

하루를 시작하는 모든 사람들은 인터넷을 켜는 순간 제일 먼저 메일을 확인하는 습관이 생겼다. 사이버 상으로 가장 대중화되어 있는 커뮤니케이션 수단이다. 기업이나 개인 간의 일대일 메시지를 보내거나 받으며 대중에게 한 번에 대량의 메일을 발송하는 등 다양한 방법으로 정보를 주고 받을 수 있다. 페이스북이 일상화되면서 일대 다수의 좋은 소식과 나쁜 소식이 순식간에 전국적으로 확산되는 위력을 발휘하기도 한다. 수많은 스팸 메일과 양질의 메일이 혼합되어 홍수를 이루는데 고객들은 확인하지도 않고 쓰레기통으로 보내버리기도 한다. 이러한 메일을 통한 DM(direct messages) 발송은 기업이 추진하는 일반적인 촉진 전략으로 다른 매체보다 저렴한 비용으로 다가갈 수 있다는 장점이 있다. 상대적으로 높은 응답률을 가지고 있기 때문에 촉진 전략으로 각광 받고 있다. 신규고객을 획득하고 기존고객을 유지하는 데 필요한 정보제공은 물론 새로운 차원의 이벤트 행사나 상품안내, 할인 등 기업정보를 홍보하는 데 효과적이다.

개인별 메일 량은 하루에도 수십 통에 달하기 때문에 한 사람이 확인할 수 있는 시간적 한계로 대다수의 광고메일은 외면 받게 된다. 이와 같이 주의(attention)를 환기시킬 수 있는 전략이나 고객의 관심을 끌 수 있는 혜택차원에서 그 중요성이 제시된다. 따라서 고객의 반응을 계속적으로 유지하거나 효과를 낼 수 있는 방안을 제시하면 다음과 같다.

첫째, 고객은 자신의 의사와 상관없이 노출광고와 홍보물에 접촉하게 된다. 개별 고객의 호기심이나 편익을 제공할 수 있는 제목 설정이 중요하다. 즉 소비자들은 기업에서 제공하는 내용물의 가치에 따라 시간대비 비용을 따지는 소비성향을 가지고 있기 때문에 그들에게 줄 수 있는 혜택을 제공하여야 한다. 그들은 자신이 확인하는 메일의 중요성에 따라 신뢰할 수 있는 정보이기를 바란다. 반면 수신을 거부할 수 있으며 스팸으로 등록되어 열어보기도 전에 소멸함을 상기시키고자 한다.

둘째, 고객은 자신의 관여정도에 따라 다르게 반응하며, 개인적 지식이나 정보의 신뢰 정도에서 비교하는 습관을 가지고 있다. 제공되는 품질의 정보는 항상 일관성 (consistency)을 유지하여야 한다.

셋째, 메일로 제공되는 상품 정보는 유용성(usefulness)을 가져야 한다. 메일로 보내지는 광고가 많기 때문에 관련성에 따라 중요 순서로 분류되거나 휴지통으로 직행하게 된다. 따라서 고객에게 줄 수 있는 구체적인 혜택과 편익, 세부적인 내용을 제공하여 최대의 관심을 유도할 수 있어야 한다.

넷째, 기업은 일대일 마케팅 전략을 사용하여야 한다. 자사에 방문하는 회원 수가 증가하면 일정 시장 점유율을 보유하였다고 판단된다. 이들은 축적된 자료를 바탕으로 고객의 연령, 성별, 직업, 수입, 학력, 주거지, 빈도수, 구매패턴, 반응률 등 회원들에 맞는 촉진방법을 제공할 수 있다. 많은 양을 빠르게 확산시킬 수 있다는 장점이 있지만 브랜드 이미지에 따라 상품평가가 급속하게 실추될 수도 있다.

한 통의 메일이 단순한 실수가 아니라 기업이 고객에게 제공하는 정보차원에서 이성과 정서, 감성적으로 전달될 수 있어야 한다. 고객은 진화하고 있다. 기업은 개인별 성향을 파악하여 그들에게 알맞은 촉진 전략을 추진할 때 성공적이라 하겠다.

CHAPTER 13

고객만족과 고객관계
관리(CRM)

용기 있고 슬기로운 사람 앞에 역경 따위는 없다.

− 시인 한용운

고객만족과 고객관계 관리(CRM)

> 변명 중에서 가장 어리석은 변명은 "시간이 없어서"라는 변명이다.
> *– 에디슨*

제1절 │ 고객만족과 불평행동

1. 고객만족 경영

1) 고객만족

만족은 경영의 모든 부문에서 이루어지고 있다. 고객 입장에서 생각하고 진정으로 그들의 요구조건을 들어줌으로써 기업은 생존과 번영을 함께 할 수 있다. 고객만족은 1980년대 후반, 미국이나 유럽에서부터 주목받기 시작하였지만 현대의 기업들은 이를 외면하고서는 하루도 생존하기 힘들다. 고객이 원하는 제품과 서비스에 대하여 기대 이상으로 충족시켜 줌으로써 재구매나 재방문, 선호도를 향상시킬 수 있다. 기업은 고객만족을 위하여 그들의 기대를 충족시킬 수 있는 정보와 지식, 품질 향상은 물론 혜택을 제공해 줄 수 있어야 한다.

반면, 불만을 효과적으로 처리함으로써 경영성과를 낼 수 있다. 이를 수행하기 위해서는 조직 내 직무만족이 선행되어야 한다. 직무만족이란 직원들의 소속감이나 일체감, 공정한 평가와 보상, 복지 등에서 만족도를 향상시킬 수 있다. 이와 같이 고객만족은 상품의 품질뿐 아니라 기획, 설계에서부터 디자인, 제작, 판매, 애프터서비스 등 전 과정에서 자연스럽게 제공될 수 있어야 한다.

기업은 고객을 만족시키기 위한 환경개선과 직무서비스, 고품질 등은 문화로 정착한지 오래되었다. 이러한 노력은 브랜드 이미지와 더불어 사상, 이념, 비전 등 고차원적인 개념을 정립되었다. 이를 원만하게 충족시켜 줌으로써 소비자들에게 만족감을 향상시킬 수 있다. 이러한 결과는 시장 점유율의 확대나 브랜드 상승, 원가절감 등 단기적인 성과 달성보다 궁극적인 경영목표를 달성할 수 있게 한다.

(1) 고객입장의 만족

만족이란 어떤 대상이 그 주체에 대해서 마음에 드는 것으로 주체가 느끼는 즐거움, 쾌, 감정(das Gefühl der Lust)을 가지는 것이다. 칸트(Immanuel Kant, 1724~1804)는 만족을 다음과 같이 정의하였다.

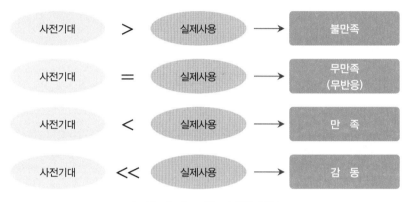

〈그림 13-1〉 고객 기대와 만족

첫째, 쾌적함(das Angenehme)이다. 만족의 주체에서 감각적인 것과 자극적인 것에 대한 감수성 차원에서 이루어진다. 둘째, 간접적 또는 단적으로 좋은 것(das Gute)이다. 이성에 의하여 결정되는 즐거움으로 유용한 것에 대한 만족 또는 순수하게 실천되는 만족감을 수반하고 있다. 셋째, 아름다운 것(das Schöne)은 반성적인 즐거움으로 미적 만족감을 수반한다. 인간은 신의 영역에서 중간자적으로 인식되며, 감성과 이성은 인간만이 가질 수 있는 특혜이다. 첫째와 둘째의 만족은 욕구능력에서 관계하지만 그 대상이 현실적 존재와 결부되어 특별한 관심을 가진다. 셋째 미학적인 판단으로 만족은 오직 그 대상만이 가지는 합목적인 표상이다. 고객이 상품을 선택하는데 관심을 가지는 일체의 자유로움이다.

고객만족이란 고객이 필요로 하는 욕구를 미리 파악하여 이를 충족시켜주는 행위로서 기본적으로 고객기대에 부응하는 결과물이다. 이는 계속적으로 고객과의 관계 개선에서 신뢰감을 줄 수 있다. 고객은 기대 이상의 서비스를 제공받았을 때 특별한 감정이 생기거나 즐거움이 모여서 만족감을 표시하게 된다. 하지만 기업의 제품이나 서비스 수준이 고객의 기대에 미치지 못하였을 때 불만족하게 된다는 사실이다. 고객의 기대수준은 개인마다 다르기 때문에 제품과 서비스가 어느 정도를 충족시켜 줄 수 있는지 끊임없이 생각하고 물어보면서 확인하여야 한다. 그렇게 함으로써 고객만족도를 향상시킬 수 있다.

첫째, 고객은 자신이 지불하는 비용대비 품질과 메뉴의 종류, 가격, 조리방법, 계산, 접객태도, 배웅 등의 직무가치에 따라 만족할 수 있는 것을 기대한다. 직원들은 지식과 서비스 태도가 잘 되어 있을 것으로 생각한다. 둘째, 직원들은 항상 친절하며 서비스 직무에 대한 교육과 접객태도가 잘 되어 있을 것으로 생각한다. 특히 우리나라 소비자들은 모든 서비스기업의 직원들은 만능인으로 생각한다. 슈퍼맨이나 맥가이버, 원도우먼인 줄 착각하고 있다. 셋째, 고객은 항상 자신이 레스토랑에서 소중한 단골고객으로 기억되거나 환영받기를 원한다. 하루를 방문하더라도 자신의 존재를 인정받고 싶어 하며, 과시하거나 존경받고 싶어하는 욕망이 있다. 넷째, 점포의 분위기가 편안하며 인테리어 시설이 잘 되어 언제나 귀중한 동행인을 모셔가도 맛과 서비스 품질에 대한 실패가 일어나지 않을 것으로 생각한다.

다섯째, 고객은 방문 순간부터 중요한 사람으로 인식되어 항상 관심 받기를 원한다. 나만의 특별한 대우를 기대하며, 그 무엇을 줄 것으로 생각한다.

여섯째, 고객은 항상 자신이 최고이기를 원하며 존경받고 싶어 한다. 일곱째, 고객은 언제나 자신의 기대에 부응해주기를 원하며, 고견을 제시하였을 때 수용해 줄 것으로 기대한다. 여덟째, 고객은 언제 어디서나 공정하거나 일관성 있는 대우를 제공해주기를 원한다. 아홉째, 자신의 개성과 특성에 맞는 욕구를 미리 파악하여 제시해 주기를 바란다. 특히 특별한 경험과 추억을 만들어주기를 원한다. 열 번째, 모든 욕구에 대한 충족은 하나의 기능으로 이루어지기를 원한다. 선택의 기능성은 하나의 리모콘에서 다 해결할 수 있으며, 버튼을 누를 수 있는 권리는 자신만이 가지기를 바란다.

(2) 기업입장의 만족

기업이 존재하는 궁극적인 목적은 이익을 창출하는 것이다. 이익을 창출하기 위해서는 고객을 만족시키는 것이 우선되어야 한다. 만족은 하드웨어(hard ware)와 소프트 웨어(software), 휴먼웨어(humanware)의 3가지 요소를 포함하여 유기적인 조화와 균형을 이룰 때 고객만족을 실현할 수 있다.

첫째, 하드웨어 부문은 기업의 이미지와 브랜드 파워, 점포 이용객의 편의시설, 인테리어 시설, 분위기 등의 물적 요소와 고객들의 불만처리와 지원센터 등에 대한 정적인 의미를 포함하고 있다. 즉 컴퓨터를 구성하는 요소들 가운데 실제 기계 및 물리

〈그림 13-2〉 고객 욕구충족의 3요소

적 부품들로 이루어진 전자, 기계장치, 시스템의 프로세서와 메모리, 디스크/플로피 디스크, 시디롬(CD-ROM), 광자기디스크, 입출력카드, 네트워크 카드, 모뎀 등 점포의 중심요소를 포함하고 있다.

둘째, 소프트웨어 부문은 레스토랑의 상품과 서비스, 접객시설, 매뉴얼, 고객관리 시스템, 사전, 사후관리(after · before service), 부가서비스 체계 등 방법을 지시하는 명령어의 집합이다. 프로그램 수행에 필요한 절차, 규칙, 관련 문서 등을 총칭한다. 즉 컴퓨터 시스템을 구성하는 요소 중 형체를 갖는 하드웨어를 제외하며, 보이지 않는 무형의 부분을 소프트웨어라 하는 것처럼 점포에서 나타낼 수 있는 무형성을 포함하고 있다.

셋째, 휴먼웨어 부문은 기업의 직원들이 가지는 서비스 마인드와 접객태도, 행동, 매너, 문화, 능력, 권한 등 자원과 정보 및 시간을 효율적으로 활용하는 것이다. 사용자의 인터페이스(interface)를 강조한 하드웨어와 소프트웨어를 바탕으로 기술과 고객 간의 상호관계까지 포함한다. 상품이나 서비스를 제공할 때 보유하는 욕구를 사용자로부터 수집하며, 지속적으로 개선하는 설계방법, 생산과정의 특성을 고려하여 기계적인 환경을 인간 환경에 맞게 수용하는 것이다.

최근 고객만족의 콘셉트는 소비행동에 영향을 미치는 연구들로 주류를 이루어 왔다. 고객은 항상 변화하기 때문에 그에 맞는 촉진 전략과 경영성과를 향상시킬 수 있는 방안이 중요하다. 레스토랑에서 제공하는 메뉴와 서비스는 판매과정의 물리적 환경 속에서 고객평가에서 이루어진다. 기업은 불만에 대한 원인을 파악하고자 노력하며, 불평을 최소화하는 것이 고객을 만족시키는 것이다. 따라서 고객만족도를 향상시키는 것에 그 목적이 있다.

고객이 점포를 방문하였을 때 느끼는 만족요소는 기대하는 수준보다 높은 품질을 제공하였을 때 이루어지게 된다. 이러한 만족(satisfaction)은 재방문과 재구매에 영향을 미치며 곧바로 구전하거나 타인행동에 영향을 미친다.

과거의 기업들은 목표 달성과 경영성과에 초점을 맞추어 정량적인 수치로 계량할 수 있는 목표를 달성하였을 때 성공여부를 판단하였다. 하지만 치열해지는 경쟁 환경 속에서 단기간에 이루어지는 목표달성이 아니라 장기적으로 만족시킬 수 있는 전략에 주목하고 있다. 최근 고객이 체험하면서 느낄 수 있는 감성과 정서적인 면을 중시하고 있다. 이러한 변화는 기업의 경영이념과 사명, 목표로서 수익창출은 물론 고객가치가 대두되는 시대적 요청으로 받아들여진다. 따라서 만족에 대한 패러다임은 기업에서 고객으로 이전되어 강화되는 이유라 하겠다.

레스토랑의 고객은 식재료의 원산지에서부터 생산과정의 조리와 판매, 관리에 이르기까지 자신을 만족시킬 수 있는 개인적 특성을 반영하기를 원한다. 이와 같이 만족도를 높이는 전략은 고정 고객의 이탈을 최소화할 뿐 아니라 안정적인 수익을 창출할 수 있어 고객 제일주의로 급속하게 재편되는 이유라 하겠다. 기업이 제공하는 상품의 질과 직원서비스, 물리적 환경 등에서 일어날 수 있는 불만족 요인을 개선하여 만족을 강화하는 기업만이 성장할 수 있다. 이러한 조직은 고객을 최상층에 두며, 고객과 직접 대면하는 직원들이 기업을 대표하는 주인으로서 그 역할을 하게 된다. 그 다음으로 관리자, 중간관리자, 최고경영자는 맨 밑에서 지원하는 형태의 조직문화를 구성하는 것이 현대적인 모델이라 하겠다. 변화에 따른 고객만족도를 강화시키는 조직도를 제시하면 다음과 같다.

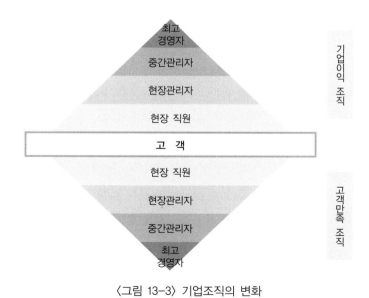

〈그림 13-3〉 기업조직의 변화

경영학을 공부하는 학생들이면 한번쯤 들어봤을 법한 고객만족의 대명사 미국유명 백화점에서 운영하는 노드스트롬(Nordstrom)온라인 회사이다. 이 회사는 "직원에게 재량권을 부여하면 모두가 사업가처럼 일한다."하였다. 고객 실수로 문제가 생겨도 100% 환불하는 정책으로 유명하다. 노드스트롬은 제품이 아니라 고객과의 관계를 판매하고 있다. 100년의 전통은 백화점 경영에 대한 노하우가 특별하며, 이를 IT와 접목하여 멀티 전략을 실행하고 있다. 최대의 매출액과 최고의 서비스 만족도를 달성하고 있다.

창업자인 존 노드스트롬의 증손자 블레이크 W 노드스트롬(50)이 현재 최고경영자이다. 미국 전역에 215개 매장을 운영하는 백화점은 한국 소비자들에겐 비교적 낯선이름이다. 하지만 한번이라도 마케팅을 공부하였거나 유통업계에서 일한 사람이라면 그 이름을 들어봤을 정도로 "고객만족"의 대표적 기업으로 그 명성이 높다. 실제 이기업은 세계 최고의 고객서비스로 상징된다. 콜로라도 대학병원 로비에 피아노를 설치한 뒤 "의료계의 노드스트롬"으로 선전하거나 캘리포니아 대학이 새로운 행정시스템을 도입하면서 "학사관리의 노드스트롬"이 되겠다고 선언하였다.

고객 섬김의 일화는 타이어 환불 에피소드에서부터 시작된다.

70년대 노드스트롬이 알래스카에 있는 다른 백화점을 인수하였다. 한 고객이 타이어 두 개를 들고 와서 "내 차에 잘 안 맞으니 환불해 달라"는 것이다. 이 타이어는 인수전 백화점에서 판매한 것으로 노드스트롬에서 취급하는 제품이 아니었다. 하지만 직원은 군말 없이 즉시 타이어 값을 환불해 주었다. 이 회사의 정책은 고객이 요구한다면 언제든지 들어준다는 것이다. 얼마나 오래 되었든지? 어떤 이유든지, 설사고객의 실수로 문제가 발생하였더라도 즉시 현금으로 돌려준다. 이들은 고객만족을 위해서는 뼛속까지 각인되어 있다. 서비스맨의 정신으로 무장하여 세계의 많은 소비자들로부터 서비스 대명사로 인정받고 있다.

2009년 시애틀 동네 주민인 짐 도널드 당시, 스타벅스 CEO는 블레이크와 점심 약속을 잡으면서 "오는 길에 노드스트롬 남성복 매장에 들러서 수선 맡긴 바지 두 벌을 찾아 달라"는 부탁을 하였다. 식사 자리에서 두 사람은 바지 건은 깜빡 잊은 채 즐거운 대화를 나누고 헤어졌다. 그날 밤 9시, 블레이크는 바지 두 벌을 들고 도널드의 현관문을 두드렸다. 사람들은 이 같은 블레이크 CEO의 서비스 정신에 혀를 내둘렀다는 후문이다.

노드스트롬의 권한(empowment) 부여 피라미드

고 객

판매 및 일반직원

매장 관리자

지점장, 바이어, 제품 관리자,
지역 관리자, 총책임자

CEO

〈그림 13-4〉 고객만족 조직 사례

노드스트롬의 고객만족 서비스는 CEO에 국한된 것이 아니다. 매일매일 고객을 상대하는 직원들의 몸에 체화(體化)되어 있다. 직원에게 공식적으로 재량권을 부여하며, 회사의 대표자는 직원 한 사람 한사람이지 사무실에 앉아 있는 경영진이 아니라는 사실을 주지시키고 있다. 이러한 철학과 정책에서 주인 의식을 가지며 매일같이 사업가처럼 일한다. 가장 중요한 실적평가는 시간당 매출액이지만 장기적으로 고객을 진심으로 감동시켜 내 사람으로 만드는 것을 높이 평가하고 있다. 직원들은 고객에게 제품을 판매하는 것이 아니라 상호관계, 즉 인간관계를 판매하는 것이다. 그들은 입사 초기부터 현장 경험을 통하여 깨닫게 하고 있다.

최근 기업의 관심사는 오프라인과 온라인을 접목한 멀티채널의 전략으로 일명, 고객서비스와 정보기술(IT)의 결합을 융합(convergence)하는 것이다. 이를 바탕으로 고객만족 서비스를 제공하는 것이 최대의 역점 사업이다. 미래의 생존을 위해선 기존의 오프라인 매장에서 펼치던 고객감동 전략을 유지하는 동시에 온라인과 모바일 쇼핑채널을 공략해야 한다는 것이다. 지난 1998년부터 오픈하였던 웹사이트를 대대적으로 리모델링하여 새로운 온라인 사이트를 개설하였다. 아이팟 터치, 아이폰 등 스마트 기기를 통하여 편리하게 쇼핑할 수 있도록 모바일 채널을 고객이 편하게 접속할 수 있도록 설계하였다.

보스턴컨설팅그룹(BCG)은 다음과 같이 평가하였다. "노드스트롬은 소비자들을 위하여 멀티 채널을 운영하며 동종 업체 소비자보다 약 4배를 지출하는 것으로 나타났다." 100년에 걸친 고객관리 노하우와 디지털 혁명이 결합되어 좋은 성과를 내고 있다는 평가이다(매일경제, 2011.7.29). 향후 유통 기업들이 시장에서 리더십을 차지하려면 소셜미디어, 모바일 커머스, 위치기반서비스(LBS)를 활용한 판매와 마케팅은 필수적이다. 얼굴을 보며 가슴으로 고객을 섬기는 구조는 바꾸지 못하겠지만 앞으로도 기존사업 스타일과 고객만족을 위한 기술 간 균형이 이루어질 것으로 판단된다.

한국 사람들에게 미국 시애틀은 영화 속 도시로 잘 알려져 있다. 93년 톰 행크스와 맥 라이언이 출연한 '시애틀의 잠 못 이루는 밤'이나 최근 상영한 한국과 중화권의 톱스타인 현빈과 탕웨이 주연의 '만추'의 도시로 유명하다. 이 도시는 미국을 대표하는 세계적인 기업 본사로 유명하다. 마이크로소프트, 스타벅스, 아마존닷컴 등 세계적 기업의 본사나 1호점이 몰려 있다. 이 중 최고의 고객 서비스로 유명한 노드스트롬(Nordstrom)백화점도 그 중 하나이다.

2) 고객만족 구성요소

기업은 고객이 만족할 수 있는 요소를 개발하고자 노력하며, 기대 이상의 서비스 수준을 제공하기 위하여 다양한 마케팅 촉진 전략을 전개하고 있다. 고객에서 형성된 충성도는 재방문이라는 긍정적 강화(positive reinforcement)요인이 된다. 보상이나 칭찬 등의 자극은 행동반응에 따라 브랜드이미지를 결정하게 된다. 반면, 불만족한 고객은 기업에 컴플레인을 걸거나 홈페이지를 통한 불평행동, 부정적 구전, 경쟁기업으로 이탈 등 메뉴상품이나 레스토랑에 부정적 강화(negative reinforcement)요인을 일으킨다. 기업은 부정적 이미지를 회피(extinction)시키려 노력하지만 바람직한 긍정적 행동으로 유도할 수 있는 전략을 필요로 한다.

조사에 따르면 불만족한 고객은 만족한 고객보다 6~10배 많은 내용을 나쁘게 구전하는 것으로 조사되었다. 만족보다 불만족한 고객들이 타인의 구매행동에 높은 영향을 미치기 때문에 기업의 마케터들은 불만족 요인을 해소하기 위하여 노력하여야 한다. 하지만 서비스 실패 후 회복과정에서 고객은 달라질 수 있다. 기업의 서비스회복 전략에 따라 만족한 결과로 유도할 수 있기 때문이다. 불만족 없이 만족한 경우보다 불만족한 후 회복과정을 통하여 만족이 충족되었다면 더 호의적인 반응을 나타내어 단골고객으로 전환될 확률이 높다. 이들에게서 더 높은 충성도를 나타내고 있다.

현대차는 2010년 3월부터 신차 교환 서비스를 실시하였다. 대상은 특장차, 영업 자동차를 뺀 모든 차종으로 구매고객 중 현대캐피탈 할부금융 상품을 이용한 경우, 구매 후 1년간 자기과실 50% 이하인 차량과 사고로 수리비(공임 포함)가 차 값의 30% 이상 나온 차량을 대상으로 1회에 한정하여 실시하였다. 구입자 본인 또는 배우자, 자녀가 운전한 경우 교통사고 위로금으로 100만 원도 함께 제공하고 있다(조선일보,

2010, 3, 8). 신차 구입 후 1년 안에 큰 사고가 나면 완전히 수리하더라도 중고차 값이 무사고 차량보다 30~40% 떨어진다. 가치하락 분을 보전해준다는 전략으로 판매 전략을 강화하고 있다. 사고로 부서진 차를 반납하고 신차를 받는다는 뜻은 아니다. 본인 및 상대방의 차량보험으로 차를 완전히 고친 후 반납해야 한다. 현재까지 사고로 신차를 교환해준 것이 3건, 교환 여부를 실사(實査) 중인 것은 7건이다. 구입한 고객이 1년간 사고로 차량을 교환받을 확률은 1,000대당 한두 건 정도로 추정된다.

신차 교환 서비스는 미국에서 성공을 거둔 '어슈어런스(Assurance)보장 프로그램'이다. 한국에서도 차원 높은 고객만족 프로그램을 실시하여 소비자 호응을 끌어내겠다는 의도이다. 현대차를 할부, 리스한 소비자가 1년 내 실직하거나 교통사고를 당할 경우 무상으로 반납할 수 있도록 하는 것이다. 기름 값 상승분을 회사가 대신 내주는 '가스록(Gas Lock) 프로그램' 등 미국 소비자들에게 큰 호응을 얻어 성공한 사례이다.

서비스회복과정에서 다음과 같은 문제점들이 발생할 수 있다.

첫째, 기업이 제공한 상품구매 및 서비스품질에 대한 불만족한 고객은 기대 이상의 서비스회복 과정을 제공하면 초기의 부정적 이미지를 상쇄시킬 수 있다. 하지만 시기와 장소, 타이밍을 놓쳐버리면 기회를 잃을 수 있다. 이들은 서비스회복과정에서 만족도를 향상시키면 초기에 만족한 고객보다 높은 충성도를 나타내어 주변인에게 더 적극적으로 구전하는 행동을 하게 된다.

둘째, 초기에는 불만족이 미미하였지만 시간이 경과한 후 부정적 면이 노출되었을 때, 즉 새로운 문제가 대두되었을 때 기업의 보상 노력에도 불구하고 더 많이 부정적으로 인식하게 된다. 현장 직원에게 즉각적으로 해결할 수 있는 권한과 책임을 부여함으로써 초기에 불만족스러운 문제점들을 해결할 수 있다. 이와 같이 만족에 영향을 미치는 요소들은 다양하다. 성공적인 고객만족 목표를 완성하기 위하여 지속적인 고객관계 관리 필요성이 있다.

외식업을 방문하는 고객만족은 크게 3가지 차원으로 분류할 수 있다.

첫째, 점포의 접근성과 편의성, 시설, 인테리어, 분위기, 위치, 주차시설 등 전반적인 물리적 환경(physical environment)차원으로 제시할 수 있다.

둘째, 근무하는 직원의 친절과 업무지식, 대응능력, 언어적 소통 가능성, 직원의 용모와 위생, 청결, 서비스 정신 등에 따른 접객태도에서 만족을 평가할 수 있다.

셋째, 서비스의 기능적 품질로서 고객과 상호작용하는 경험과정에서 영향을 미치는 음식의 맛과 양, 가격, 품질 등 유형적인 요소의 결과이다. 이와 같이 환대산업에서 추구하는 전반적인 만족도를 그림과 같이 분류할 수 있다.

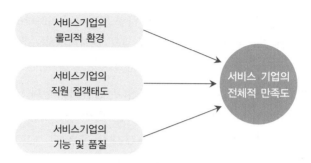

〈그림 13-5〉 환대산업의 고객만족도

2. 만족도 평가

1) 기대불일치 모델(expectancy disconfirmation model)

고객이 상품을 구매하거나 사용할 때 사전에 기대하는 성과가 실제 경험하는 결과와 차이가 생길 때 만족 또는 불만족을 경험하게 된다. 이러한 결과는 객관적 품질평가에서 이루어지는 것이 아니라 상품에 대한 개인의 기대에 얼마나 부합 하느냐 등 주관적인 평가에서 비교되어 진다. 고객은 자신의 경제력, 구매경험, 제품의 지식, 생활패턴, 동행인의 수, 동행인과의 중요한 관계정도 등에 따라 기대수준은 달라 질 수 있다.

예를 들어 호텔 레스토랑에서 중요한 고객과 식사하는 것을 결정하였다면 자신의 기대수준과 목적에 맞는 위치와 가격, 메뉴종류를 선택하기를 원한다. 자신의 평소 경험이나 경쟁사의 수준, 주변인의 구전, 광고, 판촉물, 부가혜택 등 홈페이지를 통하여 사전에 조사하거나 주변인에게 조언받기를 원한다. 이러한 선택수준에 대하여 고객이 지각하는 품질은 사전기대와 일치할 때 '기대일치', 기대보다 높을 때 '긍정적 불일치', 실제성과가 기대에 미치지 못할 때 '부정적 불일치'를 경험하게 된다. 기업은 과장된 촉진 전략을 추진하더라도 고객이 비현실적으로 인식하지 못하도록 하여야 한다. 만약 부당한 요구조건이나 무리한 요구라도 약속을 하였다면 어떠한 경우라도 이를 반드시 지켜야 한다.

기대불일치 이론은 고객이 지각하는 성과에서 직접적인 효과를 포함시킴으로 이론적이고 실증적인 지지를 얻을 수 있다. 하지만 다양한 소비상황에서 고객만족을 판단하는 지각된 성과가 기대보다 더 중요하게 나타날 수 있다는 점이다(Tse & Wilton, 1988). 이를 바탕으로 다음과 같은 문제점을 제시할 수 있다.

첫째, 현재 선호하는 제품은 없지만 그중 대안으로 선택한 제품이 실제 구매 상황에서는 자신의 기대에 충족하는 기대일치를 경험할 수도 있다. 하지만 구매상품에 비하여 성과가 나쁠 때 불만족할 수 있다.

둘째, 신제품의 경우 광고에 의하여 기대수준이 높아진 경우 실제 구매시 기대에 미치지 못할 수도 있다. 지나친 기대로 부정적인 기대불일치를 경험할 수 있다. 그러므로 그 제품이 기존제품에 비하여 월등히 우수하다면 만족도가 높아질 수 있지만 낮다면 실망감이 높게 된다.

셋째, 제품 성과는 기존 제품에 비하여 월등히 우수하다면 높은 만족도를 느낄 수 있다. 하지만 제품 그 자체로는 직접적인 효과를 가져 올 수 없다.

직업과 전공의 불일치, 더 이상 방치할 일 아니다!

울산지역 발전연구원에서 대학생을 대상으로 중요한 자료를 조사하였다. 취업자 중 학과전공을 제대로 살린 취업자는 3명 중 1명에 불과하다는 조사결과이다. 요즘처럼 어려운 취업난에 직장을 구했다는 사실 자체만으로 위안을 삼을 수도 있지만 어쩔 수 없이 전공과 무관한 직업을 가졌다면 향후 직장에서 보람과 자부심을 느끼기 힘들다. 이들에게서 창의성과 성과를 기대하기 어렵다는 점에서 경험적으로 인식하게 된다. 결국 개인과 가정의 고통은 물론 국가적 손실로 이어질 수 있다는 점에서 안타까운 일이라 하겠다.

울산발전연구원은(울산매경, 2013.2.20)은 2012년 특성화고 및 대학(교) 이상 졸업자로 취업한 적이 있거나 취업 중인 사람들을 대상으로 전공과 직업에 대한 일치도를 분석한 결과 울산지역 취업자의 전공 일치도는 33.3%에 그쳤다. 이는 15개 시·도 취업자의 전공 일치도 평균 37.1% 및 6개 대도시(서울, 부산, 대구, 인천, 광주, 대전) 평균 37.2%에 미치지 못한 수치이다. 특히 울산은 충북(33.1%)에 이어 2번째로 직업과 전공 일치도가 낮은 것으로 보고되었다. 7개 대도시 가운데 가장 낮은 결과는 가정과 학교, 지역사회 등 부정적 영향으로 적성과 장래의 직업선택에 새로운 설계와 해결방안을 요구하고 있다.

취업자의 '직업-전공 불일치' 현상은 어제 오늘 일은 아니다. 최근에 더욱 심각한 이유는 무엇보다 청년들이 희망하는 좋은 일자리가 절대적으로 부족한 탓이다. 상당수 고등학생들은 수능 점수에 맞춰 대학을 선택하고 있으며, 전공이나 자신의 적성, 인성을 고려하지 않고 졸업 후 취업이 용이한 쪽으로 몰리고 있는 풍토로 더 심화되고 있다. 그러다 보니 졸업 후 기업이 요구하는 학력이나 숙련도, 개인적 수준, 능력, 의지 등이 서로 맞지 않는 과잉 학력 문제가 발생하는가 하면 기업들은 대학에서 배운 전공학과 지식이 실제로는 쓸모가 없다는 불만의 소리가 나오고 있다. 따라서 적성과 인성에 맞는 직업 및 전공 선택의 진로지도 교육이 절실한 이유이다.

결론적으로 어릴 때부터 진로 교육을 단계적이면서 체계적으로 실시해야 한다. 진로의 인식 단계인 초등학교에서부터 진로탐색과 선택 단계인 중·고등학교, 전문화 단계인 대학교의 전 과정을 거쳐 자신의 진로에 대한 흥미와 적성을 발견할 수 있게끔 도와주어야 한다. 이를 위해서는 진로지도 전담교사 양성과 부모에 대한 진로교육도 병행하여야 한다. "청년실업 문제 해결을 위해서는 진료교육의 활성화를 더 이상 미뤄서는 안 될 것이다"라는 보고이다.

2) 공평성이론(equity theory)

고객은 개인적인 구매상품이나 서비스상황에 직면하였을 때 자신이 지불한 비용에 대한 대가가 공평하게 이루어졌는가를 확인하려 한다. 기업에서 제공하는 판매순간의 구매상품은 개별 소비자들의 교환으로 이루어진다. 그 과정의 절차와 공평성은 자연스럽게 투입 비용과 혜택 차원에서 산출효과를 따지게 된다. 따라서 투입비용에 대한 산출효과가 같을 때 만족하지만 그렇지 못하면 불만족하게 된다.

공평성이론이란 일상적인 생활 속에서 상호 간의 교환으로 이루어진다. 이러한 교환을 창출하는 과정에서 상호 간의 이익과 자신의 이익을 비교하게 된다. 즉 비교를 통하여 서로의 이익이 일치할 때 공평성이 존재한다고 느껴지지만 일치하지 않을 경우 불공정성을 인지하게 된다. 고객은 항상 자신이 투입한 비용대비 산출효과의 비율을 비교한다는 점이다. 따라서 고객만족에 따른 투입의 산출효과가 비교적 공정하다고 느낄 때 만족하게 된다(Oliver & Swan, 1988).

레스토랑의 방문고객은 구매상품의 투입자원에 대한 정보탐색과 시간, 거리, 노력, 지불금액 등에 대한 품질과 가치, 만족감을 기대하게 된다. 메뉴상품의 식재료 품질이나 분위기, 음식의 온도, 조명, 환기, 직원태도 등 지불가격대비 상품가치와 비교하여 과도한 이윤을 창출한다는 느낌이 들면 불만족을 가질 수 있다. 투입대비 산출이 비슷하거나 성과가 낮을 때 또는 시설이나 제공하는 원재료의 희소성이 가미되었을 때 만족도를 느끼게 된다.

다음은 사회적 분위기와 정서를 고려한 공평성이론의 접객 사례이다.

백화점에서 "30도 이상 고개 숙이는 인사는 하지 마세요! 제가 추천해 드릴까요?"하는 인사말을 못하게 하고 있다. 백화점, 호텔 등 '고객 응대 매뉴얼'이 바뀌고 있다. 무조건 친절하거나 적극적인 응대법이 금기(禁忌)시 되는 추세이다. 젊은이들이 주로 찾는 대형 패션 매장에서 고개숙여 인사하는 접객방법을 금지한 현대백화점이 대표적인 사례이다. 가벼운 눈인사만 건네거나 손님이 들어오든 말든 간섭하지 않는 다는 방침이다. 고객이 묻기 전에 상품 추천이나 제품의 장점도 설명하지 못하게 하였다. 간섭받지 않고 편안하게 쇼핑을 즐기는 고객들이 많아졌기 때문이다(조선일보, 2010.7.19).

백화점 내 빵 매장도 마찬가지다. 어떤 빵을 찾으세요? 이 빵을 고객들이 가장 많이 사 가세요? 등은 가장 싫어하는 말로 꼽혔다. 남성 의류, 구두 매장의 손님들은 매장을 둘러보는 동안 한발 물러서서 상품을 정리하는 사원을 가장 호감 가는 직원으로 꼽았다. 이러한 흐름은 호텔로 까지 전파되고 있다. W호텔은 허리 꺾이는 각진 인사를 고개만 가볍게 숙이는 '쿨(cool)'한 인사로 바꾸었다. 호텔이 딱딱한 비즈니스 장소가 아니라 편하게 즐기는 곳이라는 이미지를 심어주기 위해서이다. 고객들이 진짜 원하는 건 자기 관점에서 마음을 읽어주는 응대방법이다. 현대의 서비스는 고객이 원하는 걸 찾아 응대하는 것이 가장 중요한 노하우라며, 백화점 담당자는 전하고 있다.

3) 귀인이론

귀인이론(歸因理論)은 한 개인이 어떤 행동을 하였을 때 그 사람이 왜 그러한 행동을 하였는지 그 원인을 규명하여 확인하는 것을 의미한다. 즉 어떤 사람의 행동에 대한 결과가 내부적 원인에 의하여 발생한 것인지 또한 외부적 원인에 의하여 발생한 것인지 그 판단기준을 제공해주는 이론을 말한다.

고객이 구매한 후 느끼는 만족유무의 상황은 내부적 원인에 의하여 발생하였다면 기업 내부 구성원들의 통제로 인하여 개선할 수 있다. 예를 들어, 기업의 어떤 직원이 늦게 출근하였을 경우 그것이 전날 밤 과음하였기 때문이라면 이는 내부적 원인에 의한 행동으로 내적귀인에 해당된다. 외부적 원인에 의한 행동은 자신의 의도와는 상관없이 어쩔 수 없이 하게 되는 행동이다. 이를테면 그 직원이 출근길에 지하철 고장으로 인하여 어쩔 수 없이 지각하게 된 경우를 의미한다. 자신의 의사와 상관없이 외부적 원인에 의하여 발생하게 된 행동으로 외적귀인을 의미한다. 그러나 그 원인이 내부적인 것이냐 외부적인 것이냐 하는 판단은 상황의 특이성, 합의성, 일관성의 3가지 요인에서 결정될 수 있다.

첫째, 상황의 특이성(distinctiveness)이다. 상황이 바뀌면 개인의 행동도 다르게 나타날 수 있으며, 결과 여부는 달라질 수 있다. 지각을 자주하는 직원이라면 내부적 원인에 의한 행동으로 인식하지만 어쩌다 지각한 경우라면 외부적 원인에 의한 행동으로 어쩌다 실수로 지각한 사례로 관대해 질 수 있다.

둘째, 상황의 합의성(consensus)이다. 즉 비슷한 상황에 놓인 사람들이 똑같은 행동을 하거나 다르게 하는 행동기준을 의미한다. 예를 들어 같은 노선에서 출·퇴근하는 직원들 모두가 지각하였다면 이는 외부적 원인에서 어쩔 수 없는 행동으로 합의성을 이루게 된다. 하지만 혼자만 지각하였다면 평소에 게으르거나 근무태도가 불량한 개인적 행동으로 이는 내부적 원인이라 할 수 있다.

셋째, 상황의 일관성(consistency)이다. 한 개인의 특정 행동이 계속적으로 되풀이하여 나타나는 정도를 의미한다. 예를 들어 A라는 직원이 지각을 자주한다면 일관성이 높다 말할 수 있다. 하지만 어쩌다 몇 달에 한 번 정도 지각한 경우라면 일관성이 낮다 할 수 있다. 이러한 행동에서 일관성이 높으면 외부적 원인에 의하여 누구나 그럴 수 있다고 정당화하지만 일관성이 없으면 내부적 원인에 의한 것으로 생각할 수 있다.

결론적으로 귀인이론에 따른 소비자들의 구매행동은 비슷한 상황으로 이어질 수 있지만 모두가 유사한 원인으로 지각(perception)되지는 않는다는 점이다. 즉 어떤 사람의 행동을 보고 그것을 판단하는 것은 그 사람이 처한 상황과 당시의 환경이 행동에 영향을 미칠 수 있다는 점이다. 소비자는 일상적인 생활 속에서 어떤 사건이나 타인의 행동에서 원인을 추론하게 되며, 인과관계를 통하여 유추하는 경향이 있다. 특히 환대기업의 서비스상품을 이용할 때 자신이 받은 서비스품질에 대하여 자주 의문을 가지거나 상황에 따라 즉각적으로 반응하게 된다. 훌륭한 접대나 때론 나쁜 접객을 받았을 때 왜 그러한 대우를 받았는지를 분석하게 된다. 이러한 원인과 결과의 행위를 귀인행동(attribution behavior)이라 한다.

레스토랑을 이용하는 고객들은 서비스 품질을 어떻게 귀인하느냐에 따라 만족과 불만족의 차이가 있다. 기업은 이들의 행동에서 정당화하기 때문에 내적 원인으로 지각하지 않도록 하여야 한다. 이를 바탕으로 내적 귀인, 외적 귀인으로 분류할 수 있다.

(1) 내적 귀인(internal attribution)

사람들이 구매하는 행동에는 자신의 능력과 지식, 판단, 의지, 개인적 성향, 취향, 동기, 학습 등에 따라 내적인 요인에서 그 원인을 찾을 수 있다. 내적 귀인이론은 개인의 성향에 따른 이론으로 고객행동에 대한 원인을 그의 내적인 문제, 즉 개인적 특성에서 찾는 것을 의미한다. 예를 들어 레스토랑의 접객 직원이 실수로 젓가락을 떨어뜨렸다면, 처음 일하는 직원이거나 혹은 당황하여 조심성이 부족하여 실수하였을 것이라는 긍정적인 귀인을 하게 된다.

(2) 외적 귀인(external attribution)

외적 귀인은 상황적 귀인이라 한다. 행동에 대한 원인을 외부환경에서 그 이유를 찾는 것이다. 레스토랑 직원이 접시를 떨어뜨렸다면, 손님이 많아 복잡하여 그랬거나 혹은 협소한 통로에서 바쁘게 일을 하다 생긴 것으로 너그럽게 이해하게 된다. 고객은 자신의 행동에서는 외부적 원인을 찾아 적당한 핑계를 삼으려 하지만 타인에서는 그가 가진 내재된 원인, 즉 내적 원인으로 돌리는 경향이 있다. 사람들은 누구나 바람직하지 못한 상황이 발생하였을 때 일반적으로 자신의 일에는 관대해지는 경향이 있다. 그 원인을 외부적으로 찾으려 하지만 타인에게는 내부적 원인을 찾고자 한다. 이러한 귀인행동은 교육수준에 따라 다르게 나타나며, 사건의 원인을 추론하는 방법으로 일관성, 구별성, 의견일치성으로 제시할 수 있다.

첫째, 특정 시설을 이용할 때 반복적으로 일어나는 사건의 일관성은 기업의 원초적인 문제로 스스로 문제가 있다고 인식하게 된다. 그 일의 중요성 차원에서 어쩌다 일어나는 단순한 실수라면 외부에 노출된 어쩔 수 없는 상황에서 귀인하거나 업장 내부의 단순한 실수로 생각하게 된다.

둘째, 호텔시설을 이용하는 고객이 타 호텔의 객실이나 식·음료, 바를 이용한 경험이 없다면 만족정도가 높아지는 구별성을 가지게 된다. 특별한 경험이나 상징성은 기업의 고유한 특성에서 내재된 자원으로 타 호텔을 이용한 경험은 자연스럽게 비교하여 구별하거나 평가하게 된다.

셋째, 특정한 원인과 결과에 따라 모든 이용자들은 동일하게 지각하는 의견일치성을 가진다. 일치성이 높아지면 특정 사건에 대한 원인과 결과에서 보다 확실하게 지각하여 신뢰하게 된다. 예를 들어 레스토랑 고객 중 자녀가 너무 시끄럽게 떠든다면 불쾌감을 가져 문제가 있다고 생각할 것이다. 그렇지만 본인의 자녀라면 그럴 수도 있다며 대수롭지 않게 인식하거나 너그럽게 이해하게 된다. 한편 개인적으로 발생할 수 있는 긍정적 불일치가 생기면 자신이 너무 민감하였거나 예민한 탓으로 그 이유를 자신에게 돌리며, 관대해진다는 점이다.

3. 서비스회복

1) 서비스 실패

서비스는 환대기업 특성상 다양한 요소에 의하여 평가가 이루어지며, 만족은 고객에게 영향을 미친다. 상황에 따른 성과는 비대칭적인 속성별로 실패가 일어날 수 있으며, 자신이 받을 수 있는 혜택이 긍정적이거나 도움이 된다면 별 반응을 보이지 않는다. 하지만 부정적이거나 불만족한 상황이 발생하면 크게 부각되어 서비스 단계를 회복하려 노력한다.

고객은 레스토랑 시설을 이용하면서 여러 환경 속에서 전개되는 과정의 모든 것을 다 만족할 수는 없다. 자신이 중요하게 생각하는 만족유무에 따라 오류나 실수가 크게 부각되어 느껴질 수도 있다. 그러므로 레스토랑의 모든 과정을 부정적으로 인식하여 나쁘게 구전할 수 있기 때문에 전체적으로 형성되는 서비스 품질의 중요성이 제시된다. 이와 같이 특정한 업종이나 점포를 방문하기 위하여 정보를 탐색하는 과정에서부터 계산하고 점포를 벗어나는 순간까지 일어나는 과정을 "레스토랑의 순환과정"이라 하겠다. 즉 고객이 쉽게 찾을 수 있는 온라인의 홈페이지에서부터 다양하게 제공할 수 있는 각종 정보와 혜택, 점포안내, 주차 및 가격안내, 부대서비스 등 새로운 소비자를 만들어내는데 중요한 역할을 한다. 이러한 순환과정은 어느 하나가 잘못되면 불만족한 사이클로 이어져 전체적인 이미지를 불만족스럽게 할 수 있다.

레스토랑의
순환과정

- Home page 정보검색
- 레스토랑의 온라인 예약 및 전화 예약
- 홀 카운터 연결 및 홈페이지 예약 확인
- 레스토랑 도착
- 환영 및 고객방문
- 자동차 열쇠를 직원에게 건넨다
- 입구 안내
- 직원이 예약석으로 인도
- 컵에 물을 따르면서 식 음료 주문
- 음식제공 및 식사
- 음료 및 추가주문 확인
- 계산서 요구 및 확인
- 식사대금 계산 및 불편사항 확인
- 자동차 대기
- 배웅 인사

〈그림 13-6〉 고객의 레스토랑 방문 순환과정

고객이 홈페이지나 전화상으로 시간, 메뉴종류, 동행인 수 등을 예약하거나 레스토랑을 내점 한 후 주문이나 식사, 추가주문 등이 전개될 수 있다. 특히 직원들이 복장이나 접객태도, 실내 혼잡성, 후식, 계산, 배웅, 차량탑승, 출구 등의 전 과정에서 다양한 문제들이 발생할 수 있다. 직원들에 의해서 이루어지는 접객과정은 접점에서 실패가능성이 항상 존재하며, 고객은 자신의 기대치에서 만족감을 충족시켜 주기를 원한다. 하지만 기업의 점포시설 내 놓여있는 여러 상황에서 다 만족스럽게 해결해

주지는 못한다는 점이다. 그러므로 어느 한 부분만 실수하거나 오류가 발생하여도 불만족은 증가하게 된다. 이와 같이 불만 고객은 필연적으로 존재하게 되며 어느 기업이든지 불가피하게 발생하는 현상으로 원천적인 예방을 완벽하게 할 수는 없다. 하지만 불만스러운 문제가 발생하였을 때 이를 얼마나 신속하게 대처하여 고객의 불만을 줄일 수 있느냐가 중요하다. 레스토랑의 접객과정 순환에서 특정한 부분에 만족하거나 불만족하였을 때 고객은 오래도록 기억하게 된다. 이는 다음 방문을 결정할 때 영향을 미치게 된다. 따라서 기업은 이들에게 제공되는 서비스 실패를 줄이도록 노력하여야 한다.

고객만족 경영학회에서는 서비스 실패이후 시도되는 회복 노력 가운데 적절한 보상과 만족스러운 설명이 효과가 높은 것으로 보고하였다. 충성도에 영향을 미치는 서비스회복 결정요인에서(오세구 · 정상철, 2007), 실패에 따른 회복 노력이 고객만족과 충성도에 영향을 미친다 하였다. 서비스회복활동이 필요한 모든 기업의 관심사는 고객들에게 높은 품질을 제공함으로써 만족도를 향상시켜 지속적인 충성도로 수익성을 높이는 것이다. 하지만 서비스를 제공하였을 때 실패가 발생하기 쉬워 그에 따른 대책을 필요로 한다.

실패란 고객과의 접점에서 불만족이 야기되었을 때 일어나게 된다. 그 원인으로 점포의 열악한 시설이나 분위기, 직원들의 전문성 없는 접객태도 등 서비스 과정으로 직원들의 실수나 고객과의 약속 불일치, 여러 형태의 오류 등을 의미한다. 기업은 이러한 실수를 만회하고자 노력하며, 서비스 실패에 대한 회복활동을 긍정적으로 펼치고자 노력한다. 이러한 서비스회복은 서비스 실패에 대한 고객의 불만족을 해결하고자 하는 기업 활동이다. 여기에는 신뢰, 반응, 확신, 설명, 보상의 5가지를 제시하고 있다.

첫째, 신뢰는 고객에게 발생한 문제점들을 해결할 수 있는 신속함이나 정확성이다. 시간을 제시하여 약속한 시간 내 문제점들을 해결해주는 것을 의미한다. 둘째, 반응은 고객의 요구나 질문에 즉각적으로 반응하는 행동이다. 문제점에 대한 인정과 시정, 정중한 사과, 처리 상황을 설명해주는 것 등이다. 셋째, 확신은 문제 발생시 이를 해결하는 방법이다. 정해진 절차나 매뉴얼 시스템에 따라 신속히 해결할 수 있는 능력을 의미한다.

넷째, 설명은 고객 입장에서 문제점을 듣고 이를 이해하는 것이다. 고객이 보다 쉽게 이해할 수 있게 설명해주는 능력과 지식을 의미한다. 다섯째, 보상은 고객이 원하는 상태로 서비스를 회복해주는 것이다. 이러한 요소를 통하여 서비스회복은 고객만족에 영향을 미친다. 따라서 회복 후의 만족은 충성도에 영향을 미치기 때문에 기업은 서비스회복을 위한 노력을 게을리 해서는 안 된다.

2) 서비스회복 공정성

서비스회복이란 기업이 제공하는 상품 및 서비스품질에 대하여, 그 결과가 고객이 원하는 기대에 미치지 못할 때 일어나는 행동이다. 기업이나 특정 점포에 대하여 불만족한 고객들은 여러 과정에서 서비스를 회복하려 노력한다. 즉 불만족한 고객을 만족한 상태로 되돌리는 과정이라 하겠다. 고객은 자신이 구매한 서비스에 대하여 불만족을 느끼는 경우 그 과정을 유추하거나 귀인하게 된다. 여기에서 기업이 전달하려는 노력과 과정을 따지게 되며, 그에 따른 보상을 요구하게 된다. 기업은 서비스 과정에 발생하는 불만족스러운 소리를 듣기 위하여 노력하고 있다. 이들은 홈페이지를 통하여 다양한 고객의 소리를 듣거나 설문 항목들을 개발하여 그들에 대한 조사를 분석하고 있다. 특히 실패한 서비스를 회복하려 노력한다는 점이다.

고객이 불만을 가져 이의를 제기하였을 때 기업은 즉각적으로 반응하게 된다. 이를 해결하는 과정을 서비스회복(service recovery)이라 한다. 불만에 대한 불평행동은 재방문을 포기하거나 타인에게 나쁘게 구전하려는 경향이 높기 때문에 긍정적으로 회복하기 위하여 기업은 노력하여야 한다. 이에 따른 과정을 분배 공정성, 절차 공정성, 상호작용 공정성으로 분류할 수 있다.

(1) 분배 공정성(distributive justice)

분배 공정성은 기업의 경영성과에 대한 결정으로 절차상 정확하게 분배되었는가에 대한 공정성 이론을 의미한다. 조직 공정성에서 아담스미스의 형평성 이론에 근거하고 있다. 이는 피스팅거(Festinger)의 인지부조화 이론(theory of cognitive dissonance)을 바탕으로 사회과학 학문의 틀로 사용하면서 접근하고 있다. 기업의 구성원이 조직으로부터 받는 성과나 결과의 공정성을 따지는 분배 공정성(distributive justice)이다. 고객 불만에 대한 서비스회복은 기업이 제공하는 보상에서 무엇을 얼마만큼 제공할 것인가에 대한 공정성을 의미한다.

고객이 지불한 편익적 혜택에 초점을 맞추며, 공평성의 원칙과 평등성의 원칙, 욕구의 원칙으로 분류된다. 이러한 과정에서 제공하는 보상은 환불, 할인, 무료제공, 선물 등으로 제시할 수 있다. 서비스 실패로 인하여 겪어야 할 손실에 대한 대가를 고객이 충분히 받았다고 지각할 수 있어야 한다. 하지만 고객들은 자신이 원하는 결과물이 아니거나 타인과의 보상기준이 다를 때 더 화를 내거나 따지기도 한다. 보상을 받기 위한 과정의 시간과 비용을 따지게 되며 그 결과에 따라 평가하게 된다.

(2) 절차 공정성(procedural justice)

절차 공정성은 고객이 기업의 조직으로부터 받는 공정한 대우와 혜택 정도로 레스토랑을 방문하여 접객 받는 과정의 절차를 의미한다. 기업의 교섭력이나 의사결정 과정에 도달하는 성과는 기준에 따라 일관되게 이루어져야 한다. 즉 편향되지 않으면서 모든 고객들에게 공평하게 관심을 나타내며, 정확한 정보와 윤리적 기준에 근거하여 제시할 수 있어야 한다. 서비스 상품의 대부분은 유형적인 측면보다 직원들의 행동을 더 중요시하며, 절차에 따라 서비스회복 수준이 달라진다. 따라서 자연스럽게 고객이 느끼는 공정성에 대하여 인지하는 정도는 긍정적으로 바뀌게 된다.

레스토랑 고객들은 대기하거나 서비스 순서가 바뀌는 등의 상황에서도 불만족한 사례가 일어날 수 있다. 기업은 크고 적은 불만에 대한 과정을 검증하면서 고객의 소리에 귀 기울인다. 이들은 홈페이지를 통하여 불평불만에 대한 고견을 수용하거나 고객평가를 설문하는 등 다양한 소리를 청취하기 위하여 노력하고 있다. 이러한 불만접수는 얼마나 신속하게 처리하느냐에 따라 그 반응은 달라진다. 이와 같이 절차 과정에서 진정성을 가지고 원활하게 수행되는 직무를 통하여 신뢰하게 된다. 따라서 그 보상기준에 따라 측정방법이나 효과, 절차 등 공정성을 지각하게 된다.

(3) 상호작용 공정성(interactional justice)

상호작용 공정성은 서비스 불만에 대한 처리과정으로 고객과 직원간의 상호교환에서 커뮤니케이션이 일어나며, 얼마나 만족스럽게 진행되었는가를 의미한다. 상호간의 이해와 협조, 관심, 문제해결 능력 등은 공정성을 결정하는 요인이 된다. 신속한 서비스제공과 진정성을 바탕으로 배려와 문제점에 대한 인식, 해결능력 등은 상호작용 순간에서 지각하게 된다. 이러한 갈등을 해결하는 과정에서 어떠한 대우를 받고 어떠한 방법으로 이를 해결하는가에 대한 사람과 사람 사이의 관계에서 일어난다. 공정성과 진실성, 실패에 대한 설명, 예의와 존중, 동감, 확신으로 나타나게 된다.

고객이 레스토랑에서 제기하는 불만은 처리과정에서 미온적인 자세나 진정성이 결여된 직원 행동에서 문제점을 키울 수 있다. 고객은 지식과 능력, 경험을 갖춘 직원이 얼마나 신속하게 문제를 해결할 수 있는가에 따라 공정성을 평가하게 된다.

3) 서비스회복의 패러독스

(1) 서비스 패러독스의 개념

서비스회복을 위한 패러독스(paradox)는 배리(背理), 역리(逆理), 이율배반(二律背反)으로 정의된다. 연구자들이 제시하는 명확한 역설은 분명한 진리인 'A는 A가 아니고 비(非) A도 아닌 어떤 것일 수도 없다'라는 동일률·배중률(排中律)에 모순되는 형태로 인도하는 것이 보통이다 라고 사전적으로 정의된다. 이러한 주장은 거짓말쟁이의 역설로 신약성서에서는 다음과 같이 설명하고 있다. "디도에게 보낸 편지 1장 12절에서 그레데인(人) 중에 어떤 선지자가 말하되, "그레데인들은 항상 거짓말쟁이다"라는 말이 있다. 선지자 자신이 그레데인이므로 이 경우 '그레데인은 항상 거짓말쟁이'라는 말을 긍정하거나 부정하든지 간에 모순을 낳는 것이므로 역설적이라 하겠다. 칸트는 "순수이성비판"에서 이율배반도 역설의 한 형태를 취한다고 하였다.

기업은 어려운 환경 속에서도 성장과 이익을 추구하기 위하여 고객만족을 향상시키는 노력을 계속하고 있다. 이들은 고객들에게 총체적인 만족을 제공하기 위한 다양한 형태의 촉진방법을 추진할 수밖에 없어 A는 A가 아니듯이 만족은 만족만으로 끝나지 못하는 역설적인 형태를 가진다. 따라서 더 낮은 만족을 위하여 노력하여야 한다. 기업이 제공하는 만족은 아무리 잘 하더라도 불만족한 고객이 생길 수밖에 없기 때문에 이러한 불만족을 어떻게 관리하는가에 따라 효과적인 회복전략(recovery strategy)을 실행하는 것이라 하겠다.

(2) 서비스 패러독스의 중요성

고객은 레스토랑을 선택할 때 훌륭한 메뉴와 맛, 품질, 서비스 수준 등도 중요하지만 접객과정에 서비스 실패가 일어나지 않기를 바란다. 특히 실패가 일어나더라도 빠른 시간 내 서비스 수준이 회복되어 그날의 기분을 망치는 일이 없었으면 한다. 음식점에서 고객의 기대를 충분히 충족시켜 줄 수 있는 훌륭한 메뉴의 품질을 개발하였다 하더라도, 교육이 잘된 직원을 확보하고 있더라도, 접객 과정에서 규정하는 행동지침과 매뉴얼 교본에 따르도록 강요하고 있다. 즉 전문적인 지식을 갖춘 직원들, 인테리어 시설, 분위기, 쾌적한 음향과 환기시설 등 잘 갖추어져 있다 하더라도 접객과정의 사소한 일에서 고객은 불만족하게 된다. 약속을 시간 내 이행하지 못하거나 음식배달이 늦어져 서비스가 이루어지지 않는다면 고객은 불만족하게 된다.

한편 직원들의 지나친 여유로움이나 무례함, 무성의한 태도 등 진정성 없는 대기자세나 접객태도에서도 실망감을 줄 수 있다. 기대만큼의 만족결과가 주어지지 않았을 때 불만족하게 된다. 레스토랑에서 완벽한 서비스 품질과 무결점을 추구하는 접객태도를 목표로 하더라도 고객들과의 갈등요인이나 불만 상황은 언제나 생기게 마련이다.

고객을 완벽하게 이해하여 유지 관리하는 것도 중요하지만 서비스 실패가 발생하였을 때 이를 효과적으로 해결할 수 있는 능력이 중요하다. 불만족을 가진 고객들은 기업에서 무엇을 어떻게 제공하여 서비스를 회복시키는가에 주목한다. 특히 고객이 원하는 것을 미리 파악하여 서비스과정을 회복시켜 줄 것으로 기대하는데 이에 기업은 효과적인 만족전략을 실행하기 위하여 노력하여야 한다.

고객은 레스토랑의 서비스회복과정에서 음식의 맛보다 서비스 접점에서 일어날 수 있는 직원의 실수나 서비스 과정의 실패로 인하여 더 많이 경쟁점포로 이탈하게 된다. 서비스 실패가 발생할 경우 빠른 대응은 실패에 대한 피해를 최소화할 수 있다. 고객은 가급적 문제를 즉석에서 해결하기를 기대한다. 수많은 불만 전화나 과도한 항의를 한 후 받게 되는 보상이나 사과는 기업에 아무런 실익이 없다. 실패에 대한 빠른 대응과 해결책은 회복과정에서 더 큰 감동을 줄 수 있다. 현장의 직원들에게 권한과 의무, 책임을 주어 융통성 있게 해결할 수 있는 권리를 부여하여야 한다. 그렇게 함으로써 효과적인 서비스회복이 될 수 있다.

고객의 문제를 잘 듣고 즉각적으로 해결책을 제시하는 것이 필요하다. 이러한 행동은 최 일선의 직원에서 시작된다. 때로는 규칙에 벗어날 수도 있지만 재량권을 부여하되 자의적 판단으로 처리해서는 안 된다. 체계적인 절차와 매뉴얼에 따르도록 교육되어야 한다. 선 해결과 후 보고로 매장 내에서 발생하는 문제의 원인을 파악하여야 한다. 고객이 원하는 것은 서비스 실패에 대한 발생 원인을 직원들이 이해해주는데서 시작된다. 보상을 하지 않더라도 적절한 설명만을 잘 하여도 불만족은 감소하게 된다.

고객들은 서비스 실패로 난감해하거나 화가 나 있는 상태에서 실제로 문제를 해결하려 하기 전에 자신의 말을 들어주거나 이해해주기를 바란다. 진심으로 걱정하는 태도는 서비스회복의 시작이다. 친절하게 설명해주거나 자신을 이해시키려 노력하는 직원에서 신뢰하게 된다. 문제는 관련된 사실을 확인하고 시정의 자세와 정보를 획득하려는 순간, 그 원인에 대한 이해에서 시작된다. 설명이 정직하고 성실하면서도 거짓 없다는 것을 느끼도록 하여야 한다. 무엇보다도 중요한 것은 한번 발생한 서비스 실패는 되풀이 되지 않도록 하는 것이다. 그러기 위해서는 이탈 고객으로부터 학습하려는 자세가 중요하다. 무엇 때문에 고객은 우리기업을 떠났는가를 안다면 그러한 행동을 하지 않도록 할 수 있기 때문이다.

정부는 창업에 도전하여 실패하여도 재기할 수 있는 제도를 마련하였다는 소식이다(아시아 경제, 2013.4.3).

금융위는 청와대 업무보고에서 신용·기술보증 중심 금융정책을 추진하겠다고 보고하였다. 정부가 '미래창조펀드(가칭)'와 '성장사다리펀드'를 연내 조성하여 창업과 관련하여 기업의 성장 환경을 개선한다는 보고이다. 금융소비자보호법을 제정하여 불합리한 금융관행을 전면 조사하여 일괄 개선할 방침이다. 은행에만 국한된 대주주 적격성 심사제도를 전 금융권으로 확대하여 실시한다는 것이다. 금융위원회는 이 같은 내용을 골자로 '2013년 업무계획'을 마련하여 청와대에 보고하였다.

◇ 창업 준비부터, 실패하더라도 재도전 할 수 있는 생태계를 조성한다. 금융위는 중소기업 지원과 금융소비자 보호, 불공정행위 근절로 대표되는 '3대 미션'을 제시하였다. 미래창조 금융, 따뜻한 금융, 튼튼한 금융 실천을 정책기조로 삼았다. 이러한 가운데 정책의 핵심은 창업과 중소기업의 지원문제이다. 정찬우 금융위 부위원장은 "창업 환경을 조성하고 실패했어도 재도전할 수 있도록 돕는 정책이 최우선 순위"라고 보고하였다. 창업부터 재도전까지 선순환할 수 있는 환경이 우선적으로 조성된다. 이를 위하여 신생기업은 창업초기부터 단계적으로 필요한 자금조달과 '크라우드 펀딩(crowd funding)제도'와 지식의 재산권 유동을 위하여 1,000억 원 규모의 지식재산권 펀드를 도입하기로 하였다. 지재펀드는 보유중인 특허를 투자자에게 매각할 수 있어 기술력은 있지만 자본력이 부족한 창업자에게 적합한 제도로 평가된다.

이와 함께 창업초기 중소기업만을 위한 코넥스시장을 6월에 신설하여 코스닥시장을 첨단기술주 중심의 시장으로 육성한다는 청사진을 제시했다. 자본시장 국장은 "기술형 기업이 자본시장을 통하여 성장자금을 원활히 조달할 수 있도록 지원하는 것"이라고 설명하였다. 창업에 실패하더라도 재도전할 수 있는 제도적 장치를 마련하였다. 재창업 지원위원회의 보수적인 지원행태를 개선하고 음식, 미용 등과 재 창업 지원 제한업종이라도 기술력이 인정되면 지원하도록 하고 있다. 제2금융권 연대보증 폐지 방침과 관련해서는 세부 방안을 마련하였다. 특히 IMF 외환위기 당시 연대보증을 선 피해자에 대하여 신용회복을 지원한다는 방침이다.

◇ 정책금융, 신용·기술보증 제도에 무게 중심을 두기로 하였다. 금융위가 창업과 중소기업 지원 등과 관련하여 신용보증기금(이하 신보)과 기술신용보증기금(이하 기보)을 중심으로 업무를 지원하기로 하였다. 금융위는 기보의 융·복합 R&D센터를 종합적으로 기술평가 정보기관으로 확대 개편하기로 하였다. 기보는 국내 모든 중소기업의 기술평가 정보 데이터베이스를 확보하는 '기술정보 허브'로 자리매김하게 된다. 신보는 기술 및 서비스기업에 대한 지식자산 평가모형을 마련하여 고부가가치

서비스산업에 대한 지원 기능을 강화하도록 하였다. 산업금융과장은 "경제여건 변화를 반영하여 종합적인 개선방안을 마련할 것"이라고 보고하였다.

◇ 금융소비자보호법 제정을 연내에 마무리한다. 금융위는 그동안 부진하였던 금융소비자보호법 제정을 완료할 방침이다. 6월까지 금융소비자보호기구 신설과 감독체계개편 계획을 마련해야 하는 상황으로 각계 의견을 수렴하여 결정할 것이라는 보고이다. 소비자 보호를 위하여 채권추심 제한 요건도 강화하고 있다. 제도권 금융회사 등이 등록되지 않은 대부업체에 채권을 양도하는 것을 금지하고 채권업체의 등록요건을 한층 까다롭게 만든다는 것이다.

최근 발생한 전산사고와 관련하여 같은 일이 벌어질 경우 해당 금융사 CEO까지 관용 없이 엄중 문책키로 하였다. 금융회사와 CEO의 책임을 명확히 하는 내용의 '전자금융거래법' 개정이 진행 중이라면서 실무자뿐 아니라 최고경영자도 똑같이 처벌하도록 할 것이라 하였다.

(3) 서비스회복전략

기업이 고객에게 서비스 불만족을 회복시켜 만족도를 향상시킬 수 있는 방법은 무엇일까? 그 전략을 제시하면 다음과 같다.

첫째, 고객의 불만을 미리 파악하는 것이 중요하다. 레스토랑을 방문하는 고객이 느낄 수 있는 불만족한 요인들을 미리 파악하려는 태도가 중요하다. 즉 경쟁자의 동향과 전략, 성공모델을 발견하여 모니터링 하는 자세가 필요하다. 특히 실수로 인하여 일어날 수 있는 불만족을 미리 발견하여 해결하려는 능력을 키워야 한다. 추가서비스를 제공하거나 대표자 및 관리자가 직접 사과를 병행함으로써 서비스 실패를 빠르게 회복할 수 있다. 고객들은 최고 책임자가 원인과 결과를 불문하고 "문제가 발생하여 죄송하다"라고 사과하였을 때 좋은 감정을 가지게 된다. 특히 기업의 경영자나 브랜드, 직원들을 다시 보게 되면서 신뢰하게 된다. 즉 불만족한 고객에게 신속한 서비스 실패를 회복시킴으로써 오히려 만족도를 증가시킬 수 있으며 이들에게서 충성도를 향상 시킬 수 있다.

둘째, 고객을 대하는 첫 대면이 중요하다. 고객의 불만처리는 첫 단계가 중요하다. 서비스품질에 불만을 가지는 90%의 고객들은 불만이 있다하여 구체적으로 의사표시를 하지 않는다. 그들은 참거나 그렇거니 하면서 다음부터 방문을 하지 않는다. 하지만 불만을 참지 못하는 10%의 고객들은 구체적인 의사표시로 레스토랑의 빠른 반응과 보상을 기대한다. 감정적으로 접근하며, 짜증을 내거나 희생을 당했다는 느낌을 받을 경우 분노와 좌절, 고통스러움을 표현하게 된다. 이처럼 자신의 불만족 사항을 신속히 처리하는데 실패한다면 자신의 불만과 사후처리 과정상의 불만을 주위 동료들에게 끊임없이 전파하여 확대 재생산하게 한다. 이와 같이 타인이 갖고 있던 긍정적 마인드와 선의의 생각까지 무너뜨려 부정적으로 지각하도록 영향을 미친다. 기업은 고객들의 감정수준과 공감적인 내용을 적절히 배합할 것을 권장하고 있다. 감정적 접근은 진실로 고객들의 입장을 이해하고 공감할 때 가능하기 때문이다.

셋째, 접수된 불만은 공정하게 처리하여야 한다. 고객의 불평불만에 대하여 초기에 해결하였다 하더라도 고객이 공정한 대우를 받았다는 생각에 실패하면 불만은 다시 증폭하게 된다. 고객이 중요하게 생각하는 것은 과정의 대우와 결과의 공정성을 지각하는 것이다. 공정한 서비스회복을 위하여 체계적이면서도 윤리적인 기준과 태도를 가져야 한다. 직원들에게 레스토랑의 내부방침이나 자사의 능력에 맞는 수준을 명확하게 알려줄 수 있는 규정집이나 매뉴얼을 만들어 교육이 이루어져야 한다. 특히 개선되고 있다는 것을 고객들에게 보여줄 수 있을 때 서비스회복은 가능하게 된다.

4. 고객 불평행동

1) 고객의 불평행동 개념과 유형

고객이 레스토랑을 방문하여 서비스상품을 구매하는 과정과 구매 후 경험에서 제기하는 불평(complaints)은 불만족의 원인이 된다. 이러한 행동을 불평행동이라 한다. 기업은 고객의 불평을 줄이려 노력한다. 불만이 접수되었을 때 이를 신속하게 해결하려는 의지가 중요하다. 최선을 다한 호텔, 레스토랑, 리조트 등은 신뢰도가 높아지지만 그렇지 못한 기업은 고객의 입에서 입으로 계속 전파된다. 고객에게 자연스럽게 긍정적 구전을 유도하는 것은 불만족한 요인을 만들지 않는 것에서 시작된다.

소비자는 자신의 구매 상황에서 불만족스러운 문제에 직면하면 즉각적으로 감정에 반응이 일어나게 된다. 이러한 반응은 실패가 되며, 부정적 감정과 불평행동으로 불만족의 대가를 원하게 된다. 특히 인적 의존도가 높은 레스토랑사업은 매뉴얼과 직원 실수 등 접객과정에서 일어날 수 있다. 이를 슬기롭게 해결할 능력이 필요하다. 이는 직원들의 직무분석과 매뉴얼의 숙지를 통하여 가능하게 된다. 불만족한 고객의 유형은 다양하다. 생산 제조기업보다 서비스기업에서 높게 나타나며, 불만족에 대한 반응을 다음과 같이 제시할 수 있다.

첫째, 무반응의 소비자로 불만족이 발생하여도 아무런 행동반응과 변화를 보이지 않는 고객을 의미한다.

둘째, 불평행동으로 크게 사적인 행동과 공적인 유형으로 분류할 수 있다. 사적인 형태는 재방문을 포기하거나 주위 사람들에게 부정적으로 구전하는 것을 의미한다. 공적행동은 해당 기업에 보상을 요구하거나 제3의 기관을 통하여 행정적 조치와 보상, 민원, 소비자단체 등에 호소하여 실질적인 징계결과를 원하는 것을 의미한다. 한편 이들은 민사소송과 같은 법적조치로 사회적 이슈와 국민적 관심사를 확대 재생산시켜 제도개선에서 시정까지 요구하고 있다.

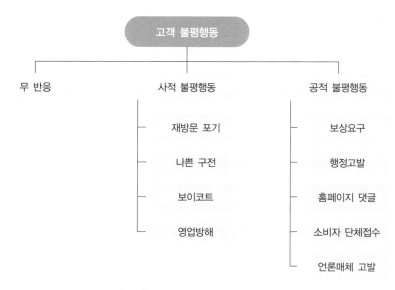

〈그림 13-7〉 불평고객 반응

2) 고객 불평행동 중요성

레스토랑의 서비스 품질을 결정하는 접객과정에서 발생하는 불평행동은 기업의 중요한 정보자료가 되어, 제도적 개선을 위한 시사점을 제공하고 있다. 불만족한 고객들은 전체 고객의 10% 범위 내에서 의사표시를 한다. 그들은 주위의 많은 사람들에게 영향력을 미쳐 부정적으로 구전하게 된다. 하지만 다수의 일반 고객들은 불만족한 경험에서 무반응으로 일관하며 불만족스러움을 감내하고 있다. 기업은 이들에게서 진정한 불만요인이 무엇인지 그 원인도 파악하지 못하고 있다. 심지어 개선할 기회마저 잡지 못하고 사라지고 있다는 점이다. 이와 같이 문제의 원인과 해결방법도 모른 체 이탈하는 고객이 늘어나면 당연히 매출감소에 직면하게 된다. 경영상의 문제점에 대한 고객의 불평행동 원인을 파악하여 규명해야 될 필요성이 있다. 따라서 다음과 같이 해결방안과 역할을 제시할 수 있다.

(1) 문제점을 조기에 파악하여 해결하여야 한다.

기업을 방문하는 고객 중의 한 명이 제기하는 불만은 그와 유사한 다수의 사람들의 불평을 대변한다는 점을 잊지 말아야 한다. 한 조사에 따르면 평균적인 불평 고객한 사람 뒤에는 같은 문제의 불만을 경험한 20~30명이 있다는 사실이다. 이러한 불평은 시장의 흐름과 미 충족 욕구로 파악되며, 불편사항을 경쟁사보다 먼저 파악하여 해결하려는 자세와 노력이 필요하다. 이러한 문제점의 파악과 해결과정에서 유용한 정보와 아이디어를 창출할 수 있으며, 혁신적인 전략을 수립할 수 있다.

고객의 불평은 조기에 문제점을 해결하는 데서 의미가 있다. 문제의 원인을 발견함으로써 매출 감소와 타 브랜드 이전 등 치명적인 손실과 부정적 이미지를 줄일 수 있다. 또한 불만으로 확산될 수 있는 요인을 사전에 예방할 수 있다. 불평 해결은 비용을 들이지 않더라도 유사한 실패가 일어날 수 있는 사례를 줄일 수 있다. 이러한 과정의 문제점을 교육함으로써 서비스향상은 물론 기업의 성과를 기대할 수 있다. 따라서 레스토랑의 문제점은 교육훈련을 통하여 사전에 일정부분 예방할 수 있다.

(2) 불만에 대한 부정적 구전을 예방할 수 있다.

불만을 토로하는 고객은 책임자의 사과를 통하여 일정부분 제어할 수 있다. 또한 보상을 위한 할인권이나 무료시식권 등으로 해결할 수 있다. 해결 과정에서 만족스러운 결과로 전환시킬 수 있다면 더 큰 부정적 구전을 예방할 수 있다. 보편적으로 만족할 때보다는 불만족스러울 때 더 많이 구전하는 것으로 나타났다. 이를 '메아리 효과(echo effect)'라 한다. 관련시장에 부정적 구전을 확산할 수 있으며, 이들이 기업 이미지에 입히는 타격은 스토커와 같은 수준이다. 기업은 고객들의 문제점을 원만히 해결함으로써 부정적 커뮤니케이션을 최소화할 수 있으며, 불만족을 만족으로 회복시켜 효과를 나타낼 수 있다. 하지만 이러한 고객관리의 사례가 습관화되거나 보편 타당하다고 인지하면 계속적으로 반복하게 된다. 즉 고객은 자연스럽게 이러한 보상을 원하게 되며, 불평을 제시하면 보상이 온다는 학습효과를 가지게 된다. 그러므로 시스템적으로 불만족 요인이 발생되지 않도록 하는 것이 중요하다.

예를 들어 순천시에서는 '우렁각시 희망 메아리' 효과를 톡톡히 보고 있다(아시아신문, 2012.12.3). 전남 순천시(시장 조충훈)는 지난 2010년부터 희망근로사업 일환으로 시행중인 '우렁각시 희망 메아리'이다. 차상위 자활 근로자 2명이 1조가 되어 주거환경이 불결한 2~3가구의 가정을 매일 방문하여 청소나 빨래 등 "가사서비스"를 제공하는 사업이다. 순천시는 효과적인 서비스 연계를 위해 복지 사각지대와 취약가정을 집중적으로 관리하는 사례관리 전담요원을 두었다. 5명이 한 조가 되어 사전 파악한 주거환경 불량 가정에 '우렁각시 희망 메아리' 팀을 집중 투입하여 효과를 배가시키고 있다.

민원 복지국장은 "사례관리 전담요원과 직접 연계하여 우울증이나 알코올 중독 등 복합적인 문제를 안고 있는 가정에 투입하여 성공적으로 그 효과를 나타내고 있다"고 하였다. 지금까지 400여 가정을 쾌적한 주거환경으로 개선한 후 지속적인 관리와 유지로 손길이 필요한 가정은 사회복지과 희망복지 지원팀(061-749-4043)으로 문의하면 된다.

(3) 불만이탈 고객을 방지할 수 있다.

고객만족 경영은 효율적인 불평 처리를 해결함으로써 지속적인 고객유지와 충성도를 향상시킬 수 있다. 불만에 별다른 조치가 취해지지 않았을 때 보다는 문제점을 원만하게 해결하였을 때 두 배 이상의 만족감을 나타내게 된다. 단골고객을 만드는 충성도는 불평행동을 해결하는 심리적인 반응에서 시작된다. 고객의 긴장감을 완화시켜 공격성을 제어하며, 편안한 분위기에서 의미 있는 가치를 부여할 수 있다. 이러한 결과에서 신뢰도를 향상시킬 수 있으며 이탈고객을 막을 수 있다.

3) 고객 불평행동 결정요인

고객의 불만은 아주 작은 것에서부터 시작되는데 직원들의 실수나 착오 또는 고객 실수 등에서 발생된다. 고객이 느끼는 불만은 직원들의 불성실한 행동이나 상품지식 부족과 접객 태도 불량, 약속지연, 편의시설 이용 불편, 제품불량, 무리한 권유, 진정성 결여 등 불만족은 레스토랑 어디에서나 일어날 수 있다. 이러한 크고 적인 사례들은 기업 이미지에 영향을 미치기 때문에 접객과정의 직무태도는 항상 교육과 훈련을 통하여 개선되어야 한다.

(1) 상품지식 부족

고객이 느끼는 대부분의 서비스기업에 대한 불만은 직원들의 실수나 착오에서 발생하게 된다. 그 원인에 대한 동기를 다음과 같이 제시할 수 있다.

첫째, 상품에 대한 정확한 지식이나 사용방법 등 설명이 부족할 수 있다. 영업장의 직원들은 고객이 원하면 언제 어디서나 상품에 대하여 정확한 지식과 정보를 제공해 주어야할 책임이 있다. 고객은 개인적인 지식과 경험에서 원하는 정보를 충분히 확보하지 못하면 직원들을 통하여 추가적인 정보를 얻고자 한다. 따라서 직원들은 취급 상품의 구체적인 내용을 숙지하여야 하며, 정확한 정보와 지식을 안내할 책임이 있다.

둘째 직원들에게 진정성 없는 무성의한 태도를 경험한 고객들의 불만은 배가될 수 있다. 소비자들은 자신이 지출한 비용에 상응하는 대가를 바란다. 개인적인 심리반응에 따라 제품과 직원서비스, 기업을 평가하게 된다. 예를 들어 레스토랑의 직원은 고객이 저가메뉴를 주문한다 하여 무성의한 태도를 보인다면 그 고객은 "자신을 무시한다"고 생각할 것이다. 따라서 개인적 프라이버시에 대한 위배행동으로 차별적 모습을 보여서는 안 되며, 언제, 어디서나 공평하고 친절한 태도를 가져야 한다.

✔ 잘못된 대화법
- 저희 레스토랑 서비스는 절대 문제가 없습니다.
- 이러 경우는 고객이 처음이십니다.
- 이런 식으로 이용하시면 안 됩니다.
- 이렇게 하는 것은 말도 안 됩니다.
- 저희 레스토랑 처음 이용하십니까?
- 이용방법을 모르고 계셨습니까?
- 손님 죄송합니다. 환불은 절대 안 됩니다.

셋째, 고객과의 약속 지연과 불이행에서 불만을 고조시킬 수 있다. 고객은 현장의 직원을 통하여 이루어지는 모든 행위에 대하여 기업의 얼굴로 인식하고 있다. 그들의 행동은 기업의 대표자로 느끼게 되며, 어떠한 일이 있더라도 책임과 의무를 가지고 진정성 있게 해결하려 노력하여야 한다. 예약상황, 날짜, 예약내용, 특이상황 등을 정확하게 숙지하여 동료 및 관리자 등과 공유하여 신속하게 해결하여야 한다. 만약 특별한 이유로 약속을 지키지 못할 경우 반드시 사전에 미리 고객과 충분한 양해와 동의하에서 그에 상응하는 해결책을 제시하여야 한다.

넷째, 레스토랑의 메뉴상품은 표준화, 규격화, 매뉴얼화가 어렵다. 상품과 서비스를 전달하는 것은 내부 직원을 통하여 이루어지기 때문에 감성과 정서, 공감, 분위기 등에서 관리의 어려움을 호소할 수 있다. 언제나 합리적인 방법으로 일관성 있게 유지하여야 하며, 상황에 따라 유연하게 대처하여야 한다. 이와 같이 미처 점검하지 못하였거나 본래의 상황에서 변형된 접객태도와 형태는 고객의 불만을 야기시킬 수 있다.

다섯째, 조직의 목표달성을 위하여 무리한 권유나 설득을 할 수 있다. 계산서 처리 지연, 거스름돈 착오 등에서 불만을 야기시킬 수 있다. 무리한 권유는 메뉴의 유용성과 효용가치를 떨어뜨려 구매 욕구를 저하시킨다. 고객응대에 대한 직원태도와 점검을 위하여 암행감사 제도를 서비스 기업에서 실시하고 있다. 그 사례를 제시하면 다음과 같다.

얼마 전 백화점 명품 매장에 '카네기 엄마'가 나타났다. 다음 달에는 '와타나베 부인'(일본 주부 투자자들의 별명)들이 백화점을 방문한다. 무슨 말일까? '카네기 엄마'와 '와타나베 부인'은 각각 현대백화점과 롯데백화점이 직원들을 대상으로 서비스상태를 점검하기 위하여 최근에 시작한 모니터 요원들을 말하는 은어(隱語)이다. 한 달간 명품 매장과 발레파킹(대리 주차)을 대상으로 서비스를 점검하였다. 암행 점검이 알려지지 않게 '카네기 엄마가 찾아간다'라는 이름으로 비밀리에 진행하였다. 외부 전문 모니터 요원이 명품 브랜드 매장 10곳씩을 허름한 운동복 차림으로 찾아가 친절 여부를 살피고 있다(조선일보, 2010.7.29).

'카네기 엄마'라고 한 것은 미국 '철강왕' 앤드루 카네기의 어머니와 관련한 일화에서 교훈을 얻고 있다. 필라델피아에서 카네기 모친이 갑자기 내린 비를 피하기 위하여 백화점으로 들어갔는데 옷차림이 누추해 다들 외면하였지만 한 직원은 친절하게 맞았다. 이에 감동한 카네기 모친의 추천으로 이 백화점은 이후 카네기가 운영하는 회사로부터 대량 물품 주문을 받게 되었다. 서비스 점검 과정에서 일부 문제를 발견하고 개선하는 방법을 찾고 있다. 롯데백화점은 중국, 일본, 영어권 등 현지인 모니터 요원을 본점과 잠실점 등에 투입하여 서비스 상태를 점검한다. 안내 문구의 적절한 외국어 표현과 통역, 면세 환급 등을 점검하며, '와타나베 부인'을 가장해 일본어를 하는 모니터 요원이 많이 활동하고 있다는 보고이다.

(2) 고객실수에 의하여 발생하는 불만

영업장 내 레스토랑의 규정이나 규칙, 매뉴얼 등을 준수하는데 있어 제도적, 불합리성으로 일어난 실수가 아니라 고객의 실수로 인하여 불만이 발생되는 경우가 있다. 이를 해결하는 과정에서도 기업은 긴장하게 된다. 고객의 프라이버시를 자극하거나 실수를 시인하도록 강요한다면 크게 반감을 나타낼 수 있기 때문이다. 때론 불만족스러운 상황을 확대 재생산시킬 수 있으며, 항상 겸손한 마음으로 고객을 이해하면서 설득시킬 수 있어야 한다.

첫째, 고객은 직원과의 약속에서 내용의 착오를 일으킬 수 있다. 제품 및 서비스품질에 대한 잘못된 정보 입력이나 과거의 경험으로 선입견을 가질 수 있다. 때로는 고의적으로 상품 정보를 잘못들은 것처럼 곤란하게 만드는 경우도 있다. 따라서 침착하면서도 차분하게 대응해야 할 필요성이 있다. 이를 참지 못하고 화를 낸다거나 고객을 윽박지르는 등의 모습을 보이면 문제를 크게 키울 수 있다.

둘째, 상품에 대한 잘못된 인식으로 고객의 오해를 불러일으킬 수 있다. 예를 들어 레스토랑을 이용하는 단체 고객의 경우, 메뉴와 시간, 가격, 부대서비스, 이용시간 등 예약시 충분한 설명으로 동의하였지만 실제 행사시 주변인의 조언이나 경쟁사의 정보를 바탕으로 서비스품질과 직원, 가격 등에서 불만을 나타낼 수 있다. 이들은 더 많은 서비스 혜택을 가지려고 의도적으로 불평불만이나 무리한 요구를 할 수도 있다.

셋째, 고의적으로 레스토랑의 실수를 부각하여 교환과 할인을 요구하는 경우가 있다. 이러한 경우 접객 직원이 즉각적으로 처리할 수 있는 문제가 아니라면 신속하게 보고하여 조치가 이루어져야 한다. 보고 과정에서 고객이 기다리는 시간이 길어진다고 느껴진다면 2차 불평을 야기시킬 수 있다. 특히 우리나라 소비자들은 기다리거나 화가 난 상태에서 인내하는데 한계를 가지는 급한 성격의 소유자가 많다. 따라서 기업의 직원들은 동료들의 협조를 받아 서비스 상품이나 음료 등을 제공하거나 기다리는 불만을 줄이도록 노력하는 자세가 필요하다.

4) 불평행동 처리방법

불평행동에 대한 선행연구자들이 제시하는 결과는 기업의 특정 상품이나 영업장의 불만족 사례는 주위의 20~30명의 주변인에게 부정적으로 구전한다는 점이다. 부정적 이미지는 고객의 방문을 방해할 뿐 아니라 그 내용을 모르는 다수의 일반인들에게 영향을 미치게 된다. 하지만 불만처리 과정에서 만족스러운 결과로 이어진다면 향후 더 친밀한 관계를 유지할 수 있기 때문에 기업은 이들이 단골고객으로 전환될 확률이 높다는 점을 명심하여야 한다.

레스토랑 직원들은 고객의 불평을 즐겁게 받아들이면서 문제를 해결하는 적극성을 보여야 한다. 고객에게 접수된 불만은 신속하게 그 원인을 파악하여 시정되어야 할 뿐 아니라 불만처리 과정을 기록하여 차후에 같은 문제가 재발되지 않도록 교육되어야 한다.

(1) 고객 불평처리 단계

고객 불평처리 단계는 레스토랑에서 빈번하게 일어날 수 있는 행동 지침으로 고객 응대 방법이라 하겠다. 기업은 고객의 불평을 당연하게 여겨서는 안 되며 불만이 재발되지 않도록 하여야 한다. 문제가 발생하였다면 이를 즉각적으로 처리할 수 있어야 한다. 레스토랑 내 전문 상담실을 설치하거나 상담자를 두어야 한다. 그렇지 않을 경우 사무실이나 직원 휴게실 등 조용한 곳으로 안내하여 고객의 의견을 경청하여야 한다. 문제가 악화되지 않도록 하며, 불평, 불만 고객들의 원인을 규명하여야 한다. 처리과정은 매뉴얼화된 절차, 진정성 등을 바탕으로 신속하게 처리하여야 한다. 따라서 전 직원들은 고객응대 방법이나 불평처리 방법 등을 숙지하며, 재발하지 않도록 하여야 한다.

〈그림 13-8〉 레스토랑의 불만처리 과정

(2) 고객 불평처리 과정

① 경청

개인적인 불만에 대한 화를 직원에게 분풀이 하듯 하는 고객이 있다. 이러한 고객은 화가 충분히 가라앉을 때까지 이야기를 들어주는 경청은 훌륭한 해결방법 중의 하나가 될 수 있다. 문제의 중요성에 따라 메모하거나 동조하는 태도가 필요하다. 적극적인 호응의 자세를 취한다면 그들의 마음은 쉽게 누그러질 것이다. 또한 즉각적으로 수정하거나 개선하는 모습을 보이면 마음은 쉽게 풀어질 것이다. 하지만 대화 도중 외면하거나 이야기를 방해한다면 문제를 악화시킬 수 있음을 명심하여야 한다.

"말하는 것은 기술이지만 듣는 것은 예술이다"라는 "경청"(위즈덤하우스, 조신영)에서 다음과 같은 말을 전하고 있다. '활자'가 좋은 이유 중의 하나는 시간이 지나도 변하지 않는 영구성이 있기 때문이다. 구두로 전하는 문화가 직관적이기는 하나 시간이 지남에 따라 변질되거나 퇴색하는 한계를 가질 수 있기 때문이다. 문자 문화는 절대불변의 성질을 가지고 있다. 인류역사는 문자 문화의 찬란한 기반 위에서 그 시대의 부흥이 성립되었음을 상징적으로 보여준다. 한 권의 책 속에서 선조들의 지혜를 배우는 자세가 필요하다.

사람들은 말을 많이 하는 편이다. 나이가 들어갈수록 입에서 분출되는 에너지의 양은 적어진다. 에너지 양이 적으면 적을수록 귀로 입력되는 내용의 확률이 높아진다. 귀로 입력되는 에너지 양이 많으면 많을수록 좋은 인간관계를 만들 수 있다. 이러한 분석은 많이 들어야 한다는 의무감과 선조들의 지혜에서 우리는 그 답을 찾을 수 있다. 개인이 가진 역량 가운데 잘 들어주는 것은 큰 재산이자 능력이다. 이러한 자세를 통하여 대접받을 수 있다.

저자는 빠르게 변화하는 시대적 흐름에서 "타인의 말을 잘 들어주어야 되는 의무감이 사라지고 있다"고 지적한다. 듣는 것은 정말 어렵다는 것을 나타내고 있으며, 상대방의 마음을 얻는 지혜는 '경청'에서 나타난다는 것을 보여주고 있다. 잘 듣는 소중함을 그려낸 책으로 한 남자의 이야기를 무심코 잊고 사는 일상생활 속에서 '듣는 것'의 소중함을 일깨우는 아름다운 우화이며 자기 계발서이다.

✔ 경청을 실천하기 위한 다섯 가지 행동
- 공감을 준비하자
- 상대를 인정하자
- 말하기를 절제하자
- 겸손하게 이해하자
- 온몸으로 응답하자

✔ 이청득심(以聽得心)
귀 기울여 경청하는 자세는 사람의 마음을 얻는 최고의 지혜이다.
- 듣고 있으면 내가 이득을 얻고, 말하면 남이 이득을 얻는다(아라비아속담).
- 말하는 것은 지식의 영역이고, 듣는 것은 지혜의 영역이다.
- 지도력은 웅변보다 경청에서 나온다!

② 관심

고객이 기업에 불만을 제기하였을 때 잘 들어 주는 것이 첫 번째라면 관심을 표현하는 것은 그 두 번째이다. 예를 들어 "내가 만약 그런 경우라도 기분이 많이 상했을 것이다"라는 이해와 공감은 몸과 마음으로 느끼는 관심의 표명이 될 수 있다.

유통 업체들은 고객 관심도를 높이기 위하여 기발한 전략을 제시하고 있다. CJ 오쇼핑은 자사 고객 모니터인 '현고이사'에 지금까지 70회 이상 반품 경력을 가진 고객을 회원으로 가입시켰다. 반품 횟수가 많지만 실제 물건을 구입한 경우도 80회에 이르는 등 열혈 고객이라는 점에 주목하여 상품전담 모니터 요원으로 모시고 있다. 새 요원은 평소 제작팀도 미처 파악하지 못한 상품의 부족한 점을 날카롭게 지적해주고 있다(조선일보, 2010.2.23).

양주업체 디아지오코리아는 불만을 접수하는 콜센터를 평일 새벽 2시까지 운영하고 있다. '윈저 17' 등 양주가 주점(酒店)에서 밤늦게 소비되는 경우가 많기 때문이다. 실 소비자들의 생생한 소리를 최대한 많이 듣기 위하여 밤늦게까지 콜센터를 운영하고 있다. 실제 양주병에 적힌 콜센터 번호를 보고 심야에 전화하는 소비자들이 적지 않다는 것이다. 당일 만취(滿醉)로 인하여 설명이 쉽지 않은 소비자에겐 다음 날 전화를 걸어 필요한 설명을 추가적으로 듣고 있다. 현대백화점은 설 명절 선물세트 판매를 앞두고 '미스터리 쇼퍼', 즉 손님을 가장해 백화점 직원들의 친절 여부를 확인하고 있다. 매장 직원들의 '이야기 마케팅' 능력을 평가하였다. 소비자들은 상품 정보만 설명하는 직원 대신, 상품과 관련된 다양한 시사, 경제, 화젯거리를 갖고 소비자에게 다가가는 직원들을 선호하기 때문이다.

③ 정중한 사과

"사과! 패자의 변명을 넘어 승자가 가지는 가장 쿨하고 현명한 전략이다." 사과는 리더의 언어이다. 『쿨하게 사과하라』의 정재승은 결정적인 순간을 좌우하는 현명한 판단과 신뢰에 대한 커뮤니케이션 방법으로 '사과'가 더 나은 세상을 만든다 하였다. 진심어린 사과는 비용을 줄여 경제적인 효과를 거두게 된다. 사과의 본질은 느리게 빠르게 하는 타이밍과 표현방식, 고정관념의 틀, 미안한 얼굴 등으로 제시하였다. '미안해는 더 이상 사과가 아니다, 사람들은 더 이상 가짜에 속지 않는다'는 것을 설명하고 있다. 사과에도 기술과 지혜가 필요하다. 여러 번 반복하는 것보다 진정성을 가지고 해결하려는 자세와 노력이 중요하다.

예를 들어 교통사고를 낸 장근석은 정중한 사과로 팬들로부터 좋은 반응을 받았다. 2013년 3월 22일 오후 자신의 트위터에 "여러모로 심려를 끼쳐 드려 정말 죄송합니다. 사고 이후 도와주신 경찰관님들과 해양 경찰관님들 렉카 기사님 감사 드립니다"라며 "혹시 저로 인하여 놀라셨을 버스 안 승객 분들에게도 죄송하다고 인사드리고 연락처 모두 받아두었습니다. 모두 안전운전 하시길 바랄게요"라는 글을 게재하였다. 그는 지난 21일 오후 6시 16분 경 태국 공연차 인천공항으로 향하던 도중, 고속도로 공항방면 10.4km 지점에서 자신이 직접 운전하던 자동차로 앞서 가던 버스를 들이받는 사고를 냈다. 다행히 버스승객과 장근석 모두 큰 부상은 입지 않은 것으로 알려졌으며, 그는 예정대로 태국으로 출국했다. 한편 경찰은 이번 사고와 관련해 스포츠카 오른쪽 바퀴가 펑크나 앞서 달리던 버스를 받은 것으로 사고원인을 이야기하였다(헤럴드 2013.3.22).

④ 별도의 장소에서 전하는 감사의 말

고객의 불평을 매장 내에서 해결한다면 주위의 다른 소비자들에게 영향을 미치게된다. 조용한 사무실이나 한적한 곳으로 안내하여 미안한 마음을 전달하고 고객이불평불만을 충분히 토로할 시간적 여유와 동감을 표시함으로써 문제가 확대되는 것을 막을 수 있다.

고객의 불평불만은 클 수도 적을 수도 있다. 즉 기업의 직원들이 문제를 어떻게대처하여 해결하느냐에 따라 달라질 수 있다. 문제를 해결하는 과정에서 진정성을가져야 되며, 하나의 문제로 해결의 실마리를 찾는다면 쉽게 풀어질 것이다. 하지만면피용으로 어쩔 수 없이, 업무의 일환으로 대수롭지 않은 하나의 일상으로 느낀다면문제를 확장시킬 수 있다. 이를 원만하게 해결하여도 추후 기업 이미지는 나빠지거나 고객은 떠날 수밖에 없을 것이다.

제2절 | 고객관계 관리(CRM)

1. 고객관계 관리의 의의

1) 고객관계 관리의 개념

CRM(customer relationship management)이란 기업이 고객과 관련된 내부, 외부적인 자료를 바탕으로 분석, 통합하여 고객중심의 자원을 극대화하여 이를 토대로 개별소비자들의 특성에 맞게 마케팅 활동을 계획하고 지휘, 조정, 지원, 평가하는 과정이라 할 수 있다.

최근 고객관계 관리가 데이터베이스 마케팅(DB marketing)과 일대일 마케팅(one to one marketing), 관계마케팅(relationship marketing) 등으로 진화하면서 새로운 전략차원으로 제시되고 있다. CRM이란 고객의 정보자료를 세분화하여 이를 분석하며, 개인적 특성이나 성향, 구매방법 등을 활용하여 신규고객을 획득하거나 우수고객을 유치하는 방법으로 활용된다. 특히 개인고객의 가치에 따라 그들의 요구조건과 중요성을 파악하는데 이용된다. 매출증진에 기여하는 잠재고객의 활성화를 통하여 평생고객화를 추진하려는 노력이라 하겠다. 이를 위하여 생활주기에 맞는 사이클 관리와 적극적인 전략방법으로 충성고객을 만들고자 노력한다.

기존의 경영전략이 단발적이라면 CRM은 고객과의 관계를 지속적으로 강화하는 것이다. 결국 이를 유지하는데 필요한 것으로 한 번 고객은 평생고객이 될 수 있는 기회를 만드는 것이다. 평생 고객화를 통하여 그들의 가치를 극대화하는 데 그 중요성이 있다. CRM은 고객의 정보를 데이터베이스화하여 세부적으로 분류하며, 이를 효과적으로 활용하기 위한 마케팅 촉진방법이다. 경영전반에서 이루어지는 관리체계를 필요로 한다. 그러기 위해서는 새로운 기술과 IT, 모바일, 통신 등과 접목한 기술과 정보가 뒷받침되어야 한다. 즉 CRM을 실현하기 위해서는 개별 소비자의 자료를 통합적으로 활용할 수 있는 정보가 구축되어야 한다. DB화된 자료는 소비 특성에 따라 구매패턴, 취향, 특성 등으로 분류된다. 이를 구매행동에 적용하여 예측 가능한 다양한 채널과 연계되어져야 한다.

과거에는 은행이나 증권, 보험회사 등 금융기업의 오프라인에서 컴퓨터기술을 이용하여 가입자 신상명세나 거래내역을 데이터화 하여 콜센터를 구축하여 활용하였다. 최근에는 전 산업으로 확장된 회원관리 제도로 고객 개개인의 정보자료는 곧 기업의 생명으로 인식된다. 모든 가입자의 정보자료를 확보하고자 하며, 고객관계 관리를 강화하는 이유라 하겠다. 이와 같이 현대의 고객들은 다양한 욕구 변화에 직면하면서 개인적 취향이나 상품 지식, 시대적 변화에 따라 고품질 서비스를 원하고 있다. 특히 지출한 비용 대비 가치를 따지며 그들은 상품에 대한 세부적인 지식을 가지고 있을 뿐 아니라 정보원천 또한 다양하여 생산에서 판매에 이르기까지 직접 참여하려는 경향이 높다. 이들의 충성도는 점차 낮아지고 있지만 개별 레스토랑을 방문한 경험이나 만족정도를 SNS나 kakao talk, face book 등으로 실시간 전파하고 있다. 이들의 이용률과 횟수는 상대적으로 줄어들고 있지만 욕구충족을 위한 고객관계 관리는 계속적으로 그 중요성이 높다 하겠다.

CRM은 기존고객의 이탈을 방지하지만 개별 소비자의 라이프스타일에 따라 수익성 있는 고객을 찾아 효과적인 가치를 제공하는 것이 중요하다. 특히 개인의 인구통계적 특성에 따른 신상정보나 기호, 취향, 브랜드력 등은 하나의 데이터로 통합하여 관리하여야 한다. 불특정 다수에게 제공하는 촉진 전략을 특정 대상으로 차별화하여 충성도를 높일 수 있기 때문이다. 이러한 관리는 만족에 국한된 것이 아니라 기존고객을 단골고객으로 전환시켜 매출증가와 경영성과를 향상시킬 수 있다. CRM을 추진한다는 것은 단골고객을 유지시킬 수 있는 최상의 방법으로 상호 간의 관계를 강화하는 것이다. 따라서 진정한 이익고객을 파악하여 그들에 맞는 전략을 추진하는데 그 목적이 있다.

CRM의 도입은 전통적으로 상품, 가격, 광고, 유통의 마케팅 믹스 전략에서 새로운 고객의 획득과 유지를 가능하게 한다. 현재 존재하는 단골고객의 중요성으로 그들에게 귀 기울이며 우호적인 태도를 이끌기 위하여 주의(attention)를 강화하여야 한다. 이러한 만족은 충성고객 증가와 이익창출을 실현할 수 있다.

2) CRM의 목표

레스토랑 경영에서 IT기술과 정보화는 시장을 빠르게 변화시키고 있다. 상품개발과 서비스 품질 개선은 물론 고객과의 관계를 강화하는데도 그 역할을 담당한다. 경쟁시장에서 고객점유율(customer share)과 시장 점유율(market share)은 구매고객의 지출비용(wallet share)을 변화시키고 있다. 즉 고객의 시장 점유율은 낮아지고 있는 반면에, 고객을 통한 단위 매출액과 이익률을 높이는 전략방법에서 기업은 고심하고 있다.

첫째, 고정고객을 확보하는 커뮤니케이션 강화는 계속적으로 충성도를 향상시킬 수 있다. 이러한 현상은 경제 불황이나 경영상의 어려움에 직면하였을 때 단골고객의 방문횟수나 충성도에서 그 효과를 나타낼 수 있다.

둘째, 개별 고객에 맞는 맞춤 전략으로 차별화를 강화할 수 있다. 고객의 불평을 최소화하여 만족도를 향상시킬 수 있다. 어떠한 고객이 자사의 이익을 높이고 있는지 차별화를 통하여 확인할 수 있다. 즉 CRM을 시행하는 이유가 되므로 빈번하게 일어날 수 있는 불평불만을 줄일 수 있다. 이러한 전략에서 자사에 애호도 높은 고객을 확보할 수 있으며 평생고객으로 이끌 수 있다.

셋째, 시장의 흐름을 반영하여 자사에 유리한 고객의 정보자료를 획득하며, 경쟁우위 전략을 가능하게 한다. 기업의 소중한 자료를 바탕으로 경쟁자보다 많은 서비스 혜택을 제공할 수 있다. 경쟁기업으로 전환하는 이탈고객을 방지할 수 있을 뿐 아니라 장기적인 관점에서 자사의 고객으로 전환시킬 수 있는 수단으로 관계를 강화할 수 있다.

넷째, 방문고객을 체계적으로 분류하여 데이터베이스화함으로써 자사의 규모와 크기, 상황에 맞는 피드백(feedback)을 가능하게 한다. 시장의 세분화에 따른 표적고객을 선정하며, 그들에 맞는 성향을 1, 2, 3그룹으로 나누어 CRM을 전개할 수 있다.

다섯째, 고객별 분류로 기업 전략을 다르게 수립할 수 있다. 이익고객과 비 이익고객, 단골고객, 충성고객, 평생고객 등으로 파악할 수 있으며, 적은 비용으로 최대의 효과를 나타낼 수 있다.

마지막으로 고객의 문의와 질문에 신속하게 대응할 수 있다. 고객의 인구통계적 특성에 따른 취향과 주기, 선호도, 일정 등 라이프스타일에 맞는 전략을 수립할 수 있다.

3) 고객관계 관리의 필요성

CRM은 더 이상 특별한 활동이 못된다. 전 산업에서 다양한 방법으로 펼쳐지고 있으며, 특히 서비스 기업에서 전개하는 훌륭한 촉진 전략으로 활용된다. 따라서 기업의 일상적인 행동으로 분석된다.

예비 창업자들은 위치가 좋은 입지에서 멋있고 고풍스런 분위기와 실력 있는 주방장의 요리, 잘 훈련된 접객 직원을 통하여 고품질 음식을 제공하면서 최상의 레스토랑을 운영하기를 원한다. 이러한 희망은 꿈과 현실에서 차이가 있을 수 있다. 모든 일에는 비용이 들어가야 되며, 그 비용을 통하여 원하는 결과를 얻을 수 있다. 창업에서 중요한 것은 방문고객을 어떻게 만족시킬 것인가이다. 입으로 구전(word of mouth)되는 좋은 이미지는 더 많은 고객유치를 가능하게 하지만 그 일을 사람이 한다는 점에서 고객과의 관계에 따른 전략을 필요로 한다.

첫째, 고객과의 의사소통에 필요한 CRM은 기업 전반에 소속된 직원들의 커뮤니케이션 수단으로 개별 고객의 맞춤 전략과 체계적인 관리방법, 통합적으로 운영될 수 있는 전사적 관리방법이라 하겠다. 둘째, 가능성 있는 고객을 발굴하여 개인 프로필이나 명함, 전화번호 등을 수집하여 자사의 고객으로 끌어들이는 고객획득 방법으로 제시된다. 셋째, 레스토랑의 공급자(suppler)들은 갑과 을의 관계가 아니라 중요한 파트너의 관계이다. 상호 간에 협력할 수 있는 분위기와 정보공유, 프로세스 등 인간관계에서 효율성을 극대화할 수 있다.

넷째, 고객관계 관리 프로그램으로 이탈 고객을 유지할 수 있으며, 그들을 통하여 충성도를 향상시킬 수 있다. 조사를 통하여 이탈 가능성이 높은 고객을 분석하여야 하며, 특정 유형의 촉진 전략을 추진하여 이탈고객을 막아야 한다. 다섯째, 고정고객을 만족시킬 수 있는 서비스품질 개선과 포인트, 마일리지, 할인, 무료시식권 등 부가적 서비스를 제공함으로써 자사의 우량고객을 묶어 둘 수 있다. 여섯째, CRM에 대한 정보는 생산성 향상과 고객만족을 강화하는 것이다. 이러한 전략에서 시장의 기회비용에 따른 손실을 최소화할 수 있다. 특히 이해관계자들의 수익과 가치를 증대시킬 수 있을 뿐 아니라 신뢰성을 높여 책임 경영을 실현할 수 있다.

2. 기업의 CRM 활동사례

1) CRM 분석

기업이 시장에서 CRM을 전개하는 것은 고객의 정보를 획득하기 위함이다. CRM의 분석은 개인이 획득하는 정보원천에 따라 고객과의 접촉횟수를 높이는 신뢰성을 바탕으로 성장 가능성과 잠재력을 분석하는 것이다. 이를 위하여 고객별, 제품별, 기여도 순으로 세분하여 분석할 수 있다. 이러한 상관관계를 밝혀주는 데이터마이닝(datamining)과 창고 역할을 수행하는 데이터웨어하우스(data warehouse) 등 순환과정에서 이루어지게 된다. 시장조사를 통하여 분석된 고객별 분류는 CRM을 계획하고 마케팅 전략을 수립하는 기초자료로 활용된다. 따라서 다음과 같은 과정을 거쳐 실행하게 된다.

첫째, 기업은 타깃 고객의 정보자료를 모으기 위하여 캠페인을 계획하거나 신상품 등을 홍보하고 있다. 체험하는 이용객들을 통하여 정보를 획득하며, 데이터를 구축하여 실현하는 과정에 축적된 자료는 분석에 유용한 역할을 하게 된다. 둘째, 데이터 자료를 수집하는 과정에서 예상하지 못한 어려움에 직면하기도 한다. 행사를 실행하는 중 추가하거나 보완해야할 문제점들은 자연스럽게 노출된다. 이를 해결하면서 정보를 축적할 수 있다. 셋째, 고객과의 접촉에서 벌어지는 축적자료는 CRM의 순환과정으로 계획된 목표를 설계하고 실행할 수 있게 한다.

데이터 마이닝이 일상적인 생활에서 어떻게 활용되고 있을까? 데이터 마이닝을 이용한 실증적 사례를 소개하면 다음과 같다(한국정보화진흥원: IT find, 2012.5.8).

첫째, 미국 국세청, 탈세방지 시스템을 통하여 국가재정을 강화하고 있다. 탈세 및 사기로 인하여 국가의 재정 위기와 범죄의 가능성이 증가하고 있어 이를 관리할 데이터 시스템이 필요하게 되었다. 대용량 데이터와 다양한 기술을 결합하여 탈세 및 사기 범죄에 일어날 수 있는 예방 시스템을 구축하였다.

추진내용

사기방지를 위한 솔루션을 개발하여 소셜 네트워크로써 분석하고 있다. 또한 데이터 자료를 통합하여 지능형 감시 시스템 구축하고 있다.

효과

• 과세 대상자들의 세금 누락과 불필요한 세금의 환급에 필요한 비용을 절감하는 효과를 가질 수 있다.
• 과학적 데이터자료를 근거로 탈세 조사를 진행함으로써 탈세자 수를 감소시킬 수 있다.
• 향후 범죄 가능성과 탈세 관련 사건을 미연에 방지할 수 있다.

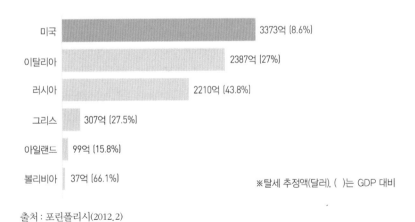

미국	3373억 (8.6%)
이탈리아	2387억 (27%)
러시아	2210억 (43.8%)
그리스	307억 (27.5%)
아일랜드	99억 (15.8%)
볼리비아	37억 (66.1%)

※탈세 추정액(달러), ( )는 GDP 대비

출처 : 포린폴리시(2012.2)

국가별 탈세 규모 및 액수

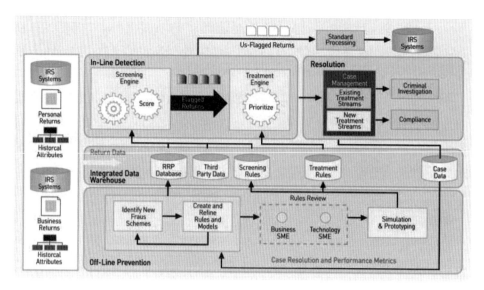

출처 : SAS Korea(2012.2)

RRP(Return Review Program) 시스템 구조

둘째, 일본은 센서 데이터를 활용하여 지능형 교통안내 시스템을 실시하고 있다. GPS를 통한 자료를 분석하여 최적의 교통 정보를 사용자에게 전달하는 서비스를 제공하고 있다.

추진내용

GPS를 통하여 고속도로 상황이나 난폭운전, 주행방해, 사건, 사고 등과 시내의 교통상황을 한눈에 관찰함으로써 실시간 정보를 제공할 수 있다. 원활한 교통흐름을 유지하기 위하여 정보를 수집하는 등 지능형 정보 시스템으로 활용하고 있다. 특히 택시 및 자가용 운전자들 중 정보 제공에 동의한 내비게이터 사용자로부터 얻어진 정보를 이용하고 있다. 수집된 교통 정보를 활용하여 실시간 최적의 안내 서비스를 제공하고 있다.

효과

• 실시간 교통정보를 공유할 수 있어 최적의 교통 안내 서비스를 가능하게 한다.
• 교통 체증으로 인한 불필요한 에너지 비용을 줄일 수 있어 국가경제 차원에서 효율성을 증대시킬 수 있다.

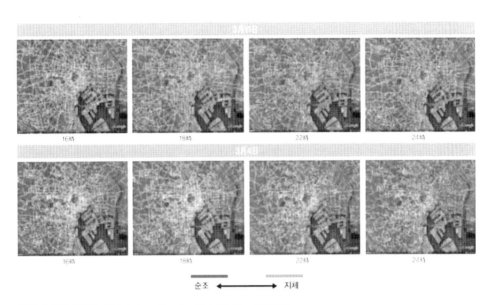

출처 : 노무라연구소, IT Solutions Frontier, Vol. 29, No. 4(2012.2)

도쿄 도심부의 도로혼잡상태 추이 비교

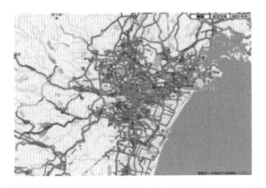

지진으로부터 3주 경과한 2011년 4월 7일 시점의 센다이시 주변 주행실적을 표시한 그림으로, 확대해서 볼 경우 통행하고 싶은 도로의 통행여부를 확인 가능

■■■■ 3월 12일 이후 차량 주행이 확인된 도로

■■■■ 최근 3일간 주행이 확인된 도로

출처 : 노무라연구소, IT Solutions Frontier, Vol. 29, No. 4(2012.2)

흐르는 도로맵

셋째, 한국석유공사는 국내 유가 예보시스템을 통하여 고객에게 제공하는 비즈니스 서비스를 최적화하고 있다. 국가 간의 경계가 없어지면서 일분일초를 다투는 기업환경에서 급격하게 변동하는 유가에 적절하게 대응할 필요성이 있다. 이는 기업뿐 아니라 소비자에게도 경제적 부담을 감소시킬 수 있다.

추진내용

국내 주유소의 유가에 대한 데이터를 수집하여 실시간 파악할 수 있어 국제 유가 변동에 빠르게 대처할 수 있다. 특히 국제 유가를 기반으로 국내 정유사와 주유소 판매가격을 추정하는 예측모델을 개발하여 활용하고 있다. 이와 같이 유가에 직·간접적으로 영향을 미치는 여러 변수들을 이용하여 유가정보를 예측하거나 고객 및 주유소에 필요한 정보서비스를 제공하고 있다.

효과

• 주유 사용자 및 차량을 중심으로 최저가, 최고가 등 유가에 필요한 서비스 정보를 언제 어디서나 사용할 수 있게 하였다.
• 국제적인 유가변동과 민감한 국내 물가 안정에 기여할 수 있다.
• 국제 유가변동에 대한 유기적인 대처와 대책마련을 가능하게 하므로 안정된 주유를 가능하게 한다.
• 유가변동으로 인한 개별 주유소들의 사재기, 폭리 등 부작용을 방지할 수 있다.

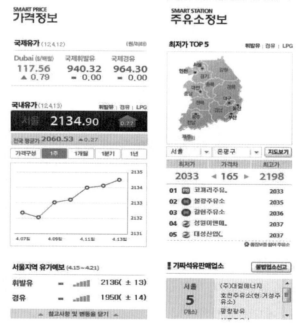

출처 : www.opinet.co.kr

오피넷의 가격정보 및 유가예보 서비스

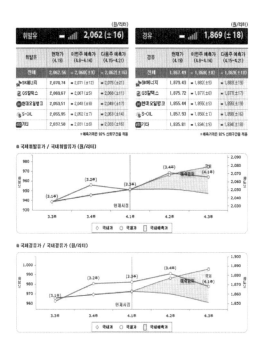

출처 : Opinet 유가정보서비스

이번 주 및 다음 주의 주간 주유소 예측가격 총괄

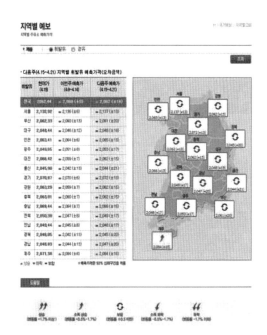

출처 : Opinet 유가정보서비스

지역별 주유소 예측가격

넷째, 미국 국립보건원은 유전자 데이터의 공유를 통하여 질병치료에 대한 체계를 마련하였다. 다양한 질병을 연구하기 위한 유전자 데이터를 공유하거나 이를 분석할 수 있는 시스템을 마련하였다.

추진내용

1,700명의 유전자 정보를 아마존 클라우드에 저장하여 누구나 쉽게 접근할 수 있게 데이터를 축적하여 이용을 가능하게 하였다. 미국의 국립보건원과 기업 및 기관들은 파트너십을 구축하여 200TB의 유전자 데이터를 확보하여 활용하고 있다. 또한 파트너십을 통한 1000 유전체 프로젝트의 정보를 확보하여 활용하고 있다. 따라서 빅 데이터 연구개발 계획(initiative)에 따라 1000 유전체 정보를 아마존 웹서비스로 이전하여 저장하거나 사용하고 있다.

효과

* 유전자 정보를 공유함으로써 새로운 질병에 대한 빠른 진단과 해결을 가능하게 하는 서비스를 제공하고 있다.
* 난치병 및 불치병에 관련된 유전자의 정보를 공유하면서 새로운 치료제 개발을 가능하게 하였다.
* 최신 IT 기술의 결합으로 치료와 완치 확률을 상승시키고 있다.

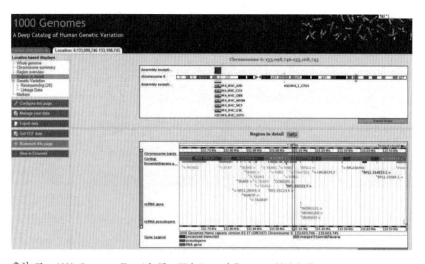

출처 : The 1000 Genomes Tutorial, The Website and Browser, 2012.2.17

1000 Genomes Project 데이터 검색

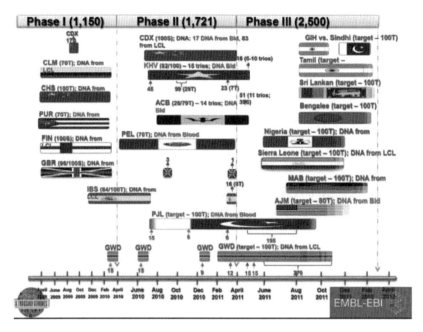

출처 : The 1000 Genomes Tutorial, A Brief History of Data and Analysis, 2012.2.17

아마존 웹서비스의 유전자 분석

다섯째, 미국 국립보건원, Pillobox 프로젝트를 통하여 의료개혁을 가능하게 하였
다. 미국의 국립보건원이 운영하는 약 검색 사이트를 통하여 국민들의 알권리와 추
진방향의 흐름을 제시하고 있다.

추진내용

미국 국립의료원에서 제공하는 의약품 정보 서비스로 알약의 제조사와 사용자간
의 유기적인 쌍방향 상호작용을 통하여 약에 대한 정보를 제공하고 있다. 특히 남녀
노소 누구나 쉽게 사이트에 검색할 수 있는 시스템을 제공하고 있다.

효과

• 약의 효능과 기능을 확인할 수 있어 비용을 절감할 수 있다.
• 빅 데이터를 이용한 의약품 사용에 대한 정보제공을 가능하게 하였다.
• 주요 관리대상의 질병종류와 현황 등 관리와 예측을 가능하게 하였다.
• 약 검색 서비스를 통하여 얻어진 정보를 사용자의 질병치료에 필요한 통계자료
  로 활용할 수 있다.

• 주요 질병의 분포 및 흐름, 추세를 예측함으로써 국가 차원의 조기대응을 가능하게 하였다.

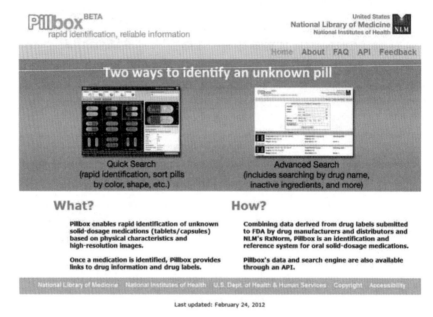

알약 검색서비스 : http:pillbox.nlm.nih.gov

여섯째, 건강보험회사 웰포인트(WellPoint), 슈퍼컴퓨터를 활용하여 효율적인 환자 치료를 가능하게 하였다. 의료진의 진단과 환자 치료에 필요한 정보자료를 슈퍼컴퓨터에 축적하여 실시간 사용할 수 있는 시스템을 구축하였다.

추진내용

IBM과 미국의 의료보험사인 웰포인트 의사들이 진료 진단에 사용할 어플리케이션을 제공하고 있다. IBM의 왓슨 솔루션을 도입하여 3,420만 명에 대한 환자의 정보자료를 통합하여 분석하였다. 특히 환자의 증상, 면담결과, 진단, 연구 등 모든 정보를 수집하고 있으며, 8코어 프로세서의 IMB 서버를 통하여 필요한 사례를 모으고 있다. 최적의 진단과 환자의 치료에 필요한 가이드라인을 제시하였다. 2억 페이지에 해당하는 자료를 검색할 수 있게 분석하였으며, 3초 안에 결과를 제시할 수 있게 하였다.

효과

- 환자의 상황에 맞는 가장 최선의 치료 방법을 가능하게 하였다.
- 불필요한 치료 및 진료를 줄여 환자 및 의료보험 회사의 진료비 등 낭비를 줄일 수 있다.
- 만성적인 질환을 체계적으로 관리하여 고령층에 대한 효과적인 진료 서비스를 가능하게 하였다.
- 환자에게 적절한 치료법을 제시하며, 최신의 정보를 과학적인 방법으로 제시하고 있다.
- 치료방법을 공유하여 환자의 진료와 치료의 만족도를 증대시켜 신뢰를 구축할 수 있다.

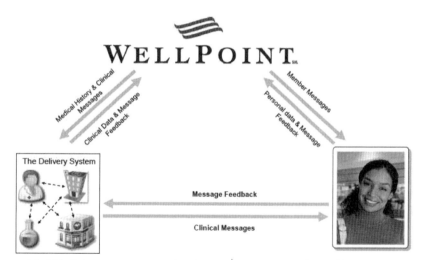

High Level Flow of Health Information

WellPoint connects at all clinical touch points to improve member health

출처 : Transforming the Information Unfrastructure : Build, Manage, Optimize, Computerworld, 2011

월포인트의 의료정보 제공체계

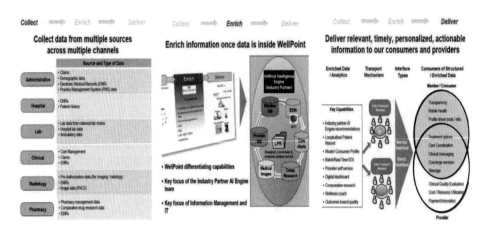

출처 : Transforming the Information Unfrastructure : Build, Manage, Optimize, Computerworld, 2011

웰포인트의 데이터 수집(collection), 강화(enrichment), 전달(delivery) 프로세스

일곱째, 구글의 검색어 분석을 통하여 독감예보 등 서비스를 제공할 수 있다. '감기'와 관련된 검색어 등을 분석하여 독감예보 시스템에 활용할 수 있다.

추진내용

구글 홈페이지에서 독감, 인플루엔자 등 독감과 관련된 검색어의 빈도를 조사하여 활용할 수 있다. 구글 독감경향(Google Flu Trends)이라는 분석을 통하여 확산을 막을 수 있는 조기경보 체계를 마련하였다. 미국의 보건 당국보다 훨씬 앞선 지역별 독감유행 정보를 제공할 수 있다. 질병 예방센터 데이터와 비교한 결과를 실제 밀접한 상관관계가 있는 것을 확인할 수 있다.

효과

• 구글의 검색 사이트에 사용자가 남긴 검색어의 빈도를 조사, 독감 환자의 분포 및 확산에 관한 정보를 제공할 수 있다.
• 다양한 검색어를 분석하여 다시 사용자들에게 문화, 경제, 스포츠 등 의미 있는 피드백을 통하여 정보를 재생산할 수 있다.

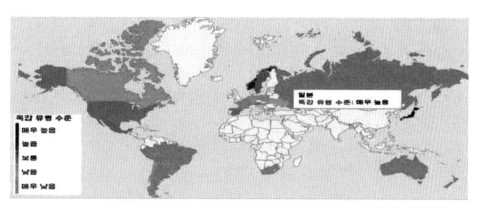

출처 : http://www.google.org/flutrends/

구글 독감 동향(Google Flu Trends)

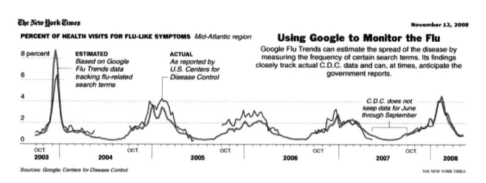

출처 : 뉴욕타임스, 2008.11.12

구글 독감 동향 및 실제 확산의 비교 결과

　여덟 번째, 싱가포르, 국가위험 관리시스템(RAHS)을 통하여 국가안전관리를 확인할 수 있다. 국가차원의 위험요인과 기회요인을 분석하여 선제적으로 대응할 수 있으며, 그에 따른 전략방안을 수립할 수 있다.

추진내용

　싱가포르의 국가위험 관리시스템을 통하여 질병, 금융위기 등 모든 국가적인 위험을 분석함으로써 이를 활용할 수 있다. 이와 같이 국가의 위험에 미칠 수 있는 다양한 데이터를 수집하여 분석함으로써 사전에 그 가능성을 방지할 수 있다.

효과

• 국가 및 국민의 위험 요소를 파악하여 대비함으로써 국민의 생명과 재산을 보호할 수 있다.

• 수많은 데이터를 분석함으로써 여러 가지 변수를 동시에 고려하는 전천후 국가위험 관리체계로 발전할 수 있다.

출처 : www.hsc.gov.sg

RAHS 솔루션센터의 분석추진단계

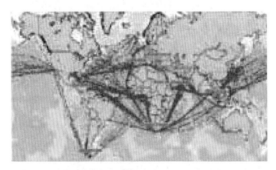

출처 : 선진국의 데이터기반 국가미래전략 추진현황과 시사점,
한국정보화진흥원, 2012.4

글로벌 해상 트래픽 패턴과 전략적 요충지

출처 : 新가치창출 엔진, 빅데이터의 새로운 가능성과 대응 전략, 한
국정보화진흥원, 2011.12

세계 신종 인플루엔자 발병 현황

아홉 번째, FBI, 유전자 색인 시스템 활용하여 단시간 범인을 검거할 수 있는 체계를 마련하였다. 각 국가별, 인종별, 개인별, 유전자 색인의 시스템을 통하여 유전자 분석표를 작성하고 대조함으로써 사건을 쉽게 해결할 수 있다.

추진내용

유전자의 정보은행인 CODIS(Combined DNA Index System)을 구축하여 미제 사건의 용의자와 실종자에 대한 DNS(domain name system)정보 1만 3000건을 저장하여 이를 활용할 수 있다. 범죄자 12만 명의 유전자 정보를 활용함으로써 재발방지 및 신속한 검거를 가능하게 한다. 한편 CODIS는 50개의 모든 주와 연방정부가 수집한 확정판결 받은 범죄자들과 일부 체포자에게서 추출한 DNA의 분석표를 작성하여 이를 데이터 자료로 활용하고 있다.

효과

• 범죄사건의 쉬운 해결과 그에 따른 성과를 획기적으로 달성할 수 있다.
• 과거의 범죄자들에 대한 유전자 정보를 데이터베이스화함으로써 과학적인 수사를 가능하게 한다.
• 하지만 소중한 개인의 정보가 오·남용될 우려가 있다.

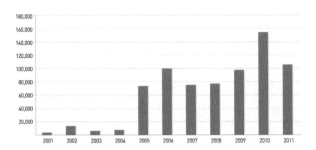

출처 : U.S Department of Justice Office of the Inspector General Audit
Division, 2011.9

FBI의 정보자료(2001년 6월~2011년 5월까지)

FBI CODIS 웹사이트 : www.fbi.gov/about-us/lab/codis

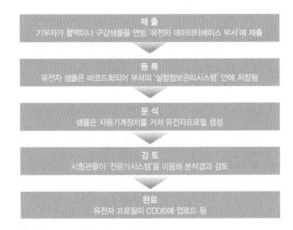

출처 : The FBI's Federal DNA Database Unit

FBI의 DNA 데이터분석 과정

열 번째, 샌프란시스코, 범죄예방 시스템으로 안전한 지역사회의 정보자료를 구축하고 있다. 범죄의 발생지역이나 발생 시각을 예측하여 미연에 방지하기 위한 시스템을 추진하고 있다.

추진내용

과거의 범죄기록을 분석하여 효율적인 활용과 경찰인력을 배치함으로써 사전에 예방할 수 있다. 과거의 범죄 데이터를 분석함으로써 범죄와 관련된 정보자료를 업데이트하고 있다.

효과

• 데이터 마이닝을 통하여 획기적으로 범죄를 예방하거나 감소시킬 수 있다.
• 시스템으로 효율적인 경찰 인력 배치와 순찰근무를 가능하게 한다.

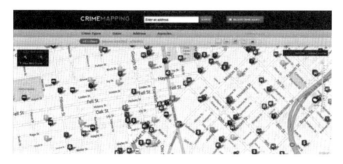

출처 : www.crimemapping.com

샌프란시스코 경찰청의 범죄지도(Crime Map)

2) CRM의 실행

CRM의 실행은 기존 고객에 대한 정보를 종합적으로 분석하여 고객이 원하는 제품과 서비스를 지속적으로 제공함으로써 오래 유지시키는 것이다. 이를 통하여 평생가치를 극대화하며, 수익성을 높이는 프로세스의 실행이다. 기업의 고객관계 관리는 축적된 자료를 실행하는 것이다. 축적된 자료를 신속하게 검색하여 조직이 필요로 할 때 즉각적으로 활용할 수 있어야 한다. 이러한 자료는 이탈고객을 방지하는 수단이 된다. 전산화된 시스템 구축과 고객 식별 능력에서 자사의 고객으로 끌어들일 수 있다. 특히 의사결정 자료가 되는 인구통계적, 지리적, 라이프스타일 등으로 세분된 타깃 고객의 촉진 자료로 이용된다.

한편 목적에 맞는 응용프로그램(application program)을 개발하여 언제 어디서나 사용가능한 데이터베이스로 자동화를 이룰 수 있다. 이를 실행할 때 고려해야 될 사항은 다음과 같다.

〈표 13-1〉 호텔 레스토랑의 고객분석 자료

조 사		분 류		분 석	
고객 구분	이용구분	개인별	단체별	매출분석	고객별 분석
• 성별	• 이름 순	• 메뉴	• 메뉴	• 일별	• 방문목적
• 지역	• 전화번호 순	• 매출	• 매출	• 요일별	• 선호요리
• 연령	• 생일 순	• 방문 일시	• 방문점포	• 시간대별	• 흡연유무
• 결혼	• 결혼기념일	• 방문점포	• 선호도 분포	• 월별	• 단체유무
• 직종	• 방문횟수 순	• 방문횟수	• 누적포인트	• 점포별	• 선호음료
• 카드종류	• 매출실적 순	• 누적포인트	• 사용포인트	• 카드종류별	• 선호위치
• 선호도	• 누적포인트	• 사용포인트		• 성별	• 선호 룸
• 실적 별	• 사용포인트			• 연령별	• 주요관심사
• 이탈고객				• 지역별	• 부대서비스
• RFM등급				• 직종별	• 행사목적
				• 회사별	
				• RFM등급별	

경영전략 수립
DB구축 ←→ 목표고객별 전략수립
1:1마케팅

(1) 장기 지향성

CRM을 전개하기 위하여 데이터베이스를 구축하는 것은 많은 시간과 비용을 필요로 한다. 초기의 수집 단계부터 이를 실행할 때까지 들어가는 많은 노력에서 효과적으로 운영할 지향성을 필요로 한다. 조직 내 부서 간의 원활한 정보 공유와 협조를 통하여 지향하는 목표를 달성할 수 있다.

(2) 환경 유연성

기업은 고객의 다양한 욕구변화를 수용하면서 내적·외적인 환경에 영향을 받게 된다. 이러한 조건을 만족시키는 차원에서 CRM은 유연성을 가질 수 있다.

첫째, 기존의 축적된 자료에서 수정, 삭제, 첨가할 수 있는 기능성을 유용하게 활용할 수 있다. 이는 예상치 못한 행동의 확장성을 가질 수 있기 때문이다. 둘째, 축적된 자료는 다각적으로 분석되어 활용할 수 있다. 자료는 얼마나 정확한 근거에서 입력되었는가? 가공하지 않은 현재 상태의 가치를 필요로 한다. 셋째, 데이터의 양과 시간, 크기, 다양성에서 분석의 한계점이 있을 수 있다. 이를 어떻게 활용할 것인가에서 신중함을 요구한다.

(3) 의사결정의 즉시성

데이터는 이해관계자들의 의사결정에 필요한 정보자료가 되며 즉각적으로 활용할 수 있어야 한다. 이용가능성과 접근성은 모든 부서에서 빠르게 활용되어 상용화 할 수 있다. 전 직원들은 같은 정보를 공유함으로써 기업 목표에 동참하는 공동체를 가질 수 있다. 또한 합리적인 의사결정과 기업문화를 선도하는 역할을 하며, 기업의 전략적 의미로 활용되는 데이터베이스는 즉시 이용가능하여 다양한 분석기법을 통하여 설계되어진다.

예를 들어, 기저귀 옆에 맥주를 진열하여 판매촉진을 강화하는 대형마트들은 고객 잡기에 열중하고 있다. 상품의 진열을 고객 성향에 맞게 배치하고 있다(문화일보, 2012.3.19).

'마트에 가면 기저귀 옆에 맥주가 있다?' 소비자들의 생활 패턴이 변화함에 따라 대형마트의 상품 진열 방식도 달라지고 있다. 업체 간 경쟁이 치열한 상황에서 고객 1인당 구매액을 증가시키기 위하여 백화점 및 대형할인점들은 생활 및 소비자 성향에 맞는 분석을 통하여 상품을 진열하기 시작하였다.

관련 업계에 따르면 신세계 이마트는 최근 달라진 식생활 문화에 맞는 독특한 상품 진열로 재미를 톡톡히 보고 있다. 일부 점포의 경우 기저귀 판매대 옆에 맥주 판매대를 설치하였다. 핵가족화에 따른 부부 쇼핑객들이 늘어나면서 부피가 큰 기저귀는 남편들이 주로 구입한다는 사실에 착안하여 시행한 전략이다. 남편들이 기저귀를 고를 때 바로 옆에 진열된 맥주를 자연스럽게 보게 되면서 습관적으로 맥주를 하나씩 사도록 한 것이다. 실제 이렇게 배열한 후 맥주 판매량은 기존보다 10~30%가량 증가하는 것으로 분석되었다.

3) CRM 사례

고객관계 관리에 대한 사례를 제시하면 다음과 같다.

첫째, 고객이 졸도할 때까지 서비스를 강화하여야 한다. 고객만족이란 전 산업으로 확장되어 일상화되었다. 이제는 고객만족을 넘어 '고객 감동'에서 '고객졸도'의 시대로 전환되었다. 각 기업마다 불황을 극복하기 위하여 저마다 고객 잡기에 혈안이 되어 있다. 이들은 이색 서비스 상품들을 잇달아 내놓고 있으며, 그 사례를 제시하면 다음과 같다.

패밀리레스토랑은 주문한 음식이 나오기 전 1~2개의 빵을 주는 것을 무제한으로 리필하면서 고객이 원하면 아예 포장까지 해준다. LG생활건강은 신상품 시판 기념으로 5차례 모발진단 행사를 하였다. 샴푸 회사들이 모발 진단기를 설치하여 현장에서 모발 상태를 알려주곤 하였는데 아예 모발 샘플을 채취하여 대학 연구실로 보낸 후 검사결과를 고객의 e메일로 다시 보내고 있다. 진단서에는 모발의 손상 정도와 원인, 모발관리, 개인습관까지 필요한 조언과 관리법을 구체적으로 설명하고 있다. 모발상태를 확대한 사진을 첨부하거나 진단결과에 따라 자사 제품에 대한 추천도 잊지 않고 있다. 개별 고객의 궁금증을 해결해주면서 그들에게 감동 서비스를 제공하여 자연스럽게 홍보하는 전략이다(동아일보, 2009.10.9).

이동 통신업체는 고객을 직접 찾아가 휴대전화 사후서비스(AS)를 시행하고 있다. 할인점들은 계절에 관계없이 24시간 운영하는 매장이 늘고 있다. 많은 업체들은 밤샘 영업을 한다. 특히 보수적 성향의 은행들이 밤샘영업을 하겠다고 하면서 격세지감(隔世之感)을 실감하게 한다. SC 제일은행의 리처드 힐 행장은 24시간 영업체계를 구축하면서 주말에도 영업을 하겠다고 포부를 밝혔다. 수익이 월등히 좋아지는 것은 아니지만 고객관계 관리 차원에서 24시간 영업을 하겠다는 것이다. 최근 이러한 변화는 고객감동에서 '고객 졸도'까지 앞으로 어떤 서비스가 나올지 기대하게 한다.

둘째, 기업은 창고의 열쇠까지 내 주어라고 충고한다. 그렇게 하여야만 충성 고객을 잡을 수 있다(조선 Weekly BIZ, 2011.5.13). 39쇼핑(현 CJ오쇼핑)은 95년 국내 케이블 방송 원년에 두 개의 홈쇼핑 채널 중 하나로 시작하였다. 미국의 자포스보다 수년 앞서 세계 유통업계에 유례가 없는 양방향 무료 택배 등 고객서비스를 도입하였다. 파격적인 고객중심 전략에 힘입어 전체 케이블 채널 중 유일하게 창업 첫해부터 흑자경영을 실현하였다. 박경홍 대표는 98년 미국 포춘지에 '한국을 대표하는 21세기 경영자'로 인정받았다. 이러한 고객중심의 유전자는 회사명 CJ오쇼핑으로 바뀌어서도 이어지고 있다. 모든 거래 데이터를 움켜쥐고 납품 제조사들에게 고압적인 기존 유통회사들과 달리 자사에 납품하는 중소기업들을 위하여 해당 제품판매 흐름과 패턴, 고객별 구매태도에 대한 분석 자료를 무료로 대행해줌으로써 윈·윈을 강화하고 있다.

고객 중심 문화에 주목하는 미국 자포스(Zappos)와 일본의 미라이 공업이 그 대표적이다. 구매물품 1년까지 반품 가능… 자사에 물건이 없을 땐 경쟁사로 기꺼이 안내하고 있다. 창업 10년 만에 아마존에 12억 달러에 인수되어 화제를 낳은 자포스는 온라인 신발 전문 유통기업이다. 고객은 자신이 산 물건을 365일 언제든지 자유로이 반품할 수 있다. 이를 위하여 24시간 콜센터를 운영하며, 주문과 반품할 때 택배비용의 전액을 회사가 부담하고 있다. 고객이 찾는 물건이 자사 사이트에 없을 경우 상담원은 기꺼이 경쟁사 사이트로 고객을 안내한다.

일본 미라이 공업은 고객사에 회사 창고까지 맡기며 필요할 때 언제든지 꺼내가라는 식이다. 유토피아 경영으로 유명한 일본의 전기 설비업체 미라이 공업은 직원 정년 70세, 연간 140일 휴일, 5년마다 전 직원 해외여행 등 샐러리맨의 천국으로 알려졌다. 하지만 그런 파격적인 복리후생 정책만으로 대기업 마쓰시타를 누르고 동종업계 1위의 시장 점유율과 영업 이익률을 유지한다는 것은 어렵다.

프록터 앤 갬블(P&G)사가 2000년대 초반 오픈 이노베이션 전략을 채택하기 훨씬 전부터 미라이 공업은 모든 신제품의 출시에 앞서 제품의 사양, 기능, 가격, 디자인 등 모든 부분에 대하여 철저한 고객사의 검증을 거침으로써 막상 제품이 출시되면 자사 영업사원보다 해당 생산 제품에 자신의 의견이 반영된 고객사 엔지니어, 생산 하청기업들이 더 열심히 홍보하고 다녔다. 전 직원이 해외여행을 떠날 때 자기 회사 창고의 열쇠를 고객사에 맡겨 놓고 필요한대로 꺼내가라고 말할 수 있는 회사가 지구상에 과연 몇이나 될까?

셋째, 고객 충성도의 대표적 지표인 NPS(net promotion score : 고객 순 추천 점수) 값이 세계 최고 수준인 80%를 상회하는 미국의 대표적 대형 모터사 할리 데이비슨(Harley Davidson)과 애플을 그 예로 들 수 있다. 여름철 미국 중서부 평원지역을 여행하다 보면 까만 가죽잠바를 입고 머리에는 두건을 쓴 수백 명의 바이커들이 할리 데이비슨 오토바이를 타고 줄을 지어 달리는 장관을 접할 수 있다. 매년 주최하는 '국토 대장정(posse ride)'에 참여한 할리 데이비슨 핵심 고객들이다. 한국의 해병 전우회 못지않은 이들의 열정은 이러한 브랜드 커뮤니티 이벤트를 통하여 더욱 강화되고 있다. 이들은 적극적인 신규 고객 추천 및 영입으로 이어진다.

지난 십년간 아이팟, 아이폰, 아이패드 등 전 세계 소비자 가전업계를 강타한 혁신적 제품으로 무장한 애플은 단순히 디자인이나 제품 개발 능력만이 뛰어난 것이 아니다. 소비자인 고객들이 자사 제품이나 서비스를 통하여 느끼는 경험과 기대를 관리하는 수준 또한 세계 최고이다. 매년 캘리포니아에서 열리는 신제품 발표회나 자사 직영 소매점들은 신제품 발매행사에서 애플 고객들을 위한 브랜드 커뮤니티 축제 이벤트로 자리 잡았다. 아이패드 구매를 위해 수많은 고객들이 전날 밤부터 애플 스토어 앞에서 텐트치고 대기하게끔 유도한 애플은 '경험과 이를 통한 관계강화' 덕택이다. 이들은 주변에 자사의 브랜드에 대한 긍정적 구전을 강화한다는 측면은 그리 어렵지 않게 예측할 수 있다.

넷째, 고객을 획득하기 쉬우나 유지하기 어려운 나비형과 획득은 어려우나 유지하기 쉬운 지속형으로 분류된다(조선일보, Weekly BIZ, 2011.2.5).

단골고객은 구매를 결정할 때 가격보다는 품질, 서비스에 민감하며 주변 얘기에 쉽게 귀를 열지 않으면서 신중한 구매를 결정한다. 한번 고객이 되면 쉽게 이탈하지 않아 마케팅비 등 비용절감이 가능하다. 모든 고객은 왕(王)이 아니다. 고객 가운데 충성도가 높은 핵심 고객이 있는가 하면 기업 입장에서 제발 떠나 주었으면 하는 고객들도 있다. 이 둘을 모두 왕으로 대접하는 획일적인 고객관리는 기업에 독(毒)이 될 수 있다. 즉 모든 신규 고객은 왕이 아니라는 것이다. 기업 입장에서는 같은 가치를 지녔다 하여도 어떤 고객이 기업에서 가장 큰 가치를 줄 것인가?를 고려하여야 한다.

기업이 잠재 고객을 구분하는 첫 번째 기준은 이 사람을 고객으로 끌어들이기 쉬운가, 즉 획득 용이성이다. 둘째, 고객이 된 후 얼마나 유지하기 쉬운가? 유지 용이성이다. 이 기준에 따라 잠재 고객을 4가지 유형으로 나눌 수 있다.

A형은 나비형이다. 획득은 쉬우나 유지가 어려운 고객이다. 가격에 민감하므로 주변의 세일이나 경품행사에 쉽게 현혹되어 넘어갈 수 있다. 하지만 이들은 경쟁사에서 더 좋은 조건을 제시하면 꿀을 찾아 이 꽃 저 꽃을 옮겨 다니는 나비처럼 유지하기가 쉽지 않다. B형은 지속형이다. 획득은 어려우나 유지가 쉬운 고객이다. 가격보다 제품의 질이나 디자인, 서비스에 민감하며 A형처럼 쉽게 얻을 순 없지만 한 번 확보하면 쉽게 경쟁사로 이탈하지 않는다는 특징을 가지고 있다. C형은 획득도 유지도 쉬운 고객이다. 이들은 전기·가스 등 독점 공급권을 가진 기업이나 과점 산업인 정유·항공 산업 등 높은 브랜드의 파워를 가진 소수의 기업인 농심, 삼성, 애플, NHN, 풀무원, 이마트, 미래에셋 등에서 찾을 수 있다. D형은 획득이나 유지 모두 어려운 고객이다. 기대수준이 높고 취향이 까다로워 쉽게 접근하기도 유지하기도 어려운 고객들이다. 하지만 이런 고객은 한 번 지갑을 열면 큰돈을 쓴다. 예를 들어 백화점의 명품점에서 한 해에 수천 만 원씩 구매를 하는 VVIP 고객들이 여기에 해당된다.

위의 유형 고객 중 기업에 가장 큰 수익을 안겨줄 고객은 과연 누구일까? 정답은 B〉D〉C〉A이다. 하버드 비즈니스 리뷰(2010년 7~8월)에 따르면 획득은 어렵지만 유지가 용이한 고객(B)이 기업의 수익에 가장 큰 기여를 하는 반면, 획득은 쉬우나 유지가 어려운 고객(A)은 수익 기여도가 가장 낮은 것으로 나타났다.

우리나라 기업들이 목표로 삼는 고객은 A형이다. 2000년대 초반 세계 최고 수준의 수익성을 자랑하던 한국 이동통신 업체들이 현재 세계 주요통신 기업 중 가장 낮은 수익성을 기록하는 것은 나비와 같은 고객을 좇기 때문이다. 화려한 마케팅으로 고객들을 단기간에 대규모로 획득할 것인가? 아니면 깐깐하더라도 일단 마음만 얻으면 오래 기업의 파트너가 되어줄 고객을 찾아 한 걸음 한 걸음 나아갈 것인가? 고객관계 관리(CRM)를 추진하는 모든 기업이 내려야 할 중요한 과제이다.

다섯째, 모든 고객을 다 왕으로 대접하는 것은 아주 위험한 일이다(Weekly BIZ조선, 2010.3.1). 매출을 많이 올려준다고 VIP 고객으로 대접하는 것은 하수가 하는 전략이다. 회사 수익에 직접 도움 되는 핵심고객을 가려내 이들에게 서비스를 집중해야 진정한 CRM의 고수라 할 수 있다.

KAIST 경영대학에서 삼성그룹 사장단을 대상으로 정보화 교육을 실시한 사례이다. 고객은 누구인가?라는 질문에 계열사 A대표는 손을 번쩍 들면서 "우리 회사의 고객은 이 지구상에서 저를 제외한 모든 사람들입니다"라고 시원시원하게 대답하였다. 이 스케일 큰 답변에 다른 CEO들 모두 감동의 박수를 보내는 분위기였다. 그러나 "고객이 A대표를 제외한 모든 사람이라면 고객만족 경영은 당장 그만두어야 한다!"는 말에 모두가 숨죽였다. 왜냐하면 "그 회사는 곧 부도날 것이니까! 지구상의 모든 사람을 '왕'으로 모실 수는 없다"는 것이다.

기업경영에서 입증된 고객관계 관리(CRM)의 금과옥조(金科玉條)는 '선택과 집중'이다. 과거 많은 기업들이 '고객은 왕이다!'라는 슬로건 하에 모든 고객들을 만족시키려 노력하였던 전략과 차이가 있다. 누구를 선택하여 어떻게 집중해야 할 것인가? 전체 고객이 아닌 특정 그룹의 고객을 선택하기 위해서는 먼저 자사의 고객들을 몇 가지 기준으로 분류할 수 있어야 한다.

CRM을 시행하는 기업들이 흔히 사용하는 'RFM'에 의한 고객 분류기준은 매출 (Revenue)및 구매 최근성(Recency), 구매 빈도(Frequency), 구매금액(monetary)의 크기 등을 기반으로 분석된다. 이러한 분류 방식은 거래 데이터만 잘 구비되어 있으면 비교적 쉽게 표적고객을 선정할 수 있다. 하지만 고객에 대한 심층 분석이나 이해가 결여되어 있어 자사의 진정한 핵심 고객을 파악하는데 한계가 있다.

예를 들어 홈쇼핑 통하여 연간 3,000만 원의 쇼핑을 한 구매 고객이 산 물건들의 50% 이상을 습관적으로 반품한다면 어떻게 할 것인가? 실제로 보석, 의류 코너의 고객들은 이러한 유형의 소비가 많이 이루어진다. 이들은 배달, 반품의 택배비용을 이중으로 발생시켜 주문, 반품, 재고, 환불로 이어지는 과정에서도 비용을 발생시킨다. 결국 기업의 수익을 갉아먹는데도 RFM 기준으로 VIP 등급이 분류되어 각종 혜택을 누리고 있다. 이러한 문제점에도 많은 기업들은 이 방식을 고수하는 데는 그 이유가 있다. 매출을 기준으로 하는 것이 수익성의 분류보다 훨씬 쉽기 때문이다!

국내의 한 유가공 CEO는 CRM진단을 하면서, 300만 명 이상의 고객 데이터베이스를 운영하면서 매년 융단 폭격식으로 수백만 개의 사은품을 지급하였다. 하지만 자사와 파트너가 될 수 있는 핵심 고객 1만 명만 확보하여 관리하라고 조언하였다. CEO의 지시에 따라 온라인 회원, 오프라인 어머니교실, 일반 구매고객, 불만제기 고객, 아이디어 제안고객, 공장 견학, 자사 문화행사 고객, 프로모션 참여 등 다양한 고객군들에 대하여 여러 가지 실험과 방법을 통하여 핵심 고객화 가능성을 측정하였다. 분석결과 영업 부서 베테랑들의 사전 예측과 달리 구매나 프로모션 참여 고객이 아닌 불만 제기, 공장 견학, 문화행사 참여 고객들이 핵심 고객일 가능성이 가장 컸다는 분석을 제시할 수 있었다.

(1) 외국 CRM 사례

미국 메릴린치(Merrill Lynch)는 90년대 중반 'super nova'라는 새로운 고객 관리방식을 도입했다. 재무 상담사들은 자신이 관리하던 평균 550명의 고객들을 super nova 방식에 따라 자산 규모, 거래 수익 등 11가지 기준으로 분류하여 랭킹을 매긴 뒤 대부분의 기준에 상위 랭킹에 오른 200여 명의 고객들에게만 모든 서비스를 집중함으로써 이전보다 훨씬 높은 수익을 올릴 수 있었다. 흥미로운 점은 위의 11가지 기준 중 고객은 '나와 우리 회사 직원들이 상대하기에 기분 좋은 사람인가?'와 같이 금융 자산이나 거래 규모와는 전혀 상관없는 질문의 답변자들에게서 수익성이 높다는 것을 발견하였다.

정성적 기준을 정량적 기준 못지않게 중요하게 반영했다는 점이다. 이처럼 매출보다 수익성 위주로 거래 빈도, 최근 구매일, 거래 기간과 같은 정량적 데이터뿐 아니라 기업과의 친밀도, 충성도와 같은 정성적 기준까지 활용하여 자사의 핵심 고객을 파악하고 있다. 대부분 핵심고객 비율이 전체 관리 대상의 10~20%에서 자사의 수익에 80% 이상을 기여하고 있다. 최근 은행 및 증권사 등 금융기관과 백화점은 VIP 고객의 수익비율을 10:90으로 제시하고 있다.

4) CRM의 미래

세일즈 포스 닷컴에서 David Taber가 기고한 "성공의 비밀(salesforce.com secrets of success)"을 바탕으로 미래의 고객관계 관리를 제시하고자 한다.

전통적인 데이터 웨어하우징(data warehousing)은 기업 전반의 다양한 소스(source)

들로부터 막대한 양의 데이터를 수집하여 이들 사이의 연관관계를 구축하여 통합적이거나 보다 값진 가치를 창출하는데 그 역할을 수행해 왔다. 대부분의 경우 고객관계 관리에 대한 상호 간의 결합에 대한 어려움이 존재하더라도 명료성이나 추론에 대한 직관성은 확보되어 있다.

소셜 마케팅(social marketing), 세일즈 2.0(sales 2.0), 소셜 고객관계 관리(social CRM) 등 새로운 개념들이 부상하면서 고객관계 관리에 대한 새로운 변화가 이루어지고 있다. 이러한 상황은 관리자들에게 시간에 대한 연속적 데이터소스와 소셜 네트워크 전반의 상호작용에서 보다 많은 주의를 기울여야 한다는 과제를 안겨주게 되었다. 따라서 지금껏 경험하지 못하였던 규모의 데이터와 정보를 마주하는 과제를 앉게 되었다.

첫째, 행동 스코어링(behavioral scoring)이다. 일종의 마케팅 자동화 시스템으로 단순히 기업이 전송한 이메일만 의존하는 것이 아니라 사용자들의 페이지 방문 기록이나 쿠키, 통화 기록, 클릭횟수와 경로 등 구매와 관련하여 반응하는 상태를 추적할 필요성이 있다. 즉 익명의 방문자들에 대한 데이터 역시 기존 사용자들의 자료만큼이나 무수히 많게 쏟아져 나오는데 기업들이 매달 기록하는 데이터 포인트(data point) 규모는 수백만에 이르게 된다. 즉 소셜 네트워킹과 관련하여 누가 어느 조직에 소속되어 있는지를 파악하는 것만으로 충분치 않다는 것이다.

둘째, 기업목표를 달성하기 위한 이메일, 통화 기록, 블로그, 카페, 밴드(band), 카카오 톡, 페이스북 등 소셜 포스팅의 패턴을 기반으로 사용자 그래프를 제작하여 커뮤니티에 영향력을 발휘하는 자가 누구인가를 파악하여야 한다. 이 그래프는 잠재 고객에게 접근하여 영향력을 미칠 수 있는 가장 직접적이면서 안정적인 방법으로 이해하는데 도움이 될 것이다. 소셜 네트워크란 개별적 연결 상태는 단순하지만 그것들이 모여 증폭되는 영향력은 가히 절대적이다. 기하급수적으로 확대 재생산되어 실로 엄청난 파장을 일으킬 수 있다. 따라서 SNS를 바탕으로 형성되는 커뮤니티 세상에 주목하여야 한다.

셋째, 실시간 전송되는 메시지와 단어, 어휘 등 고객들의 정서를 분석하는 데 유용하게 이용될 수 있다. 고도의 비정형 데이터에서 회생되는 브랜드 또는 로고, 상징물 등을 분석함으로써 관련 정보의 가치를 창출할 수 있다. 즉 소셜 데이터는 양적, 질적 과제를 동시에 안겨주게 된다. 단순히 그 규모나 사용량 등에서 어려움을 안겨주는 것이 아니라 시간대비 속도의 순서를 유지하여 복수의 매체에서 발생하는 사건들을 연결하여 관리할 필요성이 있다. 이는 막대한 규모의 자산으로 확산될 수 있다. 이러한 문제의 기록을 디테일하게 집중하여 분석함으로써 역량을 강화할 수 있다.

고객관계 관리에 대한 기업의 분석이 안정적이라면 대부분 의문(query)시 되는 결과물을 사전에 확인할 수 있어야 한다. 이러한 전략에서 적절한 효과를 발휘할 수 있다. 세부적인 시험과 가능성을 고려하여 더 나아질 수 있는 하부요소의 개선을 필요로 한다.

넷째, 고객관계 관리의 경제성에 따른 SNS 속도는 유용한 해답이 될 수 있다. 다양한 클라우드(cloud)들의 BI(brand identity)툴들이 소개되면서 사용자들은 SaaS(software as a service)로 자신들의 데이터 웨어하우스를 이전하는 모습을 보여주고 있다. 이는 최근 SNS를 바탕으로 하는 변화라 할 수 있다. 소셜 데이터는 순수하게 클라우드 웨어하우스(cloud ware house)에 의존하는데 한계가 있을 수 있다. 비정형적인 의문과 가설 검증, 추출 공식 등 과정에 나타날 수 있는 기저의 세부 사항들은 구축형 데이터베이스를 필요로 하기 때문이다. 다행인 것은 디스크와 메모리 역시 발전을 계속하고 있다는 사실이다. 그렇다면 데이터를 쌓아두었던 기업이나 조직 이들은 소셜 데이터 웨어하우징의 등장으로 세부 데이터를 언제까지 보관하는 것은 다음과 같은 이유로 의미가 없는 일이 될 수 있다.

첫째, 정보의 가치에 차이가 있을 수 있다. 급격하게 변화하는 시대에는 데이터의 가치는 그리 오래 지속되지 못한다. 예를 들어 사이버 사회의 진화는 점점 더 빠르게 일어나고 있다. 이제 마이 스페이스(my space)나 세컨드 라이프(second life)에서 상호작용하는 것을 이해하는 것은 그다지 어렵지 않다. 즉 정보를 파악하고 있다고 하여 이득을 안겨주지 못한다는 사실이다. 좀 더 직접적으로 표현하면 일부 소셜 네트워크 행동 양식들은 그저 하나의 유행으로 흘러가곤 한다. 광고 및 플랫폼 전략이나 모바일 사용자를 겨냥한 플랫폼 역시 진화가 빠르게 일어나고 있다. 클릭 횟수에 따른 구매 전환율은 갈수록 떨어져 이를 이해하는데 영향력은 줄어들고 있다.

둘째, 경쟁자들의 활동은 기업성과에 영향을 미친다. 기업 목표 역시 지속적으로 변화하게 될 것이다. 오늘날 데이터 영역의 규모와 복잡성을 기준으로 생각한다면 이를 장기적으로 적용할 수 있는 표준화된 애널리틱스(analytics, 해석)가 확립되는 것이 가능할까라는 의문이 생긴다. 오래도록 지속될 수 있는 보편적인 내용이나 알고리즘(algorithm : 유한한 단계를 통해 문제를 해결하기 위한 절차나 방법)은 없게 된다. 따라서 지금 이 순간에 집중하여야 한다.

셋째 유익한 정보자료와 유해한 자료에 대한 처리 비용이다. 기업이 수집한 소셜 데이터의 상당 부분은 유익하지 않는 정보일 수 있다. 초기에 유익한 데이터가 반응을 보이지 않거나 시야에서 사라져버리는 것은 일반적인 현상이다. 무차별로 제공되는 정보 데이터의 99%는 보지 않고 쓰레기로 보내거나 폐기해야 하는 상황이다. 따라서 무료 데이터를 활용하는 경우에 유입되는 막대한 양의 데이터 분석과 관리에서 요구되는 시간과 노력비용으로 연결되므로 주목하여야 하다. 제공되는 자료의 분량과 시간, 기한 등 제거할 수 없는 시스템들로부터 자유로움이 없는 상태를 우리는 종종 목격한다.

결론적으로 IT기술과 정보의 발달은 다양한 정보의 홍수 속에서 하루하루를 맞이하게 된다. 때론 메일을 열자마자 스팸으로 사라지는 정보들을 보면서 효율적으로 활용할 수 있는 새로운 방법이나 개선점을 필요로 한다. 이러한 문제가 하나의 돈벌이로 전락하지 않는다면 명확한 목표 설정과 철저한 고객관계 관리의 노력 속에서 새로운 패러다임을 형성하게 될 것이다.

(* David Taber는 『성공의 비밀(salesforce.com secrets of success)』의 저자이자 세일즈포스닷컴의 공식 컨설팅업체인 세일즈 로직스 CEO의 자료를 본 연구에 맞게 정리하였다.)

5) CRM의 결론

모든 고객은 왕인가? 정답은 아니다! 특정 고객들을 선택하여 기업의 한정자원을 보다 효율적으로 집중할 수 있어야 한다. 그러기 위해서는 다음과 같은 요구조건을 충족시켜야 한다.

첫째, 자사의 수익성에 기여할 수 있는 고객이어야 한다. 둘째, 자사의 제품이나 서비스 개선에 필요한 지식, 정보를 회사와 기꺼이 공유하여야 한다. 셋째, 기회 있을 때마다 새로운 고객을 추천하는 충성도를 가져야 한다. 넷째, 회사가 어려울 때는 기꺼이 구원투수가 되어 줄 용의가 있어야 한다. 따라서 기업들은 업종, 업태를 불문하고 자사의 핵심 고객을 파악하여 이들에게 집중하는 것이 CRM의 최우선 과제이다.

예를 들어, 야채코너 옆에 미니요리책… 매장 진열 바꿨더니 매출 '쑥' 불황 타는 백화점 · 마트들 고객의 눈높이 맞춘 '골든존'이 탄생하였다. 각 마트마다 매대 끝 돌출 진열대 등 연구팀을 두어 과학적 접근을 시도하고 있다(한국일보, 2012.4.3).

이마트 청계천점을 찾은 한 소비자가 수산물 코너에 놓인 문어와 그 옆에 함께 진열된 술을 보면서 신기해하고 있다. 최근 한 대형마트는 매장 진열을 살짝 바꾸었다. 한미 자유무역협정(FTA) 발효를 계기로 판촉행사에 들어간 와인 가운데, 화이트 와인 몇 병을 주류 판매코너가 아닌 생선코너 옆에 가져다 놓은 것이다. 레드 와인은 육류, 화이트 와인은 생선이라는 점에 착안하여 생선을 사러 온 소비자들이 화이트 와인까지 구매하도록 유도하기 위해서이다. 처음에는 반신반의하던 고객들이 의외로 화이트 와인이 잘 팔리고 있다고 전한다.

소비침체와 재래시장 활성화로 인한 의무휴업으로 매출감소가 우려되는 백화점 및 마트, SSM점들은 상품 진열에서까지 판매의 묘수를 찾고 있다. 같은 제품이라도 어디에 어떻게 진열하느냐에 따라 판매가 달라진다는 '진열의 과학'을 찾기 시작한 것이다. 이러한 소비자들의 심리를 읽는 기법으로 매출을 극대화하고 있다. 즉 화이트 와인을 생선코너에 갖다 놓는 것은 '연관 진열'로 불린다. 널리 알려진 기법이지만 바늘에 실이 필요하듯 서로 관련된 상품을 함께 진열하여 동시에 구매할 수 있도록 하는 것이다.

매장 내 라면코너에 양은냄비를 진열하거나 자동차 용품 매장에 졸음방지 껌이 놓인 경우를 어렵지 않게 볼 수 있다. 이 역시 연관 진열로 효과를 극대화하는 방법이다. 마트 관계자는 "젊은 주부들이 요리에 익숙하지 않아 야채나 축·수산물 코너 옆에 미니 요리책을 갖다 놓았더니 판매량이 기존 책 코너에 있을 때보다 15배나 늘었다"고 전하였다. 심지어 소비자들의 시선도 고려사항이다. 보통 사람들은 눈앞의 물체를 볼 때, 자신의 눈높이인 120~180㎝에 고정한 채 오른쪽에서 왼쪽으로 시선을 움직인다. 이때 한눈에 인식하는 범위는 좌우 최대 120㎝이다. 해당 매대에서 가장 인기 있거나 새로 나온 상품은 '골든 존'이라 부르는 가로 120㎝, 높이 120~180㎝인 2, 3단에 진열하게 된다. 이 중에 시선이 가장 오래 머무르는 맨 오른쪽이 핵심 위치로 분류된다.

최근 카제인 나트륨 논쟁을 벌일 만큼 경쟁이 치열한 맥심 화이트 골드와 프렌치 카페 커피는 요즘 매장마다 주로 '골든 존'에 놓여 있다. 예를 들어 인기제품은 일반적인 진열을 거부한다. 매대 맨 끝 모서리에 상품박스를 쌓아 돌출 진열을 하는 '앤드 캡' 방식이다. 이러한 간이 매대에 직원들이 신제품 커피를 한잔씩 따라주는 시음행사를 벌이고 있다. 다른 매대보다 한 블록 튀어나와 고객의 동선을 막으면서도 발길을 멈추게 하는 효과를 보고 있다. 업체 관계자는 "앤드 캡에는 최대 2가지 상품만 진열하기 때문에 노출효과가 커 일반 코너에 비해 매출이 3~4배 높다"고 말했다. 이처럼 진열 방식을 고안하기 위해 꾸준한 소비자의 분석 및 데이터의 자료를 축적하는 것이 필수이다. 따라서 각 점포에서는 전담 연구 인력까지 두고 있다.

이마트는 실무에서 10년 이상 근무한 현업 전문가 40명으로 구성된 'MSV(merchandising supervisor)'팀을 14년째 운영하고 있다. 이들은 고객의 행동유형이나 상품에 대한 매출분석을 통하여 가장 효과적인 진열체계를 구축하는 것이 목적이다. 최근에는 신규매장 구성에서부터 고객의 소비 트렌드 및 성향을 분석하여 최적화된 진열방식을 만들어내고 있다.

REFERENCE
참고문헌

고재용 · 하진영 · 오선영(2010). 사례로 배우는 마케팅, 파워북.

권금택(2007). 현대외식마케팅, 대명.

김성일 · 진양호 · 박영일(2010). 외식마케팅관리, 백산출판사.

김성혁(2008). 호텔관광서비스 마케팅, 백산출판사.

김성혁 · 황수영 · 김연선(2010). 외식마케팅, 백산출판사.

김소영 · 김숙응 · 김종의 · 오영애 · 윤명숙 · 한동여(2007). 마케팅의 이해, 형설.

김영갑 · 홍종숙 · 김문호 · 한정숙 · 김선희 · 박상복(2010). 외식마케팅, 교문사.

김영국 · 윤지환(2003). 프랜차이즈 조직의 이해, 백산출판사.

김지회 · 김기홍(2010). 외식경영론, 대왕사.

김헌희 · 박인수 · 강석우 · 성기협(2008). 사례로 본 외식프랜차이즈 경영전략, 백산
　　　출판사.

나정기(2011). 식음료 원가관리의 이해, 백산출판사.

문태식(2005). 프랜차이즈 바이블, 백산출판사.

박기용(2009). 외식산업경영학, 대왕사.

박은경 · 양용호 · 최병길(2010). 서비스실패 요인별 불만족과 불평행동에 미치는 영
　　　향.

박주영 · 박경원(2011). 프랜차이즈 슈퍼바이징 원론, 인플로우.

백남길(2010). 한식레스토랑의 다인스케이프(dinescape)가 고객의 감정반응과 행동
　　　적 충성도에 미치는 영향,『한국고객만족경영학회』, 12(2): 99-115.

백남길 · 이애주(2011). 소고기 원산지에 대한 지역이미지가 원산지의 품질인식과 구
　　　전에 미치는 영향,『한국외식경영학회』, 14(3): 7-26.

백남길 · 장미향(2011). 외식프랜차이즈 기업의 저가메뉴가격이 고객의 지각된 가치
　　　에 따른 만족, 재방문에 미치는 영향,『한국외식경영학회』, 14(2): 73-92.

백종원(2008). 돈버는 식당, 비법은 있다, 청림출판사.

송수근 · 백남길(2013). 외식조리원가관리, 백산출판사.

야마모토 나오토(2006). 마케팅의 99%는 기획이다, 토네이도.

여철환(2010). 절대실패하지 않는 초보불패전략 창업전략, 상상예찬.

유필화·김용준·한상만(2002). 현대마케팅론, 박영사.

이유재(2006). 서비스 마케팅, 학현사.

이정학(2009). 서비스마케팅, 대왕사.

이준혁(2006). 성공창업 성공인생, 현학사.

이학식·안광호·하영원(2011). 소비자 행동, 마케팅 전략적 접근, 법문사.

이화인(2011). 호텔·외식 고객행동, 기문사.

임재석·엄명철(2004). 프랜차이즈 창업실무, 무역경영사.

임종원·김재일·홍성태·이유재(2011). 소비자 행동론, 경문사.

장재남(2012). 프랜차이즈 가맹점창업, 두남.

장재남(2012). 프랜차이즈 가맹본부창업, 두남.

조원길·박철영·정준화(2008). 인터넷 마케팅의 이해, 보명books.

최원일·김상조·서용한(2009). 인터넷 마케팅, 대명.

최정길(2007). 원가관리, 무역경영사.

최학수·강인호·이병연·정승환·김상철(2007). 실전 외식사업경영론, 한올.

함봉진·주윤황(2010). 인터넷 마케팅, 두남.

홍기운(2009). 최신외식산업개론, 대왕사.

Aaker, D. A.(1991). Managing Brand Equity, Capitalizing on the value of a brand, New York: The Press.

AMA(1985). AMA marketing definitions : A glossary of marketing terms, committer on definitions.

Armstrong, G.(2001). Principles of Marketing, 9th ed., Prentice-Hall, Inc., p. 512.

Baloglu, S., & Pekcan, Y. A.(2006). The website design and internet site marketing practices of upscale and luxury hotels in Turkey, Tourism Management, 27: 171-176.

Bradach, J. L.(1995). Chains within chains : The role of multi-unit franchisees, Journal of Marketing Channels, 4: 65-81.

Bradach, J. L.(1999). Franchise organization, Harvard Business school Press.

Cox, D. F. & Good, R. E.(1967). How to build a marketing information system, Harvard Business Review, May-June, p. 145.

David S. A.(1995). The new direct marketing how to implement a profit driven data base marketing strategy, Irwin, pp. 55-56.

Dyche, J.(2001). The CRM handbook : A business guide to customer relationship management, Bostone, MA: Addison-Wesley.

Erwin, J. K.(2003). Franchise Bible : How to buy a franchise or franchise your own business.

Kincaid, J. W.(2003). Customer relationship management getting it right, Prentice Hall PTR, Upper Saddle River, HJ.

Kotler, P.(1998). Marketing management : Analysis planning and control, 6th ed.

Kotler, P. Bowen J. & Makens, J.(2003). Marketing for Hospitality and Tourism(third edition), Prentice-Hall.

Robertyz, M. L.(1995). Expanding the role of the direct marketing database, Journal of Direct Marketing, 6(2): 51-60.

Winer, R. S.(2001). A framework for customer relationship management California management Review, 43(4): 89-105.

Yelkur, R.(2001). Customer satisfaction and the services marketing mix, Service Marketing Quarterly, 21(1): 105-120.

Zeithaml, V. A. & Bitner, M. J.(1996). Service marketing, NY: McGraw-Hill.

경향신문   동아이코노미
동아일보   매일신문
머니투데이   소상공인진흥원
식품외식경제신문   전자신문(www.etnews.com)
조선일보   중앙일보
코리아 헤럴드   통계청
한국경제신문   한식재단
http://cafe.naver.com/sfwfreporter(서울시 여성가족재단 블로그 기자단)
www.bennigans.co.kr(베니건스)
www.burgerking.co.kr(버거킹)
www.hansik.org(한식재단)
www.kfckorea.com(KFC)
www.lotteria.com(롯데리아)
www.marche.co.kr(마르쉐)

www.mcdonalds.co.kr(맥도날드)

www.nso.go.kr(통계청)

www.nts.go.kr(국세청)

www.outback.co.kr(아웃백)

www.seri.org(2011)(삼성경제연구소)

www.tgif.co.kr(TGI프라이데이)

www.tonyromas.co.kr(토니로마스)

www.vips.co.kr(빕스)

INDEX
찾아보기

백남길

세종대학교 글로벌지식교육원 호텔경영학과 주임교수
세종대학교 외식경영학 박사
세종대학교 일반대학원 외식경영학과 외래교수
세종대학교 호텔관광외식학부 외식경영학과 외래교수

외식마케팅 사례를 중심으로

2012년 1월 25일 초 판 1쇄 발행
2013년 9월 15일 개정판 1쇄 발행

저 자 백 남 길
발행인 寅製진 욱 상

발행처 █ 백산출판사
서울시 성북구 정릉3동 653-40
 등록 : 1974. 1. 9. 제 1-72호
 전화 : 914-1621, 917-6240
 FAX : 912-4438
http://www.ibaeksan.kr
editbsp@naver.com

값 **25,000원**
ISBN 978-89-6183-538-1

저자와의
합의하에
인지첩부
생략

이 책의 무단복사 및 전재는
저작권법에 저촉됩니다.